D1671796

Klassiker der Technik

Die „Klassiker der Technik" sind unveränderte Neuauflagen traditionsreicher ingenieurwissenschaftlicher Werke. Wegen ihrer didaktischen Einzigartigkeit und der Zeitlosigkeit ihrer Inhalte gehören sie zur Standardliteratur des Ingenieurs, wenn sie auch die Darstellung modernster Methoden neueren Büchern überlassen. So erschließen sich die Hintergründe vieler computergestützter Verfahren dem Verständnis nur durch das Studium des klassischen fundamentaleren Wissens. Oft bietet ein „Klassiker" einen Fundus an wichtigen Berechnungs- oder Konstruktionsbeispielen, die auch für viele moderne Problemstellungen als Musterlösungen dienen können.

Heinrich Kaden

Wirbelströme und Schirmung in der Nachrichtentechnik

Zweite, vollständig neu bearbeitete Auflage 1959

Mit 195 Abbildungen

Springer

Dr. phil. Heinrich Kaden †
Ehem. Oberingenieur im Zentral-Laboratorium
der Siemens & Halske Aktiengesellschaft
Ehem. Professor an der Technischen Hochschule München

Bibliografische Information der Deutschen Bibliothek

Die Deutsche Bibliothek verzeichnet diese Publikation in der Deutschen Nationalbibliografie; detaillierte bibliografische Daten sind im Internet über http://dnb.ddb.de abrufbar.

Nachdruck in veränderter Ausstattung 2006
ISBN-10 3-540-32569-7 Springer-Verlag Berlin Heidelberg New York
ISBN-13 978-3-540-32569-7 Springer-Verlag Berlin Heidelberg New York
ISBN 3-540-02477-8 2. Aufl. Springer-Verlag Berlin Heidelberg New York

Springer ist ein Unternehmen von Springer Science+Business Media
springer.de

Printed in Germany

Einbandgestaltung: Frido Steinen-Broo, EStudio Calamar, Spanien
Herstellung: LE-TEX Jelonek, Schmidt & Vöckler GbR, Leipzig
Gedruckt auf säurefreiem Papier 7/3100/YL - 5 4 3 2 1 0

Geleitwort zum Nachdruck

Schaut man die internationale Literatur, die Veröffentlichungen und auch die Kongressbeiträge auf den Gebieten der Elektromagnetischen Verträglichkeit (EMV) und der Hochfrequenztechnik auf Sekundärliteratur und Zitate hin durch, so nimmt das 1959 letztmalig voröffentlichte und nicht mehr verfügbare Buch von Dr. phil. H. Kaden selbst heute noch den ersten Platz in den deutschsprachigen Publikationen ein. Es ist erstaunlich, dass dieses Buch niemals komplett ins Englische übersetzt wurde. Auch hat es keine deutsche Überarbeitung nach der 2. Auflage mehr gegeben. Dies mag auch darin begründet liegen, dass man für eine Überarbeitung und/oder Übersetzung wohl den Autor des Werkes benötigt hätte, zumindest aber sich seiner Unterstützung hätte sicher sein müssen. Selbst im Antiquariat ist das Werk nicht oder nur ganz selten verfügbar.

Es kann wohl mit Recht behauptet werden, dass es kaum ein Tutoriell und kaum einen Workshop über Schirmungsfragen bzw. kein grundlegendes Werk zur Elektromagnetischen Verträglichkeit gibt, in dem ‚**der Kaden**' nicht zitiert wird; dabei ist nicht immer klar, ob der jeweilige Vortragende oder Autor das Werk von Kaden tatsächlich in der Hand gehabt hat. Eine ernsthafte Beschäftigung mit Wirbelströmen und Abschirmfragen setzt aber die Kenntnis dieses Standardwerkes voraus.

Es lässt sich durch die vielen Querverweise und die anspruchsvolle Darstellung der Theorie nicht sehr einfach lesen, eine ernsthafte Beschäftigung öffnet aber die Augen über die Vielfalt der zu berücksichtigenden Einflussfaktoren und die verschiedenen Facetten der Hf-Schirmung.

Von einer Überarbeitung des Werkes wurde abgesehen, da sie sich sehr aufwendig gestaltet hätte und nicht sicher war, dass das Werk dadurch tatsächlich eine Verbesserung erfährt.

Dresden, im Januar 2006 *Prof. Dr.-Ing. K.-H. Gonschorek*

Vorwort zur zweiten Auflage

Der vorliegende Band ist eine vollkommen umgearbeitete und ergänzte Neuauflage meiner 1950 erschienenen Monographie „Die elektromagnetische Schirmung in der Fernmelde- und Hochfrequenztechnik". Das Manuskript der 1. Auflage entstand unmittelbar nach Kriegsende ohne engen Kontakt zur Industrie. Ich bin nun seit langem wieder im Zentral-Laboratorium der Siemens & Halske AG tätig und lese an der Technischen Hochschule München über Schirmungsprobleme. Die inzwischen gewonnenen neuen Erkenntnisse und Ergebnisse sowie die infolge der Vorlesungstätigkeit gesammelten didaktischen Erfahrungen sind der neuen Auflage zugute gekommen. Ein Blick in das Inhaltsverzeichnis gibt zunächst eine ungefähre Übersicht über die Erweiterungen.

Der Abschnitt A über die allgemeinen Grundlagen für die Behandlung von Wirbelstrom- und Schirmungsproblemen ist insofern ausführlicher gehalten worden, als die MAXWELLschen Differentialgleichungen aus der anschaulichen Integralform des Durchflutungssatzes und des Induktionsgesetzes hergeleitet werden. Neu aufgenommen wurde das Eindringen des magnetischen Feldes in eine metallische Halbebene und damit zusammenhängend die Berechnung des Widerstands eines Metalldrahtes bei hohen Frequenzen. Hieraus folgt die anschauliche Bedeutung des für das Folgende grundlegenden Begriffes der „äquivalenten Leitschichtdicke".

Neu ist der Abschnitt B über die Wirbelströme. Ausgehend von der Wechselwirkung zwischen einem homogenen Wechselfeld und den induzierten Wirbelströmen in massiven Blechen, Zylindern und Kugeln werden die Anwendungen auf zahlreiche konkrete Probleme der Praxis gebracht. Hierzu gehören die Wirbelstromverluste in Eisenblechkernen von Drosselspulen und Übertragern, die Nähewirkung (Proximityeffekt) bei Doppelleitungen, die Zusatzverluste in Litzenleitern, in Topfkernspulen und in Massekernen. Außerdem werden Näherungsverfahren angegeben, die auf kompliziertere Gebilde wie bandförmige Leiter sowie Doppelleitungen und Einfachleitungen mit Erdrückleitung angewendet werden.

In dem Abschnitt C über die Schirmwirkung metallischer Hüllen ist ein Näherungsverfahren zur Berechnung komplizierterer Schirmungsaufgaben hinzugekommen, das auf den sogenannten „Eckeneffekt" angewendet wird.

Während in den bisherigen Abschnitten quasistationäre magnetische Wechselfelder vorausgesetzt wurden, wird in dem Abschnitt D erstmalig die Schirmwirkung gegen elektromagnetische Wellen bei beliebig kurzer Wellenlänge behandelt. Gleichzeitig werden dabei Ergebnisse über die Reflexionswirkung der metallischen Hüllen gewonnen, die für die Radartechnik von Bedeutung sind.

Der nächste Abschnitt E ist vor allem für die Kabeltechnik wichtig. Hier werden die Berechnungsformeln für die Leitungskonstanten sämtlicher Leitungstypen abgeleitet, angefangen von der Koaxialleitung bis zu den Sternvierer-Phantomleitungen in beliebig vielpaarigen Kabeln mit Bleimantel. Entsprechend seiner praktischen Bedeutung ist dieser Abschnitt gegenüber der ersten Auflage wesentlich erweitert. Zur Erleichterung für die Praxis sind die Endformeln in Tabellen zusammengestellt. Bei den metallisch gekapselten Spulen sind auch Spulen mit Eisenkern aufgenommen worden.

Der einzige Abschnitt, der im wesentlichen unverändert geblieben ist, ist der folgende (F) über mehrschichtige Schirme. Erweitert sind lediglich die Ausführungen über die optimale Bemessung mehrschichtiger magnetostatischer Schirme für Kugelpanzergalvanometer.

Ich habe geglaubt, die in der ersten Auflage enthaltenen Ausführungen über „zusammengesetzte Hüllen mit Fugen" fortlassen zu sollen, weil sie nach meiner Ansicht nur akademisches Interesse haben. Dafür wurde der Abschnitt G über den Durchgriff durch Spalte ausführlicher gestaltet. Dabei ist die Anwendung auf Richtungskoppler und Meßleitungen neu aufgenommen worden. Das gleiche gilt für den folgenden Abschnitt H über den Durchgriff durch Löcher, in dem ebenfalls die Richtungskoppler sowie die koaxialen Bandfilter mit Lochkopplungen hinzugekommen sind.

Der Umgriff um den Rand offener Schirme ist Gegenstand von Abschnitt I. Dieser wurde ergänzt durch Hinzunahme des Umgriffs um die Ränder von langen Blechstreifen (zweidimensionales Problem). Dadurch wurde der Vorteil erreicht, mittels konformer Abbildung die Feldbilder des elektrischen und magnetischen Umgriffs exakt zeichnen zu können, was erheblich zur Veranschaulichung beiträgt.

Der Abschnitt K über Gitterschirme ist durch die Berücksichtigung der Nähewirkung der Gitterdrähte ergänzt worden. Dadurch erweitert sich die Gültigkeit der Formeln für die Schirmwirkung beträchtlich nach engeren Gittermaschen.

Vollkommen umgearbeitet wurde der Abschnitt L über die Schirmung gegen Störströme. Die beiden ersten Kapitel über Durchführungskondensatoren und Doppelkontakt-Buchsen und -Federn wurden neu aufgenommen. Die anderen Kapitel über den Kopplungswiderstand und das Nebensprechen zwischen geschirmten Leitungen sind nach neuen didaktischen Gesichtspunkten aufgebaut und erweitert worden.

Entsprechend den erweiterten mathematischen Anforderungen vor allem in Abschnitt D wurde auch der letzte Abschnitt M über „wichtige Eigenschaften der Zylinder- und Kugelfunktionen" durch Hinzunahme der NEUMANNschen Zylinderfunktionen sowie der Zylinderfunktionen mit halbzahligen Indizes ergänzt.

Was die Bezeichnungsweise angeht, so habe ich mich an die Deutschen Normen (DIN 1302 und 1304) gehalten. Ich hoffe, daß dadurch der Zugang zu den Ergebnissen wesentlich erleichtert wird. In einer besonderen Liste sind außerdem alle wesentlichen Formelzeichen zusammengestellt.

Es hat sich in der ersten Auflage bewährt, daß am Schluß eines jeden Abschnitts oder gelegentlich auch eines Kapitels Beispiele aus der Praxis aufgeführt sind, die bis zum numerischen Endresultat durchgerechnet sind. Dieses Verfahren wurde auch hier beibehalten, wobei die Rechnungsergebnisse in Tabellen zusammengefaßt sind und somit einen raschen Überblick über die Größe der Effekte geben. Die numerischen Rechnungen für die Tabellen und für die zahlreichen Kurvendarstellungen wurden von Fräulein U. LUSANSKY und Herrn K. WALLNER besorgt. Herr Dipl.-Phys. K. FRÖHR hat das Manuskript kritisch durchgesehen; wertvolle Anregungen und Verbesserungsvorschläge sowie das Stichwortverzeichnis verdanke ich ihm. Weiteren Dank verdient Fräulein U. LUSANSKY für ihr sorgfältiges Korrekturlesen.

München, im Dezember 1958 **H. Kaden**

Inhaltsverzeichnis

Erklärung der wichtigsten Formelzeichen

a	Dämpfung, Abstand
a_e	Schirmdämpfung für das elektrische Feld
a_k	Kamindämpfung
a_m	Schirmdämpfung für das magnetische Feld
a_s	quasistationäre Schirmdämpfung
a_{st}	Stördämpfung
A	Vektorpotential, unbestimmte Konstante
b	Spaltbreite, Blechstreifenbreite, Übertragungswinkel
B	Induktion, Vektorpotential, unbestimmte Konstante
c_{mn}	Entwicklungskoeffizienten
C	Kapazität, Konstante
C_{10}, C_{20}	Kapazität der Leitung *1* oder *2* gegen den Schirm *0*
C_{12}	Durchgriffskapazität, kapazitive Kopplung, Umgriffskapazität zwi schen Leitung *1* und *2*
d	Dicke, Wandstärke, Schirmdicke
e	Exzentrizität einer Leitung innerhalb eines Schirmes
$e\left(\frac{r_0}{\lambda_0}\right)$	Reflexionsfaktor oder Echofunktion einer metallischen Hülle
$\mathrm{e}^{j\omega t}$	Periodizitätsfaktor
E	vollständiges elliptisches Integral 2. Gattung
E	elektrische Feldstärke, Feldvektor
E^*	konjugiert komplexer Wert von E
f	Frequenz
f_g	Grenzfrequenz
F	Fläche, mittlere Windungsfläche
F_w	Wicklungsquerschnitt
h	Höhe des Wicklungsraumes, mittlerer Kraftlinienweg im Eisen, Abstand der Ladungen bei Dipolen
H	magnetische Feldstärke, Feldvektor
H^*	konjugiert komplexer Wert von H
H_0	Feldstärke an der Schirmoberfläche
$\mathrm{H}_n^{(1)}$, $\mathrm{H}_n^{(2)}$	HANKELsche Funktion n-ter Ordnung
i	imaginäre Einheit in der $\mathfrak{z}$-Ebene
I	Strom (Durchflutung), Stromstärke, Spulenstrom
Im	Imaginärteil von ...

I_{st}	Störstrom
j	imaginäre Einheit in der Zeitebene
J_n	BESSELsche Funktion n-ter Ordnung
k	Wirbelstromkonstante
$k_0 = \omega\sqrt{\mu_0\,\varepsilon_0} = \frac{2\pi}{\lambda_0}$	Wellenzahl des leeren Raumes
K	vollständiges elliptisches Integral 1. Gattung
l	Länge, Spulenlänge, Kaminlänge, Verstärkerfeldlänge, Polabstand, Kraftlinienweg
L	Induktivität, Induktivitätsbelag
L_a	Induktivität des Außenleiters einer Koaxialleitung
L_g	gesamte Induktivität
L_h	innere Induktivität einer Hülle
L_i	innere Induktivität eines Drahtes
L_n	Induktivität infolge Nähewirkung
m	Ordnungszahl, Summationsindex, magnetische Polstärke
M_{12}	magnetische Kopplung zwischen System *1* und *2*, Umgriff- oder Gegeninduktivität
n	Summationsindex
N	Windungszahl einer Spule, Zahl der Einzeldrähte
N_n	NEUMANNsche Funktion n-ter Ordnung
p	Parameter, Modul elliptischer Integrale
p'	komplementärer Modul elliptischer Integrale
p_s	Spulenparameter
P	POYNTINGscher Strahlungsvektor, Verlustleistung
$\mathrm{P}_n(x)$	Kugelfunktionen erster Art
$\mathrm{P}_n^{(1)}(x)$	zugeordnete Kugelfunktion erster Art
q	Ladung, Punktladung, Eisenquerschnitt, äquivalenter Leitungsquerschnitt des Drahtes
Q	Schirmfaktor
$\lVert Q \rVert$	Schirmmatrix
$\mathrm{Q}_n(x)$	Kugelfunktionen zweiter Art
$\mathrm{Q}_n^{(1)}(x)$	zugeordnete Kugelfunktion zweiter Art
$r,\ \varphi,\ z$	Zylinderkoordinaten
$r,\ \vartheta,\ \varphi$	Kugelkoordinaten
r_0	Drahtradius, Innenradius eines Schirmes
$r_a,\ r_i$	Radius des Außen- bzw. Innenleiters
r_e	Radius des Einzeldrahtes
r_h	Radius einer Hülle
r_s	Spulenradius
$\boldsymbol{R} = R + \mathrm{j}\omega L$	Impedanz
R_0	Gleichstromwiderstand
R_a	Widerstand des Außenleiters einer Koaxialleitung
R_{a0}	Gleichstromwiderstand eines Außenleiters

Re	Realteil von ...
R_g	Gesamtwiderstand
R_h	Verlustwiderstand einer Hülle
$\boldsymbol{R}_i = R_i + j\omega L_i$	innere Impedanz eines Drahtes
R_i	Widerstand eines Drahtes
$\boldsymbol{R}_K$	Kernwiderstand, Kopplungswiderstand
R_l	Gesamtwiderstand der Litze
R_n	Widerstand infolge Nähewirkung
R_s	Widerstand der Stammleitung eines Sternvierers
$R_ü$	Übergangswiderstand
R_v	Widerstand der Viererphantomleitung
R_z	zusätzlicher Widerstand
S	Stromdichte, Wirbelstromdichte
t	Zeit, Tiefe des Wicklungsraumes, Dicke der Wicklung
U	Spannung, Realteil des Rückwirkungsfaktors
U_f, U_n	Nebensprechspannung am fernen bzw. nahen Ende einer Leitung
U_{st}	Störspannung
v_s	Spulenvolumen
V	Imaginärteil des Rückwirkungsfaktors
$W = U + jV$	komplexer Rückwirkungsfaktor
W_a, W_i	äußerer bzw. innerer Rückwirkungsfaktor einer Hülle
W_m	Rückwirkungsfaktor m-ter Ordnung
x, y, z	kartesische Koordinaten
X	Potential, skalare Potentialfunktion
X_0	reelles Potential, Potential eines Dipols
X_w	Rückwirkungspotential der Hohlkugel
Y	Stromfunktion, Vektorpotential
$\mathfrak{z} = x + iy$	komplexe Koordinaten in der physikalischen $\mathfrak{z}$-Ebene
$\mathfrak{Z} = X + iY$	komplexes Potential, Potentialfunktion
$Z_0 = \sqrt{\frac{\mu_0}{\varepsilon_0}}$	Wellenwiderstand des leeren Raumes
Z	Wellenwiderstand
α	Dämpfungskonstante oder Dämpfungsbelag, Winkel
β	Phasenkonstante
Γ	Gammafunktion, normiertes Potential
δ	äquivalente Leitschichtdicke
Δ	LAPLACEscher Differentialoperator 2. Ordnung
ε	Dielektrizitätskonstante
$\varepsilon_0 = \frac{5}{18\pi} 10^{-12} \frac{\mathrm{F}}{\mathrm{cm}}$	Dielektrizitätskonstante des leeren Raumes
$\zeta_n(\mathfrak{z})$	Zylinderfunktion nach SOMMERFELD
$\varkappa$	spezifische Leitfähigkeit

λ_0	Wellenlänge im leeren Raum
$\lambda_i\left(\frac{r_i}{\delta_i}\right)$	Induktivitätsfunktion eines Drahtes
μ	Permeabilität
$\mu_0 = 4\pi \cdot 10^{-9}\ \frac{\mathrm{H}}{\mathrm{cm}}$	Permeabilität des leeren Raumes
μ_w	wirksame Permeabilität
μ_w^*	konjugiert komplexer Wert von μ_w
ν	Summationsindex
$\xi,\ \eta,\ \varphi$	elliptische Koordinaten
$\xi,\ \eta,\ \zeta$	kartesische Koordinaten
$\varrho = \frac{1}{\varkappa}$	spezifischer Widerstand
$\varrho_i\left(\frac{r_i}{\delta_i}\right)$	Widerstandsfunktion eines Drahtes
$\varrho_k\left(\frac{r_0}{\delta}\right)$	Verlustfunktion für die Kugel
$\varrho_p\left(\frac{d}{\delta}\right)$	Verlustfunktion für die Platte
$\varrho_z\left(\frac{r_0}{\delta}\right)$	Funktion für Zusatzverluste in einem Draht
σ	Ladungsdichte
φ	Winkel, Verlustwinkel
Φ	magnetischer Kraftfluß
ψ	Winkel, Verseilwinkel; Funktion
$\psi_n(z)$	Zylinderfunktion n-ter Ordnung nach SOMMERFELD
$\omega = 2\pi f$	Kreisfrequenz

A. Einleitung: Allgemeine Grundlagen für die Behandlung von Wirbelstrom- und Schirmungsproblemen

1. Maxwellsche Differentialgleichungen

Die Wirbelstrom- und Schirmungsprobleme sind Musterbeispiele, um die Gleichungen der elektromagnetischen Feldtheorie anzuwenden. Während vor etwa 30 Jahren nur einige wenige Theoretiker in dem Umgang mit den MAXWELLschen Gleichungen geübt waren, stellt man doch heute schon erheblich höhere Ansprüche an die theoretischen Fähigkeiten des in den Laboratorien der Nachrichtentechnik arbeitenden Ingenieurs und Physikers. In diesem Zusammenhang sei auch an die Hohlleitungen und Antennen der Zentimeterwellentechnik erinnert, die nur auf Grund der MAXWELLschen Feldtheorie zu verstehen sind.

Der Anschaulichkeit halber gehen wir von den MAXWELLschen Gleichungen in Integralform aus: Die erste Gleichung, der *Durchflutungssatz,* besagt, daß das Linienintegral der *magnetischen* Feldstärke längs eines geschlossenen Weges L gleich dem gesamten Strom I (Durchflutung) ist, der durch die von der geschlossenen Linie begrenzten Fläche F hindurchfließt. Formal drückt sich dieses Gesetz wie folgt aus:

$$\oint_L H_s \, \mathrm{d}s = I. \tag{1}$$

Das Differential $\mathrm{d}s$ bedeutet ein differentielles Linienelement des Integrationsweges und H_s die Komponente der magnetischen Feldstärke H in irgendeinem Punkt des Integrationsweges, die in Richtung von $\mathrm{d}s$ liegt (Abb. 1). Der Strom I setzt sich im allgemeinen aus dem Leitungsstrom und dem Verschiebungsstrom zusammen. Stromrichtung und Umlaufsinn hängen wie Fortschreitungsrichtung und Drehsinn bei einer rechtsgängigen Schraube zusammen.

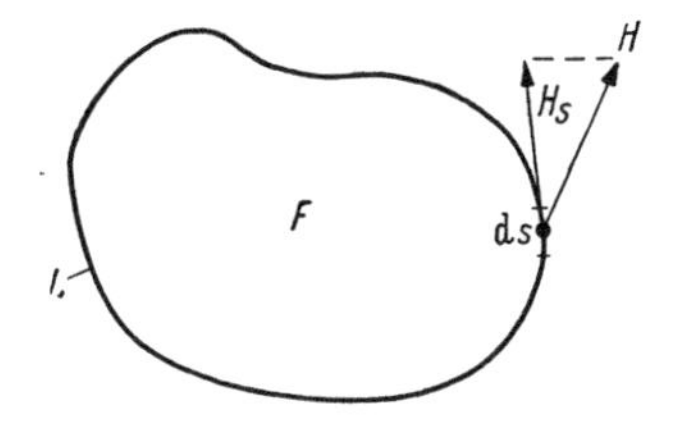

Abb. 1. Zur Veranschaulichung des Durchflutungssatzes

Das einfachste Beispiel für die Anwendung des Durchflutungssatzes ist das magnetische Feld um einen vom Strom I durchflossenen Draht (Abb. 2). Aus Symmetriegründen verläuft das magnetische Feld in konzentrischen Kreisen um den Draht. Es hat also nur eine Komponente H_φ in der Umlaufrichtung, die auf einem konzentrischen Kreis mit dem Radius r konstant bleibt. Aus Gl. (1) erhält man, weil $\mathrm{d}s = r\,\mathrm{d}\varphi$ ist, den Ausdruck

$$\int_{0}^{\pi} H_{\varphi}\, r\, \mathrm{d}\varphi = 2\pi r H_{\varphi} = I. \tag{2}$$

Daher ist

$$H_{\varphi} = \frac{I}{2\pi r}. \tag{3}$$

Die magnetische Feldstärke nimmt hiernach umgekehrt proportional zum Abstand r vom Draht ab.

Die zweite MAXWELLsche Gleichung ist das *Induktionsgesetz*, das eine Beziehung für das Umlaufintegral der *elektrischen* Feldstärke

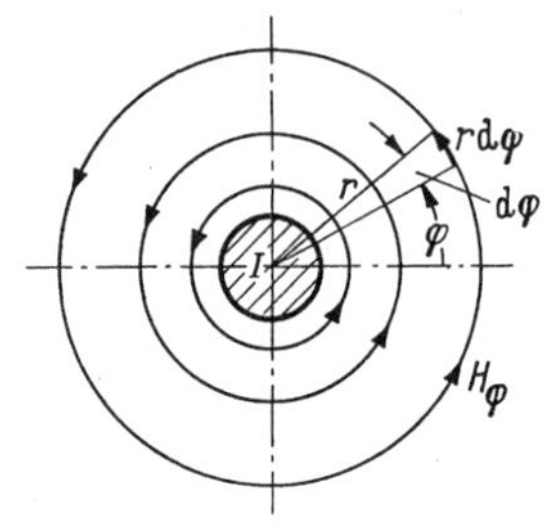

Abb. 2. Zum Durchflutungssatz: Das magnetische Feld um einen Draht, der vom Strom I durchflossen wird

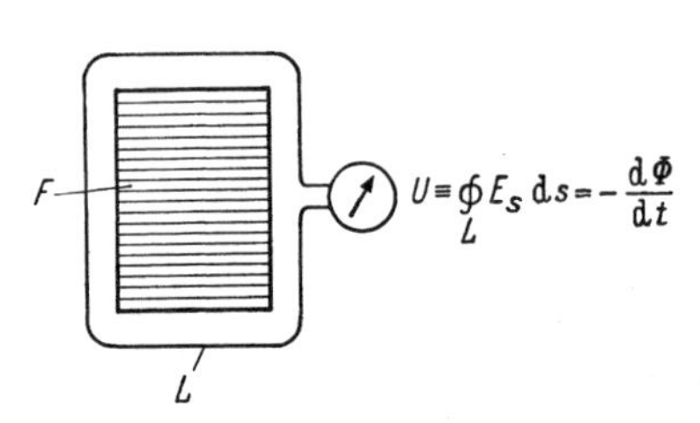

Abb. 3. Zum Induktionsgesetz: Spannung U in einer geschlossenen Schleife, um einen Eisenblechkern mit dem Querschnitt F

längs einer geschlossenen Linie L liefert. Es besagt, daß dieses Integral gleich dem zeitlichen Schwund des magnetischen Kraftflusses Φ ist, der durch die Fläche F hindurch geht:

$$\oint_{L} E_s\, \mathrm{d}s = -\frac{\mathrm{d}\Phi}{\mathrm{d}t}. \tag{4}$$

Die Wirkungsweise der Transformatoren und Drosselspulen beruht auf diesem Satz. So berechnet sich die in einer um einen Eisenkern gelegten Drahtwindung induzierte Spannung U nach diesem Gesetz, wie es in Abb. 3 veranschaulicht ist.

Die beiden Gl. (1) und (4) beschreiben bereits den ganzen Inhalt der elektromagnetischen Feldtheorie. Wir haben ihn in der sogenannten Integralform ausgedrückt; sie ist jedoch für unsere Zwecke noch nicht geeignet. Wir brauchen diese physikalischen Aussagen in der Schreibweise von Differentialgleichungen. Um dies zu erreichen, wenden wir den sogenannten STOKESschen Integralsatz auf die Gl. (1) und (4) an. Dabei gehen wir zur Grenze einer sehr kleinen Fläche ($F \to \mathrm{d}F$) über, indem wir den Integrationsweg L immer mehr zusammenschrumpfen lassen. Dann ist das Integral über den geschlossenen Weg gleich dem differentiellen Flächenelement $\mathrm{d}F$ multipliziert mit einem Proportionalitätsfaktor, den wir die Rotation des betreffenden Vektors (H oder E) nennen. Formelmäßig stellt sich dieser Grenzübergang so dar:

$$\lim_{F \to \mathrm{d}F} \oint_L H_s \, \mathrm{d}s = \mathrm{d}F (\operatorname{rot} H)_n . \tag{5}$$

Der Index n auf der rechten Seite dieser Gleichung bedeutet, daß der Ausdruck $\operatorname{rot} H$ ein Vektor ist, der normal zur Fläche $\mathrm{d}F$ steht. Wir machen nun auf der rechten Seite der Gl. (1) den gleichen Grenzübergang; dann ist die Durchflutung I ebenfalls proportional dem differentiellen Flächenelement $\mathrm{d}F$ mit der Stromdichte S_n als Proportionalitätsfaktor:

$$\lim_{F \to \mathrm{d}F} I = \mathrm{d}F \, S_n . \tag{6}$$

Setzt man jetzt Gl. (5) und (6) in Gl. (1) ein, so hebt sich $\mathrm{d}F$ heraus, und es ergibt sich die Gleichung

$$\operatorname{rot} H = S , \tag{7}$$

bei der auf beiden Seiten ein Vektor steht. Sie ist eine Differentialgleichung zwischen den Komponenten von H und S, die unabhängig von irgendeinem speziellen Koordinatensystem gilt. Wir werden später den Differentialoperator rot in den verschiedenen Koordinatensystemen angeben. Die Stromdichte S setzt sich aus zwei Anteilen zusammen, der Dichte des Leitungsstromes $\varkappa E$ ($\varkappa$ Leitfähigkeit) und der Dichte des Verschiebungsstromes $\varepsilon \, \partial E/\partial t$ (ε Dielektrizitätskonstante). Benutzt man diesen Zusammenhang in Gl. (7), so haben wir eine differentielle Beziehung zwischen den beiden Feldstärken H und E auf Grund des Durchflutungssatzes in der Form

$$\operatorname{rot} H = \varkappa E + \varepsilon \frac{\partial E}{\partial t} \tag{8}$$

gewonnen.

Wir wenden nun die gleiche Umformung auf die Gl. (4) an. Dabei ist der Kraftfluß Φ im Grenzfall gleich dem Flächenelement $\mathrm{d}F$ multipliziert mit der Induktion $B = \mu H$ (μ Permeabilität):

$$\lim_{F \to \mathrm{d}F} \Phi = \mathrm{d}F \, \mu (H)_n . \tag{9}$$

Setzt man dies in Gl. (4) ein und beachtet, daß F nicht von der Zeit abhängt (ruhendes Medium), so erhalten wir das Induktionsgesetz in der differentiellen Form

$$\operatorname{rot} E = -\mu \frac{\partial H}{\partial t} , \tag{10}$$

das eine zweite Beziehung zwischen H und E liefert.

Wir betrachten nun in allen unseren Untersuchungen Wechselfelder im eingeschwungenen Zustand. Die Zeitabhängigkeit der Feldvektoren können wir daher durch den sogenannten Periodizitätsfaktor $e^{j\omega t}$ ausdrücken, mit dem jeder Feldvektor zu multiplizieren ist (ω Kreisfrequenz). Die partielle Differentiation nach der Zeit t äußert sich dann einfach durch Multiplikation mit dem Faktor $j\omega$. Der Faktor $e^{j\omega t}$ hebt sich in allen Gleichungen heraus, und wir erhalten das Gleichungssystem

$$\operatorname{rot} H = (\varkappa + j\,\omega\,\varepsilon)\,E\,, \tag{11}$$

$$\operatorname{rot} E = -j\,\omega\,\mu\,H\,; \tag{12}$$

die Feldvektoren E und H bedeuten jetzt die Amplituden und sind nur noch Funktionen des Ortes.

Im folgenden handelt es sich in den meisten Fällen um die Wechselwirkung zwischen den Wirbelströmen in Metallen und dem umgebenden Magnetfeld in Luft, wobei wir von der Wellennatur des Feldes in Luft absehen. Wir setzen also in der Mehrzahl der Fälle voraus, daß die Wellenlänge des störenden Feldes groß sein soll im Vergleich zu den charakteristischen Abmessungen des Metallkörpers. (Zum Beispiel Abstand zwischen zwei parallelen Platten, Durchmesser des Hohlzylinders oder der Hohlkugel usw.) In der Physik spricht man dann von quasistationären Wechselfeldern, bei denen die Dichte des Verschiebungsstromes ($j\omega\,\varepsilon E$) vernachlässigt werden darf. Unsere Feldgleichungen (11) und (12) vereinfachen sich dann zu den Ausdrücken

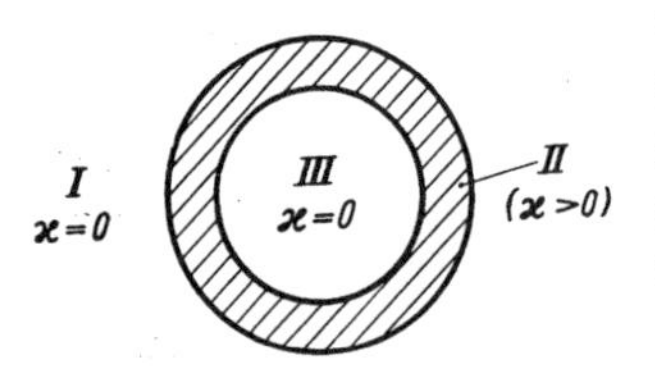

Abb. 4. Aufteilung des gesamten Raumes in drei Teilräume: Äußerer Luftraum I, metallischer Raum ($\varkappa > 0$) II und innerer Luftraum III

$$\operatorname{rot} H = \varkappa\,E\,, \tag{13}$$

$$\operatorname{rot} E = -j\,\omega\,\mu\,H\,, \tag{14}$$

an die unsere weiteren Betrachtungen anknüpfen.

Die Differentialgleichungen (13) und (14) müssen im allgemeinen für den gesamten Raum integriert werden, wenn man die Lösung eines bestimmten Problems haben will. Zu diesem Zweck teilen wir den Raum entsprechend Abb. 4 in drei Teile:

I ist der äußere Luftraum, in dem $\varkappa = 0$ ist,
II ist der metallische Raum, in dem $\varkappa > 0$ ist und
III ist der innere, vom Metall umgebene Luftraum, in dem $\varkappa = 0$ ist.

Wenn der metallische Körper massiv ist, fällt der innere Luftraum III weg.

Wir betrachten zunächst die Lösungen der Gl. (13) und (14) für die Lufträume I und III. Weil hier die Leitfähigkeit $\varkappa = 0$ ist, ist das Feld wegen Gl. (13) wirbelfrei:

$$\operatorname{rot} H = 0\,. \tag{15}$$

Nach einem bekannten Satz aus der Vektoranalysis bedeutet dies, daß das magnetische Feld in Luft ein Potentialfeld ist. Das Potential nennen wir X und leiten die magnetische Feldstärke als Gradienten von X ab entsprechend

$$H = \operatorname{grad} X. \tag{16}$$

Dann ist Gl. (15) erfüllt, weil die Operation einer Rotation von einem Gradienten (rot grad) bekanntlich identisch Null ist. Durch die Einführung der skalaren Potentialfunktion X gewinnen wir den großen Vorteil, nur mit einer einzigen Größe, nämlich der skalaren Funktion X, auszukommen, anstatt mit den drei Komponenten der Feldstärke H operieren zu müssen. Um zu einer Differentialgleichung für X zu gelangen, müssen wir noch Gl. (14) heranziehen. Aus ihr zeigt sich, daß das magnetische Feld auch quellenfrei ist ($\operatorname{div} H = 0$). Dieses Ergebnis läßt sich durch Bilden der Divergenz auf beiden Seiten von Gl. (14) beweisen, wenn man berücksichtigt, daß die Operation div rot identisch Null ergibt. Demnach gilt mit Benutzung von Gl. (16)

$$\operatorname{div} H = \operatorname{div} \operatorname{grad} X \equiv \Delta X = 0. \tag{17}$$

Den Differentialoperator div grad $\equiv \Delta$ nennt man den LAPLACEschen Operator, und Gl. (17) ist die bekannte partielle Differentialgleichung 2. Ordnung für das Potential X eines quellen- und wirbelfreien Feldes. Hat man Gl. (17) integriert, so erhält man aus X sämtliche Komponenten der magnetischen Feldstärke H durch Bilden des Gradienten von X entsprechend Gl. (16).

In dem metallischen Raum II ist das magnetische Feld wegen Gl. (13) nicht mehr wirbelfrei, weil die Leitfähigkeit $\varkappa > 0$ ist. Daher müssen wir in diesem Bereich auf eine Potentialfunktion verzichten und mit den Feldstärken selbst umgehen. Bei den folgenden Problemen erweist es sich als zweckmäßig, das Augenmerk auf die elektrische Feldstärke E zu richten und die magnetische Feldstärke H mit Hilfe der Gl. (13) und (14) zu eliminieren. Dies kommt daher, weil in vielen Fällen die elektrische Feldstärke und damit die Stromdichte nur eine einzige Komponente haben, die sich von vornherein aus der physikalischen Anschauung ergibt. Die magnetische Feldstärke H läßt sich nun ohne Schwierigkeit aus den Gl. (13) und (14) beseitigen, indem man von Gl. (14) auf beiden Seiten die Rotation bildet. Für den auf der rechten Seite stehenden Ausdruck $\operatorname{rot} H$ setzt man einfach seinen Wert aus Gl. (13) ein und erhält dann die gesuchte Beziehung

$$\operatorname{rot} \operatorname{rot} E + k^2 E = 0, \tag{18}$$

in der k eine Konstante ist, die wir im folgenden die *Wirbelstromkonstante* nennen. Sie berechnet sich aus der Gleichung

$$k^2 = \mathrm{j}\, \omega \mu \varkappa \tag{19}$$

und enthält vor allem die Materialkonstanten Leitfähigkeit $\varkappa$ und Permeabilität μ des Metalls und gleichzeitig die Kreisfrequenz ω. Die Größe k hat die Dimension einer reziproken Länge. Wir werden später im Zusammenhang mit der äquivalenten Leitschichtdicke noch genauer auf die Wirbelstromkonstante eingehen.

Die Feldstärke E hat oft die Richtung nach einer kartesischen Koordinate. In solchen Fällen läßt sich Gl. (18) noch vereinfachen, weil man dann für den Operator rot rot = grad div — Δ schreiben kann. Beachtet man noch, daß das elektrische Feld ebenso wie das magnetische Feld quellenfrei ist [div$E = 0$ folgt aus Gl. (13), wenn man auf beiden Seiten die Divergenz bildet und wieder die Identität div rot = 0 benutzt], so wird aus Gl. (18) die einfachere Gleichung

$$\Delta E = k^2 E. \tag{20}$$

Die Größe Δ ist wieder der LAPLACEsche Differentialoperator 2. Ordnung; sie gilt nur unter der oben formulierten Voraussetzung, worauf oft überhaupt nicht oder nicht eindringlich genug hingewiesen wird. Bei den Wirbelströmen in einer Kugel, die wir später berechnen (Abschn. B, Kap. 3), haben wir ein Beispiel, bei dem die Stromdichte und damit die elektrische Feldstärke zirkular verlaufen (Gl. (B 113)). Hier versagt daher Gl. (20), und man muß auf die allgemein gültige Gl. (18) zurückgreifen.

Manchmal ist es zweckmäßiger, an Stelle von H die elektrische Feldstärke E zu eliminieren. Dies ist dann der Fall, wenn die magnetische Feldstärke H nur eine Komponente nach einer kartesischen Koordinate hat. Die gleiche Rechnung wie oben führt dann über Gl. (18) auf dieselbe Gl. (20); man braucht nur E durch H zu ersetzen. Es ist dann

$$\Delta H = k^2 H. \tag{21}$$

Berücksichtigt man in Luft den Verschiebungsstrom, dessen Dichte nach Gl. (11) $\mathrm{j}\,\omega\,\varepsilon_0 E$ ist, so sind die Felder nicht mehr quasistationär; es kommt dann die Wellennatur zum Vorschein (siehe auch Abschnitt D). An die Stelle der Leitfähigkeit $\varkappa$ des Metalls tritt die dielektrische Leitfähigkeit $\mathrm{j}\,\omega\,\varepsilon_0$ der Luft, so daß aus der Wirbelstromkonstanten k die Größe $\mathrm{j}\,k_0$ wird. Es bedeutet $k_0 = \omega\sqrt{\mu_0\,\varepsilon_0} = 2\pi/\lambda_0$ die sogenannte Wellenzahl, die reell ist (λ_0 Wellenlänge im leeren Raum). Setzt man nun für k^2 in Gl. (20) und (21) jetzt $-k_0^2$ ein, so entsteht die sogenannte Wellengleichung $\Delta E + k_0^2 E = 0$ bzw. $\Delta H + k_0^2 H = 0$ (siehe auch Gl. (H 32) und (H 137)).

2. Randbedingungen

Bei Schirmungsaufgaben ist für jeden der drei Räume I, II und III nach Abb. 4 eine partielle Differentialgleichung 2. Ordnung zu lösen, nämlich Gl. (17) für I und III und Gl. (18) oder (20) für II. Bei der

Integration fallen also in jedem Gebiet zwei unbestimmte Konstanten an; das sind zusammen sechs Konstanten. Zwei von ihnen bestimmen sich bereits aus den Anregungsbedingungen, wobei wir zwischen zwei Alternativen unterscheiden: Wird das magnetische Feld außerhalb des Schirmes (in Raum I) erregt, so muß die Lösung von Gl. (17) im Außenraum eine der Anregung entsprechende Singularität besitzen und im Innenraum (Raum III) überall endlich bleiben; befindet sich dagegen der Felderreger im Innenraum (in Raum III), so muß hier die Lösung entsprechend singulär werden und im Außenraum (I) überall, auch im Unendlichen, endlich bleiben. Die restlichen vier Konstanten sind nun aus den Stetigkeitsforderungen für das Feld bei dem Durchgang durch die innere und äußere Metalloberfläche zu berechnen. Da ist zunächst die Bedingung zu erfüllen, daß die tangentielle Komponente H_t der magnetischen Feldstärke H an der inneren und äußeren Oberfläche stetig, d. h. ohne Sprung, übergeht. Ferner gilt das gleiche auch für die tangentielle Komponente E_t der elektrischen Feldstärke E. An Stelle von E_t kann man auch die Normalkomponente B_n der Induktion $B = \mu H$ nehmen, was manchmal bequemer ist[1]. Diese Stetigkeitsforderungen liefern also gerade die notwendigen vier Gleichungen zur Festlegung der vier Konstanten und sind in dem untenstehenden Schema

	Magnetische Feldstärke	Elektrische Feldstärke oder magnetische Induktion
Äußere Oberfläche	$H_{t\,\mathrm{I}} = H_{t\,\mathrm{II}}$	oder $E_{t\,\mathrm{I}} = E_{t\,\mathrm{II}}$ $\mu_0 H_{n\,\mathrm{I}} = \mu H_{n\,\mathrm{II}}$
Innere Oberfläche	$H_{t\,\mathrm{II}} = H_{t\,\mathrm{III}}$	oder $E_{t\,\mathrm{II}} = E_{t\,\mathrm{III}}$ $\mu H_{n\,\mathrm{II}} = \mu_0 H_{n\,\mathrm{III}}$

übersichtlich zusammengestellt. Handelt es sich um die Wechselwirkung zwischen den Wirbelströmen in einem massiven Metallkörper und einem äußeren Magnetfeld, so fallen die beiden Bedingungen an der inneren Oberfläche fort. Auch in diesem Fall ist das Problem durch die Anregungsbedingung und die Stetigkeitsforderung an der Metalloberfläche determiniert.

---

[1] Wenn E_t nur eine Komponente in Richtung einer einzigen Koordinate hat, so ist die Stetigkeitsforderung für B_n und E_t gleichwertig. Im allgemeinen kann jedoch E_t in der Grenzfläche Komponenten nach zwei Koordinaten haben (Abschn. D, Kap. 3), dann kommt man mit der Stetigkeitsbedingung für B_n nicht mehr aus, sondern man muß die beiden Komponenten für E_t benutzen, die zwei Gleichungen liefern.

3. Äquivalente Leitschichtdicke

Bei allen Problemen, die mit Wirbelströmen im Metall zusammenhängen, spielt die äquivalente Leitschichtdicke δ eine maßgebende Rolle. Wir wollen sie zunächst formal mit Hilfe der Wirbelstromkonstanten k nach Gl. (19) definieren. Diese ist komplex mit gleichem Real- und Imaginärteil; man setzt daher

$$k = \frac{1 + \mathrm{j}}{\delta}. \tag{22}$$

Nimmt man für die Wirbelstromkonstante k den Wert aus Gl. (19), so erhält man folgende Formel für die äquivalente Leitschichtdicke:

$$\delta = \sqrt{\frac{2}{\omega\,\mu\,\varkappa}} = \sqrt{\frac{\varrho}{\pi f \mu}} = \frac{10^2}{2\pi}\sqrt{\frac{\frac{\varrho}{\Omega\,\mathrm{mm}^2/\mathrm{m}}}{\frac{f}{\mathrm{kHz}}\,\frac{\mu}{\mu_0}}}\,\mathrm{mm} = \frac{10^4\,\mathrm{mm}}{2\pi\sqrt{\frac{f}{\mathrm{kHz}}\,\frac{\varkappa}{\mathrm{S/cm}}\,\frac{\mu}{\mu_0}}}. \tag{23}$$

Sie ist reell und hat die Dimension einer Länge ($\varrho = 1/\varkappa$ spezifischer Widerstand, f Frequenz, μ/μ_0 relative Permeabilität; $\mu_0 = 4\pi \cdot 10^{-9}$ H/cm Permeabilität des leeren Raumes). An dem Beispiel des stromdurchflossenen Drahtes werden wir sogleich die praktische Bedeutung der äquivalenten Leitschichtdicke δ erkennen (Abb. 5).

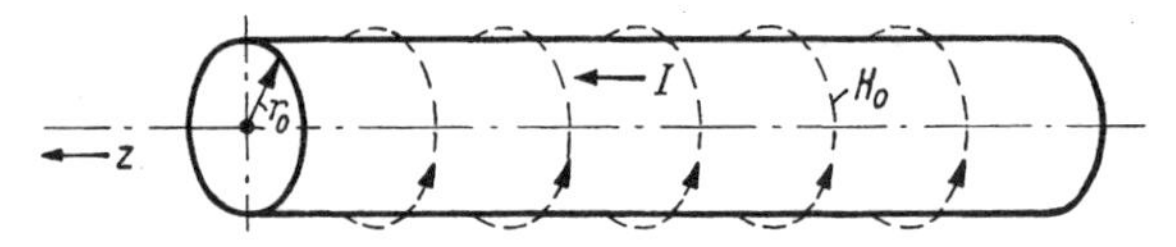

Abb. 5. Stromführender Draht mit dem Radius r_0. I Stromstärke in Achsrichtung z und H_0 magnetische Feldstärke an der Drahtoberfläche

Die Frequenz nehmen wir als so hoch an, daß der Draht sich im Zustand der Stromverdrängung befindet. Die elektromagnetischen Vorgänge spielen sich dann in einer ganz dünnen Schicht an der Oberfläche des Drahtes ab, so daß das Innere des Metalldrahtes feld- und stromfrei ist. Die Verhältnisse lassen sich daher mit guter Annäherung denen in einer unendlichen, metallischen Halbebene gleichsetzen, an deren Oberfläche die gleiche Feldstärke H_0 wie an der Drahtoberfläche herrscht. Ist r_0 der Drahtradius und I die Stromstärke des Drahtes, so ist nach Gl. (3)

$$H_0 = \frac{I}{2\pi r_0}. \tag{24}$$

In Abb. 6 ist diese metallische Halbebene mit einem kartesischen Koordinatensystem gezeichnet, dessen x-Achse senkrecht zur Oberfläche gerichtet ist und dessen Nullpunkt in der Oberfläche liegt. Wir haben auf diese Weise unsere Aufgabe auf ein ebenes Problem zurückgeführt, bei dem alle Feldgrößen nur von x abhängen. Die magnetische Feldstärke hat nur eine einzige Komponente $H(x)$, die parallel zur y-Achse gerichtet ist und auf die wir daher Gl. (21) anwenden können. Nach Gl. (37) reduziert sich der LAPLACEsche Differentialoperator auf den gewöhnlichen Differentialquotienten 2. Ordnung nach x, so daß wir die Gleichung

$$\frac{d^2 H}{d x^2} = k^2 H \qquad (25)$$

zu lösen haben. Sie führt auf die Exponentialfunktion, und das allgemeine Integral von Gl. (25) lautet demnach

$$H(x) = A\,e^{kx} + B\,e^{-kx}. \qquad (26)$$

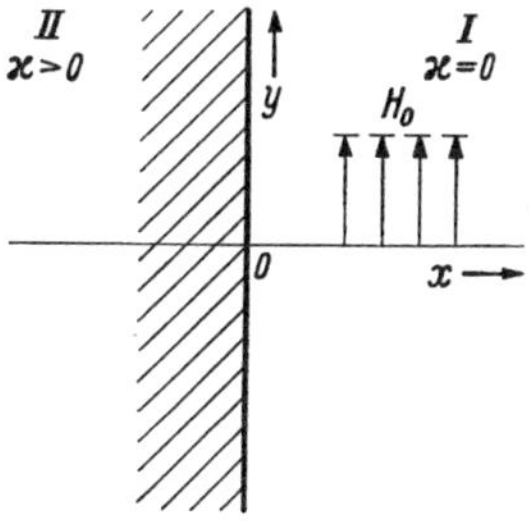

Abb. 6. Metallische Halbebene ($x \leqq 0$). H_0 magnetische Feldstärke an der Oberfläche

Wir drücken nun die Wirbelstromkonstante k durch die äquivalente Leitschichtdicke δ mit Hilfe von Gl. (22) aus. Beachtet man nun, daß die Lösung für $x \to -\infty$ endlich bleiben muß, so ist die Konstante $B = 0$ zu setzen. Ferner muß die Lösung an der Oberfläche ($x = 0$) in die Feldstärke H_0 übergehen; mithin ist die Konstante $A = H_0$, und wir erhalten die Lösung

$$H(x) = H_0\,e^{(1+j)\,x/\delta} \quad \text{für} \quad x \leqq 0. \qquad (27)$$

Man erkennt, daß der Betrag von $H(x)$, d. h. die Amplitude der Feldstärke exponentiell mit dem Abstand x von der Oberfläche abnimmt. Beträgt dieser Abstand gerade die äquivalente Leitschichtdicke ($x = -\delta$), so ist der Betrag der Feldstärke auf $1/e = 0{,}368$ des Oberflächenwertes H_0 gesunken; nimmt man $x = -2\delta$, so ist $|H(-2\delta)| = 0{,}135\,H_0$. Gleichzeitig mit dem Abfall der Amplitude dreht sich die Phase der Feldstärke. Um uns ein Bild von dem Verlauf von H nach Raum und Zeit zu verschaffen, fügen wir zu der Lösung nach Gl. (27) den Periodizitätsfaktor $e^{j\omega t}$ hinzu, der sich bei dem Übergang auf die Gl. (11) und (12) herausgehoben hat. Es ist daher

$$H(x, t) = H(x)\,e^{j\omega t}. \qquad (28)$$

Setzt man für $H(x)$ den Ausdruck aus Gl. (27) ein und beachtet, daß nur der Realteil (oder eventuell der Imaginärteil) von $H(x, t)$ physikalische Realität besitzt, so hat man folgende Formel für den Verlauf von H in Abhängigkeit von Zeit t und Abstand x:

$$\operatorname{Re} H(x, t) = H_0\,e^{x/\delta} \cos\left(\omega t + \frac{x}{\delta}\right) \quad \text{für} \quad x \leqq 0. \qquad (29)$$

In Abb. 7 ist diese Funktion für die beiden Zeitpunkte $t = 0$ und $t = \pi/2\omega$ dargestellt. Das Feld dringt hiernach in Form einer Welle in die Metalloberfläche ein, deren Amplitude mit wachsendem Abstand

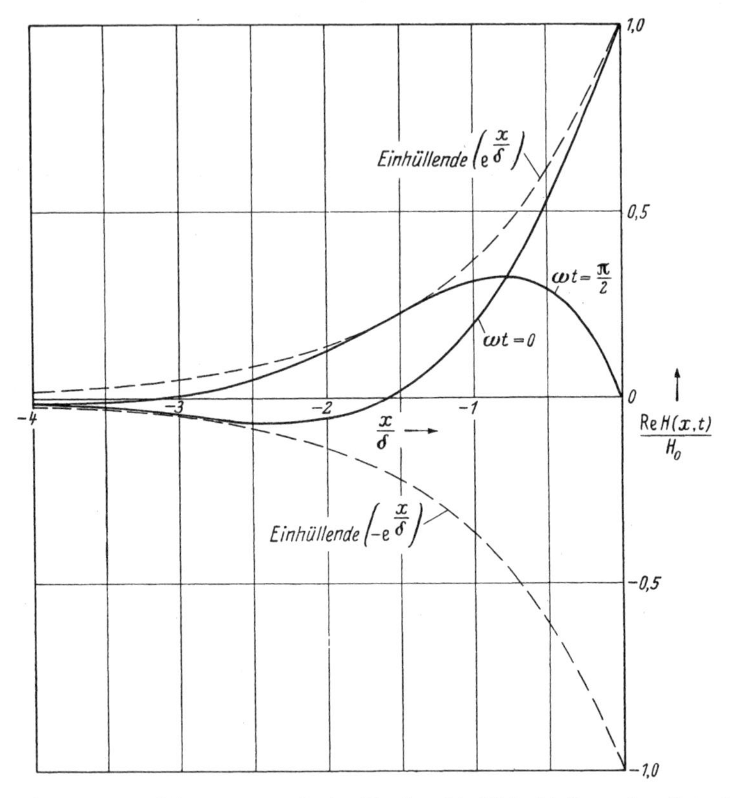

Abb. 7. Die magnetische Feldstärke innerhalb einer Metallwand in Abhängigkeit von dem Abstand $|x|$ von der Oberfläche für zwei Zeitpunkte $t = 0$ und $t = \frac{\pi}{2\omega} = \frac{1}{4f}$

stark gedämpft wird. Es zeigt sich, daß die Feldstärke im Innern für gewisse Abstände x entgegengesetzt zu der Feldstärke H_0 an der Oberfläche gerichtet ist.

Wir ermitteln nun die elektrische Feldstärke aus dem Durchflutungssatz Gl. (13); sie hat nur eine Komponente E in Richtung z, d. h. senkrecht zur Zeichenebene in Abb. 7. Daher ist nach Gl. (38)

$$E(x) = \frac{1}{\varkappa} \operatorname{rot}_z H = \frac{1}{\varkappa} \frac{\mathrm{d}H}{\mathrm{d}x} = \frac{1+\mathrm{j}}{\delta \varkappa} H_0 \, \mathrm{e}^{(1+\mathrm{j})x/\delta} \quad \text{für} \quad x \leqq 0. \tag{30}$$

Wir drücken die magnetische Feldstärke H_0 an der Oberfläche durch den Strom I mit Hilfe der Gl. (24) aus, indem wir jetzt die an der Ebene gefundenen Ergebnisse auf den stromdurchflossenen Draht anwenden. Die elektrische Feldstärke an dessen Oberfläche ($x = 0$) ist dann

$$E(0) = \frac{1 + j}{2\pi r_0 \delta \varkappa} I. \tag{31}$$

Dividiert man diesen Ausdruck auf beiden Seiten durch den Strom I, so hat man eine Gleichung für die innere Impedanz des Drahtes je Längeneinheit (Impedanzbelag). Realteil und Imaginärteil sind gleich groß; der erste ist der Wirkwiderstand R_i, der durch die Verluste hervorgerufen wird, und der andere ist auf die innere Induktivität zurückzuführen:

$$R_i \equiv \operatorname{Re} \frac{E(0)}{I} = \frac{1}{2\pi r_0 \delta \varkappa} = \frac{1}{q \varkappa}. \tag{32}$$

Dieses Ergebnis läßt sich so interpretieren: Ein massiver Metalldraht setzt dem Hochfrequenzstrom den gleichen Wirkwiderstand entgegen, den ein dünnwandiges Rohr gleichen Durchmessers und Metalls mit der Wandstärke δ dem Gleichstrom entgegensetzen würde. Die Größe $q = 2\pi r_0 \delta$ (Umfang mal Dicke) stellt nämlich den äquivalenten Leitungsquerschnitt des Drahtes für Gleichstrom dar. Die Bezeichnung äquivalente Leitschichtdicke für δ ist auf diese Eigenschaft zurückzuführen. Da δ umgekehrt proportional der Wurzel aus der Frequenz ist, so steigt der Widerstand des Drahtes bei Stromverdrängung ($r_0 > \delta$) mit der Wurzel aus der Frequenz an.

Man kann den Wirkwiderstand des Drahtes bei Stromverdrängung noch genauer angeben, wenn man in den äquivalenten Leitungsquerschnitt q nicht den Außenradius r_0, sondern den mittleren Radius $r_0 - \delta/2$ des Ersatzrohres einsetzt, d. h., in Gl. (32) ist

$$q = 2\pi \left(r_0 - \frac{\delta}{2} \right) \delta \approx \frac{2\pi r_0 \delta}{1 + \frac{\delta}{2 r_0}} \tag{33}$$

zu nehmen. Drückt man nun noch den Widerstand R_i relativ zu dem Gleichstromwiderstand R_0 aus

$$R_0 = \frac{1}{\pi r_0^2 \varkappa}, \tag{34}$$

so erhält man aus Gl. (32) folgende universelle Darstellung für den Frequenzgang des Wirkwiderstands

$$\frac{R_i}{R_0} \equiv \varrho_i \left(\frac{r_0}{\delta} \right) = \begin{cases} 1 & \text{für} \quad r_0 < \delta, \\ \frac{r_0}{2\delta} + \frac{1}{4} & \text{für} \quad r_0 > \delta. \end{cases} \tag{35}$$

In Abb. 8 ist diese Beziehung dargestellt, die aus zwei Geraden besteht, die sich für $r_0/\delta = 1{,}5$ schneiden. Für praktische Zwecke reicht diese Näherungskonstruktion meistens aus, die sich nur in einem schmalen

Übergangsgebiet um $r_0/\delta = 1{,}5$ von der exakten Lösung unterscheidet; im weiteren Verlauf unserer Ausführungen werden wir auch sie kennenlernen (s. Abb. 82).

Bei manchen Autoren findet man an Stelle der äquivalenten Leitschichtdicke den Begriff der *Eindringtiefe*, der jedoch nicht eindeutig

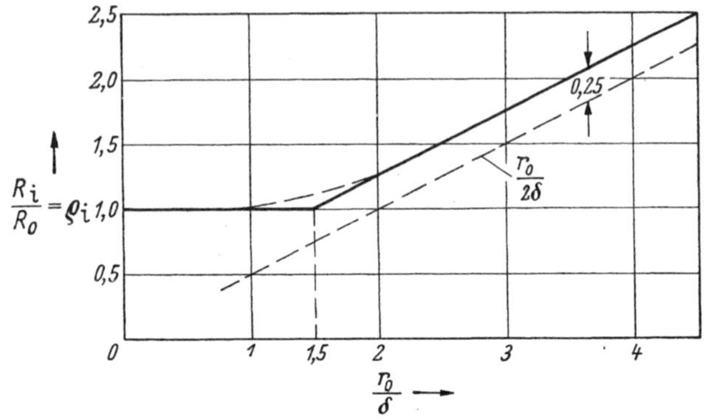

Abb. 8. Näherungskonstruktion für den Frequenzgang des Widerstands R_i eines Drahtes. R_0 Gleichstromwiderstand, r_0 Drahtradius, δ äquivalente Leitschichtdicke

ist. Nimmt man beispielsweise die Eindringtiefe als denjenigen Abstand von der Oberfläche an, in dem der Betrag der Feldstärke auf 1% desjenigen Betrages abgeklungen ist, der an der Oberfläche herrscht, so ist die Eindringtiefe 4,6 δ. Bei 10% Abschwächung wäre die Eindring-

Tabelle 1. *Die äquivalente Leitschichtdicke δ für verschiedene Metalle*

Metall	Chemische Zeichen	$\varrho / \Omega \frac{\text{mm}^2}{\text{m}}$	$\varkappa / \frac{\text{s}}{\text{cm}}$	δ/mm
Aluminium	Al	0,03	$33{,}3 \cdot 10^4$	$2{,}76 \cdot \frac{1}{\sqrt{f/\text{kHz}}}$
Blei	Pb	0,21	$4{,}76 \cdot 10^4$	$7{,}29 \cdot \frac{1}{\sqrt{f/\text{kHz}}}$
Eisen	Fe	0,10 bei $\mu = 200\,\mu_0$	$10{,}0 \cdot 10^4$	$0{,}356 \cdot \frac{1}{\sqrt{f/\text{kHz}}}$
		0,67 bei $\mu = 2000\,\mu_0$	$1{,}50 \cdot 10^4$	$0{,}291 \cdot \frac{1}{\sqrt{f/\text{kHz}}}$
Kupfer	Cu	0,0175	$57{,}1 \cdot 10^4$	$2{,}11 \cdot \frac{1}{\sqrt{f/\text{kHz}}}$
Messing ...	—	$\approx 0{,}075$	$13{,}3 \cdot 10^4$	$4{,}36 \cdot \frac{1}{\sqrt{f/\text{kHz}}}$
Zink	Zn	0,06	$16{,}7 \cdot 10^4$	$3{,}90 \cdot \frac{1}{\sqrt{f/\text{kHz}}}$
Zinn	Sn	0,12	$8{,}33 \cdot 10^4$	$5{,}51 \cdot \frac{1}{\sqrt{f/\text{kHz}}}$

tiefe 2,3 δ. Im Abstand δ von der Oberfläche ist die Feldschwächung $1/e = 36{,}8\%$.

In nebenstehender Tabelle 1 oder in Abb. 9 ist die nach Gl. (23) berechnete äquivalente Leitschichtdicke δ für die wichtigsten Metalle

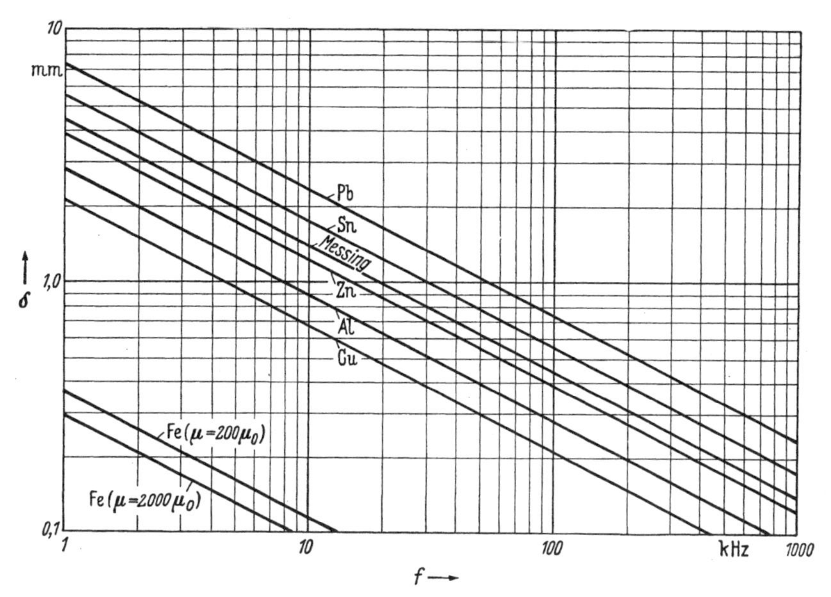

Abb. 9. Die äquivalente Leitschichtdicke δ in Abhängigkeit von der Frequenz für verschiedene Metalle

als Funktion der Frequenz f eingetragen. Obgleich Eisen einen hohen spezifischen Widerstand ϱ hat, so ist doch δ sehr klein, wie man aus der Tabelle erkennt; dies ist auf die große Permeabilität des Eisens zurückzuführen, die in der Gl. (23) unter der Wurzel im Nenner steht.

4. Operationen für spezielle Koordinatensysteme

Wir haben bisher unsere Gleichungen in der bekannten Symbolik aus der Vektoranalysis geschrieben, die den Vorzug hat, unabhängig von einem speziellen Koordinatensystem definiert zu sein. Für unsere praktischen Aufgaben muß man die Vektoroperationen in einem bestimmten, dem jeweiligen Problem angepaßten Koordinatensystem hinschreiben. Dieses muß, wenn möglich, so beschaffen sein, daß sich die Metalloberfläche ergibt, wenn man eine der drei Koordinaten einen festen Wert annehmen läßt. So wird man beispielsweise bei einem zylindrischen Metallkörper Zylinderkoordinaten verwenden. Im folgenden sind die bekannten Gleichungen für die vorkommenden Vektoroperationen in den verschiedenen Koordinatensystemen, die im Text verwendet werden, zusammengestellt. Folgende Koordinatensysteme werden benutzt:

a) Kartesische Koordinaten x, y, z,
b) Zylinderkoordinaten r, φ, z (Abb. 10),
c) Kugelkoordinaten r, ϑ, φ (Abb. 11).

Im folgenden bezeichnet die Koordinate im Index immer die Komponente des Vektors nach der betreffenden Koordinate.

a) Operationen in kartesischen Koordinaten x, y, z.

$$\operatorname{grad}_x X = \frac{\partial X}{\partial x}; \quad \operatorname{grad}_y X = \frac{\partial X}{\partial y}; \quad \operatorname{grad}_z X = \frac{\partial X}{\partial z}. \tag{36}$$

$$\Delta X \equiv \operatorname{div}\operatorname{grad} X = \frac{\partial^2 X}{\partial x^2} + \frac{\partial^2 X}{\partial y^2} + \frac{\partial^2 X}{\partial z^2}. \tag{37}$$

$$\begin{aligned} \operatorname{rot}_x A &= \frac{\partial A_z}{\partial y} - \frac{\partial A_y}{\partial z}, \\ \operatorname{rot}_y A &= \frac{\partial A_x}{\partial z} - \frac{\partial A_z}{\partial x}, \\ \operatorname{rot}_z A &= \frac{\partial A_y}{\partial x} - \frac{\partial A_x}{\partial y}. \end{aligned} \tag{38}$$

$$\operatorname{div} A = \frac{\partial A_x}{\partial x} + \frac{\partial A_y}{\partial y} + \frac{\partial A_z}{\partial z}. \tag{39}$$

b) Operationen in Zylinderkoordinaten (Abb. 10)

$$x = r\cos\varphi; \qquad y = r\sin\varphi; \qquad z = z;$$

$$\operatorname{grad}_r X = \frac{\partial X}{\partial r}; \quad \operatorname{grad}_\varphi X = \frac{1}{r}\frac{\partial X}{\partial \varphi}; \quad \operatorname{grad}_z X = \frac{\partial X}{\partial z}. \tag{40}$$

$$\Delta X \equiv \operatorname{div}\operatorname{grad} X = \frac{1}{r}\frac{\partial}{\partial r}\left(r\frac{\partial X}{\partial r}\right) + \frac{1}{r^2}\frac{\partial^2 X}{\partial \varphi^2} + \frac{\partial^2 X}{\partial z^2}. \tag{41}$$

$$\begin{aligned} \operatorname{rot}_r A &= \frac{1}{r}\frac{\partial A_z}{\partial \varphi} - \frac{\partial A_\varphi}{\partial z}, \\ \operatorname{rot}_\varphi A &= \frac{\partial A_r}{\partial z} - \frac{\partial A_z}{\partial r}, \\ \operatorname{rot}_z A &= \frac{1}{r}\frac{\partial}{\partial r}(r A_\varphi) - \frac{1}{r}\frac{\partial A_r}{\partial \varphi}. \end{aligned} \tag{42}$$

$$\operatorname{div} A = \frac{1}{r}\frac{\partial}{\partial r}(r A_r) + \frac{1}{r}\frac{\partial A_\varphi}{\partial \varphi} + \frac{\partial A_z}{\partial z}. \tag{43}$$

c) Operationen in Kugelkoordinaten (Abb. 11)

$$x = r\cos\varphi\sin\vartheta; \quad y = r\sin\varphi\sin\vartheta; \quad z = r\cos\vartheta;$$

$$\operatorname{grad}_r X = \frac{\partial X}{\partial r}; \quad \operatorname{grad}_\vartheta X = \frac{1}{r}\frac{\partial X}{\partial \vartheta}; \quad \operatorname{grad}_\varphi X = \frac{1}{r\sin\vartheta}\frac{\partial X}{\partial \varphi}. \tag{44}$$

$$\begin{aligned} \Delta X \equiv \operatorname{div}\operatorname{grad} X &= \frac{1}{r^2}\frac{\partial}{\partial r}\left(r^2\frac{\partial X}{\partial r}\right) + \frac{1}{r^2\sin\vartheta}\frac{\partial}{\partial \vartheta}\left(\sin\vartheta\frac{\partial X}{\partial \vartheta}\right) + \\ &+ \frac{1}{r^2\sin^2\vartheta}\frac{\partial^2 X}{\partial \varphi^2}. \end{aligned} \tag{45}$$

$$\begin{aligned}
\operatorname{rot}_r A &= \frac{1}{r \sin\vartheta}\left[\frac{\partial}{\partial\vartheta}(\sin\vartheta\, A_\varphi) - \frac{\partial A_\vartheta}{\partial\varphi}\right],\\
\operatorname{rot}_\vartheta A &= \frac{1}{r \sin\vartheta}\left[\frac{\partial A_r}{\partial\varphi} - \sin\vartheta\,\frac{\partial}{\partial r}(r A_\varphi)\right],\\
\operatorname{rot}_\varphi A &= \frac{1}{r}\,\frac{\partial}{\partial r}(r A_\vartheta) - \frac{1}{r}\,\frac{\partial A_r}{\partial\vartheta}.
\end{aligned} \tag{46}$$

$$\operatorname{div} A = \frac{1}{r^2}\,\frac{\partial}{\partial r}(r^2 A_r) + \frac{1}{r\sin\vartheta}\,\frac{\partial}{\partial\vartheta}(\sin\vartheta\, A_\vartheta) + \frac{1}{r\sin\vartheta}\,\frac{\partial A_\varphi}{\partial\varphi}. \tag{47}$$

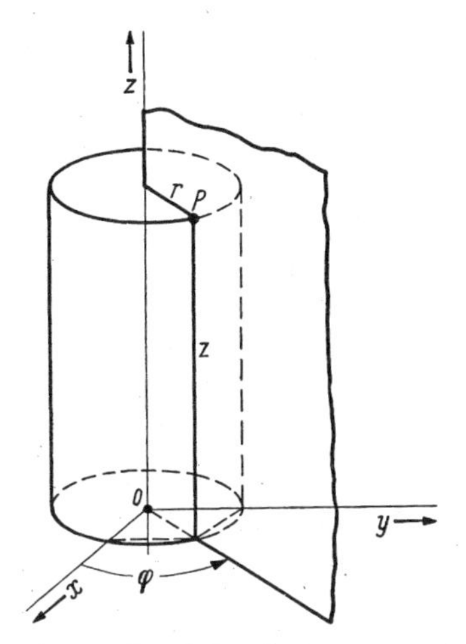

Abb. 10. Zylinderkoordinaten r, φ, z

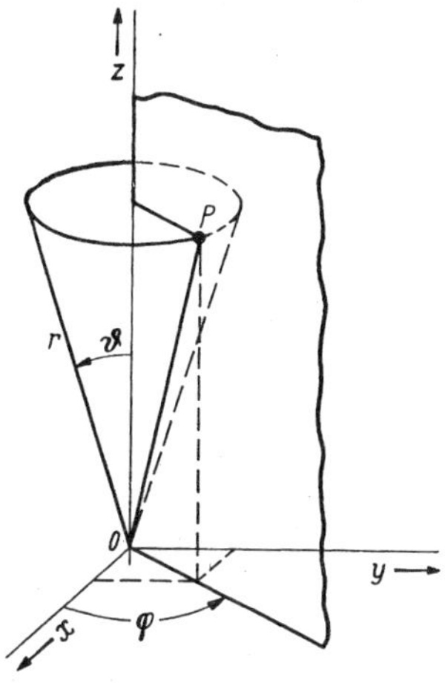

Abb. 11. Kugelkoordinaten r, ϑ, φ

Literatur zu A

[1] Sommerfeld, A.: Elektrodynamik. Wiesbaden 1948.
[2] Magnus, W., u. Oberhettinger, Fr.: Formeln und Sätze für die speziellen Funktionen der mathematischen Physik. Berlin/Göttingen/Heidelberg 1948.
[3] Frank, Ph., u. v. Mises, R.: Die Differential- und Integralgleichungen der Mechanik und Physik. Erster Teil. Braunschweig 1930.

B. Wirbelströme

1. Wirbelströme in Blechen

Wir wollen eine unendliche, ebene Platte der Dicke d betrachten, die sich in einem homogenen, magnetischen Wechselfeld mit der Feldstärkenamplitude H_a befindet; dieses soll parallel zur Oberfläche gerichtet sein (Abb. 12). Ein Koordinatensystem x, y, z legen wir so fest, daß sein Nullpunkt in der Plattenmitte liegt und die x-Achse senkrecht zur Oberfläche gerichtet ist. Das magnetische Feld H hat die gleiche Richtung wie die y-Achse, während die elektrische Feldstärke E und damit die Wirbelstromdichte senkrecht dazu, d. h. parallel zur z-Achse, liegen. Wir wollen den Feldverlauf in der Platte berechnen, wobei sich auch die Wirbelstromverluste ergeben. Für den Fall, daß die Platte aus Eisen ist ($\mu \gg \mu_0$), wenden wir die gewonnenen Ergebnisse auf die Vorgänge im Blechkern einer Spule oder eines Übertragers an. Dieser Kern besteht aus sehr vielen voneinander isolierten Eisenblechen. Damit die Verluste klein bleiben, müssen sie um so dünner sein, je höher die Frequenz ist. Bei dem Blechkern liegen die gleichen Randbedingungen wie bei der Platte vor; denn an den beiden Oberflächen jedes Bleches herrscht die von der Erregerspule erzeugte Feldstärke H_a.

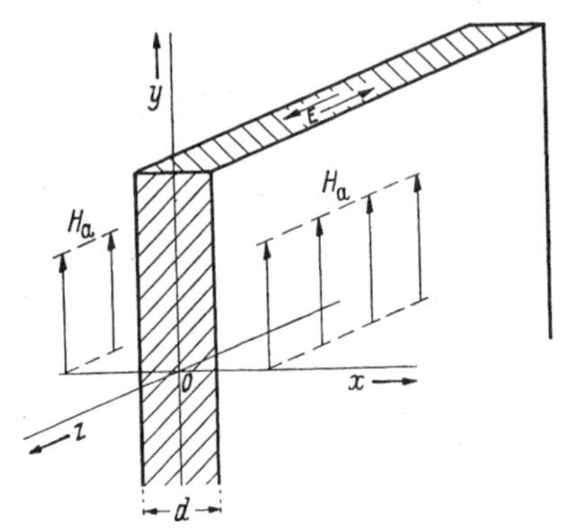

Abb. 12. Metallplatte der Dicke d im homogenen, magnetischen Wechselfeld mit der Amplitude H_a

Infolge unserer Annahme einer unendlich ausgedehnten Platte hängen alle Feldgrößen nur von x ab. Daher gilt auch hier die Differentialgleichung (A 25) mit der allgemeinen Lösung Gl. (A 26). Aus Symmetriegründen muß sie hier eine gerade Funktion von x sein $(H(x) = H(-x))$; dies ist nur möglich, wenn die Konstanten A und B in Gl. (A 26) einander gleich sind ($A = B$). An Stelle der beiden Exponentialfunktionen in Gl. (A 26) setzen wir daher die Kosinushyperbolikusfunktion ein und haben die Lösung in der Form

$$H(x) = \frac{\cosh k\,x}{\cosh k\,\frac{d}{2}}\,H_a \quad \text{für} \quad -\frac{d}{2} < x < \frac{d}{2}, \tag{1}$$

die sowohl die Differentialgleichung (A 25) befriedigt als auch die vorgeschriebenen Randwerte $H(\pm d/2) = H_a$ annimmt. Man erkennt aus Gl. (1), daß bei niedrigen Frequenzen, für die das Argument $kd/2$ dem Betrage nach klein gegen eins ist ($|kd/2| < 1$) und daher $\cosh kd/2 \approx$ $\approx \cosh k x \approx 1$ ist, die Feldstärke $H(x)$ gleichmäßig über den Plattenquerschnitt verteilt und gleich H_a ist, wie es sein muß. Mit wachsender Frequenz wird nun das magnetische Feld durch die im Blech induzierten Wirbelströme immer mehr aus dem Innern des Bleches verdrängt, so daß bei hohen Frequenzen ($|kd/2| \gg 1$) das Feld nur noch in einer dünnen Schicht an der Oberfläche vorhanden ist, während das Innere feldfrei ist. Wir nennen diese Erscheinung den Hauteffekt oder die Flußverdrängung. Man kann die damit verbundene Querschnittverringerung des Eisens für den magnetischen Kraftfluß durch eine sogenannte wirksame Permeabilität μ_w pauschal zum Ausdruck bringen, die für niedrige Frequenzen in die statische Permeabilität μ des Eisens übergeht, während sie mit wachsender Frequenz monoton abnimmt.

Diese wirksame Permeabilität errechnet sich aus der naheliegenden Definitionsgleichung

$$\Phi \equiv \mu_\mathrm{w} H_\mathrm{a} d = \mu \int_{-d/2}^{d/2} H(x)\,\mathrm{d}x, \tag{2}$$

in der auf beiden Seiten der gesamte Kraftfluß Φ durch das Blech für die in Richtung z genommene Längeneinheit steht. Setzt man Gl. (1) in (2) ein und integriert, so erhält man die Gleichung

$$\frac{\Phi}{\Phi_0} \equiv \frac{\mu_\mathrm{w}}{\mu} = \frac{2}{k\,d} \tanh \frac{k\,d}{2}, \tag{3}$$

in der $\Phi_0 = \mu H_\mathrm{a} d$ der Kraftfluß bei Gleichstrom ($k = 0$) ist. Da die Wirbelstromkonstante k nach Gl. (A 22) komplex ist, wird auch μ_w komplex. Der Realteil ($\mathrm{Re}\,\mu_\mathrm{w}$) von μ_w bestimmt nun die Induktivität der Spule, während der Imaginärteil ($\mathrm{Im}\,\mu_\mathrm{w}$) für die Wirbelstromverluste im Blech maßgebend ist, entsprechend der Tatsache, daß die Größe $\mathrm{j}\omega\mu_\mathrm{w}$ in die Spannung der Spule eingeht. An Stelle von k benutzen wir mit Hilfe von Gl. (A 22) die äquivalente Leitschichtdicke δ, um reelle Funktionen zu erhalten. Dann ergeben sich aus Gl. (3) folgende Gleichungen:

$$\mathrm{Re}\,\frac{\mu_\mathrm{w}}{\mu} = \frac{\delta}{d}\,\frac{\sinh\frac{d}{\delta} + \sin\frac{d}{\delta}}{\cosh\frac{d}{\delta} + \cos\frac{d}{\delta}} \approx \begin{cases} 1 & \text{für } d < 2\delta, \\ \dfrac{\delta}{d} & \text{für } d > 2\delta, \end{cases} \tag{4}$$

$$\mathrm{Im}\,\frac{\mu_\mathrm{w}}{\mu} = -\frac{\delta}{d}\,\frac{\sinh\frac{d}{\delta} - \sin\frac{d}{\delta}}{\cosh\frac{d}{\delta} + \cos\frac{d}{\delta}} \approx \begin{cases} -\dfrac{1}{6}\left(\dfrac{d}{\delta}\right)^2 & \text{für } d < 2\delta, \\ -\dfrac{\delta}{d} & \text{für } d > 2\delta. \end{cases} \tag{5}$$

Für manche Zwecke ist auch der Betrag $|\mu_\mathrm{w}|$ von μ_w von Interesse. Diesen erhält man aus Gl. (4) und (5), indem man die Wurzel aus der Summe der Quadrate zieht, zu

$$\left|\frac{\mu_\mathrm{w}}{\mu}\right| = \frac{\sqrt{2}\,\delta}{d}\,\frac{\sqrt{\sinh^2\frac{d}{\delta} + \sin^2\frac{d}{\delta}}}{\cosh\frac{d}{\delta} + \cos\frac{d}{\delta}} \approx \begin{cases} 1 & \text{für } d < 2\delta, \\ \dfrac{\sqrt{2}\,\delta}{d} & \text{für } d > 2\delta. \end{cases} \tag{6}$$

In Abb. 13 sind die nach Gl. (4) und (5) berechneten Funktionen in Abhängigkeit der Größe $d/2\delta$ dargestellt, die proportional der Wurzel aus der Frequenz ist, wobei auch die angegebenen Näherungen gestrichelt eingetragen sind. Es ist zweckmäßig, zwischen zwei Frequenzbereichen zu unterscheiden, nämlich den der annähernd gleichmäßigen Feldverteilung, der durch die Ungleichung $d < 2\delta$ gekennzeichnet ist, und den der Feldverdrängung entsprechend $d > 2\delta$; in diesem Fall verläuft das Feld nur noch in einer dünnen Schicht von der Größenordnung der Leitschichtdicke δ an den beiden Oberflächen des Bleches. Dementsprechend nimmt hier die wirksame Permeabilität umgekehrt

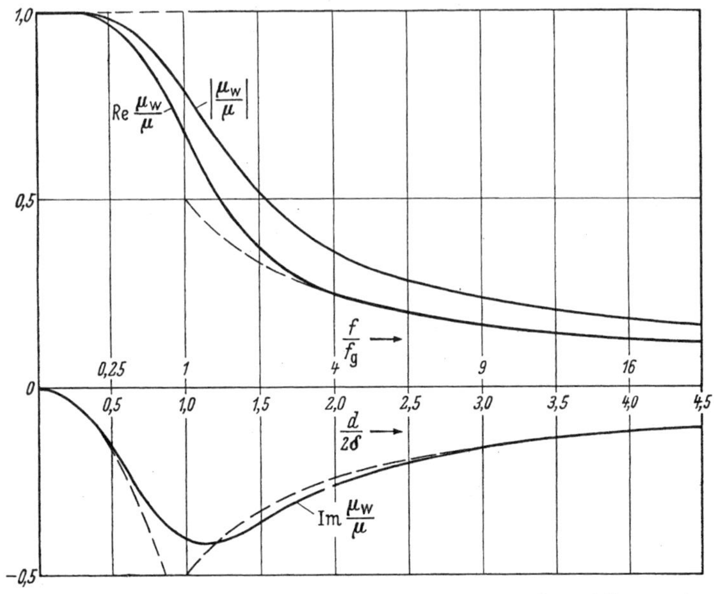

Abb. 13. Der Real- und Imaginärteil sowie der Betrag der wirksamen Permeabilität μ_w eines Eisenbleches der Dicke d in Abhängigkeit von der Frequenz. δ äquivalente Leitschichtdicke, f_g Grenzfrequenz, [— — — — Näherungen nach Gl. (4) und (5)]

proportional der Wurzel aus der Frequenz ab. Die Grenze zwischen diesen Frequenzbereichen legt man nach WOLMAN [1] so fest, daß

$$d = 2\delta \tag{7}$$

wird. Die aus dieser Gleichung sich ergebende Frequenz wird dann die Grenzfrequenz f_g genannt. Mit Benutzung von Gl. (A 22) erhält man aus Gl. (7) hierfür die Gleichung

$$f_g = \frac{4\varrho}{\pi d^2 \mu} \approx \frac{\dfrac{\varrho}{\Omega \frac{\mathrm{mm}^2}{\mathrm{m}}}}{\left(\dfrac{d}{\mathrm{mm}}\right)^2 \dfrac{\mu}{\mu_0}}\,\mathrm{MHz}. \tag{8}$$

Die Grenzfrequenz f_g ist umgekehrt proportional dem Quadrat der Blechdicke d und wächst mit dem spezifischen Widerstand ϱ des Eisens; sie enthält nur die Materialkonstanten des Werkstoffes. In nebenstehender Tabelle 2 sind die nach Gl. (8) berechneten Grenzfrequenzen für verschiedene magnetische Werkstoffe der Vacuumschmelze AG Hanau a. M. angegeben [2].

Tabelle 2. *Grenzfrequenzen f_g von einigen magnetischen Werkstoffen der Vacuumschmelze AG Hanau a. M.*

	μ/μ_0	$\varrho/\Omega\,\frac{\mathrm{mm}^2}{\mathrm{m}}$	d/mm	f_g/kHz
Mumetall	11000	0,50	0,1	4,55
Permalloy C	11000	0,55	0,1	5,00
M 1040	30000	0,55	0,1	1,83
Trafoperm N 2	1000	0,40	0,1	40,0
Magnetreineisen S 2	1000	0,10	0,1	10,0

Man erkennt aus Abb. 13, daß der Realteil von μ_w bei der Grenzfrequenz ($f = f_g$) auf 67% seines statischen Wertes μ abgefallen ist. Der Imaginärteil von μ_w erreicht in der Nähe der Grenzfrequenz sein Maximum, um von da aus mit wachsender Frequenz wieder monoton abzufallen. In Abb. 14 ist μ_w als Ortskurve in der komplexen Ebene

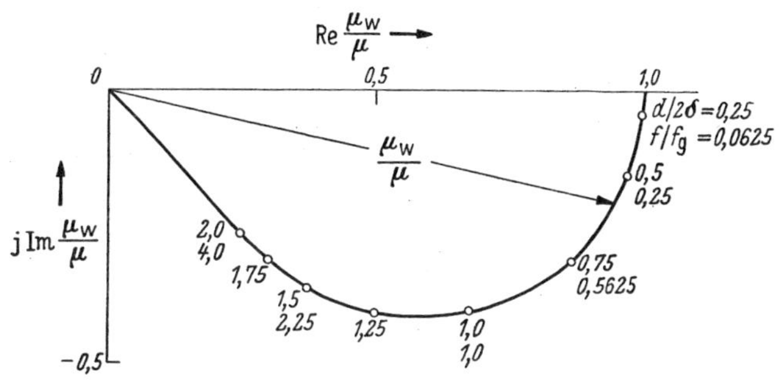

Abb. 14. Die wirksame Permeabilität μ_w eines Eisenbleches der Dicke d, dargestellt in der komplexen Ebene

dargestellt. In der Nähe der Grenzfrequenz liegt der Scheitel der Kurve; im Bereich der Flußverdrängung ($f \gg f_g$) geht sie in eine Gerade über, die unter $-45°$ gegen die reelle Achse verläuft, entsprechend der Tatsache, daß Real- und Imaginärteil hier ihrem Betrage nach gleich groß werden.

Für manche Zwecke ist es wichtig, die Wirbelstromverluste P zu kennen, die in dem Blech je Flächeneinheit in Wärme umgesetzt werden. Die Verlustleistung P ist am einfachsten aus dem zeitlichen Mittelwert des Poyntingschen Vektors zu erhalten, der von den beiden Oberflächen ($x = d/2$ und $x = -d/2$) ins Innere des Bleches gerichtet ist. Da der Poyntingsche Vektor gleich dem Vektorprodukt aus elektrischer und magnetischer Feldstärke ist, so berechnen wir zunächst die elektrische Feldstärke E nach dem Durchflutungssatz Gl. (A 13) aus Gl. (1) mit Benutzung von Gl. (A 38) zu

$$E = \frac{1}{\varkappa}\frac{\mathrm{d}H}{\mathrm{d}x} = \frac{k}{\varkappa}\,\frac{\sinh k\,x}{\cosh k\,\frac{d}{2}}\,H_a. \tag{9}$$

Die elektrische Feldstärke E ist eine ungerade Funktion von x und parallel zur z-Achse gerichtet, wie in Abb. 12 gezeichnet ist. Demnach ergibt sich die Verlustleistung P aus der Summe der beiden POYNTING-schen Vektoren auf den beiden Oberflächen des Bleches zu

$$\begin{aligned} P &= \frac{1}{4}[E^* H + E H^*]_{x=\frac{d}{2}} - \frac{1}{4}[E^* H + E H^*]_{x=-\frac{d}{2}} = \\ &= \frac{|H_a|^2}{\varkappa d}\operatorname{Re}\left(k d \tanh\frac{k d}{2}\right) \equiv \frac{|H_a|^2}{\varkappa d}\varrho_p\left(\frac{d}{\delta}\right). \end{aligned} \tag{10}$$

Drückt man in diesem Ausdruck die Wirbelstromkonstante k durch die äquivalente Leitschichtdicke δ nach Gl. (A 22) aus, so erhält man für die Funktion ϱ_p die Gleichung

$$\varrho_p\left(\frac{d}{\delta}\right) = \frac{\sinh\frac{d}{\delta} - \sin\frac{d}{\delta}}{\cosh\frac{d}{\delta} + \cos\frac{d}{\delta}}\,\frac{d}{\delta} \approx \begin{cases} \frac{1}{6}\left(\frac{d}{\delta}\right)^4 & \text{für} \quad d < 2\delta, \\ \frac{d}{\delta} & \text{für} \quad d > 2\delta, \end{cases} \tag{11}$$

die in Abb. 15 wiedergegeben ist. Aus den Näherungsformeln zeigt sich, daß die Verluste im Gebiet der gleichmäßigen Feldverteilung ($d < 2\delta$) mit dem Quadrat der Frequenz und im Gebiet der Flußverdrängung ($d > 2\delta$) mit der Wurzel aus der Frequenz zunehmen.

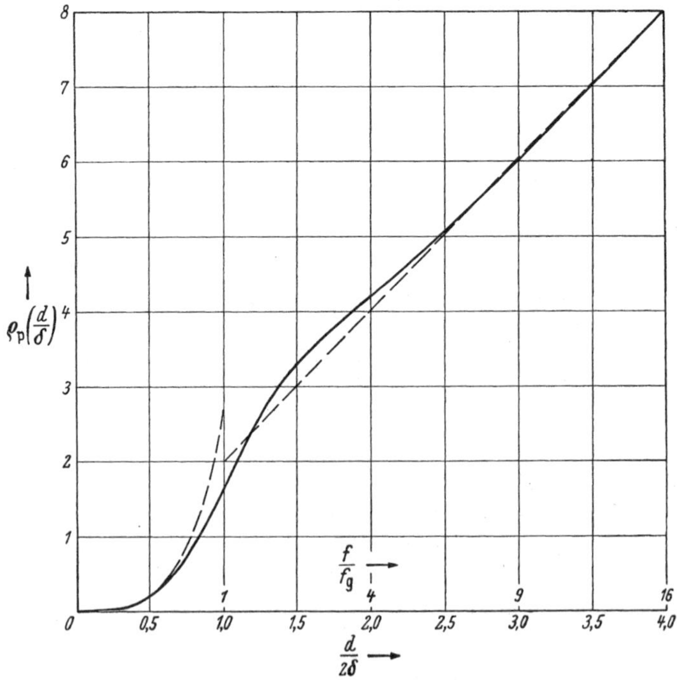

Abb. 15. Zur Berechnung der Wirbelstromverluste in einem Eisenblech der Dicke d nach Gl. (10), [— — — Näherungen nach Gl. (11)]

2. Wirbelströme in Drähten

Wir unterscheiden zwischen zwei Fällen, je nachdem, ob die magnetische Feldstärke parallel zur Drahtachse (longitudinales Feld, Abb. 16) oder senkrecht zur Drahtachse (transversales Feld, Abb. 20) gerichtet ist. Der erste Fall ist einfacher, daher beginnen wir mit ihm.

a) Longitudinales Magnetfeld

Wir benutzen Zylinderkoordinaten nach Abbildung 10 und lassen die z-Achse mit der Drahtachse zusammenfallen, wie in Abb. 16 gezeichnet ist. Das äußere Wechselfeld mit der Amplitude H_a soll homogen sein und ist parallel zur z-Achse gerichtet. Infolgedessen gilt auch hier die Differentialgleichung (A 21) für den Feldverlauf H im Innern des Drahtes ($H_z = H$; $H_r = H_\varphi = 0$). Die Feldstärke H hängt nicht von φ und z, sondern nur von r ab, so daß die Differentialgleichung (A 21) nach Gl. (A 41) sich auf den einfachen Ausdruck

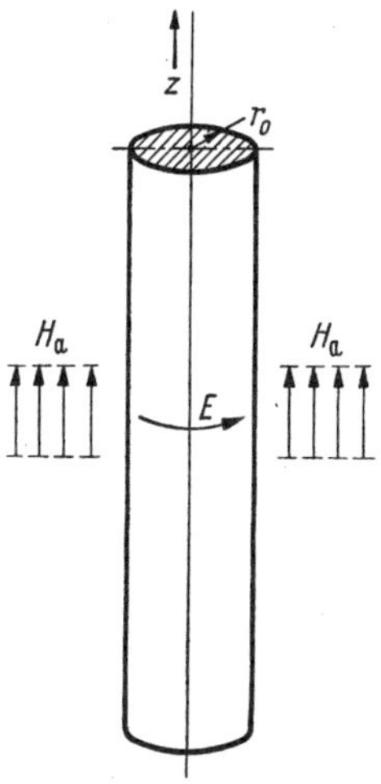

$$\frac{1}{r}\frac{\mathrm{d}}{\mathrm{d}r}\left(r\frac{\mathrm{d}H}{\mathrm{d}r}\right) \equiv \frac{\mathrm{d}^2 H}{\mathrm{d}r^2} + \frac{1}{r}\frac{\mathrm{d}H}{\mathrm{d}r} = k^2 H \qquad (12)$$

Abb. 16. Draht mit dem Radius r_0 im longitudinalen Wechselfeld

reduziert, der auf die BESSELsche Funktion nullter Ordnung J_0 führt, wie aus dem letzten Abschn. M [Gl. (M 5)] zu entnehmen ist. Da H an der Drahtoberfläche ($r = r_0$) in H_a übergehen muß, so lautet die Lösung von Gl. (12)

$$H(r) = \frac{\mathrm{J}_0(\mathrm{j}\,k\,r)}{\mathrm{J}_0(\mathrm{j}\,k\,r_0)}\,H_a \quad \text{für} \quad 0 \leqq r \leqq r_0. \qquad (13)$$

Die BESSELsche Funktion J_0 geht für kleine Argumente ($|k r_0| < 1$) in den Wert eins über. Daher ist die Feldstärke H bei niedrigen Frequenzen konstant über den Querschnitt. Im Gebiet der Flußverdrängung ($|k r_0| > 1$) konzentriert sich nun auch hier wie beim Blech das Feld an der Oberfläche, so daß der Kraftfluß Φ im Draht abnimmt, und zwar um so mehr, je höher die Frequenz ist. Wir definieren auch hier eine wirksame Permeabilität μ_w, indem wir in Analogie zu Gl. (2) den Kraftfluß Φ durch eine Integration über den Drahtquerschnitt berechnen:

$$\Phi \equiv \mu_w H_a \pi r_0^2 = 2\pi\mu \int_0^{r_0} H(r)\, r\, \mathrm{d}r. \qquad (14)$$

Setzt man in diesen Ausdruck die Beziehung (13) für $H(r)$ ein, so ergibt die Integration die Gleichung

$$\frac{\Phi}{\Phi_0} \equiv \frac{\mu_w}{\mu} = \frac{2}{\mathrm{j}\,k\,r_0}\,\frac{\mathrm{J}_1(\mathrm{j}\,k\,r_0)}{\mathrm{J}_0(\mathrm{j}\,k\,r_0)} = \frac{2}{(1-\mathrm{j})\frac{r_0}{\delta}}\,\frac{\mathrm{J}_1\left((1-\mathrm{j})\frac{r_0}{\delta}\right)}{\mathrm{J}_0\left((1-\mathrm{j})\frac{r_0}{\delta}\right)}, \qquad (15)$$

in der $\Phi_0 = \mu H_a \pi r_0^2$ der Kraftfluß bei der Frequenz Null ($k = 0$) ist. Die numerische Auswertung ist umständlich, weil die BESSELschen Funktionen nullter und erster Ordnung J_0 und J_1 komplexe Argumente haben. Es ist zweckmäßig, hierfür die bekannten Tafeln von JAHNKE-EMDE [3] zu benutzen, in denen die BESSELschen Funktionen mit dem Argument $\sqrt{j}\,x = (1 + j)\,x/\sqrt{2}$ nach Real- und Imaginärteil tabelliert sind. Um diese Tafeln verwenden zu können, ändern wir die Gl. (15) so, daß an Stelle von $(1 - j)\,r_0/\delta$ die Argumente $(1 + j)\,r_0/\delta = \sqrt{2j}\,r_0/\delta$ auftreten. Mit Hilfe der Reihenentwicklungen der BESSELschen Funktionen in Abschn. M läßt sich zeigen, daß durch die Änderung der Argumente in ihre konjugiert komplexen Werte auch die Funktionen konjugiert komplex werden. Mithin ist

$$\frac{\mu_w^*}{\mu} = \frac{\sqrt{2}\,\delta}{\sqrt{j}\,r_0}\,\frac{J_1\left(\sqrt{2j}\,\frac{r_0}{\delta}\right)}{J_0\left(\sqrt{2j}\,\frac{r_0}{\delta}\right)} = -\sqrt{2}\,j\,\frac{\delta}{r_0}\,\frac{\sqrt{j}\,J_1\left(\sqrt{2j}\,\frac{r_0}{\delta}\right)}{J_0\left(\sqrt{2j}\,\frac{r_0}{\delta}\right)}. \tag{16}$$

Die Bezeichnung μ_w^* bedeutet den konjugiert komplexen Wert von μ_w. Ähnlich wie bei den Blechen berechnen wir auch hier den Real- und Imaginärteil von μ_w, für die sich aus Gl. (16) die Gleichungen

$$\operatorname{Re}\frac{\mu_w}{\mu} = \frac{\sqrt{2}\,\delta}{r_0}\operatorname{Im}\frac{\sqrt{j}\,J_1\left(\sqrt{2j}\,\frac{r_0}{\delta}\right)}{J_0\left(\sqrt{2j}\,\frac{r_0}{\delta}\right)} \approx \begin{cases} 1 & \text{für } r_0 < \delta, \\ \dfrac{\delta}{r_0} & \text{für } r_0 > \delta, \end{cases} \tag{17}$$

$$\operatorname{Im}\frac{\mu_w}{\mu} = \frac{\sqrt{2}\,\delta}{r_0}\operatorname{Re}\frac{\sqrt{j}\,J_1\left(\sqrt{2j}\,\frac{r_0}{\delta}\right)}{J_0\left(\sqrt{2j}\,\frac{r_0}{\delta}\right)} \approx \begin{cases} -\dfrac{1}{4}\left(\dfrac{r_0}{\delta}\right)^2 & \text{für } r_0 < \delta, \\ -\dfrac{\delta}{r_0}\left(1 - \dfrac{1}{2}\,\dfrac{\delta}{r_0}\right) & \text{für } r_0 > 2\delta \end{cases} \tag{18}$$

ergeben. In Abb. 17 und 18 ist der Verlauf der wirksamen Permeabilität μ_w nach diesen Gleichungen dargestellt. Vergleicht man diese Kurven mit den entsprechenden Kurven in Abb. 13 u. 14 für ein Blech, dessen Dicke d gleich dem Drahtdurchmesser $2r_0$ ist, so erkennt man, daß beim Draht die Flußverdrängung geringer ist, bezogen auf die gleiche Frequenz (gleiches δ).

Wir wenden uns nun den Wirbelstromverlusten zu. Zu diesem Zweck berechnen wir zunächst die elektrische Feldstärke E, die gemäß Abb. 16 zirkular verläuft ($E_r = E_z = 0$; $E_\varphi = E$). Wir benutzen Gl. (A 13) zusammen mit Gl. (A 42) und erhalten dann mit Gl. (13)

$$E = -\frac{1}{\varkappa}\,\frac{\mathrm{d}H}{\mathrm{d}r} = \frac{j\,k}{\varkappa}\,\frac{J_1(j\,k\,r)}{J_0(j\,k\,r_0)}\,H_a. \tag{19}$$

Die Verluste ermitteln wir nun wieder aus dem POYNTINGschen Strahlungsvektor P an der Drahtoberfläche ($r = r_0$). Hierbei ist zu beachten, daß die drei Vektoren E, H und P wie bei einer Rechtsschraube einander zugeordnet sind; demnach weist die positive Richtung von P nach außen. Da aber bei Leistungsverlusten im Draht P nach innen

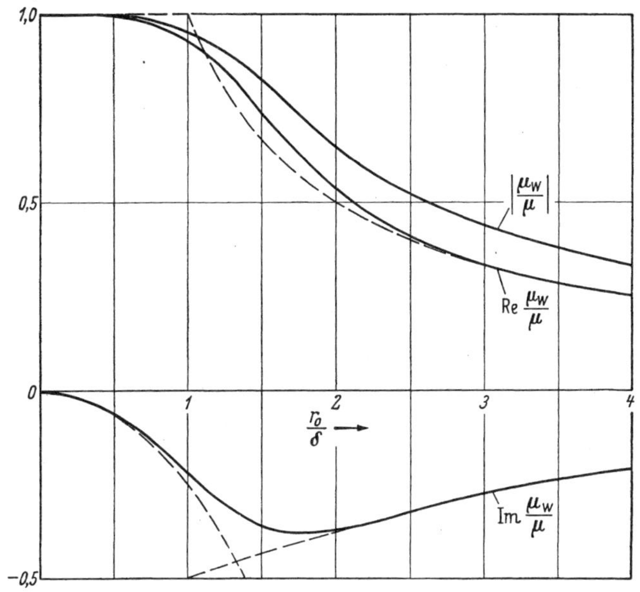

Abb. 17. Der Real- und Imaginärteil sowie der Betrag der wirksamen Permeabilität μ_w eines Drahtes vom Radius r_0 in Abhängigkeit von der Frequenz. δ äquivalente Leitschichtdicke, [— — — Näherungen nach Gl. (17) und (18)]

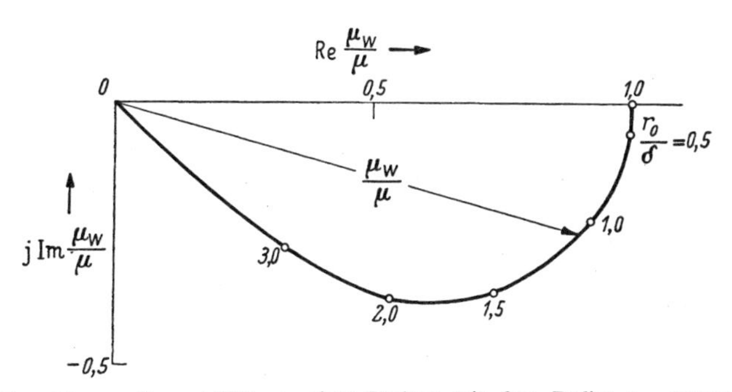

Abb. 18. Die wirksame Permeabilität μ_w eines Drahtes mit dem Radius r_0, dargestellt in der komplexen Ebene

gerichtet sein muß, so müssen wir ein negatives Vorzeichen anbringen. Die Wirbelstromverluste betragen daher für die Längeneinheit des Drahtes im zeitlichen Mittel

$$P = -\frac{\pi r_0}{2}\left[E^* H + E H^*\right]_{r=r_0} = -\pi r_0 H_a \operatorname{Re} E = \\ = -\frac{\pi}{\varkappa}|H_a|^2 \operatorname{Re}\left(\mathrm{j}\, k r_0 \frac{\mathrm{J}_1(\mathrm{j}\, k r_0)}{\mathrm{J}_0(\mathrm{j}\, k r_0)}\right) \equiv \frac{\pi}{\varkappa}|H_a|^2 \varrho_z\left(\frac{r_0}{\delta}\right). \tag{20}$$

Dabei ist $|H_a|$ die Amplitude der magnetischen Feldstärke. Die in Gl. (20) definierte Funktion $\varrho_z\left(\frac{r_0}{\delta}\right)$ läßt sich umformen; man erhält nämlich

$$\varrho_z\left(\frac{r_0}{\delta}\right) = -\mathrm{Re}\,\sqrt{2\mathrm{j}}\,\frac{r_0}{\delta}\,\frac{J_1\left(\sqrt{2\mathrm{j}}\,\frac{r_0}{\delta}\right)}{J_0\left(\sqrt{2\mathrm{j}}\,\frac{r_0}{\delta}\right)} = -\left(\frac{r_0}{\delta}\right)^2 \mathrm{Im}\,\frac{\mu_w}{\mu} \approx$$

$$\approx \begin{cases} \frac{1}{4}\left(\frac{r_0}{\delta}\right)^4 & \text{für} \quad r_0 < \delta, \\ \frac{r_0}{\delta} - \frac{1}{2} & \text{für} \quad r_0 > \delta. \end{cases} \tag{21}$$

In Abb. 19 ist diese Funktion mit den Näherungen dargestellt, die in den angegebenen Bereichen praktisch genau mit den exakten Werten

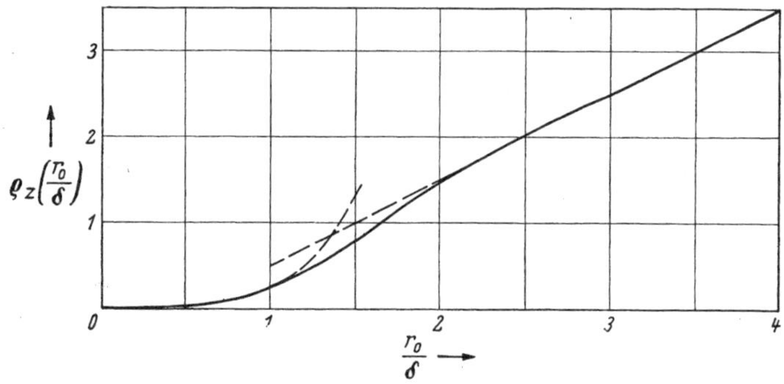

Abb. 19. Zur Berechnung der Wirbelstromverluste in einem Draht mit dem Radius r_0 nach Gl. (20), [— — — Näherungen nach Gl. (21)]

übereinstimmen. Auch hier steigen wie beim Blech [Gl. (11)] die Verluste im Bereich gleichmäßiger Feldverteilung ($r_0 < \delta$) mit dem Quadrat der Frequenz und bei hohen Frequenzen (Flußverdrängung $r_0 > \delta$) mit der Wurzel aus der Frequenz.

b) Transversales Magnetfeld

Bei dieser in Abb. 20 gezeichneten Konstellation ist das Störungsfeld mit der Feldstärke H_a senkrecht zur Drahtachse (z-Achse) gerichtet, es liegt in der y-Richtung; dagegen hat die Wirbelstromdichte

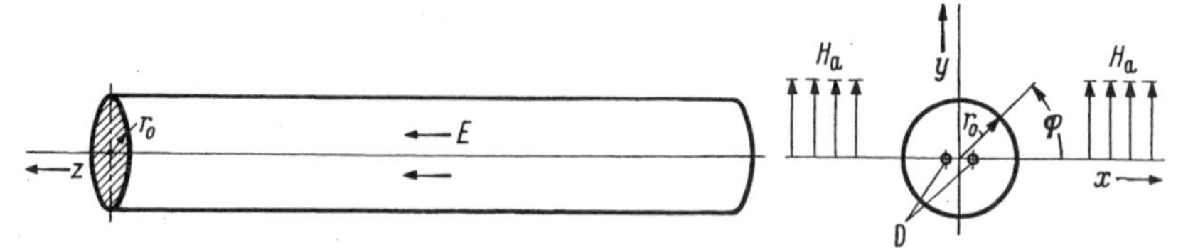

Abb. 20. Draht mit dem Radius r_0 im transversalen Wechselfeld. D Liniendipol als Erreger des Rückwirkungsfeldes

und damit die elektrische Feldstärke nur eine axiale Komponente (in der z-Richtung; $E_r = E_\varphi = 0$; $E_z = E$). Wir benutzen wieder wie im Fall a Zylinderkoordinaten r, φ und z nach Abb. 10. Dann hat das magnetische Feld im Luftraum außerhalb des Drahtes ($r \geqq r_0$) offensichtlich mehrere Komponenten, so daß es ratsam ist, die magnetische Feldstärke hier aus einem Potential X entsprechend Gl. (A 16) herzuleiten, wobei X die LAPLACEsche Differentialgleichung (A 17) erfüllen muß. Da alle Feldgrößen von der Koordinate z unabhängig sind, so besteht nach Gl. (A 41) folgende partielle Differentialgleichung für $r \geqq r_0$:

$$\frac{\partial^2 X}{\partial r^2} + \frac{1}{r}\frac{\partial X}{\partial r} + \frac{1}{r^2}\frac{\partial^2 X}{\partial \varphi^2} = 0. \tag{22}$$

Ihre Lösung muß so beschaffen sein, daß sie für große Entfernungen vom Draht ($r \to \infty$) das ursprüngliche, homogene Störungsfeld mit der Feldstärke H_a liefert, das parallel zur y-Achse gerichtet ist. Es muß also die Beziehung

$$\lim_{r \to \infty} X = H_a\, y = H_a\, r \sin\varphi \tag{23}$$

erfüllt sein. Dieser Ausdruck legt uns nahe, für die allgemeine Lösung von Gl. (22) den Produktansatz

$$X = f(r) \sin\varphi \tag{24}$$

zu versuchen (Separation der Variablen r und φ). Die Funktion $f(r)$ gewinnt man, wenn man diesen Ansatz in die Gl. (22) einführt. Die Funktion $\sin\varphi$ fällt dann heraus, und es entsteht folgende gewöhnliche Differentialgleichung 2. Ordnung für $f(r)$:

$$f''(r) + \frac{1}{r} f'(r) - \frac{1}{r^2} f(r) = 0. \tag{25}$$

Sie hat bekanntlich zwei Lösungen; diese lauten

$$f(r) = \begin{cases} C_1 r, \\ \dfrac{C_2}{r}, \end{cases} \tag{26}$$

wie man sich leicht durch Einsetzen in Gl. (25) überzeugen kann. Vergleicht man die erste Lösung ($f(r) = C_1 r$) mit der asymptotischen Forderung Gl. (23), so ergibt sich, daß man bereits über die Konstante C_1 verfügen kann, indem man $C_1 = H_a$ nimmt. Es erweist sich für die künftigen Entwicklungen als zweckmäßig, die zweite Konstante in die Gestalt $C_2 = H_a r_0^2 W$ umzuformen, wobei jetzt W im Gegensatz zu C_2 eine dimensionslose Größe ist, die wir künftig den *Rückwirkungsfaktor* des Drahtes nennen. Durch die im Draht induzierten Wirbelströme wird nämlich das äußere Feld verändert, wofür die Größe W ein quantitatives Maß darstellt. Wir werden sie später aus den Grenzbedingungen an der Drahtoberfläche berechnen. Damit erhalten wir nun durch Überlagerung der beiden Lösungen in Gl. (26) für das Potential nach Gl. (24) die Gleichung

$$X = H_a\left(r + \frac{r_0^2}{r}\hat{W}\right)\sin\varphi\,. \tag{27}$$

Um die erwähnten Grenzbedingungen ansetzen zu können, schreiben wir die beiden Feldkomponenten H_r und H_φ an, die sich aus $H = \operatorname{grad} X$ mit den Gl. (A 40) zu

$$\begin{aligned} H_r &= \frac{\partial X}{\partial r} = H_a\left(1 - \frac{r_0^2}{r^2}W\right)\sin\varphi\,, \\ H_\varphi &= \frac{\partial X}{r\,\partial\varphi} = H_a\left(1 + \frac{r_0^2}{r^2}W\right)\cos\varphi \end{aligned} \tag{28}$$

ergeben. Wie man erkennt, überlagert sich über dem ursprünglichen, homogenen Feld ein Rückwirkungsfeld, das von den im Draht induzierten Wirbelströmen herrührt. Die Feldstärke dieses Rückwirkungsfeldes nimmt umgekehrt proportional dem Quadrat des Abstands r vom Drahtmittelpunkt ab. Dieses Verhalten entspricht demjenigen eines Liniendipols in der Drahtachse, dessen Moment dem Rückwirkungsfaktor W proportional ist. Die Verbindungslinie der beiden Linienpole liegt in der x-Achse (Abb. 20).

Wir wenden uns jetzt dem Feld im Drahtinneren ($r \leqq r_0$) zu. Dabei ist es zweckmäßig, von der elektrischen Feldstärke auszugehen, weil sie nach Abb. 20 nur eine einzige Komponente hat ($E_z = E$). Nach Gl. (A 20) und Gl. (A 41) muß sie die partielle Differentialgleichung

$$\frac{\partial^2 E}{\partial r^2} + \frac{1}{r}\frac{\partial E}{\partial r} + \frac{1}{r^2}\frac{\partial^2 E}{\partial \varphi^2} = k^2 E \tag{29}$$

befriedigen. Auch hier separieren wir die Variablen r und φ durch den Produktansatz

$$E = g(r)\cos\varphi\,. \tag{30}$$

Wir haben hier als Faktor die Kosinusfunktion gewählt, weil E für $\varphi = \pi/2$ verschwinden muß und nur $\cos\varphi$ ein magnetisches Feld liefert, das mit den Gl. (28) korrespondiert, wie sich weiter unten zeigen wird. Setzen wir den Ansatz Gl. (30) in Gl. (29) ein, so erhalten wir für $g(r)$ folgende gewöhnliche Differentialgleichung 2. Ordnung

$$g''(r) + \frac{1}{r}g'(r) - \left(k^2 + \frac{1}{r^2}\right)g(r) = 0\,, \tag{31}$$

deren Lösung Zylinderfunktionen sind. Wir können hier natürlich nur solche verwenden, die in der Drahtachse ($r = 0$) nicht unendlich werden. Diese Eigenschaft haben die BESSELschen Funktionen. Nach Gl. (M 10) ist

$$g(r) = \mathrm{j}\,\omega\,\mu_0\,r_0\,C\,H_a\,\mathrm{J}_1(\mathrm{j}\,k\,r)\,, \tag{32}$$

wobei J_1 die BESSELsche Funktion 1. Ordnung und $j\,\omega\,\mu_0 r_0 C\,H_a$ eine noch unbekannte Größe bedeuten. Damit ist der Verlauf der elektrischen Feldstärke bis auf die dimensionslose Konstante C bekannt; auch sie wird durch die Grenzbedingungen (s. Abschn. A, Kapitel 2) an der Oberfläche ($r = r_0$) festgelegt.

Wir fordern nun die Stetigkeit der tangentiellen Komponente der magnetischen Feldstärke (H_φ) und der Normalkomponente der Induktion ($\mu_0 H_r$ für $r > r_0$ bzw. μH_r für $r < r_0$), woraus man zwei Gleichungen für W und C erhält. Zur Berechnung des magnetischen Feldes ziehen wir Gl. (A 14) in Verbindung mit Gl. (A 42) heran. Dann ergibt sich

$$
\begin{aligned}
H_r &= -\frac{1}{j\,\omega\,\mu\,r}\,\frac{\partial E}{\partial \varphi} = \frac{\mu_0 r_0}{\mu\,r}\,C\,H_a\,J_1(j\,k\,r)\sin\varphi\,,\\
H_\varphi &= \frac{1}{j\,\omega\,\mu}\,\frac{\partial E}{\partial r} = j\,K\,C\,H_a\,J_1'(j\,k\,r)\cos\varphi\,.
\end{aligned}
\tag{33}
$$

Der Strich an J_1 bedeutet Differentiation nach dem Argument. Die Konstante K ist eine Abkürzung für den Ausdruck $k\,r_0\,\mu_0/\mu$. Wir können nun die Grenzbedingungen an der Oberfläche $r = r_0$ ansetzen und erhalten aus Gl. (28) und Gl. (33) folgende zwei lineare Gleichungen für C und W:

$$
\begin{aligned}
C\,J_1(j\,k\,r_0) &= 1 - W\,,\\
j\,K\,C\,J_1'(j\,k\,r_0) &= 1 + W\,.
\end{aligned}
\tag{34}
$$

Aus diesen berechnet sich der gesuchte Rückwirkungsfaktor zu

$$
W = \frac{j\,K\,J_1'(j\,k\,r_0) - J_1(j\,k\,r_0)}{j\,K\,J_1'(j\,k\,r_0) + J_1(j\,k\,r_0)}\,. \tag{35}
$$

Er ist im allgemeinen komplex; der Ausdruck (35) gilt generell für beliebige Materialkonstanten μ und $\varkappa$ (auch für Eisen $\mu \gg \mu_0$) und beliebige Frequenzen.

Um einen allgemeinen Ausdruck für die Wirbelstromverluste abzuleiten, benötigen wir zuvor noch die Formel für die elektrische Feldstärke E im Draht. Hierfür erhalten wir aus Gl. (30), (32) und (34) die Beziehung

$$
E = j\,\omega\,\mu_0\,r_0\,H_a\,(1 - W)\,\frac{J_1(j\,k\,r)}{J_1(j\,k\,r_0)}\cos\varphi\,, \tag{36}
$$

mit der wir zusammen mit Gl. (28) für H_φ in den POYNTINGschen Vektor eingehen. Integriert man ihn über die Oberfläche, so erhält man den gesuchten Ausdruck für die Wirbelstromverluste je Längeneinheit des Drahtes in der Gestalt

$$
P = \frac{1}{4}\int\limits_0^{2\pi} [E^*\,H_\varphi + E\,H_\varphi^*]_{r=r_0}\,r_0\,\mathrm{d}\varphi = \frac{\pi}{\varkappa}\,\frac{\mu_0}{\mu}\,|H_a|^2\,\mathrm{Re}[(j\,k\,r_0)^2\,W]\,. \tag{37}
$$

Den physikalischen Inhalt von Gl. (35) und (37) diskutieren wir nun am zweckmäßigsten, wenn wir zwischen zwei Sonderfällen unterscheiden: Einmal nehmen wir einen unmagnetischen Metalldraht ($\mu = \mu_0$); als zweiten Sonderfall betrachten wir Eisendrähte, deren statische Permeabilität μ sehr viel größer als diejenige μ_0 der Luft ist ($\mu \gg \mu_0$), wie es bei den üblichen Eisensorten der Fall ist. Die spezifische Leitfähigkeit $\varkappa$, die Frequenz f sowie der Drahtradius r_0 können beliebig sein.

Unmagnetischer Metalldraht ($\mu = \mu_0$)

In diesem wichtigen Sonderfall kann man die Gl. (35) für den Rückwirkungsfaktor W erheblich vereinfachen. Benutzt man nämlich die Gl. (M 9) für den Differentialquotienten J_1' von J_1, so ergibt sich aus Gl. (35)

$$W = 1 - \frac{2 J_1(j k r_0)}{j k r_0 J_0(j k r_0)} = -\frac{J_2(j k r_0)}{J_0(j k r_0)}. \tag{38}$$

Vergleicht man diese Formel mit Gl. (15) für die wirksame Permeabilität μ_w/μ_0 eines Drahtes im longitudinalen Magnetfeld, so zeigt sich, daß sich μ_w/μ_0 und W zu eins ergänzen. Es ist also

$$W = 1 - \frac{\mu_w}{\mu_0} \approx \begin{cases} \frac{j}{4}\left(\frac{r_0}{\delta}\right)^2 & \text{für} \quad r_0 < \delta, \\ 1 - \frac{(1-j)\,\delta}{r_0} - \frac{j}{2}\left(\frac{\delta}{r_0}\right)^2 & \text{für} \quad r_0 > 2\delta. \end{cases} \tag{39}$$

Den Rückwirkungsfaktor W als komplexe Größe dargestellt, zeigt Abb. 21. Wie aus den Näherungsformeln hervorgeht, wächst er also

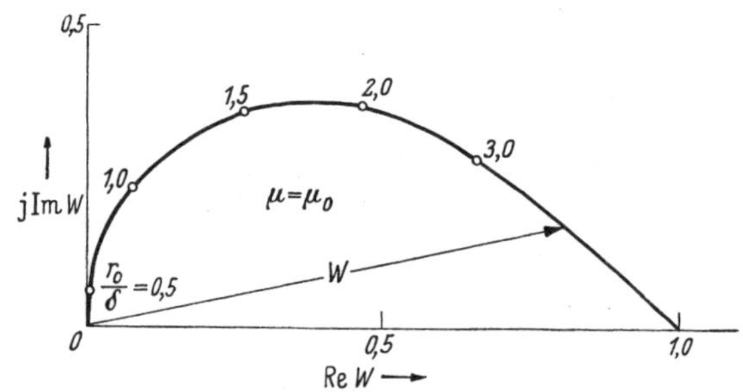

Abb. 21. Der Rückwirkungsfaktor W eines unmagnetischen Metalldrahtes vom Radius r_0, dargestellt in der komplexen Ebene

mit zunehmender Frequenz f von Null an zunächst linear mit f, solange noch keine Flußverdrängung ($r_0 < \delta$) herrscht. Nimmt die Frequenz weiter zu, so daß man in das Gebiet der Flußverdrängung kommt, so nähert sich W asymptotisch dem Wert eins. Nach Gl. (28) bedeutet dies, daß die Normalkomponente H_r der magnetischen Feldstärke an der Oberfläche ($r = r_0$) im Grenzfall $r_0 \gg \delta$ ($W \to 1$) verschwindet;

das Feld wird an ihr entlanggeführt. In Abb. 22 ist das Feld um den Draht für $W = 1$ quantitativ wiedergegeben; es zeigt die Feldlinien $Y = \text{const}$. Die Funktion Y ist die sogenannte Stromfunktion, die die reelle Potentialfunktion X nach Gl. (27) zu dem komplexen Potential $\underline{Z}(\underline{z}) = X + \mathrm{i}\,Y$ ergänzt, wenn in der komplexen Ebene $\underline{z} = x + \mathrm{i}\,y = r\,\mathrm{e}^{\mathrm{i}\varphi}$ genommen wird. Wie man leicht verifiziert, ist für $r \geqq r_0$

$$\underline{Z}(\underline{z}) = -\mathrm{i}\,\dot{H}_{\mathrm{a}}\left(\underline{z} - \frac{r_0^2}{\underline{z}}\right) \tag{40}$$

und damit

$$Y \equiv \operatorname{Im} \underline{Z} = = -H_{\mathrm{a}}\left(r - \frac{r_0^2}{r}\right)\cos\varphi\,. \tag{41}$$

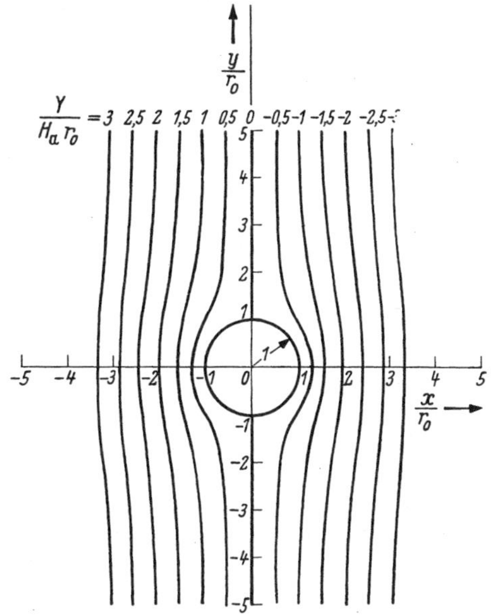

Abb. 22. Metallischer Draht mit dem Radius r_0 in einem Wechselfeld hoher Frequenz ($r_0 > 2\delta$) [Y Stromfunktion nach Gl. (41)]

Der Ausdruck (37) für die Wirbelstromverluste läßt sich ebenfalls vereinfachen, wenn man in ihn für den Rückwirkungsfaktor W die Gl. (38) einsetzt. Die Eins in Gl. (38) fällt bei der Bildung des Realteils heraus, weil sie nach Gl. (37) mit dem imaginären Faktor $(\mathrm{j}\,k r_0)^2$ multipliziert werden muß.

Ein Vergleich mit Gl. (20) lehrt dann unmittelbar, daß die Wirbelstromverluste nach der Gleichung

$$P = \frac{2\pi}{\varkappa}\,|H_{\mathrm{a}}|^2\,\varrho_{\mathrm{z}}\left(\frac{r_0}{\delta}\right) \tag{42}$$

zu berechnen sind, wobei die Funktion ϱ_{z} nach Gl. (21) definiert ist; sie ist in Abb. 19 gezeichnet. Im Unterschied zu Gl. (20) tritt hier zusätzlich der Faktor 2 auf; das bedeutet, daß die Wirbelstromverluste in einem Draht im transversalen Wechselfeld doppelt so groß wie im longitudinalen Wechselfeld sind.

Eisendraht ($\mu > \mu_0$)

Die allgemeine Gl. (35) für den Rückwirkungsfaktor läßt sich umwandeln, wenn wir für J_1' die Gl. (M 9) anwenden. Dann ergibt sich die Beziehung

$$W = -\frac{\frac{\mu_{\mathrm{w}}}{\mu}\left(1 + \frac{\mu_0}{\mu}\right) - 2\,\frac{\mu_0}{\mu}}{\frac{\mu_{\mathrm{w}}}{\mu}\left(1 - \frac{\mu_0}{\mu}\right) + 2\,\frac{\mu_0}{\mu}}\,, \tag{43}$$

in der μ_w/μ die wirksame Permeabilität relativ zur statischen Permeabilität nach Gl. (15) ist. Will man nun den Frequenzgang von W haben, so kann man μ_0/μ in den Klammern neben eins weglassen und

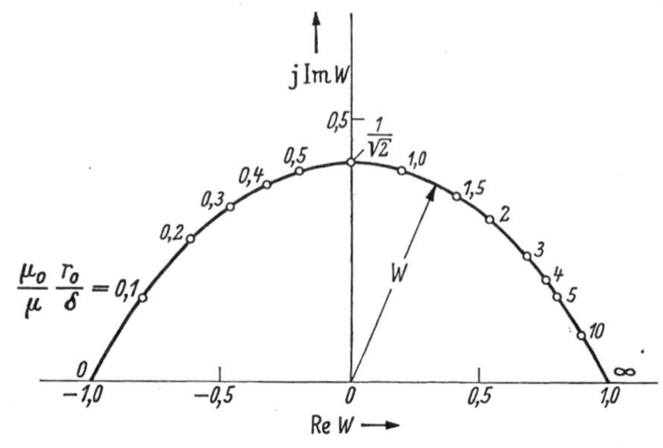

Abb. 23. Der Rückwirkungsfaktor W eines Eisendrahtes ($\mu \gg \mu_0$) vom Radius r_0, dargestellt in der komplexen Ebene

erhält die in Abb. 23 wiedergegebene Ortskurve von W, die nur von dem Parameter $\mu_0 r_0/\mu\,\delta$ abhängt. Ist die Frequenz jedoch Null, so wird $\mu_w/\mu = 1$, und die Gl. (43) vereinfacht sich zu dem Ausdruck

$$W = -\frac{1 - \frac{\mu_0}{\mu}}{1 + \frac{\mu_0}{\mu}}. \qquad (44)$$

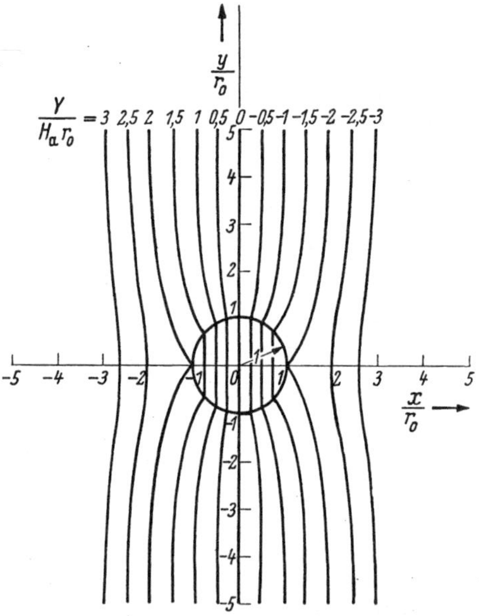

Nach Gl. (28) bedeutet dies, daß die tangentielle Komponente H_φ an der Oberfläche ($r = r_0$) bei großem μ ($W = -1$) verschwindet. Die Kraftlinien stehen also hier senkrecht auf der Oberfläche, wie in Abb. 24 gezeichnet ist. Die Stromfunktion Y verläuft nach der Gleichung

$$Y = -H_a\left(r + \frac{r_0^2}{r}\right)\cos\varphi, \qquad (45)$$

Abb. 24. Eisendraht ($\mu \gg \mu_0$) mit dem Radius r_0 in einem magnetischen Wechselfeld niedriger Frequenz ($r_0 < \delta$) [Y Stromfunktion nach Gl. (45)]

und auf den Linien in Abb. 24 ist $Y = \text{const}$. Der Eisendraht wirkt als magnetischer Kurzschluß im Vergleich zu dem umgebenden Luftraum; die Kraftlinien werden daher in den Draht hineingezogen. Die Feldstärke bricht innerhalb des Drahtes zusammen. Nach Gl. (33) läßt sich die Feldstärke H_i des homogenen Feldes im Innern des Drahtes ausrechnen. Es ist nämlich

$$H_i = \frac{2\mu_0}{\mu + \mu_0} H_a. \tag{46}$$

Der Faktor $2\mu_0/(\mu + \mu_0)$ ist daher bei großer Permeabilität μ sehr klein gegen eins.

Aus Abb. 23 erkennt man, daß erst bei sehr hohen Frequenzen, für die die Ungleichung $r_0/\delta \gg \mu/\mu_0$ erfüllt sein muß, der Rückwirkungsfaktor positiv wird wie bei den unmagnetischen Drähten

$$W = 1. \tag{47}$$

In diesem Fall verengt sich infolge der Flußverdrängung der Querschnitt im Draht so stark, daß die magnetische Kurzschlußwirkung aufgehoben wird. Die Kraftlinien werden jetzt aus dem Draht herausgedrängt, und es entsteht das Feldbild nach Abb. 22.

Will man die Verluste berechnen, so muß man die allgemein gültige Gl. (37) benutzen; hierbei geht nur der Imaginärteil von W nach Gl. (43) ein. Man gelangt zu verhältnismäßig einfachen Ausdrücken, wenn man für μ_w/μ die Näherungsformeln in Gl. (17) und (18) verwendet.

c) Nähewirkungsverluste in Doppelleitungen und Sternvierern (Proximityeffekt)

Im Vergleich zu den Freileitungen liegen die Drähte in Kabeln sehr nahe beieinander. Infolgedessen entstehen merkliche Zusatzverluste dadurch, daß jeder Draht dem transversalen magnetischen Wechselfeld der Nachbardrähte ausgesetzt ist. Wir bezeichnen diesen Effekt als Nähewirkung (Proximityeffekt), derzufolge sich der Widerstand und damit die Dämpfung einer Leitung erhöhen, und zwar um so mehr, je kleiner der Abstand zwischen den Drähten ist. Auf Grund unserer vorstehenden Entwicklungen sind wir in der Lage, hierfür Formeln anzugeben.

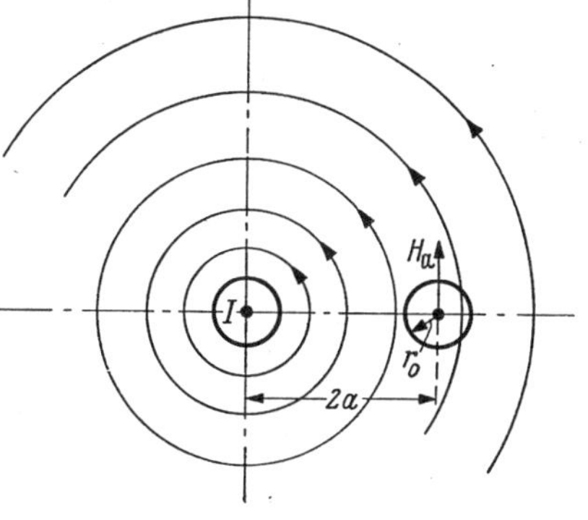

Abb. 25. Zur Berechnung der Zusatzverluste infolge von Nähewirkung bei einer Doppelleitung

Wir betrachten eine Doppelleitung nach Abb. 25, bei der zwei Drähte mit dem Radius r_0 im Abstand $2a$ voneinander liegen. Wenn der eine von ihnen (in Abb. 25 der linke) den Strom I führt, so entsteht um ihn ein rotationssymmetrisches Magnetfeld, dessen Feldstärke am Ort des Nachbardrahtes (rechter Draht) nach Gl. (A 3)

$$H_a = \frac{I}{4\pi a} \tag{48}$$

beträgt. Wir vernachlässigen nun in erster Näherung die Änderung von H_a längs der Oberfläche des rechten Drahtes. Infolgedessen verwenden wir die Gl. (42) für die Verluste in einem Draht, der sich in einem homogenen Wechselfeld mit der Feldstärke H_a nach Gl. (48) befindet. Setzt man nun H_a nach Gl. (48) in Gl. (42) ein, so sind die Nähewirkungsverluste eines Drahtes

$$P_n = \frac{I^2}{8\pi a^2 \varkappa} \varrho_z\left(\frac{r_0}{\delta}\right). \tag{49}$$

Uns interessiert nun der zusätzliche Widerstand R_n infolge dieser Nähewirkung. Dieser ist durch die Beziehung

$$P_n = \frac{1}{2} I^2 R_n \tag{50}$$

definiert (Faktor 1/2, weil H_a und I Amplituden!). Setzt man die beiden Gl. (49) und (50) einander gleich, so erhält man die gesuchte Gleichung

$$R_n = \frac{\varrho_z\left(\frac{r_0}{\delta}\right)}{4\pi a^2 \varkappa}. \tag{51}$$

Man erkennt, daß R_n mit abnehmendem Abstand $2a$ wie $1/a^2$ wächst. Will man nun den Gesamtwiderstand einer Doppelleitung haben, so hat man dem gewöhnlichen Widerstand ($2R_i$) der beiden Drähte [R_i nach Gl. (A 35)] den Wert $2R_n$ hinzuzufügen, weil im linken Draht die gleichen Verluste auftreten. Bezogen auf den Gleichstromwiderstand ($2R_0$) der Doppelleitung gewinnt man daher folgenden Ausdruck für den resultierenden Wirkwiderstand R_d einer Doppelleitung

$$\frac{R_d}{2R_0} = \frac{2R_i + 2R_n}{2R_0} = \varrho_i\left(\frac{r_0}{\delta}\right) + \left(\frac{r_0}{2a}\right)^2 \varrho_z\left(\frac{r_0}{\delta}\right). \tag{52}$$

Infolge der Nähewirkung ist der Strom nicht mehr rotationssymmetrisch über den Drahtquerschnitt verteilt; er konzentriert sich an den Stellen der beiden Drahtoberflächen, die sich gegenüberliegen.

Gewöhnlich hat man in Trägerfrequenzkabeln zwecks besserer Raumausnutzung keine Doppelleitungen als Verseileinheit, sondern sogenannte Sternvierer. Vier Drähte liegen bei ihnen auf den Ecken eines Quadrates (Abb. 26). Je zwei diagonal liegende Drähte bilden eine Doppelleitung, die man Stammleitungen oder kurz Stämme des Vierers nennt. Die beiden Drähte der zweiten Stammleitung liegen nun ebenfalls im Wechselfeld der ersten Stammleitung, wodurch sich die Nähewirkungsverluste erhöhen. Wie man aus Abb. 26 erkennt, ist die Feldstärke an den Drähten des Nachbarstammes doppelt so groß ($2H_a$) wie am eigenen Stamm (H_a), weil ihre Abstände ($\sqrt{2}a$) zu den stromführenden Drähten kleiner sind als diejenigen ($2a$) im eigenen Stamm. Da die Feldstärken mit dem Quadrat eingehen, sind die Nähewirkungsverluste im Nachbarstamm viermal so groß wie im eigenen Stamm. Als Gesamtwiderstand der Stammleitung eines Sternvierers haben wir daher die Gleichung

$$\frac{R_s}{2R_0} = \varrho_i\left(\frac{r_0}{\delta}\right) + 5\left(\frac{r_0}{2a}\right)^2 \varrho_z\left(\frac{r_0}{\delta}\right). \tag{53}$$

Es gibt Fälle, wo man auch die Viererphantomleitung ausnutzt. Hierbei werden die beiden Drähte eines Stammes parallel geschaltet und dienen als Hinleitung, während die Rückleitung über die beiden

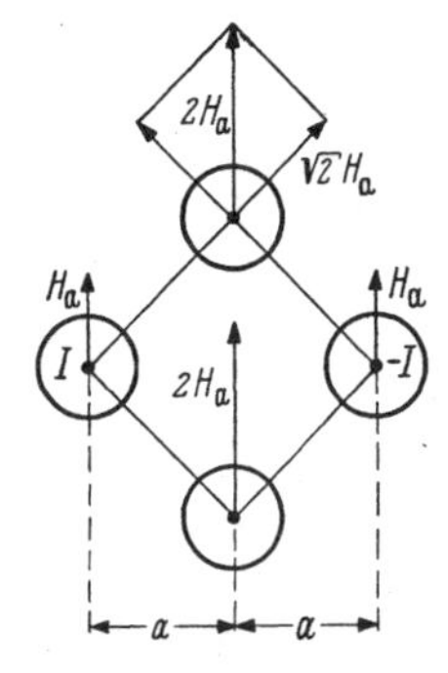

Abb. 26. Zur Berechnung der Zusatzverluste infolge von Nähewirkung bei der Stammleitung eines Sternvierers

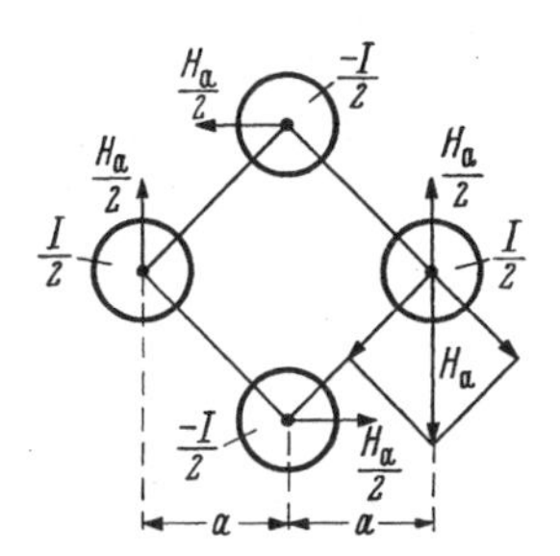

Abb. 27. Zur Berechnung der Zusatzverluste infolge von Nähewirkung bei der Phantomleitung eines Sternvierers

parallelen Drähte des anderen Stammes geschieht. Jeder Draht führt also nur die Hälfte des Stromes ($I/2$) wie im Stammbetrieb. Die Feldstärke an den Drähten ist hierbei $H_a/2$, wie aus Abb. 27 hervorgeht. Zählt man alle Verluste zusammen, so zeigt sich, daß der Widerstand der Nähewirkung nur halb so groß ist wie bei der Doppelleitung nach Gl. (51). Das gleiche gilt für den Gleichstromwiderstand (R_0) und den gewöhnlichen Drahtwiderstand (R_i). Für den relativen Gesamtwiderstand R_v der Viererphantomleitung entsteht daher die Gleichung

$$\frac{R_v}{R_0} = \frac{R_i + R_n}{R_0} = \varrho_i\left(\frac{r_0}{\delta}\right) + \left(\frac{r_0}{2a}\right)^2 \varrho_z\left(\frac{r_0}{\delta}\right); \tag{54}$$

die rechte Seite ist mit Gl. (52) identisch.

Beispiel: Bei einem Sternvierer aus 1,2 mm Drähten ($r_0 = 0{,}6$ mm) ist der Abstand $2a = 5{,}8$ mm. Bei sehr hohen Frequenzen (Stromverdrängung $r_0 \gg \delta$), bei denen wir für die Funktionen ϱ_i und ϱ_z ihre Näherungen nach Gl. (A35) und

(21) einsetzen können, ergibt sich dann als relative Erhöhung des Widerstands durch die Nähewirkungsverluste $r_0^2/2a^2$ für Doppel- und Viererphantomleitungen, für Stammleitungen von Sternvierern jedoch $5r_0^2/2a^2$. Mit obigen Zahlen erhält man die Werte 2,14% und 10,7%. Im Kapitel E werden wir sehen, daß die Nähewirkung infolge der Rückwirkung des Schirmes modifiziert wird.

d) Wirkwiderstand von Litzenleitern

Bei einem Litzenleiter ist der Drahtquerschnitt in zahlreiche Einzeldrähte unterteilt. Hierbei kann man zwischen zwei Konstruktionsarten unterscheiden, nämlich zwischen der lagenweise verseilten Litze und der Wiederkehrlitze. Bei der ersten Art bewegt sich jeder Einzeldraht beim Fortschreiten in Richtung der Leiterachse in konstanter Entfernung auf einer Schraubenlinie um die Leiterachse; man verwendet sie, wenn der Leiter sehr biegsam sein soll. Elektrisch verhält sich ein solcher Leiter wie ein massiver Draht (abgesehen von dem Füllfaktor); auch hier wird der Widerstand durch die Stromverdrängung erhöht, derzufolge die inneren Lagen mit wachsender Frequenz stromlos werden. Die Einzeldrähte brauchen nicht voneinander isoliert zu werden. Mit isolierten Einzeldrähten würde man lediglich die Nähewirkung unterdrücken können, denn infolge der Lagenverseilung wird eine rotationssymmetrische Stromverteilung erzwungen.

Will man die Stromverdrängung reduzieren, so muß man die Wiederkehrlitzen verwenden. Sie bestehen aus isolierten Einzeldrähten, von denen jeder einzelne beim Fortschreiten in Richtung der Leiterachse alle Punkte des Querschnittes durchwandert. Stromverdrängung kann dann nur noch innerhalb eines Einzeldrahtes auftreten, wenn die Frequenz hinreichend hoch ist. Der Strom ist über alle Einzeldrähte gleichmäßig verteilt. Ist N die Zahl der Einzeldrähte, so fließt also in jedem Einzeldraht der Strom I/N (I Gesamtstrom). Bei hinreichend feiner Unterteilung können wir mit einer gleichmäßigen Verteilung der Stromdichte S über den Litzenquerschnitt rechnen. Diese ist

$$S = \frac{I p}{N \pi r_e^2} \tag{55}$$

(r_e Radius des Einzeldrahtes und p Füllfaktor). Nach dem Durchflutungssatz [Gl. (A 1)] nimmt dann die magnetische Feldstärke $H(r)$ stetig mit dem Abstand r von der Leiterachse zu, je weiter man sich von ihr entfernt, weil die Stromdurchflutung mit dem Quadrat, der Kraftlinienweg dagegen nur linear mit r zunimmt. Man erhält wie bei Gleichstrom im massiven Leiter

$$H(r) = \frac{1}{2} S r = \frac{I p r}{2\pi N r_e^2} = \frac{I r}{2\pi r_0^2} \tag{56}$$

(r_0 Radius des Litzenleiters, Abb. 28). Dieses Feld induziert nun in jedem Einzeldraht Wirbelströme, wodurch zusätzliche Verluste entstehen, die sich nach Gl. (42) berechnen. Summiert man über alle

Drähte, so hat man die zusätzlichen Gesamtverluste P_z. Anstatt über diskrete Einzeldrähte zu summieren, integrieren wir über die kontinuierliche Belegung des Querschnittes mit Einzeldrähten. Da die Anzahl der Drähte pro Flächeneinheit des Querschnittes $p/\pi r_e^2 = N/\pi r_0^2$ ist, so gewinnt man mit Gl. (42) für die zusätzlichen Verluste die Gleichung

$$P_z = \frac{4\pi}{\varkappa} \varrho_z\left(\frac{r_e}{\delta}\right) \frac{p}{r_e^2} \int_0^{r_0} H^2(r)\, r\, dr. \tag{57}$$

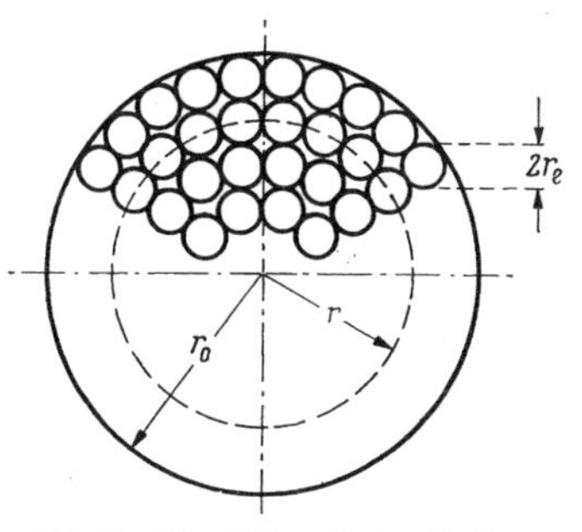

Abb. 28. Litzenleiter mit dem Radius r_0, der aus N Einzeldrähten mit dem Radius r_e besteht.

Setzt man für $H(r)$ den Ausdruck (56) ein und integriert, so ergibt sich folgende Beziehung

$$P_z = \frac{p\, I^2}{4\pi\, r_e^2\, \varkappa} \varrho_z\left(\frac{r_e}{\delta}\right), \tag{58}$$

aus der der zusätzliche Widerstand R_z vermöge der Definition $P_z = I^2 R_z/2$ berechnet werden kann. Es ist daher

$$R_z = \frac{p}{2\pi\, r_e^2\, \varkappa} \varrho_z\left(\frac{r_e}{\delta}\right). \tag{59}$$

Dieser zusätzliche Widerstand R_z addiert sich zu dem Widerstand der N parallel geschalteten Einzeldrähte, so daß sich der Gesamtwiderstand R_l der Litze nach der Gleichung

$$\begin{aligned} R_l &= \frac{1}{N\pi\, r_e^2\, \varkappa} \varrho_i\left(\frac{r_e}{\delta}\right) + \frac{p}{2\pi\, r_e^2\, \varkappa} \varrho_z\left(\frac{r_e}{\delta}\right) = \\ &= \frac{1}{\pi\, r_0^2\, \varkappa\, p}\left[\varrho_i\left(\frac{r_e}{\delta}\right) + \frac{r_0^2\, p^2}{2 r_e^2} \varrho_z\left(\frac{r_e}{\delta}\right)\right] \end{aligned} \tag{60}$$

berechnet. Wir vergleichen nun diesen Widerstand mit demjenigen R_i eines massiven Drahtes, der den gleichen Radius r_0 wie der Litzenleiter hat [Gl. (A 35)]. Dann erhalten wir

$$\frac{R_l}{R_i} = \frac{\varrho_i\left(\frac{r_e}{\delta}\right)}{p\, \varrho_i\left(\frac{r_0}{\delta}\right)}\left[1 + \frac{r_0^2\, p^2}{2 r_e^2} \frac{\varrho_z\left(\frac{r_e}{\delta}\right)}{\varrho_i\left(\frac{r_e}{\delta}\right)}\right]. \tag{61}$$

In der Praxis wird vielfach danach gefragt, wie dieses Widerstandsverhältnis in Abhängigkeit von der Frequenz bei verschieden starker Unterteilung verläuft. Zur Beantwortung dieser Frage führen wir die Zahl N der Einzeldrähte ein und setzen $r_e = r_0\sqrt{p/N}$; dann verwandelt sich die Gl. (61) in die folgende:

$$\frac{R_l}{R_i} = \frac{\varrho_i\left(\sqrt{\frac{p}{N}}\,\frac{r_0}{\delta}\right)}{p\, \varrho_i\left(\frac{r_0}{\delta}\right)}\left[1 + \frac{p\, N}{2} \frac{\varrho_z\left(\sqrt{\frac{p}{N}}\,\frac{r_0}{\delta}\right)}{\varrho_i\left(\sqrt{\frac{p}{N}}\,\frac{r_0}{\delta}\right)}\right]. \tag{62}$$

In Abb. 29 ist diese Beziehung für einen Füllfaktor von $p = 0{,}5$ veranschaulicht. Auf der Abszisse ist der universelle Frequenzmaßstab r_0/δ verwendet, während die Drahtzahl N als Parameter dient. Man erkennt, daß bei niedrigen Frequenzen das Verhältnis R_l/R_i gleich dem reziproken Füllfaktor (also 2) ist. Mit zunehmender Frequenz sinkt es unter eins, und zwar um so mehr, je feiner die Unterteilung ist

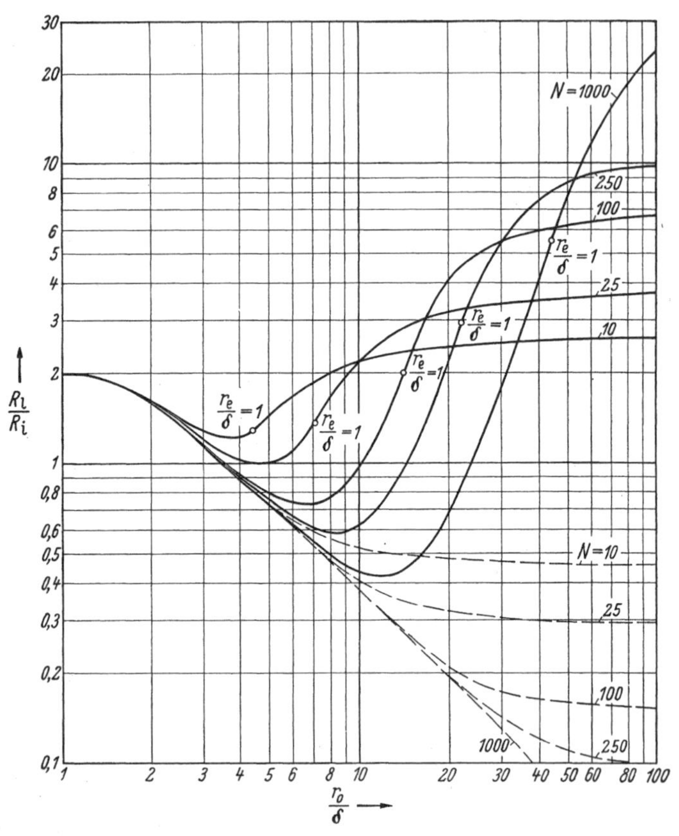

Abb. 29. Das Verhältnis des Widerstands R_l eines Litzenleiters zu dem R_i eines massiven Leiters gleichen Durchmessers in Abhängigkeit von der Frequenz bei verschiedener Zahl N der Einzeldrähte Füllfaktor der Litze $p = 0{,}5$

— — — Kurve ohne Zusatzverluste P_z in den Einzeldrähten

(d. h. je größer N ist). Von einer gewissen Frequenz ab beginnt es wieder zu wachsen und wird sogar größer als eins. Es nähert sich einem asymptotischen Grenzwert, der um so größer ist, je größer N ist. Die Ursache dafür, daß bei hohen Frequenzen der Widerstand des Litzenleiters größer als der des Massivleiters gleichen Außendurchmessers ist, sind die Zusatzverluste in den Einzeldrähten. Wenn der Litzenwiderstand bei einer bestimmten Frequenz kleiner als der Widerstand des

Massivdrahtes sein soll, so darf in den Einzeldrähten noch keine Stromverdrängung auftreten ($r_e < \delta$). Diese Bedingung ist zwar notwendig, aber noch nicht hinreichend, um ein Verhältnis $R_l/R_i < 1$ zu erhalten. Dies geht aus Abb. 29 hervor, in dem auf den Kurven die Punkte, wo $r_e = \delta$ ist, eingetragen sind. Man erkennt, daß das Verhältnis R_l/R_i hierfür noch größer als eins ist. Man muß also noch weitgehender unterteilen, wenn $R_l < R_i$ sein soll. Wie man einen Litzenleiter zu bemessen hat, geht aus folgendem Beispiel hervor.

Beispiel: Wir nehmen einen Kupferleiter von 1 mm Durchmesser an ($r_0 = 0{,}5$ mm). Bei einer Frequenz von $f = 100$ kHz ist die Leitschichtdicke $\delta = 0{,}21$ mm. Der Draht befindet sich im Zustand der Stromverdrängung, wenn er massiv ist ($r_0/\delta = 2{,}4$). Infolgedessen ist $\varrho_i = 1{,}45$ nach Gl. (A35); das heißt, der Widerstand des Drahtes ist um 45% größer als der Gleichstromwiderstand. Wie man aus Abb. 29 erkennt, ist für $r_0/\delta = 2{,}4$ mit einem Litzenleiter auch bei noch so feiner Unterteilung keine Verbesserung zu erzielen. Steigt die Frequenz auf $f = 500$ kHz, so wird $r_0/\delta \approx 5{,}4$. Bei $N = 100$ können wir nach Abb. 29 ein Verhältnis von $R_l/R_i = 0{,}77$ erreichen. Der Durchmesser $2r_e$ der Einzeldrähte muß dann

$$2r_e = 2r_0 \sqrt{\frac{p}{N}} = \sqrt{\frac{0{,}5}{100}}\ \text{mm} \approx 0{,}07\ \text{mm}$$

sein. Im allgemeinen läßt sich folgern, daß das Widerstandsverhältnis R_l/R_i sich um so mehr verkleinern läßt, je größer r_0 ist. Wäre beispielsweise $r_0 = 1{,}5$ mm, so ist $r_0/\delta = 16{,}2$. Bei gleich starken Einzeldrähten wie oben ($r_e = 0{,}035$ mm) befinden wir uns ungefähr auf der Kurve für $N = 1000$. Hierfür reduziert sich das Verhältnis auf $R_l/R_i \approx 0{,}5$.

e) Wirbelstromverluste in Topfkernspulen

Topfkernspulen haben einen kreiszylindrischen Ferritkörper mit sehr hoher Permeabilität μ; der Wicklungsraum hat die Form eines Hohlzylinders, dessen Querschnitt in Abb. 30 dargestellt ist und der vollständig von Ferrit umschlossen ist. In den meisten Fällen ist im Butzen, der innerhalb der Spule liegt, ein Luftspalt der Länge l vorhanden. In dem Luftspalt entsteht eine sehr hohe magnetische Feldstärke H_0, die sich in den Wickelraum fortsetzt und die Drähte der Wicklung als transversales Wechselfeld durchsetzt. Infolgedessen werden in diesen Drähten Wirbelströme induziert, die zusätzliche Verluste verursachen, wodurch die Spulengüte herabgesetzt wird. Im folgenden unterscheiden wir für die Berechnung dieses Effektes zwischen zwei Fällen: Wir nehmen zuerst einen einzigen Luftspalt in der Mitte des

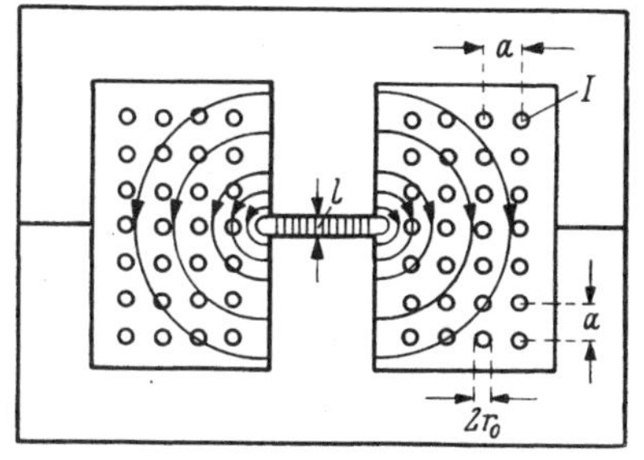

Abb. 30. Topfkernspule mit Luftspalt und magnetischen Feldlinien. I Spulenstrom, r_0 Drahtradius, a Drahtabstand

Butzens an (Abb. 30), und dann betrachten wir eine kontinuierliche Scherung im Butzen (Abb. 33), die man durch Verwendung eines Materials kleinerer Permeabilität (beispielsweise Massekern) als die des umgebenden Ferrits realisieren kann.

Scherung durch Luftspalt. Wir berechnen zunächst den Verlauf des magnetischen Feldes im Wicklungsraum. Zu diesem Zwecke vereinfachen wir das Problem, indem wir es auf ein ebenes Problem zurückführen entsprechend Abb. 31, wobei der ringförmige Wicklungsraum zu einem geraden Zylinder aufgebogen wird. Die Länge dieses Zylinders ist gleich der mittleren Windungslänge l_m. Eine weitere Vereinfachung besteht darin, daß wir an Stelle der unstetigen Stromdichteverteilung, wie sie in Wirklichkeit nach Abb. 30 vorliegt, eine gleichmäßige Stromdichte S über den gesamten Wicklungsraum annehmen. Wenn I den Strom in den Drähten und a den Abstand zwischen ihnen bedeuten, so ist mithin die mittlere Stromdichte

$$S = \frac{I}{a^2}. \tag{63}$$

Die Permeabilität μ des Eisens sei unendlich, eine Annahme, die wegen der hohen Permeabilität der Ferritkerne zulässig ist. Als Folge hiervon müssen wir das magnetische Feld so bestimmen, daß die tangentielle Komponente der magnetischen Feldstärke an der gesamten Eisenoberfläche verschwindet. Die gesamte magnetomotorische Kraft wird dann im Luftspalt verbraucht. Wenn die Feldstärke in ihm H_0 und seine Länge l ist, so gilt also die Beziehung

$$H_0 l = I N = \frac{I}{a^2} F_w = S F_w. \tag{64}$$

Die Größe F_w bedeutet hierin den Wicklungsquerschnitt und N die Windungszahl. Als letzte Vereinfachung erwähnen wir, daß wir den rechteckigen Wicklungsquerschnitt durch einen halbkreisförmigen mit dem Radius r_a entsprechend Abb. 31 ersetzen, der sich aus dem Wicklungsquerschnitt F_w nach der Gleichung

$$F_w = \frac{\pi}{2} r_a^2 \tag{65}$$

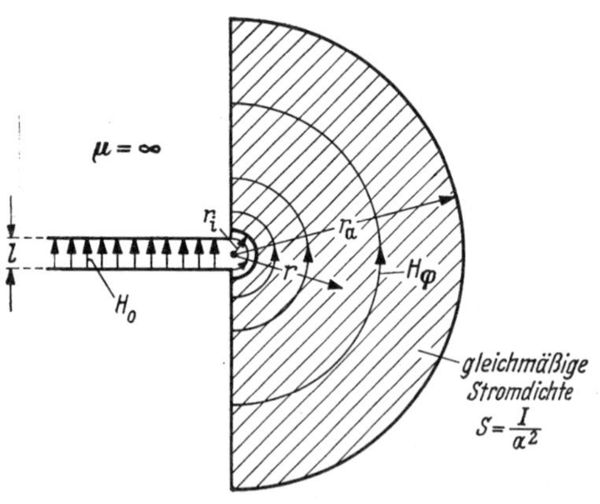

Abb. 31. Ersatz des Wicklungsquerschnittes in Abb. 30 durch einen Halbkreiszylinder mit gleichmäßig belegter Stromdichte S. Permeabilität des Eisens $\mu = \infty$

ergibt. Auch diese Annahme ist zulässig, weil es auf die genaue Kontur des Wicklungsquerschnittes in größerer Entfernung vom Luftspalt nicht ankommt, denn das Feld ist hier so weit abgeklungen, daß die Verluste in diesem Gebiet von geringem Einfluß sind. Als Folge hiervon gewinnen wir den Vorteil, daß das magnetische Feld nur eine zirkulare Komponente $H_\varphi(r)$ hat, die nur von der radialen Entfernung r von der Luftspaltmitte abhängt. Den Feldverlauf müssen wir nun so bestimmen, daß neben der oben erwähnten Randbedingung $H_\varphi(r_a) = 0$ auch der Bedingung der Quellenfreiheit

$$\operatorname{div} H = 0 \tag{66}$$

genügt wird, und daß die Wirbeldichte gleich der als konstant vorausgesetzten Stromdichte S nach Gl. (63) ist, entsprechend

$$\operatorname{rot}_z H = S. \tag{67}$$

Alle diese Forderungen erfüllt die Funktion

$$H_\varphi(r) = \frac{S}{2}\left(r - \frac{r_a^2}{r}\right), \tag{68}$$

wovon man sich überzeugt, indem man für die Vektoroperationen (66) und (67) ihre Ausdrücke in Polarkoordinaten [Gl. (A 42, 43)] einsetzt.

Wir sind jetzt in der Lage, die Verluste P_z zu berechnen, die dieses Feld in den Wicklungsdrähten hervorruft. Zu diesem Zweck benutzen wir Gl. (42) für die Verluste in einem einzigen Draht je Längeneinheit, wobei wir $H_a = H_\varphi$ setzen. Die gesamten Verluste ergeben sich durch Summierung über alle Drähte, wobei noch mit der mittleren Windungslänge l_m multipliziert werden muß. Anstatt nun über die Einzeldrähte zu summieren, ziehen wir der Einfachheit halber die Integration vor, wobei dann die Anzahl der Drähte pro Flächeneinheit $(1/a^2)$ als Faktor auftritt. Somit entsteht die Beziehung

$$P_z = \frac{2\pi^2}{a^2 \varkappa}\, l_m\, \varrho_z\!\left(\frac{r_0}{\delta}\right) \int\limits_{r_i}^{r_a} H_\varphi^2\, r\, \mathrm{d}r. \tag{69}$$

Setzt man hierin für H_φ die Gl. (68) ein, so erhält man nach der Integration folgenden Ausdruck:

$$P_z = \frac{\pi^2 r_a^4 l_m}{2a^2 \varkappa} S^2 \left[\ln\frac{r_a}{r_i} - \frac{3}{4}\right] \varrho_z\!\left(\frac{r_0}{\delta}\right). \tag{70}$$

An Stelle der Verlustleistung P_z führen wir den zusätzlichen Verlustwiderstand R_z ein, der ja bekanntlich aus der Definition $P_z = I^2 R_z/2$ folgt. Dann ergibt sich mit Benutzung von Gl. (63) die Formel

$$R_z = \frac{\pi^2 r_a^4 l_m}{a^6 \varkappa} \left[\ln\frac{r_a}{r_i} - \frac{3}{4}\right] \varrho_z\!\left(\frac{r_0}{\delta}\right). \tag{71}$$

Wir drücken nun r_a durch den Wicklungsquerschnitt F_w nach Gl. (65) aus, der wiederum mit der Windungszahl N nach Gl. (64) zusammenhängt. Als untere Integrationsgrenze r_i wählen wir den

Drahtabstand a, wobei zu bemerken ist, daß sie nur im geringen Maße das Ergebnis beeinflußt, weil sie unter dem Logarithmus steht. Aus Gl. (71) entsteht dann folgende Gleichung:

$$R_{\mathrm{z}} = \frac{2N^2 l_{\mathrm{m}}}{a^2 \varkappa} \left[\ln \frac{2}{\pi} N - \frac{3}{2}\right] \varrho_{\mathrm{z}}\left(\frac{r_0}{\delta}\right). \tag{72}$$

Wir nehmen nun an, daß in dem Draht noch keine Stromverdrängung auftritt ($r_0 < \delta$). Infolgedessen können wir die entsprechende Näherung für ϱ_{z} nach Gl. (21) einsetzen. Als weitere Größe führen wir den Füllfaktor p ein, der das Verhältnis des gesamten Kupferquerschnittes zum Wicklungsquerschnitt F_{w} angibt:

$$p = \frac{\pi r_0^2 N}{F_{\mathrm{w}}} = \frac{\pi r_0^2}{a^2}. \tag{73}$$

Als letzten Schritt stellen wir den Zusatzwiderstand relativ zum Gleichstromwiderstand R_0 der Wicklung dar, der sich bekanntlich zu

$$R_0 = \frac{N l_{\mathrm{m}}}{\pi r_0^2 \varkappa} = \frac{N l_{\mathrm{m}}}{a^2 \varkappa p} \tag{74}$$

berechnet. Dann erhalten wir folgende Endformel:

$$\frac{R_{\mathrm{z}}}{R_0} = \frac{1}{2} p N \frac{r_0^4}{\delta^4} \left[\ln \frac{2}{\pi} N - \frac{3}{2}\right]. \tag{75}$$

Es zeigt sich hiernach, daß die relativen Verluste mit der vierten Potenz des Drahtradius und mit dem Quadrat der Frequenz anwachsen. Sie nehmen außerdem mit der Windungszahl N zu.

Beispiel: Wir nehmen einen Topfkern mit einem Wicklungsquerschnitt $F_{\mathrm{w}} = 27\ \mathrm{mm}^2$ an. Der Radius des Kupferdrahtes sei $r_0 = 0{,}15$ mm. Bei einem Füllfaktor von $p = 0{,}5$ errechnet sich eine Windungszahl von $N = 190$. Dann ergibt sich der relative Zusatzwiderstand nach Gl. (75) bei einer Frequenz von 25 kHz ($\delta = 0{,}42$ mm) zu

$$\frac{R_{\mathrm{z}}}{R_0} \approx 2{,}5.$$

Dieses Ergebnis bedeutet, daß die Verluste etwa 3,5 mal so groß sind, als wenn man nur den reinen Drahtwiderstand R_0 in Rechnung setzen würde. Die Spulengüte wird also durch die Zusatzverluste beträchtlich reduziert.

Die Zusatzverluste kann man nun durch Aufteilen des Luftspaltes in zwei oder mehrere mit gleicher Gesamtlänge vermindern (Abb. 32). Zum Beispiel ist bei zwei Spalten mit je halber Länge wie in Abb. 32b die Feldstärke in ihrer Umgebung nur halb so groß wie vorher bei einem einzigen Spalt. Infolgedessen sind die Verluste in den benachbarten Drähten je Spalt nur ein Viertel von denen, die in der Umgebung des Spaltes nach Abb. 30 auftreten. Da nun zwei Spalten vorhanden sind, so kann man eine Verminderung der gesamten Verluste auf etwa die Hälfte annehmen. Die Verlegung der beiden Spalte an die beiden Enden des Mittelbutzens (also an die Joche) wie in Abb. 32a bringt keine Verbesserung, da die Feldstärke sich hierbei nicht ver-

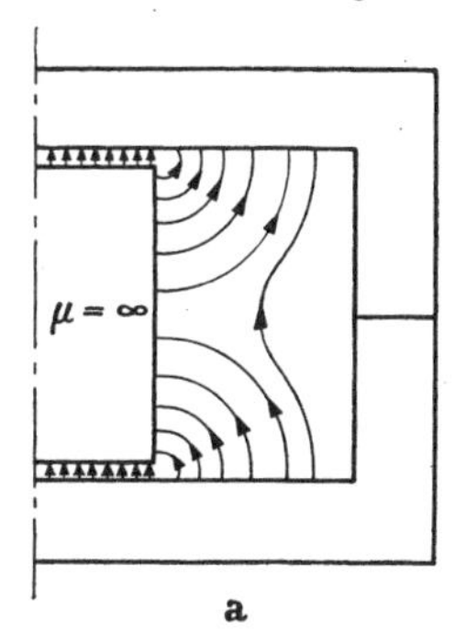

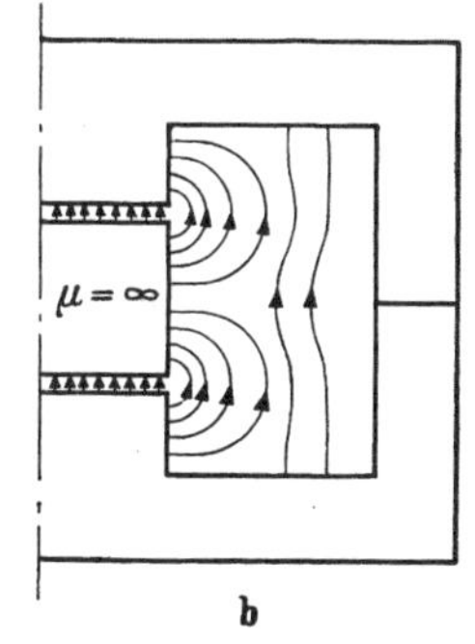

Abb. 32. Verkleinerung der Verluste durch Aufteilung des Luftspaltes. a) falsche Aufteilung, b) richtige Aufteilung

kleinert, denn die Länge der Feldlinien verkürzt sich genauso um die Hälfte wie der Luftspalt.

Weiter kann man die Verluste durch Aufteilung des Kupferquerschnittes in Einzeldrähte, die voneinander isoliert sind, herabsetzen (Litze). Nimmt man beispielsweise zwei parallele Drähte mit gleichem Gesamtquerschnitt, so werden die Verluste halb so groß; bei n parallelen Drähten reduzieren sich die Verluste auf den n-ten Teil, vorausgesetzt, daß der Füllfaktor gleichbleibt.

Gleichmäßige Scherung im Butzen. Wir betrachten jetzt den Fall, bei dem die Scherung dadurch erreicht wird, daß man die magnetomotorische Kraft gleichmäßig im Butzen aufbraucht. Dies läßt sich z. B. durch Verwendung von Massekern für den Butzen erreichen (Abb. 33). Die magnetische Feldstärke ist dann im Wickelraum parallel zur Achse gerichtet. Bezeichnet man mit x den Abstand von der Oberfläche des Butzens, so ist der Feldverlauf durch die Formel

$$H(x) = H_0\left(1 - \frac{x}{t}\right) \quad \text{für} \quad 0 \leqq x \leqq t \tag{76}$$

gegeben, der den Bedingungen nach Gl. (66) und (67) genügt. Die maximale Feldstärke H_0 herrscht an der Oberfläche ($x = 0$) des Butzens; sie ist

$$H_0 = \frac{I N}{h} = I \frac{t}{a^2}. \tag{77}$$

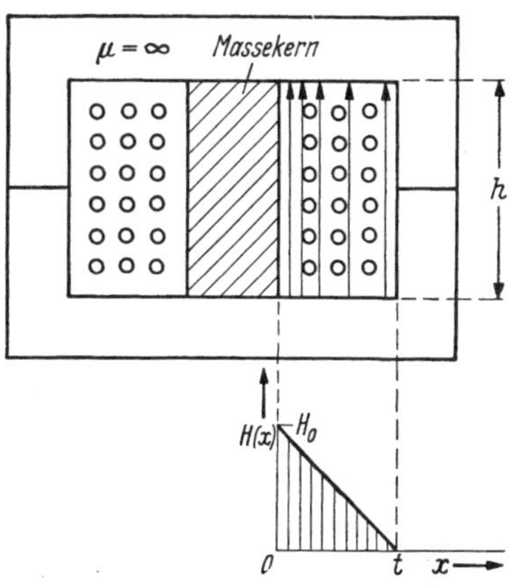

Abb. 33. Homogene Scherung durch Butzen geringer Permeabilität (z. B. durch Massekernbutzen)

Die Größe h ist nach Abb. 33 die Höhe und t die Tiefe des Wicklungsraumes. Die gesamten Verluste sind nun, ähnlich wie oben, durch Integration über den Querschnitt darstellbar, entsprechend der Formel

$$P_z = \frac{2\pi}{a^2 \varkappa} l_m h \varrho_z \left(\frac{r_0}{\delta}\right) \int_0^t H^2(x)\, \mathrm{d}x\,. \tag{78}$$

Setzt man nun hierin für den Feldverlauf Gl. (76) und (77) ein, so erhält man nach der Integration den Verlustwiderstand R_z (entsprechend $P_z = I^2 R_z/2$) zu

$$R_z = \frac{4\pi N^2 l_m}{3 a^2 \varkappa} \frac{t}{h} \varrho_z \left(\frac{r_0}{\delta}\right). \tag{79}$$

Wie oben führen wir wieder den Füllfaktor p ein und dividieren durch den Gleichstromwiderstand R_0 nach Gl. (74); dann ergibt sich für den Fall, daß noch keine Stromverdrängung auftritt ($r_0 < \delta$), die Gleichung

$$\frac{R_z}{R_0} = \frac{\pi}{3} p N \frac{t}{h} \left(\frac{r_0}{\delta}\right)^4, \tag{80}$$

die das Gegenstück zu Gl. (75) ist. Die gleiche Formel kann man auch für Ringkernspulen mit gleichförmiger Scherung im Kern verwenden, wenn man für h den mittleren Kraftlinienweg im Eisen und für t die Dicke der Wicklung nimmt.

Beispiel: Wir behandeln das gleiche Zahlenbeispiel wie oben und nehmen dabei an, daß das Verhältnis

$$\frac{t}{h} = \frac{1}{3}$$

ist. Das bedeutet eine Wicklungstiefe von $t = 3$ mm und eine Wicklungshöhe von $h = 9$ mm. Damit wird

$$\frac{R_z}{R_0} = 0{,}53\,.$$

Die zusätzlichen Verluste sind also um den Faktor 0,21 kleiner als bei der Scherung durch einen einzigen Luftspalt. Macht man den Wicklungsraum bei gleicher Fläche F tiefer und dafür weniger hoch, d. h., nähert man sich einem quadratischen Querschnitt, so steigen die zusätzlichen Verluste an, und zwar nach Gl. (80) linear mit dem Verhältnis t/h.

Anhang zu 2b

Metallischer Draht in einem inhomogenen Wechselfeld; Spiegelungsprinzip. Bisher haben wir immer ein homogenes, magnetisches Wechselfeld vorausgesetzt. In Wirklichkeit ist jedes Feld mehr oder weniger inhomogen, so daß unsere bisherigen Betrachtungen als erste Näherung anzusehen sind. Wir wollen im folgenden zeigen, wie man im Falle eines inhomogenen Feldes vorzugehen hat. Zu diesem Zweck fassen wir als Beispiel das in Abb. 34 dargestellte inhomogene Feld eines den Strom I führenden Leiters ins Auge, in dessen Nähe (im Abstand $2a$) ein Draht mit dem Radius r_0 liegt. Das Feld, das den Draht durchsetzt, weicht um so mehr von einem homogenen Feld ab,

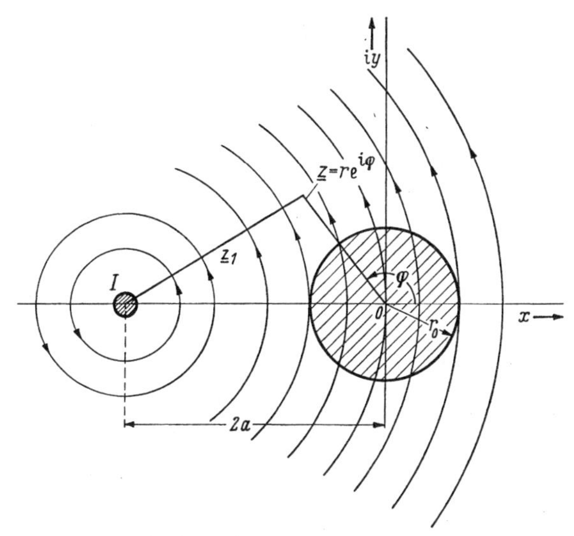

Abb. 34. Metalldraht mit dem Radius r_0 im inhomogenen Wechselfeld eines benachbarten stromführenden Leiters

je kleiner der Abstand $2a$ im Vergleich zum Drahtradius r_0 ist, d. h., je näher der stromführende Leiter heranrückt.

Bei der Berechnung gehen wir von dem primären Feld des stromführenden Leiters aus. Um einfache Gleichungen zu haben, benutzen wir zunächst das komplexe Potential $\underline{Z}_0 = X_0 + \mathrm{i}\, Y_0$. Ist $\underline{z}_1$ die komplexe Koordinate von der Achse des stromführenden Leiters aus gerechnet, so ist bekanntlich

$$\underline{Z}_0 = -\frac{\mathrm{i}\, I}{2\pi} \ln \underline{z}_1 . \tag{81}$$

Wir müssen nun dieses Potential von einem in der Achse des Drahtes mit Radius r_0 liegenden Koordinatensystem darstellen, dessen komplexe Koordinate wir $\underline{z} = r\, \mathrm{e}^{\mathrm{i}\varphi}$ nennen; dabei ist $\underline{z}_1 = \underline{z} + 2a$. Wir führen dies in Gl. (81) ein und entwickeln in der Umgebung des Drahtes ($|\underline{z}| < 2a$), d. h. nach Potenzen von $\underline{z}/2a$; dann erhalten wir

$$\underline{Z}_0 = -\frac{\mathrm{i}\, I}{2\pi} \ln(\underline{z} + 2a) = -\frac{\mathrm{i}\, I}{2\pi} \left[\ln 2a + \sum_{m=1}^{\infty} \frac{(-1)^{m-1}}{m} \left(\frac{\underline{z}}{2a}\right)^m \right]. \tag{82}$$

Aus diesem Ausdruck läßt sich nun leicht der Realteil X_0 bilden. Es ist nämlich

$$X_0 = \frac{I}{2\pi} \sum_{m=1}^{\infty} \frac{(-1)^{m-1}}{m} \left(\frac{r}{2a}\right)^m \sin m\,\varphi . \tag{83}$$

Das Anfangsglied dieser Reihe ($m = 1$) beschreibt nun das homogene Feld, wie ein Vergleich mit Gl. (23) lehrt. Dabei ist

$$H_a = \frac{I}{4\pi a} \tag{84}$$

diejenige Feldstärke, die an der Stelle $r = 0$ herrscht, wenn der Draht nicht da wäre.

In dem Draht werden nun Wirbelströme induziert, die das Feld in seiner Umgebung verändern; wir berücksichtigen dies, indem wir dem Potential X_0 des ursprünglichen Feldes ein Potential X_w überlagern, das von den Wirbelströmen herrührt. Das resultierende Potential des Feldes außerhalb des Drahtes ist also

$$X = X_0 + X_w. \tag{85}$$

Das Potential X_w muß natürlich auch der Differentialgleichung (22) genügen, die wir in Anlehnung an Gl. (83) durch eine Partikularlösung von der Form $f(r)\sin m\varphi$ integrieren. Man erhält dann für $f(r)$ aus Gl. (22) die gewöhnliche Differentialgleichung

$$f''(r) + \frac{1}{r} f'(r) - \frac{m^2}{r^2} f(r) = 0, \tag{86}$$

welche eine Verallgemeinerung von Gl. (25) darstellt.

Die beiden Lösungen lauten

$$f(r) = \begin{cases} c_1 r^m, \\ c_2 r^{-m}, \end{cases} \tag{87}$$

wie man sich leicht durch Einsetzen in Gl. (86) überzeugen kann. Die Konstante c_1 muß so bestimmt werden, daß das Potential X_0 nach Gl. (83) entsteht. Demnach ist

$$c_1 = \frac{1}{m}\left(\frac{-1}{2a}\right)^{m-1} H_a. \tag{88}$$

An Stelle der vorläufig noch unbekannten Konstante c_2 operieren wir wieder mit dem dimensionslosen Rückwirkungsfaktor W_m und schreiben

$$c_2 = \frac{1}{m}\left(\frac{-1}{2a}\right)^{m-1} r_0^{2m} W_m. \tag{89}$$

Somit erhalten wir für das resultierende Potential X den Ausdruck

$$X = H_a \sum_{m=1}^{\infty} \frac{1}{m}\left(\frac{-1}{2a}\right)^{m-1}\left[r^m + \frac{r_0^{2m}}{r^m} W_m\right] \sin m\varphi, \tag{90}$$

aus dem sich die beiden Feldkomponenten wie in Gl. (28) zu

$$\begin{aligned} H_r &= H_a \sum_{m=1}^{\infty} \left(\frac{-1}{2a}\right)^{m-1}\left[r^{m-1} - \frac{r_0^{2m}}{r^{m+1}} W_m\right] \sin m\varphi, \\ H_\varphi &= H_a \sum_{m=1}^{\infty} \left(\frac{-1}{2a}\right)^{m-1}\left[r^{m-1} + \frac{r_0^{2m}}{r^{m+1}} W_m\right] \cos m\varphi \end{aligned} \tag{91}$$

ergeben.

Das Feld innerhalb des Drahtes ($0 \leqq r \leqq r_0$) leiten wir wieder aus der elektrischen Feldstärke E ab, für die man in Verallgemeinerung zu Gl. (32) hier folgende Reihe erhält:

$$E = \mathrm{j}\,\omega\,\mu_0\,r_0\,H_\mathrm{a} \sum_{m=1}^{\infty} C_m\,\mathrm{J}_m(\mathrm{j}\,k\,r)\cos m\,\varphi \tag{92}$$

(C_m unbekannte Konstanten). Damit ergeben sich wie in Gl. (33) folgende Feldkomponenten:

$$\begin{aligned} H_r &= \frac{\mu_0\,r_0}{\mu\,r}\,H_\mathrm{a} \sum_{m=1}^{\infty} m\,C_m\,\mathrm{J}_m(\mathrm{j}\,k\,r)\sin m\,\varphi\,, \\ H_\varphi &= \mathrm{j}\,K\,H_\mathrm{a} \sum_{m=1}^{\infty} C_m\,\mathrm{J}'_m(\mathrm{j}\,k\,r)\cos m\,\varphi\,. \end{aligned} \tag{93}$$

Wir sind jetzt in der Lage, die Grenzbedingungen an der Oberfläche ($r = r_0$) anzusetzen, die für jeden Wert von φ erfüllt sein müssen. Das liefert nun die beiden Gleichungen

$$\begin{aligned} 1 - W_m &= m\left(-\frac{2a}{r_0}\right)^{m-1} C_m\,\mathrm{J}_m(\mathrm{j}\,k\,r_0)\,, \\ 1 + W_m &= \mathrm{j}\,K\left(-\frac{2a}{r_0}\right)^{m-1} C_m\,\mathrm{J}'_m(\mathrm{j}\,k\,r_0)\,, \end{aligned} \tag{94}$$

aus denen sich die Rückwirkungsfaktoren zu

$$W_m = \frac{\mathrm{j}\,K\,\mathrm{J}'_m(\mathrm{j}\,k\,r_0) - m\,\mathrm{J}_m(\mathrm{j}\,k\,r_0)}{\mathrm{j}\,K\,\mathrm{J}'_m(\mathrm{j}\,k\,r_0) + m\,\mathrm{J}_m(\mathrm{j}\,k\,r_0)} \tag{95}$$

berechnen. Die Größe K bedeutet wie früher $k r_0 \mu_0/\mu$. Die Verallgemeinerung von Gl. (37) für die Verluste lautet nun

$$P = \frac{\pi}{\varkappa}\,\frac{\mu_0}{\mu}\,|H_\mathrm{a}|^2 \sum_{m=1}^{\infty} \frac{1}{m}\left(\frac{r_0}{2a}\right)^{2(m-1)} \mathrm{Re}\left[(\mathrm{j}\,k\,r_0)^2\,W_m\right]. \tag{96}$$

Wir wollen uns zunächst wieder mit unmagnetischen Drähten ($\mu = \mu_0$) näher befassen. Hierbei vereinfacht sich die allgemeine Gl. (95) für die Rückwirkungsfaktoren erheblich. Mit Benutzung von Gl. (M 6 und 7) wird nämlich aus Gl. (95) die Beziehung

$$W_m = -\frac{\mathrm{J}_{m+1}(\mathrm{j}\,k\,r_0)}{\mathrm{J}_{m-1}(\mathrm{j}\,k\,r_0)} = 1 - \frac{2m\,\mathrm{J}_m(\mathrm{j}\,k\,r_0)}{\mathrm{j}\,k\,r_0\,\mathrm{J}_{m-1}(\mathrm{j}\,k\,r_0)}\,. \tag{97}$$

Wir setzen sie in Gl. (96) ein und geben an Stelle der Verlustleistung den zusätzlichen Widerstand R_n gemäß der Definition in Gl. (50) an. Auf diese Weise erhalten wir als Verallgemeinerung von Gl. (51) den Ausdruck

$$R_\mathrm{n} = \frac{1}{4\pi\,a^2\,\varkappa} \sum_{m=1}^{\infty} \left(\frac{r_0}{2a}\right)^{2(m-1)} \varrho_{\mathrm{z}\,m}\left(\frac{r_0}{\delta}\right), \tag{98}$$

in dem $\varrho_{zm}(r_0/\delta)$ folgende Funktionen bedeutet:

$$\varrho_{zm}\left(\frac{r_0}{\delta}\right) = -\mathrm{Re}\,\mathrm{j}\,k\,r_0\frac{J_m(\mathrm{j}\,k\,r_0)}{J_{m-1}(\mathrm{j}\,k\,r_0)} \approx$$
$$\approx \begin{cases} \dfrac{1}{2m^2(m+1)}\left(\dfrac{r_0}{\delta}\right)^4 & \text{für} \quad r_0 < \delta, \\ \dfrac{r_0}{\delta} - m + \dfrac{1}{2} & \text{für} \quad r_0 \gg \delta. \end{cases} \tag{99}$$

Man erkennt aus den Näherungsformeln, daß ϱ_{zm} um so kleiner wird, je höher die Ordnungszahl m ist.

Beispiel: Wir benutzen die Gl. (98) dazu, um den Einfluß der höheren Glieder $m \geqq 2$ im Vergleich zum ersten Glied $m = 1$ abzuschätzen. Im Bereich, wo noch keine Stromverdrängung herrscht ($r_0 < \delta$), verhält sich das zweite Glied ($m = 2$) zum ersten Glied ($m = 1$) der Summe in Gl. (98) wie $(r_0/2a)^2/6$. Bei dem Beispiel des Sternvierers im Anschluß an Gl. (54) war $r_0 = 0{,}6$ mm und $2a = 5{,}8$ mm. Das Verhältnis der beiden Glieder für $m = 2$ und $m = 1$ beträgt daher $1{,}8\,{}^0/_{00}$. Die höheren Glieder spielen demnach praktisch keine Rolle, man kann sich auf das erste Glied der Reihe beschränken. Dasselbe gilt bei sehr hohen Frequenzen ($r_0 \gg \delta$), wo das Verhältnis $(r_0/2a)^2$ ist; mit den obigen Zahlenwerten erhält man nämlich einen Wert von rund 1,1 %.

Wir betrachten jetzt das Feld außerhalb des Drahtes ($r \geqq r_0$), das durch die Rückwirkung der Wirbelströme im Draht verändert wird. Der formale Ausdruck für diese Rückwirkung ist das Potential X_w des Rückwirkungsfeldes, in das die Rückwirkungsfaktoren W_m eingehen. Für zwei Extremfälle läßt sich nun die unendliche Summe für X_w geschlossen summieren. Ist nämlich die Frequenz so hoch, daß Stromverdrängung in dem unmagnetischen Draht eintritt ($r_0 \gg \delta$), so ist nach Gl. (97)

$$\lim_{\omega \to \infty} W_m = 1\,. \tag{100}$$

Andererseits ist bei einem hochpermeablen Draht ($\mu \gg \mu_0$) bei niedrigen Frequenzen

$$\lim_{\omega \to 0} W_m = -1\,, \tag{101}$$

wie man aus Gl. (95) erkennt. Führt man dies in Gl. (90) ein, so entsteht der Ausdruck

$$X_w = \pm\frac{I}{2\pi}\sum_{m=1}^{\infty}\frac{(-1)^{m-1}}{m}\,\frac{r_0^{2m}}{(2a\,r)^m}\sin m\,\varphi\,, \tag{102}$$

dessen Summe man ausrechnen kann. Fassen wir X_w als Realteil eines komplexen Rückwirkungspotentials $\underline{Z}_w$ auf, so läßt sich nämlich zeigen, daß

$$\underline{Z}_w = \mp\frac{\mathrm{i}\,I}{2\pi}\left[\ln\underline{z} - \ln\left(\underline{z} + \frac{r_0^2}{2a}\right)\right] \tag{103}$$

ist. Dabei gilt das obere Vorzeichen (—) für den Fall der Stromverdrängung ($W_m = 1$) und das untere (+) für den magnetostatischen Fall ($W_m = -1$). Diese Gleichung läßt sich auf anschauliche Weise interpretieren: Das Rückwirkungsfeld außerhalb des Drahtes ist identisch mit demjenigen eines Liniendipols nach Abb. 35, bei dem der eine Strom in der Drahtmitte und der andere mit entgegengesetztem Vorzeichen im Abstand $r_0^2/2a$ von der Drahtmitte liegt. Der Punkt $z = -r_0^2/2a$ ist der Spiegelungspunkt des primären, im Abstand $z = -2a$ befindlichen Stromes I. Im Falle a der Stromverdrängung ($r_0 \gg \delta$) ist

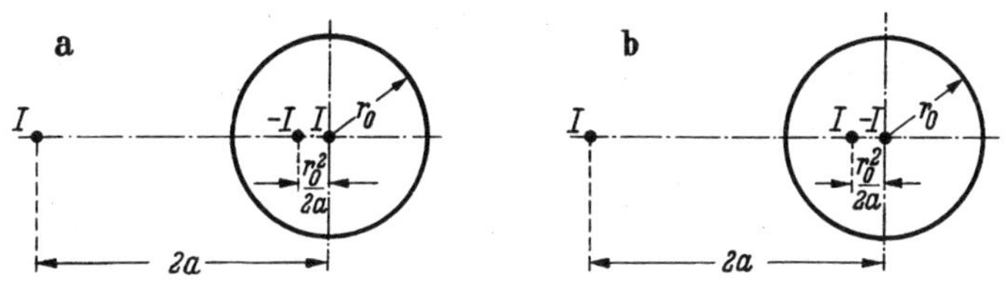

Abb. 35. Spiegelungsprinzip am metallischen Zylinder, Fall a bei Stromverdrängung, b im magnetostatischen Fall

das resultierende Feld um den Draht so beschaffen, daß die Normalkomponente (H_r) auf der Oberfläche ($r = r_0$) verschwindet, während im magnetostatischen Fall b ($r_0 < \delta$, $\mu \gg \mu_0$) die tangentielle Komponente (H_φ) Null ist, wie sich aus Gl. (91) in Verbindung mit Gl. (100) und (101) ablesen läßt. Im ersten Fall verlaufen daher die Kraftlinien parallel zur Drahtoberfläche, und im zweiten Fall enden sie senkrecht auf der Oberfläche.

3. Wirbelströme in Kugeln

Die Kugel ist für die Rechnung der einfachste Repräsentant eines dreidimensionalen Körpers. Wir stellen uns die Aufgabe, die Wechselwirkung zwischen einem homogenen, magnetischen Wechselfeld mit der Amplitude H_a und den in der Kugel induzierten Wirbelströmen zu bestimmen. Zu diesem Zweck benutzen wir Kugelkoordinaten nach Abb. 11, deren Nullpunkt mit der Kugelmitte zusammenfällt und deren z-Achse ($\vartheta = 0$) parallel zum Störungsfeld gerichtet ist (Abb. 36). Offenbar sind bei dieser Festsetzung alle Feldgrößen rotationssymmetrisch zur z-Achse, so daß der Vorteil entsteht, daß die Abhängigkeit von dem Winkel φ wegfällt. — Wir drücken zunächst das homogene Störungsfeld in Kugelkoordinaten aus. Das Potential nennen wir X_0 und haben

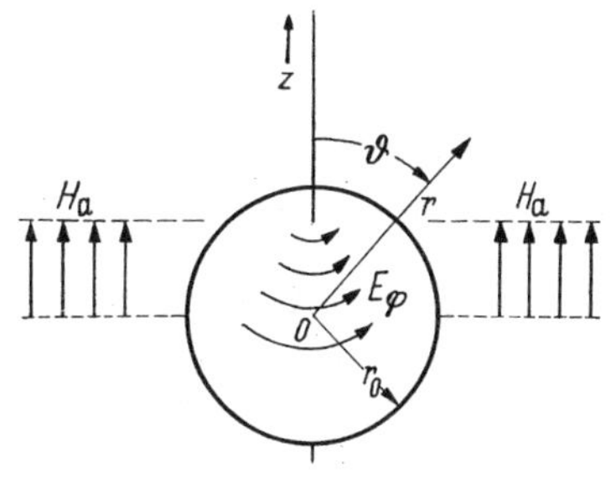

Abb. 36. Zur Berechnung der Wirbelströme in einer Metallkugel mit dem Radius r_0

$$X_0 = H_a z = H_a r \cos\vartheta . \tag{104}$$

Diesem homogenen Feld überlagert sich nun ein Rückwirkungsfeld X_w, das von den Wirbelströmen in der Kugel herrührt, so daß das resultierende Feld außerhalb der Kugel ($r \geqq r_0$) durch das Potential

$$X = X_0 + X_w \tag{105}$$

dargestellt wird. Das Potential X ist nun als Lösung der LAPLACEschen Differentialgleichung (A 17) zu ermitteln, die nach Gl. (A 45) mit $\partial X/\partial\varphi = 0$ die Gestalt

$$\frac{\partial}{\partial r}\left(r^2 \frac{\partial X}{\partial r}\right) + \frac{1}{\sin\vartheta}\frac{\partial}{\partial\vartheta}\left(\sin\vartheta\frac{\partial X}{\partial\vartheta}\right) = 0 \tag{106}$$

hat. In Anlehnung an die Gl. (104) versuchen wir, die Variablen r und ϑ mit dem Ansatz

$$X = f(r)\cos\vartheta \tag{107}$$

zu separieren. Dies gelingt, wie man erkennt, wenn man diesen Ansatz in Gl. (106) einführt. Der Kosinus hebt sich dann weg, und es entsteht für die Funktion $f(r)$ folgende gewöhnliche Differentialgleichung 2. Ordnung

$$(r^2 f'(r))' - 2f(r) = 0. \tag{108}$$

Ihre beiden Lösungen erhält man durch den Ansatz $f(r) = r^n$ zu

$$f(r) = \begin{cases} C_1 r, \\ \dfrac{C_2}{r^2}. \end{cases} \tag{109}$$

Von den beiden Konstanten C_1 und C_2 ist bereits C_1 durch die Bedingung festgelegt, daß das Feld in großer Entfernung ($r \to \infty$) in das homogene Störungsfeld übergehen muß. Es ist also

$$\lim_{r\to\infty} X = X_0 = H_a r\cos\vartheta \tag{110}$$

und daher $C_1 = H_a$. Über die Konstante C_2 können wir vorläufig noch nicht verfügen. Es ist zweckmäßig, an ihrer Stelle mit einer dimensionslosen Größe W zu operieren, die wir künftig wieder den Rückwirkungsfaktor nennen und die sich aus $C_2 = H_a r_0^3 W$ ergibt. Daher lautet die Lösung von Gl. (106)

$$X = H_a\left(r + \frac{2r_0^3}{r^2} W\right)\cos\vartheta \quad \text{für} \quad r \geqq r_0, \tag{111}$$

aus der sich folgende magnetische Feldkomponenten herleiten ($H = \operatorname{grad} X$):

$$\begin{aligned} H_r &= \frac{\partial X}{\partial r} = H_a\left(1 - \frac{2r_0^3}{r^3} W\right)\cos\vartheta, \\ H_\vartheta &= \frac{\partial X}{r\,\partial\vartheta} = -H_a\left(1 + \frac{r_0^3}{r^3} W\right)\sin\vartheta. \end{aligned} \tag{112}$$

Das Rückwirkungsfeld, das im Außenraum ($r \geqq r_0$) von den Wirbelströmen erzeugt wird, ist dasjenige eines Dipols in der Kugelmitte, der parallel zur z-Achse orientiert ist und dessen Moment dem Rückwirkungsfaktor W proportional ist. Die Feldstärke des Rückwirkungsfeldes nimmt umgekehrt proportional mit der dritten Potenz der Entfernung ab.

Wir wenden uns jetzt dem Feld im Kugelinnern ($r \leqq r_0$) zu. Die Anschauung sagt uns, daß die Wirbelströme in der Kugel um die z-Achse kreisen müssen, wie in Abb. 36 angedeutet ist. Die Wirbelstromdichte hat daher ebenso wie die elektrische Feldstärke nur eine Komponente in Richtung φ:

$$E = (0, 0, E_\varphi). \tag{113}$$

Für ihre Berechnung können wir nun nicht die Gl. (A 20) heranziehen, die nur für Komponenten nach geradlinigen Koordinaten gilt. Wir müssen hier vielmehr auf die allgemeingültige Gl. (A 18) zurückgreifen, die in Kugelkoordinaten die Form

$$\frac{1}{r}\frac{\partial^2}{\partial r^2}(r E_\varphi) + \frac{1}{r^2}\frac{\partial}{\partial \vartheta}\left[\frac{1}{\sin\vartheta}\frac{\partial}{\partial \vartheta}(\sin\vartheta\, E_\varphi)\right] - k^2 E_\varphi = 0 \tag{114}$$

annimmt. Ihre Lösung gelingt hier mit dem naheliegenden Produktansatz

$$E_\varphi = g(r)\sin\vartheta. \tag{115}$$

(Die Wirbelstromdichte und damit E_φ müssen nämlich mit ϑ zunehmen, weil der magnetische Kraftfluß mit ϑ wächst; daher kann nicht $\cos\vartheta$ vorkommen.) Mit ihm erhält man aus Gl. (114) folgende Gleichung für $g(r)$:

$$g''(r) + \frac{2}{r}g'(r) - \left(\frac{2}{r^2} + k^2\right)g(r) = 0. \tag{116}$$

Ihre Lösung lautet nach Gl. (M 23)

$$g(r) = \psi_1(\mathrm{j}\,k\,r) \equiv \sqrt{\frac{\pi}{2\mathrm{j}\,k\,r}}\,\mathrm{J}_{\frac{3}{2}}(\mathrm{j}\,k\,r). \tag{117}$$

Andere Zylinderfunktionen als die BESSELsche kommen nicht in Betracht, weil $g(0)$ endlich bleiben muß. Nach Gl. (M 26) kann man BESSELsche Funktionen mit halbzahligem Index und imaginärem Argument durch Hyperbelfunktionen ausdrücken. Wir machen davon Gebrauch und haben dann die elektrische Feldstärke in der Form

$$E_\varphi = \mathrm{j}\,\omega\,\mu_0\,r_0^2\,C\,H_a\,h(k\,r)\frac{\sin\vartheta}{r} \tag{118}$$

gewonnen, in der die Funktion $h(kr)$ folgende Bedeutung hat:

$$h(kr) \equiv \mathrm{j}\,k\,r\,\psi_1(\mathrm{j}\,k\,r) \equiv \frac{\sinh k\,r}{k\,r} - \cosh k\,r. \tag{119}$$

Die Größe C ist eine noch unbekannte dimensionslose Konstante. Um die Übergangsbedingungen an der Oberfläche ($r = r_0$) ansetzen zu können, ermitteln wir aus Gl. (118) das magnetische Feld im Innern mit Hilfe der zweiten MAXWELLschen Gleichung (A14). Daher benutzen wir die Gl. (A 46) für die Rotation in Kugelkoordinaten und erhalten

$$\begin{aligned} \mu H_r &= -\frac{1}{\mathrm{j}\,\omega\, r \sin\vartheta}\,\frac{\partial}{\partial\vartheta}(\sin\vartheta\, E_\varphi) = -2\mu_0 r_0^2 C\, H_\mathrm{a}\, h(k r)\,\frac{\cos\vartheta}{r^2}, \\ H_\vartheta &= \frac{1}{\mathrm{j}\,\omega\,\mu\, r}\,\frac{\partial}{\partial r}(r E_\varphi) = K r_0 C\, H_\mathrm{a}\, h'(k r)\,\frac{\sin\vartheta}{r}. \end{aligned} \tag{120}$$

Der Strich an h bedeutet Differentiation nach dem Argument kr, während $K = kr_0\mu_0/\mu$ ist. Die Übergangsbedingungen an der Oberfläche ($r = r_0$) ergeben sich jetzt durch Gleichsetzen der tangentiellen Komponenten (H_ϑ) der Feldstärken und der normalen Komponenten (μH_r bzw. $\mu_0 H_r$) der Induktion zu

$$\begin{aligned} 1 + W &= -K C\, h'(k r_0), \\ 1 - 2W &= -2C\, h(k r_0). \end{aligned} \tag{121}$$

Hieraus erhält man den Rückwirkungsfaktor der Kugel zu

$$W = \frac{1}{2}\,\frac{K h'(k r_0) - 2h(k r_0)}{K h'(k r_0) + h(k r_0)}. \tag{122}$$

Diese Gleichung ist ähnlich gebaut wie Gl. (35) für den Rückwirkungsfaktor eines Zylinders im transversalen Feld; sie gilt ganz allgemein für beliebige Frequenzen und Materialkonstanten ϱ und μ. Wir benutzen sie, um einen allgemeinen Ausdruck für die Wirbelstromverluste anzugeben. Zu diesem Zweck ermitteln wir zunächst die elektrische Feldstärke E_φ in der Kugel nach Gl. (118), in der die Konstante C aus Gl. (121) folgt. Danach ist

$$E_\varphi = \mathrm{j}\,\omega\,\mu_0 r_0^2 (2W - 1)\, H_\mathrm{a}\,\frac{h(k r)}{2h(k r_0)}\,\frac{\sin\vartheta}{r}. \tag{123}$$

Wir sind jetzt in der Lage, die Wirbelstromverluste aus dem POYNTINGschen Vektor zu berechnen, den wir über die gesamte Kugeloberfläche mit dem Flächenelement $2\pi\, r_0^2 \sin\vartheta\, \mathrm{d}\vartheta$ zu integrieren haben. Es entsteht die Formel

$$\begin{aligned} P &= \frac{\pi}{2} r_0^2 \int\limits_{\vartheta=0}^{\pi} [E_\varphi^* H_\vartheta + E_\varphi H_\vartheta^*]_{r=r_0} \sin\vartheta\, \mathrm{d}\vartheta = \\ &= 2\pi r_0^3\,\omega\,\mu_0\, |H_\mathrm{a}|^2\, \mathrm{Im}(W) = -\frac{2\pi\, r_0}{\varkappa}\,\frac{\mu_0}{\mu}\,|H_\mathrm{a}|^2\, \mathrm{Re}\,[(k r_0)^2 W]. \end{aligned} \tag{124}$$

Wir diskutieren auch hier die gewonnenen Resultate an zwei Sonderfällen, die allein für praktische Zwecke interessant sind. Einmal nehmen wir unmagnetische Metallkugeln an ($\mu = \mu_0$) und dann Eisenkugeln, deren Permeabilität sehr groß im Vergleich zur Luft ist ($\mu \gg \mu_0$).

a) Unmagnetische Metallkugel ($\mu = \mu_0$)

Setzt man in Gl. (122) $\mu = \mu_0$, so läßt sich der Rückwirkungsfaktor in folgende Formel umschreiben:

$$W = \frac{1}{2}\left[1 + \frac{3}{(k\,r_0)^2} - \frac{3\coth k\,r_0}{k\,r_0}\right] \approx$$
$$\approx \begin{cases} \dfrac{\mathrm{j}}{15}\left(\dfrac{r_0}{\delta}\right)^2 & \text{für} \quad r_0 < \delta, \\[2ex] \dfrac{1}{2}\left[1 - \dfrac{3\mathrm{j}}{2}\left(\dfrac{\delta}{r_0}\right)^2 - \dfrac{3(1-\mathrm{j})}{2}\dfrac{\delta}{r_0}\right] & \text{für} \quad r_0 > \delta. \end{cases} \tag{125}$$

Wie man erkennt, nimmt er von niedrigen Frequenzen an zunächst linear mit der Frequenz zu entsprechend $1/\delta^2$. Bei hohen Frequenzen nähert er sich asymptotisch dem Wert 1/2. In Abb. 37 ist W als kom-

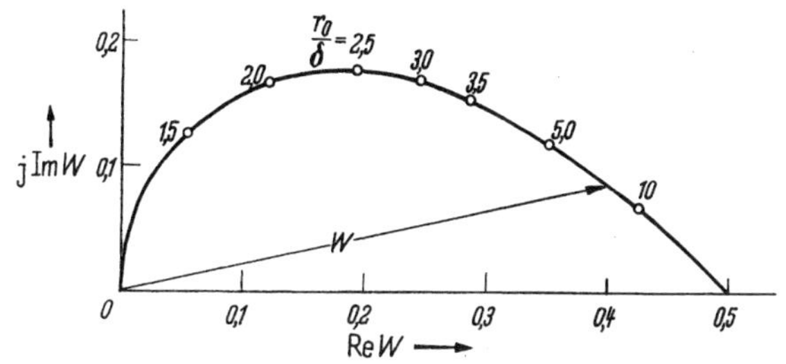

Abb. 37. Der Rückwirkungsfaktor W einer unmagnetischen Kugel vom Radius r_0, dargestellt in der komplexen Ebene

plexer Vektor nach Gl. (125) gezeichnet. Qualitativ ist der Verlauf ähnlich wie beim Draht nach Abb. 21; der Betrag von W ist kleiner als beim Draht. Setzt man in Gl. (112) für $W = 1/2$, so erkennt man, daß die Normalkomponente H_r des Feldes an der Oberfläche $r = r_0$ verschwindet; das Feld wird also auch hier bei hohen Frequenzen tangentiell an der Oberfläche entlanggeführt, wie es ähnlich in Abb. 22 dargestellt ist.

Für die Verluste läßt sich eine verhältnismäßig einfache Formel aufstellen, wenn man in die allgemeine Gl. (124) den Ausdruck (125) einsetzt. Dann ergibt sich nämlich die Beziehung

$$P = \frac{4\pi\,r_0}{\varkappa}\,|H_\mathrm{a}|^2\,\varrho_\mathrm{k}\left(\frac{r_0}{\delta}\right), \tag{126}$$

in der $\varrho_\mathrm{k}\left(\frac{r_0}{\delta}\right)$ die Verlustfunktion für die Kugel ist, die nach der Formel

$$\varrho_\mathrm{k}\left(\frac{r_0}{\delta}\right) = \frac{3}{4}\left[\frac{r_0}{\delta}\,\frac{\sinh\dfrac{2r_0}{\delta} + \sin\dfrac{2r_0}{\delta}}{\cosh\dfrac{2r_0}{\delta} - \cos\dfrac{2r_0}{\delta}} - 1\right] \approx$$
$$\approx \begin{cases} \dfrac{1}{15}\left(\dfrac{r_0}{\delta}\right)^4 & \text{für} \quad r_0 < \delta, \\[2ex] \dfrac{3}{4}\left(\dfrac{r_0}{\delta} - 1\right) & \text{für} \quad r_0 > \delta \end{cases} \tag{127}$$

berechnet wird. Sie ist in Abb. 38 mit ihren Näherungen wiedergegeben. Auch hier wachsen die Verluste wie beim Draht bei niedrigen Frequenzen mit dem Quadrat und bei hohen Frequenzen mit der

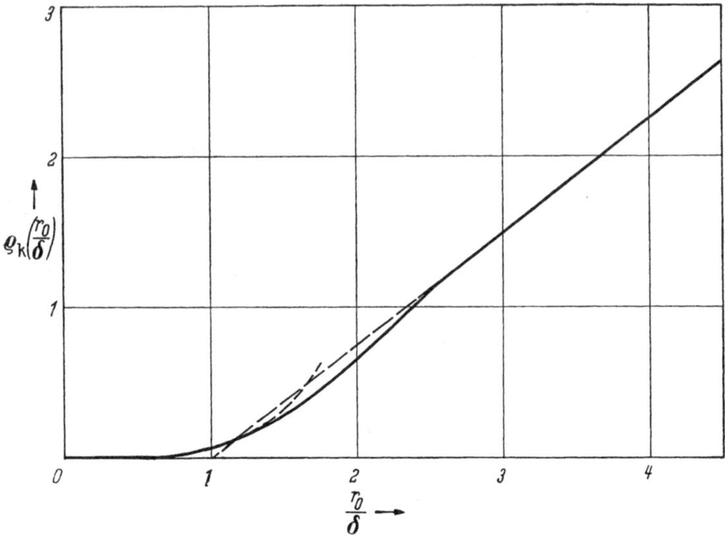

Abb. 38. Zur Berechnung der Wirbelstromverluste in einer unmagnetischen Kugel mit dem Radius r_0 nach Gl. (126). [— — — Näherungen nach Gl. (127)]

Wurzel aus der Frequenz. Der Drahtradius geht im ersten Fall mit der fünften Potenz und im zweiten Fall mit dem Quadrat ein.

b) Eisenkugel ($\mu \gg \mu_0$)

Wir betrachten am zweckmäßigsten drei Frequenzbereiche. Der erste Bereich ist derjenige bei niedrigen Frequenzen, in denen noch keine Stromverdrängung herrscht ($r_0 < \delta$). Im zweiten Bereich herrscht bereits Stromverdrängung ($r_0 > \delta$), dagegen ist der verbleibende Restquerschnitt an der Oberfläche noch so groß, daß er als magnetischer Kurzschluß wirkt; quantitativ ist dieser Bereich durch die zusätzliche Ungleichung $r_0/\delta < \mu/\mu_0$ oder $|K| < 1$ gekennzeichnet. Die ganz hohen Frequenzen fallen in den dritten Bereich. Hier soll die Ungleichung $r_0/\delta > \mu/\mu_0$ oder $|K| > 1$ gelten; der Querschnitt für den Kraftfluß ist hier so eng geworden, daß er nicht mehr als magnetischer Kurzschluß wirkt.

Den ersten Bereich ($r_0 < \delta$) nennen wir den magnetostatischen Bereich. Den Rückwirkungsfaktor W erhält man für diesen Sonderfall aus Gl. (122) durch Entwicklung nach der kleinen Größe kr_0 zu

$$W = \frac{-1 + \frac{\mu_0}{\mu}}{1 + 2\frac{\mu_0}{\mu}}. \tag{128}$$

Er ist für große Permeabilitäten praktisch -1. Nach Gl. (112) bedeutet dies, daß die tangentielle Feldkomponente H_ϑ an der Oberfläche $r = r_0$ verschwindet. Die Kraftlinien stehen senkrecht auf der Oberfläche ähnlich wie Abb. 24 für den Draht. Innerhalb der Kugel bricht die Feldstärke zusammen. Das Feld ist im Innern homogen mit einer Feldstärke H_i, die sich aus Gl. (120) zu

$$H_\mathrm{i} = \frac{3\mu_0}{\mu + 2\mu_0} H_\mathrm{a} \tag{129}$$

ergibt. Der Faktor von H_a ist bei großer Permeabilität μ sehr viel kleiner als eins; ist dagegen $\mu = \mu_0$ wie bei unmagnetischen Metallen, so ist $H_\mathrm{i} = H_\mathrm{a}$. — Für die Wirbelstromverluste läßt sich aus der allgemeingültigen Gl. (124) ebenfalls eine einfache Beziehung durch Entwicklung nach kr_0 herleiten. Es ist

$$P = \frac{12\pi r_0}{5\varkappa} \left(\frac{\mu_0}{\mu}\right)^2 |H_\mathrm{a}|^2 \left(\frac{r_0}{\delta}\right)^4. \tag{130}$$

Danach wachsen die Verluste mit dem Quadrat der Frequenz (entsprechend $1/\delta^4$) und mit der fünften Potenz des Kugelradius r_0.

Die Formeln für den mittleren Bereich $|K| < 1$ gewinnt man, wenn man die Hyperbelfunktionen einander gleich setzt ($\sinh kr_0 \approx \cosh kr_0$), was zulässig ist, da $|kr_0| > 1$ (Stromverdrängung) vorausgesetzt wird. In der Gl. (122) für den Rückwirkungsfaktor fallen dann die Hyperbelfunktionen heraus, und man erhält den Näherungsausdruck

$$W = -\frac{1}{2}\,\frac{2-K}{1+K}; \tag{131}$$

in Abb. 39 ist er als komplexer Vektor wiedergegeben. Man erkennt, daß er mit steigender Frequenz von -1 nach dem Wert $1/2$ strebt. Da in

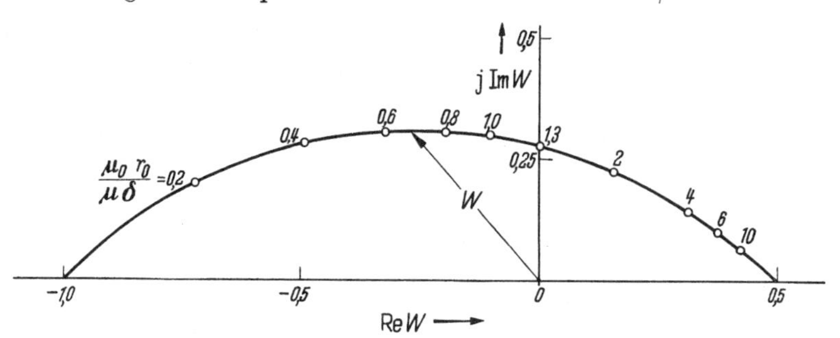

Abb. 39. Der Rückwirkungsfaktor W einer Eisenkugel ($\mu \gg \mu_0$) vom Radius r_0, dargestellt in der komplexen Ebene

diesem Bereich $|K| < 1$ ist, gilt die Näherungsformel $W \approx -1 + 3K/2$, die in Gl. (124) eingeführt folgende Gleichung für die Verluste liefert:

$$P = \frac{6\pi r_0}{\varkappa} \left(\frac{\mu_0}{\mu}\right)^2 |H_\mathrm{a}|^2 \left(\frac{r_0}{\delta}\right)^3. \tag{132}$$

Die Verluste wachsen hier nicht mehr so stark mit der Frequenz. Diese geht mit der Potenz 3/2 ein. Der Kugelradius kommt mit der vierten Potenz vor.

Wenn wir zu noch höheren Frequenzen in den dritten Bereich übergehen, so haben wir $|K| > 1$ zu nehmen; der Rückwirkungsfaktor wird dann nach Gl. (131)

$$\lim_{\omega = \infty} W = \frac{1}{2} \tag{133}$$

wie bei der unmagnetischen Kugel [Gl. (125)]. Auch die Verluste verhalten sich jetzt wie bei der unmagnetischen Kugel bei Stromverdrängung. Daher ist

$$P = \frac{3\pi r_0}{\varkappa} |H_a|^2 \frac{r_0}{\delta}. \tag{134}$$

Die Frequenz geht jetzt nur noch mit der Wurzel ein, während der Kugelradius r_0 mit dem Quadrat vorkommt.

c) Wirbelstromverluste in Massekernen

Massekerne bestehen aus kleinen Eisenteilchen hoher Permeabilität μ, die in Isolierstoff eingebettet sind. Wir bezeichnen das Verhältnis des gesamten Eisenvolumens zum Volumen des Massekernes als Füllfaktor p. Bei großem μ wird die wirksame Permeabilität μ_w des Massekernes von μ unabhängig. Dies kommt daher, daß in diesem Falle nur noch der Kraftlinienweg im Isolierstoff eingeht, der allein von dem Füllfaktor p abhängt. Es ist mit guter Näherung [4]

$$\frac{\mu_w}{\mu_0} \approx \frac{1 + 2p}{1 - p}. \tag{135}$$

Je mehr sich p dem Wert eins nähert, um so mehr verkürzt sich der Kraftlinienweg und um so größer wird daher die wirksame Permeabilität μ_w. Um die Wirbelstromverluste berechnen zu können, müssen wir zunächst den Zusammenhang zwischen der außerhalb der Eisenteilchen im Isolierstoff herrschenden Feldstärke H_a und der mittleren, im Massekern herrschenden Feldstärke H_0 ermitteln, die von der Spulenerregung herrührt. Zu diesem Zweck können wir annehmen, daß die mittlere Induktion $\mu_w H_0$ des Massekernes mit der Induktion übereinstimmt, die innerhalb der Eisenteilchen herrscht. Sind diese kleine Kugeln, so hat diese Induktion nach Gl. (129) bei großem μ den Wert $\mu H_i = 3\mu_0 H_a$. Daher ist näherungsweise

$$H_a \approx \frac{\mu_w}{3\mu_0} H_0. \tag{136}$$

Die Verluste berechnen wir nach dem Ausdruck (130), der für Frequenzen gilt, bei denen noch keine Stromverdrängung herrscht. Ist dann n

die gesamte Zahl der Teilchen im Kern, so betragen demnach die Gesamtverluste

$$P = \frac{4\pi n r_0}{15\varkappa} \left(\frac{\mu_w}{\mu}\right)^2 H_0^2 \left(\frac{r_0}{\delta}\right)^4. \tag{137}$$

Wir drücken jetzt die Feldstärke durch den Spulenstrom I, die Windungszahl N und den Kraftlinienweg l aus:

$$H_0 = \frac{I N}{l}. \tag{138}$$

Ferner verwenden wir an Stelle der Teilchenzahl n den Füllfaktor p und das Kernvolumen V und erhalten dann (r_0 Radius eines Kugelteilchens)

$$n = \frac{3 p V}{4\pi r_0^3}. \tag{139}$$

Uns interessieren nun nicht die Verluste, sondern der Widerstand R_w in dem Spulenstromkreis, der die gleiche Verlustleistung hat entsprechend $P = I^2 R_w/2$. Für ihn ergibt sich also aus Gl. (137) mit Benutzung von Gl. (138) und (139) die Gleichung

$$R_w = \frac{p \varkappa V (\omega \mu_w r_0 N)^2}{10 l^2}; \tag{140}$$

dabei haben wir noch die äquivalente Leitschichtdicke δ in den Eisenkugeln durch die Gl. (A 23) ausgedrückt. Der Spulenstrom I ist auf diese Weise eliminiert.

Es ist wünschenswert, ein relatives Maß für die Verluste zu haben, das dimensionslos ist. Dividiert man den Widerstand R_w durch die Impedanz ωL der Spule, so erhält man eine solche dimensionslose Größe, die man auch den Verlustwinkel ε (genauer $\tan\varepsilon$) der Spule nennt. Nun berechnet sich die Induktivität L einer Massekernspule nach der Gleichung

$$L = \frac{\mu_w q N^2}{l} = \frac{\mu_w V N^2}{l^2}, \tag{141}$$

in der q den Eisenquerschnitt bedeutet. Daher ist

$$\tan\varepsilon \equiv \frac{R_w}{\omega L} = \frac{p \varkappa \omega \mu_w r_0^2}{10} = \frac{p}{5} \frac{\mu_w}{\mu} \left(\frac{r_0}{\delta}\right)^2. \tag{142}$$

Der Verlustwinkel steigt also mit dem Quadrat der Teilchengröße (entsprechend r_0^2). Er ist ferner der Frequenz, der Leitfähigkeit $\varkappa$ der Eisenteilchen und der wirksamen Permeabilität μ_w des Kernes proportional. Die Abmessungen des Kernes und die Windungszahl sind herausgefallen.

Beispiel: Ein Massekern habe Eisenteilchen mit einer Permeabilität von $\mu = 200 \mu_0$ und einer Leitfähigkeit von $\varkappa = 10^5$ S/cm entsprechend einem spezifischen Widerstand von 0,1 Ωmm²/m. Dann hat die äquivalente Leitschichtdicke bei einer Frequenz von 10^6 Hz nach Gl. (A 23) den Wert $\delta = 0{,}0112$ mm.

Nehmen wir einen Füllfaktor von $p = 0{,}9$ an, so ist die wirksame Permeabilität des Massekernes nach Gl. (135) $\mu_w = 28\mu_0$. Wenn nun der Radius der Teilchen $r_0 = 10^{-3}$ mm ist, so haben wir nach Gl. (142) einen Verlustwinkel der Spule infolge der Wirbelstromverluste von $\tan\varepsilon = 2 \cdot 10^{-4}$. Ist der Radius dreimal größer, d. h., ist $r_0 = 3 \cdot 10^{-3}$ mm, so steigt der Verlustwinkel auf $\tan\varepsilon = 1{,}8 \cdot 10^{-3}$.

4. Näherungsverfahren

Bei der Berechnung der Wirbelstromverluste haben wir bisher einfache Formen der Metalloberflächen angenommen, so daß sich die Wechselwirkung zwischen Metall und Wechselfeld durch Wahl eines geeigneten Koordinatensystems exakt angeben läßt. In komplizierteren Fällen wird man jedoch mit dieser Methode nicht zum Ziel kommen; hier ist ein Näherungsverfahren am Platz, das im folgenden beschrieben werden soll. Es ist bei hohen Frequenzen anwendbar, bei denen das magnetische Feld infolge der Stromverdrängung nur wenig in die Oberfläche der Metalle eindringt. Die magnetischen Feldlinien werden in erster Näherung tangentiell an der Leiteroberfläche entlang geführt, wie es in Abb. 22 am Beispiel eines Metalldrahtes dargestellt ist, der sich in einem magnetischen Wechselfeld befindet. Wir gehen dabei in zwei Schritten vor: Zuerst setzen wir die Leitfähigkeit $\varkappa$ der Metallkörper als unendlich groß voraus. Die Folge ist, daß die Leitschichtdicke verschwindet ($\delta = 0$) und daß daher das magnetische Feld vollständig aus den Metalloberflächen verdrängt ist. Die auf diese Weise ermittelte Feldverteilung außerhalb der Leiter ist die erste Näherung. Der zweite Schritt besteht darin, daß nun die eigentliche Leitfähigkeit des Metalls in Rechnung gesetzt wird. Dabei wird angenommen, daß sich das beim ersten Schritt ermittelte magnetische Feld nur unwesentlich ändert; es kommt jetzt lediglich eine Normalkomponente an der Metalloberfläche hinzu, derzufolge sich über dem Feld der ersten Näherung ein zusätzliches Feld überlagert. Offenbar ist dieses Vorgehen bei hohen Frequenzen zulässig. Als „hohe Frequenzen" bezeichnen wir im folgenden solche, bei denen die äquivalente Leitschichtdicke δ kleiner als die kleinste charakteristische Abmessung der Leiter ist, so daß das Feld nur in einer dünnen Haut an den Metalloberflächen bleibt (Skineffekt).

a) Erste Näherung

Wir greifen einen Punkt P in der Metalloberfläche heraus und legen in ihn den Nullpunkt eines rechtwinkligen Koordinatensystems ξ, η, ζ. Dabei soll die ξ-Achse wie in Abb. 40 die x-Achse in die Richtung der äußeren Normalen auf der Oberfläche fallen. Die η-Achse verläuft tangentiell zur Oberfläche und soll die Richtung der magnetischen Feldstärke H_0 in dem betreffenden Punkt P haben. Senkrecht hierzu liegt die ζ-Achse, die gleichzeitig die Richtung der Wirbelstromdichte S angibt (Abb. 40). Wir leiten nun das magnetische Feld in Luft aus einer Potentialfunktion X_1 ab, wobei der Index 1 die erste Näherung bezeichnet. Dieses Potential muß so beschaffen sein, daß es die der Felderregung entsprechenden Singularitäten hat und daß auf den

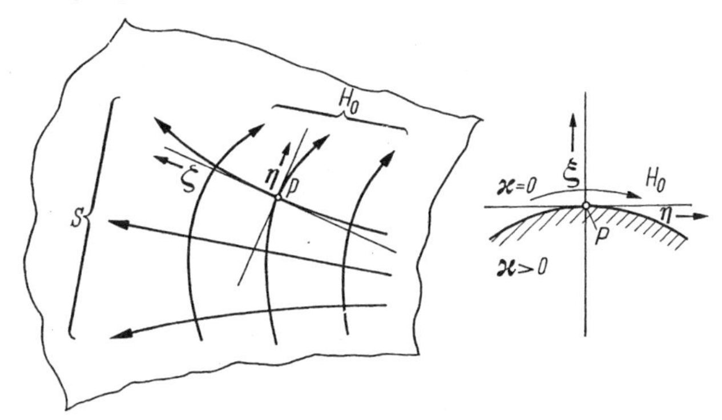

Abb. 40. Festlegung eines rechtwinkligen Koordinatensystems ξ, η, ζ in einem Punkt P einer metallischen Oberfläche

Metalloberflächen ($\xi = 0$) seine Ableitung in der Normalenrichtung (ξ-Achse) verschwindet.

$$\left(\frac{\partial X_1}{\partial \xi}\right)_{\xi=0} = 0. \tag{143}$$

Damit ist die erste Näherung determiniert, und die magnetische Feldstärke erhält man dann entsprechend Gl. (A 16) durch Bildung des Gradienten von X_1. Insbesondere ist die Feldstärke an der Oberfläche

$$H_0 = \left(\frac{\partial X_1}{\partial \eta}\right)_{\xi=0}. \tag{144}$$

Für die Lösung der soeben formulierten Potentialaufgabe stellt nun die Funktionentheorie sehr leistungsfähige Methoden für den Fall bereit, daß es sich um sogenannte ebene Probleme wie bei zylindrischen Leitern handelt, bei denen sich die Feldgrößen in Richtung der Leiterachse (ζ-Achse) nicht ändern ($\partial/\partial\zeta = 0$). Hier kommt man oft mit Hilfe der konformen Abbildung zum Ziel. Zu diesem Zweck machen wir die physikalische Ebene zur komplexen Ebene mit der komplexen Variablen $\underline{z} = x + \mathrm{i}\, y$. Das Feldbild ergibt sich zweckmäßigerweise aus einer komplexen Potentialfunktion $\underline{Z}_1$, deren Realteil unser Potential X_1 ist:

$$\underline{Z}_1 = X_1 + \mathrm{i}\, Y_1. \tag{145}$$

Um dieses Potential zu finden, bilden wir die physikalische $\underline{z}$-Ebene auf die w-Ebene so ab, daß die metallische Oberfläche der $\underline{z}$-Ebene beispielsweise in einen Kreis oder in die reelle Achse in der w-Ebene übergeht. Die analytische Funktion, die dies leistet, sei

$$w = f(\underline{z}). \tag{146}$$

In der w-Ebene gelingt es dann oft, die oben formulierte Randwertaufgabe am Kreis zu lösen. Das gesuchte Potential in der w-Ebene möge die Gestalt

$$\underline{Z}_1 = F(w) \tag{147}$$

haben. Überträgt man nun diese Potentialfunktion in die $\underline{z}$-Ebene mit der Abbildungsfunktion nach Gl. (146), so ist das Problem bereits in der Form

$$\underline{Z}_1 = F\bigl(f(\underline{z})\bigr) \tag{148}$$

gelöst. Ist die Oberfläche des Leiters eben oder kreisförmig, so erhält man oft das Potential $\underline{Z}_1$ direkt mit Hilfe des Spiegelungsprinzips, wie wir an einem Beispiel sehen werden.

Man kann die Feldstärke H ebenfalls als komplexe Größe auffassen mit der reellen Komponente H_x und der imaginären Komponente H_y. Dann braucht man zur Bestimmung von H nicht den Realteil X_1 von $\underline{Z}_1$ zu bilden und den Gradienten zu berechnen, sondern kann $\underline{Z}_1$ direkt nach $\underline{z}$ differenzieren. Dies läßt sich mit Hilfe der CAUCHY-RIEMANNschen Differentialgleichungen wie folgt zeigen:

$$H_x + \mathrm{i}\,H_y = \frac{\partial X_1}{\partial x} + \mathrm{i}\,\frac{\partial X_1}{\partial y} = \frac{\partial}{\partial x}(X_1 - \mathrm{i}\,Y_1) = \frac{\mathrm{d}\underline{Z}_1^*}{\mathrm{d}\underline{z}}\,. \tag{149}$$

Um H als komplexe Größe zu erhalten, hat man daher den konjugiert komplexen Wert $\underline{Z}_1^*$ des Potentials $\underline{Z}_1$ nach $\underline{z}$ zu differenzieren. Andererseits entsteht der konjugiert komplexe Wert $H^* = H_x - \mathrm{i}H_y$ von H, wenn man $\underline{Z}_1$ nach $\underline{z}$ differenziert. Will man insbesondere nur den Betrag von H haben, so gilt die einfache Formel

$$|H| = \left|\frac{\mathrm{d}\underline{Z}_1}{\mathrm{d}\underline{z}}\right|. \tag{150}$$

b) Zweite Näherung

Wir berücksichtigen nun die endliche Leitfähigkeit $\varkappa$ der Metalloberflächen. Während die elektrische Feldstärke E bei der ersten Näherung Null war, ist jetzt $E > 0$; sie ist im Punkt P in Abb. 40 wie die Wirbelstromdichte parallel zur ζ-Koordinate gerichtet. Nach Gl. (A13) ist

$$\varkappa\,E_0 = (\mathrm{rot}_\zeta H)_{\xi=0} = \left(\frac{\partial H}{\partial \xi}\right)_{\xi=0}. \tag{151}$$

Nun nimmt die Feldstärke H in der Metallwand nach Gl. (A 27) exponentiell mit dem Abstand von der Oberfläche ab ($H = H_0 \exp k\xi$ für $\xi \leqq 0$); daher ist

$$\varkappa\,E_0 = k\,H_0. \tag{152}$$

Es läßt sich zeigen, daß jetzt eine Normalkomponente H_ξ der magnetischen Feldstärke an der Metalloberfläche auftritt, sobald sich E_0 in

Richtung von η, also von H_0, ändert. Wir benutzen hierzu die zweite MAXWELLsche Gleichung (A14). Danach ist

$$-j\,\omega\,\mu_0\,H_\xi = \mathrm{rot}_\xi E_0 = \frac{\partial E_0}{\partial \eta}. \tag{153}$$

Setzt man in diese Formel für E_0 den Wert aus Gl. (152) ein, so erhält man eine Beziehung für die Normalkomponente

$$H_\xi = -\frac{1}{k}\,\frac{\partial H_0}{\partial \eta}. \tag{154}$$

Die Größe H_ξ ist also der Änderung der Tangentialkomponente H_0 an der Oberfläche, genommen in Richtung von H_0, proportional. Ist H_0 konstant wie bei dem stromführenden kreisrunden Draht, so ist auch $H_\xi = 0$.

Die Normalkomponente H_ξ ruft nun ein sekundäres magnetisches Feld im Luftraum hervor, dessen Potential wir mit X_2 bezeichnen. Dieses hat überall im Luftraum der LAPLACEschen Differentialgleichung

$$\Delta X_2 = 0 \tag{155}$$

zu genügen. Das Potential X_2 muß die Eigenschaft haben, daß es auf den Metalloberflächen eine vorgeschriebene Ableitung von $\partial X_2/\partial \xi$ nach der Normalen annimmt, die gleich den aus Gl. (154) sich ergebenden Werten von H_ξ sind (zweite Randwertaufgabe der Potentialtheorie):

$$\left(\frac{\partial X_2}{\partial \xi}\right)_{\xi=0} = -\frac{1}{k}\,\frac{\partial H_0}{\partial \eta} = -\frac{1}{k}\left(\frac{\partial^2 X_1}{\partial \eta^2}\right)_{\xi=0}. \tag{156}$$

Damit ist X_2 eindeutig bestimmt. Das Potential X des gesamten magnetischen Feldes ist dann

$$X = X_1 + X_2, \tag{157}$$

woraus die resultierende magnetische Feldstärke als Gradient von X berechnet werden kann. Da das Feld der zweiten Näherung umgekehrt proportional der Wirbelstromkonstante k ist, so ist es im Vergleich zu dem der ersten Näherung um so kleiner, je höher die Frequenz ist. In vielen Fällen ist daher X_2 neben X_1 zu vernachlässigen.

Wir sind jetzt in der Lage, eine Gleichung für die Wirbelstromverluste P anzugeben. Dazu integrieren wir den POYNTINGschen Vektor über die gesamten Metalloberflächen, wodurch wir den zeitlichen Mittelwert der gesamten Verlustleistung erhalten.

$$P = \frac{1}{4}\oint [E_0^* H_0 + E_0 H_0^*]\,\mathrm{d}F. \tag{158}$$

Für die elektrische Feldstärke setzen wir seinen Wert aus Gl. (152) ein und berücksichtigen, daß $k = (1 + j)/\delta$ ist. Dann erhalten wir

$$P = \frac{1}{2\delta\varkappa}\oint |H_0|^2\,\mathrm{d}F \tag{159}$$

(H_0 Amplitude!). Wenn man also die Verluste haben will, braucht man nur das Quadrat der magnetischen Oberflächenfeldstärke H_0 aus der ersten Näherung nach Gl. (144) über die gesamten Metalloberflächen zu integrieren, wobei $\mathrm{d}F = \mathrm{d}\eta\,\mathrm{d}\zeta$ das differentielle Flächenelement bedeutet.

Bei zylindrischen Leitern läßt sich die Randwertaufgabe mit Hilfe der konformen Abbildung lösen. Zu diesem Zweck drücken wir wie bei der ersten Näherung auch das Feld der zweiten Näherung durch ein komplexes Potential aus:

$$\underline{Z}_2 = X_2 + \mathrm{i}\,Y_2. \tag{160}$$

Man kann dann die oben formulierte zweite Randwertaufgabe auf die erste Randwertaufgabe wie folgt zurückführen: Nach den CAUCHY-RIEMANNschen Differentialgleichungen ist

$$\frac{\partial X_2}{\partial \xi} = \frac{\partial Y_2}{\partial \eta}. \tag{161}$$

Setzt man dieses in Gl. (156) ein, so ergibt sich durch Integration nach η, daß die Stromfunktion Y_2 an der Oberfläche proportional der tangentiellen Feldstärke H_0 ist:

$$(Y_2)_{\xi=0} = -\frac{1}{k} H_0 + \text{const.} \tag{162}$$

Die Konstante können wir künftig weglassen, weil sie unwesentlich ist. Es gilt also jetzt, das komplexe Potential $\underline{Z}_2$ so zu bestimmen, daß sein Imaginärteil Y_2 auf der Metalloberfläche vorgeschriebene Werte $-H_0/k$ annimmt. Diese erste Randwertaufgabe ist nun mit dem sogenannten POISSONschen Integral [5] zu lösen, indem wir das Gebiet außerhalb des Leiters in der $\mathfrak{z}$-Ebene konform mittels der Funktion $w = f(\mathfrak{z})$ auf das Äußere eines Kreises mit dem Radius ϱ_0 in der w-Ebene abbilden. Die Randwerte H_0, die in der $\mathfrak{z}$-Ebene eine Funktion der Bogenlänge auf der Leiteroberfläche sind, gehen dabei in der w-Ebene in eine Funktion des Winkels ψ auf dem Kreis mit dem Radius ϱ_0 über (auf dem Kreis ist $w = \varrho_0 \mathrm{e}^{\mathrm{i}\psi}$). Wir schreiben daher für die Randwerte in der w-Ebene symbolisch $H_0(\psi)$. Dann lautet das gesuchte Potential nach [5] folgendermaßen:

$$\begin{aligned} \underline{Z}_2(w) &= \frac{\mathrm{i}}{2\pi k} \int\limits_{\psi=0}^{2\pi} H_0(\psi) \frac{\varrho_0 \mathrm{e}^{-\mathrm{i}\psi} + w}{\varrho_0 \mathrm{e}^{-\mathrm{i}\psi} - w} \mathrm{d}\psi = \\ &= \frac{-\mathrm{i}}{\pi k} \sum_{n=1}^{\infty} \left(\frac{\varrho_0}{w}\right)^n \int\limits_{\psi=0}^{2\pi} H_0(\psi)\, \mathrm{e}^{-\mathrm{i}n\psi} \mathrm{d}\psi \quad \text{für} \quad |w| \geqq \varrho_0. \end{aligned} \tag{163}$$

Das nach dieser Formel berechnete Potential in der w-Ebene hat man nur noch vermittels der Abbildungsfunktion $w = f(\mathfrak{z})$ in die $\mathfrak{z}$-Ebene zu übertragen, womit das Problem gelöst ist. In vielen Fällen ist es zweckmäßiger, das Gebiet außerhalb des Leiters in der $\underline{z}$-Ebene nicht auf das Äußere eines Kreises, sondern auf die obere Halbebene ($\operatorname{Im} w_1 = v_1 \geqq 0$) abzubilden. Die Leiterkontur in der $\underline{z}$-Ebene entspricht dann der reellen Achse in der w_1-Ebene ($w_1 = u_1 + \mathrm{i}\, v_1$). Die Gleichung für das Potential $\underline{Z}_2$ in der w_1-Ebene gewinnt man aus Gl. (163), indem man es mittels der Abbildungsfunktion

$$\frac{w}{\varrho_0} = \frac{w_1 + \mathrm{i}}{w_1 - \mathrm{i}} \tag{164}$$

in die w_1-Ebene überträgt. Dann ist

$$\mathrm{d}\psi = \frac{2\,\mathrm{d}u_1}{u_1^2 + 1} \tag{165}$$

und

$$\frac{\varrho_0\, \mathrm{e}^{-\mathrm{i}\psi} + w}{\varrho_0\, \mathrm{e}^{-\mathrm{i}\psi} - w} = \frac{1 - u_1 w_1}{\mathrm{i}(w_1 + u_1)}. \tag{166}$$

Beachtet man nun noch, daß

$$\frac{1 - u_1 w_1}{(w_1 + u_1)(u_1^2 + 1)} = -\frac{u_1}{u_1^2 + 1} + \frac{1}{w_1 + u_1} \tag{167}$$

ist, so erhält man aus Gl. (163) die einfachere Gleichung

$$\underline{Z}_2(w_1) = \frac{1}{\pi k} \int\limits_{u_1 = -\infty}^{\infty} H_0(u_1) \frac{\mathrm{d}u_1}{w_1 + u_1}. \tag{168}$$

Dabei ist das erste Glied auf der rechten Seite von Gl. (167) nicht berücksichtigt, weil es nur einen konstanten Beitrag zum Potential liefert, der belanglos ist. An Hand einiger Beispiele werden wir im folgenden die geschilderten Verfahren erläutern. Die Gl. (163) und (168) für $\underline{Z}_2$ sind mit einem Minuszeichen zu versehen, wenn die Zuordnung von H_0, ξ, η nicht wie in Abb. 40, sondern so getroffen wird, daß beispielsweise ξ tangentiell, η normal zur Oberfläche und H_0 parallel zu ξ gerichtet ist.

c) Bandförmiger Leiter

Es werden gelegentlich dünne Metallbänder mit rechteckigem Querschnitt als Leiter benutzt. Um das magnetische Feld und den Verlustwiderstand solcher Leiter mit erträglichem Aufwand berechnen zu können, ersetzen wir den rechteckigen Querschnitt durch einen elliptischen, was offenbar um so mehr zulässig ist, je größer das Verhältnis von Breite $2b$ zu Dicke $2d$ ist. Die Ellipse hat die beiden Halbmesser b und d. Um diese elliptische Kontur in der $\underline{z}$-Ebene auf einen Kreis konform abzubilden, benutzen wir die Funktion

$$\underline{z} = \frac{c}{2}\left(w + \frac{1}{w}\right). \tag{169}$$

Hierin ist

$$c = \sqrt{b^2 - d^2} \tag{170}$$

der halbe Brennpunktabstand der Ellipse. Die Umkehrung der Gl. (169) ergibt die Funktion

$$w = f(z) = \frac{z}{c} \pm \sqrt{\left(\frac{z}{c}\right)^2 - 1}\,; \tag{171}$$

sie ist doppeldeutig. Das besagt, daß die w-Ebene auf eine zweiblättrige RIEMANNsche Fläche in der z-Ebene abgebildet wird. Der Verzweigungsschnitt, durch den die beiden Blätter zusammenhängen, ist die Verbindungslinie der Brennpunkte mit der Länge $2c$. Zur physikalischen Ebene erklären wir das obere Blatt, so daß nur das Pluszeichen in Gl. (171) gilt. Die beiden Ufer des Verzweigungsschnittes

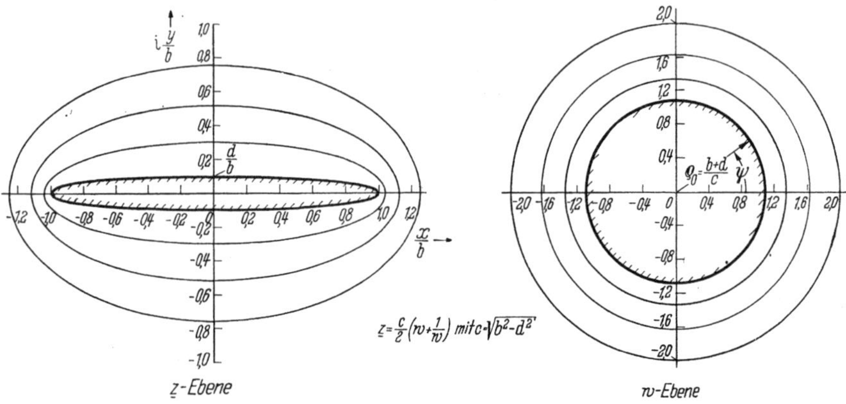

Abb. 41. Die konforme Abbildung eines elliptischen Bandleiters mit dem Seitenverhältnis $d/b\,(=0{,}1)$ in der z-Ebene auf einen Kreis in der w-Ebene mit Feldlinien

haben den Einheitskreis als Abbild in der w-Ebene. Die Kontur unseres Bandleiters in der z-Ebene in Abb. 41 mit der Gleichung

$$\left(\frac{x}{b}\right)^2 + \left(\frac{y}{d}\right)^2 = 1 \tag{172}$$

wird auf einen Kreis mit dem Radius

$$\varrho_0 = \frac{b+d}{c} = \sqrt{\frac{b+d}{b-d}} \tag{173}$$

in der w-Ebene abgebildet, der größer als eins ist. Durch Wahl des Pluszeichens in Gl. (171) haben wir erreicht, daß das Gebiet außerhalb der Ellipse in der z-Ebene dem Gebiet außerhalb des Kreises mit dem Radius ϱ_0 in der w-Ebene entspricht.

Das komplexe Potential Z_1 in der w-Ebene läßt sich sehr leicht angeben, wenn man annimmt, daß der Leiter den Strom I führt und daß die Rückleitung in sehr großer Entfernung vor sich geht. Es ist bekanntlich

$$Z_1 = \frac{I}{2\pi} \ln w\,. \tag{174}$$

Die magnetische Feldstärke ist dann

$$H^* = \frac{\mathrm{d}\underline{Z}_1}{\mathrm{d}w}\frac{\mathrm{d}w}{\mathrm{d}\underline{z}} = \frac{I}{\pi c}\frac{w}{w^2-1} = \frac{I}{2\pi\sqrt{\underline{z}^2-c^2}}\,. \tag{175}$$

Hieraus ergibt sich für den Betrag der Feldstärke H_0 an der Leiteroberfläche der Ausdruck [6]

$$|H_0| = \frac{I}{2\pi\sqrt{b^2-\frac{c^2}{b^2}x^2}}\,, \tag{176}$$

der in Abb. 42 dargestellt ist. Man erkennt, daß die Feldstärke in der Mitte ($x = 0$) den Wert

$$|H_0|_{x=0} = \frac{I}{2\pi b} \tag{177}$$

hat. An der Spitze ($x = b$) steigt sie auf den Wert

$$|H_0|_{x=b} = \frac{I}{2\pi d}\,. \tag{178}$$

Die Feldstärke wächst demnach zur Spitze hin um so mehr, je dünner der Leiter ist, d. h., je kleiner d ist. Dies ist derselbe Effekt wie die

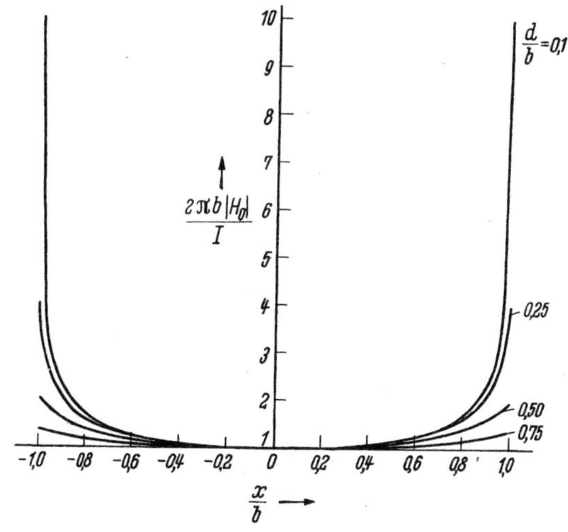

Abb. 42. Die Feldstärke $|H_0|$ an der Oberfläche eines Bandleiters nach Gl. (176) bei verschiedenen Seitenverhältnissen d/b

Spitzenwirkung bei elektrostatischen Feldern. Für die weiteren Rechnungen ist es vorteilhaft, den Verlauf von $|H_0|$ nicht in Abhängigkeit von x, sondern von dem Winkel ψ auf dem Kreis mit dem Radius ϱ_0 in der w-Ebene auszudrücken. Wir setzen zu diesem Zweck in Gl. (175) für $w = \varrho_0 \exp \mathrm{i}\,\psi$ und erhalten

$$|H_0| = \frac{I}{2\pi b\sqrt{1-\left(\frac{c}{b}\right)^2\cos^2\psi}}\,. \tag{179}$$

Dieser Ausdruck ist geeignet, den Verlustwiderstand R des Bandleiters aus Gl. (159) für die Verlustleistung P zu berechnen, indem wir $P = I^2 R/2$ setzen. Beachtet man, daß auf der Oberfläche des Bandleiters

$$\frac{\mathrm{d}x}{\mathrm{d}\psi} = -b\sin\psi \quad \text{und} \quad \frac{\mathrm{d}y}{\mathrm{d}\psi} = d\cos\psi \tag{180}$$

und somit das Linienelement

$$\sqrt{(\mathrm{d}x)^2 + (\mathrm{d}y)^2} = b\sqrt{1 - \left(\frac{c}{b}\right)^2\cos^2\psi}\,\mathrm{d}\psi \tag{181}$$

ist, so ergibt sich

$$R = \frac{1}{(2\pi)^2\delta\varkappa b}\int\limits_0^{2\pi}\frac{\mathrm{d}\psi}{\sqrt{1 - \left(\frac{c}{b}\right)^2\cos^2\psi}} = \frac{K\left(\frac{c}{b}\right)}{\pi^2\delta\varkappa b}. \tag{182}$$

Hierin ist K das vollständige elliptische Integral erster Gattung mit dem Modul c/b. Hieraus erhält man folgende Näherungen:

$$R \approx \begin{cases} \dfrac{1}{2\pi\delta\varkappa b} & \text{für} \quad b = d, \\[2ex] \dfrac{\ln 4b/d}{\pi^2\delta\varkappa b} & \text{für} \quad b \gg d. \end{cases} \tag{183}$$

Man erkennt, daß die bekannte Gl. (A 32) für den Widerstand eines Leiters mit Kreisquerschnitt bei hohen Frequenzen entsteht, wenn $b = d$ ist. Bei sehr dünnen Leitern ($\mathrm{b} \gg 1$) steigt der Widerstand bei gleichem Umfang logarithmisch mit dem Seitenverhältnis b/d an, was auf die Spitzenwirkung des magnetischen Feldes entsprechend Abb. 42 zurückzuführen ist.

Wir berechnen noch das Feld der zweiten Näherung nach Gl. (163). Das Integral läßt sich auswerten, wenn man sich auf große Entfernungen vom Leiter beschränkt, d. h., wenn $|w| \gg \varrho_0$ ist. Dann braucht man nur die ersten Glieder der Reihenentwicklung zu nehmen. Wie man leicht erkennt, wird das erste Glied ($n = 1$) bei der Integration Null; es bleibt nur das Glied mit $n = 2$ übrig, von dem wiederum der Anteil mit dem Faktor $\sin 2\psi$ herausfällt, weil er ungerade ist. Daher erhalten wir mit Benutzung von Gl. (179) die Gleichung

$$\begin{aligned} \underline{Z}_2 &= -\frac{\mathrm{i}}{2\pi^2 k b}\left(\frac{\varrho_0}{w}\right)^2 I \int\limits_0^{2\pi}\frac{\cos 2\psi\,\mathrm{d}\psi}{\sqrt{1 - \left(\frac{c}{b}\right)^2\cos^2\psi}} = \\ &= -\frac{2\mathrm{i}\,I}{\pi^2 k b}\left(\frac{\varrho_0}{w}\right)^2\left[\frac{2b^2}{c^2}(K - E) - K\right], \end{aligned} \tag{184}$$

in der E das vollständige elliptische Integral zweiter Gattung mit dem Modul c/b ist. Wir übertragen nun dieses Potential in die $\mathfrak{z}$-Ebene vermittels der Abbildungsfunktion Gl. (171), wobei wir $w \to 2z/c$ setzen können. Dann ist für $|z| \gg b$

$$Z_2 = -\frac{i(b+d)^2 I}{2\pi^2 k b z^2}\left[\frac{2b^2}{c^2}(K-E)-K\right]. \tag{185}$$

Wenn $b = d$ ist ($c = 0$), d. h., wenn der Leiter kreisrund ist, verschwindet die eckige Klammer und damit das Zusatzfeld ($Z_2 = 0$), wie es sein muß. Ist dagegen $b \gg d$, so ist

$$Z_2 \approx -\frac{i b I}{2\pi^2 k z^2}\left(\ln\frac{4b}{d} - 2\right) \quad \text{für} \quad b \gg d. \tag{186}$$

Das Potential verhält sich asymptotisch wie $1/z^2$. Es ist gleichbedeutend mit dem Feld eines Linienquadrupols; die Feldstärke verschwindet daher wie $1/r^3$ im Unendlichen, während das Feld der ersten Näherung nach Gl. (175) wie $1/r$ abnimmt.

Beispiel: Wir betrachten einen bandförmigen Leiter mit einem Seitenverhältnis von $b/d = 10$ und berechnen seinen Widerstand R nach Gl. (183). Zum Vergleich ermitteln wir den Widerstand eines Drahtes mit Kreisquerschnitt, der den gleichen Umfang $U \approx 4b$ hat, bei dem also die Stromdichte gleichmäßig über den Umfang verteilt ist ($R_1 \approx 1/4\delta\varkappa b$). Dann ist das Verhältnis $R/R_1 \approx \approx 4(\ln 4b/d)/\pi^2 = 1{,}5$. Der Widerstand des Bandleiters ist also um 50% größer als der des kreisrunden Drahtes gleichen Umfanges. Ist $b/d = 100$, so wächst dieses Verhältnis auf $R/R_1 \approx 2{,}4$.

d) Leitungskonstanten der Doppelleitung

Eine symmetrische Doppelleitung besteht aus zwei gleich dicken Drähten. Die üblichen Formeln für die Leitungskonstanten (Kapazitäts-, Induktivitäts- und Widerstandsbelag) gelten nur, wenn die Drähte hinreichend weit voneinander entfernt sind. Wird der Abstand $2a$ der Drahtmitten so klein, daß er vergleichbar mit dem Drahtradius r_0 ist, so werden die Formeln komplizierter. Wir wollen sie im folgenden ableiten. Hierbei machen wir die einzige Einschränkung, daß die Frequenzen sehr hoch sind; d. h., die äquivalente Leitschichtdicke δ soll kleiner als der Drahtradius r_0 sein ($r_0 > \delta$).

Den Ausgangspunkt unserer Berechnungen bildet die linear gebrochene Abbildungsfunktion

$$w = f(z) = \frac{z+c}{z-c}, \tag{187}$$

die das Gebiet außerhalb der beiden Drähte in der z-Ebene auf das Gebiet zwischen zwei koaxialen Kreisen in der w-Ebene konform abbildet (Abb. 43). Die Konstante c hat den Wert

$$c = \sqrt{a^2 - r_0^2}. \tag{188}$$

Der auf der negativen x-Achse liegende Drahtquerschnitt vom Radius r_0 geht in einen Kreis vom Radius $r_0/(a+c)$ in der w-Ebene über; der andere Drahtquerschnitt in der $\underline{z}$-Ebene liegt in der w-Ebene außerhalb des Kreises vom Radius $(a + c)/r_0$. Die Abbildung der y-Achse ($x = 0$) ist in der w-Ebene der Einheitskreis ($|w| = 1$).

Um die magnetische Feldstärke H zu ermitteln, nehmen wir an, daß die beiden Drähte je den Strom I führen, und zwar mit entgegengesetztem Vorzeichen. Dann gilt in der w-Ebene in dem Bereich $r_0/(a + c) \leqq |w| \leqq (a + c)/r_0$ auch hier die Gl. (174) für das komplexe

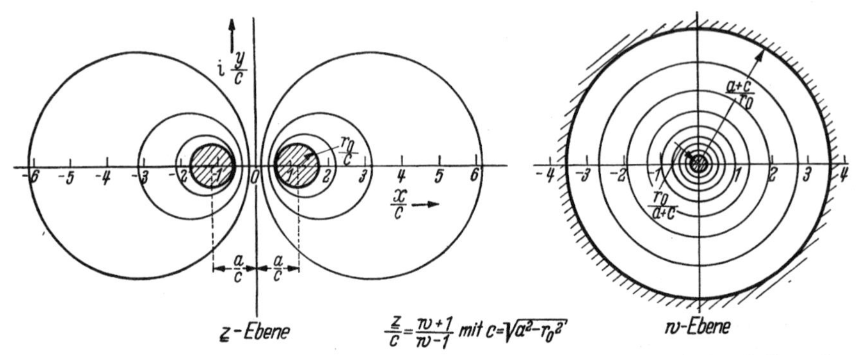

Abb. 43. Die konforme Abbildung des Gebietes außerhalb von zwei Drähten mit dem Radius r_0 in der $\underline{z}$-Ebene auf das Gebiet zwischen zwei konzentrischen Kreisen in der w-Ebene

Potential $\underline{Z}_1$. Setzt man den Ausdruck Gl. (187) für die Abbildungsfunktion ein, so lautet die Gleichung für das Potential

$$\underline{Z}_1 = \frac{I}{2\pi} \ln \frac{\underline{z} + c}{\underline{z} - c}. \tag{189}$$

Die Konstante c bedeutet hiernach also denjenigen Abstand von der Leitungsmitte, in dem man sich den Leitungsstrom I als Stromfaden konzentriert denken muß; c ist immer kleiner als der Abstand a der Drahtmitte von der Leitungsmitte, und zwar um so mehr, je größer r_0 ist (s. auch Abb. 43). Die Feldstärke, als komplexe Größe aufgefaßt, ist nun

$$H^* = \frac{d\underline{Z}_1}{d\underline{z}} = -\frac{I\,c}{\pi(\underline{z}^2 - c^2)}. \tag{190}$$

Da die Oberfläche der Drähte durch die Beziehung

$$(x \pm a)^2 + y^2 = r_0^2 \tag{191}$$

gegeben ist, erhält man für den Betrag von H_0 an der Oberfläche der Drähte folgenden Ausdruck

$$|H_0| = \frac{I}{2\pi\,r_0}\,\frac{c}{x}. \tag{192}$$

Es zeigt sich hiernach, daß die Feldstärke und damit die Stromdichte auf den einander zugekehrten Seiten ($|x| = a - r_0$) der Drähte um den Faktor $(a + r_0)/(a - r_0)$ größer ist als auf den Außenseiten $(|x| = a + r)$. Für eine Leiteranordnung, bei der beispielsweise der Leiterabstand $2a$ doppelt so groß wie der Durchmesser ist $(a = 2r_0)$, ist die Stromdichte auf der Innenseite dreimal so groß wie auf der Außenseite.

Die Folge dieser Zusammenziehung des Stromes auf der Innenseite ist ein erhöhter Verlustwiderstand R_g (Nähewirkung). Er berechnet sich nach Gl. (159) als Integral des Quadrates des Feldstärkenbetrages $|H_0|^2$ über die Oberfläche. Nun ist das Linienelement auf der Drahtoberfläche aus Gl. (191)

$$\sqrt{\mathrm{d}x^2 + \mathrm{d}y^2} = \frac{r_0\,\mathrm{d}x}{\sqrt{r_0^2 - (x-a)^2}}. \tag{193}$$

Beachtet man, daß die Verlustleistung $P = I^2 R_g/2$ ist, so bestimmt sich der Verlustwiderstand der Doppelleitung aus folgendem Integral [6]

$$R_g = \frac{c^2}{\pi^2 \delta \varkappa r_0} \int\limits_{a-r_0}^{a+r_0} \frac{\mathrm{d}x}{x^2 \sqrt{r_0^2 - (x-a)^2}} = \frac{1}{\pi \delta \varkappa r_0} \frac{a}{c}. \tag{194}$$

Diese Gleichung setzt sich aus zwei Faktoren zusammen. Der erste ist der Widerstand $2R_i$ der Doppelleitung ohne die Nähewirkung [R_i nach Gl. (A 32)]. Der zweite Faktor gibt die Erhöhung des Widerstands an, wenn die Drähte sich nähern. Ist beispielsweise $a = 2r_0$ wie oben, so nimmt der zweite Faktor den Wert $2/\sqrt{3} \approx 1{,}15$ an. Entwickelt man ihn nach r_0^2/a^2, so hat man

$$\frac{a}{\sqrt{a^2 - r_0^2}} \approx 1 + \frac{1}{2}\left(\frac{r_0}{a}\right)^2. \tag{195}$$

Die relative Erhöhung des Widerstands infolge der Nähewirkung ist demnach in erster Näherung $r_0^2/2a^2$, die mit Gl. (52) übereinstimmt.

Der Kraftfluß, der durch die Fläche zwischen den einander zugekehrten Seiten der Drähte hindurchgeht, bestimmt die Induktivität L_g der Doppelleitung. Setzt man in Gl. (190) $y = 0$, so hat man die Feldstärke, die auf dieser Fläche senkrecht steht (Abb. 43). Demnach gilt die Beziehung

$$|H|_{y=0} = \frac{I}{\pi(x^2 - c^2)}. \tag{196}$$

Da das Produkt $L_g I$ gleich dem Kraftfluß durch die oben genannte Fläche ist, so erhält man

$$L_g I = \mu_0 \int\limits_{-a+r_0}^{a-r_0} |H|_{y=0}\,\mathrm{d}x. \tag{197}$$

Setzt man hierin für $|H|_{y=0}$ den Wert aus Gl. (196) ein, so ergibt die Integration folgende Gleichung

$$L_g = \frac{\mu_0}{\pi} \ln \frac{a+c}{r_0}. \tag{198}$$

Entwickelt man diese Gleichung nach r_0/a und berücksichtigt nur die beiden ersten Glieder der Reihe, so erhält man

$$L_g \approx \frac{\mu_0}{\pi}\left[\ln \frac{2a}{r_0} - \left(\frac{r_0}{2a}\right)^2\right]. \tag{199}$$

Der zweite Summand stellt also die Korrektur an der Induktivität infolge der Nähewirkung dar. Mit Hilfe der Induktivitätsformel gewinnt man gleichzeitig die Gleichung für die Kapazität mittels der bekannten Beziehung

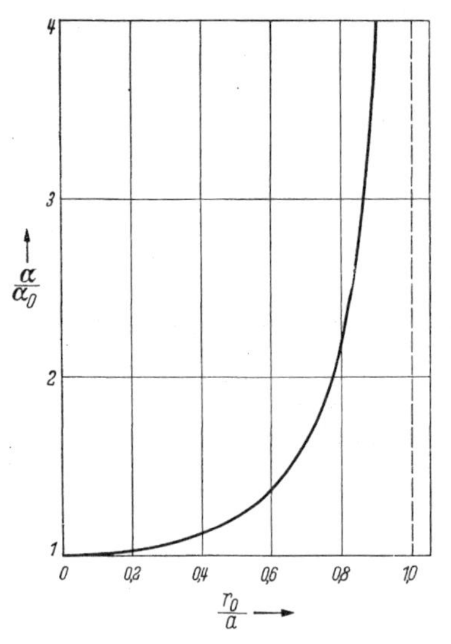

Abb. 44. Die Dämpfung α einer Doppelleitung infolge der Nähewirkung, α_0 Dämpfung ohne Nähewirkung

$$L_g C = \mu_0 \varepsilon, \tag{200}$$

in der ε die Dielektrizitätskonstante ist. Daher ist

$$C = \frac{\pi \varepsilon}{\ln \frac{a+c}{r_0}}. \tag{201}$$

Wir sind jetzt in die Lage versetzt, eine genaue Formel für die Widerstandsdämpfung α der Doppelleitung bei hohen Frequenzen angeben zu können. Es ist

$$\alpha = \frac{R_g}{2}\sqrt{\frac{C}{L_g}} = \frac{a}{2\delta\varkappa r_0 c}\sqrt{\frac{\varepsilon}{\mu_0}}\,\frac{1}{\ln \frac{a+c}{r_0}}. \tag{202}$$

Bei großem Drahtabstand a geht nach Gl. (188) c in a über, und die Gleichung für die Dämpfung lautet dann

$$\alpha_0 = \frac{1}{2\delta\varkappa r_0}\sqrt{\frac{\varepsilon}{\mu_0}}\,\frac{1}{\ln \frac{2a}{r_0}}. \tag{203}$$

Der Quotient α/α_0 gibt daher an, um wieviel die Dämpfung infolge der Nähewirkung wächst.

In Abb. 44 ist der Quotient von α/α_0 als Funktion von r_0/a dargestellt. Ist beispielsweise $r_0/a = 0{,}5$, so erhöht sich die Dämpfung um etwa 20%; bei $r_0/a = 0{,}25$ ist die Zunahme nur noch 4%. Für größere Werte von r_0/a nimmt die Dämpfung α im Vergleich zu α_0 stark zu.

e) Leitungskonstanten der Einfachleitung

Als Einfachleitung bezeichnet man eine Leiteranordnung, bei der der eine Leiter ein Draht vom Radius r_0 und der andere die unendliche Halbebene nach Abb. 45 ist. Die Drahtmitte habe von dieser Ebene den Abstand a. Praktisch kommt ein solches System beispielsweise bei Freileitungen mit Erdrückleitung vor [7]. Im folgenden setzen wir

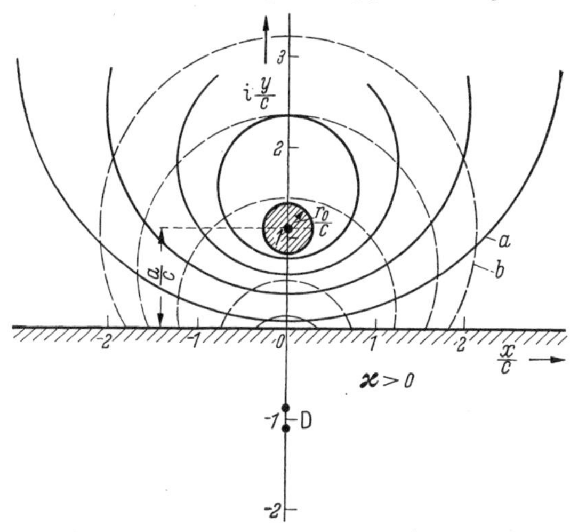

Abb. 45. Einfachleitung mit Feldbild. a Feldlinien der ersten Näherung, b Feldlinien des Zusatzfeldes (zweite Näherung) nach Gl. (205), D Fiktiver Liniendipol für das Zusatzfeld

wieder hohe Frequenzen voraus; das bedeutet quantitativ, daß der Abstand a größer als die äquivalente Leitschichtdicke δ_h in der Halbebene sein soll ($a \gg \delta_h$). An Stelle der Halbebene kann man sich auch eine leitende Platte denken, wenn ihre Dicke ebenfalls größer als δ_h ist.

Wie man aus dem Feldbild der Doppelleitung in Abb. 43 erkennt, spiegelt sich das Feld an der Mittelebene $x = 0$. Daher ist das Feld der Einfachleitung identisch mit demjenigen der Doppelleitung in der linken oder rechten Halbebene. Machen wir nun die Oberfläche der Ebene zur x-Achse wie in Abb. 45, so ist der Feldverlauf an ihr nach Gl. (190)

$$H_0 = \frac{I\,c}{\pi\,(x^2 + c^2)}\,, \tag{204}$$

wobei die Konstante c die gleiche wie in Gl. (188) ist. Diesen Ausdruck setzen wir nun in Gl. (159) ein und erhalten dann eine Beziehung für den Verlustwiderstand R_h der Halbebene:

$$R_h = \frac{c^2}{\pi^2\,\delta_h\,\varkappa_h} \int\limits_{-\infty}^{\infty} \frac{\mathrm{d}x}{(x^2 + c^2)^2} = \frac{1}{2\pi\,\delta_h\,\varkappa_h\,c}\,. \tag{205}$$

Je weiter also der Draht von der Halbebene entfernt ist, d. h., je größer a und damit c ist, um so kleiner wird ihr Widerstand. Er ist ebenso groß wie bei einem zum Draht koaxialen Rohr, dessen Radius gleich dem Abstand $c \approx a$ ist.

Aus dem Spiegelungsprinzip ergibt sich ohne weiteres, daß die Induktivität L_e der Einfachleitung halb so groß und die Kapazität C_e doppelt so groß ist wie bei der Doppelleitung. Daher ist nach Gl. (198) und (201)

$$L_e = \frac{\mu_0}{2\pi} \ln \frac{a+c}{r_0}, \tag{206}$$

$$C_e = \frac{2\pi\varepsilon}{\ln \frac{a+c}{r_0}}. \tag{207}$$

Wir berechnen jetzt das zusätzliche Feld der zweiten Näherung mit dem Potential $\underline{Z}_2$ und benutzen zu diesem Zweck Gl. (168). In ihr setzen wir $w_1 = \underline{z}$ und $u_1 = x$ und erhalten dann mit Gl. (204) für H_0 folgenden Ausdruck:

$$\underline{Z}_2(\underline{z}) = \frac{I\,c}{\pi^2 k_h} \int\limits_{x=-\infty}^{\infty} \frac{\mathrm{d}x}{(x^2+c^2)(x+\underline{z})} = \frac{I}{\pi\,k(\underline{z}+\mathrm{i}\,c)}. \tag{208}$$

Der Faktor $1/k$ bedeutet, daß das Zusatzfeld zeitlich um den Phasenwinkel $-\pi/4$ zum Hauptfeld nacheilt. Die Struktur des Feldes folgt aus dem Nenner $\underline{z} + \mathrm{i}\,c$; er besagt, daß das Feld in Luft ($y \geqq 0$) so beschaffen ist, als ob im Spiegelpunkt des Drahtes ($y = -\mathrm{i}\,c$) ein fiktiver Liniendipol D vorhanden wäre, der so orientiert ist, daß die Verbindungslinie der beiden Stromfäden in die y-Achse fällt (Abb. 45).

Das Zusatzfeld induziert in dem Leitungssystem, das aus dem Draht einerseits und der Halbebene andererseits gebildet wird, eine Spannung, die dem Hauptfeld um $\pi/4$ zeitlich voreilt. Der Realteil dieser Spannung ist die Größe $R_h I$ mit R_h nach Gl. (205). Den Imaginärteil kann man gleich $\omega L_h I$ setzen, wobei dann L_h die innere Induktivität der Halbebene bedeutet. Da der Phasenwinkel $\pi/4$ ist, so gilt $R_h = \omega L_h$; dann ergibt sich mit Benutzung von Gl. (205) folgende Gleichung für die innere Induktivität der Halbebene

$$L_h = \frac{\mu_0}{4\pi} \frac{\delta_h}{c}. \tag{209}$$

Die Gesamtinduktivität der Einfachleitung ist daher $L_e + L_h$ mit L_e nach Gl. (206). Die innere Induktivität L_h ist proportional dem reziproken Abstand c und der Wurzel aus der reziproken Frequenz.

Beispiel: Ein Freileitungsdraht befinde sich in einer Höhe von $c = a = 5$ m über dem Erdboden. Die Erde diene als Rückleitung und habe eine Leitfähigkeit von $\varkappa_h = 10^{-4}$ S/cm (feuchter Erdboden). Dann hat die äquivalente Leitschichtdicke bei einer Frequenz von 10^4 kHz nach Gl. (A 23) einen Wert von $\delta_h = 1{,}6$ m.

Nach Gl. (205) ergibt sich daher für den Widerstand der Erdrückleitung ein Wert von $R_h = 2\,\Omega/m$. Im Vergleich hierzu ist der Widerstand des Drahtes gering; er beträgt bei einem 5 mm Kupferdraht ($\delta = 0{,}021$ mm) nach Gl. (A 32) nur 0,053 Ω/m. — Um die Dämpfung zu erhalten, berechnen wir die Induktivität L_e nach Gl. (206); sie ist 1,66 μH/m. Die innere Induktivität L_h des Erdbodens ist verhältnismäßig klein; nach Gl. (209) beträgt sie 0,032 μH/m. Setzt man noch die Kapazität nach Gl. (207) von $C_e = 6{,}7$ pF/m in Rechnung, so erhält man einen Wellenwiderstand von $Z_e = 500\,\Omega$. Die Widerstandsdämpfung ist somit $\alpha = R_h/2Z_e = 2$ N/km.

Literatur zu B

[1] Wolman, W.: Der Frequenzgang des Wirbelstromeinflusses bei Übertragerblechen. Z. techn. Phys. **10**, 595/98 (1929).

[2] Vacuumschmelze A.G. Hanau (Main): Firmenschrift Weichmagnetische Werkstoffe. Ausgabejahr 1954.

[3] Jahnke-Emde: Tafeln höherer Funktionen. Leipzig 1952.

[4] Kornetzki, M. u. Weis, A.: Die Wirbelstromverluste in Massekernen. Wiss. Veröff. Siemens-Werk **15**, 2. Heft, 95/111 (1936).

[5] Duschek, A.: Vorlesungen über höhere Mathematik. III, 381. Wien 1953.

[6] Kaden, H.: Über den Verlustwiderstand von Hochfrequenzleitern. Arch. Elektrotechn. **28**, 818/25 (1934).

[7] Pollaczek, F.: Über das Feld einer unendlich langen wechselstromdurchflossenen Einfachleitung. Elektr. Nachr.-Techn. **3**, 339/59 (1926).

C. Schirmwirkung metallischer Hüllen gegen äußere magnetische Wechselfelder

Im folgenden betrachten wir drei einfache Repräsentanten von Schirmhüllen: Wir untersuchen zuerst eine Schirmhülle, die aus zwei parallelen, unendlich ausgedehnten Metallplatten besteht. Da alle Feldgrößen in diesem Fall nur von einer einzigen Koordinate abhängen, haben wir ein eindimensionales Problem. Als zweidimensionale Schirmhülle wählen wir den unendlich langen Hohlzylinder, wobei wir zwei Fälle unterscheiden, je nachdem, ob das magnetische Feld parallel zur Achse (longitudinales Feld) oder senkrecht zur Achse (transversales Feld) gerichtet ist. Die Hohlkugel ist die einfachste dreidimensionale Hülle. Bei der Berechnung der Schirmwirkung setzen wir voraus, daß die Wellenlänge des äußeren Störungsfeldes groß im Vergleich zu den charakteristischen Abmessungen der Schirme ist. Wir rechnen also in diesem Kapitel mit quasistationären magnetischen Wechselfeldern, indem wir die Verschiebungsströme außer acht lassen. Die Frage, wie sich die hier gewonnenen Ergebnisse bei sehr hohen Frequenzen ändern, wenn die Wellenlänge vergleichbar mit den Schirmabmessungen wird, soll im nächsten Kapitel beantwortet werden.

1. Schirm aus zwei parallelen Platten

Der abgeschirmte Raum wird durch das Gebiet zwischen den beiden im Abstand $2x_0$ angeordneten Platten gebildet, deren Dicke wir mit d bezeichnen (Abb. 46). Ihre Leitfähigkeit sei $\varkappa$ und die Permeabilität μ.

Wir orientieren ein kartesisches Koordinatensystem x, y, z so, daß der Nullpunkt in der Mitte zwischen den beiden Platten liegt. Das äußere magnetische Störungsfeld sei homogen mit der Feldstärke H_a und parallel zur Plattenoberfläche und zur y-Achse gerichtet, während die x-Achse senkrecht zu den Platten verläuft. Die elektrische Feldstärke und die Stromdichte liegen ebenfalls parallel zur Oberfläche und senkrecht zur magnetischen Feldstärke; sie fallen daher in die z-Richtung. Bei unseren weiteren Betrachtungen wird vorausgesetzt, daß die Platten für große, in Richtung von z genommene positive und negative Entfernungen ($|z| \gg x_0$) leitend durch Querwände miteinander verbunden sind, damit sich die Schirmströme rings um den Schirmraum schließen können. Der physikalische Vorgang bei dem Zustandekommen der Schirmwirkung ist folgender: Das äußere Wechselfeld induziert in der Schirmwand einen Strom I, der den Innenraum umschließt, weil der Schirm, wie in Bild 46 angedeutet ist, als Kurzschlußwindung für den Innenraum wirkt. Dieser Schirmstrom I erzeugt seinerseits wieder ein sekundäres Magnetfeld im Innenraum, das sich dem ursprünglichen Feld mit der Feldstärke H_a überlagert. Nun ist dieses sekundäre dem ursprünglichen Feld im wesentlichen entgegengesetzt gerichtet; infolgedessen wird das Feld im Innenraum geschwächt. Diesen Vorgang wollen wir nun exakt mit Hilfe der im Abschnitt A entwickelten Feldtheorie berechnen. Wir betrachten dabei ein Gebiet, das von den Querwänden hinreichend weit entfernt ist. Daher können wir die Aufgabe als ebenes Problem behandeln, bei dem alle Feldgrößen nur von der Koordinante x abhängen [4]. Von den beiden Feldstärken tritt jeweils nur eine einzige Komponente auf, die wir ohne Indizes mit H und E bezeichnen. Auf den Verlauf des Feldes in der Nähe einer Ecke des Schirmraumes gehen wir später im Kapitel 5 dieses Abschnittes ein.

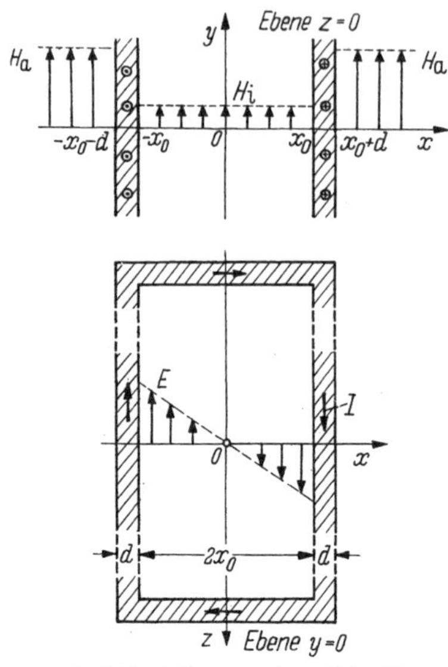

Abb. 46. Schirmhülle aus zwei parallelen Platten der Dicke d im Abstand $2x_0$

Als Ausgang wählen wir die Differentialgleichung (A 21), die in unserem Fall in die Form

$$\frac{d^2 H}{d x^2} = k^2 H \tag{1}$$

übergeht. Wir lösen sie zuerst in *Luft*, indem wir $k = 0$ setzen, weil die Leitfähigkeit Null ist ($\varkappa = 0$). Die allgemeine Lösung von

$d^2H/dx^2 = 0$ ist

$$H = C_1 x + C_2, \tag{2}$$

in der C_1 und C_2 Konstanten sind. Nun darf die Feldstärke im Außenraum ($|x| \geqq x_0 + d$) für große $|x|$ nicht unendlich groß werden; daher muß $C_1 = 0$ sein. Da hier die Feldstärke H_a herrscht, so haben wir die Lösung

$$H(x) = H_a \quad \text{für} \quad |x| \geqq x_0 + d. \tag{3}$$

Im inneren Luftraum ($-x_0 \leqq x \leqq x_0$) ist ebenfalls $C_1 = 0$, weil aus Symmetriegründen $H(x)$ eine gerade Funktion sein muß. Die Feldstärke ist hier also ebenfalls konstant; wir nennen die vorläufig noch unbekannte Konstante $C_2 = H_i$ und haben dann

$$H(x) = H_i \quad \text{für} \quad -x_0 \leqq x \leqq x_0. \tag{4}$$

Um nun die Grenzbedingungen ansetzen zu können, müssen wir noch die elektrische Feldstärke E ermitteln. Wir verwenden hierzu Gl. (A 14), die mit Benutzung von Gl. (A 38) die Form $dE/dx = j\,\omega\,\mu_0 H_i$ annimmt, deren Integral so lautet:

$$E = j\,\omega\,\mu_0 H_i\, x = \frac{\mu_0}{\mu}\,\frac{k^2}{\varkappa}\,H_i\, x \quad \text{für} \quad -x_0 \leqq x \leqq x_0. \tag{5}$$

Eine zusätzliche Integrationskonstante fällt hier weg, weil E eine ungerade Funktion sein muß.

Innerhalb der *metallischen Wand* ist die Wirbelstromkonstante $k > 0$, und die Lösung der Differentialgleichung (1) führt bekanntlich auf die Exponentialfunktion, so daß als allgemeines Integral von Gl. (1) der Ausdruck

$$H = A\,e^{kx} + B\,e^{-kx} \quad \text{für} \quad x_0 \leqq x \leqq x_0 + d \tag{6}$$

entsteht, in dem die noch unbekannten Konstanten A und B vorkommen. Die elektrische Feldstärke E berechnen wir zweckmäßig nach Gl. (A 13), aus der man mit Benutzung von Gl. (A 38) die Gleichung

$$E = \frac{1}{\varkappa}\,\frac{dH}{dx} = \frac{k}{\varkappa}\,(A\,e^{kx} - B\,e^{-kx}) \quad \text{für} \quad x_0 \leqq x \leqq x_0 + d \tag{7}$$

erhält.

Für die drei noch unbestimmten Konstanten A, B und H_i stehen nun gerade drei Gleichungen zur Verfügung, die aus den Übergangsbedingungen folgen:

Die Stetigkeitsforderung von H

an der inneren Oberfläche ($x = x_0$) ergibt mit Hilfe von Gl. (4) und (6)

$$H_i = A\,e^{kx_0} + B\,e^{-kx_0}; \tag{8}$$

an der äußeren Oberfläche ($x = x_0 + d$) liefern die Gl. (3) und (6)

$$H_a = A\,e^{k(x_0+d)} + B\,e^{-k(x_0+d)}. \tag{9}$$

Aus der Stetigkeitsforderung für E an der inneren Oberfläche ($x = x_0$) erhält man aus Gl. (5) und (7) die Beziehung

$$K H_i = A\, e^{k x_0} - B\, e^{-k x_0}, \tag{10}$$

in der

$$K = \frac{\mu_0}{\mu} k x_0 \tag{11}$$

bedeutet. Wir eliminieren aus den Gl. (8) und (10) die Konstanten A und B und erhalten dann aus Gl. (9) für die gesamte Feldstärke im Innenraum die Gleichung

$$\frac{H_i}{H_a} \equiv Q = \frac{1}{\cosh k d + K \sinh k d}. \tag{12}$$

Die dimensionslose Größe Q bezeichnen wir im folgenden als Schirmfaktor, der eine komplexe Zahl ist, weil die Wirbelstromkonstante k nach Gl. (A 22) komplex ist. Das bedeutet, daß die zeitliche Phase von H_i im Vergleich zu der von H_a verschoben ist. Der Schirmfaktor ist ein Maß für die Feldschwächung im Innern, das für den gesamten Innenraum gilt. Aus Gl. (12) ergibt sich, daß das Feld um so mehr geschwächt wird, je dicker die Bleche sind und je größer ihr Abstand $2x_0$ voneinander ist. Ferner wird das Feld H_i im Innern um so kleiner, je höher die Frequenz ist, die implizite in K und k enthalten ist. Bei der Frequenz Null (Gleichfeld) wird $Q = 1$ und $H_i = H_a$; das bedeutet, daß magnetische Gleichfelder nicht abgeschirmt werden, weil keine Wirbelströme fließen. Auch mit hochpermeablen Eisenplatten ($\mu \gg \mu_0$) ist keine Schirmwirkung bei Gleichfeldern zu erzielen ($Q = 1$). Dies hängt mit unserer Annahme zusammen, daß die Platten in Feldrichtung (y-Richtung) ins Unendliche reichen.

Als praktisches Maß für die Schirmwirkung einer Hülle verwenden wir künftig die „Schirmdämpfung" a_s, die als der natürliche Logarithmus des Verhältnisses von äußerer zu innerer Feldamplitude definiert werden soll; dieses Verhältnis ist gleichwertig dem reziproken Betrag $1/|Q|$ des Schirmfaktors Q. Je stärker der Schirm wirkt, um so größer ist die Dämpfung a_s. Man erhält nun aus Gl. (12) mit Benutzung von Gl. (11) für K und Gl. (A 22) für k folgende Formel für die Schirmdämpfung

$$a_s \equiv \ln \frac{1}{|Q|} =$$

$$= \frac{1}{2} \ln \left\{ \left(\frac{\mu_0}{\mu} \frac{x_0}{\delta} \right)^2 \left(\cosh \frac{2d}{\delta} - \cos \frac{2d}{\delta} \right) + \frac{\mu_0}{\mu} \frac{x_0}{\delta} \left(\sinh \frac{2d}{\delta} - \sin \frac{2d}{\delta} \right) + \right.$$

$$\left. + \frac{1}{2} \left(\cosh \frac{2d}{\delta} + \cos \frac{2d}{\delta} \right) \right\}. \tag{13}$$

In Abb. 47 ist die Dämpfung nach dieser Formel als Kurvenschar dargestellt. Als Abszisse ist die Größe d/δ benutzt, die der Wurzel aus der Frequenz proportional ist, während der Parameter P der Schar die Abmessungen des Schirmes enthält ($P = \mu_0 \varkappa_0/\mu d$).

Für praktische Zwecke reichen einfachere Näherungsformeln oft aus. Man gewinnt sie, wenn man zwei Sonderfälle betrachtet: das

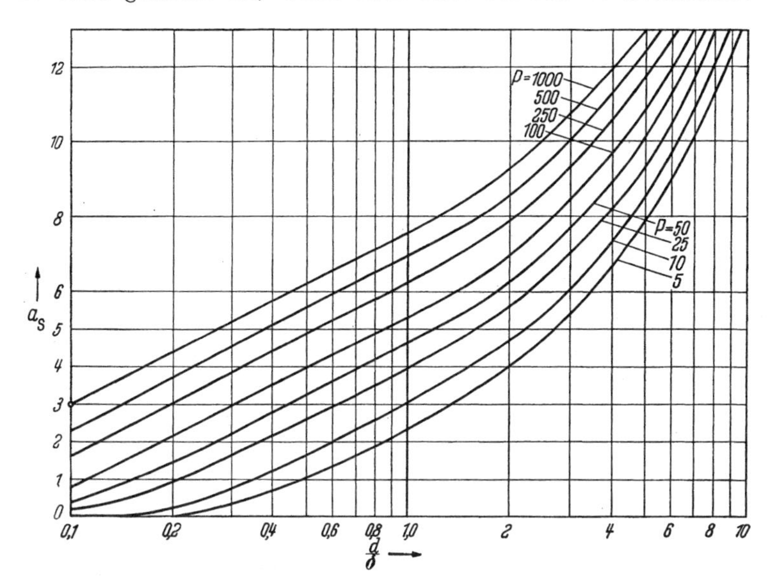

Abb. 47. Die Schirmdämpfung a_s für den Platten-, Zylinder- und Kugelschirm.

$$P = \begin{cases} \dfrac{\mu_0}{\mu}\dfrac{\varkappa_0}{d} & \text{für Platten} \\[2ex] \dfrac{1}{2}\dfrac{\mu_0}{\mu}\dfrac{r_0}{d} & \text{für Hohlzylinder im longitudinalen Feld und unmagnetische Hohlzylinder im transversalen Feld} \\[2ex] \dfrac{1}{3}\dfrac{\mu_0}{\mu}\dfrac{r_0}{d} & \text{für unmagnetische Hohlkugeln} \end{cases}$$

Gebiet niedriger Frequenzen, in dem die äquivalente Leitschichtdicke größer als die Plattendicke ist ($d < \delta$), und das Gebiet hoher Frequenzen mit $d > \delta$. Im ersten Fall ist der Strom praktisch gleichmäßig über die Plattendicke verteilt, während er im zweiten Fall nach außen an die Plattenoberflächen verdrängt ist. Am leichtesten sind die Näherungsformeln aus Gl. (12) abzuleiten, indem man im ersten Fall $\cosh kd \approx 1$ und $\sinh kd \approx kd$ und im zweiten Fall $\cosh kd \approx \sinh kd \approx$ $\approx (\exp kd)/2$ nimmt. Dann ergibt sich

$$a_s \approx \begin{cases} \dfrac{1}{2}\ln\left[1 + \left(\dfrac{\mu_0}{\mu}\,\dfrac{2\varkappa_0 d}{\delta^2}\right)^2\right] & \text{für} \quad d < \delta, \\[2ex] \dfrac{d}{\delta} + \ln\dfrac{\mu_0}{\mu}\,\dfrac{\varkappa_0}{\sqrt{2}\,\delta} & \text{für} \quad d > \delta. \end{cases} \tag{14}$$

In der Praxis wird oft die Aufgabe gestellt, die Wandstärke d so zu bestimmen, daß bei vorgegebener Frequenz und vorgegebenem Plattenabstand $2x_0$ eine bestimmte Schirmdämpfung a_s erzielt wird. Zu diesem Zweck müßte man die exakten Gl. (12) oder (13) nach d auflösen. Wegen ihres transzendenten Charakters ist dies nicht möglich; es gelingt jedoch mit Hilfe der Näherungsformeln (14), folgende Ausdrücke abzuleiten:

$$d \approx \begin{cases} \frac{\mu}{\mu_0} \frac{\delta^2}{2x_0} \sqrt{e^{2a_s} - 1} & \text{für} \quad d < \delta, \\ \delta \left[a_s - \ln \frac{\mu_0}{\mu} \frac{x_0}{\sqrt{2}\,\delta} \right] & \text{für} \quad d > \delta. \end{cases} \tag{15}$$

Für die numerische Rechnung wird man so vorgehen, daß man zunächst aus der Frequenz und der Leitfähigkeit $\varkappa$ die äquivalente Leitschichtdicke δ nach Gl. (A 23) oder nach Abb. 9 ermittelt. Hiermit geht man in Gl. (15) ein, indem man gleichzeitig den Wert für den Abstand $2x_0$ und die vorgegebene Schirmdämpfung a_s einsetzt. Nun befindet man sich hierbei in einem Dilemma, weil man von vornherein nicht weiß, welche der beiden Gl. (15) zu nehmen ist. Im allgemeinen kann man zunächst willkürlich eine auswählen. Es muß dann nachträglich kontrolliert werden, ob die für die gewählte Gleichung zuständige Ungleichung auch erfüllt ist. Ist dies nicht der Fall, so muß man mit der anderen Gleichung noch einmal rechnen. Ist zufällig $d = \delta$, so liefern beide Gleichungen praktisch das gleiche Ergebnis. Im allgemeinen gilt der Satz: Je größer die Leitfähigkeit $\varkappa$ des verwendeten Metalls ist, um so dünner kann der Schirm sein, der eine vorgegebene Schirmdämpfung haben soll.

Beispiel: Ein empfindliches Meßgerät ist in einem flachen Holzkasten untergebracht, der zur Abschirmung gegen äußere Störungen mit Aluminiumblech ausgekleidet werden soll. Die Schirmdämpfung muß bei der Frequenz von 100 kHz den Wert $a_s = 6{,}91$ N entsprechend einem Schirmfaktor von $|Q| = 1/1000$ haben. Die halbe Kastenbreite ist $x_0 = 100$ mm. Wie dick muß das Aluminiumblech sein?

Um diese Frage zu beantworten, bestimmen wir zunächst die äquivalente Leitschichtdicke δ bei der Frequenz von 100 kHz nach Gl. (A 23) oder Abb. 9. Sie hat den Wert

$$\delta = 0{,}275\,\text{mm}.$$

Die notwendige Wandstärke d berechnen wir nun mit Hilfe von Gl. (15); wegen der geforderten hohen Dämpfung nehmen wir versuchsweise die untere Gleichung für den Fall der Stromverdrängung ($d > \delta$). Dann ergibt sich

$$d = 0{,}275 \left[6{,}91 - \ln \frac{100}{\sqrt{2}\; 0{,}275} \right] \text{mm} \approx 0{,}4\,\text{mm}.$$

Wie sich jetzt herausstellt, ist die richtige Gleichung verwendet worden, denn es ergibt sich nachträglich $d > \delta$. Hätte man nur eine Schirmdämpfung von $a_s = 6$ N gefordert, so würde man nach der gleichen Gleichung eine Dicke von $d = 0{,}126$ mm erhalten. Es zeigt sich jedoch, daß in diesem Fall die falsche Gleichung benutzt wurde, denn das Ergebnis gehorcht der Ungleichung $d < \delta$. Man muß also jetzt mit der oberen Gl. (15) für gleichmäßige Stromverteilung ($d < \delta$) rechnen. Dann wird

$$d = \frac{(0{,}275)^2}{200}\, e^6 \text{ mm} \approx 0{,}15 \text{ mm}.$$

Für eine gut leitende Verbindung der beiden Schirmbleche durch Querbleche ist zu sorgen, damit sich die Ströme rings um den Schirmraum schließen können.

2. Hohlzylinder im longitudinalen Wechselfeld

Wir betrachten eine Anordnung nach Abb. 48, in der der Hohlzylinder den Innenradius r_0 und die Wandstärke d hat. Dieser Fall läßt sich auf ähnliche Weise erledigen wie die beiden parallelen Platten nach Abb. 46. Auch hier ist aus den gleichen Überlegungen wie oben das magnetische Feld sowohl außen als auch innen homogen. Wir bezeichnen die Feldstärken wieder mit H_a und H_i, die parallel zur Zylinderachse (z-Richtung) gerichtet sind. Die elektrische Feldstärke E im Innern, die zirkular gerichtet ist ($E_\varphi = E$) und rotationssymmetrisch verläuft, berechnet sich jedoch abweichend von Gl. (5) nach der Gl. (A 14) mit Benutzung der Polarkoordinate r nach Gl. (A 42) aus der Beziehung

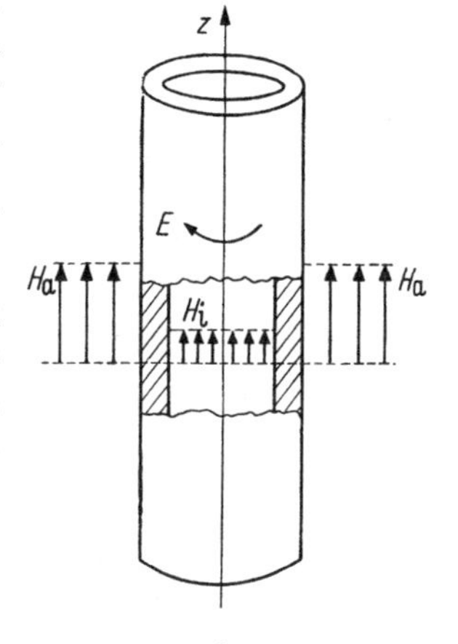

$$\operatorname{rot}_z E \equiv \frac{1}{r}\frac{\mathrm{d}}{\mathrm{d}r}(r E) = -\mathrm{j}\,\omega\,\mu_0\,H_i, \qquad (16)$$

deren Integration den Ausdruck

$$E = -\mathrm{j}\,\omega\,\mu_0 H_i \frac{r}{2} = -\frac{\mu_0 k^2}{2\mu\,\varkappa} H_i\, r \quad \text{für} \quad 0 \leqq r \leqq r_0 \qquad (17)$$

Abb. 48. Zylindrischer Schirm im longitudinalen Wechselfeld

liefert. — Für den Feldverlauf in der metallischen Wand benutzen wir wieder Gl. (A 21), die nach Gl. (A 41) in folgende Differentialgleichung übergeht:

$$\frac{1}{r}\frac{\mathrm{d}}{\mathrm{d}r}\left(r\frac{\mathrm{d}H}{\mathrm{d}r}\right) = k^2 H. \qquad (18)$$

Sie führt strenggenommen auf Zylinderfunktionen [s. auch Gl. (B 13)]. Wir machen nun hier davon Gebrauch, daß die Hüllen fast immer als dünnwandig anzusehen sind ($d \ll r_0$). Daher können wir die Änderung von r innerhalb der Wand ($r_0 \leqq r \leqq r_0 + d$) vernachlässigen. Wir erhalten dann aus Gl. (18) dieselbe Differentialgleichung in r wie Gl. (1) in x, so daß die Lösung von Gl. (18) mit ausreichender Näherung

$$H \approx A\,\mathrm{e}^{kr} + B\,\mathrm{e}^{-kr} \quad \text{für} \quad r_0 \leqq r \leqq r_0 + d \tag{19}$$

lautet. Die elektrische Feldstärke berechnet sich nun nach Gl. (A 13) mit Benutzung von Gl. (A 42) zu

$$E = -\frac{\mathrm{d}H}{\varkappa\,\mathrm{d}r} \approx -\frac{k}{\varkappa}(A\,\mathrm{e}^{kr} - B\,\mathrm{e}^{-kr}) \quad \text{für} \quad r_0 \leqq r \leqq r_0 + d. \tag{20}$$

Wir setzen nun wieder die gleichen Übergangsbedingungen an der inneren ($r = r_0$) und der äußeren ($r = r_0 + d$) Oberfläche an und erhalten dann eine zu Gl. (12) analoge Gleichung

$$\frac{H_i}{H_a} \equiv Q = \frac{1}{\cosh k\,d + \frac{1}{2} K \sinh k\,d}, \tag{21}$$

in der

$$K = \frac{\mu_0}{\mu} k\,r_0 \tag{22}$$

bedeutet. Die Gl. (21) geht also aus Gl. (12) für die parallelen Platten hervor, wenn man an Stelle des halben Plattenabstandes ($= x_0$) den halben Zylinderradius ($= r_0/2$) einsetzt. Daher kann man alle weiteren Folgerungen, die wir bei den Platten gezogen hatten, auch hier anwenden, es muß nur $x_0 = r_0/2$ gesetzt werden. Insbesondere ist auch Abb. 47 für den Verlauf der Schirmdämpfung a_s als Funktion der Größe d/δ zu benutzen.

Für die Schirmwirkung nach den Gl. (12) und (21) ist im wesentlichen der Faktor K maßgebend. Daraus ergibt sich, daß zwei Schirme, von denen der eine aus zwei parallelen Platten mit dem Abstand $2x_0$ besteht und der andere ein Zylinderschirm mit dem Durchmesser $2r_0 = 2x_0$ bei gleicher Wandstärke ist, sich im Schirmfaktor Q nur um den Faktor 2 unterscheiden, und zwar ist Q beim Zylinderschirm doppelt so groß wie beim Plattenschirm, d. h., die Schirmdämpfung a_s ist beim ersteren um 0,69 N kleiner als beim zweiten.

3. Hohlzylinder im transversalen Wechselfeld

Wir nehmen ein äußeres homogenes Störungsfeld senkrecht zur Zylinderachse nach Abb. 49 an, das parallel zur y-Achse orientiert ist, eine Konstellation, die dem in Abb. 20 gezeichneten kreiszylindrischen Draht ähnlich ist [2]. Im Außenraum ($r \geqq r_0 + d$) gelten hier

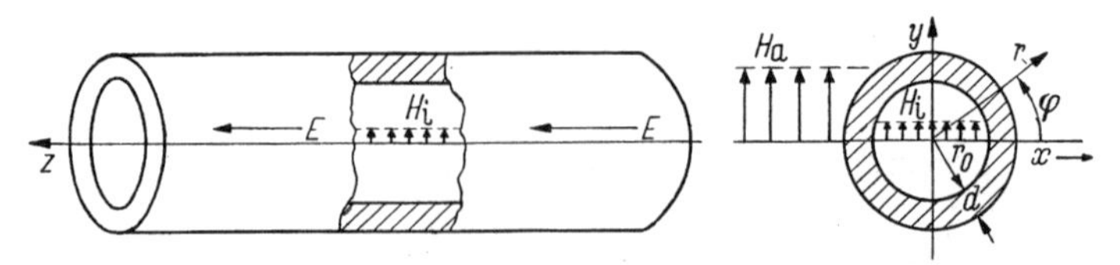

Abb. 49. Zylinderschirm im transversalen Wechselfeld

die gleichen Formeln wie in Abschn. B, Kap. 2b. Im Unterschied zu dem oben behandelten Fall des Hohlzylinders im longitudinalen Feld erzeugen die in der Zylinderwand induzierten Wirbelströme ein Sekundärfeld im Außenraum, das sich dem homogenen Störungsfeld mit der Feldstärke H_a überlagert. Diese Rückwirkung erfassen wir wieder durch den Rückwirkungsfaktor W, mit dem sich das resultierende Feld genau wie in Gl. (B 28) so ausdrückt:

$$\left.\begin{aligned} H_r &= H_a\left(1 - \frac{(r_0 + d)^2}{r^2}\, W\right)\sin\varphi \\ H_\varphi &= H_a\left(1 + \frac{(r_0 + d)^2}{r^2}\, W\right)\cos\varphi \end{aligned}\right\} \quad \text{für} \quad r \geqq r_0 + d. \tag{23}$$

Im Innenraum ($r \leqq r_0$) haben wir eine ähnliche Lösung mit dem Unterschied, daß das Feld überall endlich bleiben muß. Demnach muß hier derjenige Feldanteil verschwinden, der dem Ausdruck $1/r^2$ proportional ist, weil er für $r = 0$ unendlich groß wird. Demnach lau[illegible] Lösung im Innenraum folgendermaßen:

$$\left.\begin{aligned} H_r &= H_i \sin\varphi = Q\, H_a \sin\varphi \\ H_\varphi &= H_i \cos\varphi = Q\, H_a \cos\varphi \end{aligned}\right\} \quad \text{für} \quad 0 \leqq r \leqq r_0. \tag{24}$$

Wie man erkennt, ist das Feld im Innern homogen mit der vorläufig noch unbekannten Feldstärke H_i, die parallel zur y-Achse gerichtet ist. Daher gilt auch hier wie bei den bisher untersuchten Fällen für den gesamten Innenraum ein und derselbe Schirmfaktor Q, der ebenfalls noch unbekannt ist.

Um den Feldverlauf innerhalb der Schirmwand ($r_0 \leqq r \leqq r_0 + d$) zu berechnen, gehen wir, ebenfalls wie beim massiven Draht, von der elektrischen Feldstärke aus, weil sie nur eine einzige Komponente in Richtung der Achse (z-Richtung) hat ($E_z = E$). Die Differentialgleichung für E ist die gleiche wie in Gl. (B 29). Wir machen den bewährten Produktansatz $E = g(r)\cos\varphi$, wobei dann für die Funktion $g(r)$ die gewöhnliche Differentialgleichung 2. Ordnung [Gl. (B 31)] entsteht. Wir lösen sie, indem wir eine dünnwandige Hülle voraussetzen ($d \ll r_0$), wie sie praktisch nur vorkommt. Die Folge ist, daß wir alle Glieder weglassen dürfen, die $1/r$ und $1/r^2$ als Faktoren haben. Dann erhalten wir als praktisch ausreichende Näherungslösung den Ausdruck

$$E \approx (A\, e^{kr} + B\, e^{-kr})\cos\varphi \quad \text{für} \quad r_0 \leqq r \leqq r_0 + d, \tag{25}$$

aus dem wir mit Hilfe von Gl. (A 14) in Verbindung mit Gl. (A 42) folgende magnetische Feldkomponenten ableiten:

$$\begin{aligned} H_r &= -\frac{1}{j\,\omega\,\mu\, r}\,\frac{\partial E}{\partial \varphi} = \frac{1}{j\,\omega\,\mu\, r}(A\, e^{kr} + B\, e^{-kr})\sin\varphi, \\ H_\varphi &= \frac{1}{j\,\omega\,\mu}\,\frac{\partial E}{\partial r} = \frac{k}{j\,\omega\,\mu}(A\, e^{kr} - B\, e^{-kr})\cos\varphi. \end{aligned} \tag{26}$$

Die vier bisher noch unbekannt gebliebenen Konstanten A, B, Q und W erhalten nun feste Werte durch die Übergangsbedingungen an der äußeren ($r = r_0 + d$) und inneren ($r = r_0$) Oberfläche, die gerade vier lineare Gleichungen liefern. Wir führen nun an Stelle der Konstanten A und B neue dimensionslose Größen A_1 und B_1 ein gemäß den Gleichungen

$$H_a A_1 = \frac{A\, e^{k r_0}}{j\,\omega\,\mu_0\, r_0}; \qquad H_a B_1 = \frac{B\, e^{-k r_0}}{j\,\omega\,\mu_0\, r_0}. \tag{27}$$

Dann lauten die Übergangsbedingungen wie folgt:

Aus der Stetigkeitsforderung für die Normalkomponente μH_r der Induktion an der äußeren Oberfläche ($r = r_0 + d$) folgt

$$1 - W = A_1 e^{k d} + B_1 e^{-k d}, \tag{28}$$

während an der inneren Oberfläche ($r = r_0$) die Beziehung

$$Q = A_1 + B_1 \tag{29}$$

gelten muß. — Fordert man Stetigkeit der tangentiellen Komponente H_φ der Feldstärke, so erhält man an der äußeren Oberfläche

$$1 + W = K(A_1 e^{k d} - B_1 e^{-k d}) \tag{30}$$

und an der inneren Oberfläche

$$Q = K(A_1 - B_1), \tag{31}$$

wobei

$$K = \frac{\mu_0}{\mu} k r_0 \tag{32}$$

bedeutet. Die Auflösung dieser vier Gleichungen liefert nun folgende Formeln für den Schirmfaktor und den Rückwirkungsfaktor:

$$Q = \frac{1}{\cosh k d + \frac{1}{2}\left(K + \frac{1}{K}\right)\sinh k d}, \tag{33}$$

$$W = \frac{\frac{1}{2}\left(K - \frac{1}{K}\right)\sinh k d}{\cosh k d + \frac{1}{2}\left(K + \frac{1}{K}\right)\sinh k d}. \tag{34}$$

Diese beiden Formeln diskutieren wir nun an Hand von zwei wichtigen Sonderfällen: Einmal setzen wir voraus, daß die Metallwand unmagnetisch ist ($\mu = \mu_0$), und dann nehmen wir Eisen mit $\mu \gg \mu_0$ an.

a) Unmagnetischer Hohlzylinder ($\mu = \mu_0$)

Die Größe K ist in diesem Fall bei merklicher Schirmwirkung praktisch immer dem Betrag nach viel größer als eins ($|K| = |k r_0| \gg 1$). Wir können also $1/K$ neben K vernachlässigen. Dann entsteht für den Schirmfaktor Q die gleiche Formel wie Gl. (21) für den Zylinderschirm im Longitudinalfeld. Daher sind auch hierfür die Kurven für die Schirmdämpfung a_s nach Abb. 47 zu benutzen, wenn man $x_0 = r_0/2$ setzt. Unter dem gleichen Gesichtspunkt ist auch Gl. (15) für die Bemessung der Schirmdicke d zu verwenden, wenn eine vorgegebene Schirmdämpfung a_s erreicht werden soll.

Bei dem Rückwirkungsfaktor W, der eine komplexe Zahl ist, unterscheiden wir zweckmäßig zwischen dem Bereich der gleichmäßigen Stromverteilung ($d < \delta$) und der Stromverdrängung ($d > \delta$). Im ersten Fall ist wie früher $\cosh kd \approx 1$ und $\sinh kd \approx kd$, während im zweiten Fall $\cosh kd \approx \sinh kd \approx (\exp kd)/2$ zu nehmen ist. Daher gelten folgende Näherungen:

$$W \approx \begin{cases} \dfrac{\frac{1}{2} k^2 r_0 d}{1 + \frac{1}{2} k^2 r_0 d} = \dfrac{\mathrm{j}\,\frac{r_0 d}{\delta^2}}{1 + \mathrm{j}\,\frac{r_0 d}{\delta^2}} & \text{für} \quad d < \delta, \\[2ex] \dfrac{\frac{1}{2} k r_0}{1 + \frac{1}{2} k r_0} \approx 1 - \dfrac{2}{k r_0} = 1 - (1 - \mathrm{j}) \dfrac{\delta}{r_0} & \text{für} \quad d > \delta. \end{cases} \tag{35}$$

Mit ihnen läßt sich nun leicht die Ortskurve des Vektors W in der komplexen Ebene bestimmen. Zu diesem Zweck ermitteln wir zunächst den Realteil U und den Imaginärteil V entsprechend $W = U + \mathrm{j} V$:

$$U \approx \begin{cases} \dfrac{\left(\frac{r_0 d}{\delta^2}\right)^2}{1 + \left(\frac{r_0 d}{\delta^2}\right)^2} & \text{für} \quad d < \delta, \\[2ex] 1 - \dfrac{\delta}{r_0} & \text{für} \quad d > \delta, \end{cases} \tag{36}$$

$$V \approx \begin{cases} \dfrac{\frac{r_0 d}{\delta^2}}{1 + \left(\frac{r_0 d}{\delta^2}\right)^2} & \text{für} \quad d < \delta, \\[2ex] \dfrac{\delta}{r_0} & \text{für} \quad d > \delta. \end{cases} \tag{37}$$

Fassen wir jetzt den Bereich $d < \delta$ näher ins Auge, so erkennen wir, daß man den Parameter $r_0 d/\delta^2$ eliminieren kann und daß dann zwischen U und V die Relation

$$\left(U - \frac{1}{2}\right)^2 + V^2 = \frac{1}{4} \tag{38}$$

besteht. Diese ist die Gleichung eines Kreises mit dem Radius 1/2, dessen Scheitel durch den Nullpunkt geht. Da nur positive Werte des Parameters physikalisch reell sind, interessiert der obere Halbkreis; er ist in Abb. 50 gezeichnet. Dieses Bild ist das Gegenstück zu Abb. 21 für den Rückwirkungsfaktor eines massiven Kreiszylinders. Auch hier geht W gegen eins, wenn die Frequenz sehr groß wird ($d > \delta$). Daraus folgt dann dasselbe Feldbild im Außenraum wie in Abb. 22, bei dem die Normalkomponente H_r an der Oberfläche ($r = r_0 + d$) verschwindet [siehe Gl. (23)]; das Feld läuft tangentiell an der äußeren Schirmoberfläche entlang.

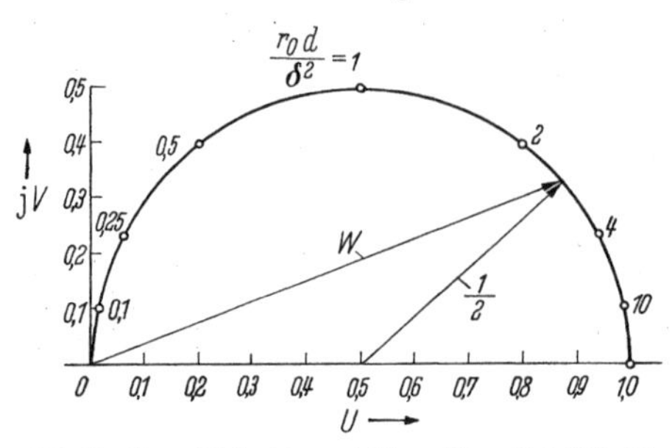

Abb. 50. Der Rückwirkungsfaktor $W = U + \mathrm{j}\, V$ für unmagnetische Hohlzylinder im homogenen Wechselfeld

b) Magnetischer Hohlzylinder ($\mu \gg \mu_0$)

Wenn die Permeabilität des Schirmes sehr groß ist, dann wird, wenn die Frequenz nicht zu hoch ist, der Betrag des reziproken Wertes $1/|K|$ größer als eins sein. Die Vernachlässigung des Gliedes $1/K$ im Vergleich zu K wie beim unmagnetischen Schirm ist daher nicht mehr zulässig. Aus Gl. (33) erhält man für die Schirmdämpfung $a_s = -\ln|Q|$ folgende allgemein gültige Gleichung:

$$\begin{aligned} a_s = \frac{1}{2} \ln \Bigg\{ & \left[\left(\frac{\mu_0 r_0}{2\mu\delta}\right)^2 + \left(\frac{\mu\delta}{4\mu_0 r_0}\right)^2\right] \left(\cosh\frac{2d}{\delta} - \cos\frac{2d}{\delta}\right) + \\ & + \frac{\mu_0 r_0}{2\mu\delta}\left(\sinh\frac{2d}{\delta} - \sin\frac{2d}{\delta}\right) + \frac{\mu\delta}{4\mu_0 r_0}\left(\sinh\frac{2d}{\delta} + \sin\frac{2d}{\delta}\right) + \\ & + \frac{1}{2}\left(\cosh\frac{2d}{\delta} + \cos\frac{2d}{\delta}\right)\Bigg\}. \end{aligned} \tag{39}$$

In Abb. 51 ist die Abhängigkeit der Dämpfung a_s von d/δ für verschiedene Parameter $\mu_0 r_0/\mu d$ nach dieser Formel dargestellt. Der Unterschied zu den Dämpfungskurven in Abb. 47 besteht vor allem darin, daß die Kurven für niedrige Frequenzen in einen konstanten Wert einmünden, den wir die magnetostatische Schirmdämpfung nennen. Sie ergibt sich als Grenzfall $\delta \to \infty$ (oder $f \to 0$) aus Gl. (39) zu

$$\lim_{\delta\to\infty} a_s = \ln\left(1 + \frac{1}{2}\,\frac{\mu d}{\mu_0 r_0}\right). \tag{40}$$

Während die Schirmwirkung bei unmagnetischen Schirmhüllen ($\mu = \mu_0$) darauf beruht, daß die in der Hülle induzierten Wirbelströme ein Sekundärfeld erzeugen, das das ursprüngliche Feld im Innern schwächt (elektromagnetische Schirmwirkung), wirkt sich bei der magnetostatischen Schirmung der magnetische Nebenschluß der Hülle zum inneren Luftraum aus, der auch bei Gleichfeldern vorhanden ist. Dieser Nebenschluß ist um so stärker, je dicker die Hülle und je größer ihre Permeabilität ist. Bei sehr hohen Frequenzen, bei denen die Ungleichung

$\mu_0 r_0 / \mu \delta \gg 1$ gilt, wird der Querschnitt für den Kraftfluß im Eisen infolge der Flußverdrängung so stark verengt, daß der magnetische

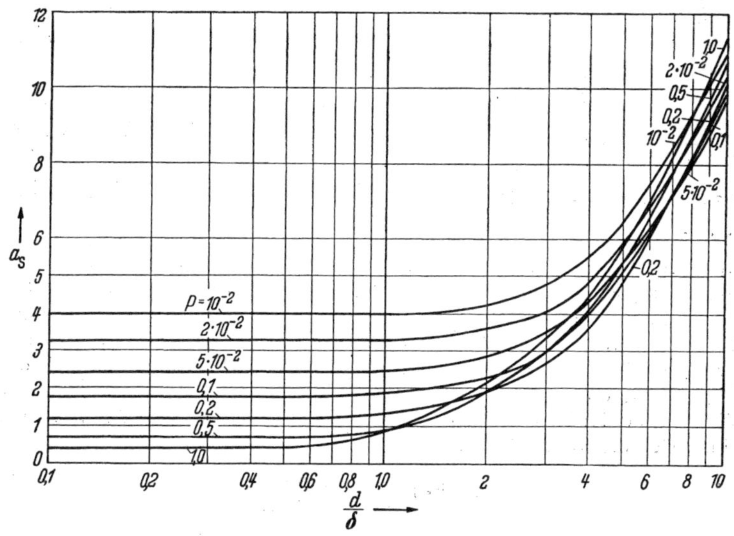

Abb. 51. Die Schirmdämpfung a_s magnetischer Hohlzylinder im transversalen Feld. $P = \frac{\mu_0}{\mu} \frac{r_0}{d}$

Nebenschluß unwirksam ist. Dann geht die Gl. (39) in die Gl. (13) über, wobei $x_0 = r_0/2$ einzusetzen ist.

Bei der Diskussion des Rückwirkungsfaktors W nach Gl. (34) gehen wir hier ebenso wie im Falle $\mu = \mu_0$ vor, indem wir den Bereich gleichmäßiger Stromverteilung ($d < \delta$) und den der Stromverdrängung ($d > \delta$) gesondert betrachten. Dadurch gewinnen wir folgende übersichtlichere Näherungsformeln:

$$W \approx \begin{cases} -\dfrac{\dfrac{\mu d}{2\mu_0 r_0}}{1 + \dfrac{\mu d}{2\mu_0 r_0}} & \text{für} \quad d < \delta, \\[2ex] -\dfrac{1-K}{1+K} & \text{für} \quad d > \delta, \end{cases} \tag{41}$$

Man erkennt, daß bei niedrigen Frequenzen ($d < \delta$) der Rückwirkungsfaktor $W \approx -1$ ist. Das bedeutet, daß die tangentielle Feldkomponente H_φ entsprechend Gl. (23) an der äußeren Oberfläche ($r = r_0 + d$) verschwindet. Die magnetischen Kraftlinien enden demnach senkrecht auf der Oberfläche, wie in Abb. 24 gezeichnet ist; sie werden in den Schirm hineingezogen, weil sie dort einen geringeren magnetischen Widerstand als in der umgebenden Luft vorfinden. Der Ausdruck für den Bereich hoher Frequenzen ($d > \delta$) ist praktisch identisch mit der entsprechenden Gl. (B 43) für den massiven Eisenzylinder. Man erkennt dies, wenn man in Gl. (B 43) für $\mu_w/\mu = (1 - \mathrm{j})\,\delta/r_0 = 2/kr_0$ und $1 \pm \mu_0/\mu \approx 1$ setzt und Gl. (32) für K beachtet. Daher gilt für die Ortskurve des komplexen Rückwirkungsfaktors eines Eisenschirmes ebenfalls die Abb. 23. Für den Grenzfall sehr hoher Frequenz, wenn die Ungleichung $\mu_0 r_0/\mu\delta \gg 1$ zutrifft, nähert sich der Rückwirkungsfaktor dem Wert eins ($W \to 1$). Das äußere Feld wird dann nicht mehr in den Schirm hineingezogen, sondern an der Oberfläche entlanggeführt [$H_r = 0$ nach Gl. (23)]. Das Feldbild ist dann das gleiche wie in Abb. 22.

Beispiel 1: In der Spule eines Schwingungskreises in einem Generator für die Frequenz $f = 30$ kHz werden durch Fremdfelder Störungen induziert, die um den Faktor $|Q| = 1/100$ entsprechend einer Dämpfung $a_s = 4{,}6$ N reduziert werden sollen. Wie dick muß die Wandstärke der zylindrischen Spulenkapsel sein, wenn ihr Radius $r_0 = 60$ mm ist? Für die Berechnung wenden wir die obere Gl. (15) für $d < \delta$ an, wobei wir $x_0 = r_0/2$ nehmen. Würde man Kupfer wählen, so wäre die äquivalente Leitschichtdicke $\delta = 0{,}38$ mm nach Abb. 9. Damit errechnet sich die Wandstärke zu

$$d = \frac{(0{,}38)^2 \cdot 100}{60}\,\text{mm} = 0{,}24\ \text{mm}.$$

Die obere Gl. (15) ist zu Recht angewendet worden, denn es ergibt sich $d < \delta$. Nimmt man nun an Stelle von Kupfer eine Kapsel aus Messing, dann wird die äquivalente Leitschichtdicke nach Abb. 9 $\delta = 0{,}8$ mm. Die gleiche Formel wie oben liefert dann folgenden Wert für die Wandstärke:

$$d = \frac{(0{,}8)^2 \cdot 100}{60}\,\text{mm} \approx 1{,}0\ \text{mm}.$$

Die Formel erweist sich jedoch als unbrauchbar, weil $d > \delta$ wird. Daher müssen wir mit der unteren Gl. (15) rechnen. Diese ergibt den Wert

$$d = 0{,}8\left[4{,}6 - \ln\frac{60}{2\sqrt{2}\,0{,}8}\right]\text{mm} = 1{,}1\ \text{mm},$$

der sich nur wenig von dem obigen unterscheidet, weil d und δ annähernd gleich sind.

Beispiel 2: Wir berechnen die Schirmdämpfung a_s von Bleimänteln für zwei verschiedene Kabeltypen. Das Kabel I habe einen Radius von $r_0 = 5{,}5$ mm und eine Bleimanteldicke von $d = 1{,}1$ mm; die Abmessungen des Kabels II sind $r_0 = 10$ mm und $d = 1{,}5$ mm. In nebenstehender Tab. 3 sind nun die Schirmdämpfungen a_s für die Frequenzen 10, 30, 100, 300 und 1000 kHz aufgetragen, die nach Gl. (13) bzw. (14) berechnet sind, wobei an Stelle von x_0 der halbe Mantelradius ($r_0/2$) eingesetzt ist. Die Grundlage der Berechnungen bildet die jeweilige äquivalente Leitschichtdicke δ, die aus Tab. 1 auf S. 12 oder aus Abb. 9 zu entnehmen ist. Man erkennt, daß die Schirmdämpfungen mit der Frequenz rasch anwachsen und für das dicke Kabel II erheblich größer sind als für das Kabel I. Dies liegt einerseits an dem dickeren Bleimantel und andererseits an dem größeren Kabeldurchmesser.

Tabelle 3. *Schirmdämpfungen a_s für zwei verschiedene Kabeltypen*

Frequenz	$d=1{,}1$; $r_0=5{,}5$; Maße in mm; Kabel I: $\frac{r_0}{d}=5{,}0$		$d=1{,}5$; $r_0=10$; Maße in mm; Kabel II: $\frac{r_0}{d}=6{,}67$	
f/kHz	$\frac{d}{\delta}$	a_s/Neper	$\frac{d}{\delta}$	a_s/Neper
10	0,48	0,13	0,65	1,04
30	0,83	1,39	1,13	2,27
100	1,51	2,65	2,05	3,71
300	2,61	4,21	3,56	5,67
1000	4,77	6,90	6,50	9,23

4. Dünnwandige Hohlkugel

Obgleich technische Schirmhüllen nur selten als Hohlkugeln ausgeführt werden, so haben sie doch insofern Bedeutung, als man durch sie alle solche Schirmformen der Rechnung zugänglich machen kann, die nach allen drei Koordinaten etwa gleiche Abmessungen haben. Man kann beispielsweise einen zylindrischen Schirmtopf, dessen Durchmesser ungefähr gleich der Länge ist, durch eine Hohlkugel mit gleicher Wandstärke und gleichem Durchmesser annähern [4].

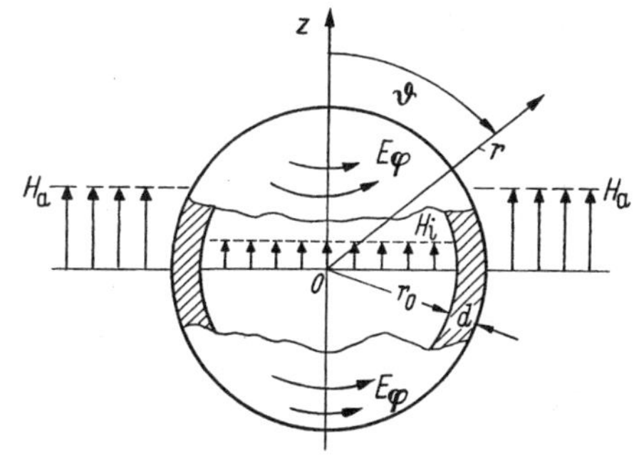

Abb. 52. Hohlkugel im homogenen Wechselfeld

Bei der Berechnung des magnetischen Feldes im äußeren ($r \geqq r_0 + d$) und inneren ($r \leqq r_0$) Luftraum benutzen wir Kugelkoordinaten wie bei der massiven Kugel in Abschn. B, Kap. 3; die z-Achse liegt parallel zum äußeren Störungsfeld mit der Feldstärke H_a. Alle Feldgrößen verlaufen auch hier rotationssymmetrisch, d. h. unabhängig von φ (Abb. 52). Den Feldverlauf in Luft können wir unmittelbar aus Gl. (B 112) entnehmen. Danach ist im Außenraum

$$\left.\begin{aligned} H_r &= \quad H_a\left(1 - \frac{2(r_0+d)^3}{r^3} W_a\right)\cos\vartheta \\ H_\vartheta &= -H_a\left(1 + \frac{(r_0+d)^3}{r^3} W_a\right)\sin\vartheta \end{aligned}\right\} \quad \text{für} \quad r \geqq r_0 + d \qquad (42)$$

[W_a äußerer Rückwirkungsfaktor, der bei der Hohlkugel von dem inneren Rückwirkungsfaktor W_i verschieden ist, Gl. (E 163)] und im Innenraum

$$\left.\begin{aligned} H_r &= H_i \cos\vartheta = Q H_a \cos\vartheta \\ H_\vartheta &= -H_i \sin\vartheta = -Q H_a \sin\vartheta \end{aligned}\right\} \quad \text{für} \quad 0 \leqq r \leqq r_0. \tag{43}$$

Die Größe H_i ist auch hier die vorläufig noch unbekannte Feldstärke des homogenen Feldes im Innenraum. Die komplexe Zahl Q bedeutet wieder wie oben den Schirmfaktor. Die Glieder mit $1/r^3$ in Gl. (42) fallen hier weg, weil das Feld für $r = 0$ nicht unendlich werden darf.

Bei der Berechnung des Feldes innerhalb der Schirmwand ($r_0 \leqq r \leqq r_0 + d$) gehen wir wie bei der massiven Kugel von der elektrischen Feldstärke E aus, die auch hier nur eine einzige Komponente E_φ in Richtung φ hat. Für sie gilt die Differentialgleichung (B 114), die wir wieder mit dem Produktansatz

$$E_\varphi = g(r) \sin\vartheta \tag{44}$$

lösen, wobei die Funktion $g(r)$ strenggenommen der gewöhnlichen Differentialgleichung 2. Ordnung (B 116) genügen muß. Wir benutzen nun wieder die Voraussetzung, daß die Hohlkugel dünnwandig ist ($d \ll r_0$). Infolgedessen können wir die Gl. (B 116) vereinfachen, indem wir alle Glieder weglassen, in denen $1/r$ und $1/r^2$ vorkommen. Die Differentialgleichung (B 116) geht dann über in den Ausdruck

$$g''(r) = k^2 g(r), \tag{45}$$

der auf Exponentialfunktionen führt. Daher lautet die allgemeine Lösung von Gl. (B 114) mit praktisch ausreichender Annäherung

$$E_\varphi \approx (A\,e^{kr} + B\,e^{-kr}) \sin\vartheta \quad \text{für} \quad r_0 \leqq r \leqq r_0 + d. \tag{46}$$

Um die Übergangsbedingungen an der äußeren und inneren Oberfläche ansetzen zu können, berechnen wir aus Gl. (46) die beiden Komponenten des magnetischen Feldes nach Gl. (A 14) in Verbindung mit Gl. (A 46) zu

$$\begin{aligned} H_r &\approx -\frac{1}{j\,\omega\,\mu\,r_0 \sin\vartheta}\,\frac{\partial}{\partial\vartheta}(\sin\vartheta\,E_\varphi) = -\frac{2}{j\,\omega\,\mu\,r_0}(A\,e^{kr} + B\,e^{-kr})\cos\vartheta, \\ H_\vartheta &\approx \frac{1}{j\,\omega\,\mu}\,\frac{\partial E}{\partial r}\,\varphi = \frac{k}{j\,\omega\,\mu}(A\,e^{kr} - B\,e^{-kr})\sin\vartheta. \end{aligned} \tag{47}$$

Die vier noch unbekannten Konstanten A, B, Q und W bestimmen wir aus den vier Übergangsbedingungen. Um einfachere Gleichungen zu bekommen, führen wir an Stelle der Konstanten A und B neue dimensionslose Größen A_1 und B_1 ein gemäß den Relationen

$$H_a A_1 = -\frac{A\,e^{k r_0}}{j\,\omega\,\mu_0\,r_0}; \qquad H_a B_1 = -\frac{B\,e^{-k r_0}}{j\,\omega\,\mu_0\,r_0}. \tag{48}$$

Die Grenzbedingungen lauten dann folgendermaßen:

Die Stetigkeitsforderung für die Normalkomponente μH_r der Induktion ergibt an der äußeren Oberfläche $(r = r_0 + d)$

$$1 - 2W_a = 2(A_1 e^{kd} + B_1 e^{-kd}) \tag{49}$$

und an der inneren Oberfläche $(r = r_0)$

$$Q = 2(A_1 + B_1). \tag{50}$$

Aus der Stetigkeitsforderung für die tangentielle Komponente H_ϑ der Feldstärke erhält man an der äußeren Oberfläche

$$1 + W_a = K(A_1 e^{kd} - B_1 e^{-kd}) \tag{51}$$

und an der inneren Oberfläche

$$Q = K(A_1 - B_1). \tag{52}$$

Die Größe K bedeutet auch hier wie früher

$$K = \frac{\mu_0}{\mu} k r_0. \tag{53}$$

Das lineare Gleichungssystem (49) bis (52) liefert nun folgende Beziehungen: Der Schirmfaktor ist

$$Q = \frac{1}{\cosh kd + \frac{1}{3}\left(K + \frac{2}{K}\right)\sinh kd}, \tag{54}$$

während der Rückwirkungsfaktor sich zu

$$W_a = \frac{\frac{1}{3}\left(\frac{K}{2} - \frac{2}{K}\right)\sinh kd}{\cosh kd + \frac{1}{3}\left(K + \frac{2}{K}\right)\sinh kd} \tag{55}$$

ergibt. Diese Relationen sind denen des Hohlzylinders im Transversalfeld ähnlich [Gl. (33) und (34)]. Wir diskutieren sie wiederum an Hand von zwei Sonderfällen: Einmal nehmen wir eine unmagnetische $(\mu = \mu_0)$ und dann eine magnetische Hohlkugel $(\mu \gg \mu_0)$ an.

a) Unmagnetische Hohlkugel $(\mu = \mu_0)$

Wir vernachlässigen in diesem Fall $1/K$ neben K, weil nach Gl. (53) fast immer $|K| = |kr_0| \gg 1$ ist. Daher erhalten wir mit praktisch ausreichender Annäherung folgende Gleichung für den Schirmfaktor

$$Q = \frac{1}{\cosh kd + \frac{1}{3} K \sin kd}. \tag{56}$$

Vergleicht man sie mit den Gl. (12) für den Plattenschirm und Gl. (21) für den Zylinderschirm, so stellt man fest, daß sich die Gleichungen lediglich um den Zahlenfaktor vor K unterscheiden. Dieser Faktor ist beim Plattenschirm 1, beim Zylinderschirm 1/2 und bei der Hohlkugel 1/3. Die Schirmfaktoren dieser drei Schirme verhalten sich daher bei gleicher Wandstärke d und gleichem Durchmesser ($x_0 = r_0$) wie

$$Q_{\mathrm{Pl.}} : Q_{\mathrm{Zyl.}} : Q_{\mathrm{Kug.}} = 1 : 2 : 3. \tag{57}$$

Es zeigt sich also die bemerkenswerte Tatsache, daß sich diese drei idealisierten Schirme in ihrem Schirmfaktor nicht sehr wesentlich unterscheiden. Hieraus kann man folgern, daß man für die Berechnung der Schirmwirkung irgendeiner technischen Schirmhülle diese durch einen der drei Idealschirme ersetzen kann, ohne einen wesentlichen Fehler zu begehen. Die Wandstärke muß dabei erhalten bleiben, weil sie exponentiell eingeht.

Die Schirmdämpfung a_s ergibt sich nach Gl. (13) oder Abb. 47, wenn man x_0 durch $r_0/3$ ersetzt. Die gleiche Vorschrift gilt auch für die Bemessung der Wandstärke d bei vorgegebener Schirmdämpfung a_s, wobei Gl. (15) zu benutzen ist.

Um den Rückwirkungsfaktor W_a zu diskutieren, gehen wir wie beim Zylinderschirm vor. Aus Gl. (55) erhält man folgende Näherungsformeln:

$$W_a \approx \begin{cases} \dfrac{\frac{1}{6} k^2 r_0 d}{1 + \frac{1}{3} k^2 r_0 d} = \dfrac{\frac{j}{3} \frac{r_0 d}{\delta^2}}{1 + \frac{2j}{3} \frac{r_0 d}{\delta^2}} & \text{für} \quad d < \delta, \\[2ex] \dfrac{\frac{1}{6} k r_0}{1 + \frac{1}{3} k r_0} \approx \dfrac{1}{2}\left(1 - \dfrac{3}{k r_0}\right) = \dfrac{1}{2}\left[1 - \dfrac{3}{2}(1 - j)\dfrac{\delta}{r_0}\right] & \text{für} \quad d > \delta, \end{cases} \tag{58}$$

aus denen sich folgende Relationen für den Real- und Imaginärteil ($W_a = U_a + j\, V_a$) ablesen lassen:

$$U_a \approx \begin{cases} \dfrac{1}{2} \dfrac{\left(\frac{2}{3} \frac{r_0 d}{\delta^2}\right)^2}{1 + \left(\frac{2}{3} \frac{r_0 d}{\delta^2}\right)^2} & \text{für} \quad d < \delta, \\[2ex] \dfrac{1}{2}\left[1 - \dfrac{3}{2} \dfrac{\delta}{r_0}\right] & \text{für} \quad d > \delta, \end{cases} \tag{59}$$

$$V_a \approx \begin{cases} \dfrac{1}{2} \dfrac{\frac{2}{3} \frac{r_0 d}{\delta^2}}{1 + \left(\frac{2}{3} \frac{r_0 d}{\delta^2}\right)^2} & \text{für} \quad d < \delta, \\[2ex] \dfrac{3}{2} \dfrac{\delta}{r_0} & \text{für} \quad d > \delta. \end{cases} \tag{60}$$

Es zeigt sich nun, daß die Ortskurve des Rückwirkungsfaktors W_a ein Halbkreis mit dem Radius 1/4 ist, dessen Scheitel durch den Nullpunkt geht (Abb. 53). Zwischen U_a und V_a besteht nämlich im Bereich der gleichmäßigen Stromverteilung ($d < \delta$) die Gleichung

$$\left(U_a - \frac{1}{4}\right)^2 + V_a^2 = \frac{1}{16}. \tag{61}$$

Der Rückwirkungsfaktor strebt also mit zunehmender Frequenz dem Wert $W_a \to 1/2$ zu. Das bedeutet, daß bei hohen Frequenzen die Nor-

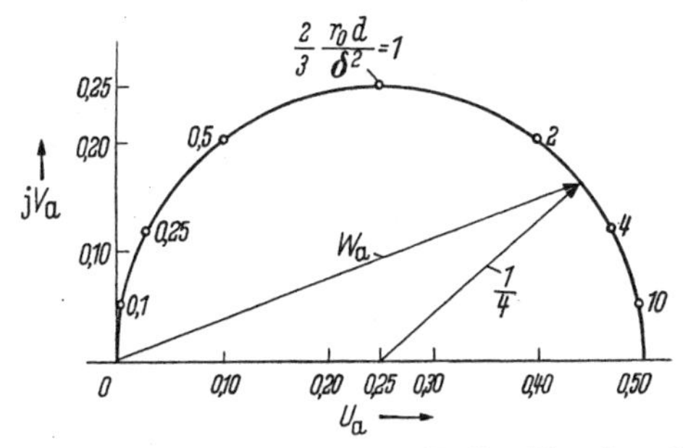

Abb. 53. Der Rückwirkungsfaktor W_a einer unmagnetischen Hohlkugel im äußeren homogenen Wechselfeld

malkomponente H_r an der Oberfläche ($r = r_0 + d$) verschwindet, wie aus Gl. (42) hervorgeht; das Feld verläuft dann also auch hier parallel zur Oberfläche der Kugel.

b) Magnetische Hohlkugel ($\mu \gg \mu_0$)

Ebenso wie bei der zylindrischen Eisenhülle im transversalen Feld haben wir auch hier die magnetostatische Schirmwirkung bei Gleichfeldern. Dies geht aus Gl. (54) hervor, wenn man den Grenzübergang zur Frequenz Null vollzieht ($k \to 0$). Dann ist nämlich die Schirmdämpfung

$$\lim_{\delta \to \infty} a_s = \ln\left(1 + \frac{2}{3}\,\frac{\mu d}{\mu_0 r_0}\right). \tag{62}$$

Diese Gleichung entspricht der Gl. (40) im zylindrischen Fall. Im allgemeinen ergibt sich aus Gl. (54) folgende Beziehung für die Schirmdämpfung:

$$\begin{aligned} a_s = \frac{1}{2}\ln\Bigg\{&\frac{1}{9}\left[\left(\frac{\mu_0 r_0}{\mu\delta}\right)^2 + \left(\frac{\mu\delta}{\mu_0 r_0}\right)^2\right]\left(\cosh\frac{2d}{\delta} - \cos\frac{2d}{\delta}\right) + \\ &+ \frac{1}{3}\,\frac{\mu_0 r_0}{\mu d}\left(\sinh\frac{2d}{\delta} - \sin\frac{2d}{\delta}\right) + \\ &+ \frac{1}{3}\,\frac{\mu\delta}{\mu_0 r_0}\left(\sinh\frac{2d}{\delta} + \sin\frac{2d}{\delta}\right) + \frac{1}{2}\left(\cosh\frac{2d}{\delta} + \cos\frac{2d}{\delta}\right)\Bigg\}, \end{aligned} \tag{63}$$

die in Abb. 54 durch eine Kurvenschar mit dem Parameter $\mu_0 r_0/\mu d$ dargestellt ist, wobei die Frequenz lediglich in der Abszisse r_0/δ enthalten ist. Die Kurven sind ähnlich denen in Abb. 51.

Für den Rückwirkungsfaktor erhält man aus Gl. (55) folgende Näherungsformeln:

$$W_a \approx \begin{cases} -\dfrac{\dfrac{2}{3}\dfrac{\mu d}{\mu_0 r_0}}{1+\dfrac{2}{3}\dfrac{\mu d}{\mu_0 r_0}} & \text{für} \quad d < \delta, \\ -\dfrac{1}{2}\dfrac{2-K}{1+K} & \text{für} \quad d > \delta. \end{cases} \tag{64}$$

Er hat bei niedrigen Frequenzen annähernd den Wert $W_a \approx -1$. Daher verschwindet nach Gl. (42) die tangentielle Komponente H_ϑ an der Oberfläche ($r = r_0 + d$); die Feldlinien enden senkrecht auf der

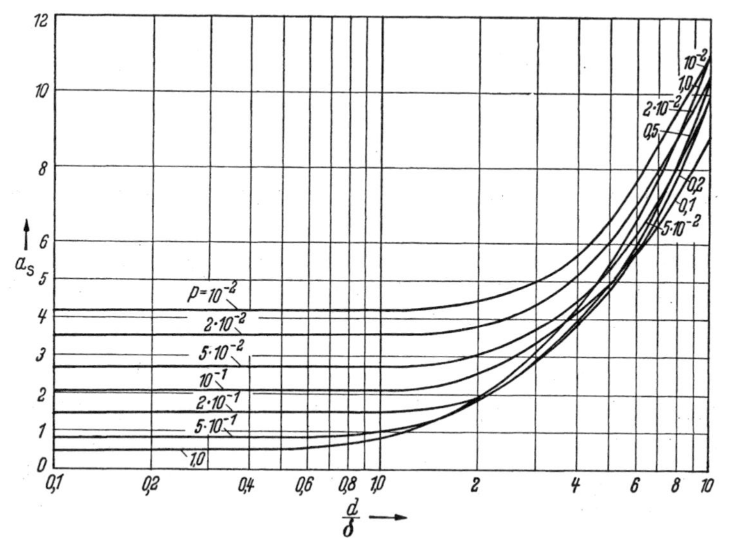

Abb. 54. Die Schirmdämpfung a_s magnetischer Hohlkugeln $P = \frac{\mu_0}{\mu}\frac{r_0}{d}$

Oberfläche. Wird die Frequenz höher, so daß Stromverdrängung einsetzt ($d > \delta$), so haben wir das gleiche Verhalten wie bei der massiven Eisenkugel nach Gl. (B 131), deren Rückwirkungsfaktor in Abb. 39 wiedergegeben ist. Der Rückwirkungsfaktor geht dabei von dem Wert -1 allmählich zu dem Wert $1/2$ über, der auch bei unmagnetischen Kugeln als asymptotischer Grenzwert auftritt (Abb. 53). Im Grenzfall sehr hoher Frequenz ($|K| \gg 1$) werden dann die Kraftlinien aus der magnetischen Kugel herausgedrängt [$H_r = 0$ nach Gl. (42)] und tangentiell an der äußeren Oberfläche entlanggeführt.

Beispiel: Um einen Überblick über den Unterschied zwischen den Schirmdämpfungen a_s von Kupfer- und Eisenschirmen zu geben, sind in Abb. 55 die Schirmdämpfungen von Hohlkugeln verschiedenen Durchmessers $2r_0$ und verschiedener Dicke d in Abhängigkeit von der Frequenz zusammengestellt. Die Dämpfungswerte für die Kupferhohlkugeln folgen aus Abb. 47 oder Gl. (13), indem $x_0 = r_0/3$ genommen wird; die Eisenhohlkugeln berechnen sich nach Abb. 54 oder Gl. (63). Man erkennt aus Abb. 55, daß sich bei niedrigen Frequenzen merkliche Schirmdämpfungen nur mit hochpermeablen Eisenschirmen erzielen

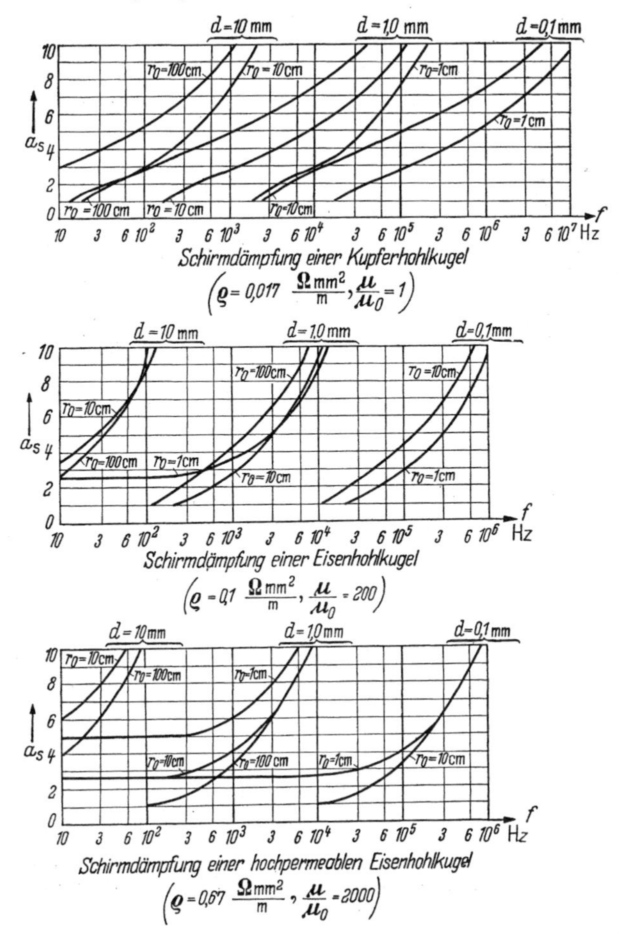

Abb. 55. Die Schirmdämpfung a_s in Neper von Hohlkugeln aus Kupfer und Eisen bestimmter Abmessungen

lassen, während bei hohen Frequenzen schon dünnwandige Hüllen unmagnetischen Materials hohe Schirmdämpfungen zeigen, die durch Stromverdrängung bewirkt werden. Häufig bestimmen konstruktive und technologische Gesichtspunkte das Material; man nimmt beispielsweise Zinn für dünnste und Kupfer für stärkere Folien, und bei Gußgehäusen ist Aluminium, Bronze oder Eisen am Platze.

5. Näherungsverfahren mit Anwendung auf den „Eckeneffekt" bei geschirmten Räumen

Ähnlich wie bei den Wirbelstromaufgaben (Abschn. B, Kap. 4) lassen sich auch bei Schirmungsproblemen Näherungsverfahren angeben, die dort am Platze sind, wo man mit exakten Rechnungen nicht mehr durchkommt. Wir wollen im folgenden das Prinzip dieses Verfahrens nicht in seiner vollen Allgemeinheit behandeln, sondern an Hand eines speziellen Problems, des sogenannten „Eckeneffektes", auseinandersetzen [10].

O. ZINKE und J. DEUTSCH stellten bei Messungen an geschirmten Räumen fest, daß die Schirmwirkung nachläßt, d. h., daß die Feldstärke wächst, sobald man sich mit dem Meßempfänger einer Ecke nähert. Obgleich diese Feststellung nur als qualitativ anzusehen ist, denn exakte Messungen liegen noch nicht vor, so kann man doch von einem eindeutigen „Eckeneffekt" sprechen. Es soll nun eine Theorie dieses Effektes mit dem Ziel gegeben werden, den Anstieg der magnetischen Feldstärke zu einer Ecke hin quantitativ zu ermitteln.

Bei unseren Untersuchungen gehen wir von Abb. 56 aus, in dem die seitliche und die obere Begrenzung eines geschirmten Raumes

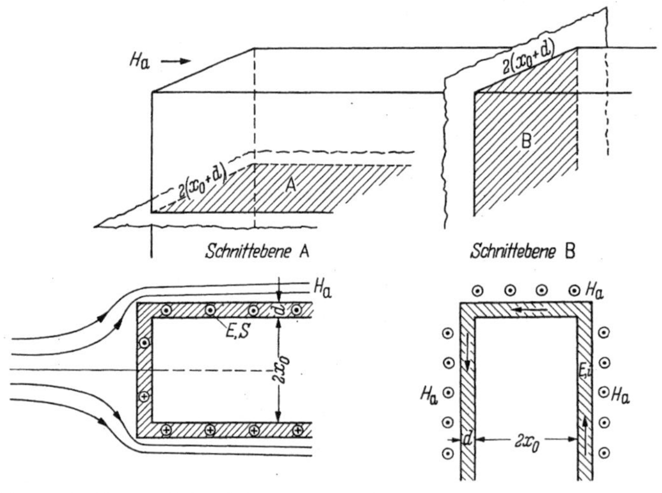

Abb. 56. Geschirmter Raum mit dem äußeren magnetischen Störungsfeld der Feldstärke H_a (Schnittebene A parallel und Schnittebene B senkrecht zum äußeren Störungsfeld); d Wandstärke; $2x_0$ Wandabstand

schematisch gezeichnet sind. Das äußere magnetische Störungsfeld mit der Feldstärke H_a sei horizontal gerichtet. Wir verwenden nun zwei Schnittebenen, eine horizontale A und eine vertikale B, von denen die erste (A) parallel und die zweite (B) senkrecht zur äußeren Störungsfeldstärke H_a liegt. Die Schnittebenen schneiden aus dem Schirm eine Kontur heraus, die ebenfalls in Abb. 56 gezeichnet ist und die aus der Stirnlinie und den beiden Seitenlinien besteht. Im *Fall* A trifft das äußere Störungsfeld senkrecht auf die Stirnlinie der Länge $2x_0$ und verläuft parallel zu den Seitenlinien; die Stromdichte in der Stirnwand mit der Dicke d ist senkrecht zur Schnittebene gerichtet. Im *Fall* B ist es umgekehrt, hier verlaufen die Stromlinien in der Schirmwand parallel zur Schnittebene, und das magnetische Feld steht senkrecht hierzu.

Wir setzen im folgenden voraus, daß Stromverdrängung in der Schirmwand herrscht; das magnetische Feld wird infolgedessen im wesentlichen entlang der äußeren Schirmoberfläche geführt. Quantitativ läßt sich diese Voraussetzung durch die Ungleichung $d > \delta$ formulieren [δ äquivalente Leitschichtdicke, Gl. (A 23)].

Fall A. *Magnetisches Feld parallel zur Schnittebene*

a) Berechnung des Feldverlaufes außerhalb des Schirmes

Wir müssen zunächst den Feldverlauf im Außenraum berechnen. Wenn die Schnittebene A genügend weit unterhalb der oberen Begrenzungsebene des geschirmten Raumes liegt, so haben wir ein ebenes Feld, das mit der konformen Abbildung ermittelt werden kann. Diese Methode beruht darauf, daß man durch eine analytische Funktion die physikalische z-Ebene auf eine andere Ebene, die w-Ebene, abbildet,

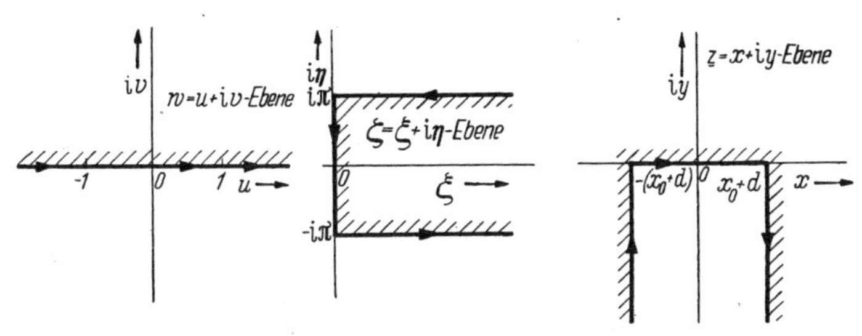

Abb. 57. Konforme Abbildung der Fläche außerhalb der Schirmkontur in der z-Ebene auf die obere w-Halbebene durch Vermittlung der ζ-Hilfsebene

in der man den Feldverlauf unter den gleichen Randbedingungen kennt. Als Randbedingung fordern wir das Verschwinden der Normalkomponente der magnetischen Feldstärke an der äußeren Schirmwand. Dies ist die mathematische Formulierung der physikalischen Tatsache, daß das magnetische Feld bei hohen Frequenzen nicht oder nur geringfügig in die Oberfläche des Schirmes eindringt. Durch die inverse analytische Funktion wird dann das Feld wieder in die z-Ebene transponiert.

Nach Abb. 57 legen wir ein Koordinatensystem x, y in der physikalischen z-Ebene so fest, daß die x-Achse mit der Stirnlinie des Schirmes auf der Länge $2\,(x_0 + d)$ zusammenfällt. Der Nullpunkt liegt dann in der Schirmmitte. Die y-Achse steht senkrecht auf der Stirnfläche. Die Schirmkontur soll nun in der w-Ebene ($w = u + \mathrm{i}\,v$) in die reelle Achse ($v = 0$) übergehen, und zwar so, daß den Schirmkanten $x = \pm\,(x_0 + d)$ die Punkte $u = \pm 1$ entsprechen. Der äußere Schirmraum der z-Ebene wird also auf die obere Hälfte der w-Ebene konform abgebildet. Die Abbildungsfunktion, die dies leistet, erhält man mit der bekannten Gleichung für die Polygonabbildung. Dabei ist zu beachten, daß für die Winkel an den beiden Ecken $x = \pm (x_0 + d)$ des Polygons (Zweieck) der Wert $3\pi/2$ zu nehmen ist. Daher ist

$$\underline{z} = C \int_0^w \sqrt{w^2 - 1}\, \mathrm{d}w. \tag{65}$$

Durch die untere Integrationsgrenze $w = 0$ ist bereits festgelegt, daß die Punkte $w = 0$ und $\underline{z} = 0$ einander entsprechen. Die Integration von Gl. (65) liefert den Ausdruck

$$\underline{z} = \frac{C}{2}\left[w\sqrt{w^2 - 1} - \ln\left(w + \sqrt{w^2 - 1}\right) + \frac{\pi\,\mathrm{i}}{2}\right]. \tag{66}$$

Die Konstante C muß nun so bestimmt werden, daß $w = 1$ in $\underline{z} = x_0 + d$ übergeht. Damit ergibt sich

$$C = \frac{4(x_0 + d)}{\pi\,\mathrm{i}}. \tag{67}$$

Die Abbildungsfunktion nach Gl. (66) läßt sich einfacher mit einer Hilfsvariablen $\zeta = \xi + \mathrm{i}\,\eta$ schreiben, indem man

$$w = \mathrm{i}\sinh\frac{\zeta}{2} \tag{68}$$

einführt. Dann erhält man nämlich aus Gl. (66) mit Benutzung von Gl. (67) den Ausdruck

$$\frac{\pi\,\underline{z}}{x_0 + d} = \mathrm{i}\sinh\zeta + \mathrm{i}\,\zeta. \tag{69}$$

Wie aus Abb. 57 ersichtlich, entspricht dem Gebiet außerhalb der Schirmkontur in der $\underline{z}$-Ebene das Gebiet innerhalb der Kontur in der ζ-Hilfsebene.

Zur Ermittlung des Feldbildes gehen wir von einer komplexen Funktion von w, dem sogenannten komplexen Potential,

$$\underline{Z} = X + \mathrm{i}\,Y \tag{70}$$

aus. Die Größen X und Y sind reelle Funktionen der Koordinaten u und v, von denen X die „Potentialfunktion" und Y die „Stromfunktion" bedeuten; dies sind Begriffe aus der Strömungslehre. Die Kurven $Y = \text{const}$ geben die „Stromlinien" oder Feldlinien des magnetischen Feldes an, während die Potentiallinien $X = \text{const}$ die orthogonalen Trajektorien hierzu bilden. Das gesuchte Feld in der w-Ebene muß nun folgende Eigenschaften haben:

1. Es muß symmetrisch zur imaginären Achse ($u = 0$) verlaufen.
2. Es muß für $v = 0$ parallel zur reellen Achse gerichtet sein, die der Schirmkontur in der $\underline{z}$-Ebene entspricht.

3. Das Feld muß in der $\underline{z}$-Ebene für große Entfernungen von der Schirmoberfläche ($|\underline{z}| \gg x_0$) in das homogene Feld mit der Feldstärke H_a übergehen.

Die komplexe Potentialfunktion $\underline{Z}$, die diese Forderungen erfüllt, lautet

$$\underline{Z} = \frac{2}{\pi} H_a (x_0 + d)\, w^2 . \tag{71}$$

Die Stromfunktion Y ergibt sich hieraus aus der Gleichung

$$Y = \frac{4}{\pi} H_a (x_0 + d)\, u\, v\,; \tag{72}$$

die Linien $Y = \text{const}$ sind demnach in der w-Ebene Hyperbeln, wie sie in Abb. 58 wiedergegeben sind. Wie man erkennt, sind die Forderungen 1 und 2 erfüllt. Will man nun den gesuchten Feldverlauf in

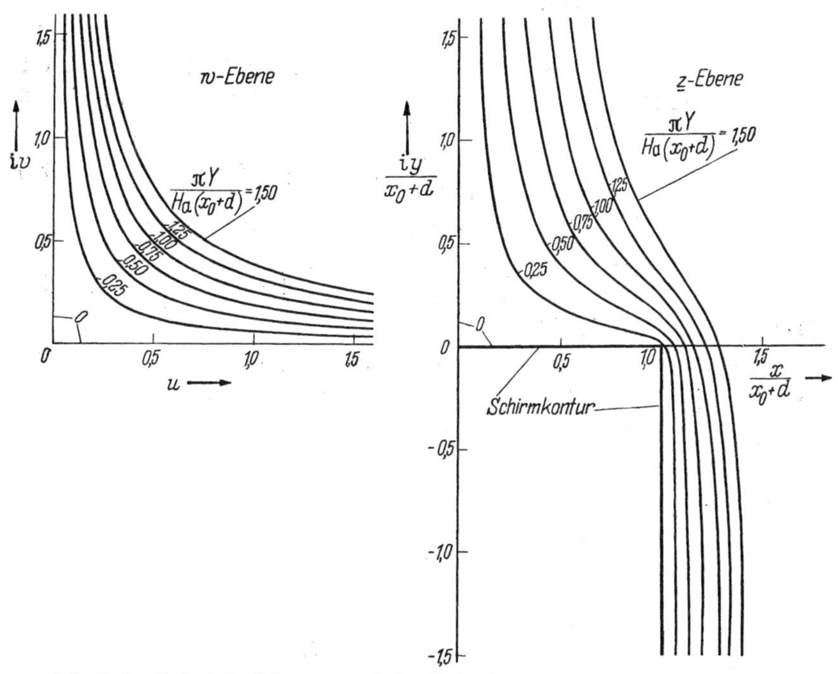

Abb. 58. Der Verlauf des äußeren magnetischen Feldes in der w-Ebene und in der $\underline{z}$-Ebene

der physikalischen $\underline{z}$-Ebene haben, so hat man das komplexe Potential $\underline{Z}$ nach Gl. (71) mit Hilfe der Abbildungsfunktion in Gl. (66) in die $\underline{z}$-Ebene zu übertragen. Hierbei zeigt sich die Schwierigkeit, daß man Gl. (66) nicht explizite nach w als Funktion von $\underline{z}$ auflösen kann, wie es wünschenswert wäre. Man hilft sich hier zweckmäßigerweise so, indem man die komplexe Hilfsvariable

$$\zeta = \xi + \mathrm{i}\,\eta \tag{73}$$

nach der Definition Gl. (68) benutzt. Dann lautet Gl. (71)

$$\underline{Z} = -\frac{2H_a(x_0+d)}{\pi}\sinh^2\frac{\zeta}{2} = \frac{H_a(x_0+d)}{\pi}(1-\cosh\zeta). \tag{74}$$

Die Stromfunktion ist dann

$$\frac{\pi Y}{H_a(x_0+d)} = -\sinh\xi\sin\eta. \tag{75}$$

Will man nun den Verlauf der Stromlinien ($Y = \text{const}$) in der $\mathfrak{z}$-Ebene haben, so bestimmt man mit Gl. (69) aus ξ und η die zusammengehörigen Koordinaten x und y. Hierfür gelten die Gleichungen

$$\frac{\pi x}{x_0+d} = -\eta - \cosh\xi\sin\eta, \tag{76}$$

$$\frac{\pi y}{x_0+d} = \xi + \sinh\xi\cos\eta. \tag{77}$$

Auf diese Weise sind die Feldlinien in der $\mathfrak{z}$-Ebene von Abb. 58 gewonnen. Das so berechnete magnetische Feld erfüllt nun auch die Forderung 3. Dies sieht man am leichtesten an Hand der Gl. (66) und (67) ein. Danach ist

$$w^2 \to \pi\,\mathrm{i}\frac{\mathfrak{z}}{2(x_0+d)} \quad \text{für} \quad |w| \gg 1. \tag{78}$$

Setzt man dies in Gl. (71) für $\underline{Z}$ ein, so erhält man folgendes asymptotisches Verhalten:

$$\underline{Z} \to \mathrm{i}\,H_a\,\mathfrak{z} \quad \text{für} \quad |\mathfrak{z}| \gg x_0 + d. \tag{79}$$

Daraus ergibt sich leicht

$$Y \to H_a\,x \quad \text{für} \quad x \gg x_0 + d. \tag{80}$$

Diese Gleichung besagt, daß das magnetische Feld für große Entfernungen vom Schirm in das homogene Feld mit der Feldstärke H_a übergeht, wie es sein muß; die Feldlinien arten in Parallelen zur y-Achse ($x = \text{const}$) aus.

Für unsere weiteren Berechnungen müssen wir nun die magnetische Feldstärke H_0 an der Schirmoberfläche kennen. Diese drückt sich durch die Hilfsvariablen ξ und η nach den Gl. (76) und (77) so aus:

Auf der Stirnlinie ist $\xi = 0$, während η in dem Bereich von $-\pi$ bis π läuft. Dementsprechend ist nach Gl. (76)

$$\frac{\pi x}{x_0+d} = -\eta - \sin\eta \quad \text{für} \quad -\pi < \eta < \pi. \tag{81}$$

Dem Wert $\eta = 0$ entspricht die Stirnmitte ($x = 0$, $y = 0$) und den Werten $\eta = \pm\pi$ entsprechen die Schirmecken [$x = \mp(x_0 + d)$, $y = 0$]. Auf den Seitenlinien der Schirmkontur [$x = \pm(x_0 + d)$, $0 > y > -\infty$] ist dagegen $\eta = \mp\pi$, und ξ variiert von 0 bis ∞.

Nach Gl. (77) ergibt sich somit

$$\frac{\pi y}{x_0+d} = \xi - \sinh\xi \quad \text{für} \quad 0 < \xi < \infty. \tag{82}$$

Wir berechnen nun die magnetische Feldstärke H, indem wir das komplexe Potential $\underline{Z}$ nach $\mathfrak{z}$ differenzieren. Wir erhalten so den konjugiert komplexen Wert H^*. Es ist

$$H^* = \frac{d\underline{Z}}{d\mathfrak{z}} = \frac{d\underline{Z}}{d\zeta} \Big/ \frac{d\mathfrak{z}}{d\zeta}. \tag{83}$$

Benutzt man Gl. (74) für $\underline{Z}$ und Gl. (69) für $\mathfrak{z}$, so ergibt sich

$$\frac{H^*}{H_a} = \mathrm{i} \tanh \frac{\zeta}{2}. \tag{84}$$

Um den Wert H_0 an der Schirmoberfläche zu bekommen, setzen wir in diesen Ausdruck für ζ diejenigen Zahlen ein, die die Schirmkontur

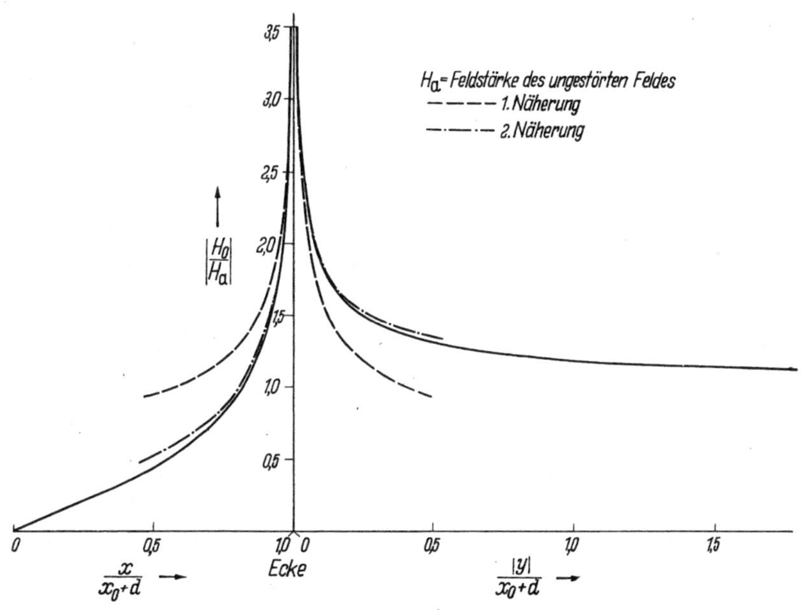

Abb. 59. Die magnetische Feldstärke H_0 an der äußeren Schirmoberfläche in Abhängigkeit vom Abstand von der Schirmmitte ($x = 0$). H_a Feldstärke des ungestörten Feldes

darstellen. Mit Gl. (81) ist daher auf der Stirnlinie ($\zeta = \mathrm{i}\,\eta$) die Oberflächenfeldstärke

$$\frac{H_0}{H_a} = -\tan\frac{\eta}{2}, \qquad -\pi < \eta < \pi, \qquad \xi = 0. \tag{85}$$

Auf den Seitenlinien ($\zeta = \xi \pm \mathrm{i}\,\pi$) wird

$$\frac{H_0}{H_a} = -\mathrm{i}\coth\frac{\xi}{2}, \qquad 0 < \xi < \infty, \qquad \eta = \pm\pi. \tag{86}$$

In Abb. 59 ist der Verlauf der Feldstärke H_0 nach diesen Gleichungen als Funktion der Oberflächenkoordinate dargestellt. In der Mitte der Stirnlinie ($x = 0$) ist $H_0 = 0$; die Feldstärke steigt bis zur Ecke

$(x = x_0 + d)$ auf einen unendlich großen Wert an und fällt von da auf den Seitenlinien monoton auf H_a ab.

Für unsere späteren Betrachtungen ist das Verhalten des Feldes in der Umgebung einer Ecke wichtig. Wir nehmen die Ecke $x = x_0 + d$ und setzen

$$\Delta \underline{z} = \underline{z} - x_0 - d. \tag{87}$$

Dementsprechend ist für die Hilfsvariable ζ die Beziehung

$$\Delta\zeta = \zeta + \mathrm{i}\pi \tag{88}$$

zu benutzen. Den Zusammenhang zwischen $\Delta\underline{z}$ und $\Delta\zeta$ findet man mit Hilfe der Gl. (69). Danach ergibt sich

$$\frac{\pi\,\Delta\underline{z}}{x_0 + d} = \mathrm{i}\,(\Delta\zeta - \sinh\Delta\zeta) \approx -\mathrm{i}\left[\frac{(\Delta\zeta)^3}{6} + \frac{(\Delta\zeta)^5}{120}\cdots\right] \quad \text{für} \quad |\Delta\xi| < 1. \tag{89}$$

Das komplexe Potential $\underline{Z}$ nach Gl. (74) liefert für kleine $|\Delta\zeta|$ die Entwicklung

$$\underline{Z} \approx \frac{H_a(x_0 + d)}{\pi}\left[2 + \frac{(\Delta\zeta)^2}{2} + \frac{(\Delta\zeta)^4}{24}\cdots\right] \quad \text{für} \quad |\Delta\zeta| < 1. \tag{90}$$

Drückt man nun in dieser Gleichung $\Delta\zeta$ durch $\Delta\underline{z}$ mit Hilfe von Gl. (89) aus, so läßt sich $\underline{Z}$ als Funktion von $\Delta\underline{z}$ explizite darstellen. Es ist nämlich

$$\underline{Z} \approx \frac{H_a(x_0 + d)}{\pi}\left[2 + \frac{1}{2}\left(6\pi\,\mathrm{i}\,\frac{\Delta\underline{z}}{x_0 + d}\right)^{2/3} + \frac{1}{40}\left(6\pi\,\mathrm{i}\,\frac{\Delta\underline{z}}{x_0 + d}\right)^{4/3}\cdots\right] \quad \text{für} \quad |\Delta\underline{z}| < x_0 + d. \tag{91}$$

Der Feldlinienverlauf in Abb. 60 in der Umgebung der Ecke ist hiernach aus den Linien $Y = \text{const}$ entstanden, wobei nur der Term mit $\Delta\underline{z}^{2/3}$ (erste Näherung) berücksichtigt ist. Die Gl. (91) ist nun geeignet, die Feldstärke an der Oberfläche in der Umgebung der Ecke zu ermitteln, die wir für unsere späteren Rechnungen brauchen. Man erhält sie durch Differentiation wie in Gl. (83) zu

$$\begin{aligned} \left|\frac{H_0}{H_a}\right| &= \left(\frac{4}{3\pi}\,\frac{x_0 + d}{|\Delta x|}\right)^{1/3} - \frac{2}{5}\left(\frac{3\pi}{4}\,\frac{|\Delta x|}{x_0 + d}\right)^{1/3}\cdots \\ &\qquad \text{für} \quad 0 > \Delta x > -x_0 - d, \\ \left|\frac{H_0}{H_a}\right| &= \left(\frac{4}{3\pi}\,\frac{x_0 + d}{|\Delta y|}\right)^{1/3} + \frac{2}{5}\left(\frac{3\pi}{4}\,\frac{|\Delta y|}{x_0 + d}\right)^{1/3}\cdots \\ &\qquad \text{für} \quad 0 > \Delta y > -x_0 - d. \end{aligned} \tag{92}$$

Man erkennt, daß sich die Feldstärke wie die dritte Wurzel aus dem reziproken Abstand von der Ecke verhält. Der erste Term in Gl. (92) stellt die erste Näherung in der Umgebung der Ecke dar, die in Abb. 59 neben der exakten Kurve eingezeichnet ist. Nimmt man den zweiten Term hinzu, so entsteht die zweite Näherung, die ebenfalls in Abb. 59 eingetragen ist; sie schmiegt sich genauer an die exakte Kurve an.

Die Feldstärke an der Oberfläche auf den Seitenlinien des Schirmes geht für große Entfernungen von der Ecke in den konstanten Wert H_a

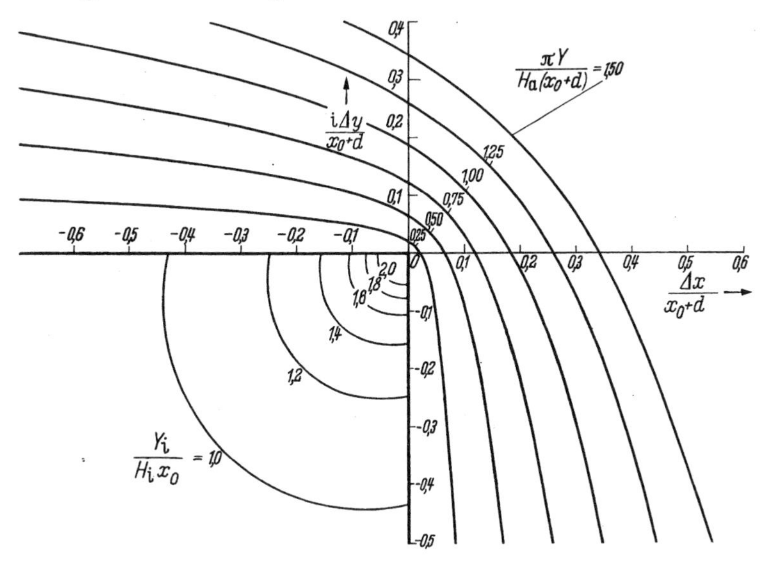

Abb. 60. Der Verlauf der Feldlinien außerhalb und innerhalb einer Ecke in erster Näherung

über, wie man aus Gl. (79) und anschaulich aus Abb. 59 entnehmen kann:

$$\left|\frac{H_0}{H_a}\right| = 1 \quad \text{für} \quad -\infty < \Delta y < -x_0 - d. \tag{93}$$

b) Berechnung des Feldverlaufes innerhalb der Schirmwand

Wir greifen ein kurzes Stück der Schirmwand heraus und definieren in ihr zwei rechtwinklige Koordinaten η und ξ nach Abb. 61, von denen die erste in Richtung der Schirmwand in dem Sinne verläuft, daß mit zunehmendem η das Schirminnere zur Rechten bleibt. Die Koordinate ξ ist mit der Richtung der Normalen identisch, die ins Schirminnere weist[1]. Die magnetische Feldstärke $H(\xi)$ ist dann parallel zu η gerichtet und nur von ξ abhängig. Sie muß der Differentialgleichung

$$\frac{d^2 H}{d\xi^2} = k^2 H \tag{94}$$

genügen, in der k die Wirbelstromkonstante bedeutet. Wir suchen von Gl. (94) die Lösung, die folgenden Grenzbedingungen genügt:

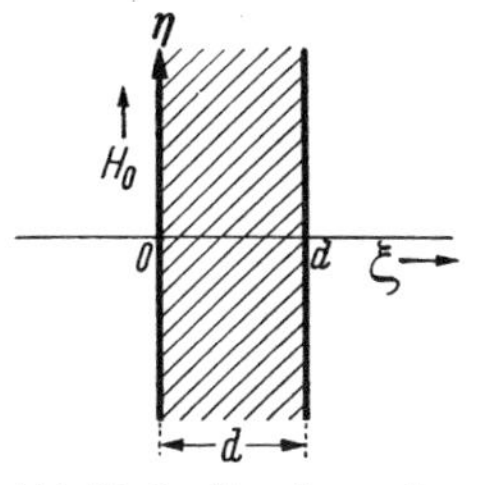

Abb. 61. Zur Berechnung des Feldes innerhalb der Schirmwand; η Koordinate in Richtung der Schirmoberfläche; ξ Koordinate senkrecht zur Schirmoberfläche

[1] Die hier eingeführten Koordinaten ξ, η sind nicht mit der Hilfsvariablen $\zeta = \xi + \mathrm{i}\,\eta$ nach Gl. (68) und (69) zu verwechseln.

An der äußeren Oberfläche ($\xi = 0$) muß $H(\xi)$ in die Oberflächenfeldstärke H_0 übergehen

$$H(0) = H_0. \tag{95}$$

An der inneren Oberfläche ($\xi = d$) muß die Feldstärke verschwinden

$$H(d) = 0. \tag{96}$$

Diese Bedingung ergibt sich aus der Vorstellung, daß das Feld an der inneren Oberfläche auf die Luft des Innenraumes stößt, deren Wellenwiderstand im Vergleich zu dem des Metalls als sehr groß anzusehen ist. Das magnetische Feld im Metall verhält sich also wie bei einer Leitung mit offenem Ende (Leerlauf). Die gesuchte Lösung lautet nun

$$H(\xi) = \frac{\sinh k(d-\xi)}{\sinh k\,d} H_0. \tag{97}$$

Wir ermitteln jetzt die elektrische Feldstärke $E(\xi)$; sie ist senkrecht zu η und ξ gerichtet. Aus $\varkappa E = \operatorname{rot} H$ ergibt sich mit Gl. (97)

$$E(\xi) \equiv \frac{1}{\varkappa}\frac{\mathrm{d}H}{\mathrm{d}\xi} = -\frac{k}{\varkappa}\frac{\cosh k(d-\xi)}{\sinh k\,d} H_0. \tag{98}$$

An der inneren Oberfläche ($\xi = d$) nimmt daher die elektrische Feldstärke den Wert

$$E(d) \equiv E_{\mathrm{i}} = -\frac{k}{\varkappa}\frac{H_0}{\sinh k\,d} \tag{99}$$

an, den wir der Einfachheit wegen E_{i} nennen.

Wir haben oben festgestellt, daß sich H_0 längs der Oberfläche verändert. Daher ist H_0 eine Funktion von η. Mithin hängt nach Gl. (99) auch E_{i} von η ab. Nach der zweiten MAXWELLschen Gleichung ($\operatorname{rot} E = -\mathrm{j}\omega\mu H$) ergibt sich hieraus, daß eine Normalkomponente H_ξ des magnetischen Feldes an der inneren Oberfläche auftritt, die proportional der Änderung von E_{i} längs η ist. Es ist nämlich

$$\frac{\mathrm{d}E_{\mathrm{i}}}{\mathrm{d}\eta} = -\mathrm{j}\,\omega\,\mu\,H_\xi. \tag{100}$$

Führt man für E_{i} die Beziehung (99) ein, so erhält man

$$H_\xi = \frac{1}{k\sinh k\,d}\frac{\mathrm{d}H_0}{\mathrm{d}\eta}. \tag{101}$$

Auch H_ξ ist also der Änderung von H_0 längs η proportional; ist H_0 konstant, so verschwindet auch die Normalkomponente H_ξ an der inneren Oberfläche. In der Umgebung der Ecke $x = x_0 + d$ ändert sich H_0 nach Gl. (92) sehr stark. In dieser Gleichung drückt sich die Längskoordinate η durch die Koordinaten Δx und Δy so aus:

$$\begin{aligned} \eta &= \Delta x \quad \text{für} \quad \Delta y = 0, \\ \eta &= -\Delta y \quad \text{für} \quad \Delta x = 0. \end{aligned} \tag{102}$$

Die Oberflächenfeldstärke H_0 hat in bezug auf η in der Umgebung der Ecke immer die gleiche Richtung (Abb. 60) und kann daher als positiv eingesetzt werden. Anders liegen die Verhältnisse auf den beiden Seitenlinien. Hier ist H_0 auf der rechten Seitenlinie ($x = x_0 + d$, $-\infty < y \ll -x_0 - d$) positiv in bezug auf η, dagegen ist auf der linken Seitenlinie ($x = -x_0 - d$, $-\infty < y \ll -x_0 - d$) die Oberflächenfeldstärke in bezug auf den Fortschreitungssinn von η entgegengesetzt gerichtet. Demnach hat man in Erweiterung von Gl. (93)

$$\begin{aligned} H_0(\eta) &= \;\;\, H_a \quad \text{für} \quad x = \;\;\, x_0 + d, \quad -\infty < y = -\eta \ll -x_0 - d, \\ H_0(\eta) &= -H_a \quad \text{für} \quad x = -x_0 - d, \quad -\infty < y = \;\;\,\eta \ll -x_0 - d \end{aligned} \tag{103}$$

zu nehmen. Wir kommen hierauf weiter unten zurück.

c) Berechnung des Feldes im inneren Luftraum

Im inneren Luftraum ist das magnetische Feld wie im äußeren Luftraum ein Potentialfeld; wir leiten es zweckmäßig aus einer komplexen Potentialfunktion $\mathfrak{Z}_i$ von $\mathfrak{z} = x + iy$ her. Wir setzen

$$\mathfrak{Z}_i(\mathfrak{z}) = X_i(x, y) + i\, Y_i(x, y). \tag{104}$$

Sowohl die reelle Potentialfunktion X_i als auch die „Stromfunktion" Y_i sind Funktionen von den Koordinaten x und y. Die Potentiale ergeben sich hier als Lösung der sogenannten zweiten Randwertaufgabe, nach der die Ableitung von X_i nach der Normalenrichtung auf der inneren Schirmoberfläche die vorgeschriebenen Werte für H_ξ annehmen muß:

$$\frac{\partial X_i}{\partial \xi} = H_\xi. \tag{105}$$

Sie sind nach Gl. (101) gegeben. Wir führen diese zweite Randwertaufgabe auf das erste Randwertproblem zurück, indem wir die CAUCHY-RIEMANNschen Differentialgleichungen benutzen. Danach gilt bekanntlich an der Oberfläche

$$\frac{\partial X_i}{\partial \xi} = \frac{\partial Y_i}{\partial \eta} = H_\xi. \tag{106}$$

Setzt man nun in diese Gleichung die Beziehung (101) für H_ξ ein, so kann man über η integrieren; man erhält so die Randwerte, die die Stromfunktion Y_i auf der inneren Schirmoberfläche annehmen muß. Hierfür ergibt sich also die Relation

$$Y_i(\eta) = \frac{H_0(\eta)}{k \sinh k d}. \tag{107}$$

(Die unwesentliche Integrationskonstante haben wir fortgelassen.)

Wir lösen die Randwertaufgabe, indem wir den Innenraum des Schirmes auf eine der beiden w-Halbebenen mit Hilfe der Funktion

$$w = u + i v = f(\mathfrak{z}) \tag{108}$$

abbilden. Die Umkehrfunktion von $f(\underline{z})$ nennen wir

$$\underline{z} = g(w). \tag{109}$$

Die komplexe Potentialfunktion $\underline{Z}_i(\underline{z})$ nimmt dann in der w-Ebene die Gestalt

$$\underline{Z}_i(g(w)) = W_i(w) = U_i(u, v) + i\,V_i(u, v) \tag{110}$$

an. Die innere Schirmoberfläche in der $\underline{z}$-Ebene geht in die reelle Achse ($v = 0$) der w-Ebene über; es ist also

$$u = f(\eta) \tag{111}$$

und dementsprechend

$$\eta = g(u). \tag{112}$$

Daher verwandelt sich die Stromfunktion $Y_i(\eta)$ auf der Schirmoberfläche nach Gl. (107) in der w-Ebene in die Form

$$Y_i(g(u)) = V_i(u). \tag{113}$$

Wir sind nun in der Lage, in der w-Ebene die Potentialfunktion $W_i(w)$ anzugeben, die auf der reellen Achse ($v = 0$) die nach Gl. (113) vorgeschriebenen Werte $V_i(u)$ annimmt. Die Lösung lautet [Gl. (B 168)]

$$W_i(w) = -\frac{1}{\pi}\int\limits_{u=-\infty}^{\infty} V_i(u)\,\frac{\mathrm{d}u}{u + w}. \tag{114}$$

Als letzten Schritt hat man dann diese Potentialfunktion $W_i(w)$ vermittels der Funktion $f(\underline{z})$ nach Gl. (108) in die physikalische $\underline{z}$-Ebene zu verpflanzen. So erhält man dann die gesuchte Lösung in der Form

$$\underline{Z}_i(\underline{z}) = W_i(f(\underline{z})). \tag{115}$$

Wir wollen dieses Verfahren zunächst erproben, indem wir mit ihm das Feld in dem Gebiet berechnen, das sehr weit von der Stirnlinie entfernt liegt. Wir werden auf diese Weise das bekannte homogene

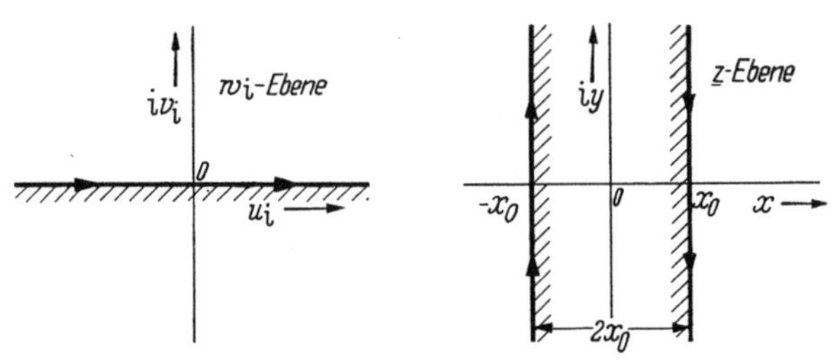

Abb. 62. Konforme Abbildung eines Streifens der Breite $2x_0$ in der $\underline{z}$-Ebene auf die untere w_i-Halbebene

Feld mit der Feldstärke H_i verifizieren, das zwischen zwei unendlichen parallelen Platten mit dem Abstand $2x_0$ herrscht [Gl. (12)]. Gemäß Abb. 62 bilden wir einen Streifen der Breite $2x_0$ in der $\underline{z}$-Ebene durch die Funktion

$$w = -i\,e^{\frac{\pi i \underline{z}}{2x_0}} = f(\underline{z}) \tag{116}$$

auf die untere w-Halbebene ab. Dabei geht die linke Seitenlinie des Streifens ($x = -x_0$) in die negative u-Achse und die rechte Seitenlinie ($x = x_0$) in die positive u-Achse über. Mit Benutzung von Gl. (113), (107) und (103) ist dann

$$\begin{aligned} V_\mathrm{i}(u) &= \frac{H_\mathrm{a}}{k \sinh k d} \quad \text{für} \quad u \geqq 0, \\ V_\mathrm{i}(u) &= -\frac{H_\mathrm{a}}{k \sinh k d} \quad \text{für} \quad u \leqq 0. \end{aligned} \tag{117}$$

Wir führen dies in Gl. (114) ein und erhalten dann

$$W_\mathrm{i}(w) = \frac{H_\mathrm{a}}{\pi k \sinh k d} \left(\int\limits_{-\infty}^{0} \frac{\mathrm{d}u}{u+w} - \int\limits_{0}^{\infty} \frac{\mathrm{d}u}{u+w} \right) = \frac{2 H_\mathrm{a} \ln w}{\pi k \sinh k d} + \text{const}. \tag{118}$$

Jetzt drücken wir w gemäß Gl. (116) durch $\underline{z}$ aus. Dann entsteht die gesuchte Potentialfunktion in der Form

$$\underline{Z}_\mathrm{i} = \frac{\mathrm{i}\,\underline{z}\, H_\mathrm{a}}{k\, x_0 \sinh k d} + \text{const}, \tag{119}$$

die ein homogenes Feld in Richtung der y-Achse ergibt mit der Feldstärke

$$\left|\frac{H_\mathrm{i}}{H_\mathrm{a}}\right| = \left|\frac{\mathrm{d}\underline{Z}_\mathrm{i}}{H_\mathrm{a}\,\mathrm{d}\underline{z}}\right| = \frac{1}{k\, x_0 \sinh k d}. \tag{120}$$

Dies ist die bekannte Gl. (12) für den Schirmfaktor Q eines Schirmes aus zwei parallelen Platten unter der Voraussetzung $|k x_0| \gg 1$, die bei hohen Frequenzen immer erfüllt ist[1].

Wir wenden uns nun der eigentlichen Aufgabe zu, das Feld in der Ecke zu berechnen. Zu diesem Zweck bilden wir gemäß Abb. 63 das

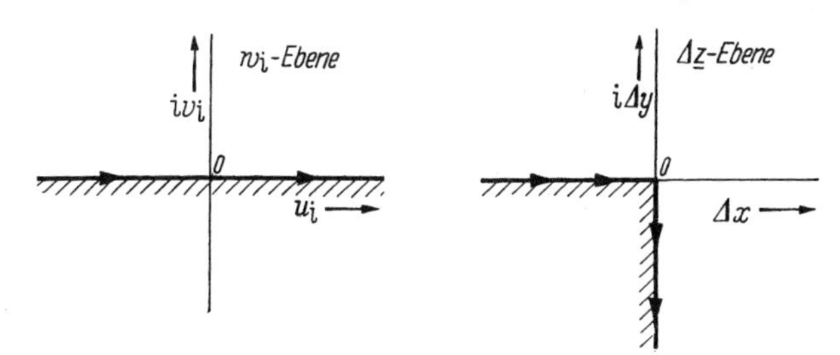

Abb. 63. Konforme Abbildung des Gebietes innerhalb einer Ecke auf die untere w_i-Halbebene

Gebiet innerhalb der rechtwinkligen Ecke in der $\Delta\underline{z}$-Ebene auf die untere w-Halbebene ab. Die Abbildungsfunktion lautet

$$w = \left(\frac{3\pi\,\mathrm{i}}{4}\,\frac{\Delta\underline{z}}{x_0}\right)^2. \tag{121}$$

[1] Die Betragsbildung bezieht sich nur auf die Lage der Feldstärke in der Ebene und nicht auf die zeitliche Phase, die in der Wirbelstromkonstante k enthalten ist.

Die Kontur der Ecke geht dabei in die reelle Achse ($v = 0$) der w-Ebene über, und zwar so, daß der oberen Stirnlinie ($\Delta x < 0$, $\Delta y = 0$) die negative reelle Achse ($u < 0$) und der Seitenlinie ($\Delta x = 0$, $\Delta y < 0$) die positive reelle Achse ($u > 0$) entspricht:

$$\begin{aligned} u &= -\left(\frac{3\pi}{4}\,\frac{|\Delta x|}{x_0}\right)^2, \qquad \Delta x < 0, \qquad \Delta y = 0, \\ u &= \left(\frac{3\pi}{4}\,\frac{|\Delta y|}{x_0}\right)^2, \qquad \Delta x = 0, \qquad \Delta y < 0. \end{aligned} \tag{122}$$

Mit Benutzung von Gl. (92), (102), (107) und (113) ergibt sich für die „Stromfunktion" $V_i(u)$ auf der reellen Achse in der w-Ebene die Gleichung

$$\begin{aligned} V_i(u) &= x_0\,H_i\left[(-u)^{-1/6} - \frac{2}{5}(-u)^{1/6}\right] \quad \text{für} \quad u < 0, \\ V_i(u) &= x_0\,H_i\left[(u)^{-1/6} + \frac{2}{5}(u)^{1/6}\right] \quad \text{für} \quad u > 0. \end{aligned} \tag{123}$$

Die Größe H_i bedeutet nach Gl. (120) die Feldstärke im Innenraum in großer Entfernung von der Ecke. Setzt man diese Gl. (123) in Gl. (114) ein, so entsteht für das komplexe Potential $W_i(w)$ der Ausdruck

$$W_i(w) = \frac{2\,x_0\,H_i}{\pi}\left[w\int_0^\infty \frac{\mathrm{d}u}{u^{1/6}(u^2 - w^2)} - \frac{2}{5}\int_0^\infty \frac{u^{1/6}\,u\,\mathrm{d}u}{u^2 - w^2}\right]. \tag{124}$$

Um die Integrale auswerten zu können, machen wir die Integranden rational, indem wir die Substitution

$$u^{1/6} = p$$

benutzen. Dann erhält man

$$W_i(w) = \frac{12\,x_0\,H_i}{\pi}\left(w\int_0^\infty \frac{p^4\,\mathrm{d}p}{p^{12} - w^2} - \frac{2}{5}\int_0^\infty \frac{p^{12}\,\mathrm{d}p}{p^{12} - w^2}\right). \tag{125}$$

Von dem Integranden des letzten Integrals, das in dieser Form nicht konvergiert, spalten wir den konstanten Summanden eins ab

$$\frac{p^{12}}{p^{12} - w^2} = 1 + \frac{w^2}{p^{12} - w^2}. \tag{126}$$

Das Integral über ihn dürfen wir außer acht lassen, weil er nur einen konstanten, von w unabhängigen Beitrag zum Potential liefert, der für die Feldstärke ohne Bedeutung ist. Demnach gilt für $W_i(w)$ die Beziehung

$$W_i(w) = \frac{12\,x_0\,H_{iw}}{\pi}\left(\int_0^\infty \frac{p^4\,\mathrm{d}p}{p^{12} - w^2} - \frac{2}{5}\,w\int_0^\infty \frac{\mathrm{d}p}{p^{12} - w^2}\right). \tag{127}$$

Die Integrale kann man entweder mit Hilfe des Residuensatzes oder mit Hilfe von Tafeln bestimmter Integrale auswerten. Es ergibt sich zunächst die Gleichung

$$W_i(w) = 2x_0 H_i \left[\frac{e^{-\pi i/6} - 1}{w^{1/6}} - \frac{2}{5} w^{1/6}\left(e^{-5\pi i/6} - 1\right)\right]. \quad (128)$$

Nach Gl. (115) ermitteln wir hieraus das Potential $\underline{Z}_i$ in der physikalischen $\Delta \underline{z}$-Ebene, indem wir w durch $\Delta \underline{z}$ nach Gl. (121) ausdrücken. Wir erhalten dann die gesuchte Beziehung in der Form

$$\underline{Z}_i(\Delta \underline{z}) = -4x_0 H_i \sin\frac{\pi}{12}\left[\left(\frac{3\pi\sqrt{i}}{4}\frac{\Delta \underline{z}}{x_0}\right)^{-1/3} - \frac{2}{5}\left(\frac{3\pi i\sqrt{i}}{4}\frac{\Delta \underline{z}}{x_0}\right)^{1/3}\right]. \quad (129)$$

Wie man erkennt, setzt sich das Potential aus zwei Summanden zusammen, von denen der erste die erste Näherung darstellt. Die Stromfunktion $Y_i = \operatorname{Im}(\underline{Z}_i)$ lautet hierfür, wenn man $\Delta \underline{z} = \Delta r\, e^{i\varphi}$ setzt:

$$Y_i = 4x_0 H_i \sin\frac{\pi}{12}\left(\frac{4}{3\pi}\frac{x_0}{\Delta r}\right)^{1/3} \sin\frac{1}{3}\left(\varphi + \frac{\pi}{4}\right). \quad (130)$$

Sie ist in Abb. 60 wiedergegeben. Wie man erkennt, verläuft sie symmetrisch zur Winkelhalbierenden ($\varphi = 5\pi/4$) der Ecke. Die Stromfunktion wächst wie die dritte Wurzel aus dem reziproken Abstand Δr von dem Nullpunkt der Ecke, wenn man sich ihm nähert. Setzt man $\varphi = \pi$ (Stirnlinie) und $\varphi = 3\pi/2$ (Seitenlinie), so erhält man für Y_i die vorgeschriebenen Randwerte nach Gl. (107), wie es sein muß.

Die Feldstärke H innerhalb der Ecke gewinnen wir, indem wir den Ausdruck für $\underline{Z}_i(\Delta \underline{z})$ in Gl. (129) nach $\Delta \underline{z}$ differenzieren. Uns interessiert nur der Betrag von H (die Richtung von H geht aus Abb. 60 hervor); dementsprechend wird

$$\left|\frac{H}{H_i}\right| = \left|\frac{d\underline{Z}_i}{d\Delta \underline{z}}\right| = \\ = \pi\left(\frac{4}{3\pi}\frac{x_0}{\Delta r}\right)^{4/3} \sin\frac{\pi}{12} \begin{cases} 1 + \frac{1}{5}\left(\frac{3\pi}{4}\frac{\Delta r}{x_0}\right)^{2/3} & \text{für} \quad \varphi = \frac{3\pi}{2} \\ 1 & \text{für} \quad \varphi = \frac{5\pi}{4} \\ 1 - \frac{1}{5}\left(\frac{3\pi}{4}\frac{\Delta r}{x_0}\right)^{2/3} & \text{für} \quad \varphi = \pi. \end{cases} \quad (131)$$

Wie man erkennt, wächst die Feldstärke auf der Winkelhalbierenden ($\varphi = 5\pi/4$) wie $1/\Delta r^{4/3}$ mit Annäherung ($\Delta r \to 0$) an die Ecke. Auf der Seitenlinie ($\varphi = 3\pi/2$) des Schirmes ist die Feldstärke um die zweite Näherung vergrößert, während sie auf der Stirnlinie ($\varphi = \pi$) um den gleichen Wert kleiner ist als auf der Winkelhalbierenden. Die drei Kurven in Abb. 64 geben dieses Verhalten anschaulich wieder. Es sei noch darauf hingewiesen, daß wir bei der Bildung des Betrages von H alle Potenzen von Δr, die größer als $-2/3$ sind, konsequent vernachlässigt haben. Sie gehören zu den höheren Näherungen, die wir von vornherein aus unserer Rechnung ausgeschlossen haben. Der „Eckeneffekt" läßt sich verringern, wenn man entweder die Wände

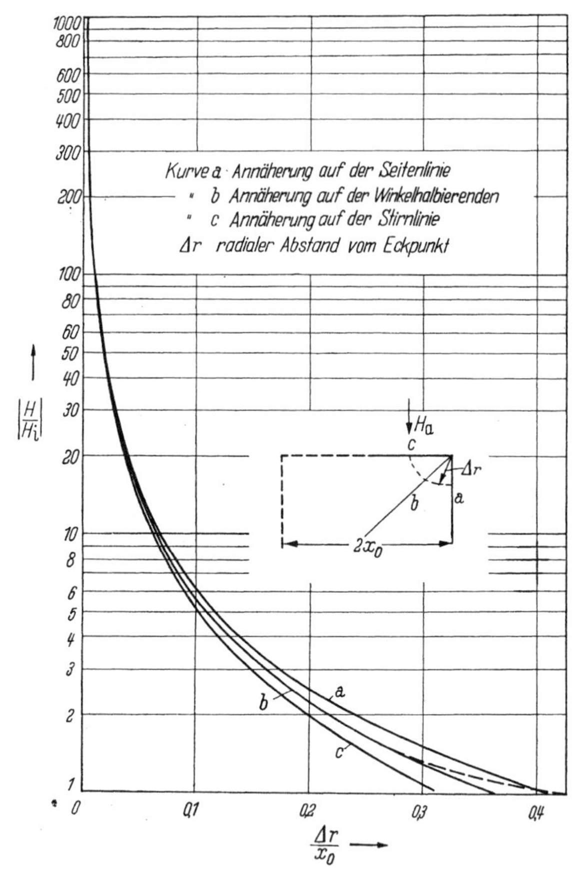

Abb. 64. Die Vergrößerung der magnetischen Feldstärke H bei Annäherung an eine Ecke eines geschirmten Raumes. Kurve a Annäherung auf der Seitenlinie; Kurve b Annäherung auf der Winkelhalbierenden; Kurve c Annäherung auf der Stirnlinie; Δr Radialer Abstand vom Eckpunkt

in der Umgebung der Ecken verstärkt oder die Ecken abrundet. Den Betrag Δd, um den die Wand verstärkt werden muß, könnte man etwa nach folgender Näherungsformel abschätzen:

$$\Delta d = \delta \ln \left| \frac{H}{H_i} \right|. \tag{132}$$

Hierin ist $|H|/|H_i|$ nach Abb. 64 für ein bestimmtes Δr zu nehmen, von wo ab die Wand verstärkt werden soll (δ äquivalente Leitschichtdicke). Bei $\Delta r/x_0 = 0{,}1$ ist die Erhöhung der Feldstärke $|H|/|H_i|$ 5,6.

Da $\ln 5{,}6 \approx 2$ ist, so wäre in dem Bereich $0 < \Delta r < 0{,}1\, x_0$ die Wand um den Betrag $\Delta d \approx 2\delta$ zu verdicken. Dadurch wird erreicht, daß H_i in diesem Bereich um den Faktor 5,6 kleiner wird. Es ist vorteilhaft, die Wand zur Ecke hin in Stufen immer mehr zu verstärken. Auch für die Bemessung dieser Stufen dient Gl. (132) im Zusammenhang mit Abb. 64 [10].

Fall B. *Magnetisches Feld senkrecht zur Schnittebene*

In diesem Fall ist das äußere Störungsfeld mit der Feldstärke H_a überall parallel zur Schirmoberfläche gerichtet, wie aus Abb. 56 an der Schnittebene B hervorgeht. Es ist ohne besondere Rechnung einzusehen, daß bei dieser Konstellation kein „Eckeneffekt" auftreten kann. Um dies zu zeigen, brauchen wir nur den Durchflutungssatz anzuwenden, wobei die in Abb. 65 angedeutete Lage der Stromdichte $S(n)$ in der Schirmwand der Dicke d im Zusammenhang mit der äußeren Feldstärke H_a und der inneren Feldstärke H_i in Rechnung zu setzen ist (ξ Richtung der Normalen zur Schirmoberfläche). Da die Wirbelstromdichte S sowohl an der äußeren Oberfläche des Schirmes ($\xi = 0$) als auch an der inneren Oberfläche ($\xi = d$) parallel zur Oberfläche gerichtet ist (auch an den Ecken), so ist die gesamte Stromdurchflutung der Schirmwand überall die gleiche. Nach dem Durchflutungssatz ist daher auch die Differenz zwischen H_a und H_i überall konstant:

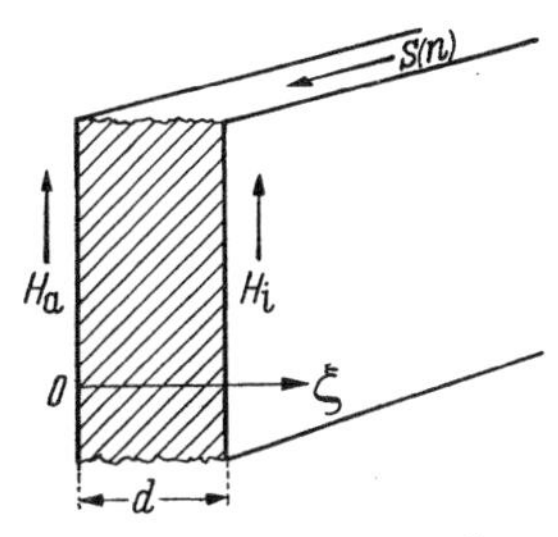

Abb. 65. Zur Lage von Stromdichte $S(n)$ sowie von äußerer und innerer Feldstärke H_a und H_i zueinander an der Schnittebene B in Abb. 56

$$H_a - H_i = \int_0^d S(n)\,\mathrm{d}n = \text{const.} \tag{133}$$

Wie beim Fall A gezeigt wurde, ist H_a in hinreichend weiter Entfernung von der Stirnlinie konstant (Abb. 56 u. 58), infolgedessen ist auch nach Gl. (133) H_i überall gleich groß. Sind die Seitenlinien viel länger als die Stirnlinien, was bei länglichen Schirmräumen der Fall ist, so kann man die innere Feldstärke mit hinreichender Genauigkeit nach Gl. (120) berechnen. Hiermit ist also gezeigt, daß sich die Feldstärke auch bei Annäherung an die Ecken nicht erhöht. Nur wenn das äußere Störungsfeld senkrecht auf die Schirmfläche gerichtet ist, wie beim Fall A, tritt der „Eckeneffekt" auf [10].

Literatur zu C

[1] Morecroft, J. H. u. Turner, A.: Shielding of electromagnetic field. Proc. Inst. Radio Engrs. **13**, 477/505 (1925).

[2] Buchholz, H.: Schirmwirkung und Wirbelstromverluste eines hohlen kreiszylindrischen Leiters im magnetischen Wechselfeld. Arch. Elektrotechn. **22**, 360/74 (1929).

[3] HILLERS, N.: Die Abschirmung des magnetischen Feldes von Zylinderspulen. Telefunkenztg. **13**, 13/28 (1932).
[4] KADEN, H.: Die Schirmwirkung metallischer Hüllen gegen magnetische Wechselfelder. Hochfrequenztechn. **40**, 92/97 (1932).
[5] HERZOG, W.: Über die günstigste Zahl von Abschirmleitern bei der Abschirmung des magnetischen Feldes von Spulen. ENT **14**, 81/88 (1937).
[6] KING, L. V.: Electromagnetic shielding at radio frequencies. Phil. Mag. VII, **15**, 201/23 (1933).
[7] MOELLER, FR.: Magnetische Abschirmung durch ebene Bleche bei Tonfrequenzen. ENT **16**, 48/52 (1939).
[8] MOELLER, FR.: Magnetische Abschirmung durch Einfach- und Mehrfachzylinder begrenzter Länge bei Tonfrequenzen. ENT **18**, 1/7 (1941).
[9] MOELLER, FR.: Elektromagnetische Schirmung. Arch. elektr. Übertrag. **2**, 328/333 (1948).
[10] KADEN, H.: Die magnetische Feldstärke in den Ecken geschirmter Räume (Eckeneffekt). Arch. elektr. Übertrag. **10**, 275/82 (1956).

D. Rück- und Schirmwirkung metallischer Hüllen gegen elektromagnetische Wellen

Wir haben im vorigen Abschnitt die Rück- und Schirmwirkung metallischer Hüllen gegen äußere magnetische Wechselfelder untersucht, indem wir homogene magnetische Wechselfelder angenommen haben, bei denen die Wellenlänge groß im Vergleich zu den Abmessungen des betrachteten Körpers ist. Wir wollen uns nun in diesem Abschnitt mit der Frage befassen, wie sich die Felder im Innern von Schirmhüllen verändern, wenn die Frequenzen so hoch werden, daß die Wellenlänge nicht mehr groß im Vergleich zu den Abmessungen ist. Ferner soll dabei auf die Reflexion der einfallenden Welle an der Hülle eingegangen werden. Wir betrachten im folgenden zwei Schirmhüllen, nämlich den Hohlzylinder und die Hohlkugel; in beiden Fällen sei das störende Feld eine ebene elektromagnetische Welle, bei der eine elektrische Feldstärke und senkrecht dazu eine magnetische Feldstärke vorhanden sind. Beide Feldstärken liegen senkrecht zur Fortpflanzungsrichtung und schwingen nur in einer Richtung. Man spricht dann auch von einer linear polarisierten Welle.

1. Hohlzylinder in einer ebenen Welle, deren elektrischer Vektor parallel zur Achse liegt

Wir legen zunächst ein kartesisches Koordinatensystem x, y, z so fest, daß sein Nullpunkt in die Achse des Zylinders fällt (Abb. 66); diese möge die z-Richtung haben. Die ankommende ebene Welle soll in der x-Richtung fortschreiten; dabei weist der E-Vektor in die negative z-Richtung und der H-Vektor in die y-Richtung. Ist nun H_a die Amplitude der magnetischen Feldstärke, so stellt sich der Verlauf der magnetischen und der elektrischen Feldstärke in der einfallenden Welle wie folgt dar:

$$H^{(e)} = H_a \, e^{-j k_0 x}, \qquad E^{(e)} = -Z_0 H_a \, e^{-j k_0 x}. \tag{1}$$

Hier bedeutet $Z_0 = \sqrt{\mu_0/\varepsilon_0}$ den Wellenwiderstand und $k_0 = \omega \sqrt{\mu_0 \varepsilon_0} = 2\pi/\lambda_0$ die Wellenzahl des leeren Raumes (λ_0 Wellenlänge). Die Gl. (1) befriedigt die MAXWELLschen Gleichungen (A 11 und 12) in Luft (mit $\varkappa = 0$), wie man sich ohne Schwierigkeit mit Hilfe der Gl. (A 38) überzeugen kann. Da wir ein Zylinderproblem haben, schreiben wir die ebene Welle nach Gl. (1) in Polarkoordinaten r, φ um; demnach setzen wir $x = r \cos\varphi$. Damit haben wir aber noch nicht die Form gefunden, die für unsere weiteren Betrachtungen geeignet ist. Wir müssen nämlich das störende Feld nach Gl. (1) als eine Überlagerung von Partikulärlösungen der Wellengleichung $\Delta E + k_0^2 E = 0$ in Polarkoordinaten darstellen, um die Randbedingungen an der Zylinderoberfläche befriedigen zu können (Bezgl. Wellengleichung siehe Bemerkung im Anschluß an Gl. (A 21)). Dieses leistet die JACOBI-ANGERsche Gleichung (A, Lit. [2] S. 27), mit der wir den Exponentialfaktor Gl. (1) in die Gestalt

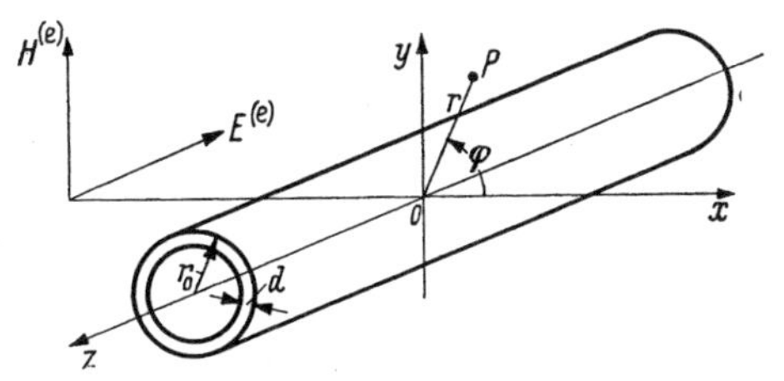

Abb. 66. Hohlzylinder in einer ebenen Welle, die in der x-Richtung fortschreitet und deren elektrische Feldstärke $E^{(e)}$ parallel zur Achse liegt

$$e^{-j k_0 x} = e^{-j k_0 r \cos\varphi} = J_0(k_0 r) + 2 \sum_{n=1}^{\infty} (-j)^n J_n(k_0 r) \cos n\varphi \tag{2}$$

bringen. Man erhält sie, wenn man den Exponentialfaktor in eine FOURIER-Reihe entwickelt; die bekannte Gleichung für den n-ten FOURIER-Koeffizienten führt direkt auf die Integraldarstellung der BESSELschen Funktion n-ter Ordnung J_n. Die Glieder $J_n(k_0 r) \cos n\varphi$ sind die Partikulärlösungen der Wellengleichung ähnlich wie in Gl. (B 92).

a) Resultierendes Feld im Außenraum ($r \geqq r_0$) (Reflektierte Welle)

Wenn eine ebene Welle auf einen metallischen Zylinder trifft, so werden in ihm Wirbelströme induziert, die ihrerseits wieder als Strahler wirken. Es überlagert sich demnach über das ursprüngliche Feld nach Gl. (1) ein Strahlungsfeld, dessen elektrische Feldstärke $E^{(r)}$ ebenfalls nur eine z-Komponente wie bei der einfallenden Welle hat. Wir stellen dieses Feld wieder als Überlagerung von Partikulärlösungen der Wellengleichung dar, wobei aber jetzt an Stelle der BESSELschen Funktionen J_n die HANKELschen Funktionen zweiter Art $\mathrm{H}_n^{(2)}$ auftreten, die die Eigenschaft einer nach außen gehenden Strahlung haben, wie es hier sein muß (Ausstrahlungsbedingung von A. SOMMERFELD [1]). Demnach gilt die Beziehung

$$E^{(\mathrm{r})} = Z_0 H_{\mathrm{a}} \left[b_0 \mathrm{H}_0^{(2)}(k_0 r) + 2 \sum_{n=1}^{\infty} (-\mathrm{j})^n b_n \mathrm{H}_n^{(2)}(k_0 r) \cos n\varphi \right]. \quad (3)$$

Die hier auftretenden, noch willkürlichen Konstanten b_n bestimmen sich aus der Grenzbedingung an der Zylinderoberfläche, wonach die resultierende Feldstärke $E = E^{(\mathrm{e})} + E^{(\mathrm{r})}$ für $r = r_0$ verschwinden muß. Dies ergibt sich daraus, daß der Metallzylinder wegen seiner großen Leitfähigkeit mit praktisch ausreichender Näherung für die einfallende Welle ein Kurzschluß ist. Diese Randbedingung wird nun erfüllt, wenn die Konstanten den Wert

$$b_n = \frac{\mathrm{J}_n(k_0 r_0)}{\mathrm{H}_n^{(2)}(k_0 r_0)} \quad (4)$$

haben. Damit haben wir das resultierende Feld gewonnen; es lautet

$$E = Z_0 H_{\mathrm{a}} \left\{ \frac{\mathrm{J}_0}{\mathrm{H}_0} \mathrm{H}_0(k_0 r) - \mathrm{J}_0(k_0 r) + \right.$$
$$\left. + 2 \sum_{n=1}^{\infty} (-\mathrm{j})^n \left[\frac{\mathrm{J}_n}{\mathrm{H}_n} \mathrm{H}_n(k_0 r) - \mathrm{J}_n(k_0 r) \right] \cos n\varphi \right\}. \quad (5)$$

Hierbei haben wir der einfacheren Schreibweise wegen den oberen Index (2) an den HANKELschen Funktionen fortgelassen. Ferner bedeuten hier und künftig die Bezeichnungen J_n und H_n Zylinderfunktionen mit dem festen Argument $k_0 r_0$.

Aus $-\mathrm{j}\omega\mu H = \mathrm{rot}\, E$ erhalten wir die magnetische Feldstärke zu

$$H_\varphi = \frac{1}{\mathrm{j}\omega\mu} \frac{\partial E}{\partial r} = \mathrm{j} H_{\mathrm{a}} \left\{ \mathrm{J}_0'(k_0 r) - \frac{\mathrm{J}_0}{\mathrm{H}_0} \mathrm{H}_0'(k_0 r) + \right.$$
$$\left. + 2 \sum_{n=1}^{\infty} (-\mathrm{j})^n \left[\mathrm{J}_n'(k_0 r) - \frac{\mathrm{J}_n}{\mathrm{H}_n} \mathrm{H}_n'(k_0 r) \right] \cos n\varphi \right\}, \quad (6)$$

$$H_r = -\frac{1}{\mathrm{j}\omega\mu r} \frac{\partial E}{\partial \varphi} =$$
$$= \frac{2\mathrm{j} H_{\mathrm{a}}}{k_0 r} \sum_{n=1}^{\infty} n (-\mathrm{j})^n \left[\mathrm{J}_n(k_0 r) - \frac{\mathrm{J}_n}{\mathrm{H}_n} \mathrm{H}_n(k_0 r) \right] \sin n\varphi. \quad (7)$$

Die Striche in Gl. (6) bedeuten Differentiation nach dem Argument $k_0 r$. Wie man erkennt, verschwindet an der Oberfläche ($r = r_0$) nicht nur die elektrische Feldstärke, sondern auch die Normalkomponente H_r; die magnetischen Feldlinien verlaufen parallel zur Oberfläche, wie es auch bei dem quasistationären Wechselfeld bei hohen Frequenzen der

Fall ist, wenn der Rückwirkungsfaktor $W_m = 1$ ist [Gl. (B 91)]. Ist die Wellenlänge groß im Vergleich zu dem Zylinderradius ($k_0 r_0 \ll 1$), dann geht das magnetische Feld nach Gl. (6) und (7) in der Umgebung des Zylinders in die bekannte Feldverteilung nach Gl. (C 23) mit $W = 1$ über, wie man erkennt, wenn man für die Zylinderfunktionen das erste Glied ihrer Potenzreihenentwicklung (Abschn. M) einführt, wobei von der Summe in Gl. (6) und (7) praktisch nur das erste Glied ($n = 1$) übrigbleibt. Man kann dieses Feld auch als das Nahfeld bezeichnen. Hierüber überlagert sich noch ein rotationssymmetrisches Feld entsprechend dem ersten Glied in Gl. (6), welches davon herrührt, daß die axiale elektrische Feldstärke $E^{(e)}$ einen axialen Strom I im Zylinder erzeugt, der nach dem Durchflutungssatz Gl. (A 1) den Wert

$$I = 2\pi\, r_0 (H_\varphi)_{r=r_0} = 2\pi\, \mathrm{j}\, r_0\, H_a \left[\mathrm{J}_0' - \frac{\mathrm{J}_0\, \mathrm{H}_0'}{\mathrm{H}_0}\right] = -\frac{4\, H_a}{k_0\, \mathrm{H}_0} \tag{8}$$

hat; hierbei sind die Gl. (M 14) benutzt worden. Für manche Zwecke ist die Vorstellung von einer Ersatzspannungsquelle mit der Leerlaufspannung $E^{(e)}_{x=0}$ am Platze, die über einen inneren Widerstand $R_i^{(e)}$ den Strom I in dem Zylinder hervorruft. Die Größe $R_i^{(e)}$ ist somit der innere Widerstand des Luftraumes je Längeneinheit des Zylinders für eine ebene Welle. Er ergibt sich definitionsgemäß aus $I\, R_i^{(e)} = E^{(e)}_{x=0} = -Z_0\, H_a$ zu

$$R_i^{(e)} = \frac{\omega\, \mu_0}{4}\, \mathrm{H}_0\,. \tag{9}$$

Wie man erkennt, ist der innere Widerstand $R_i^{(e)}$ bei tiefen Frequenzen klein und daher der Strom I groß; mit zunehmender Frequenz wächst $R_i^{(e)}$ immer weiter an.

Wir interessieren uns nun für das Fernfeld, und zwar für den Anteil, der nach rückwärts (in Richtung $\varphi = \pi$) reflektiert wird. Das Fernfeld ergibt sich, wenn wir das Argument $k_0 r$ als groß gegen eins nehmen. Wir betrachten also Entfernungen r, die groß gegen die Wellenlänge λ_0 sind. Dann setzen wir an Stelle der Hankelschen Funktionen mit dem Argument $k_0 r$ ihren asymptotischen Ausdruck für große Argumente ein:

$$\mathrm{H}_n(k_0 r) \approx \sqrt{\frac{2\mathrm{j}}{\pi\, k_0\, r}}\; \mathrm{j}^n\, \mathrm{e}^{-\mathrm{j} k_0 r}\,. \tag{10}$$

Damit ergibt sich aus Gl. (5) und (6) folgender Ausdruck für den Betrag des Verhältnisses der Feldstärken in der reflektierten und in der einfallenden Welle:

$$\left|\frac{E^{(r)}_{\varphi=\pi}}{E^{(e)}}\right| = \left|\frac{H^{(r)}_{\varphi=\pi}}{H^{(e)}}\right| = \frac{1}{\pi}\left|\frac{\mathrm{J}_0}{\mathrm{H}_0} + 2\sum_{n=1}^{\infty}(-1)^n \frac{\mathrm{J}_n}{\mathrm{H}_n}\right| \sqrt{\frac{\lambda_0}{r}} = e\left(\frac{r_0}{\lambda_0}\right)\sqrt{\frac{\lambda_0}{r}}\,. \tag{11}$$

Die Feldstärke in der reflektierten Welle nimmt danach umgekehrt proportional mit der Wurzel aus der Entfernung r ab. Die Funktion

$e(r_0/\lambda_0)$ kann man auch als Reflexionsfaktor oder als Echofunktion des Zylinders bezeichnen, die nur von dem Verhältnis Drahtradius r_0 zu Wellenlänge λ_0 abhängt. In Abb. 67 (Kurve a) ist sie wiedergegeben. Das

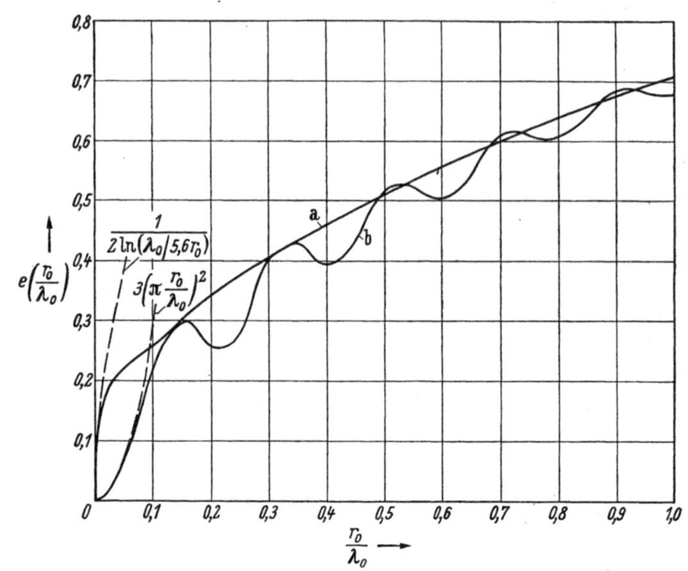

Abb. 67. Der Reflexionsfaktor $e(r_0/\lambda_0)$ eines metallischen Zylinders bei einer einfallenden ebenen Welle nach Abb. 66 (Kurve a) und nach Abb. 72 (Kurve b) in Abhängigkeit von dem Verhältnis Zylinderradius r_0 zu Wellenlänge λ_0

erste Glied unter dem Betragszeichen mit J_0 und H_0 kommt von der zylindrischen Welle, die von dem axialen Strom I nach Gl. (8) herrührt, während die Terme unter dem Summenzeichen die Wirkung der Wirbelströme in der Zylinderoberfläche zum Ausdruck bringen. Aus Abb. 67 entnimmt man, daß der Reflexionsfaktor von tiefen Frequenzen ab ($\lambda_0 \gg r_0$) zunächst außerordentlich rasch ansteigt; bei höheren Frequenzen ($\lambda_0 < 20 r_0$) wächst er zwar monoton weiter, jedoch ist die Kurve bedeutend flacher als am Anfang.

b) Feld innerhalb der metallischen Wand ($r_0 \geqq r \geqq r_0 - d$)

Wir wenden hier ein ähnliches Näherungsverfahren an wie in Abschn. C, Kap. 5. Zunächst berechnen wir die tangentielle mangnetische Feldstärke an der Oberfläche ($r = r_0$). Hierfür ergibt sich aus Gl. (6) mit Benutzung der Gl. (M 14) folgender Ausdruck:

$$(H_\varphi)_{r=r_0} = -\frac{2H_a}{\pi k_0 r_0}\left\{\frac{1}{\mathrm{H}_0} + 2\sum_{n=1}^{\infty}(-\mathrm{j})^n \frac{\cos n\varphi}{\mathrm{H}_n}\right\}. \tag{12}$$

Innerhalb der Wand kann man die Verschiebungsströme neben den Leitungsströmen vernachlässigen. Hier gilt daher die Differentialgleichung (A 21), die für dünnwandige Hüllen in die Beziehung

$$\frac{d^2 H_\varphi}{d r^2} = k^2 H_\varphi \tag{13}$$

ausartet. Wir lösen sie unter den gleichen Randbedingungen wie in Abschn. C, Kap. 5, daß nämlich $H_\varphi(r_0) = (H_\varphi)_{r=r_0}$ nach Gl. (12) und $H_\varphi(r_0 - d) = 0$ sein soll. Dies ergibt

$$H_\varphi = \frac{\sinh k(d - r_0 + r)}{\sinh k d} (H_\varphi)_{r=r_0}. \tag{14}$$

Wir ermitteln nun die elektrische Feldstärke E_i an der inneren Oberfläche des Schirmes nach Gl. (A 13). Danach ist

$$E_\text{i} = \left(\frac{\partial H_\varphi}{\varkappa \partial r}\right)_{r=r_0-d} = \frac{k}{\varkappa \sinh k d} (H_\varphi)_{r=r_0} = \frac{\text{j}\,\omega\,\mu_0\,r_0}{2} Q\,(H_\varphi)_{r=r_0}. \tag{15}$$

Wir haben hier den Schirmfaktor Q eingeführt, der für den Fall des unmagnetischen Zylinders ($\mu = \mu_0$) bei hohen Frequenzen nach Gl. (C 33) aus der Gleichung

$$Q \approx \frac{2}{k\,r_0 \sinh k d} \tag{16}$$

zu berechnen ist. Setzt man nun in Gl. (15) für $(H_\varphi)_{r=r_0}$ den Ausdruck aus Gl. (12) ein, so ergibt sich für die Feldstärke E_i die Gleichung

$$E_\text{i} = -\frac{\text{j}}{\pi} Q\,Z_0\,H_\text{a} \left\{\frac{1}{\text{H}_0} + 2 \sum_{n=1}^{\infty} (-\text{j})^n \frac{\cos n\varphi}{\text{H}_n}\right\}, \tag{17}$$

die die Randwerte für das Feld im Innenraum liefert.

c) Feld im Innenraum ($0 \leqq r \leqq r_0 - d$)

Wir gehen hier von der elektrischen Feldstärke aus, weil sie nur eine einzige Komponente in der z-Richtung (Zylinderachse) hat. Folgender Ansatz ist im Hinblick auf Gl. (2) naheliegend:

$$E = c_0\,\text{J}_0(k_0 r) + 2 \sum_{n=1}^{\infty} (-\text{j})^n c_n\,\text{J}_n(k_0 r) \cos n\varphi. \tag{18}$$

Er ist eine Lösung der Wellengleichung $\Delta E + k_0 E = 0$ und enthält die noch unbestimmten Konstanten c_n. Diese werden nun so ermittelt, daß E auf dem Rand ($r = r_0 - d \approx r_0$) stetig in die Werte E_i nach Gl. (17) übergeht. Dies ist nur möglich, wenn die Konstanten der Beziehung

$$c_n = -\frac{\text{j}\,Q\,Z_0\,H_\text{a}}{\pi\,\text{H}_n\,\text{J}_n} \tag{19}$$

gehorchen. Setzt man diese Werte in Gl. (18) ein, so ergibt sich folgender Ausdruck:

$$E = -\frac{\text{j}}{\pi} Q\,Z_0\,H_\text{a} \left\{\frac{\text{J}_0(k_0 r)}{\text{H}_0\,\text{J}_0} + 2 \sum_{n=1}^{\infty} (-\text{j})^n \frac{\text{J}_n(k_0 r)}{\text{H}_n\,\text{J}_n} \cos n\varphi\right\}. \tag{20}$$

Aus ihm erhält man zugleich auch die Komponenten der magnetischen Feldstärke. Es ist

$$H_\varphi = \frac{1}{\mathrm{j}\,\omega\,\mu_0}\,\frac{\partial E}{\partial r} =$$

$$= -\frac{1}{\pi}\,Q\,H_a\left\{\frac{\mathrm{J}_0'(k_0 r)}{\mathrm{H}_0\,\mathrm{J}_0} + 2\sum_{n=1}^{\infty}(-\mathrm{j})^n\,\frac{\mathrm{J}_n'(k_0 r)}{\mathrm{H}_n\,\mathrm{J}_n}\cos n\,\varphi\right\}, \qquad (21)$$

$$H_r = -\frac{1}{\mathrm{j}\,\omega\,\mu_0\,r}\,\frac{\partial E}{\partial \varphi} = -\frac{2Q\,H_a}{\pi\,k_0\,r}\sum_{n=1}^{\infty} n\,(-\mathrm{j})^n\,\frac{\mathrm{J}_n(k_0 r)}{\mathrm{H}_n\,\mathrm{J}_n}\sin n\,\varphi\,. \qquad (22)$$

Die Striche in Gl. (21) bedeuten wie früher Differentiation nach dem Argument $k_0 r$.

Wir weisen zunächst nach, daß die Gl. (21) und (22) in die bekannten Ausdrücke nach Gl. (C 24) übergehen, wenn die Wellenlänge groß wird im Vergleich zu r_0. Zu diesem Zwecke bilden wir den Grenzfall $k_0 \to 0$. Dann bleibt von der Summe nur das erste Glied mit $n = 1$ übrig; alle anderen verschwinden, auch das Glied mit $n = 0$ in Gl. (21). Benutzt man nun die Näherungsformeln im Abschn. M [Gl. (M 10) und (13)] für die BESSELschen und die HANKELschen Funktionen zweiter Art bei kleinem Argument, so entstehen die Gl. (C 24), wie es sein muß. Die Gl. (21) und (22) stellen nun die gesuchte Verallgemeinerung der quasistationären Gl. (C 24) dar, wenn die Wellenlänge λ_0 vergleichbar mit dem Zylinderradius r_0 wird, was bei sehr hohen Frequenzen eintritt. Die unendlichen Reihen sind absolut konvergent; sie konvergieren um so langsamer, je größer die Argumente $k_0 r$ bzw. $k_0 r_0$ werden, d. h. je höher die Frequenz ist.

Sehr aufschlußreich ist das Verhalten der magnetischen Feldstärke in der Zylinderachse ($r = 0$); sie liegt hier in der y-Richtung. Ihr Wert ist

$$(H_y)_{r=0} = (H_\varphi)_{\substack{r=0\\ \varphi=0}} = \frac{\mathrm{j}}{\pi}\,\frac{Q\,H_a}{\mathrm{H}_1\,\mathrm{J}_1}\,. \qquad (23)$$

Wir definieren nun die magnetische Schirmdämpfung a_m als natürlichen Logarithmus des Verhältnisses von der Feldstärke H_a zu dem Betrag von $|H_y|_{r=0}$. Dies ergibt

$$a_m = \underbrace{-\ln|Q|}_{a_s} + \underbrace{\ln\pi\,|\mathrm{H}_1\,\mathrm{J}_1|}_{\Delta a_m \equiv \ln\frac{|Q\,H_a|}{|H_y|_{r=0}}}\,. \qquad (24)$$

Die magnetische Schirmdämpfung a_m setzt sich hiernach aus zwei Anteilen zusammen: Der erste ist die bekannte Schirmdämpfung a_s für den quasistationären Fall ($\lambda_0 \to \infty$), die in Abb. 47 in Abschn. C dargestellt ist. Der zweite Term Δa_m gibt demnach denjenigen Anteil wieder, der durch die Wellennatur des störenden Feldes verursacht wird; er verschwindet, wenn die Wellenlänge groß wird ($\lambda_0 \gg r_0$). In Abb. 68 ist Δa_m als Funktion von r_0/λ_0 aufgetragen. Man erkennt, daß Δa_m bei $r_0 < 0{,}35\,\lambda_0$ verhältnismäßig klein und daher praktisch vernachlässigbar ist. Wächst nun das Verhältnis r_0/λ_0 darüber hinaus, so wird Δa_m negativ. Bei den Nullstellen der BESSELschen Funktion J_1,

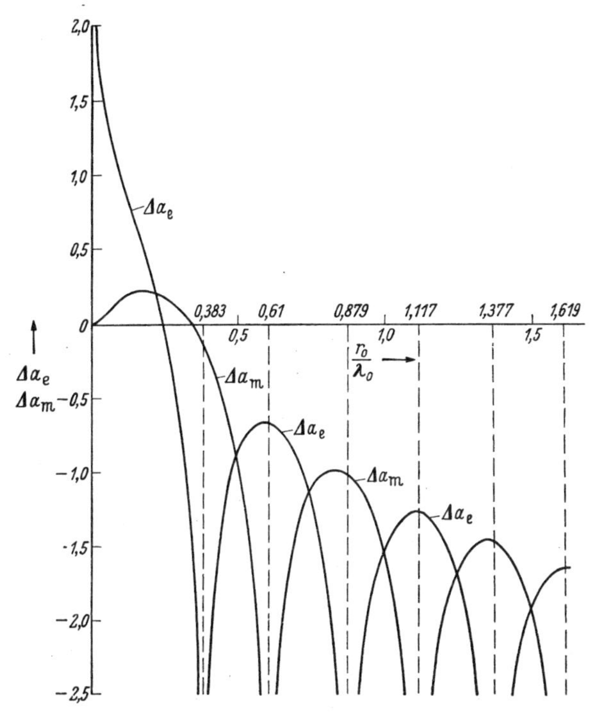

Abb. 68. Zur Berechnung der Schirmdämpfung einer Zylinderhülle für das magnetische Feld nach Gl. (24) und für das elektrische Feld nach Gl. (26) in Abhängigkeit von dem Verhältnis Zylinderradius r_0 zu Wellenlänge λ_0. Einfallende Welle nach Abb. 66

das ist bei $r_0/\lambda_0 = 0{,}61$; $1{,}117$; $1{,}619$ usw., wird Δa_m negativ unendlich. Das Feld wird sehr groß; der Zylinderraum befindet sich im Zustand der Eigenresonanz (Resonanzkatastrophe).

Von praktischer Bedeutung ist auch das Verhalten der elektrischen Feldstärke in der Zylinderachse. Aus Gl. (20) ergibt sich diese zu

$$(E)_{r=0} = -\frac{j\,Q\,Z_0\,H_a}{\pi\,H_0\,J_0}. \tag{25}$$

Dieser Ausdruck führt zu der elektrischen Schirmdämpfung, die wir sinngemäß zu $a_e \equiv \ln\,(Z_0\,H_a/|E|_{r=0})$ definieren; hierbei steht als Zähler unter dem Logarithmus diejenige elektrische Feldstärke $Z_0\,H_a$, die an der Stelle $r = 0$ herrschen würde, wenn die Hülle nicht da wäre. Sie ist ins Verhältnis gesetzt zu der elektrischen Feldstärke am gleichen Ort bei Vorhandensein der Hülle. Daher ist

$$a_e = \underbrace{-\ln|Q|}_{a_s} + \underbrace{\ln\pi\,|\mathrm{H_0\,J_0}|}_{\Delta a_e \equiv \ln\left|\frac{Z_0\,Q\,H_a}{E}\right|_{r=0}} . \tag{26}$$

Auch diese Dämpfung setzt sich aus zwei Anteilen zusammen: Der erste ist wieder die quasistationäre Schirmdämpfung des magnetischen Feldes nach Abb. 47, während der zweite Term den Einfluß der Wellennatur des Feldes zum Ausdruck bringt. Er ist ebenfalls in Abb. 68 eingetragen. Man erkennt, daß Δa_e bei langen Wellen ($r_0 \ll \lambda_0$) nach

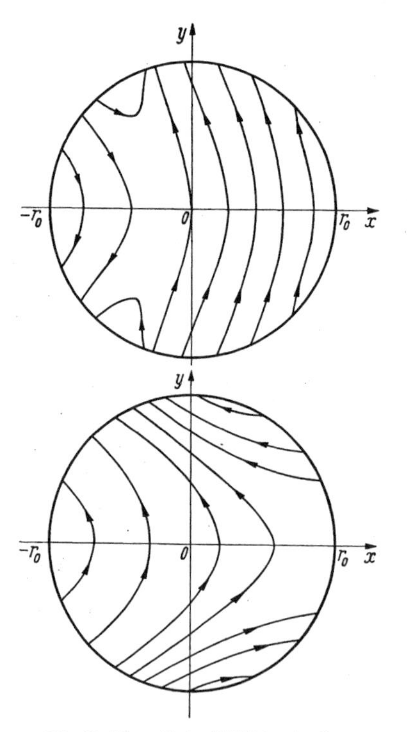

Abb. 69. Magnetische Feldlinien im Innern einer zylindrischen Hülle zu Zeiten, die um eine Viertelperiode auseinanderliegen für $r_0/\lambda_0 = 1/4$. Einfallende Welle nach Abb. 66

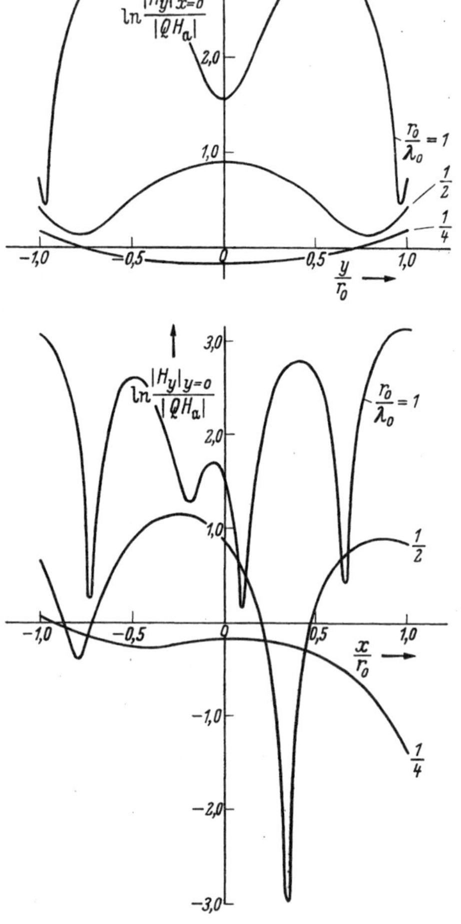

Abb. 70. Der Verlauf der y-Komponente H_y der magnetischen Feldstärke auf der y-Achse ($|H_y|_{x=0}$) und auf der x-Achse ($|H_y|_{y=0}$) im Innern eines Hohlzylinders vom Radius r_0 bei verschiedenen Wellenlängen λ_0. Einfallende Welle nach Abb. 66. Q Schirmfaktor nach Gl. (C 21)

unendlich strebt im Gegensatz zu Δa_{m}, das nach Null geht. Wir haben hier den formalen Ausdruck für die bekannte physikalische Tatsache, daß die elektrostatische Schirmung einer Metallhülle vollkommen ist $\left(\lim\limits_{\lambda_0\to\infty} a_{\mathrm{e}} = \infty\right)$. Auch hier stellt sich bei bestimmten Wellenlängen die Resonanzkatastrophe ein, bei der die Schirmdämpfung negativ unendlich, d. h. das Feld sehr groß wird. Die erste Resonanz liegt bei dem Wert $r_0/\lambda_0 = 0{,}383$; dieser Wert ist kleiner als derjenige bei dem magnetischen Feld.

In Abb. 69 ist nun der Verlauf der magnetischen Feldlinien für den Fall $r_0 = \lambda_0/4$ veranschaulicht. Während das Feld im Innern bei tiefen Frequenzen ($r_0 \ll \lambda_0$) homogen ist (Abb. 49), wird es bei höheren Frequenzen, wenn die Wellenlänge λ_0 mit dem Zylinderradius r_0 vergleichbar ist, stark verzerrt. Die beiden Abbildungen in Abb. 69 zeigen dies, indem die augenblicklichen Feldkonfigurationen zu zwei Zeitpunkten wiedergegeben sind, die um eine Viertelperiode auseinanderliegen. Quantitative Angaben über den Verlauf der Feldstärken H und E vermitteln die Abb. 70 und 71 für die drei Verhältnisse $r_0/\lambda_0 = 0{,}25$; $0{,}5$ und $1{,}0$. Man kann den Betrag der y-Komponente der magnetischen Feldstärke H (Abb. 70) sowohl auf der y- als auch auf der x-Achse ablesen. Man erkennt, daß das Feld spiegelbildlich zur x-Achse, d. h. der Ausbreitungsrichtung der Welle, verläuft, was auch aus Abb. 69 hervorgeht. Je höher die Frequenz oder je kürzer die Wellenlänge

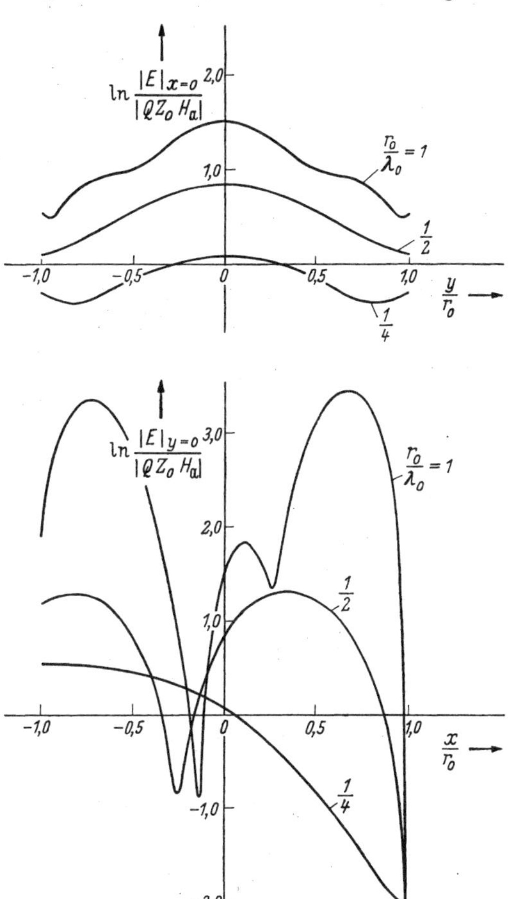

Abb. 71. Der Verlauf der elektrischen Feldstärke E auf der y-Achse ($|E|_{x=0}$) und der x-Achse ($|E|_{y=0}$) im Innern eines Hohlzylinders vom Radius r_0 bei verschiedenen Wellenlängen λ_0. Einfallende Welle nach Abb. 66. Q Schirmfaktor nach Gl. (C 21)

ist, um so häufiger sind die Schwankungen der Feldstärke. Dasselbe Ergebnis zeigen auch die Kurven in Abb. 71 für die elektrische Feldstärke, die ebenfalls spiegelbildlich zur x-Achse ist. Abgesehen von örtlichen Einbrüchen in den Feldstärkenkurven ergibt sich, daß die Schirmdämpfung im Vergleich zu der quasistationären Schirmdämpfung a_s im Mittel um so mehr abnimmt, je kürzer die Wellenlänge λ_0 im Vergleich zum Zylinderradius r_0 ist. Wenn man auf große Schirmdämpfungen sowohl des magnetischen als auch des elektrischen Feldes Wert legt, sollte man das Verhältnis r_0/λ_0 so einrichten, daß es noch unterhalb der tiefsten Eigenresonanz des zylindrischen Hohlraumes liegt. Will man außerdem die quasistationäre Schirmdämpfung a_s nicht unterschreiten, dann muß man nach Abb. 68 das Verhältnis r_0/λ_0 so wählen, daß es unter 0,25 bleibt. Das bedeutet, daß in solchen Fällen der Zylinderdurchmesser kleiner als die halbe Wellenlänge sein soll.

2. Hohlzylinder in einer ebenen Welle, deren magnetischer Vektor parallel zur Achse liegt

Es handelt sich hier um die Verallgemeinerung des unter Abschn. C, Kap. 2 behandelten quasistationären Falles, bei dem der Hohlzylinder einem longitudinalen magnetischen Störfeld ausgesetzt ist. Nach Abb. 72 liegt bei der einfallenden Welle jetzt $H^{(e)}$ in der z-Richtung und $E^{(e)}$ in der y-Richtung. Daher ist

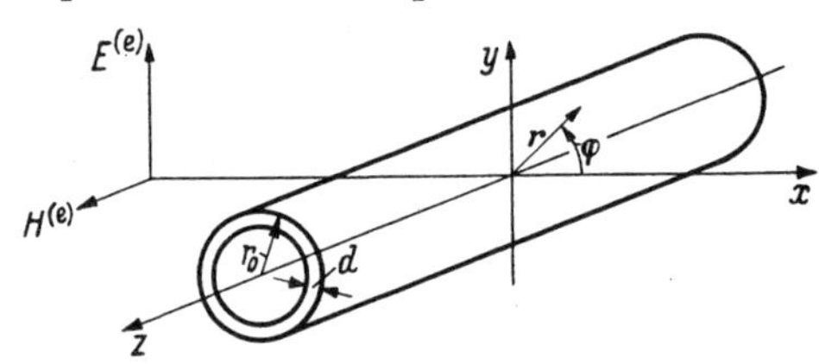

Abb. 72. Hohlzylinder in einer ebenen Welle, die in x-Richtung fortschreitet und deren magnetische Feldstärke $H^{(e)}$ parallel zur Achse liegt

$$H^{(e)} = H_a \, e^{-j k_0 x}, \quad (27)$$

$$E^{(e)} = Z_0 H_a \, e^{-j k_0 x},$$

wobei der Exponentialfaktor wieder nach Gl. (2) einzusetzen ist.

a) Resultierendes Feld im Außenraum ($r \geqq r_0$) (Reflektierte Welle)

Wir bevorzugen die magnetische Feldstärke, weil sie auch im reflektierten Feld nur eine Komponente in der z-Richtung hat. In Analogie zu Gl. (3) verwenden wir hier für die reflektierte Welle den Ansatz

$$H^{(r)} = H_a \left[b_0 \, \mathrm{H}_0(k_0 r) + 2 \sum_{n=1}^{\infty} (-j)^n \, b_n \, \mathrm{H}_n(k_0 r) \cos n\varphi \right], \quad (28)$$

in dem wieder die HANKELschen Zylinderfunktionen zweiter Art auftreten. Die unbestimmten Konstanten b_n berechnen sich aus der Forderung, daß die tangentielle Komponente $E_\varphi \approx \partial H/\partial r$ der elektrischen

Feldstärke an der Oberfläche ($r = r_0$) verschwindet. Daher ist

$$b_n = -\frac{J_n'(k_0 r_0)}{H_n'(k_0 r_0)} = -\frac{J_n'}{H_n'}. \tag{29}$$

Damit haben wir das resultierende Feld im Außenraum gefunden; es lautet

$$H = H^{(e)} + H^{(r)} = H_a \Big\{ J_0(k_0 r) - \frac{J_0'}{H_0'} H_0(k_0 r) +$$

$$+ 2 \sum_{n=1}^{\infty} (-j)^n \left[J_n(k_0 r) - \frac{J_n'}{H_n'} H_n(k_0 r) \right] \cos n\varphi \Big\}, \tag{30}$$

$$E_r = \frac{1}{j\omega\varepsilon_0 r} \frac{\partial H}{\partial \varphi} =$$

$$= \frac{2j Z_0 H_a}{k_0 r} \sum_{n=1}^{\infty} n(-j)^n \left[J_n(k_0 r) - \frac{J_n'}{H_n'} H_n(k_0 r) \right] \sin n\varphi, \tag{31}$$

$$E_\varphi = -\frac{1}{j\omega\varepsilon_0} \frac{\partial H}{\partial r} = j Z_0 H_a \Big\{ J_0'(k_0 r) - \frac{J_0'}{H_0'} H_0'(k_0 r) +$$

$$+ 2 \sum_{n=1}^{\infty} (-j)^n \left[J_n'(k_0 r) - \frac{J_n'}{H_n'} H_n'(k_0 r) \right] \cos n\varphi \Big\}. \tag{32}$$

Wie man erkennt, ist es analog den Gl. (5), (6) und (7) aufgebaut; es haben sich die Rollen von H und E vertauscht, und an Stelle der Quotienten der J_n/H_n treten hier die Quotienten der Ableitungen J_n'/H_n'. Dies macht sich auch in der nach rückwärts reflektierten Welle bemerkbar, die wir wie oben für Entfernungen r beschreiben, die groß gegen die Wellenlänge sind (Fernfeld $r \gg \lambda_0$). Mit Benutzung von Gl. (10) für $H_n(k_0 r)$ erhält man dann folgenden Ausdruck für den Betrag des Verhältnisses der Feldstärken in der reflektierten und in der einfallenden Welle:

$$\left| \frac{E^{(r)}_{\varphi=\pi}}{E^{(e)}} \right| = \left| \frac{H^{(r)}_{\varphi=\pi}}{H^{(e)}} \right| = \frac{1}{\pi} \left| \frac{J_0'}{H_0'} + 2 \sum_{n=1}^{\infty} (-1)^n \frac{J_n'}{H_n'} \right| \sqrt{\frac{\lambda_0}{r}} \equiv e\left(\frac{r_0}{\lambda_0}\right) \sqrt{\frac{\lambda_0}{r}}. \tag{33}$$

Auch hier nehmen die Feldstärken wie $1 : \sqrt{r}$ ab. Die Funktion $e(r_0/\lambda_0)$ ist wieder der Reflexionsfaktor oder die Echofunktion des Zylinders. Sie ist ebenfalls in Abb. 67 durch Kurve b dargestellt. Man erkennt, daß sie nicht monoton ansteigt wie im Fall 1, sondern daß der Anstieg oszillierend vor sich geht. Der Anlauf der Kurve bei großen Wellenlängen ($r_0 \ll \lambda_0$) ist erheblich flacher als im Fall 1; die Echofunktion ist in diesem Gebiet proportional dem Quadrat des Verhältnisses r_0/λ_0.

b) Feld innerhalb der metallischen Wand ($r_0 \geqq r \geqq r_0 - d$)

Wir bestimmen zunächst das magnetische Feld an der Oberfläche ($r = r_0$). Nach Gl. (30) ist

$$(H)_{r=r_0} = \frac{2 H_a}{\mathrm{j}\,\pi\, k_0\, r_0} \left\{ \frac{1}{\mathrm{H}_0'} + 2 \sum_{n=1}^{\infty} (-\mathrm{j})^n \frac{\cos n\,\varphi}{\mathrm{H}_n'} \right\}. \tag{34}$$

Nach dem Vorgang unter 1b verläuft nun H wie nach Gl. (14). Danach ist

$$H = \frac{\sinh k\,(d - r_0 + r)}{\sinh k\,d} (H)_{r=r_0}. \tag{35}$$

Hieraus läßt sich jetzt die elektrische Feldstärke E_i an der inneren Oberfläche ($r = r_0 - d$) ermitteln, und zwar zu

$$E_\mathrm{i} \equiv (E_\varphi)_{r=r_0-d} = -\left(\frac{\partial H}{\varkappa\, \partial r}\right)_{r=r_0-d} = -\frac{k}{\varkappa} \frac{(H)_{r=r_0}}{\sinh k\,d} =$$

$$= \frac{-\mathrm{j}\,\omega\,\mu_0\, r_0}{2} Q\,(H)_{r=r_0}. \tag{36}$$

Hierin bedeutet Q wieder den Schirmfaktor nach Gl. (C 33) oder Gl. (16). Wir setzen nun in diese Formel den Ausdruck für $(H)_{r=r_0}$ aus Gl. (34) ein und haben dann als Ausgangspunkt für das Feld im Innenraum folgende Gleichung gewonnen:

$$E_\mathrm{i} = -\frac{1}{\pi} Q\, Z_0\, H_a \left\{ \frac{1}{\mathrm{H}_0'} + 2 \sum_{n=1}^{\infty} (-\mathrm{j})^n \frac{\cos n\,\varphi}{\mathrm{H}_n'} \right\}, \tag{37}$$

die als Gegenstück zu Gl. (17) anzusehen ist.

c) Feld im Innenraum ($0 \leqq r \leqq r_0 - d$)

Wir gehen von folgendem Ansatz für die magnetische Feldstärke aus, die auch im Innenraum nur eine axiale Komponente hat:

$$H = c_0\, \mathrm{J}_0(k_0 r) + 2 \sum_{n=1}^{\infty} (-\mathrm{j})^n c_n\, \mathrm{J}_n(k_0 r) \cos n\,\varphi. \tag{38}$$

Die hier auftretenden Konstanten c_n werden nun so bestimmt, daß am Rande $r = r_0 - d \approx r_0$ die tangentielle elektrische Feldstärke E_i nach Gl. (37) angenommen wird. Nun ist für $r = r_0$

$$(E_\varphi)_{r=r_0} = -\frac{1}{\mathrm{j}\,\omega\,\varepsilon_0} \left(\frac{\partial H}{\partial r}\right)_{r=r_0} = \mathrm{j}\, Z_0 \left[c\, \mathrm{J}_0' + 2 \sum_{n=1}^{\infty} (-\mathrm{j})^n c_n\, \mathrm{J}_n' \cos n\,\varphi \right]. \tag{39}$$

Ein Vergleich mit Gl. (37) lehrt, daß die Konstanten den Wert

$$c_n = \frac{\mathrm{j}\, Q\, H_a}{\mathrm{H}_n'\, \mathrm{J}_n'} \tag{40}$$

haben müssen. Damit ist das Feld im Innenraum bestimmt, und wir haben die Beziehungen

$$H = \frac{\mathrm{j}\,Q\,H_a}{\pi}\left\{\frac{\mathrm{J}_0(k_0 r)}{\mathrm{H}_0'\,\mathrm{J}_0'} + 2\sum_{n=1}^{\infty}(-\mathrm{j})^n\frac{\mathrm{J}_n(k_0 r)}{\mathrm{H}_n'\,\mathrm{J}_n'}\cos n\varphi\right\}, \tag{41}$$

$$E_\varphi = -\frac{Q\,Z_0\,H_a}{\pi}\left\{\frac{\mathrm{J}_0'(k_0 r)}{\mathrm{H}_0'\,\mathrm{J}_0'} + 2\sum_{n=1}^{\infty}(-\mathrm{j})^n\frac{\mathrm{J}_n'(k_0 r)}{\mathrm{H}_n'\,\mathrm{J}_n'}\cos n\varphi\right\}, \tag{42}$$

$$E_r = -\frac{2Q\,Z_0\,H_a}{\pi\,k_0\,r}\sum_{n=1}^{\infty}n(-\mathrm{j})^n\frac{\mathrm{J}_n(k_0 r)}{\mathrm{H}_n'\,\mathrm{J}_n'}\sin n\varphi\,. \tag{43}$$

Sie sind die Verallgemeinerung der Ausdrücke Gl. (C 17) und (C 21) für den quasistationären Fall; in diese Beziehungen gehen nämlich die

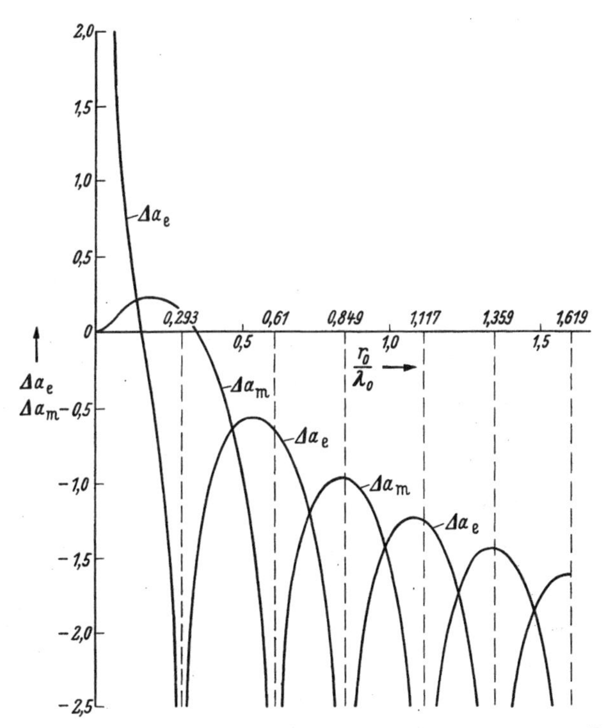

Abb. 73. Zur Berechnung der Schirmdämpfung einer Zylinderhülle für das magnetische Feld nach Gl. (44) und für das elektrische Feld nach Gl. (45) in Abhängigkeit von dem Verhältnis Zylinderradius r_0 zu Wellenlänge λ_0. Einfallende Welle nach Abb. 72

Gl. (41) und (42) über, wenn man die Wellenlänge λ_0 als groß gegen r_0 annimmt ($k_0 r_0 \ll 1$). Dieses ergibt sich ohne Schwierigkeit, wenn man die Näherungsformeln der BESSELschen und HANKELschen Funktionen für kleine Argumente nach Abschn. M benutzt.

Wir sind jetzt in der Lage, die Schirmdämpfungen für das magnetische (a_m) und das elektrische Feld (a_e) anzugeben. Diese Dämpfungen sind wieder definiert als natürlicher Logarithmus des Verhältnisses von der Feldstärke H_a bzw. $Z_0 H_a$ zu dem Betrag von H bzw. E_y in der Zylinderachse ($r = 0$).

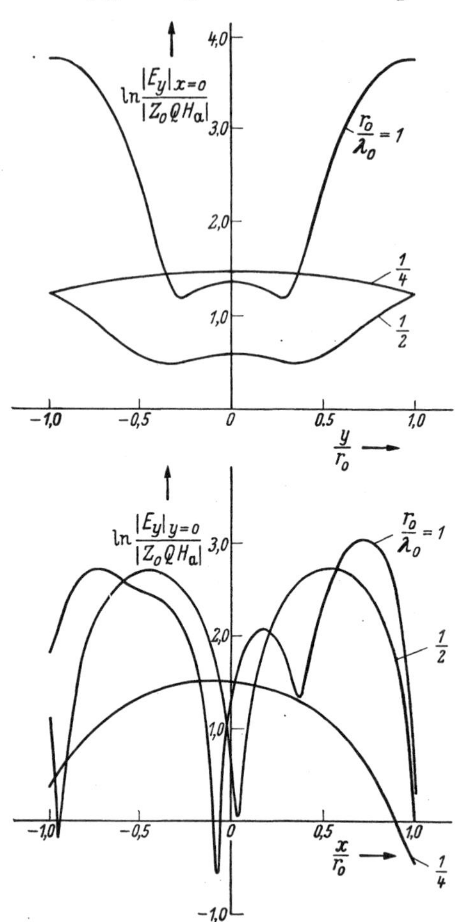

Abb. 74. Elektrische Feldlinien im Innern einer zylindrischen Hülle zu zwei Zeitpunkten, die um eine Viertelperiode auseinanderliegen für $r_0/\lambda_0 = 1/4$. Einfallende Welle nach Abb. 72.

Abb. 75. Der Verlauf der y-Komponente E_y der elektrischen Feldstärke auf der y-Achse ($|E_y|_{x=0}$) und auf der x-Achse ($|E_y|_{y=0}$) im Innern eines Hohlzylinders vom Radius r_0 bei verschiedenen Wellenlängen λ_0. Einfallende Welle nach Abb. 72. Q Schirmfaktor nach Gl. (C 21)

Nach Gl. (41) ergibt sich die Gleichung

$$a_m = \underbrace{-\ln|Q|}_{a_s} + \underbrace{\ln\pi\,|\mathrm{H}_1\,\mathrm{J}_1|}_{\Delta a_m}, \tag{44}$$

die mit der Gl. (24) identisch ist. Das bedeutet, daß die magnetische Schirmdämpfung a_m unabhängig von der Polarisationsrichtung der einfallenden Welle ist. Die elektrische Schirmdämpfung a_e verhält sich jedoch anders. Hierfür erhält man aus Gl. (43) folgende

Gleichung $\left(|E_y|_{r=0} = |E_r|_{\varphi=\frac{\pi}{2};\ r=0}\right)$:

$$a_e \equiv \ln \frac{Z_0 H_a}{|E_y|_{r=0}} = \underbrace{-\ln Q}_{a_s} + \underbrace{\ln \pi |H_1' J_1'|}_{\Delta a_e}. \tag{45}$$

Ein Vergleich mit Gl. (26) lehrt, daß hier an Stelle der Zylinderfunktionen nullter Ordnung die Ableitungen der Zylinderfunktionen 1. Ordnung auftreten. In Abbildung 73 ist Δa_e als Funktion von r_0/λ_0 nach Gl. (45) dargestellt. Man erkennt, daß die erste Resonanz bei $r_0/\lambda_0 = 0{,}293$ liegt, während sie in Abbildung 68 erst bei $r_0/\lambda_0 = 0{,}383$ auftritt.

In Abb. 74 ist der Verlauf der elektrischen Feldlinien für den Fall $r_0 = \lambda_0/4$ veranschaulicht. Während das elektrische Feld im Innern bei tiefen Frequenzen ($r_0 \ll \lambda_0$) rotationssymmetrisch bei linear mit r wachsender Feldstärke ist, wird es bei höheren Frequenzen, wenn die Wellenlänge λ_0 mit dem Zylinderradius r_0 vergleichbar ist, stark verzerrt. Die Abb. 74 zeigt dieses, in dem die augenblicklichen Feldkonfigurationen zu zwei Zeitpunkten dargestellt sind, die um eine Viertelperiode auseinander liegen. Quantitative Angaben über den Verlauf der Feldstärken E und H vermitteln die Abb. 75 u. 76 für die drei Verhältnisse $r_0/\lambda_0 = 0{,}25$; 0,5 und 1,0; sie entsprechen den Abb. 70 u. 71. Das, was im Anschluß an diese Abbildungen gesagt ist, gilt auch hier.

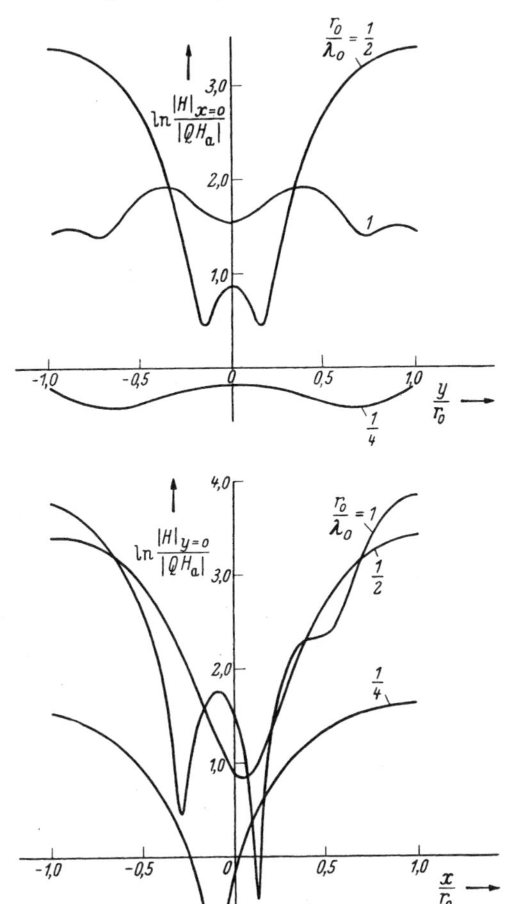

Abb. 76. Der Verlauf der magnetischen Feldstärke H auf der y-Achse ($|H|_{x=0}$) und der x-Achse ($|H|_{y=0}$) im Innern eines Hohlzylinders vom Radius r_0 bei verschiedenen Wellenlängen λ_0. Einfallende Welle nach Abb. 72. Q Schirmfaktor nach Gl. (C 21)

3. Hohlkugel

Den Nullpunkt des Koordinatensystems x, y, z legen wir in die Mitte der Hohlkugel. Dabei soll die z-Achse parallel zur Ausbreitungsrichtung der einfallenden Welle sein. Die elektrische Feldstärke $E^{(e)}$ liege parallel zur x-Achse und die magnetische Feldstärke parallel zur

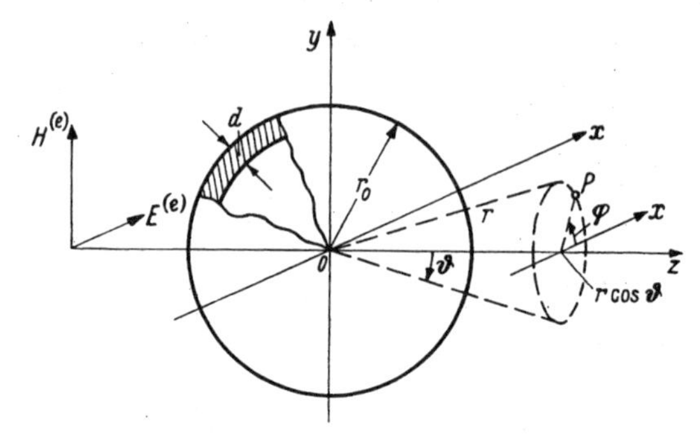

Abb. 77. Hohlkugel in einer ebenen Welle, die in der z-Richtung fortschreitet.

y-Achse (Abb. 77). An Stelle von Gl. (1) formulieren wir hier demnach die ebene Welle wie folgt:

$$H^{(e)} = H_a \, e^{-j k_0 z}, \tag{46}$$

$$E^{(e)} = Z_0 H_a \, e^{-j k_0 z}. \tag{47}$$

Wir haben zunächst die Aufgabe, die ebene Welle in Kugelkoordinaten nach Abb. 11 darzustellen. Dabei treten Kugelfunktionen $P_n(\cos\vartheta)$ auf, die in Abschn. M erläutert sind. Wir gehen dabei von dem ausgearteten Additionstheorem der Besselschen Funktionen aus (A, Lit. [2]), nach dem die Beziehung

$$e^{-j k_0 z} = e^{-j k_0 r \cos\vartheta} = \sum_{n=0}^{\infty} (2n+1)(-j)^n \psi_n(k_0 r) \, P_n(\cos\vartheta) \tag{48}$$

gilt, die man ohne Schwierigkeit aus den Gleichungen in Abschn. M über die Entwicklung beliebiger Funktionen nach Kugelfunktionen erhält. Die Funktionen ψ_n sind ebenfalls in Abschn. M definiert; in ihnen kommen die Besselschen Funktionen mit halbzahligen Indizes vor [Gl. (M 23) und (M 26)]. Unser Problem verlangt nun, die Komponenten der Feldstärken in der einfallenden Welle nach Kugelkoordinaten r, ϑ, φ, darzustellen. Dies gelingt vorerst nur für die Komponenten $E_r^{(e)}$ und $H_r^{(e)}$, und zwar auf folgende Weise: Es ist nämlich

$$E_r^{(e)} = \sin\vartheta \cos\varphi \, E^{(e)} = \frac{\cos\varphi}{j k_0 r} \frac{\partial E^{(e)}}{\partial\vartheta}. \tag{49}$$

Benutzt man nun für $E^{(e)}$ das ausgeartete Additionstheorem nach Gl. (48), so ergibt sich bereits die gesuchte Darstellung in der Form

$$E_r^{(e)} = Z_0 H_a \frac{\cos\varphi}{j k_0 r} \sum_{n=1}^{\infty} (2n+1)(-j)^n \psi_n(k_0 r) \, P_n^1(\cos\vartheta). \tag{50}$$

Hierin bedeuten $P_n^1(\cos\vartheta) = d\, P_n(\cos\vartheta)/d\vartheta$ die zugeordneten Kugelfunktionen 1. Ordnung, die ebenfalls in Abschn. M erläutert sind [Gl. (M 50) und (M 51)]. In Gl. (50) haben wir nun die für unsere Zwecke geeignete Form der einfallenden Welle gefunden, jedoch nur für die Komponente $E_r^{(e)}$. Es treten hierbei die Partikulärlösungen $\cos\varphi\, \psi_n(k_0 r)\, P_n^1(\cos\vartheta)$ der Wellengleichung auf, die immer dann erscheinen, wenn in der Lösung der Faktor $\cos\varphi$ oder $\sin\varphi$ vorkommt. Nach dem gleichen Rezept erhält man auch die Komponente $H_r^{(e)}$ zu

$$H_r^{(e)} = H_a \frac{\sin\varphi}{j k_0 r} \sum_{n=1}^{\infty} (2n+1)(-j)^n \psi_n(k_0 r) \, P_n^1(\cos\vartheta). \tag{51}$$

Hier kommt $\sin\varphi$ als Faktor vor, weil $H^{(e)}$ in der y-Richtung liegt. Leider ist es nicht möglich, auf diese Weise auch die anderen Komponenten nach ϑ und φ in der gewünschten Darstellung zu erhalten. Wir gehen nach Sommerfeld [1] so vor, daß wir die Maxwellschen Gleichungen (A 11 und 12) in Kugelkoordinaten integrieren. Die allgemeine Lösung wird dann so fixiert, daß die r-Komponenten nach den Gl. (50) und (51) entstehen. Wir definieren jetzt zwei Vektorpotentiale A_r und B_r, die beide nur r-Komponenten haben. Hiervon beschreibt A_r eine transversal magnetische Welle (TM-Welle) und B_r eine transversal elektrische Welle (TE-Welle) in bezug auf die radiale Richtung r. Das gesamte Feldbild setzt sich aus dem TM- und TE-Feld zusammen. Es soll also

$$H = j\,\omega\,\varepsilon_0 \operatorname{rot} A \tag{52}$$

für die TM-Welle und

$$E = -j\,\omega\,\mu_0 \operatorname{rot} B \tag{53}$$

für die TE-Welle gelten. Geht man mit dem Ansatz Gl. (52) in die Gl. (A11) und (A12) ein und eliminiert E, so entsteht folgende Beziehung für A:

$$\operatorname{rot}\operatorname{rot} A = k_0^2 A + \operatorname{grad} U. \tag{54}$$

Die Größe U ist eine skalare Funktion, die die Rolle einer Integrationskonstanten spielt. Wir bestimmen sie so, daß Gl. (54) gleichzeitig sowohl für die ϑ- als auch für die φ-Komponente erfüllt ist:

$$\frac{1}{r} \frac{\partial^2 A_r}{\partial r\, \partial\vartheta} = \frac{\partial U}{r\, \partial\vartheta}, \tag{55}$$

$$\frac{1}{r\sin\vartheta} \frac{\partial^2 A_r}{\partial r\, \partial\varphi} = \frac{1}{r\sin\vartheta} \frac{\partial U}{\partial\varphi}. \tag{56}$$

Diese Ausdrücke lassen sich nur dann gleichzeitig befriedigen, wenn

$$U = \frac{\partial A_r}{\partial r} \tag{57}$$

ist. Wir gehen nun mit diesem Ergebnis in die Gl. (54) ein und bilden auf beiden Seiten die r-Komponente. Dies liefert mit Benutzung der Gl. (A 46) die gesuchte Differentialgleichung für A_r in der Form

$$\frac{\partial^2 A_r}{\partial r^2} + \frac{1}{r^2 \sin\vartheta} \frac{\partial}{\partial\vartheta} \sin\vartheta \frac{\partial A_r}{\partial\vartheta} + \frac{1}{r^2 \sin^2\vartheta} \frac{\partial^2 A_r}{\partial\varphi^2} + k_0^2 A_r = 0. \tag{58}$$

Sie läßt sich durch den Ansatz

$$A_r = r\,u \tag{59}$$

lösen; wie nämlich ein Vergleich mit Gl. (A 45) zeigt, muß dann u der Wellengleichung

$$\Delta u + k_0^2 u = 0 \tag{60}$$

genügen. Die Lösung ist bekannt; wir setzen sie für die einfallende Welle als Summe von Partikulärlösungen $\cos\varphi\, \psi_n(k_0 r)\, \mathrm{P}_n^1(\cos\vartheta)$ mit unbestimmten Koeffizienten b_n an:

$$u^{(\mathrm{e})} = \cos\varphi \sum_{n=1}^{\infty} b_n \psi_n(k_0 r)\, \mathrm{P}_n^1(\cos\vartheta). \tag{61}$$

Diese ermitteln wir jetzt so, daß die elektrische Feldstärke E_r mit der Gl. (50) übereinstimmt. Zu diesem Zwecke bilden wir E_r aus Gl. (61) und erhalten nach Gl. (A 11) mit Benutzung von Gl. (52), (54), (57) und (59)

$$E_r = k_0^2 r u + \frac{\partial^2 r u}{\partial r^2}. \tag{62}$$

Hierin führen wir Gl. (61) ein und vergleichen das Ergebnis mit Gl. (50). Dann sieht man, daß die Konstanten b_n sich aus der Gleichung

$$b_n \left(\frac{\mathrm{d}^2 r \psi_n}{\mathrm{d} r^2} + k_0^2 r \psi_n \right) = Z_0 H_\mathrm{a} (2n+1)(-\mathrm{j})^n \frac{\psi_n}{\mathrm{j}\, k_0 r} \tag{63}$$

bestimmen. Der Klammerausdruck hat nun nach der Differentialgleichung (M 22) für $g_{m+1/2} = \psi_n$ den Wert $n(n+1)\,\psi_n/r$. Daher fällt ψ_n/r auf beiden Seiten heraus, und die Konstanten b_n berechnen sich zu

$$b_n = \frac{(2n+1)(-\mathrm{j})^n}{n(n+1)\,\mathrm{j}\, k_0} Z_0 H_\mathrm{a}. \tag{64}$$

Damit haben wir den endgültigen Ausdruck für u gewonnen; er lautet nach Gl. (61) und (64)

$$u^{(\mathrm{e})} = Z_0 H_\mathrm{a} \frac{\cos\varphi}{\mathrm{j}\, k_0} \sum_{n=1}^{\infty} \frac{(2n+1)(-\mathrm{j})^n}{n(n+1)} \psi_n(k_0 r)\, \mathrm{P}_n^1(\cos\vartheta). \tag{65}$$

Wir haben jedoch bis jetzt nur den Anteil des TM-Feldes in der einfallenden Welle ermittelt; nach Gl. (52) erhält man nämlich die Radialkomponente $H_r = 0$. Sie muß aber von Null verschieden sein und der Gl. (51) genügen. Daher fügen wir noch ein zweites Feld, ein TE-Feld, hinzu mit einem Vektor B nach Gl. (53), der auch nur eine r-Komponente hat. Dieser Vektor muß die gleiche Differentialgleichung (54) wie A erfüllen, wobei ein skalares Potential V auftritt, das sich zu

$$V = \frac{\partial B_r}{\partial r} \tag{66}$$

wie in Gl. (57) berechnet. Setzt man noch

$$B_r = r\,v, \tag{67}$$

so erhält man nach dem gleichen Verfahren wie oben

$$v^{(e)} = H_a \frac{\sin\varphi}{j\,k_0} \sum_{n=1}^{\infty} \frac{(2n+1)(-j)^n}{n(n+1)} \psi_n(k_0 r)\, P_n^1(\cos\vartheta). \tag{68}$$

Mit der Kenntnis der Funktionen u und v hat man auch sämtliche Komponenten der Feldstärken nach Kugelkoordinaten gewonnen. Sie ergeben sich aus folgenden Gleichungen:

$$H_\varphi = -j\,\omega\,\varepsilon_0 \frac{\partial u}{\partial\vartheta} + \frac{1}{r\sin\vartheta} \frac{\partial^2(r\,v)}{\partial r\,\partial\varphi}, \tag{69}$$

$$H_\vartheta = j\,\omega\,\varepsilon_0 \frac{\partial u}{\sin\vartheta\,\partial\varphi} + \frac{1}{r} \frac{\partial^2(r\,v)}{\partial r\,\partial\vartheta}, \tag{70}$$

$$E_\varphi = j\,\omega\,\mu_0 \frac{\partial v}{\partial\vartheta} + \frac{1}{r\sin\vartheta} \frac{\partial^2(r\,u)}{\partial r\,\partial\varphi}, \tag{71}$$

$$E_\vartheta = -j\,\omega\,\mu_0 \frac{\partial v}{\sin\vartheta\,\partial\varphi} + \frac{1}{r} \frac{\partial^2(r\,u)}{\partial r\,\partial\vartheta}, \tag{72}$$

die wir später zur Aufstellung der Grenzbedingung an der Kugeloberfläche brauchen.

a) Resultierendes Feld außerhalb der Kugel ($r \geqq r_0$) (Reflektierte Welle)

Wenn eine elektromagnetische Welle auf eine leitende Kugel trifft, so wird ein Teil der Leistung reflektiert. Es überlagert sich also über die ursprüngliche ebene Welle ein sekundäres Wellenfeld, das wir aus den Funktionen $u^{(r)}$ und $v^{(r)}$ ableiten. In Analogie zu Gl. (65) und (68) machen wir hierfür folgenden Ansatz:

$$u^{(r)} = Z_0 H_a \frac{\cos\varphi}{j\,k_0} \sum_{n=1}^{\infty} c_n \frac{(2n+1)(-j)^n}{n(n+1)} \zeta_n(k_0 r)\, P_n^1(\cos\vartheta), \tag{73}$$

$$v^{(r)} = H_a \frac{\sin\varphi}{j\,k_0} \sum_{n=1}^{\infty} d_n \frac{(2n+1)(-j)^n}{n(n+1)} \zeta_n(k_0 r)\, P_n^1(\cos\vartheta). \tag{74}$$

Hier treten jetzt an Stelle der Funktionen $\psi_n(k_0 r)$ die Funktionen $\zeta_n(k_0 r)$ auf, die wegen der Ausstrahlungsbedingung die HANKELschen Zylinderfunktionen zweiter Art mit halbzahligem Index enthalten [Gl. (M 25) und (M 30)]. Für das resultierende Feld haben wir nun die Funktionen

$$u = u^{(e)} + u^{(r)}, \tag{75}$$

$$v = v^{(e)} + v^{(r)} \tag{76}$$

zu benutzen. Die noch unbekannten Konstanten c_n und d_n erhalten feste Werte durch die Grenzbedingungen an der Oberfläche $r = r_0$, nach denen sowohl H_r als auch E_ϑ und E_φ verschwinden müssen. Nach Gl. (51) sowie Gl. (71) und (72) läuft dies auf die Beziehungen

$$(v)_{r=r_0} = 0 \tag{77}$$

und

$$\left(\frac{\partial r u}{\partial r}\right)_{r=r_0} = 0 \tag{78}$$

hinaus, aus denen sich die Konstanten zu

$$d_n = -\frac{\psi_n}{\zeta_n} \tag{79}$$

und

$$c_n = -\frac{\psi_n + k_0 r_0 \psi_n'}{\zeta_n + k_0 r_0 \zeta_n'} \tag{80}$$

errechnen. Damit ist die reflektierte Welle bestimmt. Von ihr berechnen wir die E_ϑ- und die H_φ-Komponente nach Gl. (72) und (69) und erhalten mit Benutzung von Gl. (73) und (74) folgende Beziehungen:

$$\frac{E_\vartheta^{(r)}}{Z_0 H_a} = -\cos\varphi \sum_{n=1}^{\infty} d_n \frac{(2n+1)(-j)^n}{n(n+1)} \zeta_n(k_0 r) \frac{P_n^1(\cos\vartheta)}{\sin\vartheta} + $$
$$+ \frac{\cos\varphi}{j k_0 r} \sum_{n=1}^{\infty} c_n \frac{(2n+1)(-j)^n}{n(n+1)} \frac{d(r\zeta_n(k_0 r))}{dr} \frac{d P_n^1(\cos\vartheta)}{d\vartheta}, \tag{81}$$

$$\frac{H_\varphi^{(r)}}{H_a} = -\cos\varphi \sum_{n=1}^{\infty} c_n \frac{(2n+1)(-j)^n}{n(n+1)} \zeta_n(k_0 r) \frac{d P_n^1(\cos\vartheta)}{d\vartheta} + $$
$$+ \frac{\cos\varphi}{j k_0 r} \sum_{n=1}^{\infty} d_n \frac{(2n+1)(-j)^n}{n(n+1)} \frac{d(r\zeta_n(k_0 r))}{dr} \frac{P_n^1(\cos\vartheta)}{\sin\vartheta}. \tag{82}$$

Wir interessieren uns nun für die Rückwirkung der Kugel auf die Sendeantenne; wir setzen also $\vartheta = \pi$. Dann ist nach Gl. (M 53)

$$-\left(\frac{d P_n^1}{d\vartheta}\right)_{\vartheta=\pi} = \left(\frac{P_n^1}{\sin\vartheta}\right)_{\vartheta=\pi} = (-1)^n \frac{n(n+1)}{2}. \tag{83}$$

Ferner nehmen wir $\varphi = 0$ und haben damit die y-Komponente von $H^{(r)}$ und die x-Komponente von $E^{(r)}$ gewonnen, die mit den Feldstärken in der einfallenden Welle korrespondieren und die wir künftig $H_y^{(r)}$ und $E_x^{(r)}$ nennen. Von praktischer Bedeutung ist das Fernfeld $(r \gg \lambda_0)$; um dieses zu bekommen, verwenden wir von der Funktion ζ_n den asymptotischen Ausdruck nach Gl. (M 30)

$$\zeta_n(k_0 r) \to \frac{\mathrm{j}^{n+1}}{k_0 r} \mathrm{e}^{-\mathrm{j} k_0 r}. \tag{84}$$

Damit ist

$$\frac{\mathrm{d}(r \zeta_n(k_0 r))}{\mathrm{d} r} \approx \mathrm{j}^n \mathrm{e}^{-\mathrm{j} k_0 r}. \tag{85}$$

Setzen wir diese Beziehungen in Gl. (81) und (82) ein, so ergibt sich als Zwischenlösung

$$\frac{E_x^{(r)}}{Z_0 H_a} = \frac{H_y^{(r)}}{H_a} = \frac{\mathrm{j}\,\mathrm{e}^{-\mathrm{j} k_0 r}}{2 k_0 r} \sum_{n=1}^{\infty} (-1)^n (2n+1)(c_n - d_n), \tag{86}$$

in der wir den Ausdruck $c_n - d_n$ nach Gl. (79) und (80) weiter vereinfachen können. Wir benutzen zu diesem Zweck Gl. (M 32) und (M 33) und erhalten

$$c_n - d_n = \frac{(\psi_n \zeta_n' - \psi_n' \zeta_n) k_0 r_0}{\zeta_n(\zeta_n + k_0 r_0 \zeta_n')} = \frac{1}{\mathrm{j} k_0 r_0 \zeta_n [(n+1)\zeta_n - k_0 r_0 \zeta_{n+1}]}. \tag{87}$$

Wir geben nun den Betrag der Feldstärken $E_x^{(r)}$ und $H_y^{(r)}$ an, der sich aus Gl. (86) zu

$$\left|\frac{E_x^{(r)}}{Z_0 H_a}\right| = \left|\frac{H_y^{(r)}}{H_a}\right| = e\left(\frac{r_0}{\lambda_0}\right) \frac{\lambda_0}{r} \tag{88}$$

ergibt, wobei $e\left(\frac{r_0}{\lambda_0}\right)$ den Reflexionsfaktor oder die Echofunktion der Kugel bedeutet. Es ist

$$e\left(\frac{r_0}{\lambda_0}\right) = \frac{k_0 r_0}{4\pi} \left| \sum_{n=1}^{\infty} \frac{2n+1}{\eta_n [(n+1)\eta_n - \mathrm{j} k_0 r_0 \eta_{n+1}]} \right|, \tag{89}$$

wobei η_n eine Abkürzung für den Ausdruck

$$\eta_n = 1 + \sum_{\nu=1}^{n} \frac{\left(n + \frac{1}{2}, \nu\right)}{(2\mathrm{j} k_0 r_0)^\nu} = 1 + \sum_{\nu=1}^{n} \left[\frac{1}{(\mathrm{j} k_0 r_0)^\nu} \prod_{\mu=1}^{\nu} \frac{(2n+1)^2 - (2\mu-1)^2}{8\mu}\right] \tag{90}$$

ist, der aus der Gl. (M 30) für die ζ_n-Funktionen folgt. Wie Gl. (88) zeigt, nehmen bei der Kugel die Feldstärken der reflektierten Welle umgekehrt mit der Entfernung r ab, während sie bei den Zylindern mit der Wurzel $(\approx 1/\sqrt{r})$ eingeht. In Abb. 78 ist die Echofunktion nach Gl. (89) in Abhängigkeit von r_0/λ_0 wiedergegeben. Man erkennt, daß die Anlaufkurve für $r_0 \ll \lambda_0$ proportional mit $(r_0/\lambda_0)^3$ ansteigt. Für größere Werte von r_0/λ_0 wächst die Echofunktion nicht monoton, sondern oszillierend.

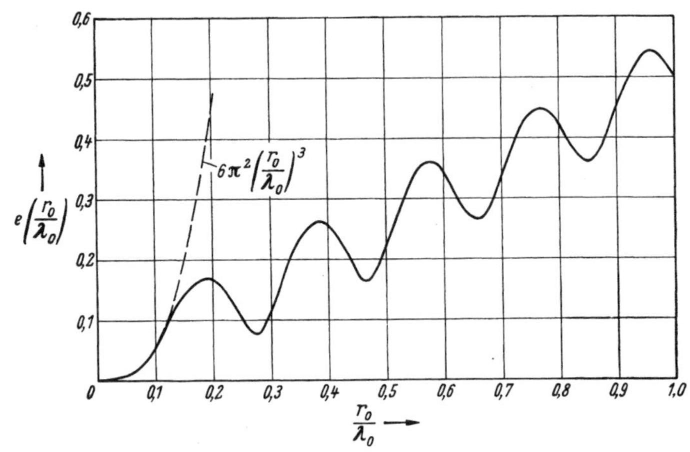

Abb. 78. Der Reflexionsfaktor $e(r_0/\lambda_0)$ einer metallischen Kugel bei einer einfallenden ebenen Welle in Abhängigkeit von dem Verhältnis Kugelradius r_0 zur Wellenlänge λ_0

b) Feld innerhalb der metallischen Wand $(r_0 \geqq r \geqq r_0 - d)$

Wir gehen von der tangentiellen magnetischen Feldstärke an der äußeren Oberfläche $(r = r_0)$ aus, wo die Komponenten H_φ und H_ϑ vorhanden sind. Diese berechnen wir aus den Gl. (69) und (70), wobei die resultierenden Feldfunktionen u und v eingehen, die nach Gl. (75) und (76) die Form

$$u = Z_0 H_a \frac{\cos\varphi}{j\,k_0} \sum_{n=1}^{\infty} \frac{(2n+1)(-j)^n}{n(n+1)} (\psi_n + c_n \zeta_n)\, P_n^1(\cos\vartheta), \qquad (91)$$

$$v = H_a \frac{\sin\varphi}{j\,k_0} \sum_{n=1}^{\infty} \frac{(2n+1)(-j)^n}{n(n+1)} (\psi_n + d_n \zeta_n)\, P_n^1(\cos\vartheta) \qquad (92)$$

haben; die Konstanten c_n und d_n sind nach Gl. (79) und (80) einzusetzen. Somit erhalten wir folgende Beziehungen

$$\begin{aligned}(H_\varphi)_{r=r_0} = &-H_a \frac{\cos\varphi}{j\,k_0 r_0} \sum_{n=1}^{\infty} \frac{(2n+1)(-j)^n}{n(n+1)} \frac{d\,P_n^1/d\vartheta}{\zeta_n + k_0 r_0 \zeta_n'} + \\ &+ H_a \frac{\cos\varphi}{(k_0 r_0)^2} \sum_{n=1}^{\infty} \frac{(2n+1)(-j)^n}{n(n+1)} \frac{P_n^1(\cos\vartheta)}{\zeta_n \sin\vartheta},\end{aligned} \qquad (93)$$

$$\begin{aligned}(H_\vartheta)_{r=r_0} = &-H_a \frac{\sin\varphi}{j\,k_0 r_0} \sum_{n=1}^{\infty} \frac{(2n+1)(-j)^n}{n(n+1)} \frac{P_n^1(\cos\vartheta)}{(\zeta_n + k_0 r_0 \zeta_n') \sin\vartheta} + \\ &+ H_a \frac{\sin\varphi}{(k_0 r_0)^2} \sum_{n=1}^{\infty} \frac{(2n+1)(-j)^n}{n(n+1)} \frac{d\,P_n^1/d\vartheta}{\zeta_n}.\end{aligned} \qquad (94)$$

Hierbei haben wir wieder Gl. (M 33) für den Ausdruck $\psi_n \zeta'_n - \psi'_n \zeta_n$ benutzt. Wie früher nach Gl. (14) setzen sich die beiden Komponenten H_φ und H_ϑ ins Innere der Metallwand wie folgt fort:

$$H_\varphi = \frac{\sinh k(d - r_0 + r)}{\sinh k d} (H_\varphi)_{r=r_0}, \tag{95}$$

$$H_\vartheta = \frac{\sinh k(d - r_0 + r)}{\sinh k d} (H_\vartheta)_{r=r_0}. \tag{96}$$

Diese Gleichungen benutzen wir jetzt, um die elektrische Feldstärke an der inneren Oberfläche ($r = r_0 - d$) zu ermitteln, und zwar aus $\varkappa E = \text{rot}\, H$. Dies liefert nach Gl. (A 46) die Werte

$$E_{\varphi \mathrm{i}} = \frac{k}{\varkappa \sinh k d} (H_\vartheta)_{r=r_0} = \frac{\mathrm{j}}{3} \omega \mu_0 r_0 Q (H_\vartheta)_{r=r_0}, \tag{97}$$

$$E_{\vartheta \mathrm{i}} = -\frac{k}{\sinh k d} (H_\varphi)_{r=r_0} = -\frac{\mathrm{j}}{3} \omega \mu_0 r_0 Q (H_\varphi)_{r=r_0}. \tag{98}$$

Wir haben hier wieder den quasistationären Schirmfaktor Q nach Gl. (C 56) eingeführt:

$$Q \approx \frac{3}{k r_0 \sinh k d}. \tag{99}$$

Damit haben wir die Randwerte gefunden, die das Feld im Innenraum an der inneren Oberfläche annehmen muß.

c) Feld im Innenraum ($0 \leqq r \leqq r_0 - d$)

Auch hier leiten wir wieder wie im Außenraum das gesamte Feld aus zwei Funktionen u und v ab, die jede für sich der Wellengleichung (60) genügen muß. Das bedeutet, daß wir sie aus Partikulärlösungen wie in Gl. (61) zusammensetzen, die zunächst mit unbekannten Konstanten versehen werden. Diese werden nun so ermittelt, daß die vorgegebenen Randwerte ($r = r_0$) für E_φ und E_ϑ nach Gl. (97) und (98) angenommen werden. Das Ergebnis lautet wie folgt:

$$u = \frac{1}{3} Q Z_0 H_\mathrm{a} r_0 \cos\varphi \sum_{n=1}^{\infty} \frac{(2n+1)(-\mathrm{j})^n}{n(n+1)} \frac{\psi_n(k_0 r)\, \mathrm{P}_n^1(\cos\vartheta)}{(\psi_n + k_0 r_0 \psi'_n)(\zeta_n + k_0 r_0 \zeta'_n)}, \tag{100}$$

$$v = \frac{1}{3} Q H_\mathrm{a} \frac{\sin\varphi}{k_0^2 r_0} \sum_{n=1}^{\infty} \frac{(2n+1)(-\mathrm{j})^n}{n(n+1)} \frac{\psi_n(k_0 r)\, \mathrm{P}_n^1(\cos\vartheta)}{\psi_n \zeta_n}. \tag{101}$$

Damit ist das gesamte Feld im Innenraum bestimmt; die φ- und ϑ-Komponenten der Feldstärken berechnen sich nach Gl. (69) bis (72). Wir wollen sie nicht explizite angeben, sondern uns auf die Radialkomponenten H_r und E_r beschränken, die sich nach Gl. (62) für E_r

und der gleichen Formel für H_r mit v anstatt u ergibt. Somit erhalten wir die Beziehungen

$$H_r = \frac{1}{3} Q H_a \frac{\sin\varphi}{k_0^2 r_0 r} \sum_{n=1}^{\infty} (2n+1)(-j)^n \frac{\psi_n(k_0 r)\, P_n^1(\cos\vartheta)}{\psi_n \zeta_n}, \tag{102}$$

$$E_r = \frac{1}{3} Q Z_0 H_a \cos\varphi \frac{r_0}{r} \sum_{n=1}^{\infty} (2n+1)(-j)^n \frac{\psi_n(k_0 r)\, P_n^1(\cos\vartheta)}{(\psi_n + k_0 r_0 \psi_n')(\zeta_n + k_0 r_0 \zeta_n')}. \tag{103}$$

Wir benutzen sie dazu, um die H_y-Komponente und die E_x-Komponente im Mittelpunkt ($r = 0$) der Kugel anzugeben. Diese Komponenten korrespondieren mit denjenigen der einfallenden Welle entsprechend Abb. 77 und sind demnach geeignet, die Grundlage für die Schirmdämpfung zu geben. Nun ist $H_y = H_r$ für $\varphi = \vartheta = \pi/2$. Ebenso ist $E_x = E_r$ für $\varphi = 0$ und $\vartheta = \pi/2$. Geht man noch zu dem Grenzfall $r = 0$ über, so verschwinden sämtliche Reihenglieder bis auf das erste ($n = 1$). Wir erhalten so

$$(H_y)_{r=0} = \frac{j Q H_a}{3 k_0 r_0 \psi_1 \zeta_1}, \tag{104}$$

$$(E_x)_{r=0} = \frac{j Q Z_0 H_a k_0 r_0}{3(\psi_1 + k_0 r_0 \psi_1')(\zeta_1 + k_0 r_0 \zeta_1')}. \tag{105}$$

Wir sind jetzt in der Lage, die Schirmdämpfungen für das magnetische und elektrische Feld anzugeben. Es ergibt sich

$$a_m \equiv \ln \frac{H_a}{|H_y|_{r=0}} = \underbrace{-\ln|Q|}_{a_s} + \underbrace{\ln|3 k_0 r_0 \psi_1 \zeta_1|}_{\Delta a_m}, \tag{106}$$

$$a_e \equiv \ln \frac{Z_0 H_a}{|E_x|_{r=0}} = \underbrace{-\ln|Q|}_{a_s} + \underbrace{\ln \frac{|3(\psi_1 + k_0 r_0 \psi_1')(\zeta_1 + k_0 r_0 \zeta_1')|}{k_0 r_0}}_{\Delta a_e}. \tag{107}$$

Der erste Term a_s ist wieder die quasistationäre Schirmdämpfung (Abb. 47), während der jeweils zweite Term Δa_m bzw. Δa_e die Abhängigkeit von der Wellenlänge λ_0 zum Ausdruck bringt. Diese Terme lassen sich exakt durch elementare Funktionen ausdrücken, wenn man für ψ_1 und ζ_1 die in Abschn. M [Gl. (M 26) und (M 28)] angegebenen Gleichungen benutzt. Man erhält so folgende Ausdrücke:

$$\Delta a_m = \ln \frac{3\sqrt{1 + (k_0 r_0)^2}\, |\sin k_0 r_0 - k_0 r_0 \cos k_0 r_0|}{(k_0 r_0)^3}, \tag{108}$$

$$\Delta a_e = \ln \frac{3\sqrt{1 - (k_0 r_0)^2 + (k_0 r_0)^4}\, |[(k_0 r_0)^2 - 1] \sin k_0 r_0 + k_0 r_0 \cos k_0 r_0|}{(k_0 r_0)^5}. \tag{109}$$

Nach diesen Gleichungen sind die Kurven in Abb. 79 berechnet. Man erkennt, daß die erste Resonanzkatastrophe für das elektrische Feld bei dem Verhältnis $r_0/\lambda_0 = 0{,}437$ und für das magnetische Feld bei $r_0/\lambda_0 = 0{,}715$ eintritt. Ein Vergleich mit den Abb. 68 u. 73 für den

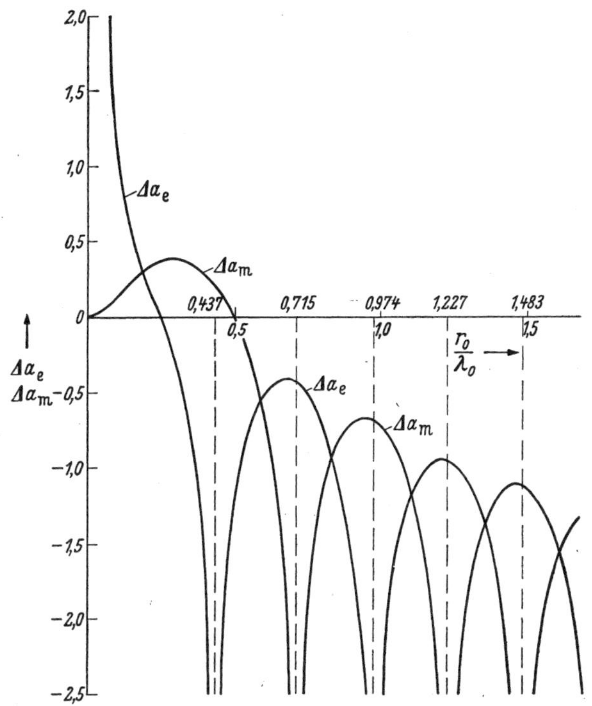

Abb. 79. Zur Berechnung der Schirmdämpfung einer Kugelhülle für das magnetische Feld nach Gl. (106) und (108) und für das elektrische Feld nach Gl. (107) und (109) in Abhängigkeit von dem Verhältnis Kugelradius r_0 zu Wellenlänge λ_0

Hohlzylinder zeigt, daß die Resonanzfrequenzen bei der Hohlkugel höher liegen. Für sehr lange Wellen ($r_0 \ll \lambda_0$) geht die magnetische Schirmdämpfung a_m in die quasistationäre Dämpfung a_s nach Abb. 47 über, während die elektrische Schirmdämpfung a_e nach unendlich strebt, wie es auch bei dem Hohlzylinderproblem der Fall ist.

Beispiel: Eine Meßzelle habe annähernd quadratische Schirmwände, deren Kantenlänge 2 m ist. Sie bestehen aus Kupferfolien von der Dicke $d = 0{,}1$ mm. Es soll die Schirmdämpfung bis zu einer Frequenz von 500 MHz (Wellenlänge $\lambda_0 = 0{,}6$ m) berechnet werden. Wir ersetzen zu diesem Zweck die Meßzelle durch eine Hohlkugel aus Kupfer mit dem Radius $r_0 = 1$ m; ihre Wandstärke sei wie oben $d = 0{,}1$ mm. Zunächst berechnen wir die Schirmdämpfung nach der Gleichung

$$a_s = -\ln |Q|$$

[Q Schirmfaktor für den quasistationären Fall nach Gl. (99) für $r_0 \ll \lambda_0$]. Diese Gleichungen liefern nun für Frequenzen, die größer als etwa 10 MHz sind, extrem hohe Dämpfungswerte. Diese werden jedoch in der Praxis nicht erreicht, weil die notwendigen Tür- und Fensterdurchbrüche sowie Leitungseinführungen die Schirmwirkung begrenzen [3]. Als Grenze nehmen wir einen Dämpfungswert von 12 N an, so daß

$$a_s \leqq 12\,\mathrm{N}$$

gilt. Die Kurve a_s ist in Abb. 80 gezeichnet; sie mündet bei etwa $f = 5$ MHz in das Niveau von 12 N ein. Bei höheren Frequenzen kommen entsprechend Gl. (106) und (107) die Terme Δa_m und Δa_e hinzu, die in Abhängigkeit von der Wellenlänge in Abb. 79 dargestellt sind. Sie geben den Frequenzgang der Schirmdämpfung für die Mitte der Meßzelle an. Man erkennt aus Abb. 80 die Dämpfungseinbrüche

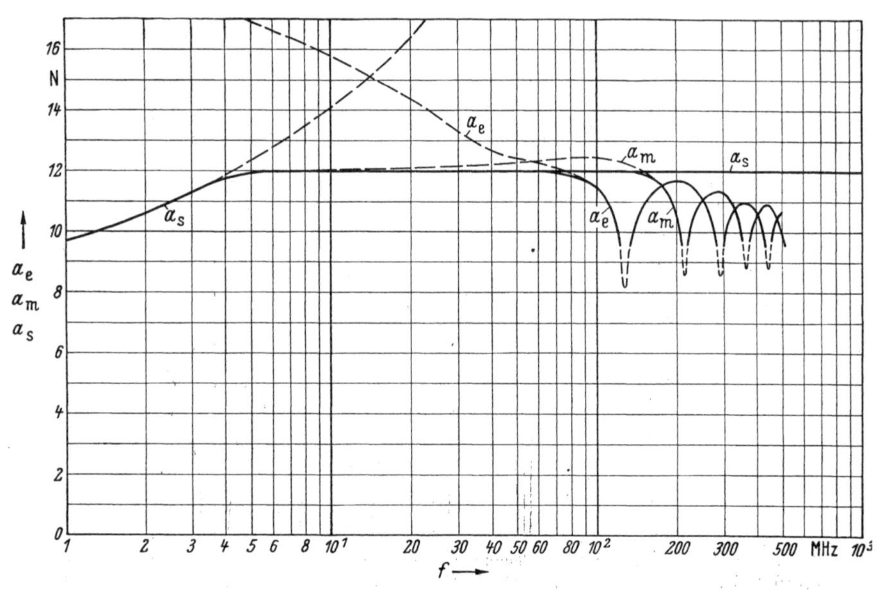

Abb. 80. Die Schirmdämpfung in der Mitte einer Meßzelle von etwa 2 m Kantenlänge mit 0,1 mm Kupferfolie in Abhängigkeit von der Frequenz nach Gl. (106) und (107)

bei den Resonanzfrequenzen, deren erste bei etwa $f = 130$ MHz für das elektrische Feld (a_e) auftritt. Die unterste Resonanzfrequenz für das magnetische Feld (a_m) liegt bei $f = 215$ MHz. Die Tiefe der Einbrüche kann nur geschätzt werden; sie beträgt etwa 3 bis 4 N, so daß die Dämpfung sowohl für das elektrische als auch für das magnetische Feld nicht unter 8 N sinkt.

Literatur zu D

[1] Frank, Ph., u. v. Mises, R.: Die Differential- und Integralgleichungen der Mechanik und Physik. Zweiter Teil. V. Abschnitt von A. Sommerfeld. Braunschweig 1935.

[2] Hey, J. S., Stewart, G. S., Pinson, J. T., u. Prince, P. E. V.: The Scattering of Electromagnetic Waves by Conducting Spheres and Discs. The Proceedings of the Physical Society, Section B, 69, Part 10, 1038/49 (1956).

[3] Deutsch, J., u. Zinke, O.: Abschirmung von Meßräumen und Meßgeräten gegen elektromagnetische Felder. Frequenz 7, 94/101 (1953).

E. Metallische Hüllen mit innerer Felderregung

Wir haben bisher Schirmhüllen in einem äußeren Feld betrachtet, gegen das der Innenraum geschützt werden soll. Es kommt nun sehr häufig vor, daß das Feld im Innenraum eines Schirmes erregt wird wie bei einer von einem Bleimantel umgebenen Doppelleitung oder bei einer Spule innerhalb einer Metallkapsel. In solchen Fällen interessiert vor allem die Rückwirkung der in der Hülle induzierten Wirbelströme auf die Verluste und die Induktivität des Felderregers. Zu diesen Problemen gehört auch die Ermittlung der Leitungskonstanten von koaxialen Leitungen, deren Außenleiter die Eigenschaft eines Schirmes hat. Wir beginnen mit diesem einfachsten Fall.

1. Leitungskonstanten koaxialer Leitungen

Bei einer koaxialen Leitung führt der Innenleiter mit dem Radius r_i den Strom I und der Außenleiter mit dem Radius r_a und der Dicke d_a den entgegengesetzten Strom $-I$ (Abb. 81). Alle Feldgrößen verlaufen rotationssymmetrisch und sind daher nur vom Radius r abhängig. Wir schreiten von innen nach außen fort und berechnen demnach zuerst das Feld im Innenleiter ($0 \leqq r \leqq r_i$). Er habe die Leitfähigkeit $\varkappa_i$; die Wirbelstromkonstante bezeichnen wir mit k_i und dementsprechend die äquivalente Leitschichtdicke nach Gl. (A 23) mit δ_i. Der Strom I verursacht im Innenleiter einen Spannungsabfall und somit eine elektrische Längsfeldstärke E, die sich aus Gl. (A 20) berechnet, die in unserem Fall nach Gl. (A 41) die Gestalt

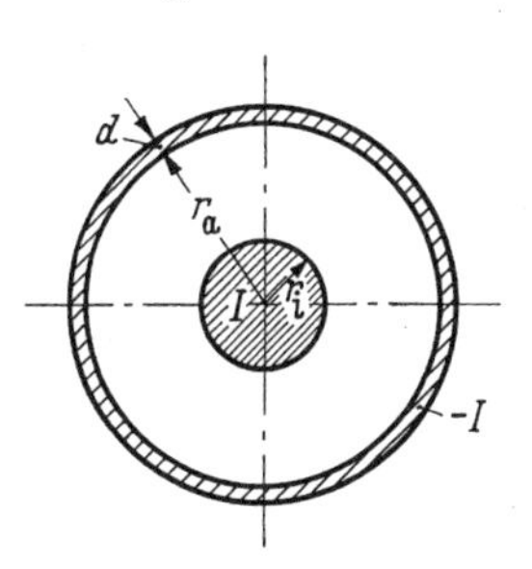

Abb. 81. Koaxiales Kabel mit dem Leitungsstrom I

$$\frac{1}{r}\frac{\mathrm{d}}{\mathrm{d}r}\left(r\frac{\mathrm{d}E}{\mathrm{d}r}\right) \equiv \frac{\mathrm{d}^2E}{\mathrm{d}r^2} + \frac{1}{r}\frac{\mathrm{d}E}{\mathrm{d}r} = k_i^2 E \tag{1}$$

annimmt. Nach Gl. (M 20) und (M 21) führt sie auf die Besselsche Funktion nullter Ordnung mit dem Argument $\mathrm{j}\,k_i\,r$, so daß wir als allgemeine Lösung von Gl. (1) den Ausdruck

$$E = C\,\mathrm{J}_0(\mathrm{j}\,k_i\,r) \tag{2}$$

haben. Wir bestimmen hieraus die magnetische Feldstärke H, die zirkular gerichtet ist (in Richtung φ), mit Hilfe von Gl. (A 14) und erhalten nach Gl. (A 42) mit Benutzung von Gl. (M 8)

$$H = -C\,\frac{k_i}{\omega\,\mu_0}\,\mathrm{J}_1(\mathrm{j}\,k_i\,r) = -\mathrm{j}\,C\,\frac{\varkappa_i}{k_i}\,\mathrm{J}_1(\mathrm{j}\,k_i\,r)\,. \tag{3}$$

Die Konstante C erhält einen festen Wert, wenn man den Durchflutungssatz Gl. (A1) anwendet. Danach muß die Beziehung

$$2\pi r_i H_{r=r_i} = I \tag{4}$$

an der Oberfläche erfüllt sein. Diese liefert die Lösung

$$E = I R_{i0} \frac{j k_i r_i}{2 J_1(j k_i r_i)} J_0(j k_i r), \tag{5}$$

in der $R_{i0} = 1/\pi r_i^2 \varkappa_i$ den Gleichstromwiderstand des Innenleiters je Längeneinheit bedeutet. Hinsichtlich der Anwendung von Tafeln für die BESSELschen Funktionen ist das Argument j $k_i r$ unbequem. Wir schreiben die Gl. (5) auf das Argument $k_i r$ um und erhalten dann an Stelle von E seinen konjugiert komplexen Wert

$$E^* = I R_{i0} \frac{k_i r_i}{2 J_1(k_i r_i)} J_0(k_i r). \tag{6}$$

Dieser ist geeignet, die innere Impedanz des Innenleiters zu berechnen. Wir nehmen zu diesem Zweck E^* an der Oberfläche und dividieren durch den Strom I. Dann ist

$$\frac{E^*_{r=r_i}}{I} \equiv \boldsymbol{R}_i = R_i - j\,\omega L_i = \frac{k_i r_i J_0(k_i r_i)}{2 J_1(k_i r_i)} R_{i0}. \tag{7}$$

Hierin bedeuten R_i den Wirkwiderstand und L_i die innere Induktivität des Innenleiters. Trennt man in Gl. (7) den Real- von dem Imaginärteil, so gewinnt man die Formeln $(k_i = (1 + j)/\delta_i)$

$$\frac{R_i}{R_{i0}} \equiv \varrho_i\left(\frac{r_i}{\delta_i}\right) = \mathrm{Re}\, \frac{k_i r_i}{2} \frac{J_0(k_i r_i)}{J_1(k_i r_i)}, \tag{8}$$

$$L_i \equiv \frac{\mu_0}{2\pi} \lambda_i\left(\frac{r_i}{\delta_i}\right) = -\frac{\mu_0}{2\pi} \mathrm{Re}\, \frac{J_0(k_i r_i)}{k_i r_i J_1(k_i r_i)}. \tag{9}$$

Die beiden Funktionen ϱ_i und λ_i von r_i/δ_i sind in Abb. 82 dargestellt. Man erkennt, daß infolge der Stromverdrängung (Skineffekt) die Widerstandsfunktion ϱ_i monoton mit r_i/δ_i wächst, während die Induktivitätsfunktion λ_i monoton abnimmt. Für kleine und große Argumente r_i/δ_i sind folgende Näherungsformeln nützlich, die sich aus den Reihenentwicklungen und den asymptotischen Gleichungen in Abschn. M ergeben:

$$\varrho_i\left(\frac{r_i}{\delta_i}\right) \approx \begin{cases} 1 + \frac{1}{48}\left(\frac{r_i}{\delta_i}\right)^4 & \text{für} \quad r_i \leqq 1{,}5\,\delta_i, \\ \frac{r_i}{2\delta_i} + \frac{1}{4} + \frac{3}{32}\frac{\delta_i}{r_i} & \text{für} \quad r_i \geqq 1{,}5\,\delta_i, \end{cases} \tag{10}$$

$$\lambda_i\left(\frac{r_i}{\delta_i}\right) \approx \begin{cases} \frac{1}{4} & \text{für} \quad r_i \leqq 2\delta_i, \\ \frac{\delta_i}{2r_i}\left(1 - \frac{3}{16}\left(\frac{\delta_i}{r_i}\right)^2 \ldots\right) & \text{für} \quad r_i \geqq 2\delta_i. \end{cases} \tag{11}$$

Vergleicht man Gl. (10) mit (A 35), so erkennt man, daß das Ergebnis im Abschn. A mit der ersten Näherung unserer exakten Lösung übereinstimmt. Bei hoher Frequenz ($r_i \gg \delta_i$) werden Real- und Imaginär-

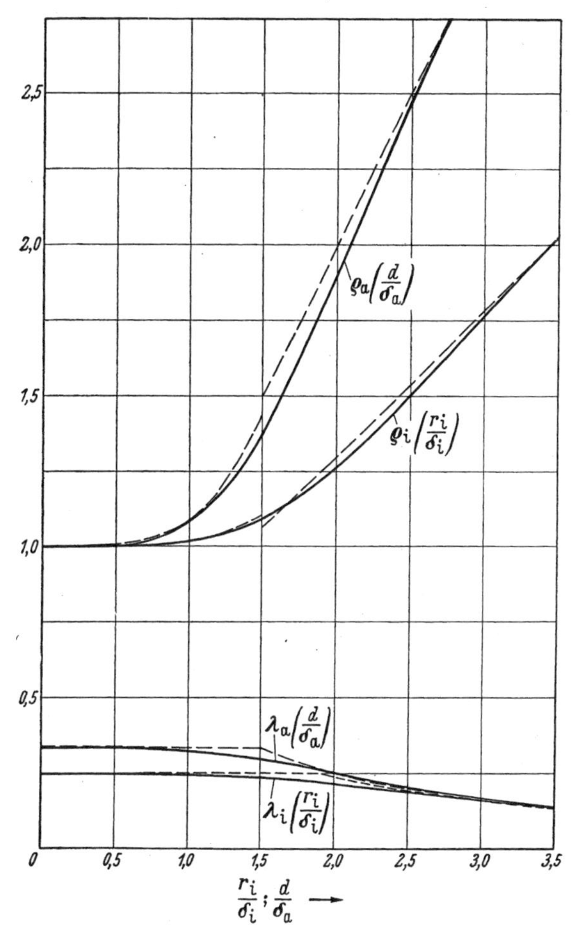

Abb. 82. Die Widerstands- und Induktivitätsfunktionen ϱ und λ für den Innen- und Außenleiter eines koaxialen Kabels mit ihren Näherungen (– – – –) nach den Gl. (10), (11), (26) und (27)

teil der inneren Impedanz gleich groß. Es ist nämlich $R_i = \omega L_i \to \to 1/2\pi r_i \delta_i \varkappa_i$, wie sich aus den Gl. (8) bis (11) mit Benutzung von Gl. (A 23) herleiten läßt.

Das Feld in dem isolierenden Zwischenraum zwischen Außen- und Innenleiter ($r_i \leqq r \leqq r_a$) nimmt nach dem Durchflutungssatz wie in Gl. (A 3) umgekehrt proportional mit r ab:

$$H = \frac{I}{2\pi r}. \tag{12}$$

Daher ist nach dem Induktionsgesetz Gl. (A4) die Umlaufspannung zwischen Außen- und Innenleiter je Längeneinheit, die definitionsgemäß $\mathrm{j}\,\omega\, L\, I$ zu setzen ist, nach der Beziehung

$$\mathrm{j}\,\omega L I = \mathrm{j}\,\omega\,\mu_0 \int_{r_i}^{r_a} H\,\mathrm{d}r \tag{13}$$

zu berechnen. Setzt man für H die Gl. (12) ein und integriert, so erhält man für den Induktivitätsbelag L des Zwischenraumes die bekannte Gleichung

$$L = \frac{\mu_0}{2\pi} \ln \frac{r_a}{r_i}\,. \tag{14}$$

Mit der Kenntnis des Induktivitätsbelages L hat man gleichzeitig auch den Kapazitätsbelag C, weil das Produkt $L\,C$ konstant ist, und zwar

$$L\,C = \mu_0\,\varepsilon\,; \tag{15}$$

dabei ist ε die Dielektrizitätskonstante der Isolierung im Zwischenraum ($\varepsilon = \varepsilon_r\,\varepsilon_0$ mit $\varepsilon_0 = (1/36\,\pi)\;10^{-11}$ F/cm $= 8{,}84$ nF/km Dielektrizitätskonstante des leeren Raumes). Infolgedessen berechnet sich der Kapazitätsbelag nach der Gleichung

$$C = \frac{2\pi\,\varepsilon}{\ln \dfrac{r_a}{r_i}}\,. \tag{16}$$

Wir gehen jetzt zu dem Feld im Außenleiter ($r_a \leqq r \leqq r_a + d$) über, den wir als dünn voraussetzen ($d \ll r_a$), wie es praktisch der Fall ist. Infolgedessen können wir die Änderung von r innerhalb des Außenleiters in Gl. (1) vernachlässigen und haben dann die einfache Differentialgleichung

$$\frac{\mathrm{d}^2 E}{\mathrm{d}r^2} = k_a^2\, E \tag{17}$$

zu lösen, die auf Exponentialfunktionen führt:

$$E = A\,\mathrm{e}^{k_a r} + B\,\mathrm{e}^{-k_a r}. \tag{18}$$

Die beiden Konstanten A und B ermitteln wir aus den Grenzbedingungen für das magnetische Feld, das sich aus Gl. (A14) mit Benutzung von Gl. (A 42) zu

$$H = \frac{\mathrm{d}E}{\mathrm{j}\,\omega\,\mu_0\,\mathrm{d}r} = \frac{k_a}{\mathrm{j}\,\omega\,\mu_0}\left(A\,\mathrm{e}^{k_a r} - B\,\mathrm{e}^{-k_a r}\right) \tag{19}$$

ergibt. Nach dem Durchflutungssatz müssen nun an der inneren und äußeren Oberfläche folgende Bedingungen erfüllt sein:

$$H_{r=r_a} = \frac{I}{2\pi\, r_a} \tag{20}$$

und

$$H_{r=r_a+d} = 0\,. \tag{21}$$

Damit erhalten A und B feste Werte, und die endgültige Gleichung für E lautet:

$$E = -I\,R_{a0}\,\frac{k_a\,d}{\sinh k_a\,d}\cosh k_a\,(r - r_a - d)\,. \tag{22}$$

Hierin ist $R_{a0} = 1/2\,\pi\,r_a\,d\,\varkappa_a$ der Gleichstromwiderstand des Außenleiters. Das Minuszeichen bedeutet, daß E im Außenleiter entgegengesetzt dem E im Innenleiter gerichtet ist (Rückleitung des Stromes I). Die innere Impedanz des Außenleiters $\boldsymbol{R}_a = R_a + \mathrm{j}\,\omega\,L_a$ gewinnen wir, indem wir wieder ähnlich der Gl. (7) E an der inneren Oberfläche $(r = r_a)$ nehmen und durch $-I$ dividieren:

$$\frac{E_{r=r_a}}{-I} \equiv \boldsymbol{R}_a = R_a + \mathrm{j}\,\omega\,L_a = R_{a0}\,k_a\,d\coth k_a\,d\,. \tag{23}$$

Wir führen nun die äquivalente Leitschichtdicke ein, indem wir für $k_a = (1 + \mathrm{j})/\delta_a$ setzen, und bilden den Real- und Imaginärteil von der rechten Seite dieser Gleichung. Dann erhalten wir folgende Gleichung für den Wirkwiderstand:

$$\frac{R_a}{R_{a0}} \equiv \varrho_a\left(\frac{d}{\delta_a}\right) = \frac{d}{\delta_a}\,\frac{\sinh 2\,\dfrac{d}{\delta_a} + \sin 2\,\dfrac{d}{\delta_a}}{\cosh 2\,\dfrac{d}{\delta_a} - \cos 2\,\dfrac{d}{\delta_a}}\,. \tag{24}$$

Die innere Induktivität L_a ergibt sich zu

$$L_a \equiv \frac{\mu_0}{2\pi}\,\frac{d}{r_a}\,\lambda_a\left(\frac{d}{\delta_a}\right) = \frac{\mu_0}{2\pi}\,\frac{d}{r_a}\,\frac{\delta_a}{2d}\,\frac{\sinh\dfrac{2d}{\delta_a} - \sin\dfrac{2d}{\delta_a}}{\cosh\dfrac{2d}{\delta_a} - \cos\dfrac{2d}{\delta_a}}\,. \tag{25}$$

In Abb. 82 sind die Widerstandsfunktion $\varrho_a(d/\delta_a)$ und die Induktivitätsfunktion $\lambda_a(d/\delta_a)$ nach diesen Gleichungen wiedergegeben. Für kleine und große Werte des Arguments d/δ_a kann man mit folgenden Näherungsformeln rechnen:

$$\varrho_a\left(\frac{d}{\delta_a}\right) \approx \begin{cases} 1 + \dfrac{4}{45}\left(\dfrac{d}{\delta_a}\right)^4 & \text{für} \quad d \leqq 1{,}5\,\delta_a\,, \\[2ex] \dfrac{d}{\delta_a} & \text{für} \quad d \geqq 1{,}5\,\delta_a\,, \end{cases} \tag{26}$$

$$\lambda_a\left(\frac{d}{\delta_a}\right) \approx \begin{cases} \dfrac{1}{3} & \text{für} \quad d \leqq 1{,}5\,\delta_a\,, \\[2ex] \dfrac{\delta_a}{2d} & \text{für} \quad d \geqq 1{,}5\,\delta_a\,. \end{cases} \tag{27}$$

Diese Näherungen sind ebenfalls in Abb. 82 eingetragen, die asymptotisch in die exakten Kurven übergehen. Man findet eine übersichtliche Zusammenstellung der Gleichungen für sämtliche Leitungskonstanten des koaxialen Kabels in Tab. 4.

Wir bestimmen nun die Dämpfung α_∞ des koaxialen Kabels bei sehr hohen Frequenzen, wenn sowohl im Innenleiter als auch im Außenleiter starke Stromverdrängung herrscht ($r_i \gg \delta$; $d \gg \delta$). In diesem

Tabelle 4. *Die Konstanten von koaxialen Leitungen nach Abb. 81*

	Allgemeingültige Formeln	Näherungsformeln für Stromverdrängung $r_i > \delta_i$; $d > \delta_a$
Wirkwiderstand $R_g = R_i + R_a$		
$R_i =$	$\dfrac{1}{\pi r_i^2 \varkappa_i} \varrho_i\left(\dfrac{r_i}{\delta_i}\right)$	$\dfrac{1+\dfrac{\delta_i}{2r_i}}{2\pi r_i \delta_i \varkappa_i}$
$R_a =$	$\dfrac{1}{2\pi r_a d \varkappa_a} \varrho_a\left(\dfrac{d}{\delta_a}\right)$	$\dfrac{1}{2\pi r_a \delta_a \varkappa_a}$
Induktivität $L_g = L_i + L + L_a$; $\left(\dfrac{\mu_0}{2\pi} = \dfrac{1}{5}\,\dfrac{\text{mH}}{\text{km}}\right)$		
$L_i =$	$\dfrac{\mu_0}{2\pi} \lambda_i\left(\dfrac{r_i}{\delta_i}\right)$	$\dfrac{\mu_0}{4\pi}\,\dfrac{\delta_i}{r_i}$
$L =$	$\dfrac{\mu_0}{2\pi} \ln \dfrac{r_a}{r_i}$	
$L_a =$	$\dfrac{\mu_0}{2\pi}\,\dfrac{d}{r_a} \lambda_a\left(\dfrac{d}{\delta_a}\right)$	$\dfrac{\mu_0}{4\pi}\,\dfrac{\delta_a}{r_a}$
Kapazität C; $\left(2\pi\varepsilon_0 = \dfrac{500}{9}\,\dfrac{\text{nF}}{\text{km}}\right)$		
$C =$	$\dfrac{2\pi\varepsilon_r\varepsilon_0}{\ln \dfrac{r_a}{r_i}}$	

Fall kann man $\lambda_i = \lambda_a = 0$ nehmen und für ϱ_i und ϱ_a die asymptotischen Näherungen nach Gl. (10) und (26) benutzen. Dann ergibt sich die Dämpfung zu

$$\alpha_\infty = \frac{\sqrt{\varepsilon_r}}{2 r_a \delta \varkappa} \sqrt{\frac{\varepsilon_0}{\mu_0}}\, \frac{1+v}{\ln v}\,. \tag{28}$$

Hierbei ist angenommen, daß der Innen- und Außenleiter aus demselben Metall bestehen ($\varkappa_i = \varkappa_a = \varkappa$; $\delta_i = \delta_a = \delta$); $v = r_a/r_i$ bedeutet das Radienverhältnis. Man erkennt aus dieser Gleichung, daß es ein günstiges Verhältnis v_0 geben muß, bei dem die Dämpfung bei festem r_a zu einem Minimum wird. Dieses ist

$$v_0 = 3{,}6\,. \tag{29}$$

Es läßt sich zeigen, daß die Beziehung $\ln v_0 = 1 + 1/v_0$ gilt; damit erhält man für die Dämpfung bei optimaler Bemessung die Gleichung

$$\alpha_{\min} = \frac{1{,}8\sqrt{\varepsilon_r}}{r_a\,\delta\,\varkappa}\sqrt{\frac{\varepsilon_0}{\mu_0}} = \frac{3\sqrt{\varepsilon_r}\cdot 10^5}{\frac{2\pi r_a}{\text{mm}}\;\frac{\delta}{\text{mm}}\;\frac{\varkappa}{\text{S/cm}}}\;\frac{\text{N}}{\text{km}}\,. \tag{30}$$

Beispiel: Auf Grund internationaler Vereinbarungen wurde eine koaxiale Leitung für Breitbandübertragungen mit folgenden Abmessungen festgelegt:

Innenradius des Außenleiters $r_a = 4{,}75$ mm,
Radius des Innenleiters $r_i = 1{,}32$ mm,
Wandstärke des Außenleiters $d = 0{,}25$ mm.

Das Leitermetall ist Kupfer mit einer Leitfähigkeit von $\varkappa = 57 \cdot 10^4$ S/cm. Die relative Dielektrizitätskonstante der Isolierung ist $\varepsilon_r = 1{,}08$. In Tab. 5 sind sowohl die Leitungskonstanten als auch die Übertragungskonstanten für die Frequenzen 50, 100, 250, 500, 1000, 2500 und 5000 kHz zusammengestellt.

Tabelle 5. *Leitungs- und Übertragungskonstanten einer koaxialen Leitung* 9,5/2,64 *bei verschiedenen Frequenzen.* $\varepsilon_r = 1{,}08$.

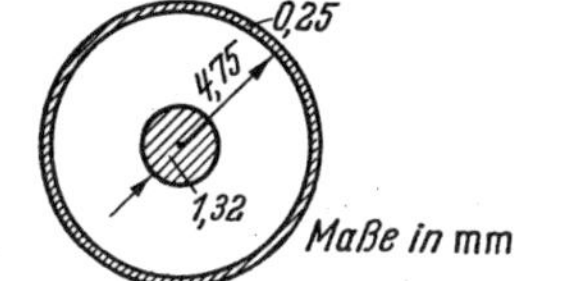

Z_1 *und* $-Z_2$ *Real- und Imaginärteil des Wellenwiderstands* $(Z = Z_1 - \mathrm{j}\,Z_2)$
τ *Laufzeit;* α *Dämpfung*

f	50	100	250	500	1000	2500	5000	kHz
R_i	7,99	10,92	16,76	23,35	32,67	51,18	72,03	Ω/km
R_a	2,45	2,74	4,15	6,24	8,85	14,0	19,79	
R_g	10,44	13,66	20,91	29,59	41,52	65,18	91,82	
L_i	0,022	0,016	0,010	0,007	0,005	0,003	0,002	mH/km
L	0,256	0,256	0,256	0,256	0,256	0,256	0,256	
L_a	0,003	0,003	0,003	0,002	0,001	0,001	0,001	
L_g	0,281	0,275	0,269	0,265	0,262	0,260	0,259	
C	46,95	46,95	46,95	46,95	46,95	46,95	46,95	nF/km
$Z_1 = \sqrt{\frac{L_g}{C}}$	77,61	76,63	75,70	75,17	74,78	74,44	74,27	Ω
$Z_2 = \frac{R_g}{2\omega\tau}$	5,46	3,02	1,87	1,34	0,94	0,59	0,42	
$\tau = \sqrt{L_g C}$	3,64	3,60	3,55	3,53	3,51	3,50	3,49	µs/km
$\alpha = \frac{R_g}{2Z_1}$	0,067	0,089	0,138	0,197	0,278	0,438	0,618	N/km

2. Leitungskonstanten einer Doppelleitung mit koaxialem Metallmantel

Eine geschirmte Doppelleitung nach Abb. 83 hat zwei unabhängige Leitungssysteme. Bei dem symmetrischen Leitungssystem (Abb. 84) führen die beiden Drähte *1* und *2* entgegengesetzt gerichtete Ströme I

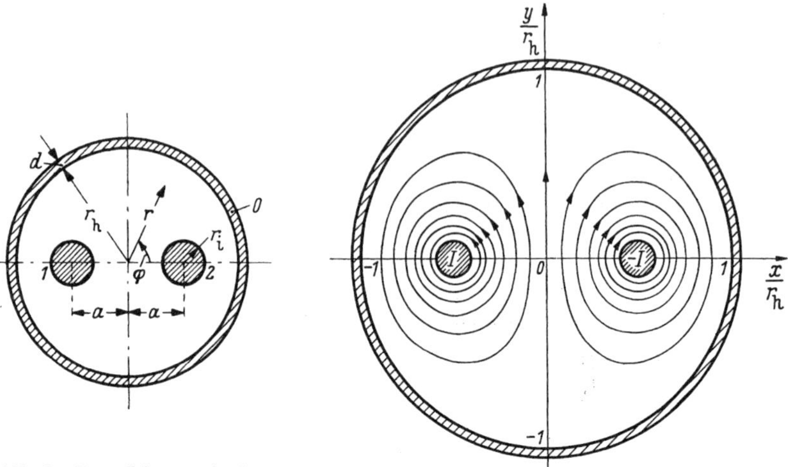

Abb. 83. Doppelleitung mit den Leitern *1* und *2* innerhalb einer koaxialen Hülle *0*

Abb. 84. Das symmetrische Leitungssystem einer geschirmten Doppelleitung mit magnetischen Feldlinien

und $-I$; der äußere Schirm *0* ist nicht am Stromtransport beteiligt. Dieses System wird auch als Gegentaktsystem bezeichnet. Bei dem unsymmetrischen Leitungssystem (Abb. 88) sind die beiden Drähte *1* und *2* parallel geschaltet und führen je den Strom $I/2$, während die Rückleitung über den Schirm *0* geschieht, in dem somit der Strom $-I$ fließt (Gleichtaktsystem). Der Abstand der Drahtmitten betrage $2a$, und der Schirmradius sei hier mit r_h bezeichnet. Den Radius der Drähte nennen wir r_i und die Schirmdicke d. Ferner soll die Leitfähigkeit der Drähte $\varkappa_i$ und die des Schirmes $\varkappa_h$ sein.

a) Symmetrisches Leitungssystem

Die Anordnung nach Abb. 83 ist eine Verallgemeinerung der ungeschirmten Doppelleitung nach Abb. 25. Unser Ziel ist zunächst, die Wechselwirkung zwischen dem magnetischen Feld der Leitung und den in dem Mantel induzierten Wirbelströmen zu berechnen. Zu diesem Zweck gehen wir von dem komplexen Potential $\underline{Z}_0$ der Doppelleitung aus, das sich aus den beiden Potentialen der Drähte *1* und *2* zusammensetzt. Jedes dieser Potentiale ist nach Gl. (B 81) zu berechnen, so daß

$$\underline{Z}_0 = \frac{\mathrm{i}I}{2\pi} \ln \frac{\underline{z}_2}{\underline{z}_1} = \frac{\mathrm{i}I}{2\pi} \ln \frac{\underline{z} - a}{\underline{z} + a} \tag{31}$$

ist. Dabei bedeuten $\underline{z}_1$ und $\underline{z}_2$ die komplexen Koordinaten eines Aufpunktes P, bezogen auf die Mitte der Drähte *1* und *2*, während $\underline{z} = r\,e^{i\varphi}$ von der Achse des Schirmes aus gerechnet ist. Diese Gleichung ist noch nicht für unsere Zwecke geeignet, da wir das Potential wie in Gl. (B 83) durch Überlagerung von Partikulärlösungen der Potentialgleichung $\Delta X = 0$ in der Form $r^{\pm m} \sin m\,\varphi$ darstellen müssen. Wir entwickeln daher Gl. (31) für $|\underline{z}| > a$ in eine Reihe und erhalten

$$\underline{Z}_0 = -\frac{i\,I}{\pi} \sum_{m=1,3,5\ldots}^{\infty} \frac{1}{m} \left(\frac{a}{\underline{z}}\right)^m. \tag{32}$$

Das Potential X_0 des magnetischen Feldes ist nun der Realteil von $\underline{Z}_0$. Wir erhalten somit

$$X_0 = -\frac{I}{\pi} \sum_{m=1,3,5\ldots}^{\infty} \frac{1}{m} \left(\frac{a}{r}\right)^m \sin m\,\varphi. \tag{33}$$

Über dieses Feld überlagert sich nun im Innenraum ($0 \leqq r \leqq r_h$) das Rückwirkungsfeld, das von den Wirbelströmen in dem metallischen Mantel herrührt. Das Potential dieses Feldes nennen wir X_w, das wir mit Hilfe der sogenannten Rückwirkungsfaktoren W_m ähnlich wie in Gl. (B 90) wie folgt ausdrücken:

$$X_w = -\frac{I}{\pi} \sum_{m=1,3,5\ldots}^{\infty} \frac{1}{m} \left(\frac{a\,r}{r_h^2}\right)^m W_m \sin m\,\varphi. \tag{34}$$

Diese Darstellung ist so gewählt, daß die Rückwirkungsfaktoren W_m dimensionslos sind; sie erhalten feste Werte erst aus den Grenzbedingungen an der inneren und äußeren Oberfläche des Mantels. Sowohl X_0 als X_w erfüllen die Potentialgleichung $\Delta X = 0$ [Gl. (A 17)], wie man sich mit Hilfe von Gl. (A 41) überzeugen kann; sie sind außerdem voneinander linear unabhängig, wie es sein muß. Die Potentialfunktion X_w nach Gl. (34) ist wiederum als Realteil einer komplexen Funktion $\underline{Z}_w$ aufzufassen, deren Imaginärteil wir Y_w nennen ($\underline{Z}_w = X_w + i\,Y_w$). Die Funktion Y_w kann man in Analogie zur Strömungslehre auch als Stromfunktion bezeichnen. Manche Autoren rechnen in der Theorie der magnetischen Felder mit dem Vektorpotential. Dieses hat hier nur eine axiale Komponente; sie ist identisch mit der Stromfunktion. Wenn wir künftig in diesem Abschnitt den Begiff Vektorpotential benutzen, meinen wir diese axiale Komponente. Da sie uns später die Berechnung der Leitungskonstanten erleichtert, geben wir sie an; sie lautet

$$Y_w = \frac{I}{\pi} \sum_{m=1,3,5\ldots}^{\infty} \frac{1}{m} \left(\frac{a\,r}{r_h^2}\right)^m W_m \cos m\,\varphi. \tag{35}$$

Zur Bestimmung des Feldes innerhalb des Mantels ($r_h \leqq r \leqq r_h + d$) gehen wir wie früher von der elektrischen Feldstärke E aus, die axial gerichtet ist. Sie muß der Differentialgleichung (B 29) genügen, die wir mit dem Ansatz

$$E = g(r) \cos m\varphi \tag{36}$$

zu lösen versuchen. Die Funktion $g(r)$ muß dann die gewöhnliche Differentialgleichung

$$\frac{1}{r}(r g')' - \left(k_h^2 + \frac{m^2}{r^2}\right) g(r) = 0 \tag{37}$$

erfüllen, die nach Gl. (M 5) auf Zylinderfunktionen von der Ordnung m mit dem Argument $\mathrm{j} k_h r$ führt $\left(k_h = \sqrt{\mathrm{j}\omega\mu\varkappa_h} = (1+\mathrm{j})/\delta_h\right.$ Wirbelstromkonstante der Hülle). Wir verzichten jedoch auf die exakte Lösung, weil sie für numerische Zwecke unnötig kompliziert wird. Wir erhalten eine einfachere Näherungslösung, wenn wir die Tatsache ausnutzen, daß die metallischen Mäntel dünnwandig sind ($d \ll r_h$). Das bedeutet, daß sich r innerhalb der Wand nur wenig ändert; daher können wir $r \approx r_h$ und $r g' \approx r_h g'$ nehmen. Die Differentialgleichung (37) vereinfacht sich dann zu

$$g''(r) = k_m^2 g(r). \tag{38}$$

Aus der Beziehung

$$k_m^2 = k_h^2 + \frac{m^2}{r_h^2} \tag{39}$$

ist k_m zu bestimmen. Die Gl. (38) führt auf Exponentialfunktionen, so daß sich die elektrische Feldstärke zu

$$E = \sum_{m=1,3,5\ldots}^{\infty} \left(A_m \mathrm{e}^{k_m r} + B_m \mathrm{e}^{-k_m r}\right) \cos m\varphi \tag{40}$$

ergibt, die eine Verallgemeinerung von Gl. (C 25) ist. Das magnetische Feld in der Wand ist nach den Gl. (C 26) zu berechnen.

Das Feld im Außenraum ($r \geqq r_h + d$) erhält man ohne Schwierigkeit mit Hilfe der Vorstellung, daß man sich das ungestörte Feld der Doppelleitung nach Gl. (33) aus der Überlagerung von Multipolfeldern aufgebaut denkt. Im Außenraum wird nun jedes Teilfeld, das durch den Index m gekennzeichnet ist, um den jeweiligen Schirmfaktor Q_m geschwächt. Demnach erhalten wir aus Gl. (33) folgenden Ausdruck für das reelle Potential X_a des magnetischen Feldes:

$$X_a = -\frac{I}{\pi} \sum_{m=1,3,5\ldots}^{\infty} \frac{1}{m} Q_m \left(\frac{a}{r}\right)^m \sin m\varphi. \tag{41}$$

Die vier unbekannten Konstanten A_m, B_m, W_m und Q_m nehmen nun feste Werte an, wenn man die bekannten Übergangsbedingungen an der inneren ($r = r_h$) und äußeren Oberfläche ($r = r_h + d$) erfüllt, wie sie im Anschluß an Gl. (C 27) formuliert sind. Man erhält dann für

Q_m und W_m ähnliche Gleichungen wie Gl. (C 33) und (C 34), nur daß an Stelle von k und K hier die Ausdrücke k_m nach Gl. (39) und

$$K_m = \frac{\mu_0}{\mu} \frac{k_m r_h}{m} \tag{42}$$

einzusetzen sind. Daher ist

$$Q_m = \frac{1}{\cosh k_m d + \frac{1}{2}\left(K_m + \frac{1}{K_m}\right)\sinh k_m d} \tag{43}$$

und

$$W_m = \frac{\frac{1}{2}\left(K_m - \frac{1}{K_m}\right)\sinh k_m d}{\cosh k_m d + \frac{1}{2}\left(K_m + \frac{1}{K_m}\right)\sinh k_m d}. \tag{44}$$

Um die Wirkung der Wirbelströme in der Hülle auf Induktivität und Verlustwiderstand der Doppelleitung berechnen zu können, muß der Rückwirkungsfaktor W_m nach Gl. (44) in seinen Realteil U_m und Imaginärteil V_m zerlegt werden ($W_m = U_m + \mathrm{j}\, V_m$). Aus Gl. (39) ist k_m zu ermitteln. Die exakte Rechnung führt auf außerordentlich verwickelte Ausdrücke, die für die von uns angestrebte Genauigkeit noch unnötig kompliziert sind. Wir vereinfachen die Gl. (44) dadurch, daß wir $k_m \approx k_h$ nehmen und Eisenmäntel ausschließen ($\mu = \mu_0$), so daß $1/K_m$ neben K_m vernachlässigt werden kann. Diese Vereinfachungen sind um so eher zulässig, je höher die Frequenz, d. h., je größer $|k_h|\, r_h/m$ gegen eins ist. Obgleich also der Fehler bei niedrigen Frequenzen ($|k_h|\, r_h/m \approx 1$) wächst, spielt dies eine geringe Rolle, weil in diesem Bereich der Wirbelstromeffekt relativ klein zu anderen Effekten wird, wie wir später sehen werden. Es ergeben sich auf diese Weise folgende Ausdrücke:

$$U_m = \frac{r_h}{4 m \delta_h}\left[\sinh\frac{2d}{\delta_h} - \sin\frac{2d}{\delta_h} + \frac{r_h}{m \delta_h}\left(\cosh\frac{2d}{\delta_h} - \cos\frac{2d}{\delta_h}\right)\right] |Q_m|^2 \tag{45}$$

und

$$V_m = \frac{r_h}{4 m \delta_h}\left(\sinh\frac{2d}{\delta_h} + \sin\frac{2d}{\delta_h}\right) |Q_m|^2. \tag{46}$$

Hierin ist der Betrag des Schirmfaktors Q_m aus

$$\frac{1}{|Q_m|^2} = \frac{1}{2}\left(\cosh\frac{2d}{\delta_h} + \cos\frac{2d}{\delta_h}\right) + \frac{r_h}{2 m \delta_h}\left(\sinh\frac{2d}{\delta_h} - \sin\frac{2d}{\delta_h}\right) + \\ + \left(\frac{r_h}{2 m \delta_h}\right)^2 \left(\cosh\frac{2d}{\delta_h} - \cos\frac{2d}{\delta_h}\right) \tag{47}$$

zu berechnen. Nach diesen Gleichungen sind die Kurven in Abb. 85 u. 86 ermittelt, wobei als Abszisse die Größe d/δ_h, die die Frequenz enthält, und als Parameter das die Abmessungen enthaltende Verhältnis r_h/md gewählt ist. Man erkennt, daß U_m mit wachsender Frequenz monoton nach eins strebt, während V_m über ein Maximum geht. Für numerische Rechnungen sind oft folgende Näherungsformeln empfehlenswert:

$$U_m = \begin{cases} \dfrac{\left(\dfrac{r_h d}{m \delta_h^2}\right)^2 \left(1 + \dfrac{2}{3}\dfrac{m d}{r_h}\right)}{1 + \left(\dfrac{r_h d}{m \delta_h^2}\right)^2 \left(1 + \dfrac{4}{3}\dfrac{m d}{r_h}\right)} & \text{für} \quad d < \delta_h, \\ 1 - \dfrac{m \delta_h}{r_h} & \text{für} \quad d > \delta_h, \end{cases} \tag{48}$$

$$V_m \approx \begin{cases} \dfrac{\dfrac{r_h d}{m \delta_h^2}}{1 + \left(\dfrac{r_h d}{m \delta_h^2}\right)^2 \left(1 + \dfrac{4}{3}\dfrac{m d}{r_h}\right)} & \text{für} \quad d < \delta_h, \\ \dfrac{m \delta_h}{r_h} & \text{für} \quad d > \delta_h. \end{cases} \tag{49}$$

Nachdem das resultierende magnetische Feld bekannt ist, können wir jetzt die Leitungskonstanten der geschirmten Doppelleitung be-

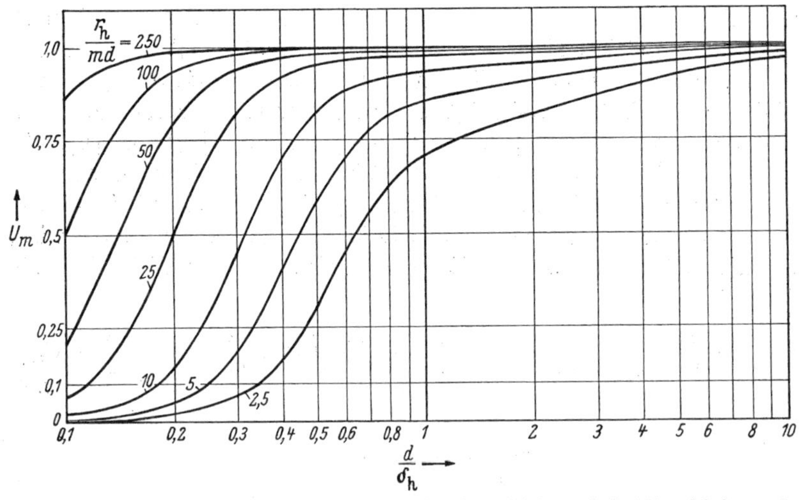

Abb. 85. Der Realteil U_m des Rückwirkungsfaktors W_m eines Kabelmantels in Abhängigkeit von der Frequenz (d/δ_h) bei verschiedenen Abmessungen r_h/d. (m Summationsvariable nach Gl. (32) u. f.)

rechnen. Für ihre gesamten Verluste sind drei Effekte maßgebend: Die Leitungsverluste in den beiden Drähten bei rotationssymmetrischer Stromverteilung wie beim Innenleiter des Koaxialkabels, die Wirbelstromverluste in dem metallischen Schirm und die zusätzlichen Verluste in den Drähten infolge von Nähewirkung (s. Abschn. B, Kap. 2c). Die Gesamtverluste drücken wir durch die Leistung $I^2 R_g$ aus, wobei R_g der gesamte Widerstand ist. Er setzt sich additiv aus drei Termen zusammen, die wir in der obigen Reihenfolge $2R_i$, $2R_h$ und

$2R_n$ nennen. Dementsprechend ist

$$R_g = 2(R_i + R_h + R_n). \tag{50}$$

Wir haben hier den Faktor 2 benutzt, weil bei einer Doppelleitung zwei Drähte in Reihe geschaltet sind. Diese Normierung erweist sich im Hinblick auf eine gemeinsame Gleichung mit der Viererphantomleitung als zweckmäßig. In der gleichen Weise berechnen wir die gesamte Induktivität L_g der Doppelleitung und schreiben

$$L_g = 2(L_i + L + L_h + L_n). \tag{51}$$

Hier ist noch der Term L hinzugefügt worden, der das magnetische Feld in Luft berücksichtigt für den Fall, daß die Hülle nicht da ist.

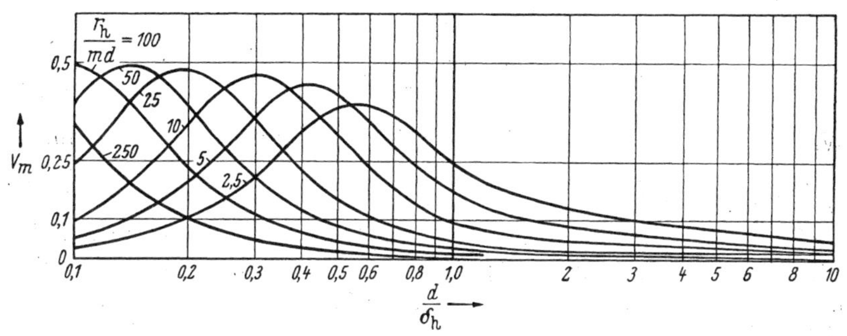

Abb. 86. Der Imaginärteil V_m des Rückwirkungsfaktors W_m eines Kabelmantels in Abhängigkeit von der Frequenz (d/δ_h) bei verschiedenen Abmessungen r_h/d. (m Summationsvariable nach Gl. (32) u. f.)

Der *innere Widerstand* R_i und die *innere Induktivität* L_i sind nach Gl. (8) und (9) dieses Abschnittes zu berechnen. Auch die *Luftinduktivität* L ist bekannt; nach Gl. (B 199) ist nämlich

$$L = \frac{\mu_0}{2\pi} \ln \frac{2a}{r_i}. \tag{52}$$

Neu ist für uns der *Wirbelstromeinfluß der Hülle.* Wir berechnen ihn, indem wir die Spannung ermitteln, die das Wirbelstromfeld in der Doppelleitung induziert. Diese Spannung setzen wir definitionsgemäß gleich $2I(R_h + j\omega L_h)$; sie ist dem magnetischen Kraftfluß proportional, der durch die zwischen den Drahtachsen liegenden Fläche für die Einheit der Kabellänge hindurchtritt. Dieser Kraftfluß ergibt sich aus der Differenz des Vektorpotentials Y_w nach Gl. (35) an den Drahtmitten. Mithin ist

$$2I(R_h + j\,\omega L_h) = -j\,\omega\,\mu_0 [(Y_w)_{\varphi=0} - (Y_w)_{\varphi=\pi}]_{r=a}. \tag{53}$$

Setzen wir nun hierin für Y_w die Gl. (35) ein und trennen den Real von dem Imaginärteil, so erhalten wir für den Widerstand

$$R_h = \frac{2}{\pi\,\delta_h^2\,\varkappa_h} \sum_{m=1,3,5\ldots}^{\infty} \frac{1}{m} \left(\frac{a}{r_h}\right)^{2m} V_m \tag{54}$$

und für die Induktivität

$$L_{\text{h}} = -\frac{\mu_0}{\pi} \sum_{m=1,3,5\ldots}^{\infty} \frac{1}{m} \left(\frac{a}{r_{\text{h}}}\right)^{2m} U_m . \tag{55}$$

Hierin ist der Realteil U_m des Rückwirkungsfaktors W_m nach Gl. (45) und der Imaginärteil V_m nach Gl. (46) einzusetzen, die auch in Abb. 85 und 86 dargestellt sind. Für den Fall, daß in der Hülle Stromverdrängung herrscht ($d > \delta_{\text{h}}$), kann man die Gl. (54) und (55) erheblich vereinfachen. Setzt man nämlich die entsprechenden Näherungsformeln Gl. (48) und (49) ein, so kann man die Reihen geschlossen summieren und erhält

$$R_{\text{h}} \approx \frac{2}{\pi r_{\text{h}} \delta_{\text{h}} \varkappa_{\text{h}}} \frac{(a r_{\text{h}})^2}{r_{\text{h}}^4 - a^4} , \tag{56}$$

$$L_{\text{h}} \approx -\frac{\mu_0}{2\pi} \left[\ln \frac{r_{\text{h}}^2 + a^2}{r_{\text{h}}^2 - a^2} - \frac{2\delta_{\text{h}}}{r_{\text{h}}} \frac{(a r_{\text{h}})^2}{r_{\text{h}}^4 - a^4} \right] . \tag{57}$$

Wie man erkennt, wird der Gesamtwiderstand der Doppelleitung durch die Hülle erhöht, während die Induktivität abnimmt (L_{h} negativ!). Dies ist plausibel, wenn man bedenkt, daß der für das magnetische Feld zur Verfügung stehende Querschnitt um so mehr eingeschränkt ist, je höher die Frequenz ist; bei Stromverdrängung in der Hülle ist praktisch nur noch der Innenraum ($r \leqq r_{\text{h}}$) von dem magnetischen Feld erfüllt.

Die *Nähewirkung*, die wir bereits in Abschn. B, Kap. 2c beschrieben haben, wird durch das Rückwirkungsfeld der Hülle verkleinert. Die magnetische Feldstärke, die die zusätzlichen Nähewirkungsverluste in den Drähten induziert, ist hier nämlich nicht mehr wie nach Gl. (B 48) ($H_{\text{a}} = I/4\pi a$), sondern nach der Gleichung

$$H_{\text{a}} = \frac{I}{4\pi a} + \left(\frac{\partial X_{\text{w}}}{r\, \partial \varphi}\right)_{\substack{r=a\\ \varphi=0}} = \frac{I}{4\pi a} \left(1 - 4 \sum_{m=1,3,5\ldots}^{\infty} \left(\frac{a}{r_{\text{h}}}\right)^{2m} W_m\right) \tag{58}$$

zu berechnen. Wie man sieht, nimmt H_{a} ab. Benutzen wir jetzt für die Verluste die Gl. (B 42), so ergibt sich folgende Gleichung für den Widerstand R_{n} der Nähewirkung:

$$R_{\text{n}} = \frac{1}{4\pi a^2 \varkappa_{\text{i}}} \left[\left(1 - 4 \sum_{m=1,3,5\ldots}^{\infty} \left(\frac{a}{r_{\text{h}}}\right)^{2m} U_{\text{m}}\right)^2 + \left(4 \sum_{m=1,3,5\ldots}^{\infty} \left(\frac{a}{r_{\text{h}}}\right)^{2m} V_{\text{m}}\right)^2 \right] \varrho_{\text{z}}\left(\frac{r_{\text{i}}}{\delta_{\text{i}}}\right) . \tag{59}$$

Sie geht in Gl. (B 51) über, wenn die Hülle sehr groß wird ($r_{\text{h}} \to \infty$), wie es sein muß. Die Funktion $\varrho_{\text{z}}(r_{\text{i}}/\delta_{\text{i}})$ ist in Abb. 87 wiedergegeben; ihre Näherungen für niedrige und hohe Frequenzen folgen aus Gl. (B 21). — Auch die Induktivität der Doppelleitung wird durch die Nähewirkung verändert. Wir nennen ihren Anteil L_n. Er wird am leichtesten aus der Vorstellung gewonnen, daß die Blindleistung $I^2 \omega L_n/2$ der Imaginärteil einer komplexen Funktion ist, deren Real-

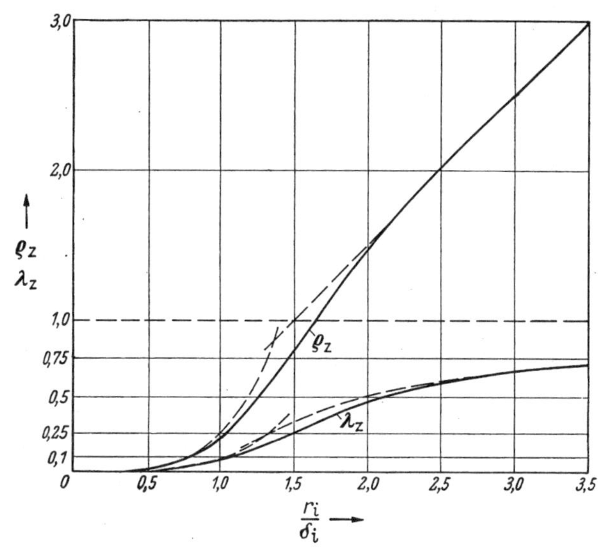

Abb. 87. Die Nähewirkungsfunktionen eines Drahtes für den Widerstand (ϱ_z) und die Induktivität (λ_z) in Abhängigkeit von r_i/δ_i

teil die Verlustleistung $I^2 R_n/2$ ist. Diese komplexe Funktion ist nach Gl. (B 37) für $\mu_0 = \mu$ der Ausdruck

$$\frac{1}{2} I^2 (R_n + j\,\omega L_n) = \frac{\pi}{\varkappa_i} |H_a|^2 (j\,k_i\,r_i)^2\, W, \tag{60}$$

in dem W der Rückwirkungsfaktor des Drahtes nach Gl. (B 38) ist. Setzt man nun für $k_i^2 = j\,\omega\,\mu_0\,\varkappa_i$ ein und vergleicht die Imaginärteile auf beiden Seiten miteinander, so erhält man

$$\frac{1}{2} I^2 L_n = -\pi\,\mu_0\,r_i^2\,|H_a|^2\,\mathrm{Im}\,(j\,W). \tag{61}$$

Die Funktion Im (j W) nennen wir die Nähewirkungsfunktion für die Induktivität und führen für sie die Bezeichnung $\lambda_z(r_i/\delta_i)$ ein. Sie berechnet sich aus Gl. (B 38) zu

$$\lambda_z\left(\frac{r_i}{\delta_i}\right) \equiv \mathrm{Im}\,(j\,W) = \mathrm{Re}\,(W) = -\,\mathrm{Re}\,\frac{J_2\,(j\,k_i\,r_i)}{J_0\,(j\,k_i\,r_i)} = -\,\mathrm{Re}\,\frac{J_2\,(k_i\,r_i)}{J_0\,(k_i\,r_i)}\,. \tag{62}$$

Ihre Näherungen lauten

$$\lambda_z\left(\frac{r_i}{\delta_i}\right) \approx \begin{cases} \dfrac{1}{12}\left(\dfrac{r_i}{\delta_i}\right)^4 & \text{für} \quad r_i < \delta_i\,, \\ 1 - \dfrac{\delta_i}{r_i} & \text{für} \quad r_i > \delta_i\,. \end{cases} \tag{63}$$

Ihr Verlauf ist in Abb. 87 mit den Näherungen dargestellt. Wie man erkennt, wächst sie mit steigender Frequenz monoton an und konvergiert für hohe Frequenzen nach eins. Setzt man nun in Gl. (61) für H_a den Wert aus Gl. (58) ein, so ist

$$L_n = -\frac{\mu_0}{2\pi}\left(\frac{r_i}{2a}\right)^2\left[\left(1 - 4\sum_{m=1,3,5\ldots}^{\infty}\left(\frac{a}{r_h}\right)^{2m} U_m\right)^2 + \right.$$
$$\left. + \left(4\sum_{m=1,3,5\ldots}^{\infty}\left(\frac{a}{r_h}\right)^{2m} V_m\right)^2\right]\lambda_z\left(\frac{r_i}{\delta_i}\right). \tag{64}$$

Bei hohen Frequenzen, wenn in der Hülle Stromverdrängung herrscht ($d > \delta_h$), lassen sich die gewonnenen Gleichungen wesentlich vereinfachen. In diesem Fall ist nämlich $U_m \approx 1$ und $V_m \approx 0$, und man kann die Reihen geschlossen summieren. Es ergeben sich dann aus Gl. (59) und (64) die Ausdrücke

$$R_n \approx \frac{1}{4\pi a^2 \varkappa_i}\left[1 - \frac{(2a\,r_h)^2}{r_h^4 - a^4}\right]^2 \varrho_z\left(\frac{r_i}{\delta_i}\right), \tag{65}$$

$$L_n \approx -\frac{\mu_0}{2\pi}\left(\frac{r_i}{2a}\right)^2\left[1 - \frac{(2a\,r_h)^2}{r_h^4 - a^4}\right]^2 \lambda_z\left(\frac{r_i}{\delta_i}\right). \tag{66}$$

Das negative Vorzeichen in Gl. (66) bedeutet, daß die gesamte Induktivität infolge der Nähewirkung verkleinert wird. Bemerkenswert ist die Tatsache, daß durch die Anwesenheit der metallischen Hülle der Nähewirkungseffekt abnimmt. Er verschwindet nahezu, wenn $a = r_h/2$ ist, wie man leicht aus obigen Gleichungen erkennt.

Wir sind jetzt in der Lage, auch die Gleichung für die Kapazität C der Doppelleitung anzugeben. Zu diesem Zweck machen wir davon Gebrauch, daß das Produkt aus Kapazität und Induktivität für den Grenzfall unendlich hoher Frequenz (Kraftlinien verlaufen nur noch außerhalb der Leiteroberflächen) konstant gleich dem reziproken Quadrat der Fortpflanzungsgeschwindigkeit ist:

$$\lim_{\omega\to\infty} L_g C = \mu_0\,\varepsilon = \mu_0\,\varepsilon_0\,\varepsilon_r. \tag{67}$$

Setzt man nun für L_g Gl. (51) ein und beachtet, daß $L_i \to 0$ geht, während L aus Gl. (52), L_h aus Gl. (57) und L_n aus Gl. (66) zu nehmen sind, so erhält man folgenden Ausdruck für die Induktivität für den Grenzfall unendlich hoher Frequenz:

$$\lim_{\omega\to\infty} L_g = \frac{\mu_0}{\pi}\left[\ln\left(\frac{2a}{r_i}\,\frac{r_h^2 - a^2}{r_h^2 + a^2}\right) - \left(1 - \frac{(2a\,r_h)^2}{r_h^4 - a^4}\right)^2\left(\frac{r_i}{2a}\right)^2\right]. \tag{68}$$

Denkt man sich den metallischen Mantel entfernt ($r_h \to \infty$), so entsteht aus dieser Gleichung die Gl. (B 199) für die Doppelleitung ohne Hülle mit Berücksichtigung der Nähewirkung, wie es sein muß. Mit

Hilfe der Gl. (67) gewinnen wir jetzt folgende Beziehung für die Kapazität:

$$C = \frac{\pi\,\varepsilon_r\,\varepsilon_0}{\ln\left(\frac{2a}{r_i}\,\frac{r_h^2 - a^2}{r_h^2 + a^2}\right) - \left(1 - \frac{(2a\,r_h)^2}{r_h^4 - a^4}\right)^2 \left(\frac{r_i}{2a}\right)^2}\,. \tag{69}$$

Läßt man auch hier $r_h \to \infty$ gehen, so erhalten wir die Gl. (B 201), wenn man sie nach $r_i/2a$ entwickelt.

Interessant ist ein Vergleich mit den von CRAGGS und TRANTER [18] sowie von GENT [19] abgeleiteten Formeln für die Kapazität einer geschirmten Doppelleitung. Entwickelt man diese Formeln nach r_i/a und bricht mit dem quadratischen Gliede ab, so entsteht Gl. (69).

Über den Einfluß der Schraubenstruktur des Feldes infolge der Verdrallung der Doppelleitung sei auf die Literatur verwiesen (siehe [13] und [20]). In der Praxis sind die vorkommenden Drallängen so groß, daß die Schraubenstruktur eine untergeordnete Rolle spielt; infolgedessen kann man auch bei verdrallten Doppelleitungen wie hier mit ebenen Feldern rechnen, ohne einen merklichen Fehler zu begehen.

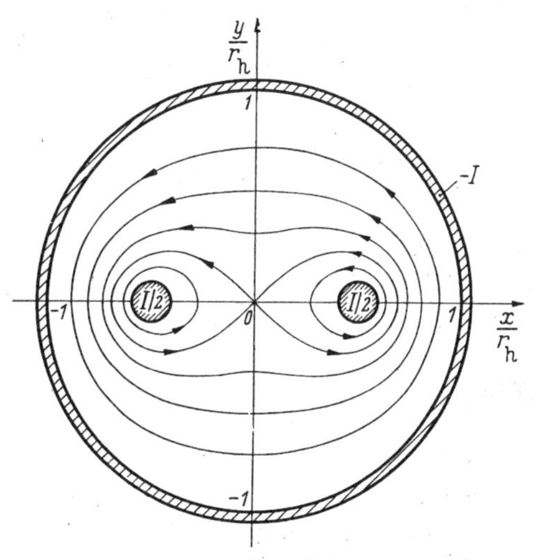

Abb. 88. Das unsymmetrische Leitungssystem einer geschirmten Doppelleitung mit magnetischen Feldlinien

b) Unsymmetrisches Leitungssystem

Bei exakt symmetrischer Lage der beiden Drähte innerhalb des Mantels ist das unsymmetrische Leitungssystem unabhängig von dem symmetrischen System, so daß sich beide Systeme bei gleichzeitiger Ausnutzung nicht gegenseitig beeinflussen können. Da der Strom in jedem Draht $I/2$ ist (Abb. 88), wenn I den gesamten Leitungsstrom bedeutet, so ist das komplexe Potential der beiden Drähte

$$\underline{Z}_0 = -\frac{\mathrm{i}\,I}{4\pi}\ln(\underline{z}^2 - a^2)\,. \tag{70}$$

Für $|\underline{z}| > a$ ergibt sich die Reihenentwicklung

$$\underline{Z}_0 = -\frac{\mathrm{i}\,I}{2\pi}\left[\ln\underline{z} - \sum_{m=1,2,3\ldots}^{\infty} \frac{1}{2m}\left(\frac{a}{\underline{z}}\right)^{2m}\right], \tag{71}$$

aus der man die reelle Potentialfunktion

$$X_0 = \frac{I}{2\pi}\left[\varphi + \sum_{m=1,2,3\ldots}^{\infty} \frac{1}{2m}\left(\frac{a}{r}\right)^{2m} \sin 2m\varphi\right] \tag{72}$$

gewinnt. Der erste Term mit φ stellt ein rotationssymmetrisches Feld dar, dessen Feldstärke H_φ zirkular gerichtet ist und mit $1/r$ abnimmt wie beim koaxialen Kabel nach Gl. (12). Diesem Feld überlagert sich ein periodisch verlaufendes Feld, das von der Aufspaltung des Stromes I in zwei Hälften herrührt. Nur dieser Feldanteil ruft ein Rückwirkungsfeld im Innenraum ($r \leqq r_\mathrm{h}$) hervor, dessen Potential demnach

$$X_\mathrm{w} = \frac{I}{2\pi} \sum_{m=1,2,3\ldots}^{\infty} \frac{1}{2m}\left(\frac{a\,r}{r_\mathrm{h}^2}\right)^{2m} W_{2m} \sin 2m\varphi \tag{73}$$

ist. Hieraus läßt sich das zugehörige Vektorpotential Y_w bilden, das man erhält, wenn man in Gl. (73) $\sin 2m\varphi$ durch $-\cos 2m\varphi$ ersetzt. Wir brauchen jedoch später das gesamte Vektorpotential $Y = Y_0 + Y_\mathrm{w}$. Dieses ergibt sich mit Benutzung von Gl. (71) zu

$$Y = -\frac{I}{2\pi}\left\{\ln r + \sum_{m=1,2,3\ldots}^{\infty} \frac{1}{2m}\left[\left(\frac{a\,r}{r_\mathrm{h}^2}\right)^{2m} W_{2m} - \left(\frac{a}{r}\right)^{2m}\right] \cos 2m\varphi\right\}. \tag{74}$$

Innerhalb des metallischen Mantels ($r_\mathrm{h} \leqq r \leqq r_\mathrm{h} + d$), der hier als Außenleiter wirkt, gehen wir wieder von der elektrischen Feldstärke aus, für die der Ansatz

$$E = E_0 + \sum_{m=1,2,3\ldots}^{\infty} \left(A_{2m}\,\mathrm{e}^{k_{2m} r} + B_{2m}\,\mathrm{e}^{k_{2m} r}\right) \cos 2m\varphi = E_0 + E_\mathrm{w} \tag{75}$$

passend ist. In dem ersten Term E_0 kommt die Eigenschaft des Schirmes als Außenleiter zum Ausdruck. Er ist der gleiche wie beim Koaxialkabel nach Gl. (22). Die Reihenglieder in Gl. (75) kann man nun mit Hilfe der Stetigkeitsforderung für die Normalkomponente der Induktion (μH_r) an der inneren Oberfläche durch den Rückwirkungsfaktor W_m ausdrücken. Wir bezeichnen die Reihe mit E_w und erhalten

$$(E_\mathrm{w})_{r=r_\mathrm{h}} = -\frac{I}{2\pi}\,\mathrm{j}\,\omega\mu \sum_{m=1,2,3\ldots}^{\infty} \frac{1}{2m}\left[1 - W_{2m}\right]\left(\frac{a}{r_\mathrm{h}}\right)^{2m} \cos 2m\varphi. \tag{76}$$

Für den Rückwirkungsfaktor $W_{2m} = U_{2m} + \mathrm{j}\,V_{2m}$ gilt die gleiche Formel wie unter a [Gl. (44)]. Wir beschränken uns im folgenden auf unmagnetische Mäntel ($\mu = \mu_0$) und können daher die vereinfachten Gl. (45), (46) und (47) für den Real- und Imaginärteil U_{2m} und V_{2m} benutzen; der Index $2m$ ist hier geradzahlig.

Wir gehen jetzt zur Berechnung der Leitungskonstanten des unsymmetrischen Systems über. Für die gesamten Verluste sind vier

Effekte maßgebend; zu den drei unter a genannten kommen hier noch die Verluste im Mantel infolge seiner Eigenschaft als Stromleiter hinzu. Da hier die beiden Drähte parallel geschaltet sind, bestimmen wir den Widerstand R_g aus der Gleichung

$$R_g = \frac{1}{2}(R_i + R_h + R_n) + R_a. \tag{77}$$

Für die gesamte Induktivität L_g gilt eine ähnliche Beziehung:

$$L_g = \frac{1}{2}(L_i + L + L_h + L_n) + L_a. \tag{78}$$

Der *innere Widerstand* R_i und die *innere Induktivität* L_i sind bekannt; sie sind die gleichen wie beim Koaxialkabel nach Gl. (8) und (9). Dasselbe gilt für den *Widerstand* R_a und die *Induktivität* L_a *des Außenleiters* (Mantels), die nach Gl. (24) und (25) zu berechnen sind.

Die übrigen Größen ohne die Nähewirkung ergeben sich aus der Spannung, die in der Fläche zwischen Hülle ($r = r_h$) und Innenleiter ($r = a + r_i$) für die Einheit der Kabellänge induziert wird, vermehrt um die elektrische Feldstärke E_w an der inneren Oberfläche des Mantels. Dies gibt folgende Gleichung:

$$\frac{I}{2}[R_h + j\,\omega(L + L_h)] = -j\,\omega\,\mu_0[(Y)_{r=r_h} - (Y)_{r=a+r_i}]_{\varphi=0} - (E_w)_{\substack{r=r_h\\ \varphi=0}}. \tag{79}$$

Setzt man in sie für das Vektorpotential Y die Gl. (74) und für die elektrische Feldstärke E_w Gl. (76) ein, so erhält man nach Trennung von reellen und imaginären Größen die gewünschten Konstanten. Zunächst ist die *Luftinduktivität*

$$L = \frac{\mu_0}{2\pi}\ln\frac{r_h^2}{2a\,r_i}. \tag{80}$$

Der *Wirbelstromeinfluß in der Hülle* äußert sich durch die Konstanten

$$R_h = \frac{1}{\pi\,\delta_h^2\,\varkappa_h}\sum_{m=1,2,3\ldots}^{\infty}\frac{1}{m}\left(\frac{a}{r_h}\right)^{4m} V_{2m}, \tag{81}$$

$$L_h = -\frac{\mu_0}{2\pi}\sum_{m=1,2,3\ldots}^{\infty}\frac{1}{m}\left(\frac{a}{r_h}\right)^{4m} U_{2m}. \tag{82}$$

Für den Fall, daß in dem Mantel Stromverdrängung herrscht ($d > \delta_h$), kann man die Reihen geschlossen summieren, wenn man nämlich die in Gl. (48) und (49) angegebenen Näherungsformeln verwendet. Man erhält dann

$$R_h \approx \frac{2}{\pi\,r_h\,\delta_h\,\varkappa_h}\,\frac{a^4}{r_h^4 - a^4}, \tag{83}$$

$$L_h \approx -\frac{\mu_0}{2\pi}\left[\ln\frac{r_h^4}{r_h^4 - a^4} - \frac{2\delta_h}{r_h}\,\frac{a^4}{r_h^4 - a^4}\right]. \tag{84}$$

Wie man sieht, ist auch hier L_h negativ; das bedeutet, daß die Induktivität durch Wirbelströme in der Hülle verkleinert wird.

Die *Nähewirkung* wird durch die Wirbelströme in der Hülle vergrößert im Gegensatz zu dem Fall a. Dies geht aus der Gleichung für die magnetische Feldstärke H_a hervor, die die Nähewirkungsverluste in den Drähten induziert. Diese ist

$$H_a = \frac{I}{8\pi a} + \left(\frac{\partial X_w}{r\,\partial\varphi}\right)_{\substack{r=a\\ \varphi=0}} = \frac{I}{8\pi a}\left(1 + 4\sum_{m=1,2,3\ldots}^{\infty}\left(\frac{a}{r_h}\right)^{4m} W_{2m}\right). \quad (85)$$

Wie man sieht, steht hier im Gegensatz zu Gl. (58) ein Pluszeichen. Den Widerstand der Nähewirkung erhält man nun nach dem gleichen Verfahren wie bei a zu

$$R_n = \frac{1}{4\pi a^2 \varkappa_i}\left[\left(1 + 4\sum_{m=1,2,3\ldots}^{\infty}\left(\frac{a}{r_h}\right)^{4m} U_{2m}\right)^2 + \right.$$
$$\left. + \left(4\sum_{m=1,2,3\ldots}^{\infty}\left(\frac{a}{r_h}\right)^{4m} V_{2m}\right)^2\right] \varrho_z\left(\frac{r_i}{\delta_i}\right). \quad (86)$$

Für die Induktivität ergibt sich

$$L_n = -\frac{\mu_0}{2\pi}\left(\frac{r_i}{2a}\right)^2\left[\left(1 + 4\sum_{m=1,2,3\ldots}^{\infty}\left(\frac{a}{r_h}\right)^{4m} U_{2m}\right)^2 + \right.$$
$$\left. + \left(4\sum_{m=1,2,3\ldots}^{\infty}\left(\frac{a}{r_h}\right)^{4m} V_{2m}\right)^2\right] \lambda_z\left(\frac{r_i}{\delta_i}\right). \quad (87)$$

Bei hohen Frequenzen, wo Stromverdrängung in der Hülle herrscht ($d > \delta_h$), vereinfachen sich diese Gleichungen zu den Ausdrücken

$$R_n \approx \frac{1}{4\pi a^2 \varkappa_i}\left[1 + \frac{4a^4}{r_h^4 - a^4}\right]^2 \varrho_z\left(\frac{r_i}{\delta_i}\right), \quad (88)$$

$$L_n \approx -\frac{\mu_0}{2\pi}\left(\frac{r_i}{2a}\right)^2\left[1 + \frac{4a^4}{r_h^4 - a^4}\right]^2 \lambda_z\left(\frac{r_i}{\delta_i}\right). \quad (89)$$

Wir sind jetzt in der Lage, auch die Kapazitätsformel mit Hilfe von Gl. (67) anzugeben. Beachtet man zu diesem Zweck Gl. (78) für L_g und nimmt hierin $L_i = L_a \to 0$, L nach Gl. (80), L_h nach Gl. (84) und L_n nach Gl. (89), so entsteht die Gleichung

$$C = \frac{4\pi\varepsilon_r\varepsilon_0}{\ln\frac{r_h^4 - a^4}{2a\,r_h^2\,r_i} - \left[1 + \frac{4a^4}{r_h^4 - a^4}\right]^2\left(\frac{r_i}{2a}\right)^2}. \quad (90)$$

3. Leitungskonstanten eines Sternvierers mit koaxialem Metallmantel

Ein Sternvierer nach Abb. 89 hat vier Drähte *1*, *2*, *3* und *4*, deren Mittelpunkte auf den Ecken eines Quadrates liegen und deren diagonaler Abstand $2a$ ist. Die Kantenlänge des Quadrates ist somit $\sqrt{2}a$.

Der Kabelquerschnitt wird durch den Sternvierer wirtschaftlicher als bei der Doppelleitung ausgenutzt, weil er zwei unabhängige Leitungssysteme mehr als die Doppelleitung, mithin also vier, hat. Diese vier Leitungssysteme sind:

Zwei Stammleitungen, gebildet aus den Drähten *1* und *2* sowie *3* und *4*;

die Phantomleitung, bei der je zwei diagonal liegende Drähte parallel geschaltet sind. Das Paar *1* und *2* beispielsweise bildet die Hin- und das Paar *3* und *4* die Rückleitung;

das unsymmetrische Leitungssystem, bei dem alle vier Drähte parallel geschaltet sind und die Hinleitung bilden, während der Schirm *0* die Rückleitung übernimmt.

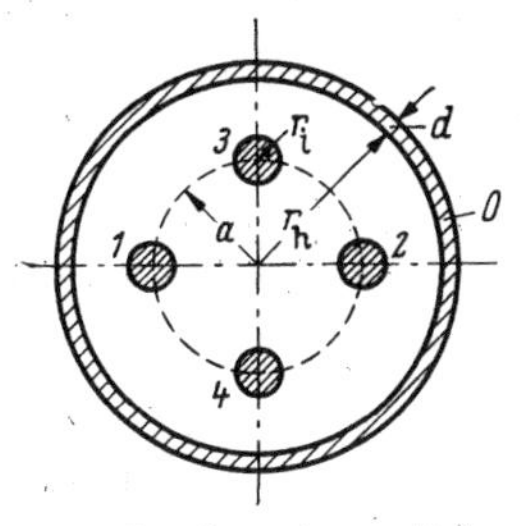

Abb. 89. Sternvierer mit den Leitern *1* bis *4* innerhalb einer koaxialen Hülle *0*

Im übrigen gelten die gleichen Bezeichnungen wie oben bei der Doppelleitung.

a) Stammleitungen

Die Leitungskonstanten sind dieselben wie bei der Doppelleitung; es kommen hier lediglich noch die Zusatzverluste in den beiden Drähten des Nachbarstammes hinzu. Nach Abb. 26 beträgt die magnetische Feldstärke an den Drähten des Nachbarstammes $I/2\pi\, a$, wenn kein äußerer Mantel da ist; sie ist also doppelt so groß wie an den Drähten des eigenen Stammes. Rechnet man die Wirkung des Mantels hinzu, so ergibt sich mit Benutzung von Gl. (34)

$$H_{as} = \frac{I}{2\pi\, a} + \left(\frac{\partial X_w}{\partial r}\right)_{\substack{r=a\\ \varphi=\pi/2}} = \frac{I}{2\pi\, a}\left[1 - 2\sum_{m=1,3,5\ldots}^{\infty} (-1)^{\frac{m-1}{2}} \left(\frac{a}{r_h}\right)^{2m} W_m\right]. \tag{91}$$

Hieraus erhält man nach dem gleichen Verfahren wie oben folgenden zusätzlichen Widerstand für einen Draht des Nachbarstammes:

$$R_{ns} = \frac{1}{\pi\, a^2 \varkappa_i}\left[\left(1 - 2\sum_{m=1,3,5\ldots}^{\infty} (-1)^{\frac{m-1}{2}} \left(\frac{a}{r_h}\right)^{2m} U_m\right)^2 + \left(2\sum_{m=1,3,5\ldots}^{\infty} (-1)^{\frac{m-1}{2}} \left(\frac{a}{r_h}\right)^{2m} V_m\right)^2\right] \varrho_z\left(\frac{r_i}{\delta_i}\right). \tag{92}$$

Der Einfluß auf die Induktivität beträgt

$$L_{ns} = -\frac{\mu_0}{2\pi}\left(\frac{r_i}{a}\right)^2 \left[\left(1 - 2\sum_{m=1,3,5\ldots}^{\infty} (-1)^{\frac{m-1}{2}} \left(\frac{a}{r_h}\right)^{2m} U_m\right)^2 + \left(2\sum_{m=1,3,5\ldots}^{\infty} (-1)^{\frac{m-1}{2}} \left(\frac{a}{r_h}\right)^{2m} V_m\right)^2\right] \lambda_z\left(\frac{r_i}{\delta_i}\right). \tag{93}$$

Herrscht Stromverdrängung in dem Mantel ($d > \delta_h$), so kann man die Reihen wieder geschlossen summieren, wenn man für $U_m \approx 1$ und

$V_m \approx 0$ einsetzt. Dann ist

$$R_{\mathrm{ns}} \approx \frac{1}{\pi a^2 \varkappa_{\mathrm{i}}} \frac{(r_{\mathrm{h}}^2 - a^2)^4}{(r_{\mathrm{h}}^4 + a^4)^2} \varrho_{\mathrm{z}} \left(\frac{r_{\mathrm{i}}}{\delta_{\mathrm{i}}}\right), \tag{94}$$

$$L_{\mathrm{ns}} \approx -\frac{\mu_0}{2\pi} \left(\frac{r_{\mathrm{i}}}{a}\right)^2 \frac{(r_{\mathrm{h}}^2 - a^2)^4}{(r_{\mathrm{h}}^4 + a^4)^2} \lambda_{\mathrm{z}} \left(\frac{r_{\mathrm{i}}}{\delta_{\mathrm{i}}}\right). \tag{95}$$

Die Gl. (69) für die Kapazität ändert sich infolge der Feldverdrängung aus den beiden Drähten des Nachbarstammes wie folgt:

$$C = \frac{\pi \varepsilon_{\mathrm{r}} \varepsilon_0}{\ln\left(\frac{2a}{r_{\mathrm{i}}} \frac{r_{\mathrm{h}}^2 - a^2}{r_{\mathrm{h}}^2 + a^2}\right) - \left[\left(1 - \frac{(2a\, r_{\mathrm{h}})^2}{r_{\mathrm{h}}^4 - a^4}\right)^2 + 4 \frac{(r_{\mathrm{h}}^2 - a^2)^4}{(r_{\mathrm{h}}^4 + a^4)^2}\right] \left(\frac{r_{\mathrm{i}}}{2a}\right)^2}. \tag{96}$$

Die Kapazität ist also etwas größer als bei der Doppelleitung. Läßt man den Mantelradius sehr groß werden ($r_{\mathrm{h}} \to \infty$) und vergleicht dann obige Gleichungen mit den Gl. (59), (64) und (69) der gewöhnlichen Doppelleitung, so erkennt man, daß die Nähewirkung der Drähte des Nachbarstammes viermal stärker ist als die der eigenen Stammleitung. Dieses Ergebnis stimmt mit Gl. (B 53) überein, nach der die gesamte Nähewirkung der Stammleitung eines Sternvierers fünfmal so groß ist wie bei der einfachen Doppelleitung.

b) Phantomleitung

Wir betrachten die in Abb. 90 wiedergegebene Konstellation, bei der jeder der Drähte *1* und *2* den Strom $I/2$ und jeder der Drähte *3* und *4* den entgegengesetzten Strom $-I/2$ führen. Das komplexe Potential des magnetischen Feldes ohne die Hülle lautet dann

$$\underline{Z}_0 = -\frac{\mathrm{i}\, I}{4\pi} \ln \frac{\underline{z}^2 - a^2}{\underline{z}^2 + a^2}. \tag{97}$$

Die Reihenentwicklung für $|\underline{z}| > a$ ergibt

$$\underline{Z}_0 = \frac{\mathrm{i}\, I}{\pi} \sum_{m=1,3,5\ldots}^{\infty} \frac{1}{2m} \left(\frac{a}{\underline{z}}\right)^{2m}. \tag{98}$$

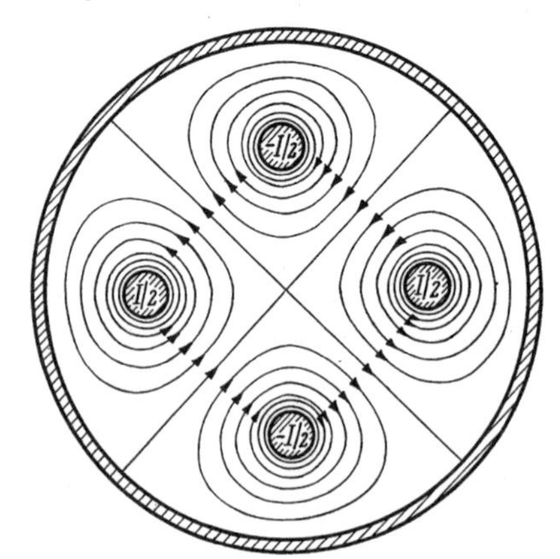

Abb. 90. Die Phantomleitung eines geschirmten Sternvierers mit magnetischen Feldlinien

Hieraus erhält man das reelle Potential zu

$$X_0 = \frac{I}{\pi} \sum_{m=1,3,5\ldots}^{\infty} \frac{1}{2m} \left(\frac{a}{r}\right)^{2m} \sin 2m\varphi. \tag{99}$$

Damit hat man auch das reelle Potential des Rückwirkungsfeldes; es ist

$$X_{\mathrm{w}} = \frac{I}{\pi} \sum_{m=1,3,5\ldots}^{\infty} \frac{1}{2m} \left(\frac{a\, r}{r_{\mathrm{h}}^2}\right)^{2m} W_{2m} \sin 2m\,\varphi. \tag{100}$$

Das zugehörige Vektorpotential Y_w, das X_w zu der komplexen Funktion $Z_w = X_w + i\,Y_w$ ergänzt, ist damit

$$Y_w = -\frac{I}{\pi} \sum_{m=1,3,5\ldots}^{\infty} \frac{1}{2m} \left(\frac{a\,r}{r_h^2}\right)^{2m} W_{2m} \cos 2m\,\varphi . \tag{101}$$

Man erkennt, daß hier die gleichen Gleichungen wie bei der Doppelleitung (s. unter 2a) vorkommen, nur steht an Stelle von m hier der doppelte Wert $2m$ der Summationsvariablen. Für den Rückwirkungsfaktor $W_{2m} = U_{2m} + \mathrm{j}\,V_{2m}$ hat man die Gl. (45), (46) und (47) zu benutzen, indem man m durch $2m$ ersetzt.

Es ist hier sinnvoll, die resultierenden Leitungskonstanten entsprechend Gl. (B 54) wie folgt zu definieren:

$$R_g = R_i + R_h + R_n \tag{102}$$

und

$$L_g = L_i + L + L_h + L_n . \tag{103}$$

Die Gleichungen für R_i und L_i sind bereits durch Gl. (8) und (9) gegeben. Die Luftinduktivität ohne den Einfluß der Hülle ist

$$L = \frac{\mu_0}{2\pi} \ln \frac{a}{r_i} . \tag{104}$$

Will man den Einfluß der Wirbelströme in der Hülle erfassen, so hat man in Analogie zu Gl. (53) von folgendem Ausdruck auszugehen:

$$I(R_h + \mathrm{j}\,\omega L_h) = -\mathrm{j}\,\omega\,\mu_0 [(Y_w)_{\varphi=\pi/2} - (Y_w)_{\varphi=0}]_{r=a} . \tag{105}$$

Setzt man für Y_w Gl. (101) ein und trennt wieder den Real- vom Imaginärteil, so entstehen die Gleichungen

$$R_h = \frac{2}{\pi\,\delta_h^2\,\varkappa_h} \sum_{m=1,3,5\ldots}^{\infty} \frac{1}{m} \left(\frac{a}{r_h}\right)^{4m} V_{2m} , \tag{106}$$

$$L_h = -\frac{\mu_0}{\pi} \sum_{m=1,3,5\ldots}^{\infty} \frac{1}{m} \left(\frac{a}{r_h}\right)^{4m} U_{2m} , \tag{107}$$

in denen man die Reihen geschlossen summieren kann, wenn man in der Hülle Stromverdrängung ($d > \delta_h$) annimmt. Setzt man nämlich für U_{2m} und V_{2m} die entsprechenden Näherungsformeln Gl. (48) und (49) ein, so erhält man

$$R_h \approx \frac{4}{\pi\,r_h\,\delta_h\,\varkappa_h} \frac{(a\,r_h)^4}{r_h^8 - a^8} , \tag{108}$$

$$L_h \approx -\frac{\mu_0}{2\pi} \left[\ln \frac{r_h^4 + a^4}{r_h^4 - a^4} - \frac{4\,\delta_h}{r_h} \frac{(a\,r_h)^4}{r_h^8 - a^8} \right] . \tag{109}$$

Vergleicht man diese Gleichungen mit den entsprechenden der Doppelleitung, so erkennt man, daß bei der Phantomleitung der Einfluß der Hülle wesentlich schwächer ist, weil der Quotient a/r_h in der

Tabelle 6. *Die Konstanten symmetrischer Leitungssysteme innerhalb eines koaxialen Metallmantels*

Doppelleitung $p=1$ Viererphantomleitung $p=2$

	Allgemeingültige Formeln	Näherungsformeln für Stromverdrängung $d < \delta_h$
	Wirkwiderstand $R_g = \frac{2}{p}[R_i + R_h + R_n + R_{ns}^*]$	
$R_i =$	$\frac{1}{\pi r_i^2 \varkappa_i} \varrho_i\left(\frac{r_i}{\delta_i}\right)$	
$R_h =$	$\frac{2}{\pi \delta_h^2 \varkappa_h} \sum_{m=1,3,5\ldots}^{\infty} \frac{1}{m}\left(\frac{a}{r_h}\right)^{2pm} V_{pm}$	$\frac{2p}{\pi r_h \delta_h \varkappa_h} \frac{(a r_h)^{2p}}{r_h^{4p} - a^{4p}}$
$R_n =$	$\frac{1}{4\pi a^2 \varkappa_i}\left[\left(1 - 4p \sum_{m=1,3,5\ldots}^{\infty}\left(\frac{a}{r_h}\right)^{2pm} U_{pm}\right)^2 + \left(4p \sum_{m=1,3,5\ldots}^{\infty}\left(\frac{a}{r_h}\right)^{2pm} V_{pm}\right)^2\right] \varrho_z\left(\frac{r_i}{\delta_i}\right)$	$\frac{1}{4\pi a^2 \varkappa_i}\left[1 - \frac{4p(a r_h)^{2p}}{r_h^{4p} - a^{4p}}\right]^2 \varrho_z\left(\frac{r_i}{\delta_i}\right)$
	Induktivität $L_g = \frac{2}{p}[L_i + L + L_h + L_n + L_{ns}^*]$; $\left(\frac{\mu_0}{\pi} = \frac{2}{5}\frac{\mathrm{mH}}{\mathrm{km}}\right)$	
$L_i =$	$\frac{\mu_0}{2\pi} \lambda_i\left(\frac{r_i}{\delta_i}\right)$	
$L =$	$\frac{\mu_0}{2\pi} \ln \frac{2a}{p r_i}$	
$L_h =$	$-\frac{\mu_0}{\pi} \sum_{m=1,3,5\ldots}^{\infty} \frac{1}{m}\left(\frac{a}{r_h}\right)^{2pm} U_{pm}$	$-\frac{\mu_0}{2\pi}\left[\ln \frac{r_h^{2p} + a^{2p}}{r_h^{2p} - a^{2p}} - \frac{2p\delta_h}{r_h} \frac{(a r_h)^{2p}}{r_h^{4p} - a^{4p}}\right]$

$L_r =$	$-\frac{\mu_0}{2\pi}\left(\frac{r_i}{2a}\right)^2\left[\left(1-4p\sum_{m=1,3,5\ldots}^{\infty}\left(\frac{a}{r_h}\right)^{2pm}U_{pm}\right)^2+\left(4p\sum_{m=1,3,5\ldots}^{\infty}\left(\frac{a}{r_h}\right)^{2pm}V_{pm}\right)^2\right]\lambda_z\left(\frac{r_i}{\delta_i}\right)$	$-\frac{\mu_0}{2\pi}\left(\frac{r_i}{2a}\right)^2\left[1-\frac{4p\,(a\,r_h)^{2p}}{r_h^{4p}-a^{4p}}\right]^2\lambda_z\left(\frac{r_i}{\delta_i}\right)$

Kapazität C; $\quad \left(\pi\,\varepsilon_0 = \frac{5}{18}\,10^2\,\frac{\text{nF}}{\text{km}}\right)$

$$C = \frac{p\,\pi\,\varepsilon_r\,\varepsilon_0}{\ln\left(\frac{2a}{p\,r_i}\,\frac{r_h^{2p}-a^{2p}}{r_h^{2p}+a^{2p}}\right)-\left[1-\frac{4p\,(a\,r_h)^{2p}}{r_h^{4p}-a^{4p}}\right]^2\left(\frac{r_i}{2a}\right)^2}$$

* Die Terme R_{ns} und L_{ns} sind nur bei Stammleitungen von Sternvieren einzusetzen ($p = 1$)

$R_{ns} =$	$\frac{1}{\pi\,a^2\,\varkappa_i}\left[\left(1-2\sum_{m=1,3,5\ldots}^{\infty}(-1)^{\frac{m-1}{2}}\left(\frac{a}{r_h}\right)^{2m}U_m\right)^2+\left(2\sum_{m=1,3,5\ldots}^{\infty}(-1)^{\frac{m-1}{2}}\left(\frac{a}{r_h}\right)^{2m}V_m\right)^2\right]\varrho_z\left(\frac{r_i}{\delta_i}\right)$	$\frac{1}{\pi\,a^2\,\varkappa_i}\left[\frac{(r_h^2-a^2)^2}{r_h^4+a^4}\right]^2\varrho_z\left(\frac{r_i}{\delta_i}\right)$
$L_{ns} =$	$-\frac{\mu_0}{2\pi}\left(\frac{r_i}{a}\right)^2\left[\left(1-2\sum_{m=1,3,5\ldots}^{\infty}(-1)^{\frac{m-1}{2}}\left(\frac{a}{r_h}\right)^{2m}U_m\right)^2+\left(2\sum_{m=1,3,5\ldots}^{\infty}(-1)^{\frac{m-1}{2}}\left(\frac{a}{r_h}\right)^{2m}V_m\right)^2\right]\lambda_z\left(\frac{r_i}{\delta_i}\right)$	$-\frac{\mu_0}{2\pi}\left(\frac{r_i}{a}\right)^2\left[\frac{(r_h^2-a^2)^2}{r_h^4+a^4}\right]^2\lambda_z\left(\frac{r_i}{\delta_i}\right)$

Für die Kapazität der Stammleitungen gilt die Formel

$$C = \frac{\pi\,\varepsilon_r\,\varepsilon_0}{\ln\left(\frac{2a}{r_i}\,\frac{r_h^2-a^2}{r_h^2+a^2}\right)-\left[\left(1-\frac{(2a\,r_h)^2}{r_h^4-a^4}\right)^2+4\left(\frac{(r_h^2-a^2)^2}{r_h^4+a^4}\right)^2\right]\left(\frac{r_i}{2a}\right)^2}$$

vierten Potenz eingeht, während bei der Doppelleitung das Quadrat vorkommt. Die physikalische Ursache hierfür ist das schwächere Feld der Phantomleitung außerhalb des Vierers ($r \gg a$).

Um die Verluste infolge von Nähewirkung zu erhalten, bestimmen wir zunächst die resultierende Feldstärke H_a im Mittelpunkt des Drahtes *2*. Nach Abb. 27 ist bei der ungeschirmten Phantomleitung $H_a = -I/8\pi a$ (nach unten gerichtet!). Rechnet man das Rückwirkungsfeld des Schirmes hinzu, so ist mit Benutzung von Gl. (100)

$$H_a = -\frac{I}{8\pi a} + \left(\frac{\partial X_w}{r\,\partial\varphi}\right)_{\substack{r=a\\ \varphi=0}} = -\frac{I}{8\pi a}\left[1 - 8\sum_{m=1,3,5\ldots}^{\infty}\left(\frac{a}{r_h}\right)^{4m} W_{2m}\right]. \tag{110}$$

Nach dem gleichen Verfahren wie oben bei der Doppelleitung erhält man hieraus für den Verlustwiderstand R_n und die Induktivität L_n der Nähewirkung ähnliche Gleichungen wie Gl. (59) und (64), nur ist m durch $2m$ und der Faktor 4 vor dem Summenzeichen durch 8 zu ersetzen.

Wir erwähnen noch die Kapazität der Phantomleitung, für die man nach dem gleichen Prinzip wie in Gl. (67) die Gleichung

$$C = \frac{2\pi\,\varepsilon_r\,\varepsilon_0}{\ln\left(\frac{a}{r_i}\,\frac{r_h^4 - a^4}{r_h^4 + a^4}\right) - \left[1 - 8\,\frac{(a\,r_h)^4}{r_h^8 - a^8}\right]^2\left(\frac{r_i}{2a}\right)^2} \tag{111}$$

erhält.

In Tab. 6 sind sämtliche Gleichungen für die Konstanten symmetrischer Leitungssysteme innerhalb eines koaxialen Metallmantels zusammengestellt. Als Parameter erscheint hierbei p; will man eine Doppelleitung berechnen, so hat man $p = 1$ zu nehmen. Für die Phantomleitung des Sternvierers ist $p = 2$ einzusetzen. Eine Sonderstellung nimmt die Stammleitung des Sternvierers ein ($p = 1$). Bei ihr hat man die Terme R_{ns} und L_{ns} hinzuzufügen, die die Nähewirkung in den Drähten des Nachbarstammes nach Gl. (92) und (93) ausdrücken.

c) Unsymmetrisches Leitungssystem

Wie in Abb. 91 angegeben, führen alle vier Drähte des Vierers den gleichen Strom $I/4$, während die Rückleitung durch den Schirm mit dem Strom $-I$ besorgt wird. Das komplexe Potential des magnetischen Feldes ohne den Schirm ist

$$\underline{Z}_0 = -\frac{\mathrm{i}\,I}{8\pi}\ln(z^4 - a^4) = -\frac{\mathrm{i}\,I}{2\pi}\left[\ln z + \frac{1}{4}\ln\left(1 - \left(\frac{a}{z}\right)^4\right)\right]. \tag{112}$$

Hieraus entsteht folgende Reihenentwicklung für $|z| > a$

$$\underline{Z}_0 = -\frac{\mathrm{i}\,I}{2\pi}\left[\ln z - \sum_{m=1,2,3\ldots}^{\infty}\frac{1}{4m}\left(\frac{a}{z}\right)^{4m}\right]. \tag{113}$$

Sie führt auf das reelle Potential

$$X_0 = \frac{I}{2\pi}\left[\varphi + \sum_{m=1,2,3\ldots}^{\infty} \frac{1}{4m}\left(\frac{a}{r}\right)^{4m} \sin 4m\varphi\right]. \qquad (114)$$

Dementsprechend lautet das Potential des Rückwirkungsfeldes

$$X_w = \frac{I}{2\pi} \sum_{m=1,2,3\ldots}^{\infty} \frac{1}{4m}\left(\frac{a\,r}{r_h^2}\right)^{4m} W_{4m} \sin 4m\varphi . \qquad (115)$$

Wir können darauf verzichten, hier weitere Gleichungen anzuführen, und verweisen auf die entsprechenden Beziehungen (74) bis (76) der Doppelleitung; diese gelten nämlich auch hier, wenn man $2m$ durch $4m$ ersetzt, wie ein Vergleich zwischen den Gl. (72) und (73) einerseits und Gl. (114) und (115) andererseits lehrt.

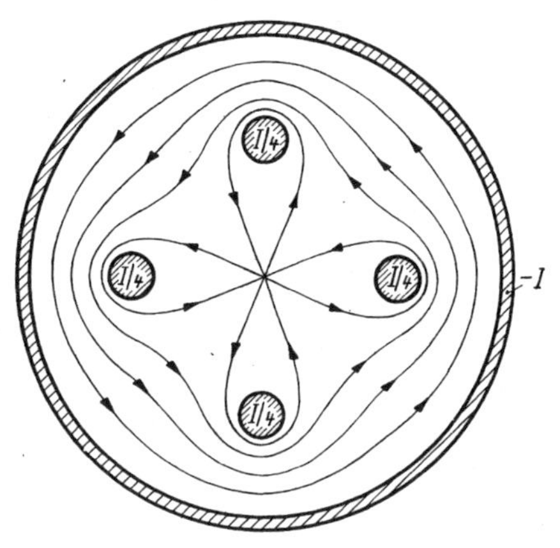

Abb. 91. Das unsymmetrische Leitungssystem eines geschirmten Sternvierers mit magnetischen Feldlinien

Bei der Definition der Leitungskonstanten ist zu beachten, daß hier vier Drähte parallel geschaltet sind. Daher sind folgende Ansätze sinnvoll:

$$R_g = \frac{1}{4}(R_i + R_h + R_n) + R_a , \qquad (116)$$

$$L_g = \frac{1}{4}(L_i + L + L_h + L_n) + L_a . \qquad (117)$$

Der Faktor 1/4 tritt hier an Stelle von 1/2 in Gl. (77) und (78) auf. Zur Berechnung von R_h, L_h und L verwenden wir nun auch hier die Gl. (79), in der wir sinngemäß nur $I/2$ durch $I/4$ zu ersetzen haben. Dann ergeben sich folgende Gleichungen:

$$L = \frac{\mu_0}{2\pi} \ln \frac{r_h^4}{4a^3 r_i} , \qquad (118)$$

$$R_h = \frac{1}{\pi\,\delta_h\,\varkappa_h} \sum_{m=1,2,3\ldots}^{\infty} \frac{1}{m}\left(\frac{a}{r_h}\right)^{8m} V_{4m} , \qquad (119)$$

$$L_h = -\frac{\mu_0}{2\pi} \sum_{m=1,2,3\ldots}^{\infty} \frac{1}{m}\left(\frac{a}{r_h}\right)^{8m} U_{4m} . \qquad (120)$$

Wenn Stromverdrängung in dem Mantel herrscht ($d > \delta_h$), ergeben sich aus Gl. (119) und (120) folgende Näherungsformeln:

$$R_h \approx \frac{4a^8}{\pi\, r_h\, \delta_h\, \varkappa_h (r_h^8 - a^8)} , \qquad (121)$$

$$L_h \approx -\frac{\mu_0}{2\pi}\left[\ln \frac{r_h^8}{r_h^8 - a^8} - \frac{4\delta_h}{r_h} \frac{a^8}{r_h^8 - a^8}\right] . \qquad (122)$$

Tabelle 7. *Die Konstanten unsymmetrischer Leitungssysteme innerhalb eines koaxialen Metallmantels*

Doppelleitung $p=1$

Vierer $p=2$

	Allgemeingültige Formeln	Näherungsformeln für Stromverdrängung ($d > \delta_h$)
	Wirkwiderstand $R_g = \frac{1}{2p}(R_i + R_h + R_n) + R_a$	
$R_i =$	$\frac{1}{\pi r_i^2 \varkappa_i}\, \varrho_i\left(\frac{r_i}{\delta_i}\right)$	
$R_h =$	$\frac{1}{\pi \delta_h^2 \varkappa_h} \sum_{m=1,2,3\ldots}^{\infty} \frac{1}{m}\left(\frac{a}{r_h}\right)^{4pm} V_{2pm}$	$\frac{2p\, a^{4p}}{\pi r_h \delta_h \varkappa_h (r_h^{4p} - a^{4p})}$
$R_n =$	$\frac{1}{4\pi a^2 \varkappa_i}\left[\left(2p - 1 + 4p \sum_{m=1,2,3\ldots}^{\infty}\left(\frac{a}{r_h}\right)^{4pm} U_{2pm}\right)^2 + \left(4p \sum_{m=1,2,3\ldots}^{\infty}\left(\frac{a}{r_h}\right)^{4pm} V_{2pm}\right)^2\right] \varrho_z\left(\frac{r_i}{\delta_i}\right)$	$\frac{1}{4\pi a^2 \varkappa_i}\left(2p - 1 + \frac{4p\, a^{4p}}{r_h^{4p} - a^{4p}}\right)^2 \varrho_z\left(\frac{r_i}{\delta_i}\right)$
$R_a =$	$\frac{1}{2\pi r_h d \varkappa_h}\, \varrho_a\left(\frac{d}{\delta_h}\right)$	$\frac{1}{2\pi r_h \delta_h \varkappa_h}$

Induktivität $L_g = \frac{1}{2p}(L_i + L + L_h + L_n) + L_a$; $\left(\frac{\mu_0}{4\pi} = \frac{1}{10}\,\frac{\text{mH}}{\text{km}}\right)$

$L_i =$	$\frac{\mu_0}{2\pi}\lambda_i\left(\frac{r_i}{\delta_i}\right)$	
$L =$	$\frac{\mu_0}{2\pi}\ln\frac{r_h^{2p}}{2p\,a^{2p-1}\,r_i}$	
$L_h =$	$-\frac{\mu_0}{2\pi}\sum_{m=1,2,3\ldots}^{\infty}\frac{1}{m}\left(\frac{a}{r_h}\right)^{4pm}U_{2pm}$	$-\frac{\mu_0}{2\pi}\left[\ln\frac{r_h^{4p}}{r_h^{4p}-a^{4p}} - \frac{2p\,\delta_h}{r_h}\,\frac{a^{4p}}{r_h^{4p}-a^{4p}}\right]$
$L_n =$	$-\frac{\mu_0}{2\pi}\left(\frac{r_i}{2a}\right)^2\left[\left(2p-1+4p\sum_{m=1,2,3\ldots}^{\infty}\left(\frac{a}{r_h}\right)^{4pm}U_{2pm}\right)^2 + \left(4p\sum_{m=1,2,3\ldots}^{\infty}\left(\frac{a}{r_h}\right)^{4pm}V_{2pm}\right)^2\right]\lambda_z\left(\frac{r_i}{\delta_i}\right)$	$-\frac{\mu_0}{2\pi}\left(\frac{r_i}{2a}\right)^2\left[2p-1+\frac{4p\,a^{4p}}{r_h^{4p}-a^{4p}}\right]^2\lambda_z\left(\frac{r_i}{\delta_i}\right)$
$L_a =$	$\frac{\mu_0\,d}{2\pi\,r_h}\lambda_a\left(\frac{d}{\delta_h}\right)$	$\frac{\mu_0}{4\pi}\,\frac{\delta_h}{r_h}$

Kapazität C; $\left(4\pi\,\varepsilon_0 = \frac{10^3}{9}\,\frac{\text{nF}}{\text{km}}\right)$

$$C = \frac{4p\,\pi\,\varepsilon_r\,\varepsilon_0}{\ln\frac{r_h^{4p}-a^{4p}}{2p\,a^{2p-1}\,r_h^{2p}\,r_i} - \left[2p-1+\frac{4p\,a^{4p}}{r_h^{4p}-a^{4p}}\right]^2\left(\frac{r_i}{2a}\right)^2}$$

Für die Nähewirkung ist wieder die transversale magnetische Feldstärke maßgebend, die im Mittelpunkt eines der vier Drähte herrscht. Hierfür ergibt sich mit Benutzung von Gl. (115)

$$H_a = \frac{3I}{16\pi a} + \left(\frac{\partial X_w}{r\,\partial\varphi}\right)_{\substack{r=a\\ \varphi=0}} = \frac{I}{16\pi a}\left[3 + 8 \sum_{m=1,2,3\ldots}^{\infty} \left(\frac{a}{r_h}\right)^{8m} W_{4m}\right]. \quad (123)$$

Die Gleichungen für den Widerstand R_n und die Induktivität L_n der Nähewirkung kann man hieraus wie in Gl. (86) und (87) ableiten; wegen der nach Gl. (116) und (117) getroffenen Definition sind die entsprechenden Faktoren vor den eckigen Klammern gleich. Auch die Näherungsformeln (88) und (89) entstehen hier in ähnlicher Gestalt; an Stelle der vierten Potenz erscheint die achte Potenz, und für die Zahlen 1 und 4 sind 3 und 8 einzusetzen. Wegen dieser großen Faktoren ist die Nähewirkung bei diesem Leitungssystem relativ am größten von allen bisherigen Systemen. Dies geht auch numerisch aus dem Beispiel hervor, das im Anschluß an dieses Kapitel gebracht wird.

Die Kenntnis der Induktivitätsformeln versetzt uns in die Lage, mit Hilfe des in Gl. (67) ausgedrückten Prinzips die Gleichung für die Kapazität anzugeben. Es ist

$$C = \frac{8\pi\,\varepsilon_r\,\varepsilon_0}{\ln\dfrac{r_h^8 - a^8}{4a^3 r_h^4 r_i} + \left[3 + \dfrac{8a^8}{r_h^8 - a^8}\right]^2 \left(\dfrac{r_i}{2a}\right)^2}. \quad (124)$$

Auch für die unsymmetrischen Leitungssysteme gelingt es wie für die symmetrischen, gemeinsame Gleichungen für die Doppelleitung und den Vierer aufzustellen, wobei ein Parameter p verwendet wird, der den Wert 1 bzw. 2 hat. Diese Gleichungen sind aus Tab. 7 zu entnehmen.

Beispiel: Ein Sternvierer mit 1,2 mm Kupferleitern ($r_i = 0{,}6$ mm) ist mit einem koaxialen Bleimantel von $d = 1{,}1$ mm Stärke umgeben. Sein Innendurchmesser ist 11 mm ($r_h = 5{,}5$ mm). Der diagonale Abstand der Leitermitten beträgt 5 mm ($a = 2{,}5$ mm). Die relative Dielektrizitätskonstante der Isolierung ist $\varepsilon_r = 1{,}6$. In den drei Tab. 8, 9 und 10 sind die Leitungskonstanten für die Stammleitung, die Phantomleitung und das unsymmetrische Leitungssystem bei den Frequenzen von 10 bis 1000 kHz nach den obigen Gleichungen numerisch berechnet. Man erkennt deutlich, daß der Einfluß der Hülle auf Widerstand und Induktivität bei der Stammleitung wesentlich größer als bei der Phantomleitung ist. Bei hohen Frequenzen liefern bei der Stammleitung die Zusatzverluste in dem Nachbarstamm (R_{ns} in Tab. 8) Beiträge in der Größenordnung von 3% der gesamten Verluste. Wesentlich größer sind die Nähewirkungsverluste bei dem unsymmetrischen Leitungssystem; sie betragen bei hohen Frequenzen etwa 10% der Gesamtverluste. Zu beachten ist, daß der Widerstand des Bleimantels (R_a) größer ist als derjenige der vier parallelen Kupferdrähte.

In den Tab. 8, 9 u. 10 sind auch die Übertragungskonstanten wie Wellenwiderstand $Z_1 - jZ_2$, Phasenlaufzeit τ und Dämpfung α eingetragen. In diese Größen geht ein Faktor Φ ein, der sich zu

$$\Phi = \sqrt{\frac{1}{2} + \frac{1}{2}\sqrt{1 + \left(\frac{R_g}{\omega L_g}\right)^2}} \quad (125)$$

Tabelle 8. *Die Leitungs- und Übertragungskonstanten der Stammleitung eines Sternvierers mit* 1,2 mm *Kupferleitern innerhalb eines koaxialen Bleimantels*

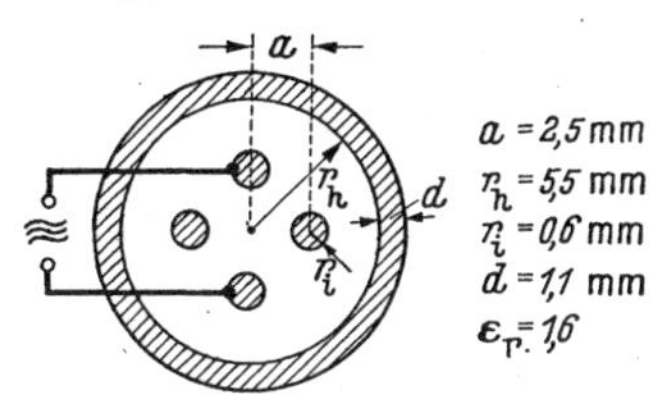

f	10	25	50	100	250	500	1000	kHz
$2R_i$	31,46	33,55	39,50	52,54	78,48	107,3	148,2	
$2R_h$	4,54	6,86	7,98	10,37	18,79	31,26	44,11	
$2R_n$	0,030	0,050	0,058	0,072	0,091	0,105	0,124	Ω/km
$2R_{ns}$	0,176	0,593	1,160	1,768	2,902	4,126	5,860	
R_g	36,21	41,05	48,70	64,75	100,3	142,8	198,3	
$2L_i$	0,100	0,096	0,087	0,068	0,044	0,031	0,022	
$2L$	0,848	0,848	0,848	0,848	0,848	0,848	0,848	
$2L_h$	−0,091	−0,133	−0,144	−0,148	−0,153	−0,157	−0,160	mH/km
$2L_n$	—	—	—	—	—	—	—	
$2L_{ns}$	−0,001	−0,003	−0,005	−0,006	−0,007	−0,008	−0,008	
L_g	0,856	0,808	0,786	0,762	0,732	0,714	0,702	
C	26,5	26,5	26,5	26,5	26,5	26,5	26,5	nF/km
Φ	1,050	1,013	1,005	1,002	1,001	1,000	1,000	
Z_1	188,7	176,8	173,1	170,0	166,3	164,2	162,8	Ω
Z_2	57,58	27,93	16,97	11,50	7,240	5,238	3,988	
τ	5,001	4,686	4,586	4,504	4,408	4,350	4,313	μs/km
α	0,096	0,116	0,141	0,191	0,301	0,435	0,609	N/km

Tabelle 9. *Die Leitungs- und Übertragungskonstanten der Phantomleitung eines Sternvierers mit* 1,2 mm *Kupferleitern innerhalb eines koaxialen Bleimantels*

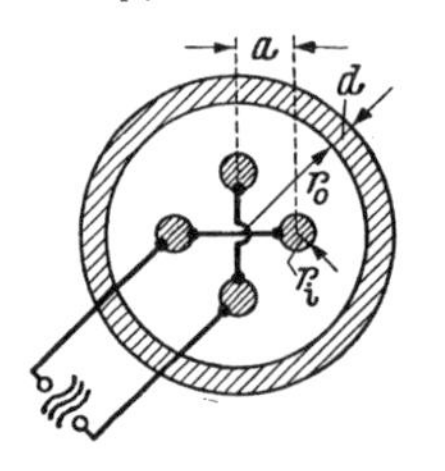

f	10	25	50	100	250	500	1000	kHz
R_i	15,73	16,77	19,75	26,27	39,24	53,66	74,12	Ω/km
R_h	0,406	0,926	1,222	1,663	3,204	6,435	9,081	
R_n	0,029	0,103	0,192	0,285	0,459	0,645	0,903	
R_g	16,17	17,80	21,16	28,22	42,90	60,74	84,10	
L_i	0,050	0,048	0,043	0,034	0,022	0,016	0,011	mH/km
L	0,285	0,285	0,285	0,285	0,285	0,285	0,285	
L_h	−0,005	−0,010	−0,012	−0,013	−0,014	−0,015	−0,016	
L_n	—	—	−0,001	−0,001	−0,001	−0,001	−0,001	
L_g	0,330	0,323	0,315	0,305	0,292	0,285	0,279	
C	66,56	66,56	66,56	66,56	66,56	66,56	66,56	nF/km
Φ	1,065	1,015	1,007	1,003	1,001	1,001	1,000	
Z_1	74,93	71,40	70,83	70,54	70,38	70,38	70,30	Ω
Z_2	25,76	12,16	7,467	5,166	3,284	2,384	1,686	
τ	4,991	4,706	4,611	4,518	4,413	4,358	4,311	µs/km
α	0,108	0,125	0,149	0,200	0,305	0,432	0,598	N/km

Tabelle 10. *Die Leitungs- und Übertragungskonstanten des unsymmetrischen Leitungssystems eines Sternvierers mit* 1,2 mm *Kupferleitern innerhalb eines koaxialen Bleimantels*

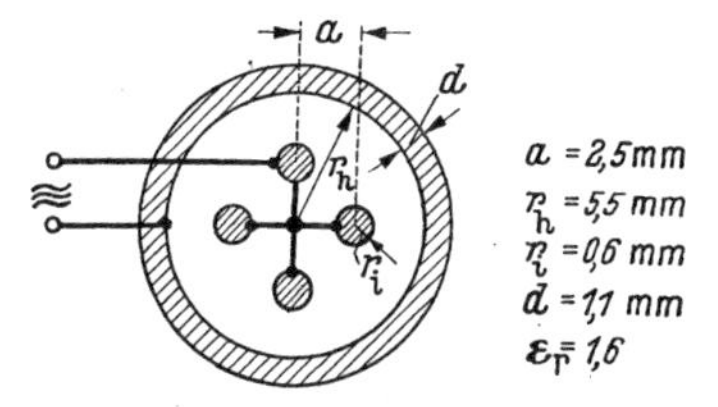

f	10	25	50	100	250	500	1000	kHz
$\frac{1}{4} R_i$	3,93	4,19	4,94	6,57	9,81	13,53	18,53	Ω/km
R_a	5,62	5,76	6,21	7,75	13,12	18,86	26,67	
$\frac{1}{4} R_h$	—	—	0,01	0,01	0,03	0,04	0,07	
$\frac{1}{4} R_n$	0,08	0,36	0,75	1,18	2,02	2,96	4,29	
R_g	9,63	10,31	11,91	15,51	24,98	35,39	49,56	
$\frac{1}{4} L_i$	0,012	0,012	0,011	0,009	0,005	0,004	0,003	mH/km
$\frac{1}{4} L$	0,160	0,160	0,160	0,160	0,160	0,160	0,160	
L_a	0,013	0,013	0,013	0,012	0,009	0,006	0,004	
$\frac{1}{4} L_h$	—	—	—	—	—	—	—	
$\frac{1}{4} L_n$	—	−0,002	−0,003	−0,004	−0,005	−0,005	−0,006	
L_g	0,185	0,183	0,181	0,177	0,169	0,165	0,161	
C	116	116	116	116	116	116	116	nF/km
Φ	1,072	1,016	1,005	1,002	1,001	1,001	1,000	
Z_1	42,81	40,34	39,71	39,16	38,21	37,74	37,27	Ω
Z_2	15,43	7,01	4,11	2,72	1,79	1,29	0,91	
τ	4,967	4,679	4,607	4,542	4,433	4,378	4,322	µs/km
α	0,113	0,128	0,150	0,198	0,327	0,469	0,665	N/km

berechnet. Dann ist

$$Z_1 = \sqrt{\frac{L_g}{C}}\,\Phi, \tag{126}$$

$$Z_2 = \frac{R_g}{2\omega\tau\Phi}, \tag{127}$$

$$\tau = \sqrt{L_g C}\,\Phi, \tag{128}$$

$$\alpha = \frac{R_g}{2Z_1}. \tag{129}$$

Wie man erkennt, unterscheiden sich sowohl die Laufzeiten als auch die Dämpfungen der drei Leitungssysteme nur wenig voneinander. Die Wellenwiderstände dagegen sind sehr verschieden. Den größten Wellenwiderstand hat die Stammleitung und den kleinsten das unsymmetrische System.

4. Leitungskonstanten eines Sternvierers, der exzentrisch in einem Metallmantel liegt (Vielpaarige Kabel).

In der Trägerfrequenztechnik werden in den meisten Fällen Fernkabel verwendet, bei denen mehrere Sternvierer innerhalb eines gemeinsamen Bleimantels angeordnet sind. Es kommen also Vierer vor, die exzentrisch in der Nähe des Bleimantels liegen. Für solche Sternvierer gelten die bisher abgeleiteten Gleichungen für koaxiale Sternvierer nicht. In Abb. 92 ist ein Sternvierer gezeichnet, dessen Exzentrizität (Abstand der Sternviererachse von der Achse des Bleimantels) wir e nennen. Als weiteren Begriff führen wir den Verseilwinkel ψ ein, der die Lage der vier Sternviererdrähte in bezug auf die Verbindungslinie zwischen Sternvierer- und Mantelachse angibt. Schreitet man mit konstanter Geschwindigkeit in Richtung der Kabelachse fort, so dreht sich der Vierer infolge der Verseilung mit konstanter Winkelgeschwindigkeit; das bedeutet, daß ψ im Verlauf der Kabellänge gleichmäßig wächst. Die übrigen Bezeichnungen sind dieselben wie bisher.

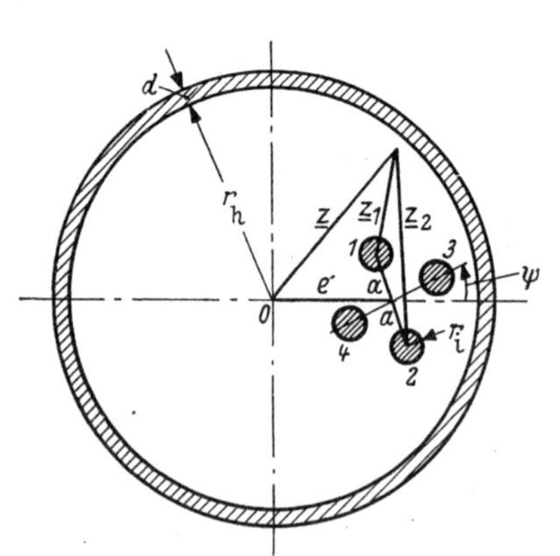

Abb. 92. Exzentrischer Sternvierer innerhalb einer metallischen Hülle

Im folgenden berechnen wir die Leitungskonstanten der beiden Arten von Leitungssystemen des Vierers; diese sind die Stammleitungen und die Phantomleitung. Das unsymmetrische System Vierer-Bleimantel hat keine physikalische Bedeutung; an seiner Stelle wird hier ein System wirksam, das aus der ganzen Lage einerseits und dem Bleimantel andererseits gebildet wird. Dieses lassen wir aber außer acht.

a) Stammleitungen

Wir betrachten die Drähte *1* und *2* in Abb. 92, von denen der Draht *1* den Strom I und der Draht *2* den Strom $-I$ führt. Das komplexe Potential des magnetischen Feldes berechnet sich nach Gl. (31), das wir aber hier mit der komplexen Koordinate $\underline{z}$ in bezug auf den Mittelpunkt *0* des Mantels ausdrücken müssen:

$$\underline{Z}_0 = \frac{\mathrm{i}\, I}{2\pi} \ln \frac{\underline{z}_2}{\underline{z}_1} = \frac{\mathrm{i}\, I}{2\pi} \ln \frac{\underline{z} - e + \mathrm{i}\, a\, \mathrm{e}^{\mathrm{i}\psi}}{\underline{z} - e - \mathrm{i}\, a\, \mathrm{e}^{\mathrm{i}\psi}}. \tag{130}$$

Wir ersetzen jetzt die Doppelleitung in ihrer Wirkung auf den Bleimantel durch einen Liniendipol. Das bedeutet formal, daß wir nach dem Quotienten $a/(\underline{z} - e)$ entwickeln können, wobei wir nur das erste Glied benutzen. Wir erhalten dann aus Gl. (130)

$$\underline{Z}_0 \approx - \frac{I\, a\, \mathrm{e}^{\mathrm{i}\psi}}{\pi (\underline{z} - e)} = - \frac{I\, a\, \mathrm{e}^{\mathrm{i}\psi}}{\pi\, \underline{z}} \sum_{m=1,2,3\ldots}^{\infty} \left(\frac{e}{\underline{z}}\right)^{m-1} \quad \text{für} \quad |\underline{z}| > e. \tag{131}$$

Das Produkt $I a$ kann man auch als das Moment des Liniendipols bezeichnen. Aus $\underline{Z}_0$ läßt sich jetzt das reelle Potential X_0 als Realteil von $\underline{Z}_0$ bestimmen:

$$X_0 = - \frac{I\, a}{\pi} \sum_{m=1,2,3\ldots}^{\infty} \frac{e^{m-1}}{r^m} \cos(m\,\varphi - \psi). \tag{132}$$

Hieraus folgt nun das reelle Potential X_{w} für das Rückwirkungsfeld der Hülle, ähnlich wie Gl. (34) aus Gl. (33) hervorgeht:

$$X_{\mathrm{w}} = - \frac{I\, a}{\pi} \sum_{m=1,2,3\ldots}^{\infty} \frac{e^{m-1}\, r^m}{r_{\mathrm{h}}^{2m}} W_m \cos(m\,\varphi - \psi). \tag{133}$$

Es bedeuten W_m die Rückwirkungsfaktoren nach Gl. (44) mit ihrem Realteil U_m nach Gl. (45) und ihrem Imaginärteil V_m nach Gl. (46). Für die weiteren Entwicklungen erweist es sich als zweckmäßig, das reelle Potential X_{w} zu einer komplexen Funktion $\underline{Z}_{\mathrm{w}}(\underline{z})$ zu ergänzen, die so beschaffen sein muß, daß ihr Realteil X_{w} nach Gl. (133) ist. Dieses leistet die Funktion

$$\underline{Z}_{\mathrm{w}} = - \frac{I\, a\, \mathrm{e}^{-\mathrm{i}\psi}}{\pi} \sum_{m=1,2,3\ldots}^{\infty} \frac{e^{m-1}}{r_{\mathrm{h}}^{2m}} \underline{z}^m W_m. \tag{134}$$

Wir sind jetzt in der Lage, die Leitungskonstanten zu berechnen; sie sind hier wie in Gl. (50) und (51) definiert. Hierzu kommen noch die Terme R_{ns} und L_{ns}, die beim Sternvierer den Einfluß der beiden Drähte *3* und *4* des Nachbarstammes zum Ausdruck bringen. Die Größen R_{i}, L_{i} und L sind nach Gl. (8), (9) und (52) bekannt. Dagegen ändern sich die Gleichungen für den Wirbelstromeinfluß der Hülle. In Analogie zu Gl. (53) erhält man die Impedanz der Hülle mit Benutzung des komplexen Potentials $\underline{Z}_{\mathrm{w}}$ nach Gl. (134) aus der Beziehung

$$2I(R_{\mathrm{h}} + \mathrm{j}\,\omega L_{\mathrm{h}}) = -\mathrm{j}\,\omega\,\mu_0\, \mathrm{Im}[(\underline{Z}_{\mathrm{w}})_{\underline{z}=e-\mathrm{i}a\mathrm{e}^{\mathrm{i}\psi}} - (\underline{Z}_{\mathrm{w}})_{\underline{z}=e+\mathrm{i}a\mathrm{e}^{\mathrm{i}\psi}}]. \tag{135}$$

Entwickelt man nun die Größen $z^m = (e \mp i a e^{i\psi})^m$ in eine binomische Reihe, so entstehen Glieder mit den Faktoren $e^{im\psi}$, die entsprechend Gl. (134) mit $e^{-i\psi}$ zu multiplizieren sind. Beachtet man nun, daß sich der Vierer beim Fortschreiten in Richtung der Kabelachse gleichmäßig dreht, so fallen bei der Mittelung über die Kabellänge (d. h. über ψ) alle Glieder fort, für die $m \neq 1$ ist. Trennt man nun noch Reelles und Imaginäres in bezug auf j (zeitliche Phase!), indem man für $W_m = U_m + jV_m$ einführt, so ergeben sich folgende Gleichungen:
der Verlustwiderstand der Hülle ist

$$R_{\mathrm{h}} = \frac{2a^2}{\pi\, \delta_{\mathrm{h}}^2\, r_{\mathrm{h}}^2\, \varkappa_{\mathrm{h}}} \sum_{m=1,2,3\ldots}^{\infty} m \left(\frac{e}{r_{\mathrm{h}}}\right)^{2(m-1)} V_m, \tag{136}$$

die Induktivität berechnet sich zu

$$L_{\mathrm{h}} = -\frac{\mu_0\, a^2}{\pi\, r_{\mathrm{h}}^2} \sum_{m=1,2,3\ldots}^{\infty} m \left(\frac{e}{r_{\mathrm{h}}}\right)^{2(m-1)} U_m. \tag{137}$$

Bei hohen Frequenzen, wenn in dem Kabelmantel Stromverdrängung herrscht ($d > \delta_{\mathrm{h}}$), kann man für U_m und V_m die entsprechenden Näherungsformeln in Gl. (48) und (49) benutzen. Dann lassen sich die Reihen geschlossen summieren, und man erhält

$$R_{\mathrm{h}} \approx \frac{2a^2}{\pi\, \delta_{\mathrm{h}}\, \varkappa_{\mathrm{h}}} \frac{r_{\mathrm{h}}(r_{\mathrm{h}}^2 + e^2)}{(r_{\mathrm{h}}^2 - e^2)^3}, \tag{138}$$

$$L_{\mathrm{h}} \approx -\frac{\mu_0\, a^2 r_{\mathrm{h}}^2}{\pi (r_{\mathrm{h}}^2 - e^2)^2} \left[1 - \frac{\delta_{\mathrm{h}}}{r_{\mathrm{h}}} \frac{r_{\mathrm{h}}^2 + e^2}{r_{\mathrm{h}}^2 - e^2}\right]. \tag{139}$$

Man erkennt, daß sowohl R_{h} und L_{h} dem Betrage nach um so größer sind, je näher der Vierer am Mantel liegt, d. h. je größer e ist. Andererseits entstehen aus obigen Gleichungen die Gl. (56) und (57) für die koaxiale Doppelleitung, wenn $e = 0$ genommen wird. Da wir hier die Doppelleitung durch einen Liniendipol angenähert haben, besteht jedoch nur mit den in a quadratischen Gliedern in Gl. (56) und (57) Übereinstimmung.

Um den Einfluß des Mantels auf die Nähewirkung zu erfassen, bestimmen wir die beiden Komponenten in r- und φ-Richtung des Rückwirkungsfeldes. Hierfür erhalten wir mit Benutzung von Gl. (133) folgenden Ausdruck:

$$\left(\frac{\partial X_{\mathrm{w}}}{\partial r}\right)_{\substack{r=e\\ \varphi=0}} = -\frac{I\, a}{\pi} \sum_{m=1,2,3\ldots}^{\infty} m \frac{e^{2(m-1)}}{r_{\mathrm{h}}^{2m}} W_m \cos\psi, \tag{140}$$

$$\left(\frac{\partial X_{\mathrm{w}}}{r\, \partial \varphi}\right)_{\substack{r=e\\ \varphi=0}} = -\frac{I\, a}{\pi} \sum_{m=1,2,3\ldots}^{\infty} m \frac{e^{2(m-1)}}{r_{\mathrm{h}}^{2m}} W_m \sin\psi. \tag{141}$$

Das Minuszeichen läßt erkennen, daß die Feldstärke des Rückwirkungsfeldes entgegengesetzt zu der ursprünglichen Feldstärke mit dem

Betrag $H_a = I/4\pi a$ gerichtet ist. Daher ist die resultierende, für die Verluste in den Drähten *1* und *2* maßgebende Feldstärke

$$H_a = \frac{I}{4\pi a}\left(1 - 4a^2 \sum_{m=1,2,3\ldots}^{\infty} \frac{m\, e^{2(m-1)}}{r_h^{2m}} W_m\right). \tag{142}$$

Die Gleichung für den Widerstand R_n und die Induktivität L_n der Nähewirkung erhält man nun nach dem gleichen Verfahren wie das im Anschluß an Gl. (58) benutzte. In der gleichen Weise gehen wir vor, um die Verluste in den beiden Drähten des Nachbarstammes zu berechnen. Für die Feldstärke H_{as}, die hierfür maßgebend ist, gilt die Gleichung

$$H_{as} = \frac{I}{2\pi a}\left(1 - 2a^2 \sum_{m=1,2,3\ldots}^{\infty} \frac{m\, e^{2(m-1)}}{r_h^{2m}} W_m\right), \tag{143}$$

die mit Gl. (91) korrespondiert. Die Größen R_{ns} und L_{ns} ergeben sich hieraus, wie im Anschluß an Gl. (91) gezeigt worden ist. In der Tab. 11 sind sämtliche Gleichungen für die Leitungskonstanten der Stammleitung des exzentrischen Sternvierers zusammengestellt, wobei die Kapazität C nach dem in Gl. (67) verwendeten Prinzip berechnet ist.

b) Phantomleitung

Wenn wir annehmen, daß die Drähte *1* und *2* in Abb. 92 je den Strom $I/2$ und die Drähte *3* und *4* den Strom $-I/2$ führen, dann ist das komplexe Potential ohne den Einfluß der Hülle nach der Beziehung

$$\underline{Z}_0 = \frac{\mathrm{i}\, I}{4\pi} \ln \frac{\underline{z}_3\, \underline{z}_4}{\underline{z}_1\, \underline{z}_2} = \frac{\mathrm{i}\, I}{4\pi} \ln \frac{(\underline{z} - e - a\, \mathrm{e}^{\mathrm{i}\varphi})(\underline{z} - e + a\, \mathrm{e}^{\mathrm{i}\varphi})}{(\underline{z} - e - \mathrm{i}\, a\, \mathrm{e}^{\mathrm{i}\varphi})(\underline{z} - e + \mathrm{i}\, a\, \mathrm{e}^{\mathrm{i}\varphi})} =$$

$$= \frac{\mathrm{i}\, I}{4\pi} \ln \frac{(\underline{z} - e)^2 - a^2\, \mathrm{e}^{2\mathrm{i}\psi}}{(\underline{z} - e)^2 + a^2\, \mathrm{e}^{2\mathrm{i}\psi}} \tag{144}$$

zu berechnen. Während wir nun die Doppelleitung in ihrer Wirkung auf den Mantel durch einen Liniendipol ersetzten, nähern wir die Phantomleitung durch einen Linienquadrupol an. Dies geschieht formal, indem wir den obigen Ausdruck nach $a^2/(\underline{z} - e)^2$ entwickeln und uns auf das erste Glied der Reihe beschränken. Dann ist

$$\underline{Z}_0 \approx -\frac{\mathrm{i}\, I}{2\pi} \frac{a^2\, \mathrm{e}^{2\mathrm{i}\psi}}{(\underline{z} - e)^2} = -\frac{\mathrm{i}\, I}{2\pi} \frac{a^2\, \mathrm{e}^{2\mathrm{i}\psi}}{\underline{z}^2} \sum_{m=1,2,3\ldots}^{\infty} m \left(\frac{e}{\underline{z}}\right)^{m-1} \quad \text{für} \quad |\underline{z}| > e. \tag{145}$$

Der Realteil von $\underline{Z}_0$ berechnet sich hieraus zu

$$X_0 = \frac{I\, a^2}{2\pi} \sum_{m=1,2,3\ldots}^{\infty} m \frac{e^{m-1}}{r^{m+1}} \sin\bigl(2\psi - (m+1)\,\varphi\bigr). \tag{146}$$

Tabelle 11. *Die Konstanten der Stammleitungen von exzentrisch innerhalb eines Metallmantels liegenden Sternvierern nach Abb. 92*

	Allgemeingültige Formeln	Näherungsformeln für Stromverdrängung $d < \delta_h$
	Wirkwiderstand $R_g = 2[R_i + R_h + R_n + R_{ns}]$	
$R_i =$	$\frac{1}{\pi r_i^2 \varkappa_i} \varrho_1\left(\frac{r_i}{\delta_i}\right)$	
$R_h =$	$\frac{2a^2}{\pi \delta_h^2 r_h^2 \varkappa_h} \sum_{m=1,2,3\ldots}^{\infty} m \left(\frac{e}{r_h}\right)^{2(m-1)} V_m$	$\frac{2a^2}{\pi \delta_h \varkappa_h} \frac{r_h(r_h^2 + e^2)}{(r_h^2 - e^2)^3}$
$R_n =$	$\frac{1}{4\pi a^2 \varkappa_i} \left[\left(1 - \frac{4a^2}{r_h^2} \sum_{m=1,2,3\ldots}^{\infty} m U_m \left(\frac{e}{r_h}\right)^{2(m-1)}\right)^2 + \left(\frac{4a^2}{r_h^2} \sum_{m=1,2,3\ldots}^{\infty} m V_m \left(\frac{e}{r_h}\right)^{2(m-1)}\right)^2\right] \varrho_z\left(\frac{r_i}{\delta_i}\right)$	$\frac{1}{4\pi a^2 \varkappa_i} \left[1 - \frac{4a^2 r_h^2}{(r_h^2 - e^2)^2}\right]^2 \varrho_z\left(\frac{r_i}{\delta_i}\right)$
$R_{ns} =$	$\frac{1}{\pi a^2 \varkappa_i^2} \left[\left(1 - \frac{2a^2}{r_h^2} \sum_{m=1,2,3\ldots}^{\infty} m U_m \left(\frac{e}{r_h}\right)^{2(m-1)}\right)^2 + \left(\frac{2a^2}{r_h^2} \sum_{m=1,2,3\ldots}^{\infty} m V_m \left(\frac{e}{r_h}\right)^{2(m-1)}\right)^2\right] \varrho_z\left(\frac{r_i}{\delta_i}\right)$	$\frac{1}{\pi a^2 \varkappa_i} \left[1 - \frac{2a^2 r_h^2}{(r_h^2 - e^2)^2}\right]^2 \varrho_z\left(\frac{r_i}{\delta_i}\right)$
	Induktivität $L_g = 2(L_i + L + L_h + L_n + L_{ns})$	
$L_i =$	$\frac{\mu_0}{2\pi} \lambda_i\left(\frac{r_i}{\delta_i}\right)$	
$L =$	$\frac{\mu_0}{2\pi} \ln \frac{2a}{r_i}$	

$L_h =$	$-\frac{\mu_0 a^2}{\pi r_h^2} \sum_{m=1,2,3\ldots}^{\infty} m \left(\frac{e}{r_h}\right)^{2(m-1)} U_m$	$-\frac{\mu_0}{\pi} \frac{a^2 r_h^2}{(r_h^2 - e^2)^2} \left[1 - \frac{\delta_h}{r_h} \frac{r_h^2 + e^2}{r_h^2 - e^2}\right]$
$L_n =$	$-\frac{\mu_0}{2\pi} \left(\frac{r_i}{2a}\right)^2 \left[\left(1 - \frac{4a^2}{r_h^2} \sum_{m=1,2,3\ldots}^{\infty} m U_m \left(\frac{e}{r_h}\right)^{2(m-1)}\right)^2 + \left(\frac{4a^2}{r_h^2} \sum_{m=1,2,3\ldots}^{\infty} m V_m \left(\frac{e}{r_h}\right)^{2(m-1)}\right)^2\right] \lambda_z\left(\frac{r_i}{\delta_i}\right)$	$-\frac{\mu_0}{2\pi} \left(\frac{r_i}{2a}\right)^2 \left[1 - \frac{4a^2 r_h^2}{(r_h^2 - e^2)^2}\right]^2 \lambda_z\left(\frac{r_i}{\delta_i}\right)$
$L_{ns} =$	$-\frac{\mu_0}{2\pi} \left(\frac{r_i}{a}\right)^2 \left[\left(1 - \frac{2a^2}{r_h^2} \sum_{m=1,2,3\ldots}^{\infty} m U_m \left(\frac{e}{r_h}\right)^{2(m-1)}\right)^2 + \left(\frac{2a^2}{r_h^2} \sum_{m=1,2,3\ldots}^{\infty} m V_m \left(\frac{e}{r_h}\right)^{2(m-1)}\right)^2\right] \lambda_z\left(\frac{r_i}{\delta_i}\right)$	$-\frac{\mu_0}{2\pi} \left(\frac{r_i}{a}\right)^2 \left[1 - \frac{2a^2 r_h^2}{(r_h^2 - e^2)^2}\right]^2 \lambda_z\left(\frac{r_i}{\delta_i}\right)$
	Kapazität C	
$C =$	$\frac{\pi \varepsilon_r \varepsilon_0}{\ln \frac{2a}{r_i} - \frac{2a^2 r_h^2}{(r_h^2 - e^2)^2} - \left[\left(1 - \frac{4a^2 r_h^2}{(r_h^2 - e^2)^2}\right)^2 + 4\left(1 - \frac{2a^2 r_h^2}{(r_h^2 - e^2)^2}\right)^2\right]\left(\frac{r_i}{2a}\right)^2}$	

Man erhält nun ähnlich wie bei der Doppelleitung für das reelle Potential des Rückwirkungsfeldes mit Hilfe der Rückwirkungsfaktoren W_{m+1} den Ausdruck

$$X_\mathrm{w} = \frac{I\,a^2}{2\pi} \sum_{m=1,2,3\ldots}^{\infty} m \frac{e^{m-1}\,r^{m+1}}{r_\mathrm{h}^{2(m+1)}} W_{m+1} \sin\bigl(2\psi - (m+1)\,\varphi\bigr). \quad (147)$$

Aus ihm bestimmen wir noch das komplexe Potential $\underline{Z}_\mathrm{w}$, das so beschaffen sein muß, daß sein Realteil die reelle Funktion X_w ist:

$$\underline{Z}_\mathrm{w} = \frac{\mathrm{i}\,I\,a^2}{2\pi} \sum_{m=1,2,3\ldots}^{\infty} m \frac{e^{m-1}}{r_\mathrm{h}^{2(m+1)}} W_{m+1}\, \underline{z}^{m+1}\, \mathrm{e}^{-2\mathrm{i}\psi}. \quad (148)$$

Wir gehen jetzt zur Berechnung der Leitungskonstanten über, von denen die Größen R_i, L_i und L dieselben sind wie bei der koaxialen Phantomleitung nach Gl. (8), (9) und (104). Die Impedanz des metallischen Mantels ergibt sich aus der Spannung, die zwischen den Drähten *1* und *3* durch den hindurchtretenden Kraftfluß induziert wird:

$$I(R_\mathrm{h} + \mathrm{j}\,\omega\,L_\mathrm{h}) = -\mathrm{j}\,\omega\,\mu_0\,\mathrm{Im}\,[(\underline{Z}_\mathrm{w})_{\underline{z}=e+a\,\mathrm{e}^{\mathrm{i}\psi}} - (\underline{Z}_\mathrm{w})_{\underline{z}=e+\mathrm{i}a\,\mathrm{e}^{\mathrm{i}\psi}}]. \quad (149)$$

Ähnlich wie oben bei der Doppelleitung im Anschluß an Gl. (135) treten hier Ausdrücke von der Form $\underline{z}^{m+1} = (e + a\mathrm{e}^{\mathrm{i}\psi})^{m+1}$ und $\underline{z}^{m+1} = (e + \mathrm{i}a\mathrm{e}^{\mathrm{i}\psi})^{m+1}$ auf, die in eine binomische Reihe zu entwickeln sind. Beachtet man, daß die einzelnen Reihenglieder mit $\mathrm{e}^{-2\mathrm{i}\psi}$ zu multiplizieren sind, so erkennt man, daß bei der Mittelwertbildung über ψ alle solche Glieder wegfallen, für die $m \neq 1$ ist. Es bleiben also nur die beiden in a quadratischen Glieder übrig, und man erhält

$$R_\mathrm{h} = \frac{a^4}{\pi\,\delta_\mathrm{h}^2\,r_\mathrm{h}^4\,\varkappa_\mathrm{h}} \sum_{m=1,2,3\ldots}^{\infty} m^2(m+1)\left(\frac{e}{r_\mathrm{h}}\right)^{2(m-1)} V_{m+1}, \quad (150)$$

$$L_\mathrm{h} = -\frac{\mu_0\,a^4}{2\pi\,r_\mathrm{h}^4} \sum_{m=1,2,3\ldots}^{\infty} m^2(m+1)\left(\frac{e}{r_\mathrm{h}}\right)^{2(m-1)} U_{m+1}. \quad (151)$$

Nimmt man an, daß die Frequenzen sehr hoch sind, so daß in dem Mantel Stromverdrängung herrscht ($d > \delta_\mathrm{h}$), so kann man für V_{m+1} und U_{m+1} die entsprechenden Näherungsformeln in Gl. (48) und (49) benutzen; die Reihen lassen sich dann auch hier geschlossen summieren. Dabei entstehen folgende Gleichungen:

$$R_\mathrm{h} \approx \frac{4a^4}{\pi\,\delta_\mathrm{h}\,\varkappa_\mathrm{h}} \frac{r_\mathrm{h}(r_\mathrm{h}^4 + 4e^2 r_\mathrm{h}^2 + e^4)}{(r_\mathrm{h}^2 - e^2)^5}, \quad (152)$$

$$L_\mathrm{h} \approx -\frac{\mu_0\,a^4\,r_\mathrm{h}^2(r_\mathrm{h}^2 + 2e^2)}{\pi\,(r_\mathrm{h}^2 - e^2)^4}\left(1 - \frac{2\delta_\mathrm{h}}{r_\mathrm{h}} \frac{r_\mathrm{h}^4 + 4e^2 r_\mathrm{h}^2 + e^4}{(r_\mathrm{h}^2 - e^2)(r_\mathrm{h}^2 + 2e^2)}\right). \quad (153)$$

Wir berechnen die Nähewirkung, indem wir zunächst die resultierende Feldstärke am Draht *3* ($z = e + a\,e^{i\psi}$) bestimmen. Diese hat eine r- und eine φ-Komponente; für sie gelten folgende Gleichungen (s. auch Abb. 27):

$$\begin{aligned} H_{ar} &= -\frac{I}{8\pi a}\sin\psi + \left(\frac{\partial X_w}{\partial r}\right)_{\substack{r=e\\ \varphi=0}} = \\ &= \frac{I}{8\pi a}\left[-\sin\psi + \frac{4a^3}{r_h^3}\sum_{m=1,2,3\ldots}^{\infty} m(m+1)\left(\frac{e}{r_h}\right)^{2m-1} W_{m+1}\sin 2\psi\right], \end{aligned} \tag{154}$$

$$\begin{aligned} H_{a\varphi} &= \frac{I}{8\pi a}\cos\psi + \left(\frac{\partial X_w}{r\,\partial \varphi}\right)_{\substack{r=e\\ \varphi=0}} = \\ &= \frac{I}{8\pi a}\left[\cos\psi - \frac{4a^3}{r_h^3}\sum_{m=1,2,3\ldots}^{\infty} m(m+1)\left(\frac{e}{r_h}\right)^{2m-1} W_{m+1}\cos 2\psi\right]. \end{aligned} \tag{155}$$

Wir bilden von jeder Komponente das Quadrat des zeitlichen Betrages, indem wir für $W_{m+1} = U_{m+1} + \mathrm{j}V_{m+1}$ einführen. Um nun die Verluste zu berechnen, benutzen wir die Gl. (B 42), wobei für $|H_a|^2 = |H_{ar}|^2 + |H_{a\varphi}|^2$ einzusetzen ist. Nehmen wir dann noch den Mittelwert über eine längere Kabelstrecke, d. h. über ψ, so fällt der in ψ periodische Term heraus, und es entsteht die Gleichung

$$\begin{aligned} R_n = \frac{1}{4\pi a^2 \varkappa_i}\Bigg\{1 &+ \left[\frac{4a^3}{r_h^3}\sum_{m=1,2,3\ldots}^{\infty} m(m+1)\left(\frac{e}{r_h}\right)^{2m-1} U_{m+1}\right]^2 + \\ &+ \left[\frac{4a^3}{r_h^3}\sum_{m=1,2,3\ldots}^{\infty} m(m+1)\left(\frac{e}{r_h}\right)^{2m-1} V_{m+1}\right]^2\Bigg\}\,\varrho_z\left(\frac{r_i}{\delta_i}\right). \end{aligned} \tag{156}$$

Eine entsprechende Beziehung ergibt sich für L_n, wenn man das anschließend an Gl. (60) erläuterte Prinzip verwendet, wobei dieselbe geschweifte Klammer auftritt. In Tab. 12 sind sämtliche Gleichungen für die Phantomleitung des exzentrischen Sternvierers aufgeführt; die Gleichung für die Kapazität ist mit Hilfe von Gl. (67) ermittelt.

Beispiel: Ein 14paariges Sternviererkabel hat 1,3 mm Kupferleiter ($r_i = 0{,}65$ mm). Der Innendurchmesser des Bleimantels ist 27,5 mm ($r_h = 13{,}75$ mm) und seine Dicke $d = 1{,}6$ mm. Die Exzentrizität der Vierer in der äußeren Lage beträgt $e = 8{,}25$ mm, während der diagonale Drahtabstand innerhalb des Vierers $2a = 4{,}84$ mm ist. Die relative Dielektrizitätskonstante hat den Wert $\varepsilon_r = 1{,}42$.

In den Tab. 13 u. 14 sind sämtliche Leitungskonstanten für die Stammleitung und Phantomleitung eingetragen. Man erkennt, daß der Einfluß der Hülle bei der Stammleitung erheblich größer ist als bei der Phantomleitung; dies hängt damit zusammen, daß das Feld der Phantomleitung rascher mit wachsender Entfernung abnimmt. Ferner sind die Nähewirkungsverluste bei der Stammleitung beachtenswert, die erheblich größer sind als bei der Stammleitung des koaxialen Vierers (vgl. Tab. 8); sie machen hier bei hohen Frequenzen mehr als 10% des Drahtwiderstands ($2R_i$) aus. Die Ursache hierfür ist die, daß beim exzentrischen Vierer die kompensierende Wirkung des Bleimantels nahezu wegfällt; bei der Phantomleitung werden die Nähewirkungsverluste durch den Bleimantel erhöht.

Tabelle 12. *Die Konstanten der Phantomleitung von exzentrisch innerhalb eines Metallmantels liegenden Sternvierern nach Abb. 92*

	Allgemeingültige Formeln	Näherungsformeln für Stromverdrängung $d > \delta_h$
	Wirkwiderstand $R_g = R_i + R_h + R_n$	
$R_i =$	$\frac{1}{\pi r_i^2 \varkappa_i} \varrho_i\left(\frac{r_i}{\delta_i}\right)$	
$R_h =$	$\frac{a^4}{\pi \delta_h^2 r_h^4 \varkappa_h} \sum_{m=1,2,3\ldots}^{\infty} m^2(m+1)\left(\frac{e}{r_h}\right)^{2(m-1)} V_{m+1}$	$\frac{4a^4}{\pi \delta_h \varkappa_h} \frac{r_h(r_h^4 + 4e^2 r_h^2 + e^4)}{(r_h^2 - e^2)^5}$
$R_n =$	$\frac{1}{4\pi a^2 \varkappa_i}\left\{1 + \left[\frac{4a^3}{r_h^3} \sum_{m=1,2,3\ldots}^{\infty} m(m+1)\left(\frac{e}{r_h}\right)^{2m-1} U_{m+1}\right]^2 + \left[\frac{4a^3}{r_h^3} \sum_{m=1,2,3\ldots}^{\infty} m(m+1)\left(\frac{e}{r_h}\right)^{2m-1} V_{m+1}\right]^2\right\} \varrho_z\left(\frac{r_i}{\delta_i}\right)$	$\frac{1}{4\pi a^2 \varkappa_i}\left[1 + \left(\frac{8a^3 e r_h^2}{(r_h^2 - e^2)^3}\right)^2\right] \varrho_z\left(\frac{r_i}{\delta_i}\right)$
	Induktivität $L_g = L_i + L + L_h + L_n$	
$L_i =$	$\frac{\mu_0}{2\pi} \lambda_i\left(\frac{r_i}{\delta_i}\right)$	
$L =$	$\frac{\mu_0}{2\pi} \ln \frac{a}{r_i}$	
$L_h =$	$-\frac{\mu_0}{2\pi} \frac{a^4}{r_h^4} \sum_{m=1,2,3\ldots}^{\infty} m^2(m+1)\left(\frac{e}{r_h}\right)^{2(m-1)} U_{m+1}$	$-\frac{\mu_0 a^4 r_h^2 (r_h^2 + 2e^2)}{\pi (r_h^2 - e^2)^4}\left(1 - \frac{2\delta_h}{r_h} \frac{r_h^4 + 4e^2 r_h^2 + e^4}{(r_h^2 - e^2)(r_h^2 + 2e^2)}\right)$
$L_n =$	$-\frac{\mu_0}{2\pi}\left(\frac{r_i}{2a}\right)^2\left\{1 + \left[\frac{4a^3}{r_h^3} \sum_{m=1,2,3\ldots}^{\infty} m(m+1)\left(\frac{e}{r_h}\right)^{2m-1} U_{m+1}\right]^2 + \left[\frac{4a^3}{r_h^3} \sum_{m=1,2,3\ldots}^{\infty} m(m+1)\left(\frac{e}{r_h}\right)^{2m-1} V_{m+1}\right]^2\right\} \lambda_z\left(\frac{r_i}{\delta_i}\right)$	$-\frac{\mu_0}{2\pi}\left(\frac{r_i}{2a}\right)^2\left\{1 + \left[\frac{8a^3 e r_h^2}{(r_h^2 - e^2)^3}\right]^2\right\} \lambda_z\left(\frac{r_i}{\delta_i}\right)$
	Kapazität C	
$C =$	$\frac{2\pi \varepsilon_r \varepsilon_0}{\ln \frac{a}{r_i} - \frac{2a^4 r_h^2 (r_h^2 + 2e^2)}{(r_h^2 - e^2)^4} - \left[1 + \left(\frac{8a^3 e r_h^2}{(r_h^2 - e^2)^3}\right)^2\right]\left(\frac{r_i}{2a}\right)^2}$	

Tabelle 13. *Die Leitungs- und Übertragungskonstanten der Stammleitung in der Außenlage eines* **14**-*paarigen Sternviererkabels mit* 1,3 mm *Kupferleitern*

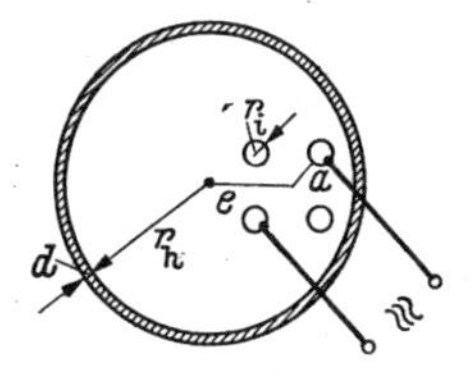

f	10	25	50	100	250	500	1000	kHz
$2R_i$	26,9	29,3	35,7	48,0	71,8	98,5	136	
$2R_h$	1,03	1,35	1,80	2,88	5,19	8,64	12,2	
$2R_n$	0,06	0,24	0,45	0,68	1,11	1,60	2,29	Ω/km
$2R_{ns}$	0,32	1,28	2,47	3,74	6,26	9,08	13,1	
R_g	28,3	32,2	40,4	55,3	84,4	118	164	
$2L_i$	0,10	0,09	0,08	0,06	0,04	0,03	0,02	
$2L$	0,80	0,80	0,80	0,80	0,80	0,80	0,80	
$2L_h$	−0,04	−0,05	−0,05	−0,05	−0,05	−0,06	−0,06	mH/km
$2L_n$	—	−0,001	−0,002	−0,003	−0,003	−0,003	−0,003	
$2L_{ns}$	−0,002	−0,006	−0,011	−0,015	−0,017	−0,018	−0,019	
L_g	0,86	0,84	0,82	0,80	0,77	0,76	0,75	
C	22,0	22,0	22,0	22,0	22,0	22,0	22,0	nF/km
Φ	1,032	1,007	1,003	1,002	1,001	1,000	1,000	
Z_1	204	197	194	191	187	185	183	Ω
Z_2	50,4	23,7	15,1	10,5	6,53	4,60	3,20	
τ	4,48	4,33	4,26	4,19	4,11	4,07	4,05	µs/km
α	0,070	0,082	0,104	0,145	0,225	0,318	0,448	N/km

Tabelle 14. *Die Leitungs- und Übertragungskonstanten der Phantomleitung in der Außenlage eines* 14*paarigen Sternviererkabels mit* 1,3 mm *Kupferleitern* (*Abmessungen wie in Tabelle* 13)

f	10	25	50	100	250	500	1000	kHz
R_i	13,5	14,7	17,4	24,0	36,1	49,2	68,1	Ω/km
R_h	0,19	0,20	0,21	0,25	0,31	0,36	0,38	
R_n	0,05	0,21	0,40	0,62	1,05	1,53	2,21	
R_g	13,7	15,1	18,0	24,9	37,5	51,1	70,7	
L_i	0,050	0,047	0,041	0,032	0,020	0,014	0,010	mH/km
L	0,263	0,263	0,263	0,263	0,263	0,263	0,263	
L_h	−0,002	−0,003	−0,003	−0,003	−0,003	−0,003	−0,004	
L_n	−0,002	−0,010	−0,019	−0,024	−0,029	−0,031	−0,032	
L_g	0,31	0,30	0,28	0,27	0,25	0,24	0,24	
C	61,79	61,79	61,79	61,79	61,79	61,79	61,79	nF/km
Φ	1,055	1,013	1,005	1,003	1,001	1,001	1,000	
Z_1	74,5	70,2	67,9	65,9	63,8	62,7	62,0	Ω
Z_2	23,7	11,1	6,85	4,86	3,02	2,10	1,47	
τ	4,60	4,34	4,20	4,07	3,94	3,88	3,83	µs/km
α	0,092	0,107	0,133	0,189	0,293	0,407	0,571	N/km

5. Rückwirkung metallischer Spulenkapseln auf die Spule

In der Hochfrequenztechnik werden die Spulen mit einem metallischen Schirm, dem Spulentopf, umgeben, um sie vor äußeren Feldern zu schützen oder ihre Störung nach außen abzuschwächen. Ähnlich wie der Bleimantel bei den geschirmten Leitungen wirkt auch der Spulentopf auf die Induktivität und den Verlustwiderstand der Spule zurück. Um diesen Effekt der Rechnung zugänglich zu machen, ersetzen wir die Spulenkapsel, die in den meisten Fällen ein Metallzylinder mit Deckeln ist, durch eine Hohlkugel gleicher Wandstärke d; den Radius r_h der Hohlkugel nehmen wir zweckmäßig gleich dem des Zylinders, wie in Abb. 93 angedeutet ist. Der Grund hierfür ist der, daß in der Mitte der Zylinderwand die stärksten Ströme fließen, so daß in erster Linie der Radius der Zylinderwand für die Rückwirkung des Spulentopfes maßgebend ist. In den Zylinderdeckeln sind die Ströme erheblich kleiner (in der Deckelmitte sind sie Null), so daß ihre Abmessungen von geringerem Einfluß sind. Wir unterscheiden nun im folgenden zwischen Luftspulen und Spulen mit Eisenkernen.

a) Luftspulen

Wir berechnen zunächst das magnetische Feld außerhalb der Spule. In hinreichend großer Entfernung ist dieses Feld gleich dem eines magnetischen Dipols. Ist m die magnetische Polstärke eines Dipols und l der Polabstand wie in Abb. 94, so ist bekanntlich das Potential X_0

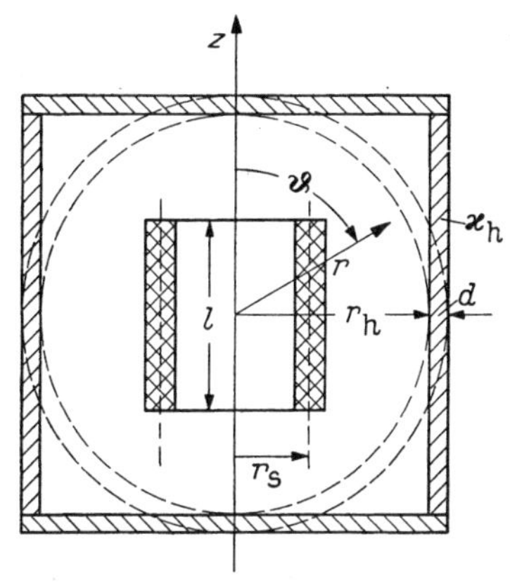

Abb. 93. Luftspule mit zylindrischer Spulenkapsel und ihre Ersatzhohlkugel

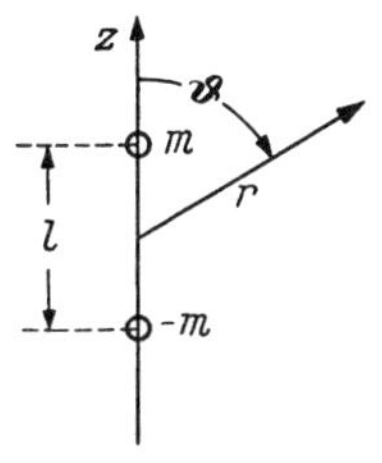

Abb. 94. Magnetischer Dipol mit dem Moment ml. (m Polstärke)

eines solchen Dipols nach der Gleichung

$$X_0 = \frac{m\, l \cos\vartheta}{4\pi\, \mu_0\, r^2} \tag{157}$$

zu berechnen, in der r und ϑ die Kugelkoordinaten nach Abb. 11 und ml das Dipolmoment bedeuten. Um dieses durch die Spulendaten ausdrücken zu können, berechnen wir zunächst die Feldstärke innerhalb der Spule; diese ist

$$H = \frac{I\, N}{l}. \tag{158}$$

Dabei bedeutet I den Spulenstrom, N die Windungszahl und l die Spulenlänge. Wir denken uns nun die Pole in den Spulenendflächen liegend. Die Polstärke m ist dann gleich dem Kraftfluß $\mu_0 F H$ in der Spule. Hierbei ist F die mittlere Windungsfläche. Setzt man für H den Wert aus Gl. (158) ein, so ist das Dipolmoment

$$m\, l = \mu_0 F H\, l = \mu_0 F I N. \tag{159}$$

Damit erhält man für das Potential des Außenfeldes nach Gl. (157) den Ausdruck

$$X_0 = \frac{I\, N\, F}{4\pi\, r^2} \cos\vartheta. \tag{160}$$

In Analogie zu unseren bisherigen Überlegungen stellen wir das resultierende Feld im Innenraum der Hülle ($r \leqq r_h$) durch die Überlagerung des ursprünglichen Dipolfeldes nach Gl. (160) mit dem Rückwirkungsfeld X_w der Hohlkugel dar und erhalten

$$X_i = X_0 + X_w = \frac{I N F}{4\pi}\left(\frac{1}{r^2} + \frac{r}{r_h^3} W_i\right)\cos\vartheta. \tag{161}$$

Hierin ist W_i der Rückwirkungsfaktor der Hülle in bezug auf das innere Feld, der von dem Rückwirkungsfaktor W_a der Hohlkugel für das äußere Störungsfeld nach Gl. (C 55) verschieden ist, wie wir sehen werden.

Das Feld im Außenraum ($r_h + d \leqq r < \infty$) ist hier wieder ein Dipolfeld, das um den Schirmfaktor Q geschwächt ist. Daher lautet die Gleichung für das Potential

$$X_a = \frac{I N F}{4\pi r^2} Q \cos\vartheta. \tag{162}$$

Der weitere Rechnungsgang ist nun der gleiche wie in Abschn. C, Kap. 4, für die Hohlkugel im Außenfeld, indem wir für die elektrische Feldstärke E in der Schirmwand den Ansatz Gl. (C 46) machen und die bekannten Grenzbedingungen an der inneren und äußeren Oberfläche des Schirmes befriedigen. Es ergibt sich dann der Schirmfaktor Q nach Gl. (C 54). Dagegen ist der Rückwirkungsfaktor W_i von W_a nach Gl. (C 55) verschieden. Für ihn erhalten wir die Gleichung

$$W_i = \frac{\frac{2}{3}\left(K - \frac{1}{K}\right)\sinh k_h d}{\cosh k_h d + \frac{1}{3}\left(K + \frac{2}{K}\right)\sinh k_h d}. \tag{163}$$

Bezüglich der Diskussion des Schirmfaktors Q verweisen wir auf Abschnitt C, Kap. 4, während wir den Rückwirkungsfaktor W_i nur für den Fall unmagnetischer Hüllen ($\mu = \mu_0$) näher betrachten, bei dem $1/K$ neben K vernachlässigt werden kann. Damit ist

$$W_i = 2\,\frac{\frac{K}{3}\sinh k_h d}{\cosh k_h d + \frac{K}{3}\sinh k_h d}. \tag{164}$$

Ein Vergleich mit Gl. (44) lehrt, daß

$$W_i \equiv U_i + V_i = 2 W_{3/2} = 2(U_{3/2} + \mathrm{j}\, V_{3/2}) \tag{165}$$

ist; daher können wir auch für $U_{3/2}$ und $V_{3/2}$ die Gl. (45) bis (49) benutzen, wenn wir in ihnen $m = 3/2$ nehmen; auch die Kurven in Abb. 85 und 86 sind anwendbar.

Wir gehen jetzt dazu über, den Scheinwiderstand $R_h + \mathrm{j}\omega L_h$ in der Spule zu ermitteln, der durch die Anwesenheit der Spulenkapsel hervorgerufen wird. Zu diesem Zweck stellen wir zunächst fest, daß das Rückwirkungsfeld mit dem Potential X_w homogen ist, indem wir in Gl. (161) $r \cos\vartheta = z$ setzen. Die Feldstärke H_z des Rückwirkungsfeldes ist daher

$$H_z = \frac{I\,N\,F\,W_i}{4\pi\,r_h^3} = \frac{I\,N\,F\,W_{3/2}}{2\pi\,r_h^3}\,; \tag{166}$$

sie ist nach Abb. 95 parallel zur Spulenachse (z-Achse) gerichtet. Den Scheinwiderstand der Hülle erhält man nun aus der Spannung, die dieses Zusatzfeld in der Spule induziert. Diese Spannung ist

$$(R_h + j\,\omega\,L_h)\,I = -j\,\omega\,\mu_0\,N\,F\,H_z\,. \tag{167}$$

Setzt man hierin für H_z den Wert aus Gl. (166) ein, so ergeben sich durch Vergleich von Real- und Imaginärteil auf beiden Seiten von Gl. (167) die Gleichungen

$$R_h = \frac{N^2 F^2}{\pi\,r_h^3\,\delta_h^2\,\varkappa_h}\,V_{3/2}\,, \tag{168}$$

$$L_h = -\frac{\mu_0\,N^2 F^2}{2\pi\,r_h^3}\,U_{3/2}\,. \tag{169}$$

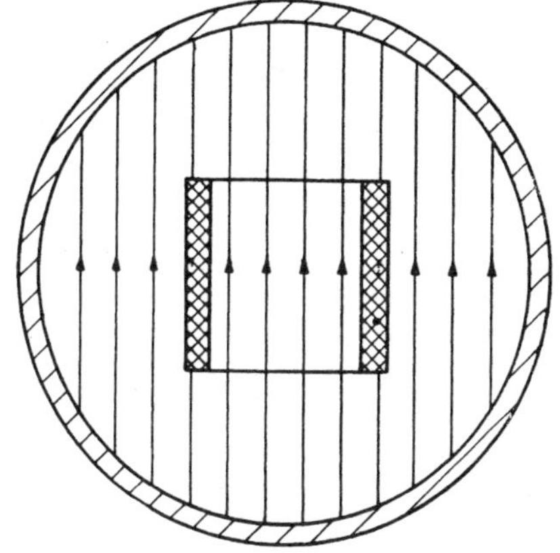

Abb. 95. Das innere Rückwirkungsfeld einer Hohlkugel mit Erregerspule

Es ist zweckmäßig, den Verlustwinkel φ_h anzugeben, den die Spule infolge der Hüllenverluste hat. Hierfür müssen wir zunächst die Induktivität L_0 der Spule ohne die Hülle kennen. Sie ist [17]

$$L_0 = \frac{\mu_0\,N^2 F}{l}\,p_s\,. \tag{170}$$

Hierin bedeutet p_s einen Spulenparameter, der sich aus dem Verhältnis r_s/l (r_s Spulenradius, l Spulenlänge) zu

$$p_s = \frac{1}{1 + 0{,}9\,\frac{r_s}{l}} \tag{171}$$

ergibt [17], wenn $l > 0{,}8 r_s$ ist. Die resultierende Induktivität ist somit

$$L = L_0 - L_h = \frac{\mu_0\,N^2 F}{l}\,p_s\left(1 - \frac{2 v_s}{3 p_s v_k}\,U_{3/2}\right). \tag{172}$$

Hierin ist $v_s = F\,l$ das Spulenvolumen und v_k das Volumen der Ersatzhohlkugel ($= 4\pi\,r_h^3/3$). Wie man sieht, wird die Induktivität durch die Schirmhülle verkleinert, wobei das Verhältnis von Spulenvolumen zu Kugelvolumen eingeht. Um uns von der Windungszahl N frei zu machen, bestimmen wir jetzt den Verlustwinkel φ_h und erhalten mit Benutzung von Gl. (168)

$$\tan \varphi_h \equiv \frac{R_h}{\omega L} = \frac{2 v_s V_{3/2}}{3 v_k p_s \left(1 - \frac{2 v_s}{3 p_s v_k} U_{3/2}\right)} = \frac{2 v_s V_{3/2}}{3 v_k p_s - 2 v_s U_{3/2}}. \quad (173)$$

Der Verlustwinkel ist also in erster Näherung dem Imaginärteil $V_{3/2}$ des Rückwirkungsfaktors proportional, in dem die Frequenz enthalten ist. Der Frequenzgang von $\tan \varphi_h$ entspricht daher ungefähr den Kurven in Abb. 86 ($m = 3/2$).

b) Spulen mit Eisenkern

Spulen mit Eisenkern werden sehr häufig als Topfkernspulen ausgeführt, bei denen der Wickelraum der Spulen wie in Abb. 30 allseitig von einem zylindrischen Ferritkern umschlossen ist. Dieser Ferritkörper liegt oft noch in einem Metallbecher. Es ist nun von praktischer Bedeutung, die Verluste zu kennen, die durch die Anwesenheit eines solchen Metallschirmes hervorgerufen werden. Bei der Berechnung erhalten wir gleichzeitig den Schirmfaktor Q des Bechers, den wir sinngemäß als das Verhältnis der äußeren Feldstärke der Ferritspule ohne Becher zu derjenigen mit Becher definieren.

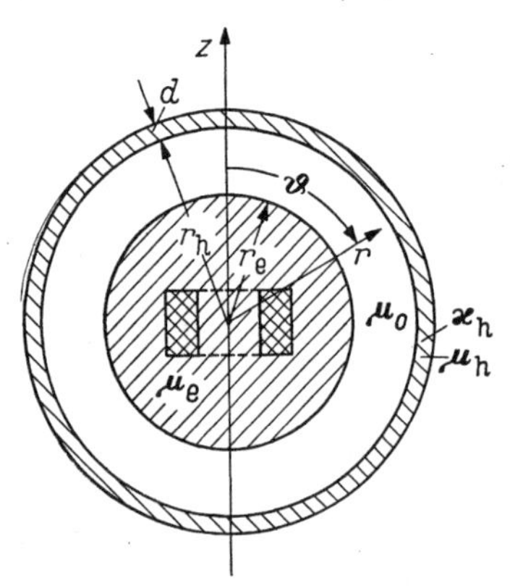

Abb. 96. Kugelförmige Ersatzanordnung für eine Topfkernspule mit Schirmbecher

Um dieses Problem berechnen zu können, ersetzen wir den zylindrischen Kern durch eine Kugel, in deren Zentrum die Spule angenommen wird (Abb. 96). Der kugelförmige Ersatzkern habe den Radius r_e und die Permeabilität μ_e; sein spezifischer Widerstand soll so hoch sein, daß die Wirbelströme in ihm zu vernachlässigen sind. Zwischen diesem Kern und dem Schirm mit dem Radius r_h befinde sich ein Luftzwischenraum. Die Leitfähigkeit des Schirmmetalls bezeichnen wir mit $\varkappa_h$ und die Permeabilität mit μ_h. Von einem Luftspalt im Eisenkern, wie er in Abbildung 30 gezeichnet ist, sehen wir hier ab.

Wir haben hier vier Raumteile, in denen wir zunächst die allgemeinen Lösungen der Feldgleichungen bestimmen müssen, um dann durch die Übergangsbedingungen an den drei Grenzflächen die spezielle Lösung des Problems zu finden. Wir beginnen mit dem Eisenkern ($0 \leq r \leq r_e$), in dem wir wegen der sehr geringen Leitfähigkeit ein Potentialfeld haben, dessen Potential in Analogie zu Gl. (161)

$$X = \frac{I N F}{4\pi} \left(\frac{1}{r^2} + \frac{r}{r_h^3} W_i\right) \cos \vartheta \quad (174)$$

ist. In dem Zwischenraum zwischen dem Schirm und dem Kern ($r_e \leqq r \leqq r_h$) herrscht ebenfalls ein Potentialfeld, für das der Ansatz

$$X = \frac{I\,N\,F}{4\pi}\left(\frac{1}{r^2}\,C_1 + \frac{r}{r_h^3}\,C_2\right)\cos\vartheta \tag{175}$$

passend ist (C_1 und C_2 unbestimmte Konstanten). Innerhalb der Schirmwand ($r_h \leqq r \leqq r_h + d$) gehen wir wieder von der elektrischen Feldstärke E_φ nach Gl. (C 46) aus; zwei weitere Konstanten A und B kommen hinzu. Eine sechste Unbekannte tritt im Außenraum ($r_h + + d \leqq r < \infty$) in Gestalt eines Schirmfaktors Q_a auf, wo wiederum ein Potentialfeld der Gestalt

$$X = \frac{I\,N\,F}{4\pi}\,\frac{\cos\vartheta}{r^2}\,Q_a \tag{176}$$

herrscht. Es sei hier angemerkt, daß der Schirmfaktor Q_a nicht mit dem oben definierten Schirmfaktor identisch ist; Q_a ist das Verhältnis der Feldstärke in irgendeinem Punkt des Außenraumes zu derjenigen, die bei gleicher Spule ohne Eisenkern und ohne Schirm an der gleichen Stelle herrschen würde. Die Stetigkeitsforderung der Normalkomponente der Induktion ($\mu\,H_r$) und der tangentiellen Komponente der Feldstärke (H_ϑ) an den drei Grenzflächen liefern nun sechs Gleichungen für die sechs Unbekannten W_i, C_1, C_2, A, B und Q_a. Diese Gleichungen lauten:

$$\begin{aligned}
\frac{\mu_e}{\mu_0}\left(W_i\,\frac{r_e^3}{r_h^3} - 2\right) &= C_2\,\frac{r_e^3}{r_h^3} - 2C_1,\\
W_i\,\frac{r_e^3}{r_h^3} + 1 &= C_2\,\frac{r_e^3}{r_h^3} + C_1,\\
2C_1 - C_2 &= 2(A_1 + B_1),\\
C_1 + C_2 &= -K(A_1 - B_1),\\
A_1\,e^{k_h d} + B_1\,e^{-k_h d} &= Q_a,\\
K\left[A_1\,e^{k_h d} - B_1\,e^{-k_h d}\right] &= -Q_a.
\end{aligned} \tag{177}$$

Hierin bedeutet ähnlich wie in Gl. (C 53)

$$K = \frac{\mu_0}{\mu_h}\,k_h\,r_h. \tag{178}$$

Zum Zwecke der Normierung haben wir hierbei die ursprünglichen Konstanten A und B in die Konstanten A_1 und B_1 durch eine ähnliche Transformation wie in Gl. (C 48) übergeführt (an Stelle von H_a tritt hier $I\,N\,F/4\pi$).

Vom praktischen Standpunkt aus interessieren uns von den sechs Konstanten nur der Rückwirkungsfaktor W_i und der Schirmfaktor Q_a.

Für diese erhält man nun aus Gl. (177) die Gleichungen

$$W_i = \frac{2}{\mu_e + 2\mu_0}\left\{\left(\mu_e - \mu_0\right)\frac{r_h^3}{r_e^3}\cosh k_h d + \right.$$
$$\left. + \frac{1}{3}\left[\left(2\mu_e + \mu_0\right)\left(K - \frac{1}{K}\right) + \left(\mu_e - \mu_0\right)\frac{r_h^3}{r_e^3}\left(K + \frac{2}{K}\right)\right]\sinh k_h d\right\} Q, \tag{179}$$

$$Q_a = \frac{3\mu_e}{\mu_e + 2\mu_0} Q, \tag{180}$$

$$Q = \frac{1}{\cosh k_h d + \frac{1}{3}\left[K + \frac{2}{K} + 2\frac{\mu_e - \mu_0}{\mu_e + 2\mu_0}\frac{r_e^3}{r_h^3}\left(K - \frac{1}{K}\right)\right]\sinh k_h d}, \tag{181}$$

in denen Q der gesuchte Schirmfaktor ist. Man erkennt zunächst, daß diese Gleichungen in die bekannten Beziehungen (163) für den Rückwirkungsfaktor W_i und Gl. (C 54) für den Schirmfaktor Q übergehen, wenn $\mu_e = \mu_0$ ist, d. h. für den Fall der Luftspulen, wie es sein muß.

Um diese Gleichungen diskutieren zu können, nehmen wir bestimmte Sonderfälle an. Zunächst betrachten wir eine Hülle aus einem Nichteisenmetall ($\mu_h = \mu_0$), die unmittelbar auf dem Kern aufliegt ($r_h = r_e$). Dann kann man $1/K$ neben K vernachlässigen. Ferner soll die Permeabilität des Eisenkerns groß sein ($\mu_e \gg \mu_0$). Man erhält so durch Entwicklung nach μ_0/μ_e folgende Gleichungen:

$$W_i \approx 2\left[1 - 3\frac{\mu_0}{\mu_e}\frac{\cosh k_h d}{\cosh k_h d + K\sinh k_h d}\right], \tag{182}$$

$$Q \approx \frac{1}{\cosh k_h d + K\sinh k_h d}. \tag{183}$$

Bezüglich des Rückwirkungsfaktors W_i interessieren wir uns hier nur für seinen Imaginärteil V_i, der für die Verluste in der Spule maßgebend ist. Die Rechnung liefert das Ergebnis

$$V_i = 6 V_{1/2}\frac{\mu_0}{\mu_e}, \tag{184}$$

in dem $V_{1/2}$ nach Gl. (46), (47) und (49) zu berechnen ist. Hierbei ist $m = 1/2$ zu nehmen (s. auch Abb. 86). Die Gleichung für den Schirmfaktor Q stimmt mit derjenigen für parallele Platten nach Gl. (C 12) überein, wenn man an Stelle des halben Plattenabstands x_0 den Radius r_h einsetzt (s. auch Abb. 47).

Um nun den Widerstand R_h in der Spule zu berechnen, der infolge der Wirbelstromverluste in der Hülle entsteht, gehen wir von der Feldstärke H_z des Rückwirkungsfeldes aus. Diese ist nach Gl. (174)

$$H_z = \frac{I N F}{4\pi r_h^3} W_i. \tag{185}$$

Den Verlustwiderstand bestimmen wir nach Gl. (167); daher ist

$$R_h = \frac{N^2 F^2}{4\pi r_h^3}\omega\mu_e V_i. \tag{186}$$

Die Induktivität ohne die Rückwirkung der Hülle und des äußeren Luftraumes ist ähnlich wie in Gl. (170)

$$L_e = \frac{\mu_e N^2 F}{l}, \tag{187}$$

wenn l wieder die Spulenhöhe bedeutet. Damit ist der Verlustwinkel für $r_e = r_h$

$$\tan \varphi_h \equiv \frac{R_h}{\omega L_e} = \frac{1}{3} \frac{v_s}{v_e} V_i = 2 \frac{v_s}{v_e} V_{1/2} \frac{\mu_0}{\mu_e} \tag{188}$$

(v_s Spulenvolumen, v_e Volumen des Eisenkernes). Er ist also um so kleiner, je größer die Permeabilität μ_e des Kernes ist, was plausibel ist.

Als zweiten Sonderfall der allgemeinen Gl. (179) bis (181) nehmen wir eine permeable Hülle bei niedrigen Frequenzen an ($\mu_h \gg \mu_0$, $d < \delta_h$), die ebenfalls auf dem Kern aufliegen soll ($r_h = r_e$). Wenn wir nun weiterhin voraussetzen, daß die Permeabilität μ_e des Kernes groß ist ($\mu_e > \mu_0$), so liefert die Entwicklung von Gl. (181) nach μ_0/μ_e, wobei wir jetzt K neben $1/K$ vernachlässigen, folgendes Ergebnis für den Schirmfaktor:

$$Q = \frac{1}{1 + 2 \frac{\mu_h}{\mu_e} \frac{d}{r_h}}. \tag{189}$$

Es zeigt, daß man mit Eisenschirmen nur dann eine Schirmwirkung bei niedrigen Frequenzen erzielen kann, wenn ihre Permeabilität μ_h erheblich größer als die des Kernes ist ($\mu_h \gg \mu_e$).

Beispiel 1: Eine Luftspule mit einem Durchmesser von 35 mm und einer Länge von 35 mm ist mit einer zylindrischen Metallkapsel von 80 mm Durchmesser und 85 mm Länge umgeben, deren Wandstärke $d = 0{,}5$ mm ist. Um die Rückwirkung dieser Kapsel auf die Spule berechnen zu können, ersetzen wir die Kapsel durch eine Hohlkugel mit gleicher Wandstärke und einem Radius von $r_h = 40$ mm. Sie soll einmal aus Kupfer ($\varrho_h = 0{,}0175\ \Omega\ \mathrm{mm}^2/\mathrm{m}$) und dann aus Manganin ($\varrho_h = 0{,}42\ \Omega\ \mathrm{mm}^2/\mathrm{m}$) bestehen. Letzteres ist eine Metallegierung mit fast temperaturunabhängigem spezifischem Widerstand. In Tab. 15 sind Verlustwinkel $\tan \varphi_h$, Induktivitätsminderung L_h/L_0 und Schirmdämpfung a_s für Frequenzen von 10 bis 1000 kHz eingetragen. Man erkennt, daß der Verlustwinkel für die Kupferkapsel fast um eine Größenordnung kleiner ist als für die Manganinkapsel. Die Schirmdämpfung dagegen ist bei der ersteren erheblich größer. Die Induktivität der Spule vermindert sich durch die Schirmung bei hohen Frequenzen um 12%.

Beispiel 2: Ein Topfkern mit der Permeabilität μ_e und dem Durchmesser von 40 mm ist unmittelbar von einem Aluminiumbecher umgeben, dessen Dicke $d = 0{,}5$ mm ist. In Tab. 16 sind der Verlustwinkel und die Schirmdämpfung für Frequenzen von 10 bis 1000 kHz eingetragen. Dabei ist die Permeabilität μ_e des Kernes offengelassen. Nimmt man an, daß $\mu_e = 10\mu_0$ ist, so ergibt ein Vergleich mit Tab. 15, daß der Verlustwinkel hier erheblich kleiner ist als bei der Kupferkapsel der Luftspule.

Tabelle 15. *Die Rückwirkung und die Schirmdämpfung einer metallischen Spulenkapsel auf eine Luftspule*

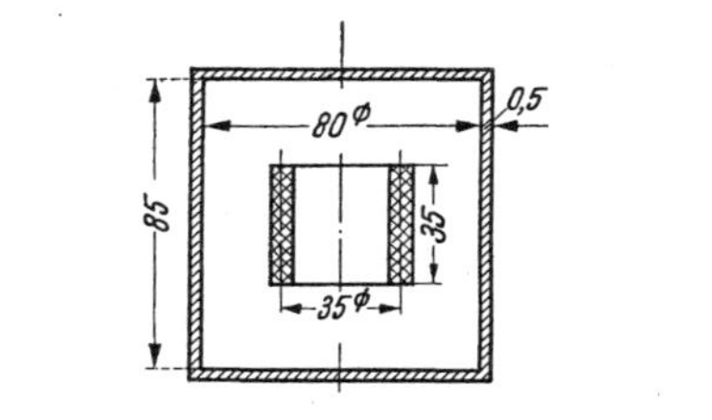

Frequenz in kHz		10	25	50	100	250	500	1000
Kupfer-kapsel	$\tan \varphi_h$	$4,6 \cdot 10^{-3}$	$2,1 \cdot 10^{-3}$	$1,4 \cdot 10^{-3}$	$1,0 \cdot 10^{-3}$	$6,8 \cdot 10^{-4}$	$4,8 \cdot 10^{-4}$	$3,4 \cdot 10^{-4}$
	$-L_h/L_0$	0,12	0,12	0,12	0,12	0,12	0,12	0,12
	a_s	3,4	4,4	5,2	6,2	8,0	9,9	12,5
Manganin-kapsel	$\tan \varphi_h$	$6,3 \cdot 10^{-2}$	$3,6 \cdot 10^{-2}$	$2,1 \cdot 10^{-2}$	$1,1 \cdot 10^{-2}$	$4,4 \cdot 10^{-3}$	$2,4 \cdot 10^{-3}$	$1,5 \cdot 10^{-3}$
	$-L_h/L_0$	0,074	0,11	0,12	0,12	0,12	0,12	0,12
	a_s	0,5	1,2	1,9	2,5	3,5	4,2	5,0

Tabelle 16. *Der Verlustwinkel und die Schirmdämpfung eines Aluminiumbechers um eine Topfkernspule mit der Permeabilität* μ_e *Durchmesser des Tropfkerns* 40 mm; *Dicke des Aluminiums* $d = 0,5$ mm

Frequenz in kHz		10	25	50	100	250	500	1000
Aluminium-becher	$\tan \varphi_h$	$9,4 \cdot 10^{-3} \mu_0/\mu_e$	$3,9 \cdot 10^{-3} \mu_0/\mu_e$	$2,2 \cdot 10^{-3} \mu_0/\mu_e$	$1,5 \cdot 10^{-3} \mu_0/\mu_e$	$1,1 \cdot 10^{-3} \mu_0/\mu_e$	$7,6 \cdot 10^{-4} \mu_0/\mu_e$	$5,4 \cdot 10^{-4} \mu_0/\mu_e$
	a_s	3,3	4,2	5,0	5,4	6,8	8,4	11

Literatur zu E

[1] OLLENDORF, F.: Die Rückwirkung flächenhafter Leiter auf das magnetische Feld von Spulen. Elektr. Nachr.-Techn. **6**, 479/500 (1929).
[2] LOOS, G.: Experimentelle Untersuchungen an Spulen mit leitenden Kernen und Hüllen. Z. Hochfrequenztechn. **36**, 13/24 (1930).
[3] KADEN, H.: Die Rückwirkung metallischer Spulenkapseln auf Verluste, Induktivität und Außenfeld einer Spule. Elektr. Nachr.-Techn. **10**, 277/84 (1933).
[4] BUCHHOLZ, H.: Die gegenseitige Beeinflussung einer Kreisringspule und einer dünnwandigen, gleichachsigen Metallhohlkugel bei höheren Frequenzen. Arch. Elektrotechn. **28**, 556/77 (1934).
[5] SCHELKUNOFF, S. A.: The Electromagnetic Theory of Coaxial Transmission Lines and Cylindrical Shields. Bell Syst. techn. J. **13**, 532/79 (1934).
[6] HAK, J.: Behandlung von Abschirmungsaufgaben durch eine Näherungsmethode. Hochfrequenztechn. **43**, 76/80 (1934).
[7] DROSTE, H. W.: Das Neumeyer-Buch. **1**, 28. Nürnberg 1934.
[8] HAK, J.: Abschirmung von eisenlosen Spulen durch Platten und geschlossene Gefäße. Hochfrequenztechn. **45**, 14/19 (1935).
[9] OATLEY, C. W.: The Power-loss and Electromagnetic Shielding due to the Flow of Eddy-currents in Thin Cylindrical Tubes. Phil. Mag. **22**, 445/52 (1936).
[10] KADEN, H.: Dämpfung und Laufzeit von Breitbandkabeln. Arch. Elektrotechn. **30**, 691/712 (1936).
[11] KIRSCHSTEIN, F.: Über den günstigsten Querschnitt des symmetrischen Breitbandkabels. Elektr. Nachr.-Techn. **13**, 283/95 (1936).
[12] BACHSTROEM, R.: Über die Wirkung von leitenden Hüllen bei Hochfrequenzspulen. Arch. Elektrotechn. **30**, 267/75 (1936).
[13] BUCHHOLZ, H.: Strömungsfelder mit Schraubenstruktur. Elektr. Nachr.-Techn. **14**, 264/80 (1937).
[14] KADEN, H.: Die Leitungskonstanten symmetrischer Fernmeldekabel. Europ. Fernsprechdienst **52**, 174/90 (1939).
[15] BOGLE, A. H.: The Effective Inductance and Resistance of Screened Coils. J. Instn. Electr. Engrs. **87**, 299/316 (1940).
[16] SOMMER, FR.: Die Berechnung der Kapazitäten bei Kabeln mit einfachem Querschnitt. Elektr. Nachr.-Techn. **17**, 281/94 (1940).
[17] WELYTSCHKO, H.: Die Berechnung der Selbstinduktion von einlagigen Zylinderspulen. Arch. Elektrotechn. **37**, 520/33 (1943).
[18] CRAGGS, J. W., TRANTER, C. J.: Capacity of Two-Dimensional Systems of Conductors and Dielectrics with Circular Boundaries. Quart. J. Math. (Oxford) **17**, 138/44 (1946).
[19] GENT, A. W.: Capacitance of Shielded Balanced-Pair Transmission Line. Elec. Commun. **33**, 234/40 (1956).
[20] BUCHHOLZ, H.: Elektrische und magnetische Potentialfelder. Berlin/Göttingen/Heidelberg (1957).

F. Mehrschichtige Schirme aus verschiedenen Metallen

1. Allgemeine Entwicklungen

Mehrschichtige Schirme haben vor allem dann praktische Bedeutung, wenn eine Kombination aus Eisen mit großer Permeabilität und gutleitendem Metall verwendet wird. Solche Schirme haben bei niedrigen Frequenzen eine überraschend hohe Schirmdämpfung, die man bei

Verwendung eines einschichtigen Schirmes nur durch eine sehr dicke Schirmwand erzielen könnte. Daher liegt die Bedeutung kombinierter Schirme vor allem in ihrer Verwendbarkeit bei niedrigen Frequenzen, bei denen man die Stromverdrängung nicht ausnutzen kann, wenn man nicht ungewöhnlich dicke Schirme anwenden will. Wir stellen uns hier die Aufgabe, eine Theorie solcher kombinierten Schirme zu entwickeln. Dabei ergibt sich eine Vorschrift, nach der man die Dickenverhältnisse der Schichten bemessen muß, um bei gegebener Gesamtdicke die größte Schirmdämpfung zu erzielen.

Bei Berechnung solcher Schirme können wir nun so vorgehen, daß wir für jede Schicht die allgemeine Lösung mit zunächst unbekannten Konstanten hinschreiben und sie dann durch die bekannten Grenzbedingungen an jeder Übergangsstelle zwischen aufeinanderfolgenden Schichten bestimmen. Dieses Verfahren erweist sich jedoch als sehr umständlich. Wir erreichen unser Ziel auf einfacherem und dabei anschaulicherem Wege durch Verwendung unserer Kenntnisse über Schirm- und Rückwirkungsfaktoren im Zusammenhang mit den Feldeigenschaften.

Entsprechend Abb. 97 nehmen wir zwei Schichten I und II an, die dicht übereinander liegen sollen. Der Einfachheit halber zeichnen wir die Schirmschichten als ebene Platten, obgleich sie in Wirklichkeit entweder zylindrisch oder kugelförmig sein können. Als Beispiel betrachten wir zuerst den Fall, wo der Schirm von innen erregt wird durch das Potential X_0, das wir als das eines Dipols annehmen. Wie wir wissen, wird durch die Hülle ein Rückwirkungsfeld erzeugt, das dem sogenannten Rückwirkungsfaktor W_{iI} proportional ist. So wird also an der Schicht I ein Teil des Störungsfeldes X_0 „reflektiert", das den Faktor W_{iI} enthält; hierbei deutet der Index i an, daß der Rückwirkungsfaktor für ein inneres Feld gemeint ist, und der Index I soll die Schicht I bezeichnen. Ein Teil des Feldes dringt durch die Hülle hindurch und wird hierbei um den Schirmfaktor Q_I geschwächt. Es behält hierbei die Gestalt des ursprünglichen Störungsfeldes bei, so daß das Potential $Q_I\,X_0$ ist. Dieses Restfeld der Schirmschicht I trifft jetzt auf die nächste Schirmschicht II. Ein Teil wird wieder reflektiert mit

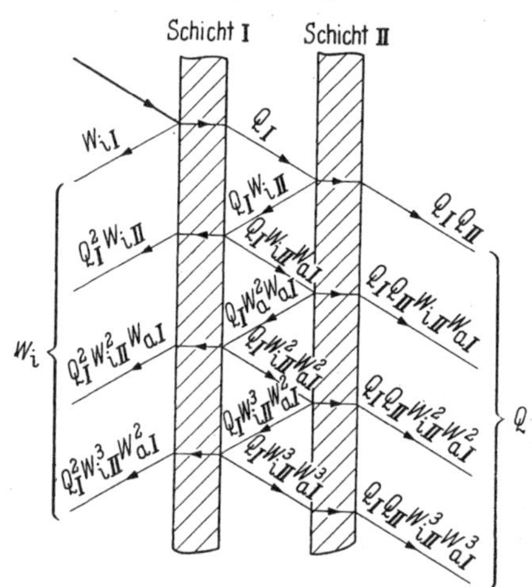

Abb. 97. Zur Berechnung der resultierenden Eigenschaften eines zweischichtigen Schirmes

dem Rückwirkungsfaktor W_{iII}. Der übrige Feldteil dringt durch die Schicht II mit dem Schwächungsfaktor Q_{II}, so daß wir für das äußere Feld den Ausdruck $Q_I \, Q_{II} \, X_0$ schreiben können; es hat ebenfalls die Gestalt eines Dipolfeldes. Nun trifft aber das an der Innenwand der Schicht II reflektierte Feld auf die Außenwand der Schicht I entsprechend Abb. 97, wobei wieder ein Teil hindurchgeht und ein Teil reflektiert wird. Bemerkenswert ist hierbei, daß das an der inneren Wand der Schicht II reflektierte Feld ein homogenes Feld ist, wie wir aus Abschn. C wissen. Daher ist das durch die innere Schirmschicht I an den Innenraum gelangende Feld mit dem Faktor $Q_I^2 \, W_{iII}$ auch homogen und addiert sich daher zu dem ursprünglich an der Innenwand reflektierten homogenen Feldteil mit dem Rückwirkungsfaktor W_{iI}, so daß wir innen jetzt das gesamte Rückwirkungsfeld mit dem Faktor $W_{iI} + Q_I^2 \, W_{iII}$ haben. Wir kehren jetzt zu dem an der Außenwand der Schicht I reflektierten Teil des Feldes zurück, welches ja von dem homogenen Reflexionsfeld an der Innenwand der Schicht II erzeugt wird. Daher ist jenes auch wieder ein Dipolfeld mit dem Faktor $Q_I \, W_{iII} \, W_{aI}$, das auf die Innenwand der Schicht II trifft. Nun wiederholt sich immer wieder das gleiche Spiel. Beim Auftreffen auf eine Wand wird ein Teil des Feldes reflektiert und ein Teil geht durch die Wand hindurch. Alle von innen nach außen strebenden Felder sind Dipolfelder, und die nach innen weisenden Felder sind homogen. Wir können daher die an die Pfeile in Abb. 97 angeschriebenen Faktoren einfach addieren. Das Gesamtfeld, das durch den Zweischichtenschirm hindurchgeht, hat demnach einen resultierenden Schirmfaktor Q, der gleich der Summe über die entsprechenden Reflexions- und Schwächungsprodukte ist, so daß wir gemäß Abb. 97

$$Q = \sum_{n=0,1,2\ldots}^{\infty} Q_I \, Q_{II} (W_{iII} \, W_{aI})^n \tag{1}$$

schreiben können. Diese Summe ist eine geometrische Reihe und läßt sich zu dem geschlossenen Ausdruck

$$Q = \frac{Q_I \, Q_{II}}{1 - W_{iII} \, W_{aI}} \tag{2}$$

summieren, womit der gesuchte Schirmfaktor eines Zweischichtenschirmes gefunden ist. Der resultierende Rückwirkungsfaktor W_i ist gemäß Abb. 97 folgende unendliche Summe:

$$W_i = W_{iI} + W_{iII} \sum_{n=0,1,2\ldots}^{\infty} Q_I^2 (W_{iII} \, W_{aI})^n. \tag{3}$$

Sie ergibt als Endformel den Ausdruck

$$W_i = W_{iI} + W_{iII} \frac{Q_I^2}{1 - W_{iII} \, W_{aI}}. \tag{4}$$

Das gleiche Verfahren kann man nun auch anwenden, wenn man den zweischichtigen Schirm einem äußeren homogenen Störungsfeld aussetzt. Hierbei ergibt sich natürlich derselbe resultierende Schirmfaktor Q nach Gl. (2), für den resultierenden Rückwirkungsfaktor nach außen erhält man dagegen die Gleichung

$$W_{\mathrm{a}} = W_{\mathrm{a}\,II} + W_{\mathrm{a}\,I} \frac{Q_{II}^2}{1 - W_{\mathrm{i}\,II}\, W_{\mathrm{a}\,I}}. \tag{5}$$

Handelt es sich um einen zylindrischen Schirm, so ist nach früherem der äußere Rückwirkungsfaktor W_{a} einer Schicht gleich dem inneren W_{i}, für die die Gl. (C 34) einzusetzen ist. Die Schirmfaktoren Q_I und Q_{II} sind nach der Gl. (C 33) zu berechnen. Bei einem Kugelschirm müssen äußere und innere Rückwirkungsfaktoren voneinander unterschieden werden. Für W_{a} gilt Gl. (C 55) und für W_{i} Gl. (E 164). Den Schirmfaktor einer einzigen Schicht errechnet man nach Gl. (C 54).

Bevor wir zur Diskussion dieser Gleichungen übergehen, wollen wir noch die Gleichungen für dreischichtige Schirme angeben. Diese erhält man ohne Schwierigkeit nach dem gleichen Verfahren wie bisher, wenn man die ersten beiden Schichten zu einem resultierenden Schirm mit den Konstanten nach Gl. (2), (4) und (5) zusammenfaßt. Man hat dann wiederum einen Zweischichtenschirm, der jetzt aus dem resultierenden Zweischichtenschirm einerseits und der dritten Schicht andererseits besteht. Man erhält dann folgende Gleichungen für den Schirmfaktor eines dreischichtigen Schirmes

$$Q = \frac{Q_I\, Q_{II}\, Q_{III}}{(1 - W_{\mathrm{i}\,II}\, W_{\mathrm{a}\,I})(1 - W_{\mathrm{i}\,III}\, W_{\mathrm{a}\,II}) - W_{\mathrm{a}\,I}\, W_{\mathrm{i}\,III}\, Q_{II}^2} \tag{6}$$

und für die Rückwirkungsfaktoren

$$W_{\mathrm{a}} = W_{\mathrm{a}\,III} + \frac{[W_{\mathrm{a}\,II}(1 - W_{\mathrm{a}\,I}\, W_{\mathrm{i}\,II}) + W_{\mathrm{a}\,I}\, Q_{II}^2]\, Q_{III}^2}{(1 - W_{\mathrm{i}\,II}\, W_{\mathrm{a}\,I})(1 - W_{\mathrm{i}\,III}\, W_{\mathrm{a}\,II}) - W_{\mathrm{a}\,I}\, W_{\mathrm{i}\,III}\, Q_{II}^2}, \tag{7}$$

$$W_{\mathrm{i}} = W_{\mathrm{i}\,I} + \frac{[W_{\mathrm{i}\,II}(1 - W_{\mathrm{i}\,III}\, W_{\mathrm{a}\,II}) + W_{\mathrm{i}\,III}\, Q_{II}^2]\, Q_I^2}{(1 - W_{\mathrm{i}\,II}\, W_{\mathrm{a}\,I})(1 - W_{\mathrm{i}\,III}\, W_{\mathrm{a}\,II}) - W_{\mathrm{a}\,I}\, W_{\mathrm{i}\,III}\, Q_{II}^2}. \tag{8}$$

Das Hauptinteresse beansprucht der resultierende Schirmfaktor Q, dessen Diskussion wir uns jetzt zuwenden. Nach Gl. (2) ist er beim zweischichtigen Schirm gleich dem Produkt der Schirmfaktoren Q_I und Q_{II} der einzelnen Schichten I und II multipliziert mit dem Faktor $1/(1 - W_{\mathrm{i}\,II}\, W_{\mathrm{a}\,I})$. Dieser Faktor ist gerade im Gebiet der Stromverdrängung sehr groß, wenn beide Schirme entweder aus Nichteisen oder aus Eisen sind, weil das Produkt der Rückwirkungsfaktoren annähernd eins ist. Das bedeutet, daß der resultierende Schirmfaktor eines Mehrschichtenschirmes erheblich größer ist als das Produkt der Schirmfaktoren der einzelnen Schichten, oder auch mit anderen Worten: die gesamte Schirmdämpfung ist kleiner als die Summe der Einzeldämpfungen. Die Ursache hierfür liegt in der starken Rückwirkung der Schirme aufeinander. Es ist für die Richtigkeit unserer Gleichungen notwendig, daß man bei mehreren unmittelbar aufeinanderliegenden Schichten mit den Dicken d_I, d_{II} usw., die aus gleichen Materialien sind, mit den Gl. (2) oder (6) die bekannten Beziehungen für den Schirmfaktor einer einzigen Schicht mit der Gesamtdicke $d_I + d_{II} + \ldots$ erhalten muß. Das ist tatsächlich der Fall, wie man sich durch Nachrechnen überzeugen kann.

Die Sachlage ändert sich wesentlich, wenn z. B. bei dem Zweischichtenschirm eine der beiden Schichten aus Eisen besteht. In diesem Fall wird der Rückwirkungsfaktor dieser Schicht negativ, und infolgedessen ist beispielsweise bei dem Zylinderschirm der Faktor $1/(1 - W_I\, W_{II}) \approx 1/2$. Das bedeutet, daß jetzt der resultierende Schirmfaktor Q kleiner als das Produkt der Schirmfaktoren Q_I und Q_{II} der beiden Schichten wird, beziehungsweise die gesamte Schirmdämpfung um $\ln 2$ größer ist als die Summe der einzelnen Schirmdämpfungen. Voraussetzung hierfür ist eine so niedrige Frequenz, daß die Eisenschicht als magnetostatischer Schirm wirkt, wofür die Bedingung $|K_{\text{Eisen}}| = |k|\, r_0\, \mu_0/\mu \ll 1$ hinreichend ist. Die Ursache für diese überraschende Erscheinung beruht auf den Verhältnissen, die an der Grenze zwischen den Schichten I und II herrschen. Bei gleichartigen Schichten verstärkt sich das Feld durch die vielfachen Reflexionen, weil alle Wellen, die nach Abb. 97 auf die Schicht II treffen, Reflexionsprodukte mit gleichen Vorzeichen enthalten. Wenn dagegen eine Schicht aus Eisen besteht, alternieren die Vorzeichen. Die Folge ist eine erhebliche Schwächung des Feldes zwischen den beiden Schichten.

Für den Rückwirkungsfaktor ist in den meisten Fällen nur die erste Schicht bestimmend, denn die Wirkung der übrigen Schichten wird um das Quadrat des Schirmfaktors Q_I beziehungsweise Q_{II} geschwächt, wie es physikalisch ohne weiteres einleuchtend ist und wie man es aus den Gl. (4) und (5) auch direkt erkennt, so daß praktisch bei merklichen Schirmwirkungen die letzten Glieder in diesen Gleichungen keine wesentliche Rolle spielen.

2. Mehrschichtiger Zylinderschirm mit Eisen

Wir gehen jetzt dazu über, die abgeleiteten Gleichungen auf zylindrische Schirme anzuwenden. Dabei wollen wir uns auf solche zwei- und dreischichtigen Kombinationsschirme beschränken, die eine einzige Eisenschicht enthalten, während die übrigen Schichten aus gut leitenden Metallen wie beispielsweise Kupfer oder Aluminium bestehen sollen. Fassen wir zunächst einen zweischichtigen Schirm ins Auge, dessen innere Schicht I aus gut leitendem Metall und dessen äußere Schicht II aus Eisen bestehen soll, so kann man die resultierende Schirmwirkung Q nach Gl. (2) berechnen. Diese Gleichung vereinfacht sich nun wesentlich, wenn für die einzelnen Schichten eine merkliche Schirmwirkung vorausgesetzt wird. [$|Q_I| \ll 1$ und $|Q_{II}| \ll 1$, wobei die Schirmfaktoren Q aus Gl. (C 33) folgen.] Dann werden die Rückwirkungsfaktoren nach Gl. (C 34) und (C 41) $W_I = 1$ und $W_{II} = -1$, so daß wir für den resultierenden Schirmfaktor Q die einfache Gleichung

$$Q = \frac{1}{2} Q_I Q_{II} = \frac{2 K_{II}}{K_I \sinh k_I d_I \sinh k_{II} d_{II}} \tag{9}$$

schreiben können. Setzt man nun hierin für die Konstanten ihre Werte $K_I = k_I r_0$ und $K_{II} = k_{II} r_0 \mu_0/\mu_{II}$ ein, so erhält man für die Schirmdämpfung folgende Beziehung:

$$a_s \equiv \ln \frac{1}{|Q|} = \ln \frac{\mu_{II}}{\mu_0} \frac{d_I d_{II}}{\delta_I^2} = \ln \frac{1}{2} \omega \mu_{II} d_{II} \varkappa_I d_I \quad \text{für} \quad d_I < \delta_I; \quad d_{II} < \delta_{II}. \tag{10}$$

In ihr ist für beide Schichten gleichmäßige Stromverteilung vorausgesetzt. Hieraus läßt sich nun leicht erkennen, daß man bei konstanter Gesamtdicke $d = d_I + d_{II}$ die größte Schirmdämpfung $(a_s)_{\max}$ erzielt, wenn $d_I = d_{II} = d/2$ ist, d. h., wenn beide Schichten gleich dick sind. Damit ist also die größte erreichbare Schirmdämpfung

$$(a_s)_{\max} = \ln \frac{\mu_{II}}{4 \mu_0} \frac{d^2}{\delta_I^2} = \ln \frac{\omega \mu_{II} \varkappa_I d^2}{8}. \tag{11}$$

Bemerkenswert ist, daß die Schirmdämpfung unabhängig vom Schirmradius r_0 ist. Sie wird um so größer, je größer die Permeabilität μ_{II} der Eisenschicht und je größer die Leitfähigkeit $\varkappa_I$ der unmagnetischen Schicht ist. Die Gesamtdicke d geht mit dem Quadrat ein. Was die Abhängigkeit von der Frequenz betrifft, so sei darauf hingewiesen, daß die Gleichung nicht bis zu beliebig niedrigen Frequenzen gültig ist, da sie an die Bedingungen $|Q_I| \ll 1$ und $|Q_{II}| \ll 1$ gebunden ist; statt dessen kann man hierfür auch $r_0 d_I \gg \delta_I^2$ und $\mu d/\mu_0 r_0 \gg 1$ schreiben, womit die untere Gültigkeitsgrenze für die Frequenz festgelegt ist. Unterhalb dieser Frequenzgrenze wirkt der Schirm nur noch magnetostatisch, wobei nur die magnetische Schicht *II* eine Rolle spielt. Im Bereich hoher Frequenzen kann man bereits mit einschichtigen Schirmen aus gut leitenden Metallen wie Kupfer starke Wirkungen erzielen, weil hier die Stromverdrängung ($d > \delta$) einsetzt. Daher wird man kombinierte Schirme nur bei mittleren Frequenzen anwenden.

Da die Leitfähigkeit des Eisens sehr viel geringer ist als die des Kupfers, so ist es ratsam, die Eisenschicht von der Felderregung aus gesehen hinter der gut leitenden Schicht anzuordnen, damit die Verluste des Schirmes möglichst klein sind. Handelt es sich beispielsweise darum, eine Doppelleitung abzuschirmen, so legt man die Eisenschicht nach außen. In diesem Falle geht in den Verlustwiderstand R_h der Doppelleitung nur die große Leitfähigkeit des Kupfers ein [Gl. (E 54)]. Wenn die Eisenschicht innen läge, würde R_h bedeutend größer sein. Nun kommen jedoch bei Fernmeldekabeln Fälle vor, wo auch außerhalb des Schirmes Leitungen liegen, und zwar bei den sogenannten

Gegensprechkabeln, bei denen die Leitungen der beiden Gesprächsrichtungen durch einen Schirm hoher Schirmdämpfung getrennt werden müssen. Um hierbei auch die Verluste in den äußeren Leitungen möglichst klein zu halten, bildet man den Schirm dreischichtig aus, so daß die Eisenschicht II von zwei gut leitenden Schichten umgeben wird, die gleich dick sind ($d_I = d_{III}$). Unter den gleichen Voraussetzungen wie oben erhält man nach Gl. (6) für solche Schirme folgenden Schirmfaktor:

$$Q \approx \frac{1}{4} Q_I^2 Q_{II} = \frac{2 K_{II}}{K_I^2 \sinh^2 k_I d_I \sinh k_{II} d_{II}}. \tag{12}$$

Nimmt man an, daß in allen Schichten keine Stromverdrängung ($d_I < \delta_I$, $d_{II} < \delta_{II}$) herrscht, so erhält man hieraus folgende Beziehung für die Schirmdämpfung:

$$a_s = \ln 2 \frac{\mu_{II}}{\mu_0} \frac{r_0 d_I^2 d_{II}}{\delta_I^4}. \tag{13}$$

Fragt man auch hier wieder nach demjenigen Dickenverhältnis, das bei gegebener Gesamtstärke $d = 2d_I + d_{II}$ die größte Schirmdämpfung liefert, so ergibt eine einfache Rechnung, daß $d_I = d_{II} = d/3$ sein muß; d. h., alle Schichten sind gleich dick zu machen. Damit wird die maximale Schirmdämpfung eines Dreischichtenschirmes

$$(a_s)_{\max} = \ln \frac{2}{27} \frac{\mu_{II}}{\mu_0} \frac{r_0 d^3}{\delta_I^4} = \ln \frac{\mu_0 \mu_{II} \omega^2 \varkappa^2 r_0 d^3}{54}. \tag{14}$$

Im Gegensatz zum Zweischichtenschirm geht hier wieder der Schirmradius r_0 ein, während die Gesamtschirmstärke d in der dritten Potenz vorkommt. Die Abhängigkeit von der Frequenz ist quadratisch. — Interessant ist ein Vergleich des Dreischichtenschirmes mit dem Einschichtenschirm gleicher Gesamtdicke d, der aus dem gleichen gut leitenden Metall besteht wie die beiden gut leitenden Schichten des Dreischichtenschirmes. Wir bilden zu diesem Zweck die Differenz zwischen der maximalen Schirmdämpfung $(a_s)_{\max}$ des Dreischichtenschirmes und der Dämpfung des Einschichtenschirmes $(a_s)_{\text{einf.}} = \ln r_0 d/\delta_I^2$ [nach Gl. (C 14) mit $x_0 = r_0/2$ und $r_0 d > \delta_I^2$). Diese Dämpfungsdifferenz ergibt sich zu

$$(a_s)_{\max} - (a_s)_{\text{einf.}} = \ln \frac{2}{27} \frac{\mu_{II}}{\mu_0} \left(\frac{d}{\delta_I}\right)^2. \tag{15}$$

Man erkennt, daß sie um so größer ist, je größer die Permeabilität μ_{II}/μ_0 des Eisens ist. Da nun d/δ_I nicht sehr verschieden von eins ist, so würde man hiernach mit dem Dreischichtenschirm eine um etwa 3,5 N bis 4 N höhere Dämpfung erreichen, wenn z. B. die Permeabilität des Eisens $\mu_{II}/\mu_0 = 1000$ ist. In Abb. 98 sind Kurven gezeichnet, aus denen man die Schirmdicke d ermitteln kann, wenn eine bestimmte Schirmdämpfung $(a_s)_{\max}$ vorgeschrieben wird. Ferner gehen die Permeabilität μ_{II}/μ_0 des Eisens, der Schirmradius r_0 und die äquivalente Leitschichtdicke δ_I der gut leitenden Schicht ein.

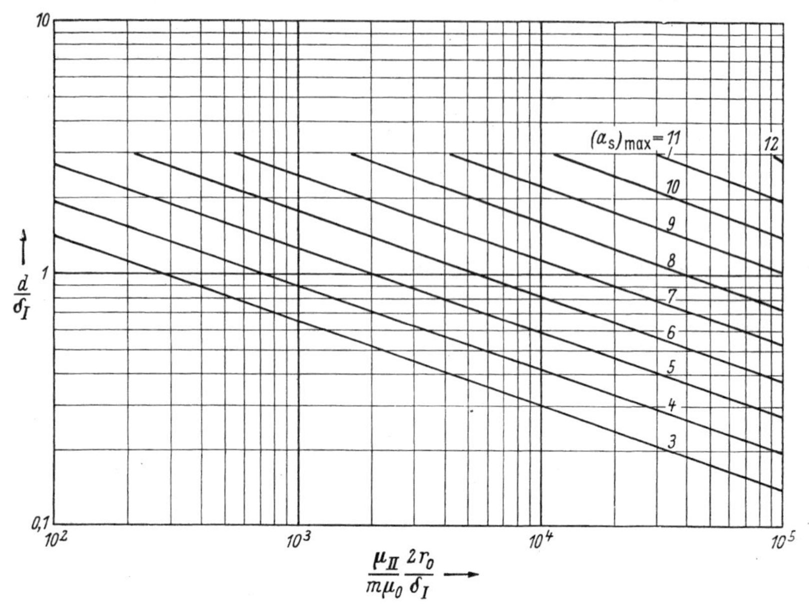

Abb. 98. Zur Ermittlung der Gesamtdicke d eines dreischichtigen Schirmes für vorgegebene Schirmdämpfung $(a_s)_{max}$ bei günstigster Bemessung ($d_I = d_{II} = d_{III} = d/3$; mittlere Schicht II aus Eisen)

$m = \begin{cases} 2 \text{ für Zylinderschirme,} \\ 3 \text{ für Kugelschirme,} \end{cases}$

r_0 Radius des Schirmes

3. Mehrschichtiger Kugelschirm mit Eisen

Wenn wir zweischichtige Kugelschirme betrachten, so müssen wir zwischen zwei Fällen unterscheiden: a) wenn die Eisenschicht außen und b) wenn die Eisenschicht innen liegt (Abb. 99). Dies kommt daher, daß die Rückwirkungsfaktoren verschieden sind. Nach Gl. (C 55) und (E 164) gelten nämlich die Werte in nebenstehender Tabelle.

	Fall a	Fall b
W_{aI}	0,5	−1
W_{iII}	−1	2

Daher ergeben sich für den resultierenden Schirmfaktor folgende Ausdrücke:

$$Q \approx \begin{cases} \frac{2}{3} Q_I Q_{II} = \frac{3 K_{II}}{K_I \sinh k_I d_I \sinh k_{II} d_{II}} & \text{für Fall a,} \\ \frac{1}{3} Q_I Q_{II} = \frac{3}{2} \frac{K_I}{K_{II} \sinh k_I d_I \sinh k_{II} d_{II}} & \text{für Fall b.} \end{cases} \tag{16}$$

Für die Schirmfaktoren Q_I und Q_{II} der einzelnen Schichten wurde Gl. (C 54) benutzt, und zwar wieder unter der Voraussetzung, daß jede

Schicht merkliche Schirmwirkung besitzt ($|Q_I| \ll 1$; $|Q_{II}| \ll 1$). Beschränken wir uns nun hier auch auf den Bereich mittlerer Frequenzen, bei denen in keiner der beiden Schichten Stromverdrängung

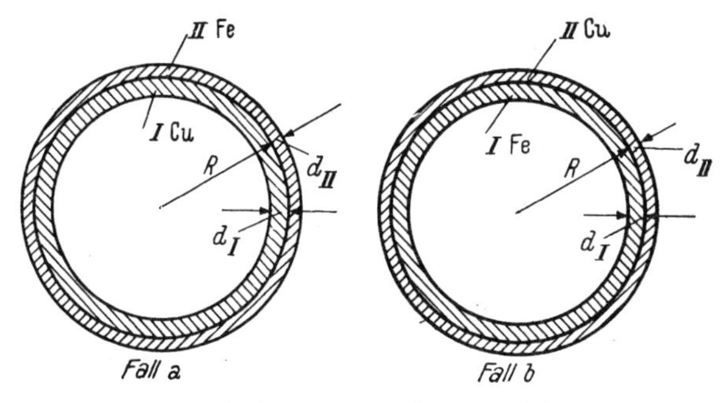

Abb. 99. Zweischichtige Kugelschirme mit Eisen

herrscht ($d_I < \delta_I$, $d_{II} < \delta_{II}$), so erhält man aus Gl. (16) folgende Schirmdämpfung:

$$a_s = \begin{cases} \ln \dfrac{2}{3} \dfrac{\mu_{II}}{\mu_0} \dfrac{d_I d_{II}}{\delta_I^2} & \text{für Fall a,} \\ \ln \dfrac{4}{3} \dfrac{\mu_I}{\mu_0} \dfrac{d_I d_{II}}{\delta_{II}^2} & \text{für Fall b.} \end{cases} \qquad (17)$$

Durch Vergleich mit Gl. (10) für den zylindrischen Schirm erhält man nun das überraschende Ergebnis, daß im Falle a die Schirmdämpfung um $\ln 3/2$ kleiner und im Fall b um $\ln 4/3$ größer ist als beim Zylinderschirm. Es ist daher ratsam, die magnetische Schicht innen anzubringen, da dann die Schirmdämpfungen um $\ln 2$ größer sind, als wenn das Eisen außen liegt. Sollten jedoch die Verluste eines im Innenraum liegenden Felderregers eine Rolle spielen, so wird man auf den Vorteil höherer Schirmdämpfung verzichten und das Eisen auf die Außenseite des Schirmes legen. Die günstigste Bemessung des Schirmes hinsichtlich größter Schirmdämpfung bei gegebener Gesamtdicke $d = d_I + d_{II}$ ist hier die gleiche wie früher, d. h., es müssen beide Schichten gleich dick sein ($d_I = d_{II} = d/2$). Infolgedessen ist nach Gl. (17) die maximale Schirmdämpfung

$$(a_s)_{\max} = \begin{cases} \ln \dfrac{1}{6} \dfrac{\mu_{II}}{\mu_0} \dfrac{d^2}{\delta_I^2} & \text{für Fall a,} \\ \ln \dfrac{1}{3} \dfrac{\mu_I}{\mu_0} \dfrac{d^2}{\delta_I^2} & \text{für Fall b.} \end{cases} \qquad (18)$$

Wir wollen noch kurz die dreischichtigen Kugelschirme erwähnen, bei denen innen und außen je eine gut leitende Schicht gleicher Stärke und in der Mitte die Eisenschicht II liegt. Hierfür erhält man den resultierenden Schirmfaktor nach Gl. (6) zu

$$Q \approx \frac{2}{9} Q_I^2 Q_{II} = \frac{3 K_{II}}{K_I^2 \sinh^2 k_I d_I \sinh k_{II} d_{II}}. \tag{19}$$

Diese Gleichung ist ähnlich aufgebaut wie die Gl. (12) für zylindrische Schirme. Die Schirmdämpfung a_s bei mittleren Frequenzen ($d_I < \delta_I$, $d_{II} < \delta_{II}$) errechnet sich hiernach aus der Beziehung

$$a_s = \ln \frac{4}{3} \frac{\mu_{II}}{\mu_0} \frac{r_0 d_I^2 d_{II}}{\delta_I^4}, \tag{20}$$

die ihr Gegenstück in Gl. (13) für zylindrische Schirme hat. Auch hier müssen wie beim Zylinderschirm alle drei Schirme gleich dick sein, wenn man die größte Schirmdämpfung bei gegebener Gesamtdicke erreichen will. Damit ist die maximale Schirmdämpfung nach

$$(a_s)_{\max} = \ln \frac{4}{81} \frac{\mu_{II}}{\mu_0} \frac{r_0 d^3}{\delta_I^4} \tag{21}$$

zu ermitteln.

4. Gesichtspunkte für die praktische Ausführung mehrschichtiger Schirme

Bei der Ableitung unserer Gleichungen setzten wir die Homogenität der Schirmwände voraus. In der Praxis lassen sich jedoch solche Schirme nicht realisieren, weil sie immer aus Einzelteilen zusammengefügt werden müssen, so daß Fugen entstehen. Nun lassen sich diese Fugen immer so anordnen, daß sie unschädlich sind. Bei Schirmen aus Eisen soll man die Fugen immer parallel zur Feldrichtung anordnen. Dies ergibt sich daraus, daß die magnetostatische Schirmwirkung bei Eisen durch den magnetischen Widerstand des Schirmes zustande kommt, der parallel zum magnetischen Widerstand des Luftraumes liegt. Je kleiner der Widerstand des Eisens ist, um so größer wird die Schirmwirkung und umgekehrt. Wenn nun eine Fuge quer zur Feldrichtung verläuft, so erhöht sich der magnetische Widerstand infolge der Reihenschaltung des Luftspaltwiderstands, während eine Fuge parallel zur Feldrichtung keinen Einfluß auf den Widerstand ausübt. Will man also eine Spule oder einen Übertrager magnetostatisch schirmen, so muß man die Fugenebene so legen, daß sie parallel zur Spulenachse oder senkrecht zur Windungsebene verläuft. Auf diese Weise wird dasjenige Störungsfeld am meisten geschwächt, das die größte Störungswirkung hat. Die Feldlinien dieses Feldes verlaufen nämlich parallel zur Spulenachse. Eine technisch sehr gute Verwirklichung dieses Prinzips wird bei dem Schirm in Abb. 100 erreicht, der aus zwei ineinandergeschobenen Rahmen besteht; der Deutlichkeit halber sind diese in Abb. 100 etwas auseinandergezogen. Der hineingestellte Übertrager ist dann allseitig magnetisch geschirmt; seine Spulenachse muß die angegebene Richtung haben. Jeder der beiden Rahmen wird aus einem dünnen Eisenband von der Breite des Rahmens hergestellt, das in mehreren Windungen spiralig übereinandergewickelt ist. Damit wird erreicht, daß die Fugenebenen senkrecht zur Windungsebene liegen. Bei einem zylindrischen Leitungsschirm muß die Fugenebene senkrecht zur Zylinderachse verlaufen. Das bedeutet, daß man praktisch diese Forderung durch ein wendelförmig aufgebrachtes Eisenband mit geringer Steigung erfüllen kann.

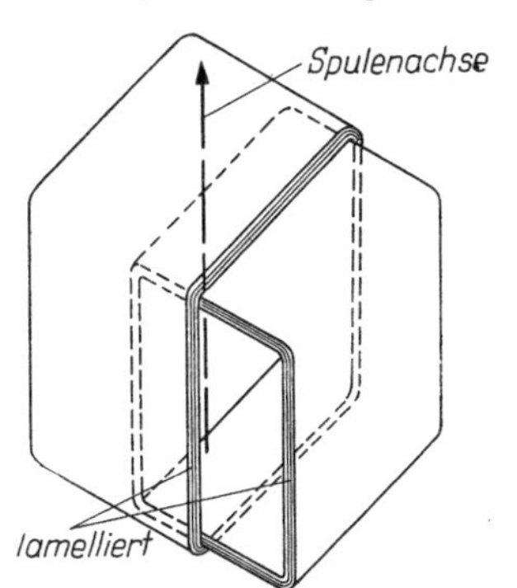

Abb. 100. Magnetostatischer Schirm aus zwei ineinandergeschobenen Rahmen aus Mumetall (etwas auseinandergezogen)

Für die gut leitende Schirmschicht gelten andere Regeln. Diese wirkt bekanntlich durch die in ihr induzierten Schirmströme, welche in Ebenen senkrecht zur Feldrichtung verlaufen. Diese Ströme sollen durch die Fugen nicht gestört werden. Infolgedessen wird man bei der Abschirmung von Spulen oder Übertragern die Fugenebene der gut leitenden Schicht parallel zur Windungsebene legen. In Anwendung dieser Regeln löst man z. B. die Aufgabe, den Eingangsübertrager eines Niederfrequenzverstärkers mit einem zweischichtigen Fe-Cu-Schirm abzuschirmen, wie folgt: Die Eisenkappe legt man nach innen; dabei werden die beiden Kappenhälften so zusammengesetzt, daß die Fugenebene parallel zur Spulenachse verläuft. Die Verluste in der Eisenschicht spielen bei den Spulen mit Eisenkern eine geringe Rolle. Die darüberliegende Kupferkappe wird so unterteilt, daß die Fugenebene parallel zur Windungsebene des Übertragers liegt. Beide Schichten sind gleich dick. Die Gesamtstärke berechnet sich aus der Schirmdämpfung a_s nach Gl. (11) bzw. (18). Bei den Leitungsschirmen stellt man die gut leitende Schicht aus mehreren parallelen, mit großer Steigung aufgebrachten Metallbändern her, so daß die Fugen möglichst parallel zur Zylinderachse verlaufen. Um die Verluste in den Leitungen klein zu halten, sind dreischichtige Schirme angebracht, bei denen die beiden gut leitenden Schichten außen liegen. Die Bemessung geschieht nach Gl. (14).

Beispiel: In einem sehr langen Fernsprechseekabel mit mehreren Verseillagen seien die beiden Gesprächsrichtungen über benachbarte Lagen geführt, die daher zur Vermeidung von unzulässigem Nebensprechen durch einen Schirm hoher Schirmdämpfung getrennt werden müssen. Um den Schirm möglichst dünn machen zu können und gleichzeitig die Verluste in ihm klein zu halten, ist ein dreischichtiger Kupfer–Eisen–Kupfer-Schirm günstig. Der Schirmdurchmesser ist $2r_0 = 28$ mm und die Gesamtdicke $d = 0{,}6$ mm. Die Permeabilität des Eisens sei $\mu = 200\mu_0$. Wir wollen in diesem Beispiel untersuchen, wie die Schirmdämpfung sich bei verschiedenen Frequenzen ändert, wenn man bei konstanter Gesamtdicke $d = 0{,}6$ mm die Eisendicke d_{II} zwischen 0 und 0,6 mm variiert. Für den einen Extremfall $d_{II} = 0$ liegt ein massiver Kupferschirm mit der Dicke $d = 0{,}6$ mm vor, dessen Schirmdämpfung sich aus Abb. 47 ablesen läßt. Bei der Frequenz

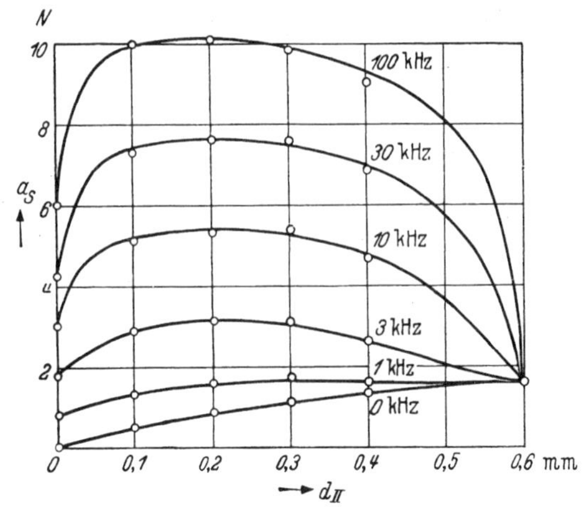

Abb. 101. Schirmdämpfung zusammengesetzter Kupfer-Eisen-Kupfer-Schirme konstanter Gesamtdicke $d = 0{,}6$ mm bei veränderlicher Eisendicke d_{II}; $\mu/\mu_0 = 200$ Permeabilität des Eisens
——— theoretische Werte; o o o Meßwerte

von 30 kHz z. B. ergibt sich eine Schirmdämpfung von $a_s = 4{,}1$ Neper. Läßt man nun bei konstanter Gesamtdicke d die Eisendicke d_{II} zunehmen, so wächst die Schirmdämpfung stark an, um bei dem Optimum von $d_{II} = d/3 = 0{,}2$ mm ihr Maximum von $(a_s)_{max} = 7{,}7$ Neper anzunehmen. Mit weiter zunehmender Eisendicke fällt dann die Schirmdämpfung wieder ab und erreicht für $d_{II} = 0{,}6$ mm den Wert $a_s = 1{,}7$ Neper, der die magnetostatische Schirmdämpfung entsprechend Gl. (C 40) darstellt. In Abb. 101 ist dies Verhalten auch bei anderen Frequenzen von 0 an aufwärts wiedergegeben. Gleichzeitig sind auch Meßpunkte eingetragen, die an einem Modell gewonnen wurden, bei dem die Eisenschicht aus mit geringer Steigung aufgebrachten Bändern hergestellt war. Man erkennt, daß Rechnung und Messung ausgezeichnet übereinstimmen.

Anhang zu F

Schirmmatrizen mit Anwendung auf beliebig dicke magnetostatische Schirme. Wir hatten die Eigenschaften mehrschichtiger Schirme auf Grund physikalischer Überlegungen für dünnwandige Hüllen abgeleitet. Wir wollen hier auf eine Berechnungsmethode hinweisen, die sich für beliebig vielschichtige und dickwandige Schirme eignet. Zu diesem Zweck faßt man die Schirmkonstanten

Schirmfaktor Q,
äußerer Rückwirkungsfaktor W_a und
innerer Rückwirkungsfaktor W_i

zu einem quadratischen Schema von vier Größen zusammen, das wir die Schirmmatrix $||Q||$ nennen wollen. Deren Gestalt ist nun verschieden, je nachdem es sich um Kugelschirme oder Zylinderschirme handelt. Es ist

$$\|Q\| = \begin{pmatrix} \dfrac{1}{Q} & -\dfrac{r_a^3}{Q} W_a \\ \dfrac{W_i}{Q r_i^3} & Q - \dfrac{r_a^3}{r_i^3} \dfrac{W_i W_a}{Q} \end{pmatrix} \quad \text{für Kugelschirme,} \tag{22}$$

$$\|Q\| = \begin{pmatrix} \dfrac{1}{Q} & -\dfrac{r_a^2}{Q} W_a \\ \dfrac{W_i}{Q r_i^2} & Q - \dfrac{r_a^2}{r_i^2} \dfrac{W_i W_a}{Q} \end{pmatrix} \quad \text{für Zylinderschirme.} \tag{23}$$

Hierbei ist r_a der äußere und r_i der innere Schirmradius. Die Determinante einer Schirmmatrix hat den Wert

$$\operatorname{Det} \|Q\| = 1. \tag{24}$$

Handelt es sich nun um einen Schirm mit n Schichten, so ist die resultierende Matrix gleich dem Produkt der Matrizen der einzelnen Schichten

$$\|Q\| = \|Q_I\| \, \|Q_{II}\| \, \|Q_{III}\| \cdots \|Q_n\| = \prod_{\nu=I}^{n} \|Q_\nu\|. \tag{25}$$

Die in der ν-ten Schicht vorkommenden Größen erhalten den Index ν entsprechend Q_ν, $W_{a\nu}$, $W_{i\nu}$, $r_{a\nu}$ und $r_{i\nu}$. Bei der Multiplikation der Matrizen ist die Reihenfolge zu beachten, die hier von innen nach außen zu nehmen ist, wobei die innerste Schicht den Index I erhält. Die Reihenschaltung mehrerer Schirme berechnet sich aus den Matrizen der Einzelschirme ebenso wie die resultierende Matrix einer Kettenschaltung von Vierpolen aus dem Produkt der Matrizen der einzelnen Vierpole. Daß hier die gleichen Gleichungen wie bei Vierpolen gelten, ist insofern plausibel, als den Strömen und Spannungen bei Vierpolen hier die tangentiellen magnetischen und elektrischen Feldstärken entsprechen, für die die gleichen Stetigkeitsbedingungen erfüllt sein müssen. In neuerer Zeit hat man die Vierpoltheorie in systematischer Weise ausgebaut und den Begriff der Betriebskettenmatrix geschaffen, die große Ähnlichkeit mit der hier verwendeten Schirmmatrix hat [2; 4].

Nach den Regeln der Matrizenmultiplikation ergeben sich hiernach folgende Ausdrücke für einen Dreischichtenschirm:

Dreischichtiger Kugelschirm

$$Q = \frac{Q_I Q_{II} Q_{III}}{(1 - W_{aI} W_{iII})(1 - W_{aII} W_{iIII}) - \dfrac{r_{aI}^3}{r_{iIII}^3} W_{aI} W_{iIII} Q_{II}^2},$$

$$W_a = W_{aIII} + \frac{Q Q_{III}}{Q_I Q_{II}} \left[\frac{r_{aII}^3}{r_{aIII}^3} W_{aII} (1 - W_{aI} W_{iII}) + \frac{r_{iI}^3}{r_{aIII}^3} W_{aI} Q_{II}^2 \right], \tag{26}$$

$$W_i = W_{iI} + \frac{Q Q_I}{Q_{II} Q_{III}} \left[\frac{r_{iI}^3}{r_{iII}^3} W_{iII} (1 - W_{aII} W_{iIII}) + \frac{r_{iI}^3}{r_{iIII}^3} W_{iIII} Q_{II}^2 \right],$$

Dreischichtiger Zylinderschirm

$$Q = \frac{Q_I Q_{II} Q_{III}}{(1 - W_I W_{II})(1 - W_{II} W_{III}) - \frac{r_{a\,I}^2}{r_{i\,III}^2} W_I W_{III} Q_{II}^2},$$

$$W_a = W_{III} + \frac{Q\,Q_{III}}{Q_I Q_{II}} \left[\frac{r_{a\,II}^2}{r_{a\,III}^2} W_{II}(1 - W_I W_{II}) + \frac{r_{a\,I}^2}{r_{a\,III}^2} W_I Q_{II}^2\right], \tag{27}$$

$$W_i = W_I + \frac{Q\,Q_I}{Q_{II} Q_{III}} \left[\frac{r_{i\,I}^2}{r_{i\,II}^2} W_{II}(1 - W_{II} W_{III}) + \frac{r_{i\,I}^2}{r_{i\,III}^2} W_{III} Q_{II}^2\right].$$

Sie stellen eine Verallgemeinerung der Gl. (6) bis (8) für beliebige Schirmdicken dar.

Diese Gleichungen behalten ihre Gültigkeit, wenn eine der Schichten aus Luft ist. Dann ist für diese Schicht $W_a = W_i = 0$ und $Q = 1$ zu setzen. Die Matrix der Luftschicht ist daher die der Einheitsmatrix:

$$\|Q\|_{\text{Luft}} = \begin{pmatrix} 1 & 0 \\ 0 & 1 \end{pmatrix}. \tag{28}$$

In den obigen Gleichungen für dreischichtige Schirme sind infolgedessen auch die Gleichungen für zweischichtige Schirme als Sonderfälle enthalten. Will man beispielsweise einen zweischichtigen Schirm berechnen, so kann man etwa die äußere Schicht *III* durch Luft ersetzen. Dann hat man in den Gl. (26) und (27) für $Q_{III} = 1$ und $W_{i\,III} = W_{a\,III} = W_{III} = 0$ zu setzen.

Von Bedeutung sind dicke Schirme im Gebiet der magnetostatischen Schirmwirkung. In der Praxis werden solche Schirme z. B. bei den Kugelpanzergalvanometern benutzt. Wir wollen daher an dieser Stelle die Schirmkonstanten für beliebig dicke einschichtige magnetostatische Schirme angeben:

Kugelschirm

$$Q = \frac{1}{1 + \frac{2}{9}\left[\sqrt{\frac{\mu}{\mu_0}} - \sqrt{\frac{\mu_0}{\mu}}\right]^2 \left[1 - \frac{r_i^3}{r_a^3}\right]},$$

$$W_a = -\frac{2}{9} Q \left[\frac{\mu}{\mu_0} - 1\right]\left[1 + \frac{\mu_0}{2\mu}\right]\left[1 - \frac{r_i^3}{r_a^3}\right], \tag{29}$$

$$W_i = -\frac{2}{9} Q \left[\frac{\mu}{\mu_0} - 1\right]\left[1 + \frac{2\mu_0}{\mu}\right]\left[1 - \frac{r_i^3}{r_a^3}\right],$$

Zylinderschirm

$$Q = \frac{1}{1 + \frac{1}{4}\left[\sqrt{\frac{\mu}{\mu_0}} - \sqrt{\frac{\mu_0}{\mu}}\right]^2 \left[1 - \frac{r_i^2}{r_a^2}\right]},$$

$$W_a = W_i = W = -\frac{1}{4} Q \left[\frac{\mu}{\mu_0} - \frac{\mu_0}{\mu}\right]\left[1 - \frac{r_i^2}{r_a^2}\right]. \tag{30}$$

Man sieht ohne Schwierigkeit, daß diese Gleichungen in die bekannten Beziehungen (C 40) und (C 41) für dünnwandige Zylinderschirme und (C 62), (C 64) sowie (E 163) für dünnwandige Kugelschirme übergehen, wenn man $r_i = r_a - d$ setzt, wobei $d \ll r_a$ zu nehmen ist; außerdem ist $\mu \gg \mu_0$. Für die Feldberechnung bei äußerem Störungsfeld gelten dann die Gleichungen (C 23) und (C 24) für Zylinderschirme und (C 42) und (C 43) für Kugelschirme; dabei ist für den Radius r_0 der Radius r_i einzusetzen.

Wir betrachten nun den praktisch wichtigen Fall eines dreischichtigen Kugelschirmes, dessen mittlere Schicht aus Luft besteht (Abb. 102). Der resultierende Schirmfaktor Q dieser Anordnung berechnet sich aus den Gl. (26) mit Benutzung von Gl. (29) zu

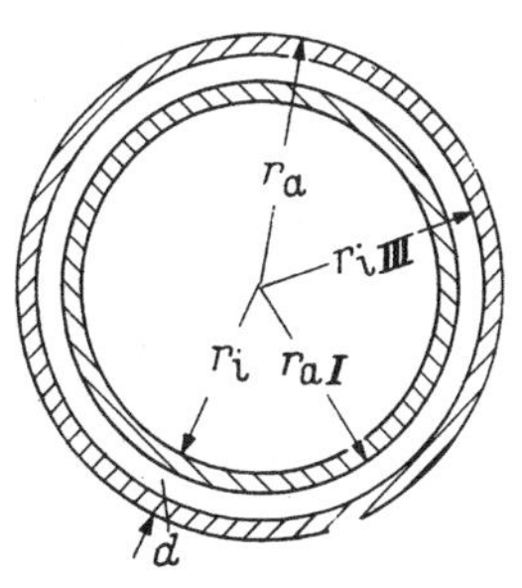

Abb. 102. Magnetostatischer Kugelschirm mit Luftzwischenraum

$$\frac{1}{Q} = 1 + \frac{2}{9}\left[\sqrt{\frac{\mu}{\mu_0}} - \sqrt{\frac{\mu_0}{\mu}}\right]^2 \left[1 - \frac{r_i^3}{r_a^3}\frac{r_{i\,III}^3}{r_{a\,I}^3}\right] + \tag{31}$$
$$+ \left[\frac{2}{9}\left(\frac{\mu}{\mu_0} - 1\right)\right]^2 \left(1 + \frac{2\mu_0}{\mu}\right)\left(1 + \frac{\mu_0}{2\mu}\right)\left(1 - \frac{r_i^3}{r_{a\,I}^3}\right)\left(1 - \frac{r_{a\,I}^3}{r_{i\,III}^3}\right)\left(1 - \frac{r_{i\,III}^3}{r_a^3}\right).$$

Wie man erkennt, setzt sich diese Gleichung aus drei Termen zusammen: Die beiden ersten Terme berücksichtigen die Schirmwirkung, wenn kein Luftzwischenraum da wäre, d. h., wenn die Schirmdicke ungefähr gleich der Summe der Dicken der beiden Eisenschichten ist. Der dritte Term ist der formale Ausdruck für die Tatsache, daß die beiden Eisenschichten durch die Luftzwischenschicht entkoppelt werden. Dadurch steigt die Schirmwirkung an; sie wird sogar größer als bei einem Massivschirm gleicher Gesamtdicke $r_a - r_i$. Man kann daher mit dem Eisen–Luft–Eisen-Schirm erheblich an Material sparen, und zwar um so mehr, je größer die verlangte Schirmwirkung ist. Die Abb. 103 zeigt dieses. Hier ist auf der Abszisse das reziproke Radienverhältnis der beiden Eisenschirme aufgetragen, das für beide Schichten als gleich groß vorausgesetzt ist:

$$\frac{1}{v_e} = \frac{r_{a\,I}}{r_i} = \frac{r_a}{r_{i\,III}}. \tag{32}$$

Auf der Ordinate kann man die Zunahme Δa der Schirmdämpfung im Vergleich zu der Dämpfung des Massivschirmes ablesen. Die Gesamtdicke $(r_a - r_i)$ oder das Radienverhältnis

$$v = \frac{r_i}{r_a} \tag{33}$$

des resultierenden Schirmes ist hier als konstant angenommen; das Radienverhältnis der Eisenschichten variiert dabei von dem Wert

$v_e = \sqrt{v}$ (massiver Eisenschirm) bis zu $v_e = 1$ (Grenzfall), bei dem kein Eisen mehr vorhanden ist. Von einer gewissen Eisendicke ab wird also die Dämpfungszunahme Δa positiv. In diesem Bereich ist die Dämpfung

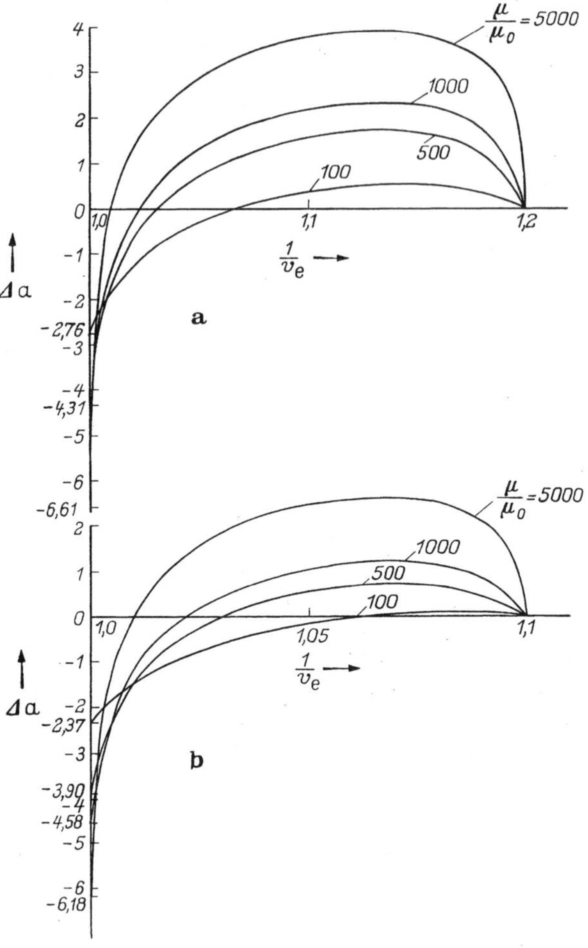

Abb. 103. Die Zunahme Δa der Schirmdämpfung eines magnetostatischen Schirmes durch den Luftzwischenraum nach Abb. 102 in Abhängigkeit von dem reziproken Radienverhältnis ($1/v_e$) der Eisenschichten bei konstanter Gesamtdicke $r_a - r_i$.

Bei a) $1/v \equiv r_a/r_i = 1{,}44$;
bei b) $1/v \equiv r_a/r_i = 1{,}21$

des Schirmes mit Luftzwischenraum größer als diejenige des massiven Schirmes gleicher Gesamtdicke. Die Zunahme hat bei großen Permeabilitäten ($\mu \gg \mu_0$) ein Maximum, das dann entsteht, wenn alle drei Schichten relativ gleich dick sind (relative Eisendicke = relative Luftdicke):

$$v_e = \frac{r_i}{r_{aI}} = \frac{r_{aI}}{r_{iIII}} = \frac{r_{iIII}}{r_a} = v^{1/3}. \tag{34}$$

Nimmt die Eisenschichtdicke weiter zu, so sinkt Δa auf Null ab, wenn der Luftzwischenraum verschwindet. Mit Hilfe von Gl. (29) und (31) erhält man für Δa folgenden Ausdruck, wenn $\mu \gg \mu_0$ ist:

$$\Delta a = \ln \frac{1 + \frac{2}{9}\frac{\mu}{\mu_0}\left(1 - v_e^6\right) + \left(\frac{2}{9}\frac{\mu}{\mu_0}\right)^2 \left(1 - v_e^3\right)^2 \left(1 - \frac{v^3}{v_e^6}\right)}{1 + \frac{2}{9}\frac{\mu}{\mu_0}\left(1 - v^3\right)}. \qquad (35)$$

Hierbei variiert v_e zwischen den Werten

$$\underset{\text{massiv}}{\sqrt{v}} \leqq v_e \leqq \underset{\text{nur Luft}}{1} \qquad (36)$$

Setzt man in Gl. (35) für v_e den Optimalwert nach Gl. (34) ein, so erhält man die maximale Dämpfungszunahme mit guter Näherung zu

$$\Delta a_{\max} \approx \ln \frac{2}{9}\frac{\mu}{\mu_0}\frac{(1 - v)^3}{1 - v^3}. \qquad (37)$$

Literatur zu F

[1] WUCKEL, G.: Physikalisch-technische Probleme der mittelfrequenten Trägertelephonie an Kabeln. Europ. Fernsprechdienst **53**, 253/71 (1939).

[2] KADEN, H., u. SOMMER, FR.: Die Schirmwirkung mehrschichtiger Lagenschirme in Fernmeldekabeln. Elektr. Nachr.-Technik **17**, 6/16 (1940).

[3] SCHMID, H.: Das magnetische Feld in geschichteten Materialien. Zürich 1944.

[4] BAUER, FR. L.: Die Betriebs-Kettenmatrix von Vierpolen. Arch. elektr. Übertrag. **9**, 559/60 (1955).

G. Durchgriff von elektrischen und magnetischen Feldern durch Spalte (Schlitze)

Wir haben im Abschn. C gesehen, daß die Schirmdämpfung von geschlossenen Schirmen infolge der Strom- und Flußverdrängung in der Schirmwand um so größer wird, je höher die Frequenz ist. In der Praxis zeigt sich jedoch, daß dies nicht immer richtig ist. Steigert man nämlich die Frequenz immer weiter, so nimmt die Schirmdämpfung oft nicht mehr zu. Dieser Effekt kann dadurch hervorgerufen werden, daß man sich der Eigenresonanz des Innenraumes nähert, wie wir im Abschn. D festgestellt haben. Er wird jedoch oft auch dadurch verursacht, daß die Schirmwände nicht homogen, sondern aus Einzelteilen zusammengesetzt sind; infolgedessen entstehen Spalte und sonstige Öffnungen. Diese werden in manchen Fällen sogar absichtlich vorgesehen, um den Innenraum von außen zugänglich zu machen oder um die Wärme besser abführen zu können. Bei den sogenannten Richtungskopplern werden beispielsweise Schlitze vorgesehen, um eine bestimmte Kopplung zwischen zwei Räumen herbeizuführen. In allen diesen Fällen tritt das Feld durch den Spalt in den Innenraum hinein;

dieses Feld unterscheidet sich ganz wesentlich von dem Restfeld, das infolge der bisherigen Annahme homogener Schirmwände im Innenraum herrscht. Wir werden im folgenden zunächst die Theorie des Felddurchgriffs durch einen Spalt in einem ebenen Schirm behandeln und dann auf die praktischen Anwendungen eingehen. Den Spalt nehmen wir dabei sehr lang im Vergleich zur Breite an und gewinnen dadurch den Vorteil, dieses Problem als ein ebenes angreifen zu können; die Randeffekte infolge der Spaltbegrenzung an den Enden ziehen wir nicht in Betracht; infolgedessen werden unsere Ergebnisse um so genauer sein, je größer die Spaltlänge im Vergleich zur Breite ist. Die Wellenlänge soll so groß im Vergleich zur Spaltbreite und Schirmdicke sein, daß wir mit Potentialfeldern rechnen können.

1. Durchgriff des elektrischen und magnetischen Feldes durch einen unendlich langen Spalt in einem ebenen unendlich gut leitenden Schirm beliebiger Dicke

Da wir ein ebenes Problem zu lösen haben, wenden wir zur Feldberechnung die Methode der konformen Abbildung an. Die in Abb. 104 gezeichnete Schirmkontur in der $\mathfrak{z}$-Ebene ($= x + \mathrm{i}\,y$) bilden wir auf

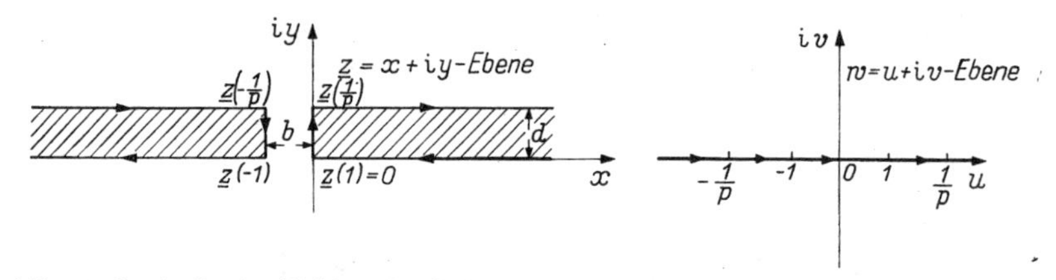

Abb. 104. Zur konformen Abbildung der Schirmkontur mit Spalt in der $\mathfrak{z}$-Ebene auf die reelle Achse in der w-Ebene

die reelle Achse in der w-Ebene ($= u + \mathrm{i}\,v$) konform ab. Der Schirm habe die Dicke d und die Spaltbreite b. Schreiten wir auf der Schirmoberfläche in dem durch die Richtungspfeile in Abb. 104 angedeuteten Sinne fort, so wird in der w-Ebene die reelle Achse im positiven Sinne durchlaufen. Der Außenraum des Schirmes ist durch $y \geqq d$ und der Innenraum durch $y \leqq 0$ festgelegt. Dem unendlich fernen Punkt im Außenraum entspricht in der w-Ebene ebenfalls $|w| \to \infty$. Dagegen ist das Abbild des unendlich Fernen im Innenraum das Gebiet um $|w| = 0$ in der w-Ebene. Wir legen das Koordinatensystem in der $\mathfrak{z}$-Ebene so fest, daß sich die in der nebenstehenden Tabelle aufgeführten Punkte entsprechen, die in der $\mathfrak{z}$-Ebene die vier Eckpunkte des Spaltes sind ($p < 1$). Die Abbildungsfunktion wurde bereits von F. Noether [1]

$\mathfrak{z}$-Ebene	w-Ebene
$-b + \mathrm{i}\,d$	$-\frac{1}{p}$
$-b$	-1
0	1
$\mathrm{i}\,d$	$\frac{1}{p}$

mit Hilfe der SCHWARZ-CHRISTOFFELschen Formel für die Abbildung eines Polygons angegeben; sie lautet

$$\mathfrak{z} = c \int\limits_{1}^{w} \frac{\sqrt{(1-w^2)(1-p^2 w^2)}}{w^2} \, \mathrm{d} w . \tag{1}$$

Die beiden Konstanten c und p berechnen sich aus den Abmessungen des Spaltes wie folgt:

$$b = c \int\limits_{-1}^{1} \frac{\sqrt{(1-w^2)(1-p^2 w^2)}}{w^2} \, \mathrm{d} w , \tag{2}$$

$$\mathrm{i} d = c \int\limits_{1}^{1/p} \frac{\sqrt{(1-w^2)(1-p^2 w^2}}{w^2} \, \mathrm{d} w . \tag{3}$$

Die Integrale haben eine gewisse Ähnlichkeit mit den elliptischen Integralen, und wir wollen diese Gleichungen durch die Normalformen der elliptischen Integrale ausdrücken. Zu diesem Zweck verwandeln wir Gl. (2) in den folgenden Ausdruck um:

$$\begin{aligned} \frac{b}{c} = - p^2 \int\limits_{-1}^{1} \frac{\mathrm{d} w}{\sqrt{(1-w^2)(1-p^2 w^2)}} - \int\limits_{-1}^{1} \frac{\sqrt{1-p^2 w^2}}{\sqrt{1-w^2}} \, \mathrm{d} w + \\ + \int\limits_{-1}^{1} \frac{\mathrm{d} w}{\sqrt{(1-w^2)(1-p^2 w^2)} \, w^2} . \end{aligned} \tag{4}$$

Der erste Term hat den Wert $-2p^2\mathrm{K}$ und der zweite Term den Wert $-2\mathrm{E}$, wenn K das vollständige elliptische Integral erster und E ein solches zweiter Gattung mit dem Modul p bedeuten. Bei dem letzten Term wenden wir die Transformation $w = 1/p w'$ an und erhalten

$$\begin{aligned} \int\limits_{-1}^{1} \frac{\mathrm{d} w}{w^2 \sqrt{(1-w^2)(1-p^2 w^2)}} = - \int\limits_{-1/p}^{1/p} \sqrt{\frac{p^2 w'^2 - 1}{w'^2 - 1}} \, \mathrm{d} w' - \\ - \int\limits_{-1/p}^{1/p} \frac{\mathrm{d} w'}{\sqrt{(w'^2 - 1)(p^2 w'^2 - 1)}} . \end{aligned} \tag{5}$$

Den Integrationsweg kann man hier über die reelle Achse in der w'-Ebene über die Verzweigungspunkte $w' = -1$ und $w' = 1$ hinweg nehmen. Da nun die Integranden in dem Bereich von $-1/p$ bis -1 und von 1 bis $1/p$ entgegengesetzte Vorzeichen annehmen, fallen die Beiträge heraus, und es bleibt nur noch der Weg von -1 bis 1 übrig. Hier kehrt sich das Vorzeichen des Integranden im zweiten Integral um, während es im ersten Integral bleibt. Daher ist der Wert des ersten Terms in Gl. (5) $-2\mathrm{E}$ und der Wert des zweiten Terms $2\mathrm{K}$. Damit haben wir die Integrale in Gl. (4) ausgewertet und die Beziehung

$$\frac{b}{2c} = (1 - p^2)\,\mathrm{K}(p) - 2\,\mathrm{E}(p) \tag{6}$$

gefunden. — Wir gehen jetzt zu dem Integral in Gl. (3) über, das wir in der gleichen Weise umformen wie bei Gl. (2); wir erhalten so die gleiche Gl. (4), in der nur die Integrationsgrenzen von 1 bis $1/p$ zu nehmen sind. Den letzten Term in Gl. (4) wandeln wir noch durch die gleiche Transformation um, die zu Gl. (5) führt, und erhalten somit

$$\begin{aligned} \frac{\mathrm{i}d}{c} = &-\int_1^{1/p} \sqrt{\frac{1-p^2 w^2}{1-w^2}}\,\mathrm{d}w - p^2 \int_1^{1/p} \frac{\mathrm{d}w}{\sqrt{(1-p^2 w^2)(1-p^2)}} + \\ &+ \int_1^{1/p} \sqrt{\frac{p^2 w^2 - 1}{w^2 - 1}}\,\mathrm{d}w + \int_1^{1/p} \frac{\mathrm{d}w}{\sqrt{(p^2 w^2 - 1)(w^2 - 1)}}\,. \end{aligned} \tag{7}$$

Damit für d ein positiver Wert entsteht, legen wir folgende Vorzeichen fest:

$$\left.\begin{aligned} \sqrt{1-w^2} &= -\mathrm{i}\sqrt{w^2-1} \\ \sqrt{p^2 w^2 - 1} &= -\mathrm{i}\sqrt{1 - p^2 w^2} \end{aligned}\right\} \quad \text{für} \quad 1 \leqq w \leqq 1/p. \tag{8}$$

Führen wir jetzt diese Beziehungen in Gl. (7) ein und verwenden bekannte Integralformeln [5], so ergibt sich der Ausdruck

$$\frac{d}{c} = 2\,\mathrm{E}(p') - (1 + p^2)\,\mathrm{K}(p'), \tag{9}$$

in dem $\mathrm{K}(p')$ das vollständige elliptische Integral erster Gattung mit dem komplementären Modul

$$p' = \sqrt{1 - p^2} \tag{10}$$

und $\mathrm{E}(p')$ dasjenige zweiter Gattung mit demselben Modul bedeuten. Die Gl. (6) und (9) stellen nun den gesuchten Zusammenhang zwischen den Spaltabmessungen b und d einerseits und den Abbildungskonstanten c und p andererseits dar. Die Konstante c läßt sich eliminieren, indem man beide Gleichungen durch einander dividiert. Dann erhält man für den Modul p die implizite Gleichung

$$\frac{2d}{b} = -\,\frac{2\,\mathrm{E}(p') - (1 + p^2)\,\mathrm{K}(p')}{2\,\mathrm{E}(p) - (1 - p^2)\,\mathrm{K}(p)}\,. \tag{11}$$

Diese Beziehung ist in Abb. 105 gezeichnet. Man erkennt, daß p für kleine Schirmdicken d nach eins geht und für große d exponentiell abnimmt. Folgende explizite Näherungen gelten für p, die ebenfalls in Abb. 105 vermerkt sind, und die man aus den bekannten Reihenentwicklungen der elliptischen Integrale für $p \ll 1$ und $p' \ll 1$ erhält [4]:

$$p = \begin{cases} 4\exp\left(-\frac{\pi d}{b} - 2\right) & \text{für} \quad d > \frac{1}{2} b, \\ 1 - 4\sqrt{\frac{d}{\pi b}} + 8\frac{d}{\pi b} \ldots. & \text{für} \quad d \ll b. \end{cases} \tag{12}$$

Die Konstante c läßt sich ebenfalls als Funktion des Spaltverhältnisses d/b aus Abb. 105 ablesen. Sie ändert sich nur wenig, wie auch aus folgender Näherungsformel hervorgeht:

$$c = \begin{cases} -\frac{b}{\pi} & \text{für} \quad d \geqq \frac{1}{2} b, \\ -\frac{b}{4} & \text{für} \quad d = 0. \end{cases} \tag{13}$$

Um den Feldverlauf in der physikalischen $\mathfrak{z}$-Ebene explizite als Funktion von $\mathfrak{z}$ angeben zu können, wäre die Umkehrung der Gl. (1) wünschenswert, d. h., es müßte w als Funktion von $\mathfrak{z}$ gebildet werden. Dies

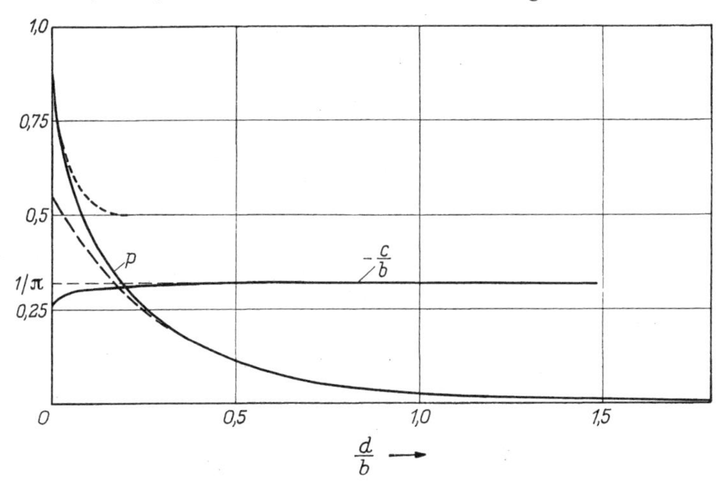

Abb. 105. Der Modul p und die Konstante c als Funktion des Spaltverhältnisses d/b nach Gl. (6) und (11)
— . — — Näherungen nach Gl. (12)

ist aber wegen des transzendenten Charakters der Gl. (1) nicht in geschlossener Form möglich. Es gelingt nur für den Grenzfall, daß die Schirmdicke Null ist ($d \to 0$). Nach Gl. (12) wird dann der Modul $p \to 1$, und das Integral in Gl. (1) ergibt mit $c = -b/4$ nach Gl. (13) den Ausdruck

$$\mathfrak{z} + \frac{b}{2} \equiv \mathfrak{z}_1 = \frac{b}{4}\left(\frac{1}{w} + w\right). \tag{14}$$

Hierbei ist z_1 eine komplexe Koordinate, die ihren Ursprung ($z_1 = 0$) im Mittelpunkt des Spaltes ($z = -b/2$) hat. Die Umkehrung von Gl. (14) liefert die gesuchte Beziehung

$$w = \frac{2z_1}{b} + \sqrt{\left(\frac{2z_1}{b}\right)^2 - 1}\,. \tag{15}$$

Die Wurzel ist hierbei für die obere z_1-Halbebene ($y > 0$, Außenraum) positiv und für die untere z_1-Halbebene ($y < 0$, Innenraum) negativ zu nehmen. Der Schirm ($|x_1| > b/2$) wird hier zu einem Verzweigungsschnitt der zweiblättrigen RIEMANNschen Fläche, an dessen gegenüberliegenden Ufern die Wurzel entgegengesetzte Vorzeichen annimmt.

Für den allgemeinen Fall $d > 0$ oder $p < 1$ sind wir darauf angewiesen, die inverse Funktion von Gl. (1) durch Reihenentwicklungen zu bilden. Wir betrachten zu diesem Zweck drei Bereiche:

a) den äußeren Bereich (Außenraum), in dem das störende Feld herrscht, gekennzeichnet durch $|w| > 1/p$,

b) den Bereich innerhalb des Spaltes ($1 < |w| < 1/p$) und

c) den abgeschirmten Bereich (Innenraum, $|w| < 1$).

Das Vorzeichen der Wurzel in Gl. (1) ist je nach dem Bereich verschieden; es ist aus Abb. 106 zu entnehmen.

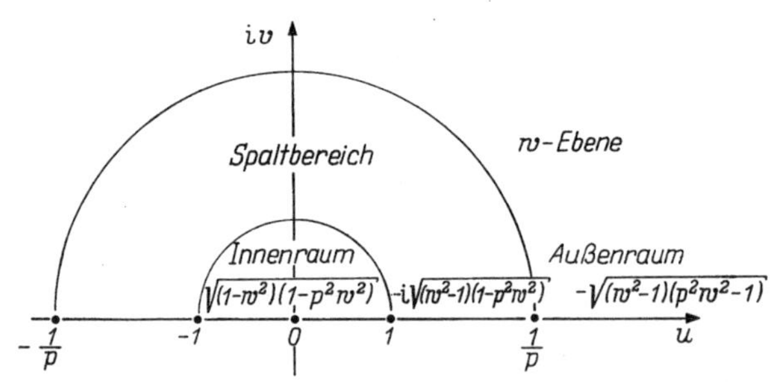

Abb. 106. Die für die Reihenentwicklung des Integranden in Gl. (1) maßgebenden Vorzeichen der Wurzel in den drei Bereichen

a) Äußerer Bereich ($|w| > 1/p$)

Wir entwickeln den Integranden in Gl. (1) in eine Reihe nach $1/w^2$ und erhalten, wenn wir nur das erste Glied in Betracht ziehen

$$z - \mathrm{i}d \approx -cp \int\limits_{1/p}^{w} \sqrt{1 - \frac{1}{p^2 w^2}} \left(1 - \frac{1}{2w^2}\right) \mathrm{d}w\,. \tag{16}$$

Die Ausrechnung des Integrals [5] liefert die Gleichung

$$z - \mathrm{i}d + \frac{b}{2}\left(1 + \frac{p^2}{4}\right) \equiv z_a = -c\left[p\,w + (1 + p^2)\,\frac{1}{2p\,w} \cdots\right]. \tag{17}$$

Die neue Koordinate $\underline{z}_a$ hat ihren Ursprung ($\underline{z}_a = 0$) mit praktisch ausreichender Genauigkeit in der Mitte des Spalteingangs ($\underline{z} = \mathrm{i}d - b/2$). Die Umkehrung der Reihe ergibt nun den gesuchten Ausdruck

$$w = -\frac{\underline{z}_a}{p\,c} + \frac{1}{2}(1 + p^2)\frac{c}{p\,\underline{z}_a} = -\frac{\underline{z}_a}{p\,c}\left[1 - \frac{1+p^2}{2}\left(\frac{c}{\underline{z}_a}\right)^2 \ldots\right]. \tag{18}$$

b) Spaltbereich ($1 < |w| < 1/p$)

In diesem Bereich liefert die Entwicklung des Integranden in Gl. (1) unter Berücksichtigung der Vorzeichen in Abb. 106 die Beziehung

$$\underline{z} = -\mathrm{i}\,c \int_1^w \frac{\sqrt{w^2 - 1}}{w^2}\left(1 - \frac{p^2 w^2}{2}\right) \mathrm{d}w, \tag{19}$$

deren Integration [5] zu folgendem Ausdruck führt:

$$c + \mathrm{i}\,\underline{z} \equiv \underline{z}_s = c\left[\ln 2w + \frac{1}{(2w)^2} - \left(\frac{p\,w}{2}\right)^2 \ldots\right]. \tag{20}$$

Die inverse Funktion ergibt sich hieraus zu der Reihe

$$w = \sinh\frac{\underline{z}_s}{c} + \frac{p^2}{32}\,\mathrm{e}^{3\frac{\underline{z}_s}{c}} \ldots . \tag{21}$$

c) Innerer Bereich ($|w| < 1$)

Aus Gl. (1) ergibt sich in diesem Bereich folgende Entwicklung:

$$\underline{z} = c \int_1^w \frac{\sqrt{1 - w^2}}{w^2}\left(1 - \frac{p^2 w^2}{2}\right) \mathrm{d}w. \tag{22}$$

Integriert man, so erhält man die Gleichung

$$\underline{z} + \frac{b}{2}\left(1 + \frac{p^2}{4}\right) \equiv \underline{z}_i = -c\left(\frac{1}{w} + (1 + p^2)\frac{w}{2} \ldots\right); \tag{23}$$

deren Umkehrung

$$w = -\frac{c}{\underline{z}_i}\left(1 + \frac{1+p^2}{2}\,\frac{c^2}{\underline{z}_i^2} \ldots\right) \tag{24}$$

lautet. Die neue Koordinate $\underline{z}_i$ hat ihren Ursprung ($\underline{z}_i = 0$) mit praktisch ausreichender Genauigkeit im Mittelpunkt des Spaltausgangs.

Wir sind jetzt in der Lage, den gesamten Feldverlauf anzugeben. Zuerst befassen wir uns mit dem elektrischen Feld, das im Außenraum in einiger Entfernung vom Spalt homogen und senkrecht zur Schirmoberfläche gerichtet ist; die Feldstärke bezeichnen wir mit E_0 (Abb. 107). Das komplexe Potential in der w-Ebene ist bekannt; es lautet

$$\underline{Z} = C\,w \tag{25}$$

und beschreibt dort ein homogenes Feld. Die Konstante C muß so bestimmt werden, daß in der physikalischen $\underline{z}$-Ebene im Außenraum in großer Entfernung vom Spalt ein homogenes Feld mit der Feldstärke E_0 entsteht. Setzen wir für w Gl. (18) ein, so ist

$$\lim_{\underline{z}_a \to \infty} \underline{Z} = -C \frac{\underline{z}_a}{p\,c} = -\mathrm{i}\, E_0\, \underline{z}_a . \tag{26}$$

Daraus ergibt sich die Konstante zu

$$C = \mathrm{i}\, p\, c\, E_0 . \tag{27}$$

Das Feld im Innenraum erhält man jetzt, wenn man für w in Gl. (25) die Gl. (24) benutzt. Dann ist für Entfernungen r vom Spalt, die groß im Vergleich zur Spaltbreite b sind ($|\underline{z}_i| \gg b$)

$$\underline{Z} = -\frac{\mathrm{i}\, p\, c^2 E_0}{\underline{z}_i} . \tag{28}$$

Es zeigt sich hiernach, daß das Feld im Innenraum dasjenige eines Liniendipols ist, der im Spaltausgang liegt (Abb. 107) und parallel zur

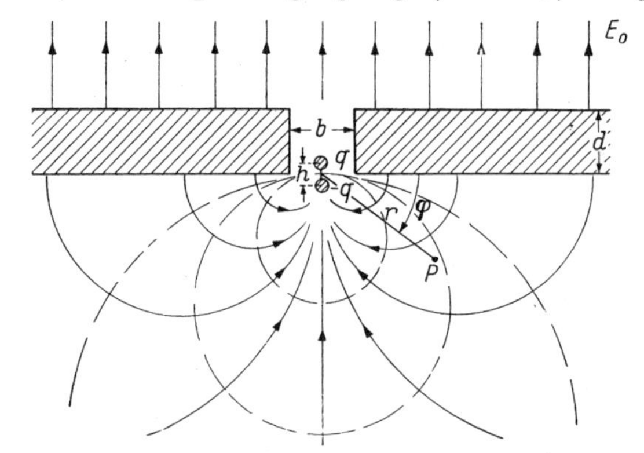

Abb. 107. Das durch einen Spalt hindurchtretende elektrische Feld mit äquivalentem Liniendipol am Spaltausgang. — — — Linien konstanten Potentials

Spaltwand orientiert ist. Dieses Ergebnis wird noch deutlicher, wenn man das reelle Potential des Feldes bildet. Nimmt man für $\underline{z}_i = r\, \mathrm{e}^{-\mathrm{i}\varphi}$, wobei r und φ Polarkoordinaten in dem in Abb. 107 gezeichneten positiven Sinne sind, so ist der Realteil von $\underline{Z}$ nach Gl. (28)

$$X = \frac{p\, c^2 E_0}{r} \sin\varphi . \tag{29}$$

Hierin ist nach Gl. (12) und (13)

$$p\,c^2 = \begin{cases} \left(\frac{b}{4}\right)^2 & \text{für } d = 0, \\ \left(\frac{2b}{\pi}\right)^2 \exp\left(-\pi \frac{d}{b} - 2\right) & \text{für } d \geqq 0{,}4\, b . \end{cases} \tag{30}$$

Der Betrag der Feldstärke ($|\mathrm{d}\,\underline{Z}/\mathrm{d}\,\underline{z}_i|$) im Innenraum ist daher dem Quadrat der Spaltbreite b proportional und nimmt umgekehrt proportional dem Quadrat der Entfernung r vom Spalt ab. Für manche

Zwecke ist es vorteilhaft, das Moment des äquivalenten Dipols anzugeben. Bezeichnet man mit q und $-q$ die Ladungen des Dipols für die Längeneinheit und mit h ihren Abstand, so ist das Moment des Dipols, der das gleiche Feld im Innenraum wie der Spalt hervorruft, $q h = 2 \pi \varepsilon_0 p c^2 E_0$.

Bei dem magnetischen Feld verfahren wir ebenso. Hier muß die Konstante C in dem komplexen Potential nach Gl. (25) so bestimmt

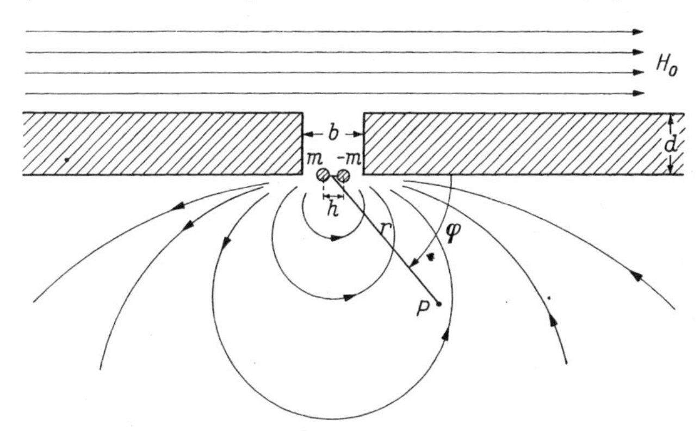

Abb. 108. Das durch einen Spalt hindurchtretende magnetische Feld mit äquivalentem Liniendipol am Spaltausgang

werden, daß im Außenraum in der $\mathfrak{z}$-Ebene für große Entfernungen vom Spalt ein homogenes Feld mit der Feldstärke H_0 entsteht, das parallel zur Oberfläche verläuft (Abb. 108). Daher gilt hier die Beziehung

$$\lim_{\mathfrak{z}_a \to \infty} \underline{Z}_1 = -C \frac{\mathfrak{z}_a}{p c} = H_0 \mathfrak{z}_a . \tag{31}$$

Die Konstante hat also den Wert

$$C = -p c H_0 , \tag{32}$$

so daß das komplexe Potential im Innenraum nach der Gleichung

$$\underline{Z}_1 = \frac{p c^2 H_0}{\mathfrak{z}_i} \tag{33}$$

zu berechnen ist. Wir haben hier den Index 1 angebracht, um anzudeuten, daß es sich wegen der Annahme eines unendlich gut leitenden Schirmes um die erste Näherung handelt. Das magnetische Feld verläuft daher so, als ob am Spaltausgang ein magnetischer Liniendipol vorhanden wäre, der parallel zur Oberfläche des Schirmes gerichtet ist. Das Moment dieses äquivalenten Dipols ist $m h = 2 \pi \mu_0 p c^2 H_0$, wenn m die magnetische Polstärke pro Längeneinheit ist (Abb. 108). Bilden wir nun die reelle Potentialfunktion aus Gl. (33), so ergibt sich

$$X_1 = \frac{p c^2 H_0}{r} \cos \varphi . \tag{34}$$

Das Feld ist in Abb. 108 gezeichnet; es besteht aus einem Kreisbüschel, dessen Scheitel im Spaltausgang liegt. Die Größe $p\,c^2$ berechnet sich nach Gl. (30). Danach ist auch das durch den Spalt tretende magnetische Feld dem Quadrat der Spaltbreite b proportional; die magnetische Feldstärke nimmt im Innenraum wie der Kehrwert des Entfernungsquadrates vom Spalt ab.

2. Durchgriff des magnetischen Feldes durch einen Spalt in einem ebenen Schirm mit endlicher Leitfähigkeit

Im vorigen Kapitel hatten wir das magnetische Feld berechnet, das für den Grenzfall eines unendlich gut leitenden Schirmes durch den Spalt in den Innenraum dringt. Wir wollen jetzt diese Voraussetzung fallen lassen und einen Schirm mit endlicher Leitfähigkeit annehmen. Die Folge hiervon ist, daß jetzt das magnetische Feld in die Schirmoberfläche eindringt. Wir berechnen das komplexe Potential $\mathfrak{Z}_2$ desjenigen Feldes, das infolge dieses Eindringens zusätzlich zum ursprünglichen Feld mit dem Potential $\mathfrak{Z}_1$ nach Gl. (33) entsteht. Da wir dieses letztere durch konforme Abbildung des Gebietes außerhalb des Schirmes auf die obere Halbebene ermittelt haben, benutzen wir zur Berechnung von $\mathfrak{Z}_2$ die Gl. (B 168). Die Feldstärke H_0 behält beim Fortschreiten längs der Schirmoberfläche ihre Vorzeichen bei, wie aus Abb. 108 anschaulich hervorgeht. Infolgedessen können wir mit Benutzung von Gl. (25) und (32) für die Feldstärke an der Schirmoberfläche

$$H_0 = \left|\frac{\mathrm{d}\mathfrak{Z}_1}{\mathrm{d}\mathfrak{z}}\right|_0 = \left|\frac{\mathrm{d}\mathfrak{Z}_1}{\mathrm{d}w}\frac{\mathrm{d}w}{\mathrm{d}\mathfrak{z}}\right|_{w=u} = \frac{p\,H_0\,u^2}{\left|\sqrt{(1-u^2)(1-p^2u^2)}\right|} \tag{35}$$

schreiben. Wegen der Festlegung der Oberflächenfeldstärke H_0 in Verbindung mit dem Koordinatensystem in der $\mathfrak{z}$-Ebene muß hier die Gl. (B 168) mit einem Minuszeichen versehen werden [s. Bemerkung im Anschluß an Gl. (B 168)]. Praktisch interessiert uns das Feld nur in dem abgeschirmten Innenraum, für den der Bereich $|w| \ll 1$ maßgebend ist. Wir entwickeln daher den Integranden in Gl. (B 168) nach w (es ist $1/(w+u) \approx (1 - w/u)/u$) und erhalten für das Potential des Zusatzfeldes

$$\mathfrak{Z}_2 = \frac{p\,H_0\,w}{\pi k}\int\limits_{-\infty}^{\infty}\frac{\mathrm{d}u}{\left|\sqrt{(1-u^2)(1-p^2u^2)}\right|} =$$

$$= \frac{2}{\pi}\frac{p\,H_0\,w}{k}\left[2\int\limits_0^1\frac{\mathrm{d}u}{\left|\sqrt{(1-u^2)(1-p^2u^2)}\right|} + \int\limits_1^{1/p}\frac{\mathrm{d}u}{\left|\sqrt{(u^2-1)(1-p^2u^2)}\right|}\right] =$$

$$= \frac{2}{\pi}\frac{p\,H_0\,w}{k}\left[2\,\mathrm{K}(p) + \mathrm{K}(p')\right]. \tag{36}$$

Drückt man hierin nun w mit Hilfe von Gl. (24) durch die komplexe Koordinate $\mathfrak{z}_i$ in der physikalischen $\mathfrak{z}$-Ebene aus, so erhält man in erster Näherung

$$\underline{Z}_2 = -\frac{2}{\pi}\,\frac{p\,H_0\,c}{k\,\mathfrak{z}_i}\,[2\,\mathrm{K}(p) + \mathrm{K}(p')]. \tag{37}$$

Das gesamte Potential des magnetischen Feldes im Innenraum ist daher mit Benutzung von Gl. (6) und (33) für $|\mathfrak{z}_i| \gg b$

$$\underline{Z} = \underline{Z}_1 + \underline{Z}_2 = \frac{p\,c^2\,H_0}{\mathfrak{z}_i}\left(1 + \frac{2}{k\,b}\,\psi\left(\frac{d}{b}\right)\right). \tag{38}$$

Die Funktion $\psi(d/b)$ berechnet sich nach der Beziehung

$$\psi\left(\frac{d}{b}\right) = \frac{2}{\pi}\,[2\,\mathrm{E}(p) - (1 - p^2)\,\mathrm{K}(p)]\,[2\,\mathrm{K}(p) + \mathrm{K}(p')] \approx 2 + \pi + \pi\,\frac{d}{b}$$

$$\text{für} \quad d \geqq 0{,}5\,b, \tag{39}$$

in der p als Funktion von d/b aus Gl. (11) folgt (Abb. 105). Die Funktion ψ ist in Abb. 109 in Abhängigkeit vom Spaltverhältnis d/b aufgetragen. Wie man aus Gl. (38) erkennt, tritt durch die endliche Leitfähigkeit des Schirmes eine scheinbare Spaltverbreiterung ein; das Zusatzfeld ist wegen $k = (1 + \mathrm{j})/\delta$ zeitlich um den Winkel $-\pi/4$ gegen das Hauptfeld verschoben. Führt man Polarkoordinaten ein, so entsteht für das reelle Potential des magnetischen Feldes im Innenraum (reell in bezug auf den Ort!) an Stelle von Gl. (34) der Ausdruck

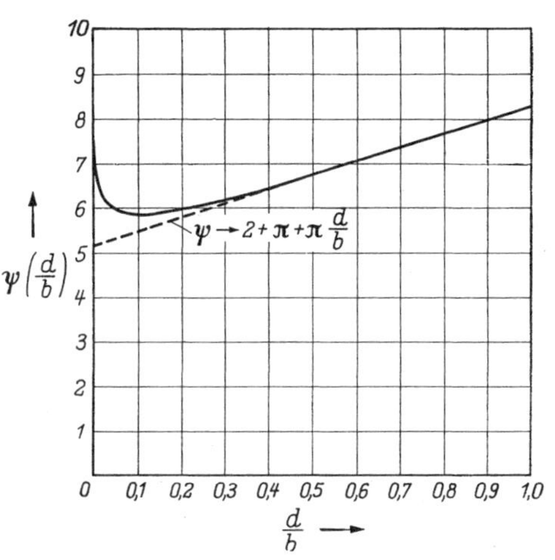

Abb. 109. Die Funktion ψ in Gl. (38) und (39) in Abhängigkeit von dem Spaltverhältnis d/b

$$X = p\,c^2\,H_0\left[1 + (1 - \mathrm{j})\left(\frac{\delta}{b}\right)\psi\left(\frac{d}{b}\right)\right]\frac{\cos\varphi}{r}. \tag{40}$$

Wie man aus Abb. 109 erkennt, wird die Funktion ψ für den Grenzfall $d \to 0$ logarithmisch unendlich. Dies hat jedoch keine praktische Bedeutung, weil unsere Gleichungen an die Voraussetzung $d > \delta$ gebunden sind. Bei einer bestimmten Frequenz darf also d nicht unter einen gewissen Wert sinken, wenn die Gleichungen gültig bleiben sollen.

3. Durchgriffskapazität (kapazitive Kopplung) durch Spalte

Wir betrachten zwei Leiter *1* und *2*, die durch einen Schirm *0* voneinander getrennt sind (Abb. 110). Der Leiter *1* möge gegen den Schirm *0* eine Spannung U_1 haben. Wenn kein Schlitz im Schirm vorhanden wäre, wird in dem Leiter *2* keine Spannung gegen den Schirm influenziert. Die infolge des Durchgreifens des elektrischen Feldes durch den Schlitz entstehende Spannung des Leiters *2* nennen wir U_2; sie ist der sogenannten Durchgriffskapazität C_{12} für die Längeneinheit der Leiter proportional, die nach dem Ersatzschaltbild in Abb. 111

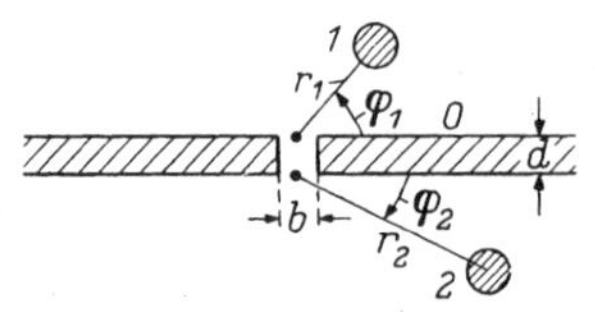

Abb. 110. Zur Berechnung der Durchgriffskapazität nach dem Ersatzschaltbild 111 zwischen zwei Leitern *1* und *2*, die durch einen Schirm *0* mit Spalt voneinander getrennt sind

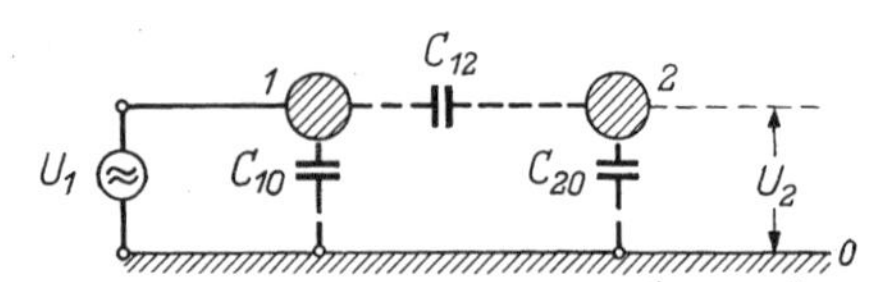

Abb. 111. Ersatzschaltbild für die Durchgriffskapazität C_{12} durch einen Schirm mit Spalt

definiert ist. In diesem sind C_{10} die Betriebskapazität des Leiters *1* und C_{20} die Betriebskapazität des Leiters *2* gegen den Schirm *0* für die Längeneinheit. Wird nun die Spannung U_1 an den Leiter *1* gelegt, so beträgt die Spannung U_2 des Leiters *2* infolge der kapazitiven Spannungsteilung für $C_{12} \ll C_{20}$

$$U_2 = \frac{C_{12}}{C_{20}} U_1 . \tag{41}$$

Wir berechnen nun die Spannung U_2 aus dem elektrischen Feld im Innenraum nach Gl. (29). Da der Schirm das Potential Null hat, ist hier die Spannung U_2 gleich dem Potential X an der Stelle $r = r_2$, $\varphi = \varphi_2$, wo der Leiter sich befindet:

$$U_2 = \frac{p\, c^2 E_0}{r_2} \sin \varphi_2 . \tag{42}$$

Die Feldstärke E_0 ist hier als diejenige Feldstärke im Außenraum aufzufassen, die an der Stelle des Spalteingangs herrschen würde, wenn kein Spalt da wäre. Aus der Ladung $C_{10}\, U_1$ des Leiters *1* und seiner an der Schirmoberfläche gespiegelten Ladung $-C_{10}\, U_1$ erhält man für E_0 die Gleichung

$$E_0 = \frac{C_{10}\, U_1}{\pi\, \varepsilon_0\, r_1} \sin \varphi_1 . \tag{43}$$

Setzt man diesen Wert in Gl. (42) ein und vergleicht sie mit Gl. (41), so ergibt sich für die Durchgriffskapazität die Beziehung

$$C_{12} = p\, c^2 \frac{\sin \varphi_1 \sin \varphi_2}{r_1\, r_2} \frac{C_{10}\, C_{20}}{\pi\, \varepsilon_0} . \tag{44}$$

Die Durchgriffskapazität ist also am größten, wenn die Leiter senkrecht vor den Spalten liegen ($\varphi_1 = \varphi_2 = \pi/2$). Sind mehrere Spalte vorhanden, so addieren sich einfach ihre Wirkungen. Dabei wird jedoch vorausgesetzt, daß sie sich nicht gegenseitig beeinflussen, was mit guter Näherung zutrifft, wenn der Spaltabstand groß gegen die Spaltbreite b ist. Die Betriebskapazitäten berechnen sich nach Gl. (B 207), wenn r_0 der Radius dieses Drahtes ist.

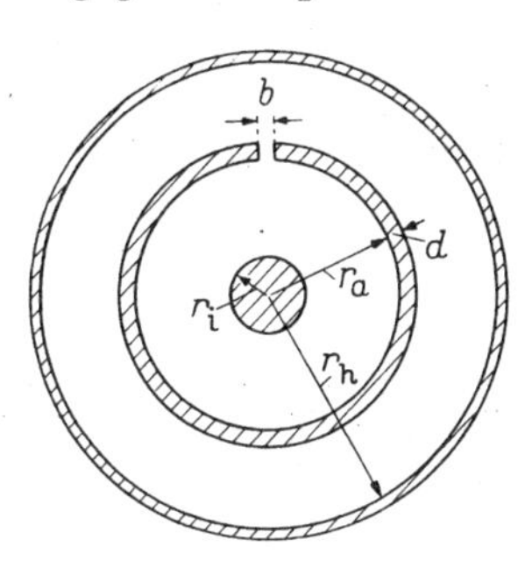

Abb. 112. Zylindrischer Schirm (Radius r_a) mit Spalt zwischen zwei koaxialen Leitern mit den Radien r_h und r_i

Wir gehen jetzt zu einem Schirm in Form einer kreiszylindrischen Hülle mit Spalt über, die der Außenleiter einer koaxialen Leitung sein soll (Abb. 112). Da die Potentiallinien $X = \text{const}$ nach Abb. 107 ein Kreisbüschel mit dem Scheitel im Spaltausgang sind, wird die innere Oberfläche des Schirmes zu einer Potentialfläche. Daher ist die Spannung, die zwischen Innen- und Außenleiter von dem durch den Spalt hindurchtretenden Feld influenziert wird,

$$U_2 = X\left(r_a, \frac{\pi}{2}\right) - X\left(2r_a, \frac{\pi}{2}\right) = \frac{p\,c^2 E_0}{2r_a}. \qquad (45)$$

Die Feldstärke E_0 richtet sich nach dem störenden Leitungssystem Liegt beispielsweise die störende Spannung U_1 zwischen der äußeren Hülle mit dem Radius r_h in Abb. 112 und dem Außenleiter mit Spalt (Radius r_a), so ist

$$E_0 = \frac{C_1 U_1}{2\pi\,\varepsilon_0\,r_a}, \qquad (46)$$

wenn C_1 die Kapazität des koaxialen Leitungssystems Hülle—Außenleiter ist. Vergleicht man nun wieder U_2 nach Gl. (45) mit U_2 nach Gl. (41) mit Benutzung von E_0 nach Gl. (46), so ist die Durchgriffskapazität

$$C_{12} = \frac{p\,c^2}{r_a^2}\,\frac{C_1 C_2}{4\pi\,\varepsilon_0}. \qquad (47)$$

Hierin ist C_2 die Kapazität des koaxialen Leitungssystems Außenleiter—Innenleiter. Für die Berechnung von C_1 und C_2 ist Gl. (E 16) zu benutzen. — Bei der Anordnung nach Abb. 113 erhält man mit dem gleichen Verfahren folgende Gleichung für die Durchgriffskapazität:

$$C_{12} = \frac{p\,c^2}{4\pi\,\varepsilon_0}\,\frac{C_1 C_2}{r_{a1}\,r_{a2}}. \qquad (48)$$

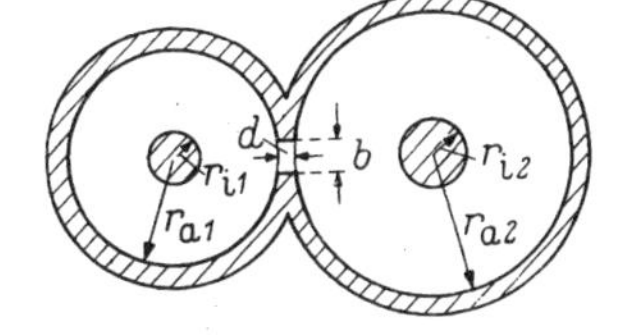

Abb. 113. Zwei parallele Koaxialleitungen, die durch einen Spalt miteinander gekoppelt sind

Man kann sie auch als kapazitive Kopplung zwischen den beiden Koaxialleitungen bezeichnen. Wir kommen hierauf noch bei den Richtungskopplern zurück.

4. Magnetische Kopplung durch Spalte

Ähnlich wie bei dem Durchgriff des elektrischen Feldes kann man auch für das magnetische Feld eine pauschale Größe, die magnetische Kopplung M_{12} angeben. Multipliziert man sie mit dem Strom I, der über den Schirm fließt, und der Kreisfrequenz ω, so ergibt sich die in dem gestörten System induzierte Spannung zu

$$U_2 = \mathrm{j}\,\omega\, M_{12}\, I. \tag{49}$$

Wir berechnen die Spannung U_2, die zwischen dem Leiter *2* und dem Schirm *0* für die in Abb. 110 gezeigte Anordnung induziert wird. Diese Spannung ist dem Kraftfluß proportional, der durch die Fläche zwischen Leiter und Schirm hindurchtritt. Die Fläche ist für die Längeneinheit zu nehmen. Daher ist

$$U_2 = -\mathrm{j}\,\omega\,\mu_0 \int\limits_0^{\varphi_2} \left(\frac{\partial X}{\partial r}\right)_{r=r_2} r_2\,\mathrm{d}\varphi. \tag{50}$$

Setzt man für das Potential X die Gl. (40) ein, so wird

$$U_2 = \mathrm{j}\,\omega\,\mu_0\, p\, c^2 H_0 \left[1 + (1-\mathrm{j})\frac{\delta}{b}\,\psi\!\left(\frac{d}{b}\right)\right]\frac{\sin\varphi_2}{r_2}. \tag{51}$$

Vergleicht man diese Gleichung mit Gl. (49), so erhält man für die magnetische Kopplung den Ausdruck

$$M_{12} = \mu_0\, p\, c^2 \left[1 + (1-\mathrm{j})\frac{\delta}{b}\,\psi\left(\frac{d}{b}\right)\right]\frac{H_0}{I}\,\frac{\sin\varphi_2}{r_2}. \tag{52}$$

Hierin ist der Quotient I/H_0 eine Größe von der Dimension einer Länge. Er ist von der Gestalt des Schirmes abhängig. Für überschlägliche Rechnungen genügt es, für I/H_0 den Schirmumfang zu nehmen, wie aus dem Durchflutungssatz Gl. (A 1) folgt, wenn man H_0 als konstant annimmt. Eine exakte Rechnung gestattet jedoch der Fall eines kreiszylindrischen Schirmes mit Spalt nach Abb. 114, in dem eine koaxiale Leitung gezeichnet ist, über dessen Außenleiter der Störungsstrom I fließt. Hierbei gilt für die störende Feldstärke die exakte Gleichung

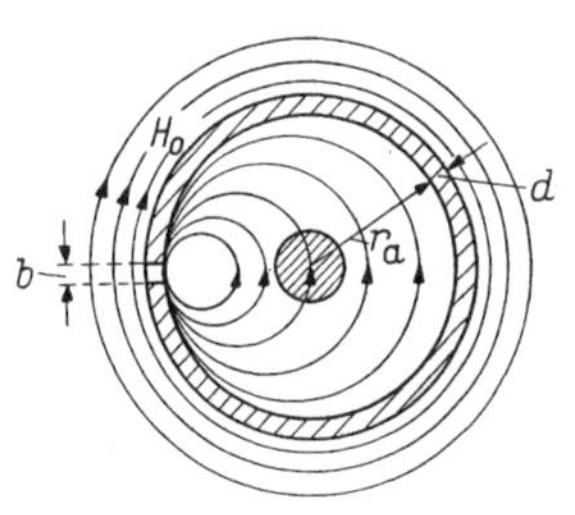

Abb. 114. Zur Berechnung der magnetischen Kopplung bei einer koaxialen Leitung mit einem Spalt im Außenleiter

$$H_0 = \frac{I}{2\pi\, r_a}. \tag{53}$$

Die Spannung, die in dem koaxialen Leitungssystem für die Längeneinheit induziert ist, beträgt

$$U_2 = \mathrm{j}\,\omega\mu_0 \int\limits_{2r_a}^{r_a} \left(\frac{\partial X}{r\,\partial\varphi}\right)_{\varphi=\frac{\pi}{2}} \mathrm{d}r = \frac{\mathrm{j}\,\omega\,\mu_0\, p\, c^2 H_0}{2r_a}\left[1 + (1-\mathrm{j})\frac{\delta}{b}\,\psi\left(\frac{d}{b}\right)\right]. \tag{54}$$

Setzt man in diese Gleichung für H_0 den Wert aus Gl. (53) ein, so ergibt ein Vergleich mit Gl. (49) folgende Beziehung für die magnetische Kopplung:

$$M_{12} = \frac{\mu_0 p c^2}{4\pi r_a^2}\left[1 + (1 - j)\frac{\delta}{b}\psi\left(\frac{d}{b}\right)\right]. \tag{55}$$

Auf diese Gleichung kommen wir zurück, wenn wir im Abschn. L den Kopplungswiderstand behandeln. Die Gl. (55) gilt auch für die in Abb. 112 gezeichnete Anordnung; dagegen ist sie für Abb. 113 nicht anwendbar. Hier ist die störende Leitung mit dem Strom I das Koaxialsystem *1*, so daß die störende Feldstärke

$$H_0 = \frac{I}{2\pi r_{a1}} \tag{56}$$

ist. In Gl. (54) erscheint nun an Stelle von r_a der Radius r_{a2}, so daß die magnetische Kopplung M_{12} zwischen den beiden parallelen Koaxialleitungen nach der Gleichung

$$M_{12} = \frac{\mu_0 p c^2}{4\pi r_{a1} r_{a2}}\left[1 + (1 - j)\frac{\delta}{b}\psi\left(\frac{d}{b}\right)\right] \tag{57}$$

zu berechnen ist. Wir werden sie auf die Richtungskoppler anwenden, auf deren Theorie wir im folgenden eingehen.

5. Koaxiale Richtungskoppler mit Schlitzkopplung

Ein Richtungskoppler besteht aus zwei parallelen Leitungen, der Haupt- und der Hilfsleitung, die durch einen Spalt der Länge l miteinander gekoppelt sind [6]. Die Abb. 113 zeigt einen koaxialen Rich-

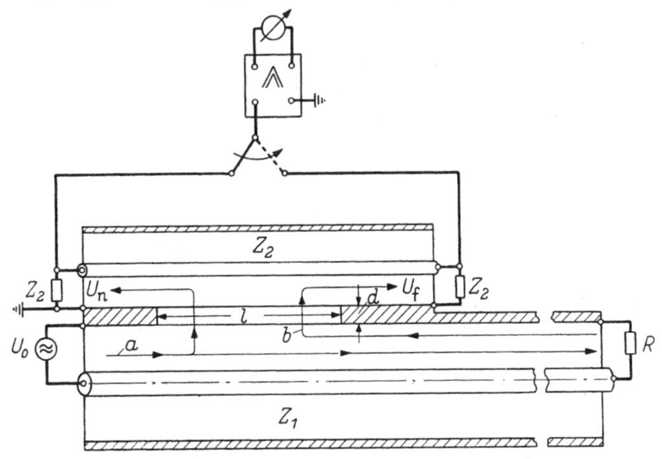

Abb. 115. Koaxialer Richtungskoppler mit Kopplungsschlitz der Länge l im Längsschnitt (Querschnitt nach Abb. 113). a hinlaufende Welle; b reflektierte Welle

tungskoppler im Querschnitt, während er in Abb. 115 im Längsschnitt gezeichnet ist. Die Länge l des Spaltes oder Schlitzes soll elektrisch kurz sein (l kleiner als ein Viertel der Wellenlänge). Richtungskoppler dienen vor allem als Reflexionsmesser, deren Wirkungsweise wir im folgenden quantitativ erläutern wollen.

Zunächst müssen wir untersuchen, welche Spannungen eine in der Hauptleitung *1* mit dem Wellenwiderstand Z_1 fortschreitende Welle an den beiden Enden der Hilfsleitung *2* hervorruft, die mit dem Wellenwiderstand Z_2 abgeschlossen ist. Da sowohl Spannung als auch Strom in der Hauptleitung vorhanden sind, kommen hier die kapazitive und die magnetische Kopplung über den Spalt gleichzeitig zur Wirkung.

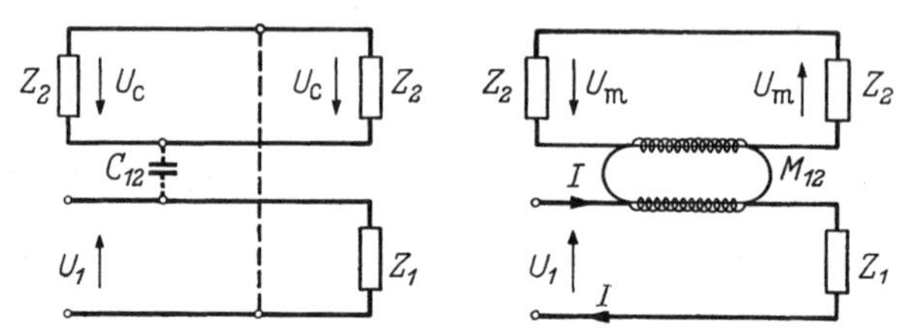

Abb. 116. Ersatzschaltbild für die kapazitive (C_{12}) und die magnetische Kopplungswirkung (M_{12}) bei einem Richtungskoppler mit Spalt nach Abb. 115

Die durch die kapazitive Kopplung C_{12} in der Hilfsleitung hervorgerufene Spannung U_c ist nach dem Ersatzschaltbild in Abb. 116 eine Querspannung und hat den Wert

$$U_c = \frac{1}{2} \mathrm{j}\, \omega\, C_{12}\, l\, Z_2\, U_1; \tag{58}$$

dagegen ist die infolge der magnetischen Kopplung induzierte Spannung eine Längsspannung, die sich nach rechts und links zur Hälfte mit entgegengesetzten Vorzeichen aufteilt. Daher ist

$$U_m = \frac{1}{2} \mathrm{j}\, \omega\, M_{12}\, l \frac{U_1}{Z_1}. \tag{59}$$

Wir unterscheiden nun zwischen der Spannung U_n am nahen Ende und derjenigen U_f am fernen Ende der Hilfsleitung bezogen auf den Sender. Am nahen Ende addieren sich die Spannungen U_c und U_m; am fernen Ende subtrahieren sie sich. Daher gelten folgende Beziehungen:

$$U_n = U_c + U_m = \frac{1}{2} \mathrm{j}\, \omega \left[C_{12} Z_2 + \frac{M_{12}}{Z_1} \right] l\, U_1, \tag{60}$$

$$U_f = U_c - U_m = \frac{1}{2} \mathrm{j}\, \omega \left[C_{12} Z_2 - \frac{M_{12}}{Z_1} \right] l\, U_1. \tag{61}$$

Setzt man nun die Gl. (48) und (57) für C_{12} und M_{12} ein und nimmt $Z_1 = \sqrt{L_1/C_1}$ und $Z_2 = \sqrt{L_2/C_2}$, so ergibt sich mit Beachtung von Gl. (E 15), daß die kapazitive und magnetische Kopplungswirkung annähernd gleich groß sind. Daher ist

$$U_n = \frac{j\,\omega\,\mu_0\,p\,c^2}{4\pi\,r_{a1}\,r_{a2}\,Z_1}\left(1 + (1-j)\frac{\delta}{2b}\,\psi\right) l\,U_1, \tag{62}$$

$$U_f = -\frac{\omega\,\mu_0\,p\,c^2}{8\pi\,r_{a1}\,r_{a2}\,Z_1}\,(1-j)\,\frac{\delta}{b}\,\psi\,l\,U_1. \tag{63}$$

Hierin ist der Term mit ψ als Faktor klein im Vergleich zu eins, und zwar um so mehr, je höher die Frequenz oder je kleiner die Leitschichtdicke δ ist. Das Verhältnis der Beträge von Fernnebensprech-Spannung zu Nahnebensprech-Spannung ist daher

$$\left|\frac{U_f}{U_n}\right| = \frac{\delta}{\sqrt{2}\,b}\,\psi. \tag{64}$$

Es ist um so kleiner, je höher die Frequenz wird und nähert sich für $f \to \infty$ dem Wert Null. Auf Grund dieses Effekts benutzt man nun den Richtungskoppler als Reflexionsmesser. Nehmen wir an, die Hauptleitung *1* sei nicht mit ihrem Wellenwiderstand abgeschlossen; dann wird ein Teil der hinlaufenden Welle reflektiert, und es entsteht daher eine rückläufige Welle. Das Verhältnis ihrer Amplitude zu der Amplitude der einfallenden Welle ist gleich dem Reflexionsfaktor. Diese reflektierte Welle erzeugt nun ebenfalls in der Hilfsleitung Spannungen, für die sich aber die Rolle des nahen und fernen Endes umkehrt. Die kapazitiven und magnetischen Kopplungswirkungen der reflektierten Welle addieren sich nämlich jetzt am fernen Ende (vom Sender aus gesehen) und kompensieren sich am nahen Ende. Mißt man nun die Spannungen an beiden Enden der Hilfsleitung mit einem Spannungsmesser, wie es in Abb. 115 angedeutet ist, so ergibt der Quotient $|U_f/U_n|$ den Betrag des Reflexionsfaktors ($|\varrho|$). Hierbei ist eine so hohe Frequenz vorausgesetzt, daß der Term auf der rechten Seite von Gl. (64) sehr viel kleiner als der zu messende Reflexionsfaktor ist. Im allgemeinen gilt für die Meßgenauigkeit des Reflexionsmessers die Gleichung

$$\left|\frac{U_f}{U_n}\right| = |\varrho| + \frac{\delta\,\psi}{\sqrt{2}\,b}. \tag{65}$$

Man kann also mit dem Richtungskoppler um so kleinere Reflexionsfaktoren ϱ messen, je höher die Frequenz, d. h., je kleiner δ ist.

Beispiel: Wir betrachten einen Richtungskoppler aus zwei gleichen Koaxialleitungen mit den Radien $r_{a1} = r_{a2} = 10$ mm, die durch einen Spalt von $b = 2$ mm Breite, $d = 0{,}1$ mm Dicke und $l = 100$ mm Länge miteinander gekoppelt sind; der Wellenwiderstand sei $Z_1 = Z_2 = 77\ \Omega$. Will man einen solchen Richtungskoppler bei einer Wellenlänge von 1 m ($f = 3 \cdot 10^8$ Hz) als Reflexionsmesser gebrauchen, so muß man sich zunächst über die Meßgenauigkeit orientieren. Hierfür ist nach Gl. (65) der Term $\delta\psi/\sqrt{2}b$ maßgebend. Da nach Abb. 109 $\psi = 5{,}3$ für $d/b = 0{,}05$ ist, erhält man für Kupferleiter ($\delta = 3{,}8\ \mu$m) einen Wert von

$$\frac{\delta\,\psi}{\sqrt{2}\,b} = 0{,}0071 = 7{,}1‰.$$

Dies bedeutet, daß man Reflexionsfaktoren von einigen Prozenten an aufwärts messen kann. Wir berechnen noch die Spannung U_n des Nahnebensprechens nach Gl. (62). Nach Abb. 105 ist $p = 0{,}58$ und $c = -0{,}58$ mm. Dann ist

$$\left|\frac{U_n}{U_1}\right| = 4{,}78 \cdot 10^{-4}.$$

Diesem Spannungsverhältnis entspricht eine Dämpfung von 7,65 N.

6. Rückwirkung des Schlitzes einer koaxialen Meßleitung auf ihren Wellenwiderstand

Eine Meßleitung hat im Außenleiter einen axialen Schlitz, in dem eine Sonde zur Abtastung des inneren Feldes bewegt wird. Dieser Schlitz verändert das Feld der Meßleitung in dem Sinne, daß der Wellenwiderstand etwas höher wird, verglichen mit der Leitung ohne Schlitz. Dieser Effekt läßt sich mit Hilfe unserer bisherigen Überlegungen quantitativ ermitteln. Zu diesem Zweck gehen wir auf Gl. (18) zurück, mit der wir die Rückwirkung des Spaltes auf den störenden Raum in Verbindung mit Gl. (25) und (27) angeben können. Hiernach zeigt sich, daß das Rückwirkungsfeld ebenso wie das Feld im Innenraum identisch ist mit dem Feld eines Liniendipols, der jetzt aber im Spalteingang liegt. Das Moment dieses Ersatzdipols ist $q\,h = \pi\,\varepsilon_0\,(1 + p^2)\,E_0$; es ist also um den Faktor $(1 + p^2)/2p$ von dem Dipol verschieden, der auf den Innenraum wirkt, wie ein Vergleich von Gl. (18) mit Gl. (24) lehrt. Die Rechnungen sind daher die gleichen, wie wir sie bereits in diesem Abschnitt in Kap. 3 für die Durchgriffskapazität C_{12} durchführten, für die wir die Gl. (48) ableiteten. Wir benutzen diese Beziehung, die wir jedoch mit dem oben genannten Faktor $(1 + p^2)/2p$ zu multiplizieren haben, und erhalten somit für die relative Änderung ΔC der Kapazität die Gleichung

$$\frac{\Delta C}{C} = -\frac{C}{8\pi\,\varepsilon_0}\,\frac{(1 + p^2)\,c^2}{r_a^2} = -\frac{1 + p^2}{\ln\frac{r_a}{r_i}}\left(\frac{c}{2r_a}\right)^2. \tag{66}$$

Das Minuszeichen besagt, daß die Kapazität kleiner wird. Der Effekt ist dem Quadrat des Verhältnisses von Spaltbreite zu Radius des Außenleiters proportional.

Die gleiche Gleichung gilt auch für die relative Änderung der Induktivität, die jedoch positiv ist ($\Delta L/L = -\Delta C/C$), so daß sich die Induktivität erhöht. Damit läßt sich jetzt auch die Änderung ΔZ des Wellenwiderstands angeben; er erhöht sich um das relative Maß

$$\frac{\Delta Z}{Z} = \frac{1 + p^2}{\ln\frac{r_a}{r_i}}\left(\frac{c}{2r_a}\right)^2. \tag{67}$$

Beispiel: Wir betrachten eine Meßleitung mit einem Außenleiterradius von $r_a = 8$ mm und mit einem Radius des Innenleiters von $r_i = 3$ mm. Ihr Außenleiter habe einen Schlitz mit einer Breite von $b = 2{,}2$ mm und einer Tiefe von $d = 5{,}0$ mm. Nach Abb. 105 ist bei einem Verhältnis von $d/b = 2{,}27$ der Modul $p \approx 0$ und $c = -0{,}7$mm. Demnach erhält man die Änderung des Wellenwiderstands nach Gl. (67) zu

$$\frac{\Delta Z}{Z} \approx 2^0/_{00}.$$

Literatur zu G

[1] FRANK PH., u. MISES, R. v.: Die Differential- und Integralgleichungen der Mechanik und Physik. Zweiter Teil. IV. Abschnitt von F. NOETHER. Braunschweig 1935.

[2] BUCHHOLZ, H.: Die Störfähigkeit und Störanfälligkeit konzentrischer Leitungen mit Längsschlitzen im Schirmleiter. Elektr. Nachr.-Techn. **14**, 408/43 (1937).

[3] KADEN, H.: Elektromagnetische Schirme mit Fugen und Spalten. Elektr. Nachr.-Techn. **20**, 159/69 (1943).

[4] OBERHETTINGER F., u. MAGNUS, W.: Anwendungen der elliptischen Funktionen in Physik und Technik. Berlin/Göttingen/Heidelberg 1949.

[5] GRÖBNER W., u. HOFREITER, N.: Integraltafel. Zweiter Teil. Bestimmte Integrale. Wien und Innsbruck 1950.

[6] KADEN, H.: Loch- und Schlitzkopplungen zwischen koaxialen Leitungssystemen. Z. angew. Phys. **3**, 44/52 (1951).

H. Durchgriff von elektrischen und magnetischen Feldern durch Löcher

In der Weiterführung der Theorie des Felddurchgriffs durch Öffnungen im Schirm gehen wir im folgenden zu kreisförmigen Löchern über, deren Radius kleiner als die Wellenlänge sein soll. Da wir es hier mit Potentialfeldern im dreidimensionalen Raum zu tun haben, können wir nicht die im vorigen Abschnitt bei den Spalten verwendete Methode der konformen Abbildung benutzen. Zwei Verfahren bieten sich an. Bei dem einen führt man elliptische Koordinaten ein, wobei man eine geschlossene Lösung erhält, die aber formal undurchsichtig und schwierig ist. Zu einem anschaulicheren Ergebnis gelangt man mit Hilfe von Kugelkoordinaten, das in Form einer Reihenentwicklung anfällt. Wir wollen beide Verfahren anführen, da sie methodisch interessant sind. Wir beginnen mit dem elektrischen Feld, wobei wir uns zunächst der anschaulicheren Methode mit Kugelkoordinaten bedienen. In der allgemeinen Auffassung ist das so ermittelte Potentialfeld dasjenige Feld, das in der Nähe des Loches vorhanden ist. Dabei verstehen wir unter „Nähe" Entfernungen, die klein gegen die Wellenlänge sind. Man bezeichnet dieses Feld auch als Nahfeld. Im Verlaufe unserer Untersuchungen werden wir auch auf das Fernfeld eingehen, das dann in Erscheinung tritt, wenn man Entfernungen vom Loch in Betracht zieht, die groß oder vergleichbar zur Wellenlänge sind.

1. Durchgriff des elektrischen Feldes

Wir betrachten einen unendlich ausgedehnten ebenen Schirm, dessen Dicke wir vernachlässigen und dessen Leitfähigkeit unendlich groß sein soll. Das Loch habe den Radius r_0. Im Außenraum sei ein störendes elektrisches Feld vorhanden, das in einiger Entfernung vom Loch in ein homogenes, senkrecht zur Schirmoberfläche gerichtetes Feld mit der Feldstärke E_0 übergeht, wie es in Abb. 117 angedeutet ist. Den

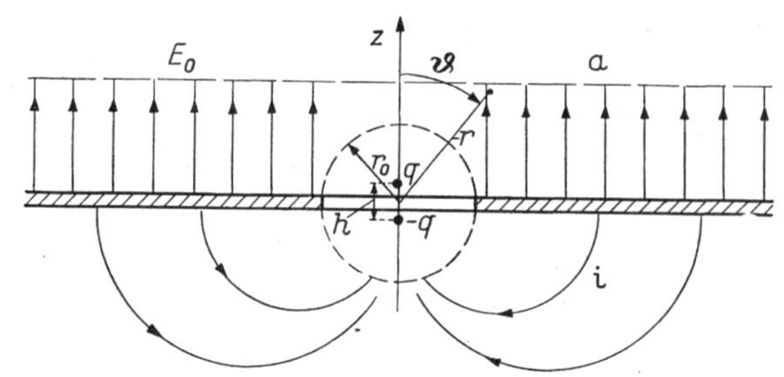

Abb. 117. Schirm mit Kreisloch (Radius r_0) und elektrisches Feld der Feldstärke E_0 im Außenraum a. i Innenraum mit dem äquivalenten Dipol

Anfangspunkt der Kugelkoordinaten (r, ϑ, φ) legen wir in den Mittelpunkt des Loches; die Koordinate φ entfällt, weil alle Feldgrößen rotationssymmetrisch zur z-Achse verlaufen. Die mathematische Formulierung unserer Aufgabe lautet nun wie folgt: Gesucht ist eine im gesamten Raum gültige Lösung der LAPLACEschen Differentialgleichung (A 17) für das Potential X ($E = \operatorname{grad} X$), die nach Gl. (A 45) die Gestalt

$$\frac{\partial}{\partial r}\left(r^2 \frac{\partial X}{\partial r}\right) + \frac{1}{\sin\vartheta}\,\frac{\partial}{\partial \vartheta}\left(\sin\vartheta\,\frac{\partial X}{\partial \vartheta}\right) = 0 \tag{1}$$

annimmt. Auf der Schirmoberfläche soll das Potential den konstanten Wert Null annehmen. Dies ist der formale Ausdruck für die Forderung, daß die elektrischen Feldlinien senkrecht auf dem Schirm enden müssen.

$$X_{\vartheta=\pi/2} = 0 \quad \text{für} \quad r \geqq r_0. \tag{2}$$

Im Außenraum a muß das Feld so beschaffen sein, daß es für große Entfernungen vom Loch in das homogene Feld mit der Feldstärke E_0 übergeht.

$$\lim_{r\to\infty} X = E_0\, r \cos\vartheta \quad \text{für} \quad 0 < \vartheta < \pi/2. \tag{3}$$

Im Innenraum i dagegen muß das Feld im Unendlichen verschwinden.

$$\lim_{r\to\infty} X = 0 \quad \text{für} \quad \pi/2 < \vartheta < \pi. \tag{4}$$

Die Lösung unseres Problems setzen wir aus Partikulärlösungen der Gl. (1) zusammen, die nach Abschn. M, Kap. 2 die Gestalt $r^n\, \mathrm{P}_n(\cos\vartheta)$

und r^{-n-1} $P_n(\cos\vartheta)$ haben (P_n Kugelfunktion n-ten Grades). Bei der Überlagerung der Partikulärlösungen zu der Gesamtlösung teilen wir nun den ganzen Raum in drei Teilräume auf (Abb. 117). Der erste Raumteil ist der Außenraum a ($r > r_0$; $0 < \vartheta < \pi/2$), der zweite ist die sogenannte Lochkugel ($r < r_0$; $0 < \vartheta < \pi$) und der dritte Raumteil der Innenraum i ($r > r_0$; $\pi/2 < \vartheta < \pi$).

Im *Außenraum* a lautet der Ansatz

$$X = E_0 r \cos\vartheta + \sum_{n=1,3,5\ldots}^{\infty} \frac{A_n}{r^{1+n}} P_n(\cos\vartheta). \tag{5}$$

Er befriedigt die Forderung für das Unendliche Gl. (3) und die Randbedingung (2), weil nach den Gl. (M 39) alle Kugelfunktionen mit ungeradem Index ($n = 1, 3, 5, \ldots$) für $\vartheta = \pi/2$ verschwinden.

Der Ansatz für den *Innenraum* i lautet ähnlich, nur fällt der Term $E_0 r \cos\vartheta$ weg, weil wir hier Gl. (4) erfüllen müssen.

$$X = -\sum_{n=1,3,5\ldots}^{\infty} \frac{A_n}{r^{1+n}} P_n(\cos\vartheta). \tag{6}$$

Wir haben hier dieselben Konstanten A_n wie in Gl. (5) benutzt, jedoch mit negativen Vorzeichen. Dies ergibt sich in Analogie zu den Ergebnissen beim Spalt, bei dem die Reihenentwicklung von Gl. (G 15) im Außen- und Innenraum Glieder ergeben, die dem Betrag nach gleich sind und sich nur im Vorzeichen unterscheiden.

Um die Grenzbedingungen an der Oberfläche der Lochkugel ansetzen zu können, brauchen wir für das gesamte Gebiet außerhalb der Lochkugel ($r > r_0$) eine geschlossen analytische Darstellung in der Form

$$X = E_0 r f_0(\vartheta) + \sum_{n=1,3,5\ldots}^{\infty} \frac{A_n}{r^{1+n}} f_n(\vartheta) \quad \text{für} \quad 0 < \vartheta < \pi. \tag{7}$$

Hierin haben die Funktionen $f_0(\vartheta)$ und $f_n(\vartheta)$ die Bedeutung

$$f_0(\vartheta) = \begin{Bmatrix} \cos\vartheta & \text{für} & 0 < \vartheta < \pi/2 \\ 0 & \text{für} & \pi/2 < \vartheta < \pi \end{Bmatrix} = \frac{1}{2}\cos\vartheta + \frac{1}{2} f_1(\vartheta), \tag{8}$$

$$f_n(\vartheta) = \begin{Bmatrix} P_n(\cos\vartheta) & \text{für} & 0 < \vartheta < \pi/2 \\ -P_n(\cos\vartheta) & \text{für} & \pi/2 < \vartheta < \pi \end{Bmatrix}. \tag{9}$$

Sie sind in Abb. 118 dargestellt für $n = 1$, 3 und 5. Die geschlossen analytische Form der Funktionen $f_n(\vartheta)$ erhalten wir nun durch Reihenentwicklung nach Kugelfunktionen $P_m(\cos\vartheta)$, die aus dem Entwicklungssatz Gl. (M 43) in Verbindung mit Gl. (M 45) folgt. Danach ist

$$f_n(\vartheta) = \sum_{m=0,2,4\ldots}^{\infty} c_{m,n} P_m(\cos\vartheta); \tag{10}$$

die Koeffizienten $c_{m,n}$ dieser Entwicklung berechnen sich nach Gl. (M45) mit Benutzung einer bekannten Integralformel (A, Lit. [2], S. 71):

$$
\begin{aligned}
c_{m,n} &= (2m+1)\int\limits_0^1 \mathrm{P}_n(x)\,\mathrm{P}_m(x)\,\mathrm{d}x = \\
&= \frac{(-1)^{(m+n+1)/2}\, m!\, n!\, (2m+1)}{2^{m+n-1}(m-n)(m+n+1)\left[\left(\frac{m}{2}\right)!\left(\frac{n-1}{2}\right)!\right]^2}\,.
\end{aligned}
\tag{11}
$$

Damit haben wir die gewünschte Darstellung des Potentials X außerhalb der Lochkugel ($0 < \vartheta < \pi$) gefunden. Sie lautet

$$
\begin{aligned}
X = {} & \frac{1}{2} E_0 r \cos\vartheta + \frac{1}{2} E_0 r \sum_{m=0,2,4\ldots}^{\infty} c_{m,1}\,\mathrm{P}_m(\cos\vartheta) + \\
& + \sum_{n=1,3,5\ldots}^{\infty} \frac{A_n}{r^{1+n}} \sum_{m=0,2,4\ldots}^{\infty} c_{m,n}\,\mathrm{P}_m(\cos\vartheta)\,.
\end{aligned}
\tag{12}
$$

Wir sind jetzt in der Lage, einen passenden Ansatz für das Potential innerhalb der *Lochkugel* ($r < r_0$) aufzustellen. Hierbei können nur

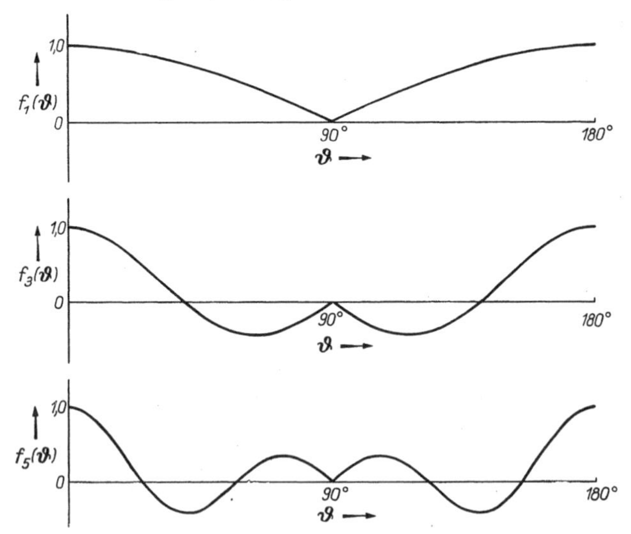

Abb. 118. Die Funktionen $f_n(\vartheta)$ nach Gl. (7) und (9) für $n = 1$, 3 und 5

Kugelfunktionen mit geradem Index m auftreten wie in Gl. (12). Daher setzen wir

$$
X = \frac{1}{2} E_0 r \cos\vartheta + \sum_{m=0,2,4\ldots}^{\infty} B_m r^m\,\mathrm{P}_m(\cos\vartheta)\,. \tag{13}
$$

Dieser Ansatz mit den noch unbestimmten Konstanten B_m genügt der Differentialgleichung (1) und liefert ein Feld, das auch für $r \to 0$ endlich bleibt, wie es sein muß.

Für die Konstanten A_n und B_m ergeben sich nun feste Werte aus den *Grenzbedingungen*, die an der Oberfläche ($r = r_0$) der Lochkugel gelten. Danach muß zunächst das Potential X stetig durch die Oberfläche gehen; diese Bedingung ist gleichbedeutend mit der Stetigkeit der tangentiellen Komponente ($E_\vartheta = \partial X / r \partial \vartheta$) der Feldstärke E. Daher entsteht aus den Gl. (12) und (13) als erstes Gleichungssystem

$$\frac{1}{2} E_0 r_0 c_{m,1} + \sum_{n=1,3,5\ldots}^{\infty} \frac{A_n}{r_0^{1+n}} c_{m,n} = B_m r_0^m \quad \text{für} \quad m = 0, 2, 4 \ldots \quad (14)$$

Es muß aber auch die Normalkomponente $E_r = \partial X / \partial r$ der Feldstärke für $r = r_0$ stetig sein. Daher erhalten wir noch ein zweites Gleichungssystem in der Form

$$\frac{1}{2} E_0 r_0 c_{m,1} - \sum_{n=1,3,5\ldots}^{\infty} \frac{(1+n) A_n}{r_0^{1+n}} c_{m,n} = m B_m r_0^m \quad (15)$$

$$\text{für} \quad m = 0, 2, 4 \ldots .$$

Wir eliminieren zunächst die Konstanten B_m und führen zur Vereinfachung an Stelle der Konstanten A_n neue dimensionslose Konstanten a_n ein durch die Beziehung

$$A_n = (-1)^{(n-1)/2} \frac{E_0 r_0^{n+2} a_n}{2}. \quad (16)$$

Wir setzen nun für $c_{m,n}$ die Gl. (11) ein; es entsteht dann folgendes unendliches Gleichungssystem für a_n:

$$\sum_{n=1,3,5\ldots}^{\infty} \frac{n!\, a_n}{2^{n-1} \left[\left(\frac{n-1}{2} \right)! \right]^2 (n-m)} = \frac{1}{m+2} \quad \text{für} \quad m = 0, 2, 4 \ldots . \quad (17)$$

Dieses System läßt sich exakt lösen. Wir zeigen, daß

$$a_n = \frac{2}{\pi (n+2)} \quad (18)$$

sein muß. Um dies zu beweisen, führen wir Gl. (18) in (17) ein. An Stelle der Summationsvariablen n benutzen wir eine neue $\nu = (n-1)/2$. Dann entsteht aus Gl. (17) die Beziehung

$$\sum_{\nu=0,1,2\ldots}^{\infty} \frac{(2\nu)!\, (2\nu+1)}{2^{2\nu} (\nu!)^2 (2\nu+1-m)(2\nu+3)} = \frac{\pi}{2(2+m)} \quad \text{für } m = 0, 2, 4 \ldots, \quad (19)$$

die sich mit Hilfe einer Partialbruchzerlegung in den folgenden Ausdruck verwandelt:

$$\sum_{\nu=0,1,2\ldots}^{\infty} \frac{(2\nu)!}{2^{2\nu} (\nu!)^2} \left[\frac{1}{\nu + \frac{3}{2}} + \frac{m}{2\nu + 1 - m} \right] = \frac{\pi}{2} \quad \text{für} \quad m = 0, 2, 4 \ldots . \quad (20)$$

Auf ihn wenden wir nun eine bekannte Gleichung an (A, Lit. [2], S. 3) und erhalten

$$\frac{\Gamma\left(\frac{3}{2}\right)\Gamma\left(\frac{1}{2}\right)}{\Gamma(2)}+\frac{m}{2}\,\frac{\Gamma\left(\frac{1-m}{2}\right)\Gamma\left(\frac{1}{2}\right)}{\Gamma\left(1-\frac{m}{2}\right)}=\frac{\pi}{2}\qquad \text{für}\quad m=0,2,4\ldots. \tag{21}$$

Beachtet man nun die folgenden Eigenschaften der Gammafunktion:

$$\begin{gathered}\Gamma(0)=\Gamma(-1)=\Gamma(-2)=\infty,\\ \Gamma\left(\frac{1}{2}\right)=\sqrt{\pi},\quad \Gamma\left(\frac{3}{2}\right)=\frac{\sqrt{\pi}}{2},\quad \Gamma(2)=1,\end{gathered} \tag{22}$$

so zeigt sich, daß der zweite Term auf der linken Seite von Gl. (21) verschwindet, und daß somit Gl. (21) und daher Gl. (18) zu Recht bestehen.

Wir sind jetzt in der Lage, das Feld im gesamten Raum anzugeben. Im *Außenraum* a ($r > r_0$; $0 < \vartheta < \pi/2$) erhält man das Potential aus Gl. (5) mit Benutzung von Gl. (16) und (18) zu

$$X=E_0\left[r\cos\vartheta+\frac{r_0}{\pi}\sum_{n=1,3,5\ldots}^{\infty}\frac{(-1)^{\frac{n-1}{2}}}{n+2}\left(\frac{r_0}{r}\right)^{n+1}\mathrm{P}_n(\cos\vartheta)\right]. \tag{23}$$

Für den *Innenraum* i ($r > r_0$; $\pi/2 < \vartheta < \pi$) hat man an Stelle von Gl. (5) die Gl. (6) zu benutzen; dies ergibt

$$X=-\frac{E_0 r_0}{\pi}\sum_{n=1,3,5\ldots}^{\infty}\frac{(-1)^{\frac{n-1}{2}}}{n+2}\left(\frac{r_0}{r}\right)^{n+1}\mathrm{P}_n(\cos\vartheta). \tag{24}$$

Will man das Potential innerhalb der *Lochkugel* haben ($r < r_0$), so muß man zunächst die Konstanten B_m ausrechnen, wofür sich Gl. (14) eignet. In diese hat man für die Konstanten A_n wiederum die Gl. (16) und (18) einzusetzen, während die Werte $c_{m,n}$ aus Gl. (11) zu entnehmen sind. Die unendliche Summe läßt sich geschlossen ausrechnen, indem man wieder die Reihenglieder in Partialbrüche zerlegt ähnlich wie in Gl. (20), wobei jedoch drei Brüche auftreten. Wendet man nun dieselbe Gleichung an, die auf Gl. (21) führt, so ergibt sich schließlich der Ausdruck

$$B_m r_0^m=(-1)^{\frac{m}{2}}\frac{E_0 r_0}{\pi(1-m)}. \tag{25}$$

Diesen Ausdruck setzt man in Gl. (13) ein und erhält dann

$$X=E_0 r\left[\frac{1}{2}\cos\vartheta+\frac{1}{\pi}\sum_{m=0,2,4\ldots}^{\infty}\frac{(-1)^{\frac{m}{2}}}{(1-m)}\left(\frac{r}{r_0}\right)^{m-1}\mathrm{P}_m(\cos\vartheta)\right]. \tag{26}$$

Damit ist das Feld im gesamten Raum bestimmt. Von besonderem Interesse ist für uns das Feld nach Gl. (24), das durch das Loch in den

Innenraum i dringt. Für Entfernungen r vom Loch, die groß im Vergleich zum Lochradius r_0 sind, kann man sich in Gl. (24) auf das erste Glied der Reihe beschränken. Es lautet

$$X \approx -\frac{E_0 r_0^3 \cos\vartheta}{3\pi r^2} \tag{27}$$

und ist das Potential eines elektrischen Dipols, der im Mittelpunkt des Loches liegt und dessen Achse senkrecht zur Schirmoberfläche gerichtet ist (Abb. 117). Das gleiche Dipolpotential gilt auch für das Rückwirkungsfeld des Loches auf den Außenraum a, wobei sich jedoch das Vorzeichen umkehrt, wie aus Gl. (23) hervorgeht. Das Dipolmoment qh ist der elektrischen Feldstärke E_0 und der dritten Potenz des Lochradius r_0 proportional ($qh = 4\varepsilon_0 r_0^3 E_0/3$). Aus Gl. (27) erhalten wir entsprechend $E = \operatorname{grad} X$ mit Benutzung von Gl. (A 44) folgende Komponenten der elektrischen Feldstärke im abgeschirmten Raum:

$$E_r = \frac{2E_0 r_0^3}{3\pi r^3}\cos\vartheta\,; \qquad E_\vartheta = \frac{E_0 r_0^3}{3\pi r^3}\sin\vartheta\,; \qquad E_\varphi = 0. \tag{28}$$

Die Feldstärke nimmt hiernach wie der Kehrwert der dritten Potenz der Entfernung r von der Lochmitte ab.

Die Gl. (27) läßt sich nun auf zahlreiche praktische Aufgaben anwenden, bei denen der Schirm nicht eben zu sein braucht. Hierbei ist E_0 immer als diejenige elektrische Feldstärke aufzufassen, die an der Stelle der Lochmitte vorhanden wäre für den Fall, daß das Loch nicht da ist. Als Beispiel betrachten wir die Wirkung eines Loches in einer kugelförmigen Metallhülle, durch die wir einen Schirmkasten mit annähernd gleich großen Wänden ersetzen können. Dieser soll sich in einem elektrischen Störungsfeld befinden, dessen Feldstärke an der Stelle, wo das Loch ist, E_0 sein möge. Nun sind bekanntlich die Flächen konstanten Potentials bei einem Dipol keine Kugelflächen, so daß wir bei Verwendung des Potentials nach Gl. (27) gegen die Bedingung verstoßen, nach der das Potential auf dem Kugelschirm konstant sein muß. Um dieser Bedingung zu genügen, gehen wir von dem Spiegelungsprinzip an Kugelflächen aus. Hiernach muß man zu einer Ladung $-q$ im Abstand $a < r_\mathrm{h}$ vom Mittelpunkt der Kugelfläche eine Ladung $q\,r_\mathrm{h}/a$ im Abstand r_h^2/a vom Mittelpunkt anbringen, damit auf der gesamten Kugelfläche vom Radius r_h das Potential den konstanten Wert Null hat (Abb. 119). Läßt man nun die beiden Ladungen immer näher zusammenrücken, so daß $a = r_\mathrm{h} - h/2$ mit $h \ll r_\mathrm{h}$ wird, so ist $r_\mathrm{h}^2/a \approx r_\mathrm{h} + h/2$

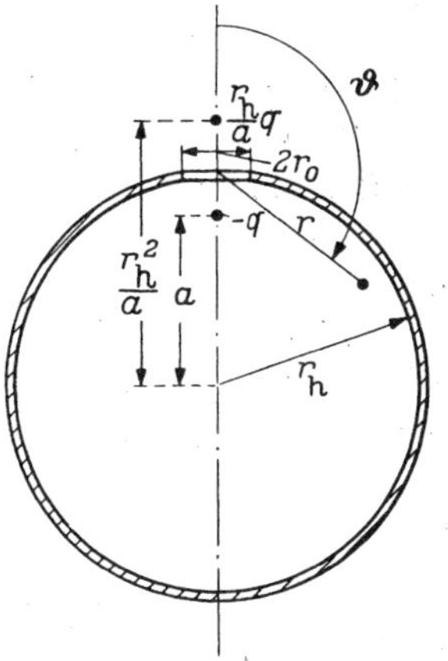

Abb. 119. Spiegelung einer Punktladung $-q$ an einer Kugelfläche mit dem Radius r_h

und die äußere Ladung $q\,r_h/a \approx q(1 + h/2r_h)$. Dem Dipol mit dem Moment $q\,h$ muß also noch eine Punktquelle mit der Ladung $qh/2r_h$ überlagert werden. Für das Potential X im Innern der Kugel, die ein Loch vom Radius r_0 hat, folgt demnach der Ausdruck

$$X = -\frac{r_0^3 E_0}{3\pi r^2}\left(\cos\vartheta + \frac{r}{2r_h}\right). \tag{29}$$

Danach beträgt z. B. das Potential oder die influenzierte Spannung eines Körpers im Kugelmittelpunkt ($r = r_h$; $\vartheta = \pi$)

$$X = \frac{r_0^3 E_0}{6\pi r_h^2}. \tag{30}$$

Es ist demnach nur halb so groß wie dasjenige Potential, das in gleicher Entfernung vom Loch bei einem ebenen Schirm nach Gl. (27) vorhanden wäre.

Wir hatten uns bis jetzt nur mit dem Potentialfeld befaßt, das durch das Loch in den Innenraum dringt. Dieses Feld nimmt nach Gl. (28) sehr rasch (wie $1/r^3$) mit zunehmender Entfernung r vom Loch ab. Dieses Gesetz ist nun nicht mehr richtig, wenn wir Entfernungen r in Betracht ziehen, die groß gegen die Wellenlänge λ_0 des Wechselfeldes sind. In diesem Fall muß man nämlich den Dipol als Strahler ansehen, von dem eine elektromagnetische Welle ausgeht. Bei dieser allgemeinen Betrachtungsweise ist das Feld nach Gl. (28) das sogenannte Nahfeld des Dipolstrahlers, von dem sich das Fernfeld ($r \gg \lambda_0$) grundlegend unterscheidet. Wir wollen im folgenden den äquivalenten Lochdipol als Strahler auffassen und das Fernfeld angeben. Dabei setzen wir wie bisher den Lochradius r_0 als klein im Vergleich zur Wellenlänge λ_0 voraus. Dieses Strahlungsfeld muß folgende Eigenschaften haben, durch die es eindeutig bestimmt ist: Es muß die allgemeinen MAXWELLschen Gleichungen (A 11) und (A 12) mit Berücksichtigung des Verschiebungsstromes ($\omega\,\varepsilon_0 > 0$; $\varkappa = 0$) befriedigen und für kleine Entfernungen vom Loch ($r \ll \lambda_0$) in das Nahfeld nach Gl. (28) übergehen.

Zum Unterschied vom Potentialfeld tritt hier jetzt zusätzlich zum elektrischen Feld ein magnetisches Feld auf, dessen Feldstärke wir wie in Gl. (D 52) aus einem Vektorpotential A ableiten. Dieses habe die Richtung der Dipolachse (z-Achse, $\vartheta = 0$). Die Komponenten von A nach den Kugelkoordinaten lauten dann

$$A_r = A_z \cos\vartheta; \qquad A_\vartheta = -A_z \sin\vartheta; \qquad A_\varphi = 0. \tag{31}$$

Das Vektorpotential muß eine Lösung der Gl. (D 54) sein, die wir mit Anwendung der Beziehung $\operatorname{rot}\operatorname{rot} A = \operatorname{grad}\operatorname{div} A - \Delta A$ in die beiden Gleichungen

$$\Delta A_z + k_0^2 A_z = 0 \tag{32}$$

und

$$\operatorname{div} A = U \tag{33}$$

aufspalten ($k_0 = 2\pi/\lambda_0$ Wellenzahl). Als Lösung der Wellengleichung (32) kommt für uns nur eine solche in Frage, die von r allein abhängt. Sie lautet

$$A_z = \frac{C}{r}\, e^{-j k_0 r}. \tag{34}$$

Benutzt man für $\operatorname{div} A$ die Gl. (A 47) und (31), so erhält man aus Gl. (33) für die skalare Funktion U den gleichen Ausdruck wie in Gl. (D 57):

$$U = \frac{\partial A_r}{\partial r}. \tag{35}$$

Geht man mit dem Ansatz (D 52) in Gl. (A 12) ein, so entsteht für die elektrische Feldstärke unter Verwendung von Gl. (35) die Gleichung

$$E = k_0^2 A + \operatorname{grad} \frac{\partial A_r}{\partial r}. \tag{36}$$

Da andererseits im Nahfeld $E = \operatorname{grad} X$ ist, so erhält man die Konstante C aus der Beziehung

$$\lim_{k_0 \to 0} \frac{\partial A_r}{\partial r} = X, \tag{37}$$

wobei das Potential X nach Gl. (27) einzusetzen ist. Das liefert die Gleichung

$$C = \frac{E_0 r_0^3}{3\pi}. \tag{38}$$

Damit ist das Feld bestimmt. Die einzelnen Komponenten ergeben sich zu

$$H_\varphi = j\,\omega\,\varepsilon_0 \operatorname{rot}_\varphi A = \frac{j\,\omega\,\varepsilon_0}{r}\left[A_z - \frac{d}{dr}(r A_z)\right]\sin\vartheta, \tag{39}$$

$$E_r = \left[k_0^2 A_z + \frac{d^2}{dr^2} A_z\right]\cos\vartheta, \tag{40}$$

$$E_\vartheta = -\left[k_0^2 A_z + \frac{1}{r}\frac{d}{dr} A_z\right]\sin\vartheta. \tag{41}$$

Mit Hilfe dieser Gleichungen geben wir die Feldgrößen für das Fernfeld explizite an. Wir erhalten für $k_0 r \gg 1$

$$E_\vartheta = -\frac{k_0^2 E_0 r_0^3}{3\pi\, r}\, e^{-j k_0 r} \sin\vartheta, \tag{42}$$

$$H_\varphi = \frac{E_\vartheta}{Z_0} \qquad \left(Z_0 = \sqrt{\frac{\mu_0}{\varepsilon_0}} = 377\,\Omega\right). \tag{43}$$

Man erkennt, daß sich die Feldstärken im Fernfeld wie $1/r$ verhalten. Sie nehmen daher bedeutend schwächer ab als die elektrische Feldstärke im Nahfeld. Ferner sind die Feldstärken dem Quadrat der Wellenzahl k_0 oder dem Quadrat der Frequenz proportional. In Abb. 120 ist der Übergang vom Nahfeld ($\sim 1/r^3$) auf das Fernfeld ($\sim 1/r$) quantitativ mit Hilfe der Gl. (41) dargestellt. Auf der Abszisse ist die relative Entfernung r/r_0 im logarithmischen Maß aufgetragen, während als Ordinate der Quotient $|E_\vartheta/E_0|_{\vartheta=\pi/2}$ ebenfalls im logarithmischen Maß gewählt ist; dieser Quotient ist also der Betrag der Feldstärke an der inneren Schirmoberfläche relativ zu E_0. Als Parameter dient das Produkt $k_0 r_0 = 2\pi r_0/\lambda_0$, das dem Verhältnis Lochradius zu Wellenlänge proportional ist. Man erkennt, daß das Fernfeld bei um so kleineren Abständen vom Loch beginnt, je höher die Frequenz ist. Wenn beispielsweise $k_0 r_0 = 0{,}1$ ist, so beginnt das Fernfeld bei einem Abstand von etwa $r/r_0 = 10$; für $k_0 r_0 = 0{,}01$ ist die Grenze bei etwa $r/r_0 = 100$. Im allgemeinen kann man die Grenzentfernung r durch die Beziehung $k_0 r = 2\pi r/\lambda_0 = 1$ festlegen.

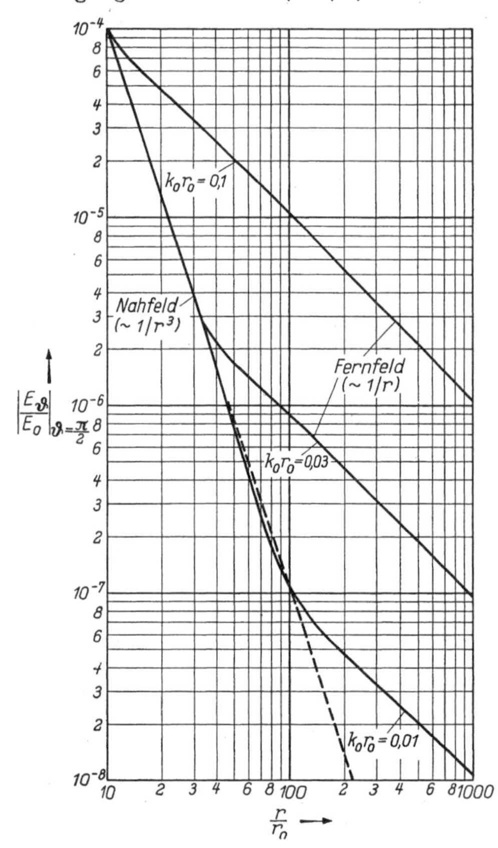

Abb. 120. Die elektrische Feldstärke an der inneren Schirmoberfläche $|E_\vartheta|_{\vartheta=\pi/2}$ in Abhängigkeit von der Entfernung r von der Lochmitte bei verschiedenen Wellenlängen λ_0.

r_0 Lochradius, $k_0 = 2\pi/\lambda_0$ Wellenzahl

Das Strahlungsfeld des Dipols transportiert auch eine Leistung, die durch das Loch in den Innenraum gestrahlt wird. Diese ergibt sich aus dem folgenden Integral mit Hilfe des Poyntingschen Vektors $E_\vartheta H_\varphi^*$, welcher gleich der durch die Flächeneinheit gehenden Leistung ist:

$$P = \lim_{r\to\infty} \pi \int_{\pi/2}^{\pi} E_\vartheta H_\varphi^* r^2 \sin\vartheta \, d\vartheta. \tag{44}$$

Setzt man für die Feldstärken E_ϑ und H_φ^* die Beziehungen (42) und (43) ein, so wird die Leistung

$$P = \frac{2}{27\pi} \frac{k_0^4 E_0^2 r_0^6}{Z_0}. \tag{45}$$

Sie ist der vierten Potenz der Frequenz und der sechsten Potenz des Lochradius r_0 proportional.

Beispiel: Wir nehmen eine Wellenlänge von $\lambda_0 = 30$ cm an, die einer Frequenz von 10^9 Hz entspricht. Der Lochradius sei $r_0 = 1$ cm. Dann wird die Strahlungsleistung nach Gl. (45) bei einer Feldstärkenamplitude von $E_0 = 1$ V/cm ($Z_0 = 377\ \Omega$)

$$P = 0{,}12 \cdot 10^{-6}\ \text{W}.$$

Anmerkung zu H, 1

Geschlossene Lösung in elliptischen Koordinaten nach Fr. Ollendorf. Ähnlich wie beim Spalt gelingt es auch hier, eine geschlossene Lösung anzugeben, die jedoch verhältnismäßig kompliziert ist. Dem Vorgehen von Fr. Ollendorf [1, S. 297] folgend, führen wir elliptische Koordinaten ξ, η ein, die mit den Zylinderkoordinaten ϱ, z durch die Beziehung

$$\varrho^2 = r_0^2(1 + \xi^2)(1 - \eta^2), \qquad z = r_0\, \xi\, \eta \tag{46}$$

verknüpft sind. Der Nullpunkt der Zylinderkoordinaten liegt in der Lochmitte. Die Koordinate φ haben wir hierbei vernachlässigt, weil das Feld rotationssymmetrisch ist. Die Größe $\xi = \text{const}$ bedeutet ein abgeplattetes Rotationsellipsoid, entsprechend der Relation

$$\frac{\varrho^2}{1 + \xi^2} + \frac{z^2}{\xi^2} = r_0^2, \tag{47}$$

während durch $\eta = \text{const}$ ein einschaliges Rotationshyperboloid dargestellt wird nach der Gleichung

$$\frac{\varrho^2}{1 - \eta^2} - \frac{z^2}{\eta^2} = r_0^2. \tag{48}$$

Der Wertbereich für die Koordinaten ξ, η sei durch

$$0 \leqq \eta \leqq 1, \qquad -\infty < \xi < \infty \tag{49}$$

gegeben; positive ξ bedeuten Punkte im Außenraum ($z \geqq 0$), und negative ξ-Werte kennzeichnen den abgeschirmten Raum ($z \leqq 0$). Die Gleichung der Schirmfläche ($z = 0$, $\varrho \geqq r_0$) lautet einfach $\eta = 0$; die Lochfläche ($z = 0$, $\varrho \leqq r_0$) ist durch $\xi = 0$ gegeben. Wir gehen jetzt zur Lösung der Potentialgleichung $\Delta X = 0$ über. Die Laplacesche Differentialgleichung lautet in elliptischen Koordinaten (A, Lit. [2])

$$\frac{\partial}{\partial \xi}\left[(1 + \xi^2)\frac{\partial X}{\partial \xi}\right] + \frac{\partial}{\partial \eta}\left[(1 - \eta^2)\frac{\partial X}{\partial \eta}\right] = 0. \tag{50}$$

Durch den Ansatz

$$X = f_1(\xi)\, f_2(\eta) \tag{51}$$

läßt sie sich separieren. Für die Funktionen f_1 und f_2 erhält man dann folgende gewöhnliche Differentialgleichungen 2. Ordnung:

$$\begin{aligned}\frac{\mathrm{d}}{\mathrm{d}\xi}\left[(1+\xi^2)\frac{\mathrm{d}f_1}{\mathrm{d}\xi}\right]-n(n+1)f_1&=0,\\ \frac{\mathrm{d}}{\mathrm{d}\eta}\left[(1-\eta^2)\frac{\mathrm{d}f_2}{\mathrm{d}\eta}\right]+n(n+1)f_2&=0,\end{aligned}\tag{52}$$

deren Lösungen auf Kugelfunktionen führen. Für uns kommen nur solche mit dem Index $n=1$ in Frage, da das Potential für $\xi\to\infty$ in dasjenige für das homogene Feld ($X=E_0 z$) übergehen muß. Wir schreiben daher als Lösung

$$X=[C_1 P_1(\mathrm{i}\,\xi)+C_2 Q_1(\mathrm{i}\,\xi)]\,\mathrm{P}_1(\eta).\tag{53}$$

Die Größe Q_1 bedeutet hierbei die Kugelfunktion zweiter Art nach Gl. (M 40)

$$\mathrm{Q}_1(\mathrm{i}\,\xi)=\frac{\mathrm{i}\,\xi}{2}\ln\frac{1+\mathrm{i}\,\xi}{1-\mathrm{i}\,\xi}-1=-(\xi\arctan\xi+1),\tag{54}$$

während nach Gl. (M 39) $\mathrm{P}_1(\eta)=\eta$ ist. Daher läßt sich das Potential auch in der Form

$$X=[\mathrm{i}\,C_1\,\xi-C_2(\xi\arctan\xi+1)]\,\eta\tag{55}$$

schreiben. Die Konstanten C_1 und C_2 ergeben sich nun aus den Bedingungen, daß das Feld für große Entfernungen $\xi\to\infty$ im Außenraum in das homogene Feld übergehen und für große Entfernungen $\xi\to-\infty$ im Innenraum verschwinden muß. Beachtet man, daß $z=r_0\,\xi\,\eta$ ist, so erhält man die beiden Gleichungen

$$\mathrm{i}\,C_1-\frac{\pi}{2}C_2=E_0 r_0,\tag{56}$$

$$\mathrm{i}\,C_1+\frac{\pi}{2}C_2=0,\tag{57}$$

aus denen sich die Werte

$$C_1=\frac{E_0 r_0}{2\mathrm{i}}\quad\text{und}\quad C_2=-\frac{E_0 r_0}{\pi}\tag{58}$$

ergeben. Daher haben wir das gesuchte Potential in der Form

$$X=\frac{E_0 r_0}{\pi}\left[\xi\left(\arctan\xi+\frac{\pi}{2}\right)+1\right]\eta=\frac{E_0}{\pi}\left[z\left(\arctan\xi+\frac{\pi}{2}\right)+r_0\eta\right]\tag{59}$$

gefunden. Dieses Potential hat alle geforderten Eigenschaften: zunächst erfüllt es die LAPLACEsche Differentialgleichung. Dann hat es auf dem Schirm ($\eta=0$) den konstanten Wert Null. Beachtet man die asymptotischen Entwicklungen der arctan-Funktion, entsprechend

$$\arctan\xi\approx\begin{cases}\dfrac{\pi}{2}-\dfrac{1}{\xi}+\dfrac{1}{3\xi^3}\quad\cdots\quad\text{für}\quad\xi\to\infty,\\[2ex] -\dfrac{\pi}{2}-\dfrac{1}{\xi}+\dfrac{1}{3\xi^3}\quad\cdots\quad\text{für}\quad\xi\to-\infty,\end{cases}\tag{60}$$

so erkennt man, daß das Potential für große Entfernungen vom Loch in die Ausdrücke

$$X \approx \begin{cases} E_0\left(z + \dfrac{\eta r_0}{3\pi \xi^2}\right) & \text{für} \quad \xi \to \infty \quad \text{(Außenraum)}, \\ \dfrac{E_0 \eta r_0}{3\pi \xi^2} & \text{für} \quad \xi \to -\infty \,\text{(Innenraum)} \end{cases} \tag{61}$$

übergeht. Führt man nun an Stelle der elliptischen Koordinaten die Zylinderkoordinaten ϱ, z ein vermittels der für große ξ nach Gl. (46) gültigen Relationen

$$\begin{aligned} \xi &\to \pm \frac{\sqrt{\varrho^2 + z^2}}{r_0}, \\ \eta &\to \frac{z}{\sqrt{\varrho^2 + z^2}}, \end{aligned} \tag{62}$$

so ergibt sich genau die Gl. (27) in Zylinderkoordinaten ϱ und z.

2. Kamin zur Verminderung des Durchgriffs des elektrischen Feldes durch ein Loch

Es kommt häufig vor, daß man die innerhalb eines Schirmkastens erzeugte Wärme abführen muß. In solchen Fällen versieht man die Schirmhülle mit einer oder mehreren Öffnungen, durch die die Warmluft ab- und die Frischluft von außen zufließen kann. Das elektrische Feld, das durch die Löcher hindurchgreift, vermindert die Schirmwirkung. Um dies zu vermeiden, setzt man nach Abb. 121 einen sogenannten Kamin in Form eines Metallrohres auf das Loch. Durch geeignete Bemessung der Kaminlänge l kann man den Felddurchgriff auf ein beliebiges Maß reduzieren, ohne daß die Wärmeabfuhr beeinträchtigt wird. Zur Berechnung dieses Effektes benutzen wir innerhalb des Rohres Zylinderkoordinaten ϱ, φ, z; die Koordinate φ lassen wir wegen der Rotationssymmetrie außer acht. Da wir auch hier den Lochradius r_0 als klein gegen die Wellenlänge des Störungsfeldes voraussetzen, haben wir innerhalb des Rohres ein Potentialfeld mit dem Potential X, das nach Gl. (A 41) der Differentialgleichung

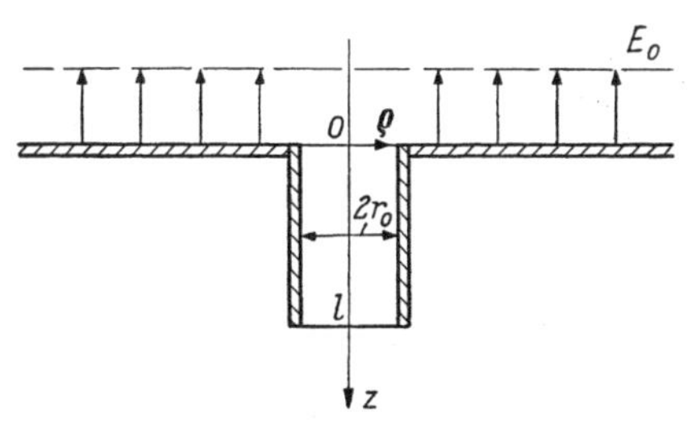

Abb. 121. Schirm mit kreiszylindrischem Kamin im elektrischen Feld (ϱ und z Zylinderkoordinaten)

$$\frac{\partial^2 X}{\partial \varrho^2} + \frac{1}{\varrho}\frac{\partial X}{\partial \varrho} + \frac{\partial^2 X}{\partial z^2} = 0 \tag{63}$$

genügen muß. Mit dem Produktansatz $X = f(\varrho)\, g(z)$ spaltet sich Gl. (63) in folgende gewöhnliche Differentialgleichungen auf:

$$\frac{d^2 f}{d\varrho^2} + \frac{1}{\varrho}\frac{df}{d\varrho} + \alpha^2 f = 0, \tag{64}$$

$$\frac{d^2 g}{dz^2} - \alpha^2 g = 0. \tag{65}$$

Hierin ist α eine vorläufig noch unbekannte Konstante. Die Gl. (64) führt nach Gl. (M 5) auf die BESSELsche Zylinderfunktion der Ordnung Null

$$f = J_0(\alpha\varrho), \tag{66}$$

während die Lösung von Gl. (65) die Exponentialfunktion ist:

$$g = e^{-\alpha z}. \tag{67}$$

Wir haben hier das Minuszeichen im Exponenten gewählt, weil das Feld mit wachsender Entfernung z kleiner werden muß. Die Konstante α ist daher die Dämpfungskonstante des Feldes; sie bestimmt sich aus der Randbedingung an der inneren Kaminwand, wo das Potential X wie beim Schirm Null sein muß:

n	x_n
1	2,405
2	5,520
3	8,654
4	11,791

$$J_0(\alpha r_0) = 0. \tag{68}$$

Wir bezeichnen die Wurzeln dieser Gleichung mit x_n, von denen es unendlich viele gibt. In nebenstehender Tabelle sind die vier ersten Wurzeln angegeben (A, Lit. [3]). Jeder Wurzel x_n entspricht ein bestimmter Feldtyp, dessen Dämpfungskonstante α von n abhängt. Es ist

$$\alpha = \frac{x_n}{r_0}. \tag{69}$$

Die allgemeinste Lösung von Gl. (63) besteht nun aus der Überlagerung sämtlicher Feldtypen, entsprechend der Gleichung

$$X = \sum_{n=1}^{\infty} A_n J_0\left(x_n \frac{\varrho}{r_0}\right) e^{-x_n z/r_0}. \tag{70}$$

Die hier auftretenden Konstanten A_n müßten so bestimmt werden, daß eine vorgegebene Anfangsverteilung ($z = 0$) des Potentials erreicht wird. Wir wollen uns jedoch nicht näher mit dieser Aufgabe befassen. Wenn die Rohrlänge l größer oder vergleichbar mit dem Radius r_0 ist, wird am Rohrende ($z = l$) praktisch nur das erste Glied der Reihe in Gl. (70) maßgebend sein; alle anderen Glieder der Reihe werden im Vergleich hierzu vernachlässigbar klein. Daher haben wir für die „Kamindämpfung" mit ausreichender Genauigkeit den Wert

$$a_k = x_1 \frac{l}{r_0} = 2{,}4 \frac{l}{r_0}. \tag{71}$$

In Abb. 122 sind die elektrischen Feldlinien der drei ersten Feldtypen ($n = 1$, 2 und 3) in den Ebenen $\varphi = 0$ und $\varphi = \pi$ dargestellt. Man erkennt, daß die Zahl der zylindrischen Knotenflächen mit n wächst.

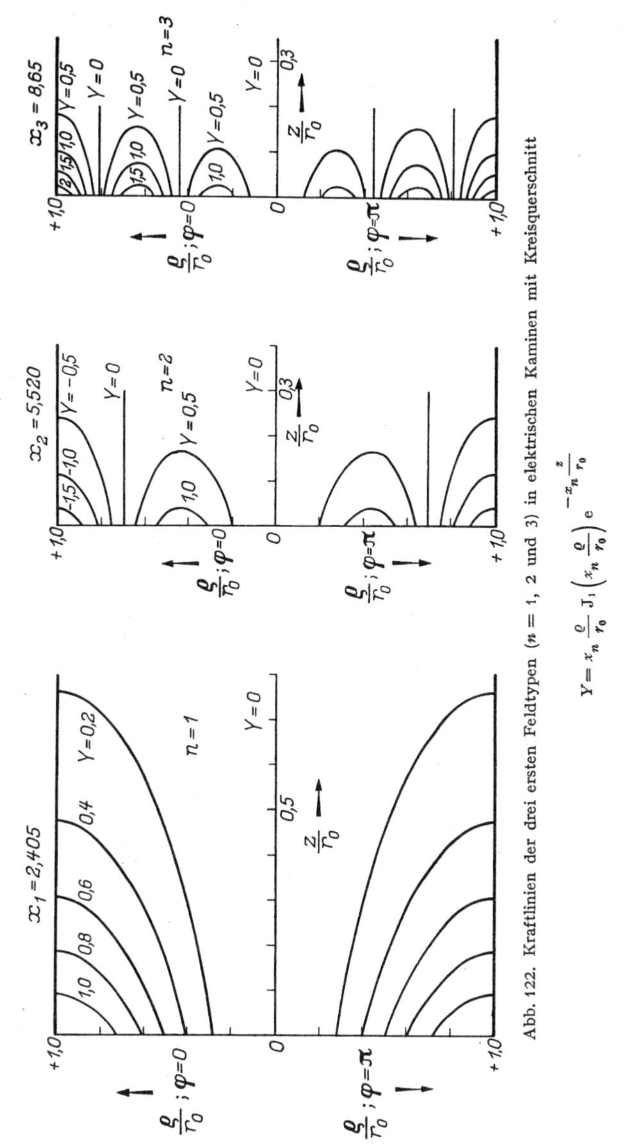

Abb. 122. Kraftlinien der drei ersten Feldtypen ($n = 1$, 2 und 3) in elektrischen Kaminen mit Kreisquerschnitt

$$Y = x_n \frac{\varrho}{r_0} J_1\left(x_n \frac{\varrho}{r_0}\right) e^{-x_n \frac{z}{r_0}}$$

Auch die raschere Abnahme des Feldes in der Achsrichtung (z-Richtung) mit wachsendem n ist ersichtlich.

Den „Kamineffekt" benutzt man auch bei abgeschirmten Räumen, die Fenster und Lüftungsschächte enthalten. Um das Eindringen von

Feldern durch die großen Fensteröffnungen zu verhindern, bildet man die Fenster als sogenannte Wabenkaminfenster aus, die aus vielen parallelen Metallrohren mit quadratischem oder sechseckigem Querschnitt bestehen. Man stellt sie aus zickzackförmig gebogenen Blechen her, die elektrisch gut miteinander verbunden sein müssen (D, Lit. [3]). Die Rohrweite muß klein gegen die Wellenlänge sein, damit der Kamineffekt zustande kommt.

Beispiel: Soll das durch ein Loch durchtretende elektrische Feld durch einen Kamin auf den zehnten Teil reduziert werden ($a_k = 2{,}3$ N), so ergibt sich die notwendige Kaminlänge nach Gl. (71) zu

$$l = \frac{2{,}3}{2{,}4} r_0 \approx 0{,}96 r_0 .$$

Sie muß also etwa so groß wie der Lochradius r_0 sein.

3. Kapazitive Lochkopplungen zwischen koaxialen Leitungen

Wir betrachten eine koaxiale Leitung, in deren Außenleiter ein Kreisloch ist. Außerhalb des Außenleiters sei ein elektrisches Feld mit der Feldstärke E_0 vorhanden. Dieses Feld soll senkrecht zur Oberfläche des Außenleiters gerichtet sein. Dabei ist E_0 diejenige Feldstärke, die am Ort der Lochmitte vorhanden wäre, wenn das Loch nicht da ist. Durch das Loch tritt ein Teil des Feldes in den Raum zwischen Innen- und Außenleiter und ruft demnach zwischen ihnen eine Spannung hervor, die wir im folgenden berechnen wollen. Man kann nun eine Größe definieren, der diese Spannung proportional ist und in die nur die Abmessungen der Anordnung eingehen. Wir bezeichnen diese Größe als die kapazitive Kopplung oder auch als den kapazitiven Durchgriff; sie hat die Dimension einer Kapazität.

Nach Abb. 117 läßt sich der Durchgriff des elektrischen Feldes durch ein Loch in einem ebenen Schirm so berechnen, als ob im Mittelpunkt des Loches ein elektrischer Dipol mit dem Moment

$$q\,h = \frac{4}{3} \varepsilon_0 r_0^3 E_0 \tag{72}$$

vorhanden wäre. Das gleiche Feld entsteht bei einem ebenen Schirm ohne Loch, wenn im Abstand $h/2$ von der Schirmfläche eine einzige Ladung q liegt, was unmittelbar aus dem Spiegelungsprinzip folgt. Dieses Spiegelungsprinzip können wir jedoch hier nicht anwenden, weil die zylindrische Oberfläche des Außenleiters bei diesem Verfahren nicht zu einer Fläche konstanten Potentials wird, wie es bei einer ebenen Fläche der Fall ist. Wir gehen hier nach Abschn. G, Lit. [6] so vor, daß wir hier ebenfalls in der Nähe des Außenleiters (jetzt ohne Loch gedacht) im Abstand $h/2$ eine Punktladung q annehmen (Abb. 123) und ihr Feld in dem zylindrischen Raum zwischen Innen- und Außenleiter berechnen.

Dieses Feld muß folgende Eigenschaften haben: Das Potential X hat der LAPLACEschen Differentialgleichung $\Delta X = 0$ zu genügen und auf dem Innen- und Außenleiter konstante Werte anzunehmen. Nähert sich der Aufpunkt der Ladung q, so muß das Potential X in dasjenige X_0 der Punktladung übergehen:

$$\lim_{r \to 0} X = X_0 = \frac{q}{4\pi \varepsilon_0 r} \qquad (73)$$

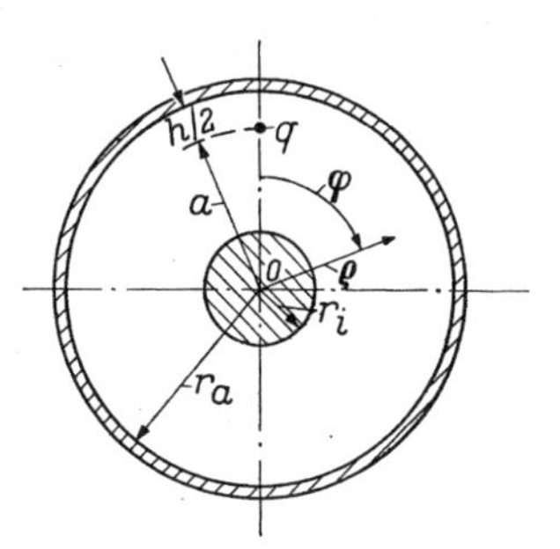

Abb. 123. Zur Berechnung des von einer Punktladung q in einer koaxialen Leitung hervorgerufenen elektrischen Feldes

(r Abstand des Aufpunktes von der Ladung q, Kugelkoordinate). Wir müssen nun zu Zylinderkoordinaten ϱ, φ, z übergehen, da sich nur mit ihnen die Leiteroberflächen in einfacher Weise formulieren lassen, nämlich $\varrho = \text{const}$. Wir drücken nun zunächst das Potential X_0 nach Gl. (73) in Zylinderkoordinaten aus. Es ist

$$r = \sqrt{\varrho^2 + a^2 - 2a\varrho\cos\varphi + z^2}. \qquad (74)$$

Die Größe z ist dabei die Koordinate in der Achsrichtung, und ϱ zählt von der Achse aus (Abb. 123). Die Punktladung hat demnach die Koordinaten $\varrho = a$; $\varphi = 0$; $z = 0$. Wir wenden nun die Gleichung von WEYRICH an, um eine Produktdarstellung des Potentials X_0 in Zylinderkoordinaten zu bekommen. Es ist (A, Lit. [2])

$$\frac{1}{r} = \mathrm{i} \int\limits_{\tau=0}^{\infty} \cos\tau z \, \mathrm{H}_0^{(1)}\left(\mathrm{i}\sqrt{\varrho^2 + a^2 - 2a\varrho\cos\varphi}\;\tau\right) \mathrm{d}\tau. \qquad (75)$$

Hier bedeutet $\mathrm{H}_0^{(1)}$ die HANKELsche Zylinderfunktion nullter Ordnung 1. Art, bei der wir den oberen Index (1) künftig weglassen. Diese Gleichung formen wir weiter um, indem wir das Additionstheorem der Zylinderfunktionen benutzen; danach ist (A, Lit. [2])

$$\mathrm{H}_0\left(\mathrm{i}\sqrt{\varrho^2 + a^2 - 2a\varrho\cos\varphi}\;\tau\right) =$$

$$= \begin{cases} \sum\limits_{n=0,1,2\ldots}^{\infty} \mathrm{k}_n \mathrm{J}_n(\mathrm{i}a\tau)\,\mathrm{H}_n(\mathrm{i}\varrho\tau)\cos n\varphi & \text{für} \quad \varrho \geqq a, \\ \sum\limits_{n=0,1,2\ldots}^{\infty} \mathrm{k}_n \mathrm{H}_n(\mathrm{i}a\tau)\,\mathrm{J}_n(\mathrm{i}\varrho\tau)\cos n\varphi & \text{für} \quad \varrho \leqq a. \end{cases} \qquad (76)$$

Die Größen k_n bedeuten die NEUMANNschen Zahlen

$$\mathrm{k}_n = \begin{cases} 1 & \text{für} \quad n = 0, \\ 2 & \text{für} \quad n = 1, 2, 3 \ldots. \end{cases} \qquad (77)$$

Unter Berücksichtigung von Gl. (74), (75) und (76) haben wir jetzt die Gl. (73) für das Potential der Punktladung in der gewünschten Form (G, Lit. [6])

$$X_0 = \frac{q\,\mathrm{i}}{4\pi\,\varepsilon_0} \sum_{n=0}^{\infty} \mathrm{k}_n \cos n\,\varphi \times$$

$$\times \begin{cases} \int\limits_{\tau=0}^{\infty} \mathrm{J}_n(\mathrm{i}\,a\,\tau)\,\mathrm{H}_n(\mathrm{i}\,\varrho\,\tau)\cos z\,\tau\,\mathrm{d}\tau & \text{für} \quad \varrho > a, \\ \int\limits_{\tau=0}^{\infty} \mathrm{H}_n(\mathrm{i}\,a\,\tau)\,\mathrm{J}_n(\mathrm{i}\,\varrho\,\tau)\cos z\,\tau\,\mathrm{d}\tau & \text{für} \quad \varrho < a. \end{cases} \tag{78}$$

Das Feld dieses Potentials erfüllt zwar die LAPLACEsche Differentialgleichung

$$\Delta X \equiv \frac{\partial^2 X}{\partial \varrho^2} + \frac{1}{\varrho}\frac{\partial X}{\partial \varrho} + \frac{1}{\varrho^2}\frac{\partial^2 X}{\partial \varphi^2} + \frac{\partial^2 X}{\partial z^2} = 0, \tag{79}$$

weil die Ausdrücke $\cos n\,\varphi\,\mathrm{H}_n(\mathrm{i}\,\varrho\,\tau)\cos z\,\tau$ für sich partikuläre Lösungen sind, jedoch noch nicht die oben erwähnte Oberflächenbedingung. Um dies zu erreichen, überlagern wir dem Erregerpotential X_0 nach Gl. (78) ein sogenanntes Rückwirkungsfeld des Schirmes mit dem Potential X_w, das so beschaffen sein muß, daß das Gesamtpotential

$$X = X_0 + X_\mathrm{w} \tag{80}$$

der Oberflächenbedingung genügt. In Anlehnung an die Darstellung (78) des Erregerpotentials X_0 bauen wir auch das Rückwirkungspotential X_w aus den gleichen Partikulärlösungen von (79) auf, wobei jedoch noch unbestimmte Konstanten A_n und B_n auftreten. Daher ist

$$\begin{aligned} X_\mathrm{w} = {} & \frac{\mathrm{i}\,q}{4\pi\,\varepsilon_0} \sum_{n=0}^{\infty} \mathrm{k}_n \cos n\,\varphi \times \\ & \times \int\limits_{\tau=0}^{\infty} [A_n\,\mathrm{J}_n(\mathrm{i}\,\varrho\,\tau) + B_n\,\mathrm{H}_n(\mathrm{i}\,\varrho\,\tau)]\cos z\,\tau\,\mathrm{d}\tau + C\ln\frac{\varrho}{r_\mathrm{a}}. \end{aligned} \tag{81}$$

Das letzte Glied ist noch eine zusätzliche von φ und z unabhängige Lösung von Gl. (79), die für sich der Oberflächenbedingung genügt. Die unbestimmten Konstanten A_n und B_n erhalten nun feste Werte durch die Oberflächenbedingung. Diese formuliert sich aus der Forderung, daß auf dem Außenleiter das Potential Null und auf dem Innenleiter ein anderes Potential herrschen soll:

$$X_{\varrho=r_\mathrm{a}} = 0; \qquad X_{\varrho=r_\mathrm{i}} = C\ln\frac{r_\mathrm{i}}{r_\mathrm{a}}. \tag{82}$$

Führt man dies in Gl. (81) ein unter Benutzung von Gl. (78) und (80), so erhält man folgende Bedingungsgleichungen für A_n und B_n:

$$\begin{aligned} \mathrm{J}_n(\mathrm{i}\,a\,\tau)\,\mathrm{H}_n(\mathrm{i}\,r_\mathrm{a}\,\tau) + A_n\,\mathrm{J}_n(\mathrm{i}\,r_\mathrm{a}\,\tau) + B_n\mathrm{H}_n(\mathrm{i}\,r_\mathrm{a}\,\tau) = 0, \\ \mathrm{J}_n(\mathrm{i}\,r_\mathrm{i}\,\tau)\,\mathrm{H}_n(\mathrm{i}\,a\,\tau) + A_n\,\mathrm{J}_n(\mathrm{i}\,r_\mathrm{i}\,\tau) + B_n\mathrm{H}_n(\mathrm{i}\,r_\mathrm{i}\,\tau) = 0. \end{aligned} \tag{83}$$

Über die Konstante C werden wir erst später verfügen, sie bleibt vorläufig noch unbestimmt. Die Auflösung der Gl. (83) nach A_n und B_n ergibt die Gleichungen

$$\begin{aligned} A_n &= -\frac{\mathrm{J}_n(\mathrm{i}\, r_\mathrm{i}\,\tau)\,\mathrm{H}_n(\mathrm{i}\, a\,\tau) - \mathrm{J}_n(\mathrm{i}\, a\,\tau)\,\mathrm{H}_n(\mathrm{i}\, r_\mathrm{i}\,\tau)}{\mathrm{J}_n(\mathrm{i}\, r_\mathrm{i}\,\tau)\,\mathrm{H}_n(\mathrm{i}\, r_\mathrm{a}\,\tau) - \mathrm{J}_n(\mathrm{i}\, r_\mathrm{a}\,\tau)\,\mathrm{H}_n(\mathrm{i}\, r_\mathrm{i}\,\tau)}\,\mathrm{H}_n(\mathrm{i}\, r_\mathrm{a}\,\tau)\,. \\ B_n &= \frac{\mathrm{J}_n(\mathrm{i}\, r_\mathrm{a}\,\tau)\,\mathrm{H}_n(\mathrm{i}\, a\,\tau) - \mathrm{J}_n(\mathrm{i}\, a\,\tau)\,\mathrm{H}_n(\mathrm{i}\, r_\mathrm{a}\,\tau)}{\mathrm{J}_n(\mathrm{i}\, r_\mathrm{i}\,\tau)\,\mathrm{H}_n(\mathrm{i}\, r_\mathrm{a}\,\tau) - \mathrm{J}_n(\mathrm{i}\, r_\mathrm{a}\,\tau)\,\mathrm{H}_n(\mathrm{i}\, r_\mathrm{i}\,\tau)}\,\mathrm{J}_n(\mathrm{i}\, r_\mathrm{i}\,\tau)\,. \end{aligned} \tag{84}$$

Wir lassen nun den Abstand a der Ladung von der Achse in die unmittelbare Nähe des Außenleiters rücken, d. h., es soll $h \ll r_\mathrm{a}$ sein. Dementsprechend benutzen wir die TAYLORsche Entwicklung, indem wir für

$$X_{a=r_\mathrm{a}-\frac{h}{2}} = \left(X - \frac{\partial X}{\partial a}\,\frac{h}{2}\right)_{a=r_\mathrm{a}} \tag{85}$$

setzen. Das Gesamtpotential ist dann

$$X = -\frac{q\,h}{8\pi\,\varepsilon_0}\sum_{n=0}^{\infty} \mathrm{k}_n \cos n\,\varphi \int_{\tau=0}^{\infty} g_n(\tau)\cos z\,\tau\,\mathrm{d}\tau + C\ln\frac{\varrho}{r_\mathrm{a}}\,, \tag{86}$$

wobei

$$g_n(\tau) = \frac{\mathrm{J}_n(\mathrm{i}\, r_\mathrm{a}\,\tau)\,\mathrm{H}_n'(\mathrm{i}\, r_\mathrm{a}\,\tau) - \mathrm{H}_n(\mathrm{i}\, r_\mathrm{a}\,\tau)\,\mathrm{J}_n'(\mathrm{i}\, r_\mathrm{a}\,\tau)}{\mathrm{J}_n(\mathrm{i}\, r_\mathrm{i}\,\tau)\,\mathrm{H}_n(\mathrm{i}\, r_\mathrm{a}\,\tau) - \mathrm{J}_n(\mathrm{i}\, r_\mathrm{a}\,\tau)\,\mathrm{H}_n(\mathrm{i}\, r_\mathrm{i}\,\tau)} \times$$

$$\times\,[\mathrm{H}_n(\mathrm{i}\, r_\mathrm{i}\,\tau)\,\mathrm{J}_n(\mathrm{i}\,\varrho\,\tau) - \mathrm{J}_n(\mathrm{i}\, r_\mathrm{i}\,\tau)\,\mathrm{H}_n(\mathrm{i}\,\varrho\,\tau)]\,\tau \tag{87}$$

$$\text{für} \quad r < r_\mathrm{a} - \frac{h}{2}$$

bedeutet. Nachdem nun das elektrische Feld bekannt ist, können wir uns dem eigentlichen Ziel unserer Untersuchungen widmen, nämlich der Bestimmung der Teilkapazität oder der Durchgriffskapazität C_{12} zwischen zwei durch einen Schirm mit Loch voneinander getrennten koaxialen Leitern, ähnlich wie in Bild 112. Hierfür bieten sich gemäß Abb. 124 zwei Wege dar: Entweder nimmt man den Innenleiter i als isoliert vom Außenleiter a an, oder beide sind leitend miteinander verbunden. Im ersten Fall (Fall I in Abb. 124) muß die Spannung $X_{\varrho=r_\mathrm{i}}$ gegen den Schirm ermittelt werden, wobei die gesamte Ladung auf dem Innenleiter zu Null angenommen werden muß. In unseren Gleichungen liefert diese Forderung eine Gleichung für die Konstante C, und damit ist die Spannung des Innenleiters gegeben. Im zweiten Fall (Fall II in Abb. 124) dagegen hat man die Bedingung, daß das Potential auf dem Innenleiter Null ist. Das bedeutet formal, daß die Konstante C verschwindet. Dann erhält man die gesuchte Teilkapazität C_{12} aus der Ladung q_i, die der Innenleiter annimmt. Der Einfachheit halber wählen wir für unsere Berechnungen den zweiten Weg und setzen fortan $C = 0$. Die Ladung q_i ergibt sich dann aus dem Integral der Ladungsdichte σ_i

über die gesamte Oberfläche des Innenleiters. Da die Ladungsdichte

$$\sigma_i = \varepsilon_0 (E)_{\varrho = r_i} = \varepsilon_0 \left(\frac{\partial X}{\partial \varrho} \right)_{\varrho = r_i} \tag{88}$$

ist, so berechnet sich die Gesamtladung zu

$$q_i = 2 \int_0^\infty \mathrm{d}z \int_0^{2\pi} \sigma_i r_i \, \mathrm{d}\varphi. \tag{89}$$

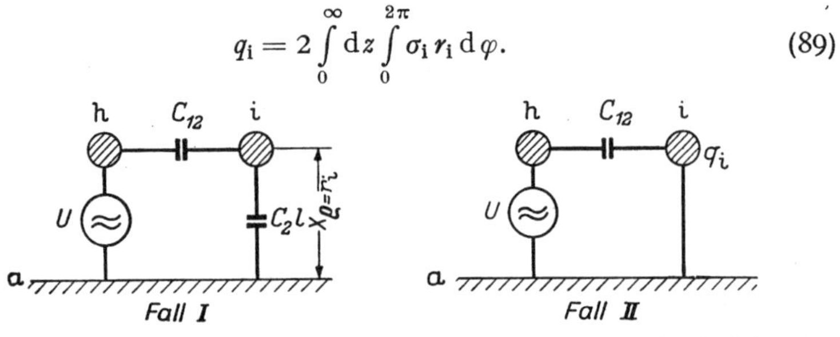

Abb. 124. Zur Berechnung der Teilkapazität C_{12} zwischen zwei Leitern h und i, die durch einen Außenleiter a mit Loch voneinander getrennt sind.
Fall I Innenleiter i vom Außenleiter a isoliert,
Fall II Innenleiter i mit Außenleiter a verbunden

Setzt man hierin σ_i aus Gl. (88) ein und benutzt Gl. (86) für das Potential X, so erhält man für die Ladung die Gleichung

$$q_i = -\frac{q h r_i}{2} \int_0^\infty \mathrm{d}z \int_0^\infty \mathrm{f}(\tau) \cos z\tau \, \mathrm{d}\tau \tag{90}$$

mit

$$\mathrm{f}(\tau) = \left(\frac{\partial g_0(\tau)}{\partial \varrho} \right)_{\varrho = r_i} = \frac{\mathrm{J}_1(\mathrm{i} r_a \tau)\, \mathrm{H}_0(\mathrm{i} r_a \tau) - \mathrm{J}_0(\mathrm{i} r_a \tau)\, \mathrm{H}_1(\mathrm{i} r_a \tau)}{\mathrm{J}_0(\mathrm{i} r_i \tau)\, \mathrm{H}_0(\mathrm{i} r_a \tau) - \mathrm{J}_0(\mathrm{i} r_a \tau)\, \mathrm{H}_0(\mathrm{i} r_i \tau)} \times$$
$$\times [\mathrm{J}_0(\mathrm{i} r_i \tau)\, \mathrm{H}_1(\mathrm{i} r_i \tau) - \mathrm{J}_1(\mathrm{i} r_i \tau)\, \mathrm{H}_0(\mathrm{i} r_i \tau)]\, \tau^2 .$$

Die Größe $g_0(\tau)$ ist hierbei aus Gl. (87) zu entnehmen, wobei $n = 0$ zu setzen ist. Das Doppelintegral in Gl. (90) läßt sich nun auf einfache Weise mit Hilfe des Fourierschen Integraltheorems auswerten. Bekanntlich gilt für eine gerade Funktion $f(t)$ unter gewissen Voraussetzungen, die hier erfüllt sind, folgende Darstellung:

$$f(t) = \frac{2}{\pi} \int_0^\infty \cos t z \, \mathrm{d}z \int_0^\infty f(\tau) \cos z\tau \, \mathrm{d}\tau. \tag{91}$$

Für $t = 0$ erhält man hieraus leicht

$$f(0) = \frac{2}{\pi} \int_0^\infty \mathrm{d}z \int_0^\infty f(\tau) \cos z\tau \, \mathrm{d}\tau. \tag{92}$$

Das hier rechts stehende Doppelintegral kommt nun in der Gl. (90) für die Ladung q_i vor. Daher ist

$$q_i = \frac{\pi q h r_i}{4} f(0). \tag{93}$$

Es ist also nur noch die Funktion $f(\tau)$ nach Gl. (90) nach Potenzen von τ zu entwickeln und davon das erste Glied zu nehmen. Dies liefert den Wert

$$f(0) = -\frac{2}{\pi r_a r_i \ln\frac{r_a}{r_i}}. \tag{94}$$

Führt man ihn in Gl. (93) ein und ersetzt das Moment $q\,h$ durch seinen Wert nach Gl. (72), so erhält man für die auf dem Innenleiter influenzierte Ladung den Ausdruck

$$q_i = \frac{r_0^3 E_0}{3\pi r_a} C_2, \tag{95}$$

in dem C_2 der Kapazitätsbelag der Koaxialleitung nach Gl. (E 16) ist. Nun ist definitionsgemäß die Ladung q_i proportional der Spannung U in dem störenden Leitungssystem, das beispielsweise aus dem Außenleiter a und einer koaxialen Hülle h nach Abb. 112 bestehen möge. Ferner geht die Durchgriffskapazität C_{12} zwischen den Leitern h und i als Faktor ein. Demnach ist

$$q_i = U C_{12}. \tag{96}$$

Vergleicht man Gl. (96) mit Gl. (95), so erhält man

$$C_{12} = \frac{r_0^3 C_2 E_0}{3\pi r_a U}. \tag{97}$$

Diese Gleichung ist allgemein gültig. Der Quotient E_0/U hängt von der Art der störenden Leitung ab. Besteht sie wie in Abb. 112 aus einer koaxialen Hülle h und dem Außenleiter a, so ist

$$\frac{E_0}{U} = \frac{C_1}{2\pi \varepsilon_0 r_a}, \tag{98}$$

wobei der Kapazitätsbelag C_1 des Leitungssystems h—a ebenfalls nach Gl. (E 16) zu nehmen ist.

Haben wir eine Anordnung nach Abb. 113 mit zwei parallelen Koaxialleitungen, so ist für

$$\frac{E_0}{U} = \frac{C_1}{2\pi \varepsilon_0 r_{a1}} \tag{99}$$

einzusetzen. Die Kopplungskapazität ergibt sich daher nach Gl. (97) sowie Gl. (98) oder Gl. (99) zu (G, Lit. [6])

$$C_{12} = \frac{r_0^3 C_1 C_2}{6\pi^2 \varepsilon_0} \begin{cases} \dfrac{1}{r_a^2} & \text{nach Bild 112,} \\[2ex] \dfrac{1}{r_{a1} r_{a2}} & \text{nach Bild 113.} \end{cases} \tag{100}$$

Beispiel: Zwei gleiche Koaxialleitungen mit einem Außenleiterradius $r_a = 1{,}8$ cm sind nach Abb. 113 durch ein Loch mit dem Radius $r_0 = 1$ cm miteinander gekoppelt. Die Kapazitätsbeläge betragen $C_1 = C_2 = 44$ pF/m. Dann ergibt sich die Kopplungskapazität nach Gl. (100) zu

$$C_{12} = \frac{60}{\pi}\left(\frac{r_0}{\mathrm{cm}}\right)^3 \frac{\left[C_1 \Big/ \frac{\mathrm{nF}}{\mathrm{m}}\right]^2}{\left(\frac{r_a}{\mathrm{cm}}\right)^2}\,\mathrm{pF} = \frac{60\cdot(4{,}4)^2}{\pi\,(1{,}8)^2}\,10^{-4}\,\mathrm{pF} = 1{,}14\cdot 10^{-2}\,\mathrm{pF}\,.$$

4. Durchgriff des magnetischen Feldes

Das störende Feld im Außenraum a sei homogen und habe die Feldstärke H_0, die parallel zur Schirmoberfläche gerichtet ist (Abb. 125).

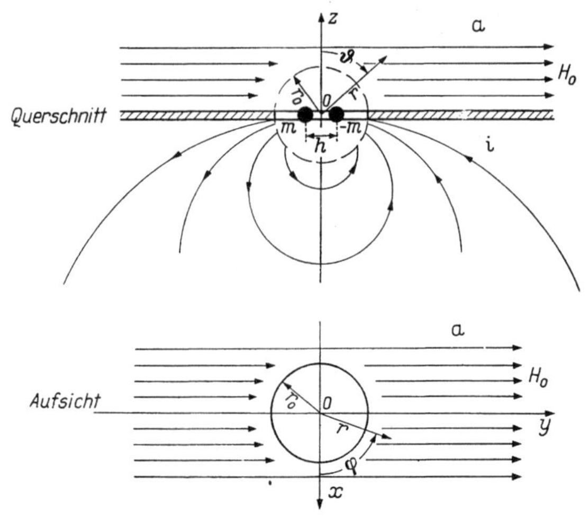

Abb. 125. Schirm mit Kreisloch (Radius r_0) und magnetisches Feld der Feldstärke H_0 im Außenraum a. i Innenraum mit äquivalentem Dipol

Wir benutzen Kugelkoordinaten r, ϑ, φ, deren Anfangspunkt wieder mit der Lochmitte zusammenfällt. Im Gegensatz zum elektrischen Feld kommt hier die Koordinate φ in Betracht, weil das Feld nicht mehr rotationssymmetrisch ist. Die mathematische Aufgabe formuliert sich für das Potentialfeld folgendermaßen: Es soll eine im gesamten Raum gültige Lösung der Differentialgleichung (A 17) gefunden werden, die nach Gl. (A 45) die Form

$$\frac{\partial}{\partial r}\left(r^2\frac{\partial X}{\partial r}\right) + \frac{1}{\sin\vartheta}\,\frac{\partial}{\partial\vartheta}\left(\sin\vartheta\,\frac{\partial X}{\partial\vartheta}\right) + \frac{1}{\sin^2\vartheta}\,\frac{\partial^2 X}{\partial\varphi^2} = 0 \qquad (101)$$

annimmt ($H = \operatorname{grad} X$). Auf der Schirmoberfläche muß die Normalkomponente der Feldstärke verschwinden (das Feld soll parallel zur Oberfläche verlaufen):

$$\left(\frac{\partial X}{\partial\vartheta}\right)_{\vartheta=\frac{\pi}{2}} = 0 \quad \text{für} \quad r \geqq r_0. \qquad (102)$$

Im Außenraum a ist die Lösung so einzurichten, daß das Feld für große Entfernungen vom Loch in das homogene Feld mit der Feldstärke H_0 übergeht:

$$\lim_{r\to\infty} X = H_0\, r \sin\vartheta \sin\varphi \quad \text{für} \quad 0 < \vartheta < \pi/2. \tag{103}$$

Im Innenraum i muß es im Unendlichen verschwinden:

$$\lim_{r\to\infty} X = 0 \quad \text{für} \quad \pi/2 < \vartheta < \pi. \tag{104}$$

Die Lösung stellen wir wie beim elektrischen Feld durch die Überlagerung von Partikulärlösungen dar, die nach Abschn. M, Kap. 2, die Form $r^n\, \mathrm{P}_n^1(\cos\vartheta)\sin\varphi$ und $r^{-1-n}\, \mathrm{P}_n^1(\cos\vartheta)\sin\varphi$ haben (P_n^1 zugeordnete Kugelfunktionen n-ten Grades der Ordnung eins). Die Oberflächenbedingung Gl. (102) läßt sich nur erfüllen, wenn der Grad n der Kugelfunktionen ungerade ist ($n = 1, 3, 5 \ldots$), wie aus den Gl. (M 51) hervorgeht. Daher gilt im *Außenraum* a außerhalb der Lochkugel ($r > r_0$; $0 < \vartheta < \pi/2$) der Ansatz

$$X = H_0\, r \sin\vartheta \sin\varphi + \sin\varphi \sum_{n=1,3,5\ldots}^{\infty} \frac{A_n}{r^{1+n}}\, \mathrm{P}_n^1(\cos\vartheta). \tag{105}$$

Wie man erkennt, erfüllt er auch die Bedingung (103) für das Unendliche. Der Term mit dem Summenzeichen ist die Rückwirkung des Loches auf das Feld im Außenraum. Analog zum elektrischen Feld ist sie gleich dem Feld, das durch das Loch in den *Innenraum* i ($r > r_0$; $\pi/2 < \vartheta < \pi$) dringt, jedoch mit umgekehrten Vorzeichen:

$$X = -\sin\varphi \sum_{n=1,3,5\ldots}^{\infty} \frac{A_n}{r^{1+n}}\, \mathrm{P}_n^1(\cos\vartheta). \tag{106}$$

Dieser Ansatz befriedigt gleichzeitig Gl. (104). Wir müssen nun einen geschlossenen Ausdruck für das gesamte Gebiet außerhalb der Lochkugel ($r > r_0$) herstellen. Wir setzen

$$X = H_0\, r \sin\varphi\, \mathrm{f}_0^1(\vartheta) + \sin\varphi \sum_{n=1,3,5\ldots}^{\infty} \frac{A_n}{r^{1+n}}\, \mathrm{f}_n^1(\vartheta) \quad \text{für} \quad 0 < \vartheta < \pi. \tag{107}$$

Die Funktionen $\mathrm{f}_n^1(\vartheta)$ sind wie folgt definiert:

$$\mathrm{f}_0^1(\vartheta) = \left\{\begin{array}{lr} \sin\vartheta & \text{für} \quad 0 < \vartheta < \pi/2 \\ 0 & \text{für} \quad \pi/2 < \vartheta < \pi \end{array}\right\} = \frac{1}{2}\sin\vartheta - \frac{1}{2}\,\mathrm{f}_1^1(\vartheta), \tag{108}$$

$$\mathrm{f}_n^1(\vartheta) = \left\{\begin{array}{lr} \mathrm{P}_n^1(\vartheta) & \text{für} \quad 0 < \vartheta < \pi/2, \\ -\mathrm{P}_n^1(\vartheta) & \text{für} \quad \pi/2 < \vartheta < \pi. \end{array}\right. \tag{109}$$

In Abb. 126 sind sie veranschaulicht. Die geschlossene Darstellung erhalten wir durch Reihenentwicklung nach den zugeordneten Kugelfunktionen $P^1_m(\cos\vartheta)$, die aus dem Entwicklungssatz Gl. (M 58) in Verbindung mit Gl. (M 59) folgt. Danach gilt folgende Reihe:

$$f^1_n(\vartheta) = \sum_{m=0,2,4\ldots}^{\infty} c_{m,n} P^1_m(\cos\vartheta), \tag{110}$$

in der sich die Entwicklungskoeffizienten $c_{m,n}$ zu

$$c_{m,n} = \frac{2m+1}{m(m+1)} \int_0^1 P^1_n(x)\, P^1_m(x)\, dx \tag{111}$$

berechnen. Nun ist nach Gl. (M 50) $P^1_n = dP_n/d\vartheta = -\sqrt{1-x^2}\, dP_n/dx$; die gleiche Gleichung gilt auch für P^1_m. Führt man diese Relationen in Gl. (111) ein und integriert partiell, so ergibt sich

$$c_{m,n} = -\frac{2m+1}{m(m+1)} \int_0^1 P_n(x) \frac{d}{dx}\left[(1-x^2)\frac{d}{dx} P_m(x)\right] dx. \tag{112}$$

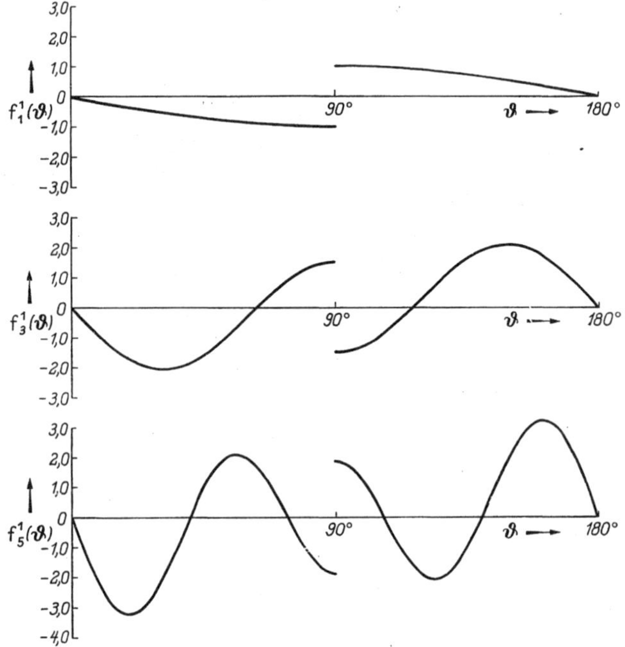

Abb. 126. Die Funktionen $f^1_n(\vartheta)$ nach Gl. (108) und (109) für $n = 1$, 3 und 5

Auf den zweiten Term unter dem Integralzeichen wenden wir noch Gl. (M 37) an. Dann zeigt sich überraschenderweise, daß die Entwicklungskoeffizienten $c_{m,n}$ hier die gleichen sind wie beim elektrischen Feld nach Gl. (11). Damit haben wir die geschlossene Darstellung des Potentials außerhalb der Lochkugel gefunden; sie lautet nach Gl. (107)

mit Benutzung von Gl. (110) und (110) so:

$$X = \frac{1}{2} H_0 r \sin\varphi \sin\vartheta - \frac{1}{2} H_0 r \sin\varphi \sum_{m=2,4,6\ldots}^{\infty} c_{m,1} \mathrm{P}_m^1(\cos\vartheta) + \\ + \sin\varphi \sum_{n=1,3,5\ldots}^{\infty} \frac{A_n}{r^{1+n}} \sum_{m=2,4,6\ldots}^{\infty} c_{m,n} \mathrm{P}_m^1(\cos\vartheta). \tag{113}$$

In dieser Gleichung treten nur die zugeordneten Kugelfunktionen P_m^1 mit geradzahligem m auf; daher können innerhalb der *Lochkugel* ($r < r_0$) auch nur solche Funktionen vorkommen. Da hier das Potential auch für $r = 0$ endlich bleiben muß, so haben wir den Ansatz

$$X = \frac{1}{2} H_0 r \sin\varphi \sin\vartheta + \sin\varphi \sum_{m=2,4,6\ldots}^{\infty} B_m r^m \mathrm{P}_m^1(\cos\vartheta). \tag{114}$$

Um die noch unbekannten Konstanten A_n und B_m bestimmen zu können, müssen wir die Übergangsbedingungen an der Grenzfläche $r = r_0$ erfüllen. Fordert man die Stetigkeit der tangentiellen Komponente $H_\vartheta = \partial X / r \partial \vartheta$, so erhält man folgendes Gleichungssystem:

$$-\frac{1}{2} H_0 r_0 c_{m,1} + \sum_{n=1,3,5\ldots}^{\infty} \frac{A_n}{r_0^{1+n}} c_{m,n} = B_m r_0^m \qquad \text{für} \quad m = 2, 4, 6 \ldots. \tag{115}$$

Aus der Stetigkeit der Normalkomponente ($H_r = \partial X / \partial r$) entsteht das System

$$-\frac{1}{2} H_0 r_0 c_{m,1} - \sum_{n=1,3,5\ldots}^{\infty} \frac{(1+n) A_n}{r_0^{1+n}} c_{m,n} = m B_m r_0^m \qquad \text{für} \quad m = 2, 4, 6 \ldots. \tag{116}$$

Wir vereinfachen diese Gleichungssysteme, indem wir die Konstanten B_m eliminieren und an Stelle der Konstanten A_n neue dimensionslose Konstanten mittels der Beziehungen

$$A_n = (-1)^{\frac{n-1}{2}} \frac{H_0 r_0^{n+2} a_n}{2n} \tag{117}$$

benutzen. Dann erhalten wir das folgende unendliche Gleichungssystem:

$$\sum_{n=1,3,5\ldots}^{\infty} \frac{(n-1)!\, a_n}{2^{n-1}(m-n)\left[\frac{n-1}{2}!\right]^2} = \frac{1}{m+2} \qquad \text{für} \quad m = 2, 4, 6 \ldots, \tag{118}$$

das dem System nach Gl. (17) ähnlich ist. Ein bemerkenswerter Unterschied liegt darin, daß hier die Gleichungen von $m = 2$ ab gelten, während sie in Gl. (17) mit $m = 0$ beginnen. Wir weisen nach, daß dieses System durch die Relation

$$a_n = \frac{4}{\pi(n+2)} \tag{119}$$

gelöst wird. Zu diesem Zweck gehen wir mit Gl. (119) in die Gl. (118) ein und verwenden an Stelle der Summationsvariablen n eine neue ν, indem wir $\nu = (n - 1)/2$ nehmen. Dann erhalten wir den Ausdruck

$$\sum_{\nu=0,1,2\ldots}^{\infty} \frac{(2\nu)!}{2^{2\nu}(\nu!)^2(m - 2\nu - 1)(2\nu + 3)} = \frac{\pi}{4(m+2)}, \tag{120}$$

der sich mit Hilfe einer Partialbruchzerlegung in die Gleichung

$$\sum_{\nu=0,1,2\ldots}^{\infty} \frac{(2\nu)!}{2^{2\nu}(\nu!)^2} \left[\frac{1}{\nu + \frac{3}{2}} - \frac{1}{\nu + \frac{1-m}{2}}\right] = \frac{\pi}{2} \tag{121}$$

umwandeln läßt. Nach einer bekannten Gleichung (A, Lit. [2], S. 3) kann man die Reihen summieren. Dann ist nämlich

$$\frac{\Gamma\left(\frac{3}{2}\right)\Gamma\left(\frac{1}{2}\right)}{\Gamma(2)} - \frac{\Gamma\left(\frac{1-m}{2}\right)\Gamma\left(\frac{1}{2}\right)}{\Gamma\left(1 - \frac{m}{2}\right)} = \frac{\pi}{2}. \tag{122}$$

Benutzt man wiederum die in Gl. (22) vermerkten Eigenschaften der Gammafunktion, so erkennt man, daß Gl. (122) für $m = 2, 4, 6\ldots$ und nicht für $m = 0$ erfüllt ist, wie es sein muß.

Wir geben jetzt die expliziten Gleichungen für den gesamten Feldverlauf an. Im *Außenraum* a ($r > r_0$; $0 < \vartheta < \pi/2$) ist das Potential nach Gl. (105) mit Benutzung von Gl. (117) für A_n und Gl. (119) für a_n wie folgt zu berechnen:

$$\begin{aligned} X = {} & H_0 r \sin\vartheta \sin\varphi + \\ & + \frac{2}{\pi} H_0 r_0 \sin\varphi \sum_{n=1,3,5\ldots}^{\infty} \frac{(-1)^{\frac{n-1}{2}}}{n(n+2)} \left(\frac{r_0}{r}\right)^{n+1} P_n^1(\cos\vartheta). \end{aligned} \tag{123}$$

Im *Innenraum* i ($r > r_0$; $\pi/2 < \vartheta < \pi$) haben wir nach Gl. (106) die Gleichung

$$X = -\frac{2}{\pi} H_0 r_0 \sin\varphi \sum_{n=1,3,5\ldots}^{\infty} \frac{(-1)^{\frac{n-1}{2}}}{n(n+2)} \left(\frac{r_0}{r}\right)^{n+1} P_n^1(\cos\vartheta). \tag{124}$$

Um das Feld innerhalb der *Lochkugel* ($r < r_0$) angeben zu können, müssen zunächst die Konstanten B_m ermittelt werden, wofür sich Gl. (115) eignet. Der Rechnungsgang ist dann der gleiche wie beim elektrischen Feld [im Anschluß an Gl. (24)]. Man erhält so folgende Gleichung für B_m:

$$B_m r_0^m = (-1)^{\frac{m}{2}} \frac{2}{\pi} \frac{H_0 r_0}{m^2 - 1} \quad \text{für} \quad m = 2, 4, 6\ldots. \tag{125}$$

Damit haben wir das Potential innerhalb der Lochkugel gefunden, das sich nach Gl. (114) zu

$$X = H_0 r \sin\varphi \left[\frac{1}{2}\sin\vartheta + \frac{2}{\pi} \sum_{m=2,4,6\ldots}^{\infty} \frac{(-1)^{\frac{m}{2}}}{m^2-1} \left(\frac{r}{r_0}\right)^{m-1} \mathrm{P}_m^1(\cos\vartheta)\right] \quad (126)$$

ergibt.

Wir befassen uns nun genauer mit dem Feld, das durch das Loch in den Innenraum quillt. Für große Entfernungen vom Loch ($r \gg r_0$) bleibt von der unendlichen Reihe in Gl. (124) nur das erste Glied übrig, weil die anderen Glieder dagegen vernachlässigbar klein sind. Daher ist

$$X \approx \frac{2 r_0^3 H_0}{3\pi r^2} \sin\varphi \sin\vartheta . \quad (127)$$

Dieser Ausdruck ist mit dem Potential eines magnetischen Dipols identisch, der in der Lochmitte liegt und dessen Achse parallel zur Feldstärke H_0 (parallel zur y-Achse) gerichtet ist (Abb. 125). Das Dipolmoment ist proportional der dritten Potenz des Lochradius r_0 ($m\,h = 8\mu_0 r_0^3 H_0/3$). Vergleicht man diese Gleichung mit der entsprechenden Gl. (27) für das elektrische Feld, so stellt man fest, daß die Gleichungen sich bis auf den Faktor 2 sehr ähnlich sind. Folgende Beziehungen ergeben sich für die Feldkomponenten aus Gl. (127) mit Benutzung von Gl. (A 44):

$$H_r = -\frac{4 r_0^3 H_0}{3\pi r^3} \sin\varphi \sin\vartheta ; \quad H_\varphi = \frac{2 r_0^3}{3\pi r^3} H_0 \cos\varphi ;$$
$$H_\vartheta = \frac{2 r_0^3 H_0}{3\pi r^3} \sin\varphi \cos\vartheta . \quad (128)$$

Wir wenden uns jetzt der Frage nach dem magnetischen Feld innerhalb einer allseitig begrenzten Schirmhülle zu. Wir ersetzen sie durch eine Kugelhülle mit einem Loch, die sich in einem äußeren magnetischen Wechselfeld befinden soll. Die Oberflächenfeldstärke möge an der Stelle, wo das Loch ist, H_0 sein. Für die Rechnung benutzen wir den äquivalenten magnetischen Dipol und haben dann das innere Potentialfeld so zu bestimmen, daß alle normalen Komponenten der Feldstärke an der inneren Oberfläche der Hülle verschwinden. Dies bedeutet, daß wir hohe Frequenzen voraussetzen, bei denen das Feld aus der Metallwand verdrängt ist ($d > \delta$). Diese Randwertaufgabe läßt sich nicht mehr mit Hilfe der Spiegelungsmethode lösen. Wir gehen so vor, daß wir zunächst das Feld für den Fall berechnen, daß sich ein magnetischer Dipol im Abstand $a < r_\mathrm{h}$ vom Kugelmittelpunkt befindet (Abb. 127). Diesen Abstand lassen wir später gegen den Kugelradius r_h konvergieren. Das Potential dieses Dipols ohne die Rückwirkung der Hülle nennen wir X_0. Es ist halb so groß wie das nach Gl. (127)

$$X_0 = \frac{r_0^3 H_0}{3\pi r^2} \sin\varphi \sin\vartheta , \quad (129)$$

weil im Grenzfall eines ebenen Schirmes ($r_h \to \infty$) die Randbedingung mit Hilfe eines gleich großen, spiegelbildlich gelegenen Dipols gleicher Richtung erfüllt wird. Läßt man dann den Dipol in den Schirm hineinrücken, so fallen beide Dipole zusammen, und es entsteht ein resultierender Dipol mit dem doppelten Potential wie nach Gl. (129) in Übereinstimmung mit Gl. (127). Wir drücken nun das Potential X_0 mit Hilfe von Kugelkoordinaten r_m, ϑ_m und φ aus, die ihren Nullpunkt im Mittelpunkt der Kugel haben (Abb. 127). Dann entsteht die Gleichung

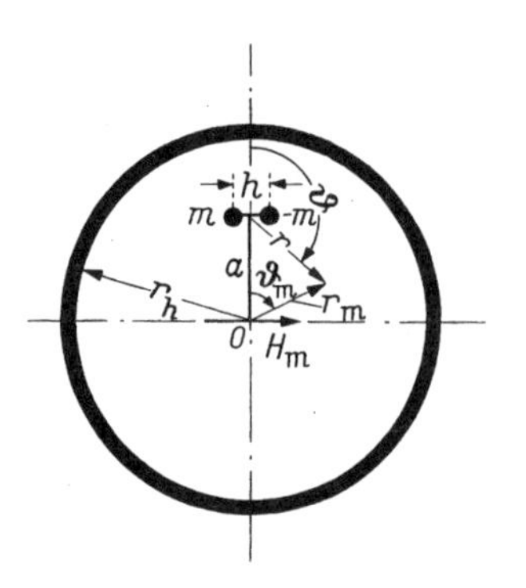

Abb. 127. Magnetischer Dipol innerhalb eines Kugelschirmes

$$X_0 = \frac{r_0^3 H_0}{3\pi} \frac{r_m \sin\varphi \sin\vartheta_m}{(r_m^2 - 2a\, r_m \cos\vartheta_m + a^2)^{3/2}}. \tag{130}$$

In dieser Form ist sie jedoch für unsere Zwecke noch nicht geeignet. Daher entwickeln wir sie nach Potenzen von a/r_m und erhalten dann eine Darstellung, in der die Partikulärlösungen $r_m^{-1-n} P_n^1(\cos\vartheta_m) \sin\varphi$ der LAPLACEschen Differentialgleichung $\Delta X = 0$ erscheinen

$$X_0 = -\frac{r_0^3 H_0}{3\pi} \sin\varphi \sum_{n=1,2,3\ldots}^{\infty} \frac{a^{n-1}}{r_m^{1+n}} P_n^1(\cos\vartheta_m). \tag{131}$$

Der Anwesenheit der Hülle tragen wir nun dadurch Rechnung, daß wir diesem Potential ein Rückwirkungspotential X_w überlagern ($X \equiv X_0 + X_w$); dieses hat die Gestalt

$$X_w = -\frac{r_0^3 H_0}{3\pi} \sin\varphi \sum_{n=1,2,3\ldots}^{\infty} A_n r_m^n P_n^1(\cos\vartheta_m). \tag{132}$$

Die noch unbekannten Koeffizienten A_n bestimmen wir aus der Randbedingung $\partial X/\partial r_m = 0$ für $r_m = r_h$. Das ergibt

$$A_n = \frac{1+n}{n} \frac{a^{n-1}}{r_h^{2n+1}}. \tag{133}$$

Lassen wir nun den Dipol in die Hülle hineinrücken ($a \to r_h$), so entsteht als Endformel für das resultierende Potential der Ausdruck

$$X = \frac{r_0^3 H_0}{3\pi r_h^2} \left[\frac{\frac{r_m}{r_h} \sin\vartheta_m}{\left(1 + \left(\frac{r_m}{r_h}\right)^2 - 2\frac{r_m}{r_h}\cos\vartheta_m\right)^{3/2}} - \right.$$
$$\left. - \sum_{n=1,2,3\ldots}^{\infty} \frac{1+n}{n} \left(\frac{r_m}{r_h}\right)^n P_n^1(\cos\vartheta_m) \right] \sin\varphi. \tag{134}$$

Als Beispiel ermitteln wir die magnetische Feldstärke H_{m} in der Mitte der Kugelhülle ($r_{\mathrm{m}} = 0$). Sie hat die in Abb. 127 gezeichnete Richtung ($\varphi = \pi/2$; $\vartheta_{\mathrm{m}} = \pi/2$) und liegt daher parallel zur Dipolachse. Für sie ergibt sich der Wert

$$H_{\mathrm{m}} = \left(\frac{\partial X}{\partial r_{\mathrm{m}}}\right)_{r_{\mathrm{m}}=0} = \frac{r_0^3 H_0}{\pi r_{\mathrm{h}}^3}. \tag{135}$$

Vergleicht man ihn mit der entsprechenden Feldstärke H_ϑ nach Gl. (128) für $\varphi = \pi/2$; $\vartheta = \pi$, die in der gleichen Entfernung bei einem ebenen Schirm vorhanden ist, so zeigt sich, daß sie hier um den Faktor 3/2 größer ist. Die Richtung der Feldstärke H_{m} in der Mitte der Kugelhülle liefert auch einen Hinweis auf die zweckmäßige Anordnung einer Spule innerhalb des Schirmes. Nach Abb. 128 sollte man die Spulenachse mit der Lochachse ($\vartheta_{\mathrm{m}} = 0$) zusammenfallen lassen, damit keine Spannung in der Spule von dem durch das Loch eindringenden Feld induziert wird.

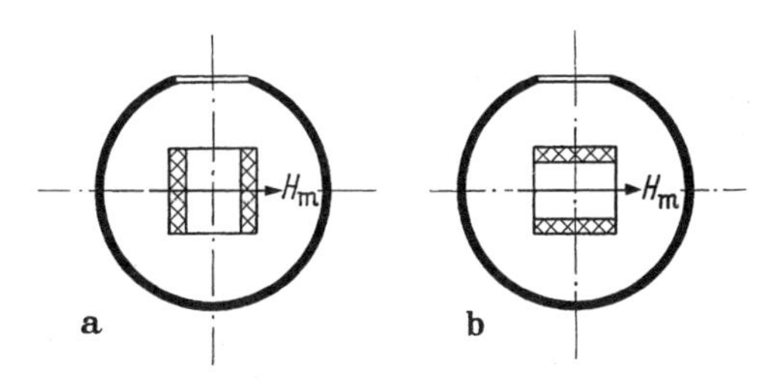

Abb. 128. Günstige (a) und ungünstige (b) Anordnung einer Spule zu einem Schirmloch

Ähnlich wie bei dem elektrischen Feld fassen wir auch hier den äquivalenten magnetischen Lochdipol als Strahler auf. Hierbei vertauschen sich die Rollen des elektrischen und des magnetischen Feldes. Demgemäß leiten wir hier den elektrischen Feldvektor als Rotation aus dem Vektorpotential B ab wie in Gl. (D 53), das hier die Richtung der Dipolachse (y-Achse) hat. Die Komponenten von B nach Kugelkoordinaten lauten daher

$$B_r = B_y \sin\varphi \sin\vartheta; \qquad B_\vartheta = B_y \sin\varphi \cos\vartheta; \qquad B_\varphi = B_y \cos\varphi. \tag{136}$$

Das Vektorpotential ist eine Lösung der Wellengleichung

$$\Delta B_y + k_0^2 B_y = 0, \tag{137}$$

deren von ϑ und φ unabhängige Lösung ähnlich wie in Gl. (34)

$$B_y = \frac{D}{r} \mathrm{e}^{-\mathrm{j} k_0 r} \tag{138}$$

ist. Damit ergibt sich die magnetische Feldstärke des Strahlungsfeldes dual zu Gl. (36) nach der Gleichung

$$H = k_0^2 B + \operatorname{grad} \frac{\partial B_r}{\partial r}. \tag{139}$$

Die einzelnen Komponenten erhält man wie folgt:

$$E_r = 0, \tag{140}$$

$$E_\varphi = -\frac{\mathrm{j}\,\omega\,\mu_0}{r}\left[\frac{\mathrm{d}}{\mathrm{d}r}(r\,B_y) - B_y\right]\sin\varphi\cos\vartheta, \tag{141}$$

$$E_\vartheta = \frac{\mathrm{j}\,\omega\,\mu_0}{r}\left[\frac{\mathrm{d}}{\mathrm{d}r}(r\,B_y) - B_y\right]\cos\varphi, \tag{142}$$

$$H_r = \left[k_0^2\,B_y + \frac{\mathrm{d}^2}{\mathrm{d}r^2}\,B_y\right]\sin\varphi\sin\vartheta, \tag{143}$$

$$H_\varphi = \left[k_0^2\,B_y + \frac{1}{r}\,\frac{\mathrm{d}}{\mathrm{d}r}\,B_y\right]\cos\varphi, \tag{144}$$

$$H_\vartheta = \left[k_0^2\,B_y + \frac{1}{r}\,\frac{\mathrm{d}}{\mathrm{d}r}\,B_y\right]\sin\varphi\cos\vartheta. \tag{145}$$

Die Konstante D in Gl. (138) wird aus der Forderung bestimmt, daß das Nahfeld mit den Beziehungen (128) übereinstimmen muß:

$$\lim_{k_0\to 0}\frac{\partial B_r}{\partial r} = X. \tag{146}$$

Dies liefert die Relation

$$D = -\frac{2 r_0^3\,H_0}{3\pi}. \tag{147}$$

Demnach berechnet sich das Fernfeld ($k_0\,r \gg 1$) nach folgenden Gleichungen:

$$H_\varphi = -\frac{2\,k_0^2\,r_0^3\,H_0}{3\pi\,r}\,\mathrm{e}^{-\mathrm{j}\,k_0 r}\cos\varphi, \tag{148}$$

$$H_\vartheta = -\frac{2\,k_0^2\,r_0^3\,H_0}{3\pi\,r}\,\mathrm{e}^{-\mathrm{j}\,k_0 r}\sin\varphi\cos\vartheta, \tag{149}$$

$$E_\varphi = -Z_0\,H_\vartheta, \tag{150}$$

$$E_\vartheta = Z_0\,H_\varphi. \tag{151}$$

Auch hier wird wie beim elektrischen Feld eine elektromagnetische Leistung ins Unendliche transportiert. Diese ist

$$P = \frac{1}{2}\int\limits_{\varphi=0}^{2\pi}\int\limits_{\vartheta=\pi/2}^{\pi}[E_\vartheta H_\varphi^* - E_\varphi H_\vartheta^*]\,r^2\sin\vartheta\,\mathrm{d}\vartheta\,\mathrm{d}\varphi = \frac{8}{27\pi}\,k_0^4 Z_0 H_0^2 r_0^6. \tag{152}$$

Diese Gleichung entspricht der Gl. (45); wie man sieht, ist der Zahlenfaktor hier viermal größer als beim elektrischen Feld. Der Übergang zwischen Nahfeld und Fernfeld geht hier ebenso wie beim elektrischen Feld nach Abb. 120 vor sich.

Anmerkung zu H, 4

Geschlossene Lösung in elliptischen Koordinaten. Benutzt man wie in der Anmerkung zu H, 1 elliptische Koordinaten nach Gl. (46), so gelingt es auch hier, eine geschlossene Lösung herzustellen. Da noch die Koordinate φ auftritt, lautet jetzt die LAPLACEsche Differentialgleichung (A, Lit. [2])

$$\frac{\partial}{\partial \xi}\left[(1+\xi^2)\frac{\partial X}{\partial \xi}\right]+\frac{\partial}{\partial \eta}\left[(1-\eta^2)\frac{\partial X}{\partial \eta}\right]+\left(\frac{1}{1-\eta^2}-\frac{1}{1+\xi^2}\right)\frac{\partial^2 X}{\partial \varphi^2}=0. \tag{153}$$

Mit dem Produktansatz

$$X = f_1(\xi)\, f_2(\eta) \sin\varphi \tag{154}$$

ergeben sich folgende gewöhnliche Differentialgleichungen für die Funktionen f_1 und f_2:

$$\begin{aligned} &\frac{\mathrm{d}}{\mathrm{d}\xi}\left[(1+\xi^2)\frac{\mathrm{d}f_1}{\mathrm{d}\xi}\right]+\left[\frac{1}{1+\xi^2}-n\,(n+1)\right]f_1=0,\\ &\frac{\mathrm{d}}{\mathrm{d}\eta}\left[(1-\eta^2)\frac{\mathrm{d}f_2}{\mathrm{d}\eta}\right]-\left[\frac{1}{1-\eta^2}-n\,(n+1)\right]f_2=0. \end{aligned} \tag{155}$$

Ihre Lösungen sind zugeordnete Kugelfunktionen erster und zweiter Art. Wir schreiben daher als allgemeine Lösung den Ausdruck

$$X = [C_1\, \mathrm{P}_1^1(\mathrm{i}\,\xi) + C_2\, \mathrm{Q}_1^1(\mathrm{i}\,\xi)]\, \mathrm{P}_1^1(\eta) \sin\varphi \tag{156}$$

hin, der sich auch in der Form

$$X = \left[C_1 - \mathrm{i}\, C_2 \left(\arctan\xi + \frac{\xi}{1+\xi^2}\right)\right]\frac{\varrho}{r_0}\sin\varphi \tag{157}$$

darstellen läßt. Diese ergibt sich, wenn man für die Kugelfunktionen die bekannten Gl. (M 51) und (M 55)

$$\begin{aligned} &\mathrm{P}_1^1(\eta) = -\sqrt{1-\eta^2},\\ &\mathrm{Q}_1^1(\mathrm{i}\,\xi) = -\mathrm{i}\sqrt{1+\xi^2}\left[\arctan\xi + \frac{\xi}{1+\xi^2}\right] \end{aligned} \tag{158}$$

und

$$\varrho = r_0\sqrt{(1+\xi^2)(1-\eta^2)}$$

einsetzt. Die beiden noch unbestimmten Konstanten C_1 und C_2 berechnen sich aus der Bedingung, daß das Potential im Außenraum in dasjenige des homogenen Feldes übergehen und im Innenraum verschwinden muß, wenn man sich sehr weit vom Loch entfernt:

$$X = \begin{cases} H_0\,\varrho\sin\varphi & \text{für} \quad \xi \to \infty,\\ 0 & \text{für} \quad \xi \to -\infty. \end{cases} \tag{159}$$

Die beiden Bestimmungsgleichungen lauten dann

$$\begin{aligned} &C_1 - \mathrm{i}\frac{\pi}{2} C_2 = H_0 r_0,\\ &C_1 + \mathrm{i}\frac{\pi}{2} C_2 = 0. \end{aligned} \tag{160}$$

Hieraus erhält man die Konstanten zu

$$C_1 = \frac{1}{2} H_0 r_0; \qquad C_2 = \frac{\mathrm{i}}{\pi} H_0 r_0. \tag{161}$$

Das gesuchte Potential hat demnach die Gestalt

$$X = \frac{1}{2} H_0 \varrho \left[1 + \frac{2}{\pi}\left(\arctan \xi + \frac{\xi}{1+\xi^2}\right)\right] \sin\varphi\,. \tag{162}$$

Es hat die geforderten Eigenschaften, weil es eine Lösung der Potentialgleichung $\Delta X = 0$ ist und weil auf der Schirmoberfläche ($r \geqq r_0$) die Normalkomponenten $\partial X/\partial z$ der Feldstärke verschwinden, denn es ist $\partial \xi/\partial z = 0$ für $z = 0$. Das Potential im Außenraum geht asymptotisch ($\xi \to \infty$) in dasjenige des homogenen Feldes über, während es im Innenraum asymptotisch dasjenige eines Dipols im Lochmittelpunkt annimmt:

$$X = \frac{2}{3\pi} \frac{H_0 r_0^3 \varrho \sin\varphi}{(\varrho^2 + z^2)^{3/2}} \quad \text{für} \quad \xi \to -\infty\,. \tag{163}$$

Diese Gleichung ergibt sich aus den asymptotischen Gleichungen für $\arctan \xi$ und für ξ, die bereits in der Anmerkung zu H, 1 angegeben wurden; sie ist identisch mit der Gl. (127).

5. Kamin zur Verminderung des Durchgriffs des magnetischen Feldes durch ein Loch

Ebenso wie das elektrische Feld wird auch das magnetische Feld am Durchgriff durch ein Loch gehindert, wenn man einen Kamin aufsetzt (Abb. 129). Um die Dämpfung des magnetischen Feldes innerhalb des Kamins zu berechnen, gehen wir von dem Potential X des magnetischen Feldes aus, das mit den Zylinderkoordinaten ϱ, φ und z die LAPLACEsche Differentialgleichung (A41) erfüllen muß. Der in Anlehnung an Gl. (103) naheliegende Produktansatz $X = f(\varrho)\, g(z) \sin\varphi$ führt auf folgende gewöhnliche Differentialgleichungen:

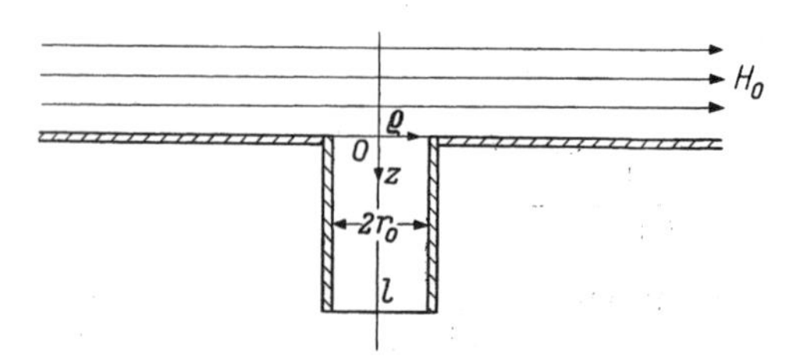

Abb. 129. Schirm im magnetischen Feld mit kreiszylindrischem Kamin, der den Radius r_0 und die Länge l hat

$$\frac{d^2 f}{d\varrho^2} + \frac{1}{\varrho}\frac{df}{d\varrho} + \left(\alpha^2 - \frac{1}{\varrho^2}\right) f = 0\,, \tag{164}$$

$$\frac{d^2 g}{dz^2} - \alpha^2 g = 0\,. \tag{165}$$

Die Gl. (164) hat nach Gl. (M 5) die BESSELsche Funktion 1. Ordnung als Lösung, während die Gl. (165) durch die Exponentialfunktion wie in Gl. (67) befriedigt wird. Es ist

$$f = J_1(\alpha\varrho)\,. \tag{166}$$

Die Konstante α hat auch hier die Rolle der Dämpfung. Sie ergibt sich aus der Grenzbedingung an der inneren Oberfläche des Kamins, wonach das magnetische Feld tangentiell zu ihr gerichtet sein muß (wegen der Annahme hoher Frequenzen). Die Normalkomponente $H_\varrho \sim \mathrm{J}_1'(\alpha\,\varrho)$ muß also für $\varrho = r_0$ verschwinden:

$$\mathrm{J}_1'(\alpha r_0) = 0. \tag{167}$$

Die Wurzeln dieser Gleichung nennen wir y_n; sie sind in nebenstehender Tabelle für $n = 1$ bis 4 aufgeführt. Daher ist die Dämpfung

n	y_n
1	1,840
2	5,335
3	8,535
4	11,705

$$\alpha = \frac{y_n}{r_0}. \tag{168}$$

Jeder Wurzel y_n entspricht ein bestimmter Feldtyp. Die allgemeine Lösung des Potentials kann man demnach als Überlagerung aller möglichen Feldtypen darstellen:

$$X = \sin\varphi \sum_{n=1,2,3\ldots}^{\infty} B_n\, \mathrm{J}_1\left(y_n \frac{\varrho}{r_0}\right) e^{-y_n z/r_0}. \tag{169}$$

Wenn die Kaminlänge l in der Größenordnung des Radius r_0 oder größer als r_0 ist, so ist praktisch nur der Grundtyp ($n = 1$) maßgebend; alle anderen Feldtypen sind so stark gedämpft, daß sie nicht mehr in Erscheinung treten. Demnach ist die „Kamindämpfung" a_k nach der Gleichung

$$a_\mathrm{k} = y_1 \frac{l}{r_0} = 1{,}84 \frac{l}{r_0} \tag{170}$$

zu berechnen. Ein Vergleich mit der entsprechenden Gl. (71) für das elektrische Feld zeigt, daß die Kamindämpfung für das magnetische Feld um den Faktor $1{,}84/2{,}40 \approx 0{,}77$ geringer ist.

Beispiel: Wenn das magnetische Feld, das durch ein Loch hindurchtritt, durch einen Kamin auf den zehnten Teil herabgesetzt werden soll ($a_\mathrm{k} = 2{,}3$ N), so muß die Kaminlänge nach Gl. (170)

$$l = \frac{2{,}30}{1{,}84} r_0 = 1{,}25\, r_0$$

sein.

6. Magnetische Lochkopplungen zwischen koaxialen Leitungen

Bei der in Abb. 130 gezeigten Anordnung sind zwei in Reihe geschaltete Koaxialleitungen durch eine metallische Kurzschlußscheibe voneinander getrennt, die im Abstand a von der Achse ein Loch mit Radius r_0 hat. Das magnetische Feld, das in der Primärleitung als Folge des Leitungsstroms I vorhanden ist, greift durch das Loch hindurch und induziert in der Sekundärleitung eine Spannung U_2. Sie ist proportional dem Strom I, der Frequenz und einer Größe, die wir die magnetische Kopplung M_{12} nennen:

$$U_2 = \mathrm{j}\,\omega\, M_{12}\, I. \tag{171}$$

Dieselbe Beziehung besteht für die Anordnung in Abb. 131. Hier fließt ein zu einem äußeren Leitungssystem gehöriger Strom I über den Außenleiter, der ein Loch mit dem Radius r_0 hat. Auch hier greift das äußere Magnetfeld durch das Loch hindurch und induziert eine Spannung U_2 in dem Koaxialsystem.

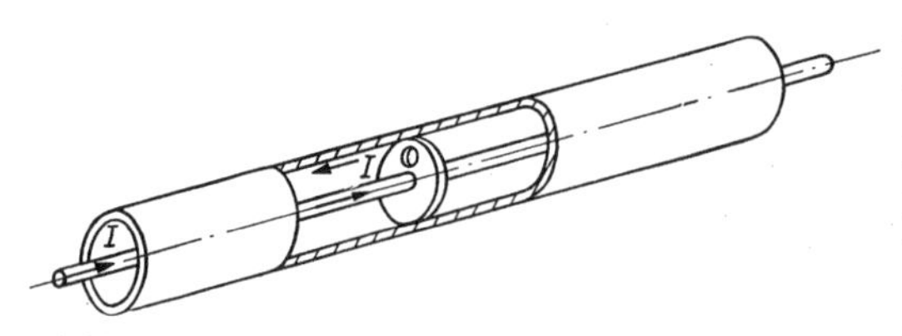

Abb. 130. Zwei in Reihe geschaltete Koaxialleitungen, die durch eine Kurzschlußwand mit Loch vom Radius r_0 miteinander gekoppelt sind

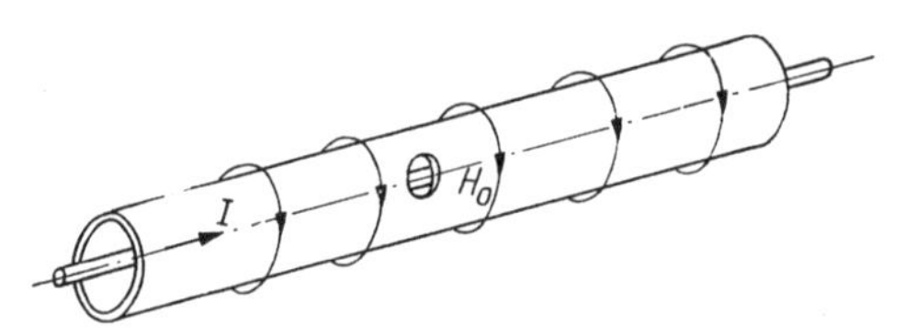

Abb. 131. Koaxiales Leitungssystem mit Loch vom Radius r_0 im Außenleiter. I äußerer Strom über den Außenleiter

Wir befassen uns zunächst mit dem in Abb. 130 gezeichneten Fall. Das Loch ersetzen wir durch den äquivalenten magnetischen Dipol, dessen Moment nach früherem

$$m\,h = \frac{8}{3}\,\mu_0\, r_0^3\, H_0 \tag{172}$$

ist. Hier bedeutet H_0 die magnetische Feldstärke in der Primärleitung an der Lochmitte ($\varrho = a$; $\varphi = 0$); sie hängt mit dem Strom I durch die Beziehung

$$H_0 = \frac{I}{2\pi a} \tag{173}$$

zusammen. Wir müssen zunächst das Potential X_0 dieses Dipols mittels Zylinderkoordinaten ϱ, φ und z ausdrücken, deren Koordinatenanfangspunkt ($\varrho = 0$; $z = 0$), entsprechend Abb. 132, auf der Kabelachse unterhalb des Dipols ($\varphi = 0$) liegt. Hierfür erhält man die Gleichung

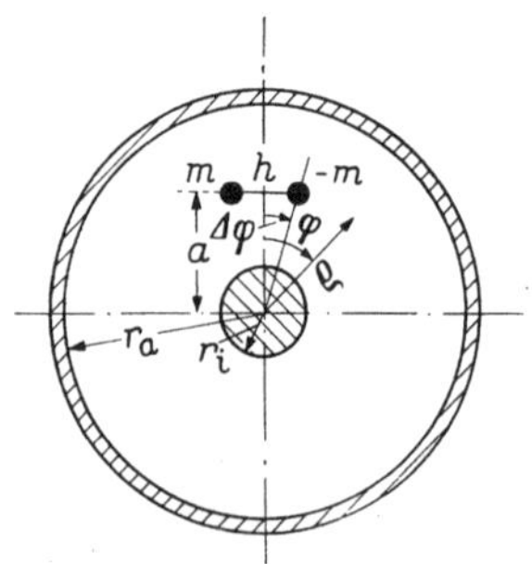

Abb. 132. Zur Berechnung des von einem magnetischen Dipol innerhalb einer metallischen Zylinderhülle hervorgerufenen Feldes

$$X_0 = \frac{m\,h\,\varrho\sin\varphi}{4\pi\,\mu_0\,(\varrho^2 + a^2 - 2a\,\varrho\cos\varphi + z^2)^{3/2}}\,, \tag{174}$$

die sich aus der Überlagerung der Potentiale von zwei Einzelpolen [nach Gl. (73) mit μ_0 statt ε_0] mit den Polstärken m und $-m$ ergibt, die den sehr kleinen Abstand h voneinander haben. Diese Form des Dipolpotentials eignet sich noch nicht für unsere Zwecke; wir brauchen X_0 in einer Gestalt, die die Partikulärlösungen der LAPLACEschen Differentialgleichung $\Delta X = 0$ in Zylinderkoordinaten enthält. Wir erreichen dies am einfachsten, indem wir auf Gl. (78) zurückgreifen, die das Potential eines einzelnen Poles bereits in der gewünschten Form ausdrückt. Um hieraus das Potential des Dipols herzuleiten, überlagern wir die Potentiale von zwei Einzelpolen m und $-m$, die von der Achse $\varphi = 0$ aus gesehen die Winkelkoordinate $-\Delta\varphi$ und $\Delta\varphi$ haben (Abb. 132). Es ist

$$\Delta\varphi = \frac{h}{2a}. \tag{175}$$

Setzen wir nun in Gl. (78) an Stelle von φ für den rechten Pol $\varphi - \Delta\varphi$ und für den linken Pol $\varphi + \Delta\varphi$ und summieren die Potentiale der Einzelpole, so ergibt sich (G, Lit. [6])

$$X_0 = \frac{\mathrm{i}\,m\,h}{2\pi\,\mu_0\,a} \sum_{n=1,2,3\ldots}^{\infty} n \sin n\varphi \int_0^{\infty} \mathrm{J}_n(\mathrm{i}\,a\,\tau)\,\mathrm{H}_n(\mathrm{i}\,\varrho\,\tau)\cos z\tau\,\mathrm{d}\tau \qquad \text{für} \quad \varrho > a. \tag{176}$$

Dabei ist die Relation

$$\cos n(\varphi - \Delta\varphi) - \cos n(\varphi + \Delta\varphi) \approx 2n\,\Delta\varphi \sin n\varphi \tag{177}$$

benutzt und $\Delta\varphi$ nach Gl. (175) eingesetzt worden. Diesem Potential überlagern wir nun ein Potential X_w, das die Rückwirkung der Leiteroberflächen des Außen- und Innenleiters ausdrückt, so daß das Potential des resultierenden Feldes

$$X = X_0 + X_\mathrm{w} \tag{178}$$

ist. In Anlehnung an die Gl. (176) können wir nun für das Rückwirkungspotential den Ansatz

$$X_\mathrm{w} = \frac{\mathrm{i}\,m\,h}{2\pi\,\mu_0\,a} \sum_{n=1}^{\infty} n \sin n\varphi \int_{\tau=0}^{\infty} [A_n\,\mathrm{J}_n(\mathrm{i}\,\varrho\,\tau) + B_n\,\mathrm{H}_n(\mathrm{i}\,\varrho\,\tau)]\cos z\tau\,\mathrm{d}\tau \tag{179}$$

mit den noch unbekannten Funktionen $A_n(\tau)$ und $B_n(\tau)$ machen. Diese erhalten nun feste Werte durch die Oberflächenbedingung. Wir setzen sie so fest, daß die magnetische Feldstärke an der inneren Oberfläche des Außenleiters ($\varrho = r_\mathrm{a}$) und an der äußeren Oberfläche des Innenleiters ($\varrho = r_\mathrm{i}$) tangentiell gerichtet sein soll, entsprechend der Tatsache, daß bei hohen Frequenzen das magnetische Feld nicht in die Leiter eindringen kann (Flußverdrängungseffekt). Es soll also gelten

$$\left(\frac{\partial X}{\partial \varrho}\right)_{\varrho = r_\mathrm{a}} = 0; \quad \left(\frac{\partial X}{\partial \varrho}\right)_{\varrho = r_\mathrm{i}} = 0. \tag{180}$$

Setzt man hierin die Beziehungen (176) und (179) ein, so ergeben sich für die Funktionen $A_n(\tau)$ und $B_n(\tau)$ die Ausdrücke

$$\begin{aligned} A_n &= -\frac{\mathrm{J}_n'(\mathrm{i}\,r_\mathrm{i}\,\tau)\,\mathrm{H}_n(\mathrm{i}\,a\,\tau) - \mathrm{J}_n(\mathrm{i}\,a\,\tau)\,\mathrm{H}_n'(\mathrm{i}\,r_\mathrm{i}\,\tau)}{\mathrm{J}_n'(\mathrm{i}\,r_\mathrm{i}\,\tau)\,\mathrm{H}_n'(\mathrm{i}\,r_\mathrm{a}\,\tau) - \mathrm{J}_n'(\mathrm{i}\,r_\mathrm{a}\,\tau)\,\mathrm{H}_n'(\mathrm{i}\,r_\mathrm{i}\,\tau)}\,\mathrm{H}_n'(\mathrm{i}\,r_\mathrm{a}\,\tau),\\ B_n &= \frac{\mathrm{J}_n'(\mathrm{i}\,r_\mathrm{a}\,\tau)\,\mathrm{H}_n(\mathrm{i}\,a\,\tau) - \mathrm{J}_n(\mathrm{i}\,a\,\tau)\,\mathrm{H}_n'(\mathrm{i}\,r_\mathrm{a}\,\tau)}{\mathrm{J}_n'(\mathrm{i}\,r_\mathrm{i}\,\tau)\,\mathrm{H}_n'(\mathrm{i}\,r_\mathrm{a}\,\tau) - \mathrm{J}_n'(\mathrm{i}\,r_\mathrm{a}\,\tau)\,\mathrm{H}_n'(\mathrm{i}\,r_\mathrm{i}\,\tau)}\,\mathrm{J}_n'(\mathrm{i}\,r_\mathrm{i}\,\tau). \end{aligned} \tag{181}$$

Der Strich an den Zylinderfunktionen J_n und H_n bedeutet dabei den Differentialquotienten nach dem gesamten Argument. Damit ist das Feld in der gestörten Koaxialleitung formal bekannt. Die Auswertung des Integrals dürfte jedoch unüberwindliche Schwierigkeiten bereiten. Wir erreichen nun unser Ziel, die gesamte Spannung in der gestörten Leitung zu berechnen, mit Hilfe des FOURIERschen Integraltheorems, ohne das Feld im einzelnen zu kennen. Zu diesem Zweck berechnen wir die Spannung U_{w}, die das Rückwirkungsfeld mit dem Potential X_{w} nach Gl. (179) und (181) in der als unendlich lang angenommenen gestörten Leitung induziert. Zu diesem Zweck integrieren wir die Normalkomponente H_φ der magnetischen Feldstärke auf der Ebene $\varphi = \pi$ über den unendlichen Querschnitt zwischen Innen- und Außenleiter ($r_{\mathrm{i}} \leqq \varrho \leqq r_{\mathrm{a}}$; $0 \leqq z \leqq \infty$):

$$U_{\mathrm{w}} = -\mathrm{j}\,\omega\,\mu_0 \int\limits_{\varrho=r_{\mathrm{i}}}^{r_{\mathrm{a}}} \int\limits_{z=0}^{\infty} (H\varphi)_{\varphi=\pi}\,\mathrm{d}z\,\mathrm{d}\varrho \tag{182}$$

mit

$$H_\varphi = \frac{\partial X_{\mathrm{w}}}{\varrho\,\partial\varphi}\,.$$

Für X_{w} hat man hier die Gl. (179) unter Benutzung von Gl. (181) einzusetzen. Wir wollen den Integranden in Gl. (182) nicht hinschreiben, da er zu umfangreich ist. Für die Auswertung des Integrals begnügen wir uns mit dem Hinweis auf das FOURIERsche Integral in Gl. (92), das wir auch hier anwenden. Es läßt sich so das dreifache Integral geschlossen ausrechnen, und man erhält schließlich die Spannung in der Form einer unendlichen Summe

$$U_{\mathrm{w}} = -\frac{\mathrm{j}\,\omega\,m\,h}{4\pi\,a} \sum_{n=1}^{\infty} (-1)^n \left[\left(\frac{a}{r_{\mathrm{a}}}\right)^n + \left(\frac{r_{\mathrm{i}}}{a}\right)^n\right], \tag{183}$$

die sich als geometrische Reihe leicht summieren läßt.

Somit ergibt sich

$$U_{\mathrm{w}} = \frac{\mathrm{j}\,\omega\,m\,h}{4\pi} \left(\frac{1}{r_{\mathrm{a}} + a} + \frac{r_{\mathrm{i}}}{a}\,\frac{1}{a + r_{\mathrm{i}}}\right). \tag{184}$$

Um nun die magnetische Kopplung ermitteln zu können, müssen wir die gesamte Spannung U_2 kennen, die in der gestörten Leitung induziert wird. Wir haben also zu U_{w} noch diejenige Spannung U_0 zu addieren, die durch das Dipolfeld nach Gl. (174) induziert wird. Wir benutzen hierfür ebenfalls Gl. (182), wobei an Stelle von X_{w} hier das Potential X_0 nach Gl. (174) einzusetzen ist. Daher ergibt sich

$$\begin{aligned} U_0 &= -\frac{\mathrm{j}\,\omega\,m\,h}{4\pi} \int\limits_{\varrho=r_{\mathrm{i}}}^{r_{\mathrm{a}}} \mathrm{d}\varrho \int\limits_{z=0}^{\infty} \left(\frac{\partial X_0}{\varrho\,\partial\varphi}\right)_{\varphi=\pi} \mathrm{d}z = \\ &= \frac{\mathrm{j}\,\omega\,m\,h}{4\pi} \left(\frac{1}{a + r_{\mathrm{i}}} - \frac{1}{r_{\mathrm{a}} + a}\right). \end{aligned} \tag{185}$$

Zählen wir jetzt die beiden Spannungen U_w und U_0 nach Gl. (184) und (185) zusammen, so erhalten wir den einfachen Ausdruck

$$U_2 = U_0 + U_w = \frac{j\,\omega\, m\, h}{4\pi a}. \tag{186}$$

Setzen wir hierin nun für das Dipolmoment seinen Wert aus Gl. (172) ein und beachten, daß die störende Feldstärke H_0 den Wert nach Gl. (173) hat, so ergibt sich als Endformel für die magnetische Kopplung gemäß der Definition nach Gl. (171) der überraschend einfache Ausdruck

$$M_{12} = \frac{\mu_0 r_0^3}{3\pi^2 a^2}. \tag{187}$$

Zunächst ist auffällig, daß weder der Radius r_a des Außenleiters noch der Radius r_i des Innenleiters eingehen. Dies läßt sich so klarmachen, daß bei Verengung des Querschnittes zwischen Innen- und Außenleiter auch das Feld komprimiert, d. h. verstärkt wird, so daß sich beide Wirkungen aufheben. Aber auch vom Standpunkt des Reziprozitätssatzes ist es plausibel, daß r_i und r_a nicht vorkommen können. Nehmen wir z. B. den Fall an, daß die störende Leitung andere Durchmesser hat als die gestörte, so muß auch Gl. (187) gelten, da die Störfeldstärke H_0 nach Gl. (173) von dem Durchmesserverhältnis unabhängig ist. Vertauscht man nun beide Leitungen, so darf sich die Kopplung wegen des Reziprozitätssatzes nicht ändern. Dies würde aber eintreten, wenn in der Kopplungsformel (187) für M_{12} die Radien r_a und r_i vorkämen (G, Lit. [6]). Die Gl. (187) läßt sich auch auf den Fall anwenden, daß das Loch im Außenleiter liegt wie in Abb. 131. Hierbei hat man in Gl. (186) an Stelle von a den Außenleiterradius r_a einzusetzen. Das gleiche gilt auch in der Gl. (173) für H_0. Hier muß man jedoch zwischen der Anordnung nach Abb. 112 und 113 unterscheiden; gehört der Außenleiter ebenfalls zu dem äußeren Leitungssystem wie in Abb. 112, so ist in Gl. (173) für a ebenfalls r_a zu nehmen. Bei zwei verschiedenen Koaxialleitungen jedoch wie in Abb. 113 muß man in Gl. (173) r_{a1} und in Gl. (186) r_{a2} für a einsetzen. Demnach ist

$$M_{12} = \frac{\mu_0 r_0^3}{3\pi^2} \begin{cases} \dfrac{1}{r_a^2} & \text{nach Bild 112,} \\[2ex] \dfrac{1}{r_{a1}\, r_{a2}} & \text{nach Bild 113.} \end{cases} \tag{188}$$

Dieses Vorgehen läßt sich dadurch begründen, daß man zunächst das Moment des äquivalenten Dipols halb so groß wie in Gl. (172) zu nehmen hat, ähnlich wie bei der Kugelhülle mit Loch nach Gl. (129), weil durch die Rückwirkung des Außenleiters ein ungefähr gleich großer Beitrag zustande kommt ($U_w \approx U_0$ für $a \to r_a$). Andererseits sind die Integrale über die z-Achse nicht wie in Gl. (182) und (185) von 0 bis ∞, sondern über die ganze Achse von $-\infty$ bis ∞ zu erstrecken, was den Faktor 2 bedeutet. Infolgedessen heben sich die beiden Effekte genau auf.

Beispiel: Wir berechnen die magnetische Kopplung für die gleiche Anordnung wie bei der kapazitiven Kopplung im Anschluß an Gl. (100) ($r_a = 1{,}8$ cm; $r_0 = 1$ cm). Nach Gl. (188) erhält man

$$M_{12} = \frac{4}{3\pi} \frac{(r_0/\mathrm{cm})^3}{(r_a/\mathrm{cm})^2} \,\mathrm{nH} = \frac{4}{3\pi\,(1{,}8)^2} \,\mathrm{nH} = 0{,}13\,\mathrm{nH}.$$

7. Zusammenwirken von kapazitiven und magnetischen Lochkopplungen

Im allgemeinen werden die elektrischen und magnetischen Kopplungswirkungen nicht, wie bisher angenommen wurde, getrennt, sondern gleichzeitig auftreten. Dies ist insbesondere dann der Fall, wenn man die störende Leitung mit ihrem Wellenwiderstand abschließt, weil

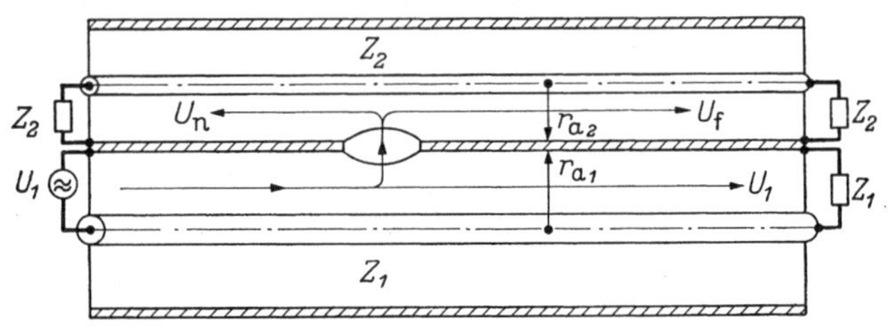

Abb. 133. Zwei parallele Koaxialleitungen, die durch ein Loch miteinander gekoppelt sind. Z_1 und Z_2 Wellenwiderstand von Leitung *1* und *2*

dann die elektrische und magnetische Feldenergie gleich groß werden. Es ist nun wichtig zu wissen, in welchem Verhältnis die Spannungen zueinander stehen, die durch die beiden Kopplungsarten in dem gestörten Leitungssystem hervorgerufen werden. Wir legen dabei eine Anordnung nach Abb. 133 zugrunde, bei der zwei parallele Koaxialleitungen über ein Loch miteinander gekoppelt sind. Die in Abb. 130 dargestellte Anordnung scheidet bei dieser Betrachtung aus, da bei ihr nur magnetische Kopplungen auftreten können. Ohne die Allgemeinheit zu beschränken, können wir beispielsweise die untere Leitung in Abb. 133 als die störende ansehen. An ihr liege die Spannung U_1; da sie mit dem Wellenwiderstand $Z_1 = \sqrt{L_1/C_1}$ abgeschlossen sein soll, fließt in ihr der Strom

$$I_1 = \frac{U_1}{Z_1}. \tag{189}$$

Die Spannung U_1 und der Strom I_1 erzeugen nun durch die kapazitive Kopplung C_{12} und die magnetische Kopplung M_{12} Spannungen in der gestörten Leitung 2, die wir U_c und U_m nennen. Wie in Abb. 116 ist die durch die kapazitive Kopplung hervorgerufene Spannung U_c eine Querspannung, während die Spannung U_m infolge der magnetischen Kopplung eine Längsspannung in der gestörten Leitung ist. Daher teilt sich diese Spannung zur Hälfte mit entgegengesetzten Vorzeichen auf die beiden gleichen Abschlußwiderstände auf, die gleich dem Wellenwiderstand $Z_2 = \sqrt{L_2/C_2}$ sind. Die durch die kapazitive Kopplung C_{12} influenzierte Spannung ist nach Abb. 116

$$U_c = \frac{1}{2} \mathrm{j}\,\omega\, C_{12} Z_2 U_1, \tag{190}$$

während die durch die magnetische Kopplung M_{12} induzierte Spannung sich zu

$$U_m = \frac{1}{2} \mathrm{j}\,\omega\, M_{12} I_1 = \frac{1}{2} \mathrm{j}\,\omega\, M_{12} \frac{U_1}{Z_1} \tag{191}$$

ergibt. Das Verhältnis dieser beiden Spannungen ist daher

$$\frac{U_m}{U_c} = \frac{M_{12}}{C_{12} Z_1 Z_2}. \tag{192}$$

Setzt man nun für C_{12} und M_{12} die Gl. (100) und (188) ein und beachtet Gl. (E 15), so ergibt sich schließlich

$$\frac{U_m}{U_c} = 2. \tag{193}$$

Diese Gleichung besagt, daß die Wirkung der magnetischen Lochkopplung doppelt so groß ist wie die der kapazitiven. Das Verhältnis der am nahen Ende in der gestörten Leitung entstehenden Spannung U_n zu der am fernen Ende U_f ist demnach (G, Lit. [6])

$$\frac{U_n}{U_f} = \frac{U_m + U_c}{U_m - U_c} = 3. \tag{194}$$

Dieses Ergebnis steht im Gegensatz zu den Schlitzkopplungen, wo die beiden Wirkungen annähernd gleich groß sind, so daß U_f fast verschwindet [Gl. (G 62) und (G 63)].

Beispiel: In den Beispielen der beiden Kap. 3 und 6 haben wir die elektrische und magnetische Kopplung zwischen zwei gleichen Koaxialkabeln vom Radius $r_a = 1{,}8$ cm und $r_i = 0{,}5$ cm bei einem Lochradius von $r_0 = 1$ cm berechnet. Wir wollen hier die Nahnebensprechdämpfung

$$a_n = \ln\left|\frac{U_1}{U_m + U_c}\right| = \ln\left|\frac{U_1}{1{,}5\,U_m}\right|$$

bei einer Wellenlänge von 12 cm ($f = 2{,}5 \cdot 10^9$ Hz) angeben. Zunächst ermitteln wir den Wellenwiderstand zu $Z_1 = Z_2 = 77\ \Omega$. Da die magnetische Kopplung $M_{12} = 0{,}13$ nH war, so erhalten wir mit Gl. (191) eine Nahnebensprechdämpfung von

$$a_n = \ln \frac{2 \cdot 77}{2\pi \cdot 2{,}5 \cdot 0{,}13 \cdot 1{,}5} \approx \ln 50 = 3{,}9\,\mathrm{N}.$$

8. Anwendungen der Lochkopplungen

a) Bandfilter

Bekanntlich stellt eine kurzgeschlossene koaxiale Leitung bei gewissen Frequenzen, den sogenannten Resonanzfrequenzen, einen Schwingkreis mit großer Güte dar, die mit zunehmender Frequenz wächst. Diese Tatsache nutzt man aus, um Bandfilter mit geringer

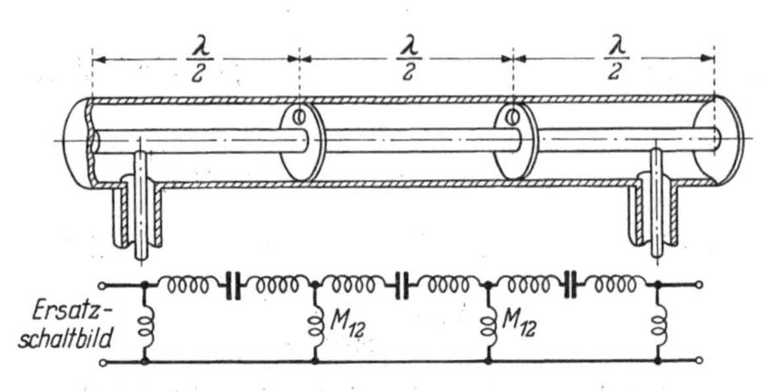

Abb. 134. Dreistufiges Bandfilter mit magnetischen Lochkopplungen

Durchlaßbreite und scharfem Dämpfungsanstieg an den Flanken bei kurzen Wellen zu bauen. Man braucht dann mehrere Leitungen, deren Länge gleich einer halben Wellenlänge ist. Man kann solche Leitungen entweder parallel oder hintereinander legen; sie werden durch Löcher miteinander gekoppelt. Die Abb. 134 zeigt im Prinzip ein dreistufiges Filter mit hintereinandergeschalteten $\lambda/2$-Leitungen; die Kopplung zwischen den Kreisen ist jeweils die magnetische Lochkopplung M_{12}. Das Ersatzschaltbild ist ebenfalls in Abb. 134 gezeigt; es gilt in der Umgebung der Resonanzfrequenz.

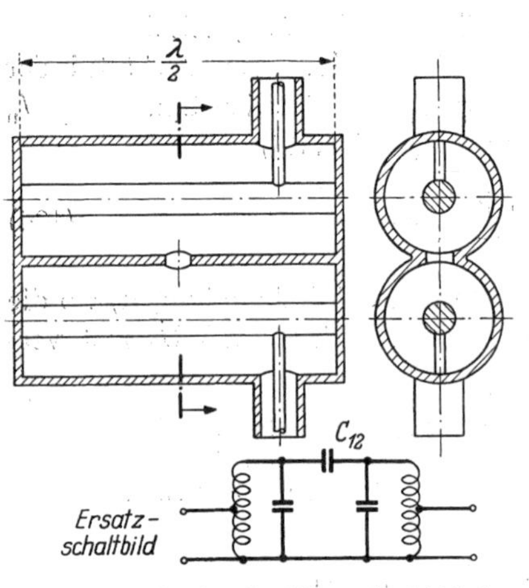

Abb. 135. Zweistufiges Bandfilter mit elektrischer Lochkopplung

In Abb. 135 ist ein zweistufiges Bandfilter im Parallelaufbau dargestellt. Das Loch befindet sich in der Mitte, wo die Spannung ein Maximum (Spannungsbauch) hat und der Strom Null ist (Stromknoten). Das Loch wirkt demnach als elektrische Kopplung zwischen den Kreisen.

b) Richtungskoppler

Der in Abb. 133 gezeigte Aufbau läßt sich nicht unmittelbar als Reflexionsmesser verwenden, weil die durch das Loch in die Hilfsleitung eingekoppelte Leistung sich zum nahen und fernen Ende aufspaltet. Dies steht im Gegensatz zu den Schlitzkopplungen (Abb. 115), bei denen sich die kapazitiven und magnetischen Kopplungswirkungen zum fernen Ende der Hilfsleitung nahezu kompensieren [Gl. (G 64)]. Man kann jedoch auch den Lochkoppler als Reflexionsmesser ausnutzen, wenn man zwei um eine Viertelwellenlänge versetzte Löcher wie in Abb. 136 verwendet. Hierbei heben sich die Kopplungswirkungen der beiden Löcher für die primäre Welle am nahen Ende der Hilfsleitung auf, weil sie mit entgegengesetzter Phase ankommen. Am fer-

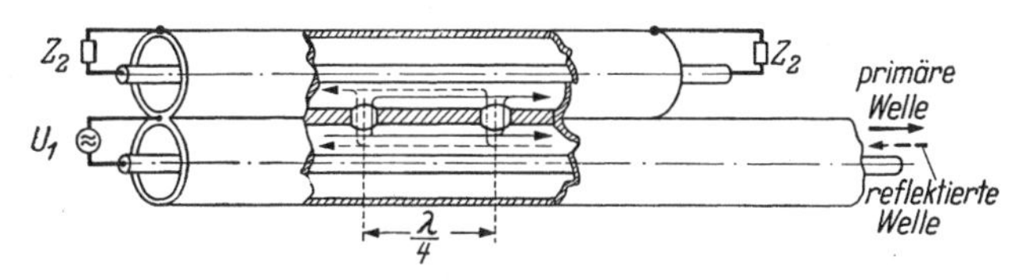

Abb. 136
Richtungskoppler mit zwei um eine Viertelwellenlänge versetzten Löchern als Reflexionsmesser

nen Ende dagegen addieren sie sich algebraisch, weil sie den gleichen Phasenweg durchlaufen. Für die reflektierte Welle in der Hauptleitung ist es umgekehrt. Das Verhältnis der Spannungen am nahen und fernen Ende in der Hilfsleitung gibt daher den Reflexionsfaktor in der Hauptleitung an. Ein solcher Reflexionsmesser zeigt jedoch nur richtige Werte für die Frequenzen an, bei denen der Lochabstand gleich dem ungeradzahlig Vielfachen einer Viertelwellenlänge ist [2].

Dieser Nachteil wird bei der in Abb. 137 gezeigten Ausführung mit einem einzigen Loch vermieden, die für alle Frequenzen gilt. Die Achse der Hilfsleitung ist hier um einen Winkel α zur Hauptleiterachse geneigt. Die Drehung erfolgt dabei um den Mittelpunkt des Loches. Die Größe des Winkels α ergibt sich aus der Theorie wie folgt:

Bei Drehung der Hilfsleitung um die Achse, die durch den Lochmittelpunkt geht und senkrecht zu den Leitungsachsen ist, wird die elektrische Kopplung nicht verändert, weil sie rotationssymmetrisch ist. Dagegen ändert sich die magnetische Kopplung proportional dem $\cos\alpha$, weil nur diejenige Komponente des das Loch ersetzenden magnetischen Dipols in Abb. 132 in der Hilfsleitung wirksam wird, die senkrecht zu ihrer Leiterachse ist. Da nun die magnetische Kopplungswirkung doppelt so groß ist wie die kapazitive [Gl. (193)], so muß $\cos\alpha = 0{,}5$ sein, wenn man exakte Kompensation am fernen Ende erzielen will. Es muß also

$$\alpha = 60°$$

sein. Dieser Wert wurde auch durch Messungen ausgezeichnet bestätigt [3]. Bei einem solchen Richtungskoppler heben sich nun am fernen Ende die beiden Kopplungswirkungen bei allen Frequenzen auf. Der

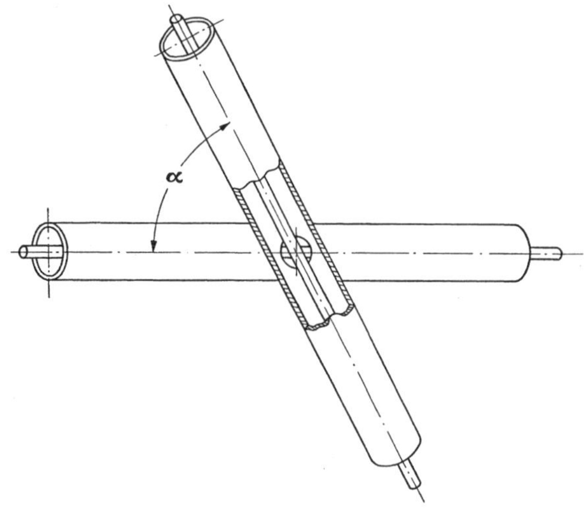

Abb. 137. Richtungskoppler mit Loch und verdrehter Hilfsleitung ($\alpha = 60°$)

Winkel $\alpha = 60°$ gilt streng nur für sehr dünne Außenleiter ($d \ll r_0$), weil die „Kamindämpfungen" nach Gl. (71) und (170) für elektrische und magnetische Kopplungen verschieden sind. Daher wird der Winkel α in Wirklichkeit etwas größer als 60° sein müssen.

Literatur zu H

[1] Ollendorf, Fr.: Potentialfelder der Elektrotechnik. Berlin 1932.
[2] Mumford, W.W.: Directional Couplers. Proc. Inst. Radio Engrs. **35**, 160/65 (1947).
[3] Ginzton, E. L. u. Goodwin, P. S.: A Note on Coaxial Bethe-Hole Directional Couplers. Proc. Inst. Radio Engrs. **38**, 305/09 (1950).

I. Umgriff des elektrischen und magnetischen Feldes um den Rand offener Schirme

Hat ein Leiter eine Spannung gegen „Erde", so entsteht in dem ihn umgebenden Raum ein elektrisches Feld. Befindet sich nun ein zweiter Leiter in diesem Raum, so influenziert dieses Feld in ihm eine Spannung oder eine Ladung, je nachdem er von „Erde" isoliert oder mit „Erde" verbunden ist. Diese Influenzwirkung haben wir bisher durch die Teilkapazität C_{12} zwischen den beiden Leitern *1* und *2* nach Abb. 111 zum Ausdruck gebracht. Man kann sie zum Verschwinden bringen, wenn man einen der Leiter mit einem allseitig geschlossenen Metallschirm umgibt, der mit „Erde" leitend verbunden ist. Es gibt jedoch Fälle, bei denen diese geschlossene Hülle einen zu großen konstruktiven Aufwand bedeuten würde, so daß man sich mit einem ebenen Metallblech endlicher Ausdehnung begnügen muß, das zwischen den beiden Leitern liegt. Das primäre Feld wird nun um den Rand herumgreifen und eine restliche Influenz auf den zweiten Leiter ausüben, die um so geringer sein wird, je ausgedehnter das Blech ist. Für den Konstrukteur ist es nun wichtig zu wissen, wie groß das Blech gemacht werden muß, damit diese Beeinflussung hinreichend klein wird.

Wir behandeln dieses Umgriffproblem an Hand von zwei idealisierten Schirmformen, die zu den bisher behandelten Durchgriffproblemen des Spaltes und des Kreisloches reziprok sind: Einmal nehmen wir einen unendlich langen Blechstreifen der Breite b an (zweidimensionales Problem), und dann gehen wir zu dem dreidimensionalen Fall einer dünnen Kreisscheibe mit dem Radius r_0 über.

1. Umgriff um einen Blechstreifen der Breite *b*

Da es sich hier um eine zweidimensionale Potentialaufgabe handelt, lösen wir sie mit Hilfe einer konformen Abbildung. Zu diesem Zweck bilden wir den Blechstreifen in der physikalischen $\mathfrak{z}$-Ebene (Abb. 138)

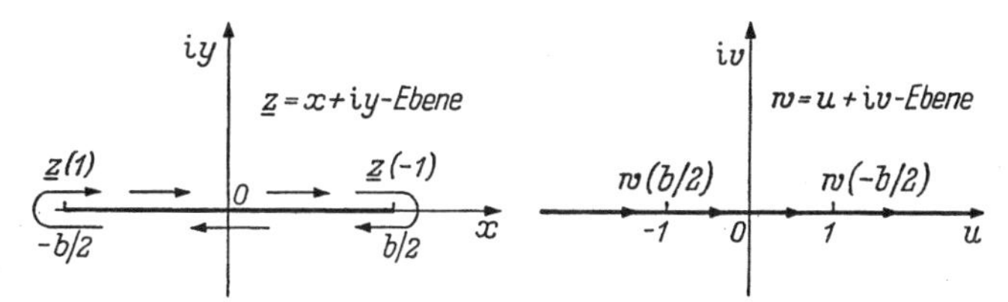

Abb. 138. Konforme Abbildung eines Blechstreifens der Breite b auf die unendliche reelle Achse ($v = 0$) in der w-Ebene

auf die unendliche reelle Achse ($v = 0$) in der w-Ebene ab. Den Streifen fassen wir nun als das reziproke Gegenstück zu dem unendlich dünnen Schirm mit Spalt auf. Infolgedessen gewinnen wir die Abbildungsfunktion aus Gl. (G 15), indem wir den Quotienten $2\mathfrak{z}_1/b$ durch den reziproken Wert $(b/2\mathfrak{z})$ ersetzen. Dann erhalten wir

$$w = -\frac{b}{2\mathfrak{z}} \mp \sqrt{\left(\frac{b}{2\mathfrak{z}}\right)^2 - 1}\,. \tag{1}$$

Der Streifen ist hier der Verzweigungsschnitt einer zweiblättrigen RIEMANNschen Fläche in der $\mathfrak{z}$-Ebene. Damit das obere Blatt auf die obere w-Halbebene abgebildet wird, haben wir das Minuszeichen genommen. Auf dem oberen Ufer des Streifens ($y \to +0$) gilt das obere Vorzeichen der Wurzel. Geht man um den Verzweigungsschnitt herum auf das untere Ufer ($y \to -0$), so wechselt das Vorzeichen. In nebenstehender Tabelle sind die zusammengehörigen Punkte in der $\underline{z}$- und w-Ebene vermerkt.

Wir betrachten nun zwei Leiter *1* und *2*, die gemäß Abb. 139 durch einen Schirmstreifen voneinander getrennt sind. Der Leiter *1* habe die Ladung q pro Längeneinheit und den Abstand h_1 vom Schirm. Er erzeugt demnach ein elektrisches Feld, das um den Rand des Blechstreifens herumgreift und in dem Leiter *2* eine Spannung U_2 gegen den Schirm 0 influenziert. Die Spannung des störenden Leiters *1* gegen den Schirm sei U_1. Dann ist die Ladung

$\underline{z}$	w
$+0$	$-\infty$
$+b/2$	-1
-0	0
$-b/2$	$+1$
$+0$	$+\infty$

$$q = U_1 C_{10}, \tag{2}$$

wenn C_{10} den Kapazitätsbelag des Leiters *1* gegen den Schirm bedeutet. Diese Ladung q gegenüber dem Schirm mit der Ladung $-q$ wirkt nun für Entfernungen, die groß gegen h_1 sind ($|\underline{z}| \gg h_1$), wie ein Linien-

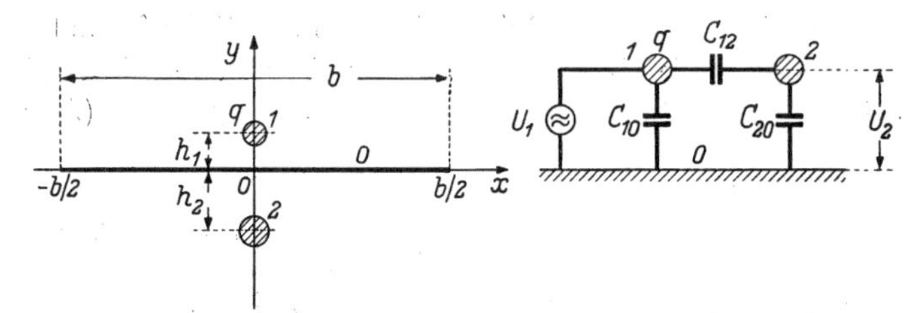

Abb. 139. Zwei Leiter *1* und *2*, die durch einen Schirmstreifen *0* der Breite *b* voneinander getrennt sind, mit Ersatzschaltbild
q Ladung pro Längeneinheit auf Leiter *1*, C_{12} Umgriffskapazität zwischen Leiter *1* und *2*

dipol, dessen zweiter Linienpol im Spiegelpunkt $x = 0$, $y = -h_1$ liegt. Daher ist das Moment des Liniendipols $2q\,h_1$. Der Koordinatenanfangspunkt $\underline{z} = 0$ ist hierbei in der Schirmmitte unter dem Leiter *1* angenommen. Das komplexe Potential dieses Dipols ist nun

$$\underline{Z}_0 = -\frac{\mathrm{i}\,q\,h_1}{\pi\,\varepsilon_0\,\underline{z}}. \tag{3}$$

Wir machen nun für das komplexe Potential $\underline{Z}$ der Anordnung in Abb. 139 den Ansatz Gl. (G 25)

$$\underline{Z} = C\,w = -C\left[\frac{b}{2\underline{z}} \pm \sqrt{\left(\frac{b}{2\underline{z}}\right)^2 - 1}\right]. \tag{4}$$

Die hier auftretende Konstante C bestimmen wir nun mit Hilfe eines Grenzübergangs: Wenn nämlich der Streifen unendlich breit wird ($b \to \infty$), so muß $\underline{Z}$ nach Gl. (4) mit dem Dipolpotential $\underline{Z}_0$ nach

Gl. (3) identisch werden:

$$\lim_{b\to\infty} \underline{Z} = \underline{Z}_0. \tag{5}$$

Dies liefert nun für C den Wert $\mathrm{i}\, q\, h_1/\pi\, \varepsilon_0\, b$. Setzt man ihn in Gl. (4) ein, so ist das Potential bekannt; es lautet

$$\underline{Z} = -\frac{\mathrm{i}\, q\, h_1}{\pi\, \varepsilon_0\, b}\left[\frac{b}{2\underline{z}} \pm \sqrt{\left(\frac{b}{2\underline{z}}\right)^2 - 1}\,\right]. \tag{6}$$

Wir berechnen nun die Spannung U_2, die in den Leiter *2* gegen den Schirm *0* influenziert wird; dieser Leiter habe die Koordinate $x = 0$, $y = -h_2$. Für $\underline{z} = -\mathrm{i}\, h_2$ wird das komplexe Potential $\underline{Z}$ reell; demnach ist die Spannung

$$U_2 = \underline{Z}(-0) - \underline{Z}(-\mathrm{i}\, h_2) = -\underline{Z}(-\mathrm{i}\, h_2). \tag{7}$$

Nun soll der Leiterabstand h_2 klein gegen $b/2$ sein. Daher entwickeln wir die Wurzel in Gl. (6) nach dem Quotienten $2h_2/b$. Beachtet man, daß das Minuszeichen der Wurzel zu nehmen ist, so wird

$$U_2 = \frac{q\, h_1\, h_2}{\pi\, \varepsilon_0\, b^2}. \tag{8}$$

Wir drücken jetzt die Ladung q durch die Primärspannung U_1 nach Gl. (2) aus und setzen gemäß dem Ersatzschaltbild in Abb. 139

$$U_2 = \frac{C_{12}}{C_{20}}\, U_1. \tag{9}$$

Damit ergibt sich durch Vergleich mit Gl. (8) folgende Gleichung für die Teilkapazität zwischen dem Leiter *1* und *2*:

$$C_{12} = \frac{h_1\, h_2\, C_{10}\, C_{20}}{\pi\, \varepsilon_0\, b^2}. \tag{10}$$

Wie man sieht, ist sie umgekehrt proportional dem Quadrat der Streifenbreite b; die Leiterabstände h_1 und h_2 vom Schirm gehen linear ein.

Beispiel: Zwei Drähte vom Radius 2 mm sind nach Abb. 139 durch einen Blechstreifen mit einer Breite von $b = 5$ cm voneinander getrennt. Beide Drähte haben von dem Schirm den Abstand $h_1 = h_2 = 1$ cm. Um die Umgriffkapazität C_{12} nach Gl. (10) berechnen zu können, bestimmen wir zunächst die Kapazitäten C_{10} und C_{20}, die nach Gl. (B 207) mit $2\pi\, \varepsilon_0 = 10^3/18$ pF/m sich zu

$$C_{10} = C_{20} = 24{,}2\, \frac{\mathrm{pF}}{\mathrm{m}}$$

ergeben. Damit ist die Umgriffkapazität

$$C_{12} = \frac{36}{10^3}\, \frac{(h_1/\mathrm{cm})\,(h_2/\mathrm{cm})}{(b/\mathrm{cm})^2}\left(C_{10}\Big/\frac{\mathrm{pF}}{\mathrm{m}}\right)\left(C_{20}\Big/\frac{\mathrm{pF}}{\mathrm{m}}\right)\frac{\mathrm{pF}}{\mathrm{m}} = \frac{36\,(24{,}2)^2}{10^3\cdot 25}\,\frac{\mathrm{pF}}{\mathrm{m}} \approx 0{,}84\,\frac{\mathrm{pF}}{\mathrm{m}}.$$

Um die Gegeninduktivität M_{12} berechnen zu können, nehmen wir an, daß der Leiter *1* den Strom I führt. Zusammen mit seinem Spiegelbild entsteht ein Liniendipol, der nach Gl. (E 131) ($\psi = 0$; $a = h_1$; $e = 0$) das Potential

$$\underline{Z}_0 = -I \frac{h_1}{\pi \underline{z}} \qquad (11)$$

hat. Wir bestimmen jetzt das komplexe Potential $\underline{Z}$ nach dem gleichen Verfahren wie für das elektrische Feld, indem wir Gl. (4) und (5) benutzen. Dann zeigt sich, daß die Konstante C den Wert $C = I h_1/\pi b$ hat. Damit lautet das Potential

$$\underline{Z} = -\frac{I h_1}{\pi b}\left[\frac{b}{2\underline{z}} \pm \sqrt{\left(\frac{b}{2\underline{z}}\right)^2 - 1}\right]. \qquad (12)$$

Die Gegeninduktivität M_{12} ermitteln wir nun aus dem Kraftfluß, der durch die vom Leiter *2* und dem Schirm *0* gebildete Fläche hindurchtritt (Abb. 139). Dieser Kraftfluß ist dem Imaginärteil (Vektorpotential) Y von $\underline{Z}$ proportional. Daher gilt die Beziehung

$$I M_{12} = \mu_0 Y_{\substack{x=0\\ y=-h_2}} \,. \qquad (13)$$

Entwickelt man nun das Potential $\underline{Z}$ nach dem als klein vorausgesetzten Quotienten $2h_2/b$, wobei das Minuszeichen vor der Wurzel in Gl. (12) zu nehmen ist, so ergibt sich die Formel

$$M_{12} = \frac{\mu_0 h_1 h_2}{\pi b^2}, \qquad (14)$$

die der Gl. (10) für die Teilkapazität C_{12} analog ist.

Beispiel: Für die gleiche Anordnung wie in dem obigen Beispiel für die Umgriffkapazität ($b = 5$ cm, $h_1 = h_2 = 1$ cm) erhält man nach Gl. (14) eine Umgriff- oder Gegeninduktivität von

$$M_{12} = \frac{2}{5}\,\frac{(h_1/\text{cm})\,(h_2/\text{cm})}{(b/\text{cm})^2}\,\frac{\mu\text{H}}{\text{m}} = \frac{2}{5\cdot 25}\,\frac{\mu\text{H}}{\text{m}} = 16\,\frac{\text{nH}}{\text{m}}.$$

Zur Veranschaulichung unserer Ergebnisse gehen wir noch auf die Kraftlinien des elektrischen und magnetischen Feldes ein. Zu diesem Zweck benutzen wir normierte Koordinaten; wir setzen für

$$\frac{2\underline{z}}{b} = \zeta = \xi + \mathrm{i}\eta = \varrho\, \mathrm{e}^{\mathrm{i}\varphi}. \qquad (15)$$

An Stelle des Potentials $\underline{Z}$ führen wir das normierte Potential Γ ein:

$$\Gamma \equiv A + \mathrm{i}B = \frac{\underline{Z}}{C}. \qquad (16)$$

Dann haben wir an Stelle von Gl. (6) die Beziehung

$$\Gamma = -\mathrm{i}\left(\frac{1}{\zeta} \pm \sqrt{\left(\frac{1}{\zeta}\right)^2 - 1}\right), \qquad (17)$$

die wir nach Real- und Imaginärteil A und B trennen müssen. Es ist zweckmäßig, hierfür eine Hilfsvariable

$$\cos\psi = \frac{1}{\zeta} \quad \text{mit} \quad \psi = \psi_1 + \mathrm{i}\,\psi_2 \qquad (18)$$

zu verwenden. Dann verwandelt sich Gl. (17) in die einfache Exponentialfunktion

$$\Gamma = -\mathrm{i}\,e^{\mathrm{i}\varphi} = e^{-\psi_2}(-\mathrm{i}\cos\psi_1 + \sin\psi_1), \tag{19}$$

die man leicht in den Real- und Imaginärteil aufspalten kann

$$A = e^{-\psi_2}\sin\psi_1, \tag{20}$$

$$B = -e^{-\psi_2}\cos\psi_1. \tag{21}$$

Der Zusammenhang zwischen ϱ und φ einerseits und ψ_1 und ψ_2 andererseits geht aus Gl. (18) hervor:

$$\frac{1}{\varrho}e^{-\mathrm{i}\varphi} = \frac{\cos\varphi - \mathrm{i}\sin\varphi}{\varrho} = \cos\psi_1\cosh\psi_2 - \mathrm{i}\sin\psi_1\sinh\psi_2. \tag{22}$$

Hieraus ergibt sich

$$\varrho = \frac{1}{\sqrt{\cos^2\psi_1 + \sinh^2\psi_2}}, \tag{23}$$

$$\tan\varphi = \tan\psi_1\tanh\psi_2. \tag{24}$$

Will man rechtwinklige Koordinaten ξ und η haben, so hat man nach den Gleichungen

$$\xi = \frac{\cos\psi_1\cosh\psi_2}{\cos^2\psi_1 + \sinh^2\psi_2}, \tag{25}$$

$$\eta = \frac{\sin\psi_1\sinh\psi_2}{\cos^2\psi_1 + \sinh^2\psi_2} \tag{26}$$

zu rechnen.

Die Kurven $B = \text{const}$ liefern nun die elektrischen Feldlinien, während die Kurvenschar $A = \text{const}$ als orthogonale Trajektorien die magnetischen Feldlinien ergeben. Man geht für die numerische Rechnung so vor, daß man zunächst die Gl. (20) und (21) nach ψ_2 auflöst.

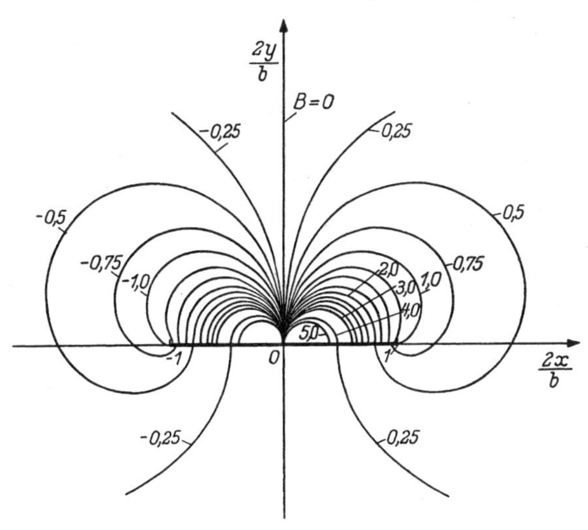

Abb. 140. Der Umgriff des elektrischen Feldes um einen Schirmstreifen der Breite b

Dann bekommt man für konstante Werte von A und B für jedes ψ_1 das zugehörige ψ_2. Dieses Wertepaar, in Gl. (25) und (26) eingesetzt, ergibt die zusammengehörigen Werte von ξ und η. In Abb. 140 und 141 sind die so gewonnenen Kurvenscharen $A = \text{const}$ und $B = \text{const}$ eingezeichnet. Man erkennt, daß das Feld auf der unteren Seite des Streifens zunimmt, wenn man sich dem Rand nähert. Bei dem magnetischen Feld zirkuliert ein Teil des Kraftflusses um den Streifen, während der Hauptteil sich oberhalb des Streifens schließt.

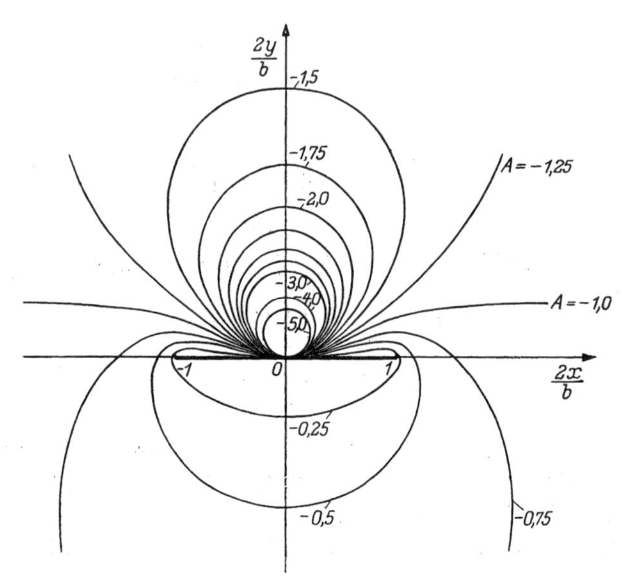

Abb. 141. Der Umgriff des magnetischen Feldes um einen Schirmstreifen der Breite b

2. Umgriff um eine Kreisscheibe vom Radius r_0

Als Repräsentanten eines ebenen Schirmes, der nach zwei Dimensionen begrenzt ist, wählen wir die unendlich dünne Kreisscheibe mit dem Radius r_0. Nach Abb. 142 teilen wir den Raum wieder in drei Teile: Im Raumteil a soll sich der störende Körper *1* befinden; Raum a wird begrenzt durch die Kreisplatte und durch die Halbkugelfläche, die sich über der Kreisplatte wölbt. Der Raumteil i ergänzt den Raumteil a zu einer Vollkugel; er befindet sich auf der anderen Seite des Schirmes und enthält den gestörten Körper *2*. Der gesamte Raum außerhalb der fiktiven Kugel sei Raumteil u. Der Radius r_0 der Kugelfläche ist also gleich dem Radius des Schirmes. Der Nullpunkt des Koordinatensystems liege in der Schirmmitte. Die sphärischen Polarkoordinaten r, ϑ sind aus Abb. 142 zu ersehen. Wir berechnen zunächst das störende Feld im Raumteil a. Dabei nehmen wir an, daß der Körper *1* vor der Mitte der Kreisplatte liegt. Hat er nun die Spannung U_1 gegen den Schirm, und ist die Kapazität zwischen Körper *1* und Schirm C_{10}, so beträgt die Ladung des Körpers

$$q = U_1 C_{10}. \tag{27}$$

An der Oberfläche des Schirmes müssen die elektrischen Kraftlinien senkrecht enden. Dieser Bedingung genügen wir, indem wir uns auf der anderen Schirmseite im gleichen Abstand h_1 eine gleich große, aber entgegengesetzte Ladung $-q$ denken. Demnach haben wir in einiger Entfernung vom Körper *1* in erster Näherung ein Dipolfeld, dessen Potential bekanntlich

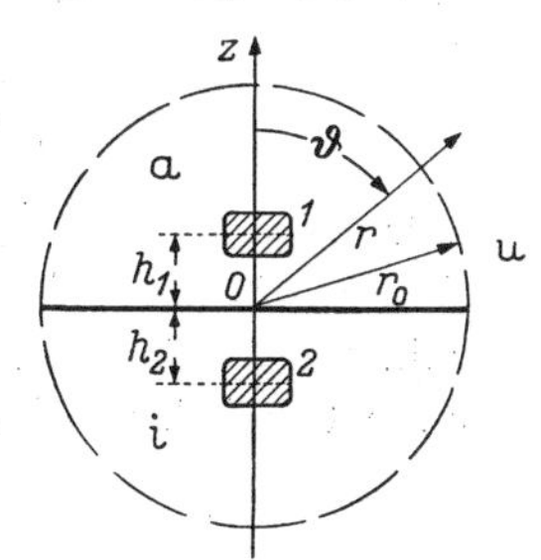

Abb. 142. Zwei Körper *1* und *2*, die durch einen Kreisschirm vom Radius r_0 voneinander getrennt sind

$$X_0 = \frac{q\,h_1}{2\pi\,\varepsilon_0}\,\frac{\cos\vartheta}{r^2} \tag{28}$$

ist. Wir können nun den Ausdruck für das gesamte Potential X, das in dem Raum a herrscht, hinschreiben. Er muß eine Lösung der Potentialgleichung (H 1) sein, weiterhin der Bedingung Gl. (H 2) für $r \leqq r_0$ genügen und auch noch für $r \to 0$ in das Erregerpotential X_0 übergehen. Daher besteht für $r \leqq r_0$ und $0 < \vartheta < \pi/2$ der Ansatz

$$X = \frac{q\,h_1}{2\pi\,\varepsilon_0}\,\frac{\cos\vartheta}{r^2} + \sum_{n=1,3,5\ldots}^{\infty} A_n\,r^n\,\mathrm{P}_n(\cos\vartheta), \tag{29}$$

der der Gl. (H 5) analog ist; an Stelle von r^{-1-n} in Gl. (H 5) steht hier r^n entsprechend den Ausführungen in Abschn. M, Kap. 2. Wäre die Scheibe unendlich groß, so würde die Summe verschwinden; sie ist also die Rückwirkung der Schirmbegrenzung auf das störende Feld und verschwindet für $r = 0$. Entsprechend den Ausführungen in Abschn. H können wir für das Feld im gestörten Raum i ($r \leqq r_0$; $\pi/2 < \vartheta < \pi$) den Ausdruck

$$X = -\sum_{n=1,3,5\ldots}^{\infty} A_n\,r^n\,\mathrm{P}_n(\cos\vartheta) \tag{30}$$

ansetzen. Die weitere Rechnung gestaltet sich nun genauso wie in Abschn. H; wir stellen durch Reihenentwicklung eine Lösung her, die innerhalb der gesamten Schirmkugel ($r \leqq r_0$) gültig ist. Hierbei treten die gleichen Entwicklungskoeffizienten $c_{m,n}$ nach Gl. (H 11) auf. Macht man nun für das Potential im Raum u ($r \geqq r_0$) den Ansatz

$$X = \frac{q\,h_1}{4\pi\,\varepsilon_0}\,\frac{\cos\vartheta}{r^2} + \sum_{m=0,2,4\ldots}^{\infty} B_m\,r^{-1-m}\,\mathrm{P}_m(\cos\vartheta), \tag{31}$$

so entsteht durch die Grenzbedingungen an der Oberfläche der Schirmkugel ($r = r_0$) das gleiche unendliche Gleichungssystem für a_n wie Gl. (H 17), wenn man für

$$A_n = (-1)^{\frac{(n-1)}{2}} \frac{q\, h_1\, a_n}{4\pi\, \varepsilon_0\, r_0^{2+n}} \tag{32}$$

einführt. Daher gilt hier die gleiche Lösung wie in Gl. (H 18). Somit lautet die Gleichung für das Potential im geschirmten Raum i ($r \leqq r_0$; $\pi/2 < \vartheta < \pi$) wie folgt:

$$X = -\frac{q\, h_1}{2\pi^2\, \varepsilon_0\, r_0^2} \sum_{n=1,3,5\,\ldots}^{\infty} \frac{(-1)^{\frac{n-1}{2}}}{n+2} \left(\frac{r}{r_0}\right)^n \mathrm{P}_n(\cos\vartheta)\,. \tag{33}$$

Wir nehmen nun an, daß der gestörte Körper *2* sich ebenfalls vor der Schirmmitte im Abstand h_2 befindet, der klein im Vergleich zu r_0 sein soll. Dann können wir uns bei der Angabe der Spannung U_2 auf das erste Glied der Reihe in Gl. (33) beschränken. Demnach ist

$$U_2 = X_{\substack{r=h_2\\ \vartheta=\pi}} = \frac{q\, h_1\, h_2}{6\pi^2\, \varepsilon_0\, r_0^3}\,. \tag{34}$$

Hieraus erhält man nun die Teilkapazität C_{12} zwischen den Körpern *1* und *2* nach der Definition Gl. (9) und mit Benutzung von Gl. (27) zu

$$C_{12} = \frac{h_1\, h_2\, C_{10}\, C_{20}}{6\pi^2\, \varepsilon_0\, r_0^3} = \frac{3}{5\pi} \frac{(h_1/\mathrm{cm})\,(h_2/\mathrm{cm})}{(r_0/\mathrm{cm})^3} (C_{10}/\mathrm{pF})(C_{20}/\mathrm{pF})\,\mathrm{pF}\,. \tag{35}$$

Die Teilkapazität ist hiernach umgekehrt proportional der dritten Potenz des Schirmradius r_0.

Wir betrachten nun eine Anordnung, bei der eine Spule vor einem offenen Schirm liegt, der wieder durch eine Kreisplatte mit dem Radius r_0 angenähert wird. Wir wollen das magnetische Feld berechnen, das um den Rand des Schirmes auf die andere Seite gelangt. Die Frequenzen sollen so hoch sein, daß das magnetische Feld nicht in die metallische Schirmplatte eindringt und demnach tangentiell an ihrer Oberfläche verläuft. Wenn wir nun die Spule durch einen magnetischen Dipol annähern (s. Abschn. E, Kap. 5), so tragen wir der Oberflächenbedingung dadurch Rechnung, daß wir den Ersatzdipol am Schirm mit gleichem Vorzeichen spiegeln. Daher ist in einiger Entfernung von der Spule ihr Feld im oberen Halbraum doppelt so groß, als wenn der Schirm nicht da wäre. Mit dem in Abb. 143 angedeuteten Koordinatensystem haben wir entsprechend Gl. (E 160) folgende Gleichung für das Potential X_0 des magnetischen Erregerfeldes:

$$X_0 = \frac{I\, N_1\, F_1}{2\pi} \frac{\sin\varphi\, \sin\vartheta}{r^2}\,. \tag{36}$$

Hierbei bedeuten N_1 die Windungszahl, F_1 den mittleren Windungsquerschnitt und I den Strom der Erregerspule. Gemäß Abb. 143 teilen wir auch hier den Raum in drei Teile a, i, u. Der Teil a ist der Halbkugelraum mit dem Radius r_0, in der sich die störende Spule befindet.

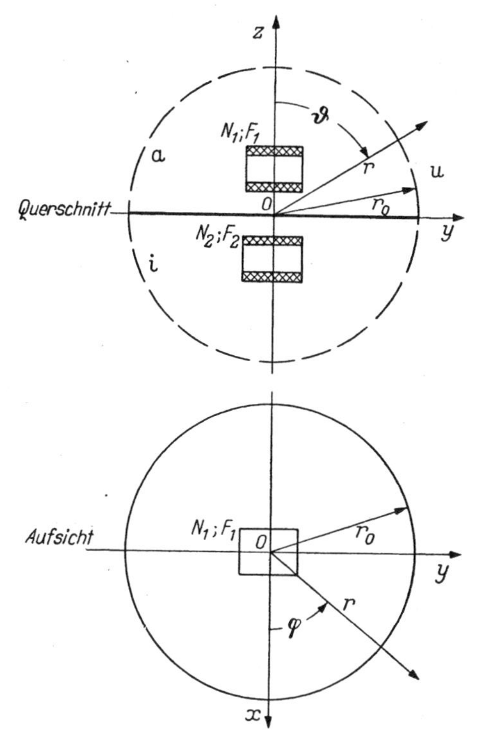

Abb. 143. Zwei Spulen, die durch einen Kreisschirm vom Radius r_0 voneinander entkoppelt sind

Der Raumteil i ergänzt Teil a zu einer Vollkugel. Zu dem Raumteil u zählt der gesamte unendliche Raum außerhalb der Kugel mit dem Radius r_0. Die Potentiale in diesen drei Teilen sind nun

$$X = X_0 + \sin\varphi \sum_{n=1,3,5\ldots}^{\infty} A_n r^n \mathrm{P}_n^1(\cos\vartheta) \quad \text{für} \quad r \leqq r_0;\ 0 < \vartheta < \frac{\pi}{2}, \tag{37}$$

$$X = -\sin\varphi \sum_{n=1,3,5\ldots}^{\infty} A_n r^n \mathrm{P}_n^1(\cos\vartheta) \quad \text{für} \quad r \leqq r_0;\ \frac{\pi}{2} < \vartheta < \pi, \tag{38}$$

$$X = \frac{1}{2} X_0 + \sin\varphi \sum_{m=2,4,6\ldots}^{\infty} B_m r^{-(1+m)} \mathrm{P}_m^1(\cos\vartheta) \quad \text{für} \quad r \geqq r_0. \tag{39}$$

Auch hier stellen wir eine geschlossene Lösung für $r \leqq r_0$ her durch Reihenentwicklungen wie Gl. (H 113), wobei dieselben Entwicklungskoeffizienten $c_{m,n}$ vorkommen. Auch das aus den Grenzbedingungen sich ergebende unendliche Gleichungssystem (H 118) ist das gleiche, wenn man für

$$A_n = (-1)^{\frac{n-1}{2}} \frac{N_1 F_1 I}{4\pi\, n\, r_0^{n+2}} \gamma_n \tag{40}$$

setzt. Daher ist auch γ_n nach Gl. (H 119) gegeben. Wir erhalten also folgende Gleichung für das gesuchte Potential in dem Raumteil i:

$$X = -\frac{I N_1 F_1}{\pi^2 r_0^2} \sin\varphi \sum_{n=1,3,5\ldots}^{\infty} \frac{(-1)^{\frac{n-1}{2}}}{n(n+2)} \left(\frac{r}{r_0}\right)^n \mathrm{P}_n^1(\cos\vartheta). \tag{41}$$

Wenn sich die gestörte Spule *2* sehr nahe am Schirm befindet, können wir uns auf das erste Glied der Reihe in Gl. (41) beschränken. Dann lautet die Näherungsformel für das Potential

$$X = \frac{I N_1 F_1 r}{3\pi^2 r_0^3} \sin\varphi \sin\vartheta. \tag{42}$$

Die magnetische Feldstärke, die die Spule durchsetzt, ist demnach

$$H_\vartheta = \left(\frac{\partial X}{r\,\partial\vartheta}\right)_{\substack{\vartheta=\pi \\ \varphi=\pi/2}} = -\frac{I N_1 F_1}{3\pi^2 r_0^3}. \tag{43}$$

Damit ergibt sich die Spannung U_2, die in der Spule *2* induziert wird, zu

$$U_2 = -\mathrm{j}\,\omega\,\mu_0 H_\vartheta N_2 F_2. \tag{44}$$

Definitionsgemäß ist sie $\mathrm{j}\,\omega\, M_{12} I_1$, wobei M_{12} die Gegeninduktivität bedeutet. Setzt man in Gl. (44) die Beziehung (43) für H_ϑ ein, so erhält man für M_{12} die Gleichung

$$M_{12} = \frac{\mu_0}{3\pi^2} \frac{N_1 N_2 F_1 F_2}{r_0^3} = \frac{4}{3\pi} \frac{N_1 N_2 (F_1/\mathrm{cm}^2)(F_2/\mathrm{cm}^2)}{(r_0/\mathrm{cm})^3}\,\mathrm{nH}. \tag{45}$$

Auch hier steht die dritte Potenz des Schirmradius r_0 im Nenner wie bei der Teilkapazität nach Gl. (35). Die Gleichung ist symmetrisch in den Windungszahlen und Wicklungsquerschnitten der beiden Spulen, wie es sein muß.

K. Schirmwirkung von Drahtgittern

Wir wollen in diesem Kapitel Schirme betrachten, die aus äquidistanten Drähten oder Metallstäben hergestellt sind, die man auch als Drahtgitter bezeichnet. In Abb. 144 ist ein aus zwei Drahtreihen mit dem Abstand $2x_0$ bestehender Schirm dargestellt, eine Anordnung, die der in Abb. 46 mit homogenen Wänden analog ist. Den Abstand der Drähte innerhalb einer Reihe bezeichnen wir mit a und den Drahtradius mit r_i. Die beiden Drahtreihen sollen in einem in der z-Richtung (Abb. 144) genommenen großen Abstand leitende Querverbindungen haben. Wie in Abb. 46 entsteht dann auch hier ein abgeschirmter Raum, der in der x-Richtung (Abb. 144) von den beiden Drahtreihen begrenzt wird; in der y-Richtung nehmen wir den Raum als unendlich ausgedehnt an. Herrscht nun im Außenraum ($|x| > x_0$) ein homogenes magnetisches Wechselfeld mit der Amplitude H_a, das parallel zur y-Achse ausgerichtet ist, so bilden je zwei gegenüberliegende Drähte infolge der Querverbindung eine Kurzschlußwindung, in der der Strom I induziert wird. Dieser Strom erzeugt nun ein Gegenfeld, das das ursprüngliche Störungsfeld innerhalb des abgeschirmten Raumes schwächt. Es bleibt hier demnach ein Restfeld übrig, das im Gegensatz zu den im Abschn. C behandelten Feldern nicht mehr homogen ist. Wir stellen uns die Aufgabe, den Feldverlauf zu ermitteln.

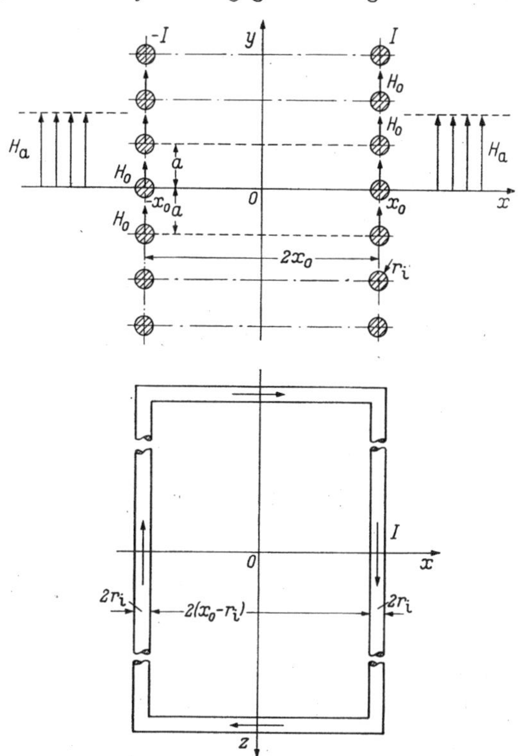

Abb. 144. Ein durch zwei parallele Drahtreihen (Drahtgitter) abgeschirmter Raum

Wir berechnen zunächst das magnetische Feld der beiden stromdurchflossenen Drahtgitter, ohne auf das äußere Störungsfeld Rücksicht zu nehmen. Den Strom I lassen wir dabei noch offen; er wird später bestimmt. Da wir es mit einem ebenen Feld zu tun haben, verwenden wir zweckmäßig die komplexe Koordinate $\underline{z} = x + \mathrm{i}\, y$ und das komplexe Potential $\underline{Z}$. Wir gehen von dem Potential $\underline{Z}_n$ eines einzelnen Drahtes aus, das sich nach Gl. (B 81) zu

$$\underline{Z}_n = -\frac{\mathrm{i}\, I}{2\pi} \ln \underline{z}_n \tag{1}$$

berechnet; $\underline{z}_n$ ist dabei die komplexe Koordinate vom Mittelpunkt des n-ten Drahtes aus genommen. Da der Anfangspunkt des Koordinatensystems $\underline{z}$ in der Mitte zwischen den Drahtreihen liegt, so ist

$$\underline{z}_n = \underline{z} \mp x_0 - \mathrm{i}\, n\, a. \tag{2}$$

Hierin gilt das Minuszeichen für die rechte und das Pluszeichen für die linke Drahtreihe in Abb. 144. Das gesamte Potential $\underline{Z}_g$ des Gitterschirmes ist nun einfach die Summe über alle Einzelpotentiale $\underline{Z}_n$, wobei die rechte Reihe mit positivem Strom, die linke Reihe mit negativem Strom einzusetzen ist. Somit ist

$$\underline{Z}_g = -\frac{\mathrm{i}\,I}{2\pi}\sum_{n=-\infty}^{\infty}\ln\frac{\underline{z}-x_0-\mathrm{i}\,n\,a}{\underline{z}+x_0-\mathrm{i}\,n\,a}. \tag{3}$$

Die Gleichung formen wir so um, daß wir an Stelle der Summe über die Logarithmen den Logarithmus über ein Produkt nehmen, wobei wir gleichzeitig die Glieder mit positiven und negativen n zusammenfassen. Dann entsteht

$$\underline{Z}_g = -\frac{\mathrm{i}\,I}{2\pi}\ln\frac{\underline{z}-x_0}{\underline{z}+x_0}\prod_{n=1}^{\infty}\frac{(\underline{z}-x_0)^2+n^2a^2}{(\underline{z}+x_0)^2+n^2a^2}. \tag{4}$$

Diese Gleichung verwandeln wir weiter mit Hilfe der Produktdarstellung des Sinushyperbolicus. Es ist nämlich (A, Lit. [2])

$$\sinh\underline{z} = \underline{z}\prod_{n=1}^{\infty}\left(1+\frac{\underline{z}^2}{n^2\pi^2}\right). \tag{5}$$

Daher haben wir an Stelle der Gl. (4) die gleichwertige Gleichung

$$\underline{Z}_g = -\frac{\mathrm{i}\,I}{2\pi}\ln\frac{\sinh\frac{\pi(\underline{z}-x_0)}{a}}{\sinh\frac{\pi(\underline{z}+x_0)}{a}}. \tag{6}$$

Um nun das resultierende Potential $\underline{Z}_1$ zu erhalten, addieren wir zu diesem Gitterpotential $\underline{Z}_g$ noch das Potential $-\mathrm{i}\,H_a\,\underline{z}$ des homogenen Störungsfeldes

$$\underline{Z}_1 = -\mathrm{i}\,H_a\,\underline{z}+\underline{Z}_g. \tag{7}$$

Wir haben hier den Index 1 angebracht, um anzudeuten, daß die Gl. (7) die erste Näherung ist. Die zweite Näherung entsteht, wenn man noch das Feld der Wirbelströme hinzufügt, die durch das magnetische Feld in den Gitterdrähten induziert werden, ein Effekt, der der Nähewirkung bei den Leitungen analog ist (s. Abschn. B, Kap. 2c und Abschn. E, Kap. 2a). Zur Berechnung dieses Effektes bestimmen wir zunächst die Feldstärke H_0 in der Achse eines beliebigen Drahtes, wenn dieser nicht da wäre. Zu dieser Feldstärke liefern die Ströme der eigenen Drahtreihe keinen Beitrag, weil sich ihre Wirkungen paarweise aufheben; dagegen sind die Ströme der gegenüberliegenden Reihe und das äußere Feld beteiligt. Es ergibt sich die Feldstärke zu

$$H_0 = H_a - \frac{I}{2a}\coth\frac{2\pi\,x_0}{a}; \tag{8}$$

sie ist wie das äußere Feld parallel zur y-Achse gerichtet, wie in Abb. 144 angedeutet ist. Durch dieses Feld werden nun in den Drähten Wirbelströme induziert, die nach außen so wirken, als ob in jedem Draht ein Liniendipol vorhanden wäre. Sein Moment ist proportional dem Rückwirkungsfaktor W nach Gl. (B 38) und dem Quadrat des Drahtradius r_i. Jeder Draht wirkt nun nach außen wie ein Liniendipol und erzeugt also ein komplexes Potential der Größe $\mathrm{i}\, H_0\, r_i^2\, W/\underline{z}_n$. Demnach ist das Potential $\underline{Z}_d$, das von allen Drähten herrührt, die Summe über die Einzelpotentiale. Mithin ist unter Benutzung von Gl. (2) für $\underline{z}_n$

$$\underline{Z}_d = \mathrm{i}\, H_0\, r_i^2\, W \left[\sum_{n=-\infty}^{\infty} \frac{1}{\underline{z} - x_0 - \mathrm{i}\, n\, a} + \sum_{n=-\infty}^{\infty} \frac{1}{\underline{z} + x_0 - \mathrm{i}\, n\, a} \right]. \tag{9}$$

Wir verwenden nun die bekannte Gleichung (A, Lit. [2])

$$\cot \underline{z} = \sum_{n=-\infty}^{\infty} \frac{1}{\underline{z} + \pi\, n} \tag{10}$$

und erhalten aus Gl. (9) den geschlossenen Ausdruck

$$\underline{Z}_d = \mathrm{i}\, H_0\, W \frac{\pi\, r_i^2}{a} \left[\coth \frac{\pi(\underline{z} - x_0)}{a} + \coth \frac{\pi(\underline{z} + x_0)}{a} \right]. \tag{11}$$

Das Potential $\underline{Z}_2$ der zweiten Näherung entsteht nun einfach dadurch, daß zu $\underline{Z}_1$ nach Gl. (7) noch $\underline{Z}_d$ nach Gl. (11) hinzugefügt wird. Daher ist

$$\underline{Z}_2 \equiv X_2 + \mathrm{i}\, Y_2 = -\mathrm{i}\, H_a\, \underline{z} + \underline{Z}_g + \underline{Z}_d. \tag{12}$$

Wir sind jetzt in der Lage, den induzierten Strom I in den Drähten zu ermitteln. Hierzu dient eine aus dem Induktionsgesetz Gl. (A 4) folgende Vorschrift: Die Spannung, die durch den magnetischen Kraftfluß in einer von zwei gegenüberliegenden Drähten gebildeten Fläche induziert wird, muß gleich der Spannung an der inneren Oberfläche der Drähte sein. Die Spannung an der Drahtoberfläche setzt sich nun für die Längeneinheit in der z-Richtung zusammen aus dem Spannungsabfall $2I\,(R_i + \mathrm{j}\,\omega\, L_i)$ des Stromes I und der Feldstärke $E = -2\,\mathrm{j}\,\omega\,\mu_0\, r_i\, H_0\,(1 - W)$, die von den Wirbelströmen herrührt [Gl. (B 36) für $\varphi = \pi$]. Daher muß folgende Gleichung gelten:

$$\begin{aligned} \mathrm{j}\,\omega\,\mu_0 \big(Y_2(-x_0 + r_i) - Y_2(x_0 - r_i)\big) &= \\ = 2I(R_i + \mathrm{j}\,\omega\, L_i) - 2\mathrm{j}\,\omega\,\mu_0\, r_i\, H_0 (1 - W). \end{aligned} \tag{13}$$

Hierin bedeutet $R_i + \mathrm{j}\,\omega\, L_i$ die innere Impedanz eines Drahtes nach Gl. (E 8) und (E 9). Benutzt man nun die Gl. (6), (8), (11) und (12) und entwickelt die einzelnen Terme in Gl. (13) nach dem Quotienten r_i/a, wobei nur Glieder bis zur 2. Ordnung in Betracht zu ziehen sind, so fallen alle linearen Glieder in r_i heraus. Die Auflösung nach dem gesuchten Strom I ergibt dann, wenn man Zähler und Nenner noch durch den Gleichstromwiderstand $R_0 = 1/\pi r_i^2 \varkappa$ eines Drahtes kürzt, die Beziehung

$$I = \frac{j\left(\frac{r_i}{\delta_i}\right)^2\left[2\pi\frac{x_0}{a} - 2\left(\frac{\pi r_i}{a}\right)^2 W \coth\frac{2\pi x_0}{a}\right] H_a a}{\varrho_i + j\left(\frac{r_i}{\delta_i}\right)^2\left[\lambda_i + \ln\frac{\sinh 2\pi x_0/a}{\sinh \pi r_i/a} - \left(\frac{\pi r_i}{a}\right)^2 W \coth^2\frac{2\pi x_0}{a}\right]}. \tag{14}$$

Hierin bedeuten ϱ_i und λ_i die Widerstands- und Induktivitätsfunktion für den Draht nach Gl. (E 10) und (E 11), (δ_i äquivalente Leitschichtdicke im Draht). Diesen Wert für den Strom I hat man nun in die Gl. (6), (8) und (11) einzusetzen. Damit ist das gesamte Feld durch Gl. (12) bestimmt. Die Feldstärke H berechnen wir zweckmäßigerweise, indem wir sie als Zeiger in der komplexen Ebene auffassen ($H = H_x + $ $+ \mathrm{i}\, H_y$). Die Differentiation von Z_2 nach z liefert dann den konjugiert komplexen Wert $H^* = H_x - \mathrm{i}\, H_y$ der Feldstärke. Daher ist

$$H^* = -\mathrm{i}\, H_a - \mathrm{i}\frac{I}{2a}\left[\coth\frac{\pi(z - x_0)}{a} - \coth\frac{\pi(z + x_0)}{a}\right] - \\ - \mathrm{i}\, H_0 W\left(\frac{\pi r_i}{a}\right)^2\left[\frac{1}{\sinh^2\frac{\pi(z - x_0)}{a}} + \frac{1}{\sinh^2\frac{\pi(z + x_0)}{a}}\right]. \tag{15}$$

Man erkennt ohne Schwierigkeit, daß auf der x-Achse, d. h. auf der Verbindungslinie zwischen den Mittelpunkten von zwei gegenüberliegenden Drähten ($y = 0$; $z = x$), die H_x-Komponente verschwindet; die Feldstärke ist parallel zum ursprünglichen Störungsfeld gerichtet. Setzt man nun voraus, daß der Drahtabstand a klein im Vergleich zum Reihenabstand $2x_0$ ist ($x_0 \gg a$), was meistens der Fall ist, so kann man für $\coth \pi\, x_0/a \approx 1$ nehmen. Die Feldstärke ist dann in der Umgebung der Schirmmitte ($|z| \ll x_0$) konstant. Beachtet man ferner, daß der dritte Term in Gl. (15) mit H_0 als Faktor vernachlässigbar klein wird, weil $\sinh^2 \pi x_0/a$ im Nenner steht, so hat man schließlich folgende Gleichung für den Schirmfaktor:

$$Q \equiv \frac{H_y}{H_a} = \frac{\varrho_i + j\left(\frac{r_i}{\delta_i}\right)^2\left[\lambda_i + \left(\frac{\pi r_i}{a}\right)^2 W - \ln 2 \sinh\frac{\pi r_i}{a}\right]}{\varrho_i + j\left(\frac{r_i}{\delta_i}\right)^2\left[2\pi\frac{x_0}{a} + \lambda_i - \ln 2 \sinh\frac{\pi r_i}{a} - \left(\frac{\pi r_i}{a}\right)^2 W\right]}. \tag{16}$$

Zunächst erkennt man, daß er bei niedrigen Frequenzen ($\delta_i \to \infty$) dem Wert eins zustrebt, weil $\varrho_i \to 1$ geht, wie es sein muß. Nimmt die Frequenz zu, so wird Q um so kleiner, je größer der Abstand x_0 ist, wie es auch bei dem Plattenschirm nach Gl. (C 12) der Fall ist. Läßt man die Frequenz immer mehr wachsen, so daß schließlich Stromverdrängung in den Drähten einsetzt ($r_i > \delta_i$), so wird r_i^2/δ_i^2 groß im Vergleich zu ϱ_i, und der Rückwirkungsfaktor wird $W = 1$; der Schirmfaktor nimmt dann den asymptotischen Grenzwert

$$\lim_{\delta_i \to 0} Q = \frac{\left(\frac{\pi r_i}{a}\right)^2 - \ln 2 \sinh \frac{\pi r_i}{a}}{2\pi \frac{x_0}{a} - \ln 2 \sinh \frac{\pi r_i}{a} - \left(\frac{\pi r_i}{a}\right)^2} \tag{17}$$

an. Während Q bei geschlossenen Schirmen für $\delta \to 0$ nach Null strebt, kann Q bei Gitterschirmen nicht kleiner als der Grenzwert nach Gl. (17) werden. In Abb. 145 ist die Schirmdämpfung $a_s = \lim_{\delta_i \to 0} \ln 1/Q$ in Abhängigkeit von dem Verhältnis r_i/a für verschiedene relative Abstände x_0/a dargestellt. Die Schirmdämpfung verschwindet für $r_i = 0$, wie es

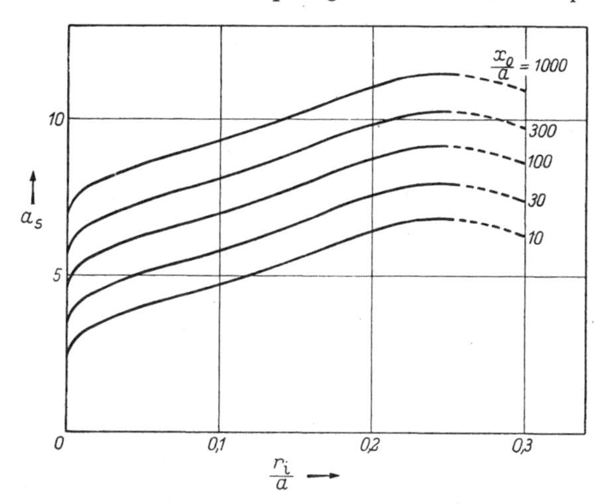

Abb. 145. Die Schirmdämpfung a_s nach Gl. (17) eines von zwei parallelen Drahtgittern gebildeten Schirmes nach Abb. 144 in Abhängigkeit von dem Verhältnis Drahtradius r_i zu Drahtabstand a

sein muß. Mit wachsendem Drahtradius r_i nimmt die Dämpfung zunächst außerordentlich rasch zu, um dann bei größeren Radien allmählich in flacher ansteigende Kurven einzumünden. Die Kurven enden bei einem Wert von ungefähr $r_i/a = 1/4$. Würde man sie noch weiter bis zum Endwert $r_i = a/2$ nach Gl. (17) rechnen wollen, so nimmt die Dämpfung wieder ab, was physikalisch nicht reell sein kann. (Für $r_i = a/2$ ist nämlich der Schirm geschlossen, und der Schirmfaktor müßte dann Null oder die Schirmdämpfung unendlich sein.) Der Grund für das Versagen bei großen Drahtstärken liegt darin, daß in dem Bereich $a/4 < r_i < a/2$ die zweite Näherung nicht mehr ausreicht, weil dann die in den Drähten induzierten Linienmultipole und ihre Wechselwirkungen aufeinander in Betracht gezogen werden müssen.

Unsere Überlegungen können wir auch direkt auf das elektrische Feld erweitern, wobei wir voraussetzen, daß das äußere elektrische Störungsfeld mit der Feldstärke E_a senkrecht zum magnetischen Feld, also parallel zur x-Achse, gerichtet ist. Die Rolle des Stromes I übernimmt dann die Ladung q für die in der z-Richtung genommene Längeneinheit eines Drahtes. Da wir ein ebenes Feldproblem haben, sind die elektrischen Kraftlinien die orthogonalen Trajektorien der magnetischen Kraftlinien für den Grenzfall unendlich hoher Frequenz, d. h. $\delta_i \to 0$. Der Rückwirkungsfaktor ist dann eins ($W = 1$) und ϱ_i sowie λ_i fallen weg. Dann gelten alle bisherigen Gleichungen auch hier, man hat nur I durch $\mathrm{i}\, q/\varepsilon_0$ und H_a durch $\mathrm{i}\, E_a$ zu ersetzen. Die Gl. (13) zur Bestimmung des Stromes I artet hier in die Gleichung

$$X_2(x_0 - r_i) - X_2(-x_0 + r_i) = 0 \tag{18}$$

aus; sie besagt, daß die Spannung zwischen den beiden Drahtreihen verschwinden muß, was auf dem Kurzschluß infolge der leitenden Querverbindungen nach Abb. 144 (Kurzschlußwindung) zurückzuführen ist. Der Schirmfaktor berechnet sich nach Gl. (17), der hier sinngemäß zu $Q \equiv E_x/E_a$ definiert ist; die Schirmdämpfung a_s kann aus Abb. 145 abgelesen werden.

Die Ebene $x = 0$ ist eine Symmetrie-Ebene für das elektrische Feld; auf ihr ist das Potential $X_2 = 0$. Daher kann man sie auch durch eine Metalloberfläche ersetzen, ohne daß das Feldbild sich ändert. Wir haben dann die in Abb. 146 dargestellte Anordnung, bei der vor einer Metalloberfläche im Abstand x_0 ein Schirmgitter liegt. Ist es leitend mit der Metalloberfläche verbunden, so ist sein Potential oder seine Spannung ebenfalls Null, d. h., es gilt auch hier die Gl. (18). Wenn das Schirmgitter nicht da wäre, wäre die Feldstärke an der Metalloberfläche E_a. Durch das Gitter reduziert sich das Feld an der Metalloberfläche um einen Faktor Q, der mit dem Wert nach Gl. (17) identisch ist.

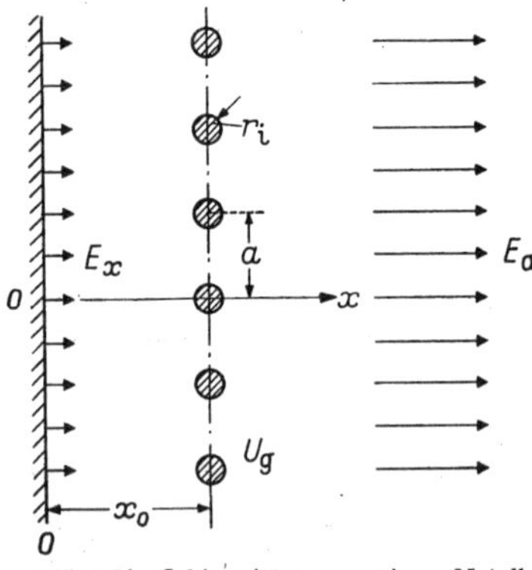

Abb. 146. Schirmgitter vor einer Metallwand bei $x = 0$; U_g Spannung des Gitters

Bringt man nun das Schirmgitter auf eine Spannung U_g gegen die Metalloberfläche, so bestimmt sich die Ladung q der Gitterstäbe nicht mehr nach Gl. (18), sondern nach der allgemeineren Relation

$$X_2(x_0 - r_i) = U_g. \tag{19}$$

In der Gl. (14) für $\mathrm{i}q/\varepsilon_0$ an Stelle von I erscheint dann statt H_a die Größe $\mathrm{i}(E_a - U_g/x_0)$. Die Spannung U_g läßt sich so einrichten, daß das Feld E_x an der Metalloberfläche verschwindet, so daß $Q = 0$ wird. Hierfür erhält man den Wert

$$U_g = -\frac{a}{2\pi} E_a \left[\left(\frac{\pi r_i}{a} \right)^2 - \ln 2 \sinh \frac{\pi r_i}{a} \right]. \tag{20}$$

Wie man sieht, muß das Schirmgitter negativ vorgespannt werden. Hierbei ist wie oben vorausgesetzt, daß $x_0 \gg a$ ist.

Bei den sogenannten Meßkäfigen werden die Schirmwände aus zwei zueinander senkrecht stehenden Drahtgittern hergestellt, die wie in Abb. 147 ineinander verflochten sind. Hierbei spielen die Drähte, die parallel zur Richtung des magnetischen Feldes H_a liegen, für die Schirmwirkung eine untergeordnete Rolle, weil sie für das Feld keine den Schirmraum umschließende Kurzschlußwindung bilden. Daher gelten die Schirmungsformeln für das magnetische Feld näherungsweise auch hier. Die Schirmdämpfung für das senkrecht zur Wand gerichtete elektrische Feld wird jedoch merklich größer sein als die aus Gl. (17) berechnete Dämpfung $a_s = \ln 1/Q$. Dies liegt daran, daß für das elektrische Feld die beiden senkrecht zueinander stehenden Drahtgitter gleichwertig sind; beide nehmen die gleiche Ladung auf und tragen daher gleichberechtigt zur Schirmwirkung bei. Diese Tatsache gibt einen Hinweis für die Schirmdämpfung solcher Geflechte bezüglich des elektrischen Feldes; sie dürfte etwa das Doppelte der aus Gl. (17) sich ergebenden Dämpfung betragen.

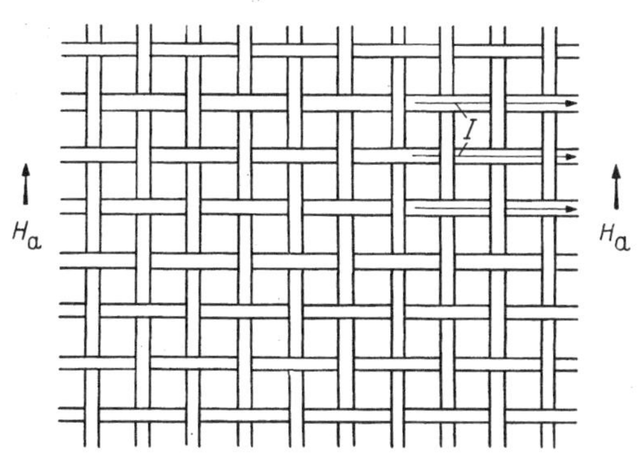

Abb. 147. Wand eines Schirmkäfigs

Um uns ein Bild über den Durchgriff des magnetischen und des elektrischen Feldes durch den Zwischenraum zwischen zwei Drähten zu schaffen, betrachten wir das Potential in der Umgebung der rechten Drahtreihe. Dabei verzichten wir auf die Feinstruktur des Feldes, die durch die zweite Näherung zum Ausdruck kommt, und beschränken uns auf die erste Näherung nach Gl. (7). Wir führen zu diesem Zweck die komplexe Koordinate $\underline{z}_0$ nach Gl. (2) ein, indem wir $n = 0$ setzen:

$$\underline{z}_0 = \underline{z} - x_0. \tag{21}$$

Sie zählt daher vom Mittelpunkt desjenigen Drahtes aus, der bei $x = x_0$, $y = 0$ liegt. Wir setzen jetzt Gl. (21) in Gl. (7) ein und nehmen dabei an, daß die linke Drahtreihe weit entfernt ist, d. h., daß $x_0 \gg a$ ist. Dann hebt sich nämlich der Reihenabstand x_0 heraus, und man erhält

$$\underline{Z}_1 = -\frac{\mathrm{i} H_a a}{2}\left[\frac{\underline{z}_0}{a} + \frac{1}{\pi}\ln 2\sinh\frac{\pi \underline{z}_0}{a}\right]. \tag{22}$$

Wir gehen jetzt zu dimensionslosen (normierten) Größen über, indem wir das neue Potential $\Gamma = 2\underline{Z}_1/H_a a$ und die neue Koordinate $\zeta \equiv \xi + i\eta = \underline{z}_0/a$ benutzen. Dann vereinfacht sich Gl. (22) zu dem Ausdruck

$$\Gamma \equiv A + \mathrm{i}\,B = -\mathrm{i}\left(\zeta + \frac{1}{\pi}\ln 2\sinh\pi\zeta\right), \tag{23}$$

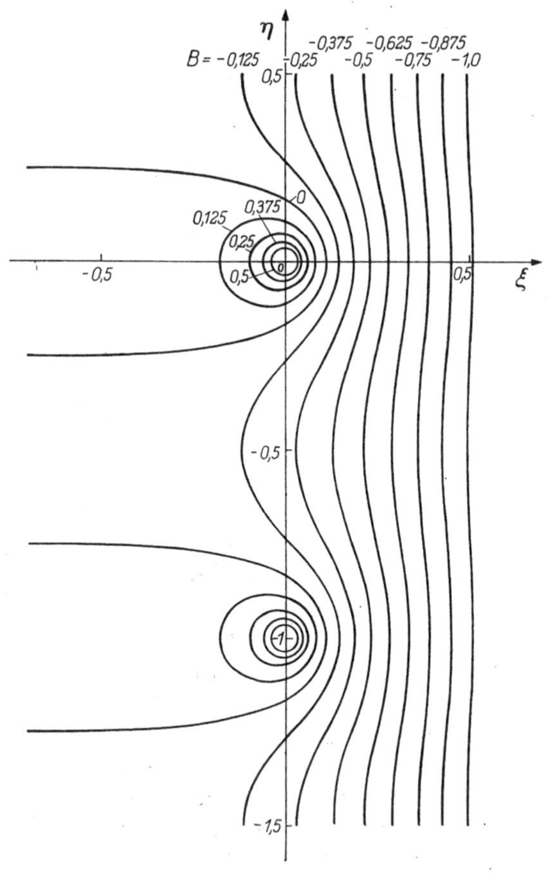

Abb. 148. Der Durchgriff des magnetischen Feldes durch ein Drahtgitter nach Gl. (22)

den wir nun nach Real- und Imaginärteil bzw. A und B auftrennen können. Die Kurven $B = \text{const}$ sind nun die magnetischen Kraftlinien, während durch $A = \text{const}$ als orthogonale Trajektorien die elektrischen Kraftlinien gegeben sind. Man erhält hierfür aus Gl. (23) folgende Gleichungen:

$$-B = \xi + \frac{1}{2\pi}\ln 2(\cosh 2\pi\xi - \cos 2\pi\eta), \tag{24}$$

$$A = \eta + \frac{1}{\pi}\arctan\frac{\tan\pi\eta}{\tanh\pi\xi}. \tag{25}$$

Um die magnetischen Kraftlinien (B = const) berechnen zu können, löst man Gl. (24) nach η auf. Dann wird ξ zur unabhängigen und η zur abhängigen Variablen. Bei den elektrischen Kraftlinien (A = const) ist es umgekehrt. Das Ergebnis ist in Abb. 148 und 149 dargestellt. Wie man sieht, ist das Feld in der unmittelbaren Umgebung der Drähte

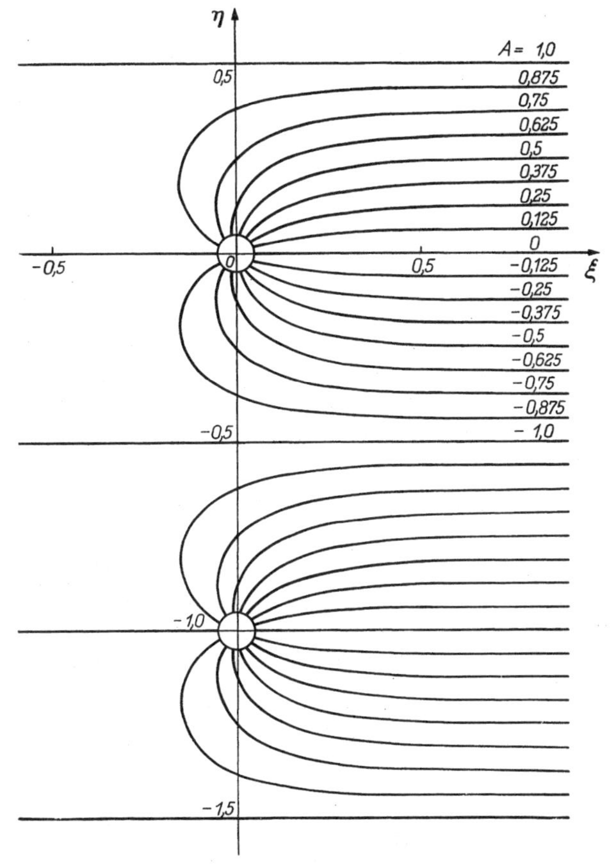

Abb. 149. Der Durchgriff des elektrischen Feldes durch ein Drahtgitter nach Gl. (23)

stark; es schwächt sich nach außen ($\xi > 0$) allmählich zu einem homogenen Feld ab, während es nach innen ($\xi < 0$) außerordentlich rasch nach Null abnimmt.

Beispiel: Wir wollen die Schirmdämpfung eines Meßkäfigs aus Kupferdrahtgeflecht für das magnetische Feld in Abhängigkeit von der Frequenz berechnen. Der Abstand der Schirmwände sei $2x_0 = 2$ m und der Drahtabstand $a = 1$ cm. Den Drahtradius nehmen wir zu $r_1 = 1$ mm an ($x_0/a = 100$; $r_1/a = 0{,}1$). Wir benutzen die Gl. (16) für den komplexen Schirmfaktor Q und nehmen

$$a_s = \ln \frac{1}{|Q|}.$$

Das Ergebnis ist in Abb. 150 für einen Frequenzbereich von 10^2 bis 10^6 Hz dargestellt. Zum Vergleich ist eine Kurve gestrichelt eingezeichnet, die für die gleiche Anordnung bei homogener Schirmwand gilt. Dabei ist die Wandstärke gleich dem Drahtdurchmesser ($d = 2r_i$). Man erkennt, daß beide Kurven bei niedrigen Fre-

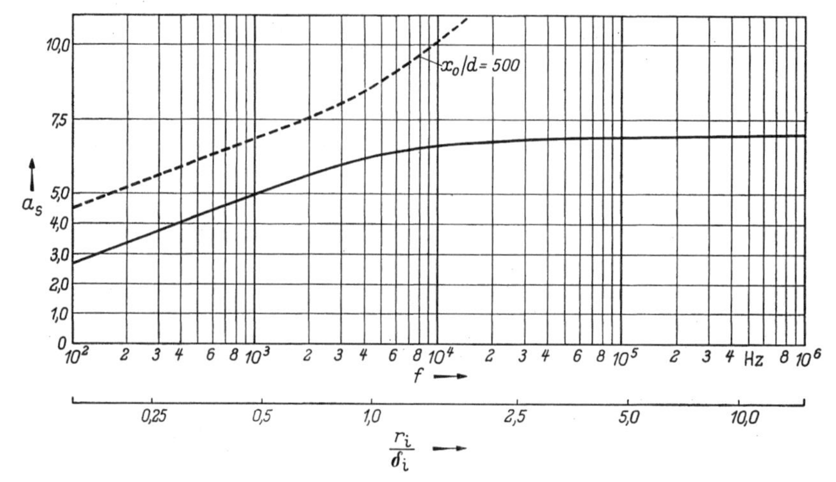

Abb. 150. Die Schirmdämpfung a_s eines Meßkäfigs aus Kupfer für das magnetische Feld in Abhängigkeit von der Frequenz f. $x_0 = 100$ cm; $a = 1$ cm; $r_i = 0{,}1$ cm

— — — — Kurve für einen geschlossenen Schirm gleicher Abmessungen mit einer Wandstärke $d = 2r_i = 0{,}2$ cm nach Abb. 47

quenzen, wo noch keine Stromverdrängung herrscht ($r_i < \delta_i$) gleiche Steigung haben. Die gestrichelte Kurve für die volle Schirmwand liegt um ungefähr 2 N höher. Bei hohen Frequenzen strebt die Kurve für den Gitterschirm einem konstanten Wert von 7 N zu, der mit dem entsprechenden Wert aus Abb. 145 übereinstimmt. Die gestrichelte Kurve dagegen steigt immer weiter an.

Literatur zu K

[1] KÜPFMÜLLER, K.: Einführung in die theoretische Elektrotechnik. S. 126 usw. Berlin/Göttingen/Heidelberg 1955.

L. Schirmung gegen Störströme

Bei allen bisherigen Schirmungsproblemen handelte es sich um Erscheinungen, die mit der Wechselwirkung von elektrischen und magnetischen Feldern mit metallischen Hüllen zusammenhängen. Wir wollen uns in diesem Abschnitt mit dem Einfluß von Störströmen und den Schutzmaßnahmen gegen sie befassen. Wir zählen zunächst die Probleme auf, auf die wir im folgenden eingehen werden:

1. Durch Speiseleitungen werden oft hochfrequente Störströme in Geräte eingeschleppt und verursachen dort unliebsame Störungen. Daher müssen die Durchführungsstellen solcher Leitungen durch das Schirmgehäuse für die hochfrequenten Schwingungen als Kurzschluß

ausgebildet werden, damit sie nicht mehr in das Schirminnere gelangen. Hierfür eignen sich Kondensatoren, die unter dem Namen „Durchführungskondensatoren" bekannt sind [1; 2].

2. Man wird im allgemeinen danach streben, Unterbrechungsstellen in Schirmen zu vermeiden, über die Störströme fließen können. Es gibt aber Fälle, bei denen aus betrieblichen Gründen gefordert wird, daß man Schirmgehäuse öffnen oder Verbindungsstecker lösen muß. An den unvermeidlichen Übergangsstellen treten dann Übergangswiderstände auf, an denen die Störströme Spannungsabfälle verursachen, die als Störspannungen auf das Innere des geschirmten Raumes wirken. Als probate Abhilfemaßnahme dagegen hat man die Doppelkontaktfedern und die Doppelkontaktbuchsen erfunden [3].

3. Der größte Teil unserer Ausführungen in diesem Abschnitt wird den Problemen gewidmet sein, die mit dem Begriff des „Kopplungswiderstands" zusammenhängen. Er kommt bei geschirmten Leitungen vor und wurde zuerst von A. Forstmeyer und W. Wild für Antennenleitungen eingeführt [4]. Diese sind koaxiale Leitungen, deren Außenleiter in der Regel aus einem Metallgeflecht bestehen. Weder magnetische noch elektrische Störfelder können in dem Koaxialsystem Störspannungen hervorrufen. Lediglich Störströme, die von einer außerhalb der Koaxialleitung befindlichen Störquelle herrühren und über den Außenleiter abfließen, rufen innerhalb der Leitung Spannungen hervor. Sie sind dem Störstrom proportional; der Proportionalitätsfaktor hat die Dimension eines Widerstands pro Längeneinheit und ist mit dem oben genannten Kopplungswiderstand identisch. Seine Bedeutung reicht jedoch noch weiter: bei der gegenseitigen Beeinflussung paralleler Koaxialleitungen und geschirmter symmetrischer Leitungen in langen Fernkabeln erscheint als maßgebende Größe ebenfalls der Kopplungswiderstand des Schirmes. Die hiermit zusammenhängenden Effekte faßt man unter dem wichtigen Begriff des Nebensprechens zusammen, der für die gleichzeitige Übertragung vieler Nachrichten über Kabel von grundlegender Bedeutung ist. Wir gehen hierauf am Schluß des Abschnittes ein.

1. Durchführungskondensatoren

In Abb. 151 ist eine Anordnung gezeichnet, die für das Einschleppen von Störungen in einen geschirmten Raum charakteristisch ist. Eine Störspannungsquelle mit der EMK U und dem inneren Widerstand R_i verursacht auf der Speiseleitung einen Störstrom I_{st}, der am Verbraucherwiderstand R innerhalb des Gehäuses eine Störspannung U_{st} hervorruft. Sowohl R_i als auch R können komplex sein. Wenn kein Durchführungskondensator C da wäre, betrüge die Störspannung

$$U_{st}^{(0)} = \frac{R}{R + R_i} U. \tag{1}$$

Mit dem Durchführungskondensator der Kapazität C_K erniedrigt sich die Spannung auf den Wert

$$U_{st} = \frac{R\,U}{R + R_i(1 + j\,\omega\,C_K\,R)}. \tag{2}$$

Die Dämpfung a_{st}, um die die Störspannung U_{st} durch den Durchführungskondensator gedämpft wird, ist demnach bei reellen Widerständen R_i und R:

$$a_{st} \equiv \ln\left|\frac{U_{st}^{(0)}}{U_{st}}\right| = \ln\left|1 + \frac{j\,\omega\,C_K\,R}{1 + \frac{R}{R_i}}\right|. \tag{3}$$

Man erkennt aus dieser Gleichung, daß bei vorgegebener Dämpfung a_{st} die Kapazität C_K um so größer sein muß, je kleiner der innere Widerstand R_i der Störspannungsquelle und der Widerstand R sind.

Die Kurzschlußwirkung des Durchführungskondensators ist um so intensiver, je höher die Frequenz ist, vor allem, wenn die Widerstände R_i und R konstant sind. Dies gilt jedoch nicht mehr bis zu beliebig hohen Frequenzen, weil allmählich das magnetische Feld der Verschiebungsströme im Kondensator ins Spiel kommt. Die Folge hiervon ist, daß sich der Kondensator nicht mehr wie eine Kapazität, sondern wie eine Leitung verhält. Wir wollen im folgenden untersuchen, wie sich dies auf die Unterdrückung des Störstromes auswirkt. Wir fassen zu diesem Zweck den Kondensator als Vierpol mit zwei Eingangs- und zwei Ausgangsklemmen auf (Abb. 152). In die Eingangsklemmen fließt der Strom I_{st}. Dabei entsteht an den Ausgangsklemmen die Leerlaufspannung U_2. Als charakteristische Größe definieren wir den Quotienten

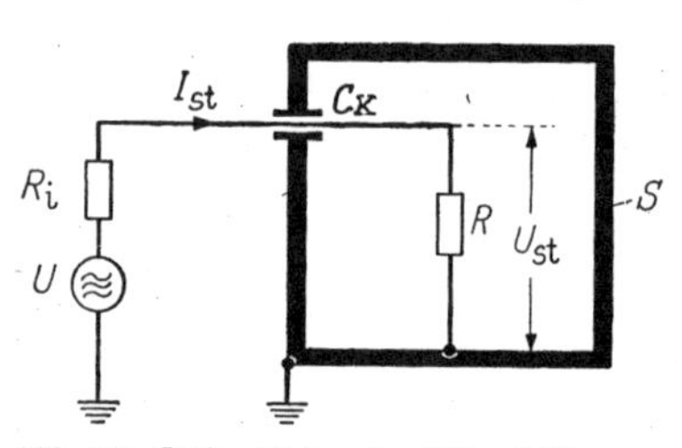

Abb. 151. Schirmgehäuse S mit Durchführungskondensator C für Speiseleitungen

Abb. 152. Zur Definition des Kern- oder Kopplungswiderstands $\boldsymbol{R}_K = U_2/I_{st}$ eines Durchführungskondensators

$$\boldsymbol{R}_K = \frac{U_2}{I_{st}}, \tag{4}$$

der aus der Vierpoltheorie als „Kernwiderstand" bekannt ist. Wir können ihn auch als „Kopplungswiderstand" des Durchführungskondensators bezeichnen. Er muß bei niedrigen Frequenzen, wenn der Kondensator elektrisch kurz wird, in den Widerstand des Kondensators übergehen ($\boldsymbol{R}_K \to 1/j\omega C_K$). Je kleiner $\boldsymbol{R}_K$ ist, um so wirksamer ist die Unterdrückung des Störstromes. Wir berechnen nun den Kernwiderstand für zwei in der Praxis übliche Kondensatorformen: Für die

Röhren- oder Koaxialform (Abb. 153) und für die Scheibenform (Abb. 154).

Wie in Abb. 153 angedeutet ist, nehmen wir für die Koaxialform ein verlustarmes Dielektrikum zwischen Innen- und Außenleiter mit der relativen Dielektrizitätskonstante ε_r an. Die Länge des Konden-

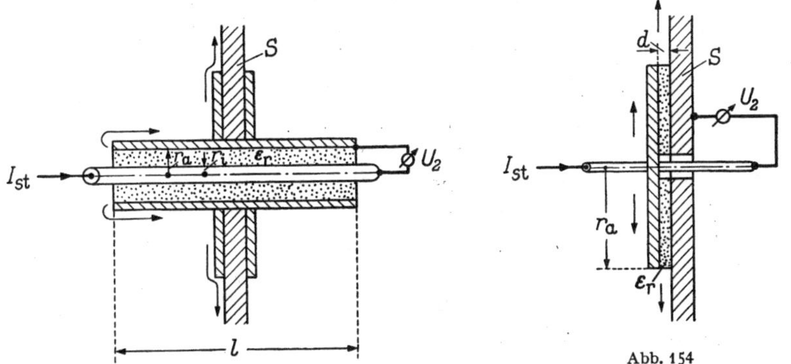

Abb. 153. Durchführungskondensator durch einen Schirm S (Röhren- oder Koaxialform)

Abb. 154 Durchführungskondensator durch einen Schirm S (Scheibenform)

sators sei l. Dann ergibt sich aus den bekannten Leitungsgleichungen bei Leerlauf am Leitungsende ($I_2 = 0$) folgende Gleichung für den Kernwiderstand nach der Definition Gl. (4)

$$\frac{\boldsymbol{R}_K}{Z_r} = \frac{1}{\mathrm{j}\sin 2\pi \frac{l}{\lambda_\varepsilon}} = \frac{1}{\mathrm{j}\sin\omega\sqrt{L\,C}\,l} = \frac{1}{\mathrm{j}\sin\omega\,C\,l\,Z_r}. \tag{5}$$

Hierin bedeutet $Z_r = \sqrt{L/C}$ den Wellenwiderstand und L und C den Induktivitäts- und Kapazitätsbelag der Leitung nach Gl. (E 14) und (E 16); λ_ε ist die Wellenlänge auf der Leitung, die mit der Vakuumwellenlänge λ_0 durch die Relation

$$\lambda_\varepsilon = \lambda_0/\sqrt{\varepsilon_r} \tag{6}$$

zusammenhängt. In Abb. 155 ist der Frequenzgang der Funktion $|\boldsymbol{R}_K|/Z_r$ dargestellt. Bei niedrigen Frequenzen ($\omega\sqrt{L\,C}\,l < 1$) verhält sich der Kernwiderstand wie eine Kapazität ($\boldsymbol{R}_K \to 1/\mathrm{j}\omega C l$ mit $Cl = C_K$), d. h., er fällt wie

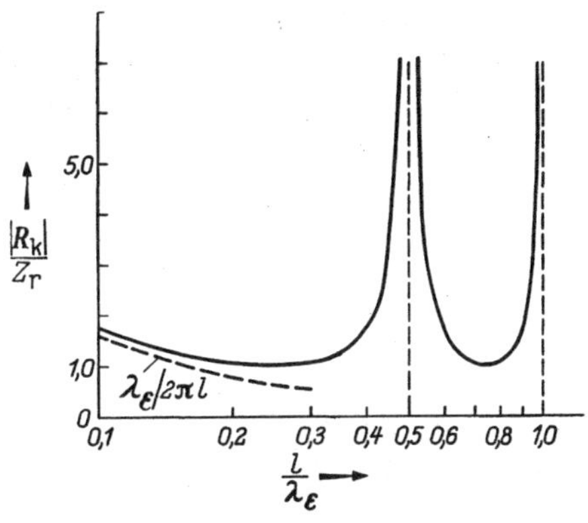

Abb. 155. Der Kernwiderstand $\boldsymbol{R}_K$ eines Durchführungskondensators in Koaxialform in Abhängigkeit von der Frequenz nach Gl. (5)

$1/\omega$ ab. Er kann aber nicht unter den Wellenwiderstand Z_r sinken, der den Kleinstwert für $\boldsymbol{R}_K$ darstellt; wenn dieser Wert erreicht ist, wächst $\boldsymbol{R}_K$ wieder an und wird unendlich bei der ersten Resonanzfrequenz, die bei $l/\lambda_\varepsilon = 1/2$ liegt. Von da ab wiederholen sich die Resonanzfrequenzen in regelmäßigen Frequenzabständen. Zwischen den Resonanzen sinkt der Kernwiderstand immer wieder auf Z_r ab. Die unvermeidlichen Verluste im Kondensator bewirken, daß der Resonanzwiderstand endlich bleibt. Je mehr Verluste da sind, um so weniger ausgeprägt sind die Resonanzspitzen. Daher sind Isolierstoffe mit hohen Verlusten für diese Zwecke erwünscht [2].

Den Scheibenkondensator nach Abb. 154 fassen wir als eine radiale Leitung auf und benutzen daher Zylinderkoordinaten r und z; der Nullpunkt des Koordinatensystems soll auf der Achse liegen; das Dielektrikum mit der Dielektrizitätskonstanten ε_r und der Dicke d reicht von $z = 0$ bis $z = d$ in axialer Richtung und bis $r = r_a$ in radialer Richtung. Die elektrische Feldstärke ist axial (in z-Richtung) gerichtet; wir nennen sie E. Sie muß der Gl. (A 20) genügen, wobei an Stelle von k^2 hier $-\varepsilon_r k_0^2$ tritt, weil die galvanische Leitfähigkeit $\varkappa$ durch die dielektrische Leitfähigkeit $\mathrm{j}\,\omega\,\varepsilon_0\,\varepsilon_r$ ersetzt werden muß. Da Rotationssymmetrie besteht, so lautet die Differentialgleichung für E nach Gl. (A 41)

$$\frac{\mathrm{d}^2 E}{\mathrm{d}r^2} + \frac{1}{r}\frac{\mathrm{d}E}{\mathrm{d}r} + \varepsilon_r k_0^2 E = 0, \tag{7}$$

wobei k_0 die Wellenzahl im freien Raum ist ($k_0 = \omega\sqrt{\mu_0\varepsilon_0} = 2\pi/\lambda_0$). Die Lösung führt nach Gl. (M 5) auf eine Zylinderfunktion nullter Ordnung. Da sie für $r = 0$ endlich bleiben soll, kommt nur die Besselsche Funktion in Frage; demnach ist

$$E = A\,\mathrm{J}_0(\sqrt{\varepsilon_r}\,k_0\,r). \tag{8}$$

Die Konstante A ergibt sich aus der Forderung, daß der gesamte Verschiebungsstrom durch den Kondensator gleich dem Störstrom I_{st} sein muß. Folgende Beziehung gilt somit

$$I_{st} = 2\pi\,\mathrm{j}\,\omega\,\varepsilon_0\,\varepsilon_r \int_0^{r_a} E\,r\,\mathrm{d}r = \frac{\mathrm{j}\,d}{Z_s}\,A\,\mathrm{J}_1(\sqrt{\varepsilon_r}\,k_0\,r_a), \tag{9}$$

in der

$$Z_s = \frac{d Z_0}{2\pi\,r_a\sqrt{\varepsilon_r}} \tag{10}$$

den Wellenwiderstand des Scheibenkondensators bedeutet ($Z_0 = 377\,\Omega$).

Daher lautet die Gleichung für die Feldstärke nach Gl. (8) und (9) wie folgt:

$$E = \frac{Z_s\,\mathrm{J}_0(\sqrt{\varepsilon_r}\,k_0\,r)}{\mathrm{j}\,d\,\mathrm{J}_1(\sqrt{\varepsilon_r}\,k_0\,r_a)}\,I_{st}. \tag{11}$$

Die Spannung U_2 am Ausgang des Kondensators bei $r = 0$ ist nun $d E_{r=0}$. Dividiert man noch durch den Strom I_{st} und berücksichtigt, daß $J_0(0) = 1$ ist, so erhält man den Kernwiderstand zu

$$\frac{\boldsymbol{R}_K}{Z_s} = \frac{1}{j\, J_1(\sqrt{\varepsilon_r}\, k_0\, r_a)} = \frac{1}{j\, J_1\left(2\pi \frac{r_a}{\lambda_\varepsilon}\right)}. \tag{12}$$

Diese Beziehung ist in Abb. 156 dargestellt. Nimmt man zunächst niedrige Frequenzen an, für die das Argument der BESSEL-Funktion klein gegen eins ist ($2\pi\, r_a/\lambda_\varepsilon \ll 1$), so geht $\boldsymbol{R}_K$ in den Ausdruck

$$\boldsymbol{R}_K \to \frac{d}{j\,\omega\,\varepsilon_r\,\varepsilon_0\,\pi\, r_a^2} = \frac{1}{j\,\omega\, C_K} \tag{13}$$

über, wobei nur das erste Glied der Potenzreihenentwicklung für J_1 nach Gl. (M 10) benutzt ist; C_K ist die Kapazität des Scheibenkondensators ($= \pi\,\varepsilon_r\,\varepsilon_0\, r_a^2/d$). Der Kernwiderstand nimmt also bei wachsender Frequenz wie $1/\omega$ ab, wie es sein muß. Nähert sich die Frequenz der ersten Resonanzfrequenz, die bei $r_a/\lambda_\varepsilon = 0{,}61$ liegt, so steigt der Kernwiderstand steil an. Oberhalb der Resonanzfrequenz fällt $\boldsymbol{R}_K$ wieder ab, um in der Nähe der zweiten Resonanz ($r_a/\lambda_\varepsilon = 1{,}1$) wieder anzusteigen usw. Der Kleinstwert des Kernwiderstands, der erreicht werden kann, ist nach Abb. 156 etwa $1{,}7 Z_s$. Der Scheibenkondensator verhält sich also qualitativ ähnlich wie der Röhrenkondensator.

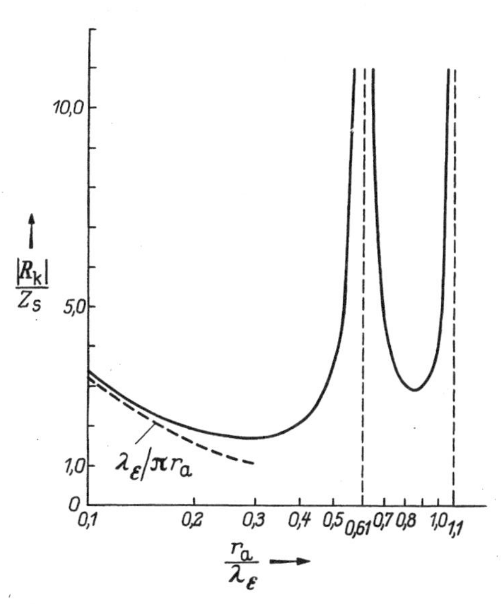

Abb. 156. Der Kernwiderstand $\boldsymbol{R}_K$ eines Durchführungskondensators in Scheibenform in Abhängigkeit von der Frequenz nach Gl. (12)

Beispiel: Wir betrachten Kondensatoren, deren Dielektrikum eine relative Dielektrizitätskonstante von $\varepsilon_r = 100$ hat. Nehmen wir nun einen Röhrenkondensator nach Abb. 153 mit einer Länge von $l = 5$ cm an, so ist die Resonanzwellenlänge im Kondensator $\lambda_\varepsilon = 10$ cm, die einer Vakuumwellenlänge von $\lambda_0 = \sqrt{\varepsilon_r}\,\lambda_\varepsilon = 1$ m oder einer Frequenz von 300 MHz entspricht. Der Kleinstwert des Kernwiderstands, der erreicht werden kann, ist nach Abb. 155

$$(\boldsymbol{R}_K)_{\min} = Z_r = \frac{Z_0}{2\pi\sqrt{\varepsilon_r}} \ln\frac{r_a}{r_i} = 6 \ln\frac{r_a}{r_i}\,\Omega;$$

er hängt noch von dem Verhältnis r_a/r_i ab. — Wir betrachten jetzt einen Scheibenkondensator mit dem gleichen ε_r nach Abb. 154, dessen Durchmesser gleich 5 cm sein soll ($r_a = 2{,}5$ cm). Nach Abb. 156 ist die Resonanzwellenlänge im Kondensator $\lambda_\varepsilon = 2{,}5/0{,}61$ cm $= 4{,}1$ cm. Die zugehörige Vakuumwellenlänge beträgt also $\lambda_0 = 41$ cm entsprechend einer Frequenz von 730 MHz. Sie ist demnach mehr als zweimal so hoch wie beim Röhrenkondensator mit $l = 2r_a$. Der Kleinstwert des Kernwiderstands ist nach Gl. (10) und nach Abb. 156

$$(\boldsymbol{R}_\mathrm{K})_\mathrm{min} = \frac{1{,}7\,Z_0}{2\pi\sqrt{\varepsilon_r}}\,\frac{d}{r_a} = 10{,}2\,\frac{d}{r_a}\,\Omega\,.$$

Er ist dem Verhältnis d/r_a proportional, das im allgemeinen viel kleiner als der Ausdruck $\ln r_a/r_i$ ist, der bei Röhrenkondensatoren auftritt. In der Praxis verwendet man die Röhrenform für Frequenzen bis etwa 200 MHz, darüber werden Scheibenkondensatoren eingesetzt.

2. Doppelkontaktbuchsen und -federn

Die Doppelkontaktbuchsen verwendet man vorzugsweise dort, wo man besonders hohe Anforderungen an die Störfreiheit stellt und andererseits aber lösbare Verbindungen fordern muß, wie beispielsweise bei Meßgeräten. In Abb. 157 ist eine einfache Steckbuchse in einem

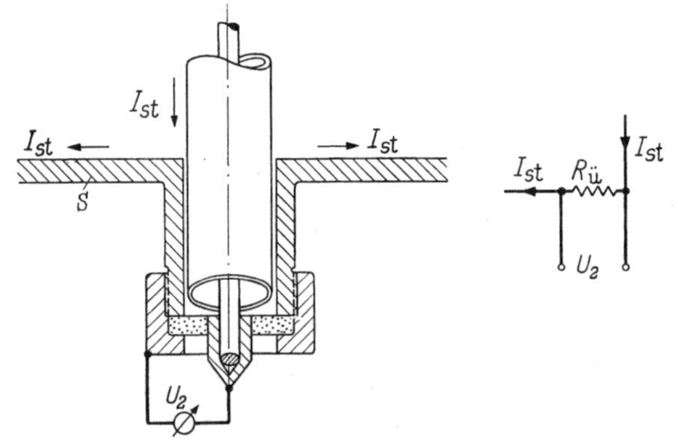

Abb. 157. Steckbuchse mit Einfachkontakt

Schirmgehäuse S für eine koaxiale Leitung schematisch dargestellt. Dabei entsteht ein unvermeidlicher Übergangswiderstand $R_ü$ zwischen dem Außenleiter und der Buchse, die mit dem Schirm S fest verbunden ist. Ist nun ein Störstrom I_{st} auf dem Außenleiter vorhanden, der über den Schirm nach Erde abfließt, so entsteht an $R_ü$ eine Spannung

$$U_2 = R_ü\, I_{st}\,, \tag{14}$$

die als Störspannung innerhalb des geschirmten Raumes wirkt und zu Meßfehlern Anlaß geben kann. Eine wesentliche Verminderung der Störspannung erzielt man durch die in Abb. 158 schematisch dargestellte Buchse mit Doppelkontakt [3; 5]. Der Störstrom I_{st} erzeugt an dem oberen Kontakt eine Störspannung nach Gl. (14). Der untere Kontakt ist mit dem oberen durch einen ringförmigen Hohlraum verbunden, der nach Gl. (E 14) eine Induktivität von der Größe

$$L = \frac{\mu_0 l}{2\pi} \ln \frac{r_h}{r_a} \tag{15}$$

hat (l Länge, r_h und r_a Außen- und Innenradius des Hohlraums). Infolgedessen entsteht an dem unteren Kontakt nach dem Ersatz-

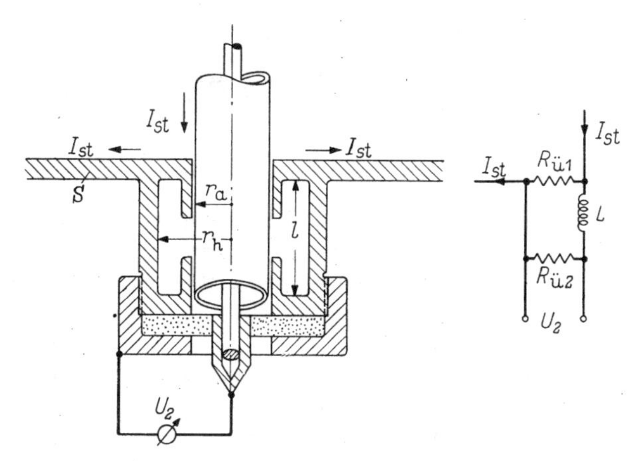

Abb. 158. Steckbuchse mit Doppelkontakt

schaltbild in Abb. 158 eine Spannung, die um das Widerstandsverhältnis $R_{ü}/j\omega L$ kleiner ist als am oberen Kontakt. Diese Spannung am unteren Kontakt wirkt nun als Störspannung U_2 für den abgeschirmten Raum. Sie beträgt demnach

$$U_2 = \frac{R_{ü1}\, R_{ü2}}{j\,\omega\, L} I_{st}. \tag{16}$$

Die Störspannung wird hiernach um so kleiner, je höher die Frequenz ist.

In der gleichen Weise wirkt das in Abb. 159 schematisch dargestellte Doppelkontaktfederblech F, das mit einer Tür T fest verbunden ist, die eine Stirnwand W schließt. Der Störstrom I_{st} fließt über den äußeren Federkontakt in die Wand W. Der hierdurch an dem Übergangswiderstand $R_{ü1}$ entstehende Spannungsabfall wird nun an dem zweiten Federkontakt mit dem Übergangswiderstand $R_{ü2}$ um den Faktor $R_{ü2}/j\omega L$ verkleinert wirksam (D, Lit. [3]). Die Störspannung U_2 für den Innenraum berechnet sich daher ebenfalls nach Gl. (16).

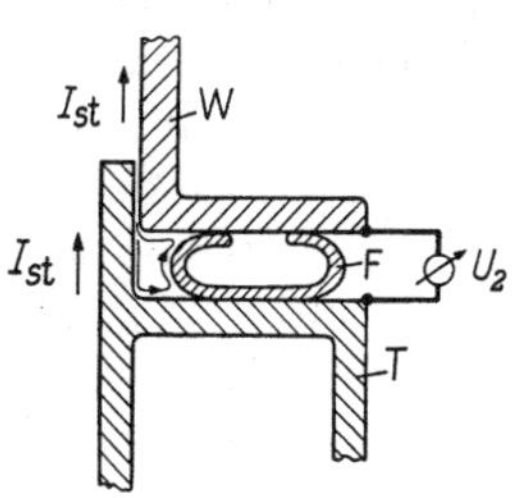

Abb. 159. Fugendichtung mittels Doppelkontaktfederblech F an einer Tür T

Beispiel: Eine Doppelkontaktbuchse sei für einen koaxialen Stecker mit einem Radius $r_a = 0{,}5$ cm bemessen. Der induktive Hohlraum habe einen Radius von $r_h = 0{,}7$ cm und eine Länge von $l = 2$ cm. Dann ist die Induktivität des Hohlraums nach Gl. (15) mit $\mu_0 = 4\pi\,10^{-9}$ H/cm

$$L = 2 \cdot 2 \cdot 10^{-9} \ln 1{,}4 \text{ H} = 1{,}35 \text{nH}.$$

Bei einem Übergangswiderstand von $R_{ü2} = 0{,}1$ mΩ und einer Frequenz von 1 MHz beträgt demnach das Widerstandsverhältnis

$$\frac{R_{ü2}}{\omega L} = \frac{0{,}1 \cdot 10^{-3}}{2\pi \cdot 10^{6} \cdot 1{,}35 \cdot 10^{-9}} = 1{,}18 \cdot 10^{-2}.$$

Die Störspannung wird also etwa um den Faktor 100 heruntergedrückt im Vergleich zu derjenigen bei einem einfachen Kontakt. Bei einer Frequenz von 10 MHz ist der Faktor 1000.

3. Kopplungswiderstand von Leitungsschirmen

Wenn ein von irgendeiner äußeren Spannungsquelle hervorgerufener Störstrom I_{st} über einen Kabelmantel oder -schirm fließt, so verursacht er an der inneren Oberfläche des Mantels einen Spannungs-

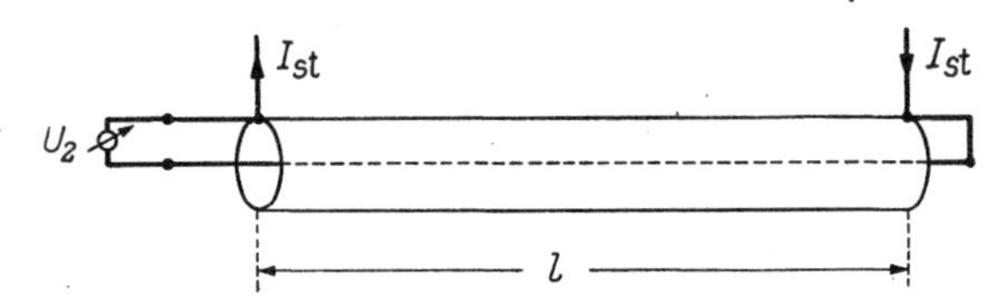

Abb. 160. Zur Definition des Kopplungswiderstands $\boldsymbol{R}_K$ nach Gl. (17)

abfall, der als Störspannung innerhalb des vom Kabelmantel geschützten Leitungssystems wirkt. Je kleiner der Spannungsabfall am Schirm ist, um so besser ist die Schirmwirkung. Ein Maß hierfür ist der „Kopplungswiderstand" $\boldsymbol{R}_K$ der Leitung, der nach Abb. 160 wie folgt definiert ist: Über den Außenleiter einer koaxialen Leitung der Länge l (l soll viel kleiner als ein Viertel der Leitungswellenlänge sein) fließe der Störstrom I_{st}. Das koaxiale Leitungssystem soll am Ende kurzgeschlossen sein. Dann entsteht an seinen offenen Eingangsklemmen eine Spannung U_2. Für den Kopplungswiderstand gilt dann die Beziehung

$$\boldsymbol{R}_K = \frac{U_2}{I_{st}\, l}\,; \tag{17}$$

er hat die Dimension Widerstand pro Längeneinheit und ist im allgemeinen komplex. Bei Gleichstrom oder Wechselstrom niedriger Frequenz ist $\boldsymbol{R}_K$ einfach gleich dem Gleichstromwiderstand des Außenleiters. Wächst nun die Frequenz, so weicht $\boldsymbol{R}_K$ erheblich von dem Gleichstromwiderstand ab; es wirken dann verschiedene Einflüsse zusammen, die die Berechnung des Kopplungswiderstands zu einer mathematisch schwierigen Aufgabe machen, die nur für wenige Fälle zu lösen ist. Betrachten wir zunächst den einfachsten Fall, nämlich ein homogenes Rohr, so zeigt sich, daß sein Kopplungswiderstand mit zunehmender Frequenz sehr stark abnimmt. Dieser Effekt wird von der Stromverdrängung hervorgerufen, die bewirkt, daß sich bei der Anordnung in Abb. 160 der Störstrom I_{st} an der äußeren Rohroberfläche zusammenzieht, so daß der Spannungsabfall an der inneren Rohroberfläche und damit U_2 sehr klein wird. Den Kopplungswiderstand $\boldsymbol{R}_{Kh}$ des homogenen Rohres hat zuerst SCHELKUNOFF (E, Lit. [5]) angegeben; er bezeichnet ihn mit „mutual impedance" des Rohres. Der Kopplungswiderstand $\boldsymbol{R}_{Kh}$ nimmt bei hohen Frequenzen, d. h., wenn Stromverdrängung auftritt, sehr stark ab. Dieses günstige Verhalten des homogenen Rohres läßt sich leider praktisch nur selten realisieren, weil in der Kabeltechnik meistens die Forderung gestellt wird, daß der Schirm biegsam sein muß. Ein homogenes Rohr würde nämlich beim Biegen einknicken. Die Forderung der Biegsamkeit läßt sich durch verschiedene Konstruktionen verwirklichen; so kann man den Leiter aus einem oder mehreren Metallbändern herstellen, die in Form einer Wendel aufgebracht sind (Abb. 161). Ferner gibt es biegsame Außenleiter aus zwei Halbschalen, die regelmäßig wiederkehrende Eindrückungen, sogenannte Sikken, haben (Abb. 162). Hierbei entstehen dann winzige Spalte. Auch werden beispielsweise Außenleiter als Drahtgeflechte ausgebildet. Bei allen diesen Konstruktionen dringt ein kleiner Teil des magnetischen Außenfeldes des Störstroms in den vom Kabelmantel umschlossenen Innenraum ein. Dieses Feld induziert nun eine Spannung U_2 im Koaxialsystem, die mit der Frequenz wächst, so daß der Kopplungswiderstand von einer bestimmten Frequenz ab ansteigt. Daher haben wir bei praktischen Ausführungen immer den in Abb. 163 gezeichneten typischen Frequenzgang des Kopplungswiderstands, der zuerst infolge der Stromverdrängung abfällt und dann infolge des Durchgriffs des äußeren Magnetfeldes wieder ansteigt. Wir werden im folgenden den Kopplungswiderstand für einige

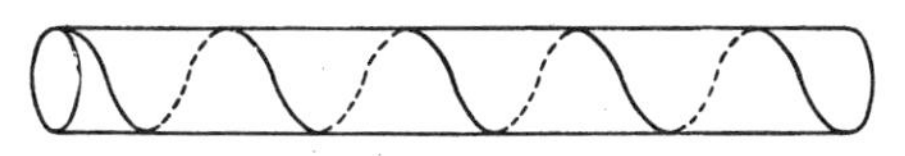
Abb. 161. Biegsamer Außenleiter aus einem wendelförmig aufgebrachten Metallband

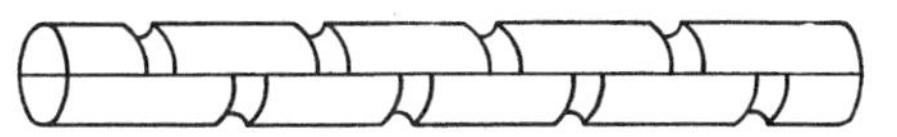
Abb. 162. Biegsamer Außenleiter aus zwei mit „Sicken" versehenen Halbschalen

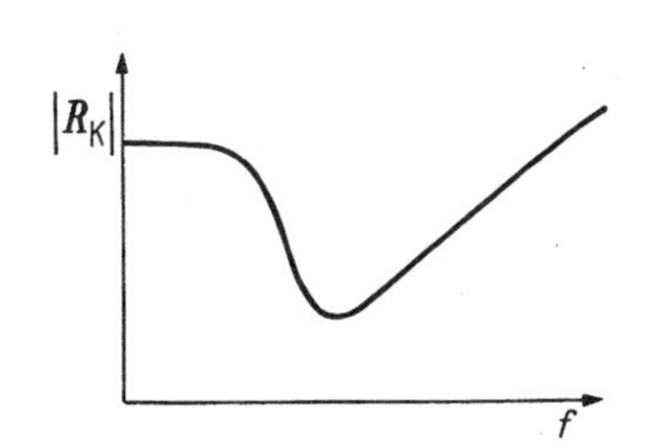

Abb. 163. Typischer Frequenzgang des Kopplungswiderstands biegsamer Außenleiter

Außenleiterkonstruktionen berechnen. Dabei gehen wir von dem Induktionsgesetz in Integralform nach Gl. (A 4) aus; danach ergibt sich die Spannung U_2 nach Abb. 160 für periodische Wechselfelder mit der Kreisfrequenz ω zu

$$U_2 = \mathrm{j}\,\omega\,\mu_0 \int\!\!\int_F H_\mathrm{n}\,\mathrm{d}f + \int_L E_s\,\mathrm{d}s. \tag{18}$$

Der erste Term dieser Gleichung beschreibt den Durchgriff des vom Störstrom I_st erzeugten magnetischen Feldes durch den Außenleiter. Die Normalkomponente H_n der magnetischen Feldstärke ist auf einer Fläche F innerhalb des vom Kabelmantel umschlossenen Innenraums zu nehmen und zu integrieren, die wie folgt definiert ist: Man denke sich die Fläche F von einem von der Kabelachse ausgehenden Radiusvektor erzeugt, dessen Endpunkt an der inneren Außenleiteroberfläche an einem Stromfaden entlang gleitet. So entsteht beispielsweise innerhalb des Wendelleiters nach Abb. 161 eine Schraubenfläche, da der Strom I_st im Außenleiter wendelförmig verläuft. Die Steigung der Fläche pro Umlauf ist gleich der Drallänge des Metallbandes. Bei dem „Sicken-Kabel" nach Abb. 162 fließt der Strom axial. Die Fläche F ist dann ein axial liegendes Rechteck, dessen eine Seite die Kabellänge l und dessen andere Seite der Radius r_a des Außenleiters ist. Der zweite Term von Gl. (18) ist ein Linienintegral der elektrischen Feldstärke über eine Linie L an der inneren Oberfläche des Außenleiters, die die Fläche F begrenzt. Im Falle des Wendelleiters nach Abb. 161 ist also L eine Schraubenlinie und beim „Sicken-Kabel" nach Abb. 162 eine gerade Linie parallel zur Achse. Dieser zweite Anteil an der Gesamtspannung U_2 ist vor allem von der Leitfähigkeit $\varkappa$ des Außenleiters abhängig und ist bei hinreichend niedrigen Frequenzen gleich dem Produkt aus Gleichstromwiderstand und Störstrom I_st. Im allgemeinen wird man den Kopplungswiderstand messen. Da es sich hierbei oft um sehr kleine Effekte handelt, so müssen solche Messungen sehr sorgfältig durchgeführt werden. Eine bewährte Meßschaltung werden wir am Schluß dieses Kapitels beschreiben (Abb. 181).

a) Homogenes Rohr

Wir nehmen ein homogenes, dünnwandiges Rohr der Dicke d an, dessen Radius r_a ist ($d \ll r_\mathrm{a}$). Die Krümmung innerhalb der Metallwand können wir daher vernachlässigen und so rechnen, als ob ein ebenes Problem wie bei einer Metallplatte vorläge. Der Verlauf der elektrischen und magnetischen Feldstärke innerhalb der Mantelwand berechnet sich also nach den Gl. (E 18) und (E 19) wie für den Außenleiter koaxialer Kabel. Nur die Grenzbedingungen lauten hier anders. Da der Störstrom I_st nach Abb. 160 zu einem äußeren Leitungssystem gehört, muß nach dem Durchflutungssatz (A 1) für die äußere

Oberfläche ($r = r_a + d$) die Gleichung

$$H(r_a + d) = \frac{I_{st}}{2\pi\, r_a} \tag{19}$$

gelten; die magnetische Feldstärke an der inneren Oberfläche ($r = r_a$) muß verschwinden, weil die Durchflutung hier Null ist:

$$H(r_a) = 0. \tag{20}$$

Daher ist mit den Bezeichnungen in Gl. (E 18) und (E 19)

$$A\,\mathrm{e}^{k r_a} = B\,\mathrm{e}^{-k r_a} = \frac{\mathrm{j}\,\omega\,\mu\, I_{st}}{4\pi\, k\, r_a \sinh k d}\,. \tag{21}$$

Nach Gl. (E 18) ergibt sich nun die elektrische Feldstärke an der inneren Oberfläche ($r = r_a$) zu

$$E(r_a) = \frac{\mathrm{j}\,\omega\,\mu\, I_{st}}{2\pi\, k\, r_a \sinh k d} = \frac{k\, I_{st}}{2\pi\, r_a\, \varkappa \sinh k d} \tag{22}$$

und an der äußeren Oberfläche ($r = r_a + d$) zu

$$E(r_a + d) = \frac{\mathrm{j}\,\omega\,\mu\, I_{st}}{2\pi\, k\, r_a} \coth k d = \frac{k\, I_{st} \coth k d}{2\pi\, r_a\, \varkappa}\,. \tag{23}$$

Da die Stromdichte S proportional der elektrischen Feldstärke ist ($\varkappa E = S$), gibt der Quotient der Feldstärken an der äußeren und inneren Oberfläche auch direkt das Stromdichteverhältnis an. Es ist

$$\left|\frac{S(r_a + d)}{S(r_a)}\right| = |\cosh k d| \approx \begin{cases} 1 & \text{für} \quad d < \delta, \\ \frac{1}{2}\,\mathrm{e}^{\frac{d}{\delta}} & \text{für} \quad d > \delta. \end{cases} \tag{24}$$

Man sieht hieraus, daß bei hohen Frequenzen ($d > \delta$) der Strom an die äußere Oberfläche verdrängt wird. Ist beispielsweise die Frequenz so hoch, daß die Wandstärke $d = 4{,}6\,\delta$ beträgt, so ist die äußere Stromdichte 50mal größer als die innere. Hierauf beruht die Schutzwirkung des homogenen Rohres, die durch den Kopplungswiderstand zum Ausdruck kommt.

Wir berechnen jetzt den Kopplungswiderstand $\boldsymbol{R}_{Kh}$ des homogenen Kabels gemäß der Definition nach Gl. (17) mit Benutzung von Gl. (18). Der erste Term in Gl. (18) fällt weg, weil hier im Innern ($r \leqq r_a$) kein magnetisches Feld vorhanden ist. Somit erhalten wir den relativen Kopplungswiderstand, indem wir Gl. (22) durch I_{st} und noch durch den Gleichstromwiderstand $R_0 = 1/2\pi\, r_a\, d \varkappa$ des Rohres dividieren, zu

$$\frac{\boldsymbol{R}_{Kh}}{R_0} = \frac{k d}{\sinh k d} \approx \begin{cases} 1 - \frac{(k d)^2}{6} & \text{für} \quad d < \delta, \\ 2 k d\,\mathrm{e}^{-k d} & \text{für} \quad d > \delta. \end{cases} \tag{25}$$

Da die Wirbelstromkonstante k nach Gl. (A 22) komplex mit gleichem Real- und Imaginärteil ist ($k = (1 + \mathrm{j})/\delta$), so ist auch $\boldsymbol{R}_{Kh}$ komplex.

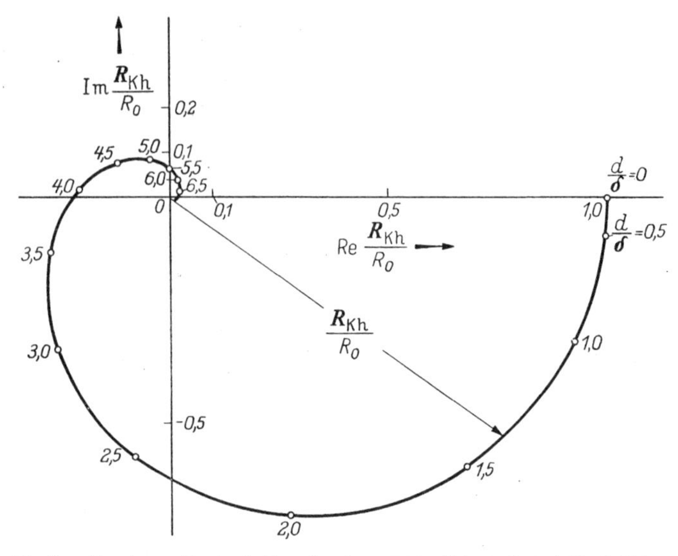

Abb. 164. Der Kopplungswiderstand $\boldsymbol{R}_{Kh}$ eines homogenen Rohres, dargestellt als Zeiger in der komplexen Ebene.

R_0 Gleichstromwiderstand; d Wandstärke; δ äquivalente Leitschichtdicke nach Abb. 9

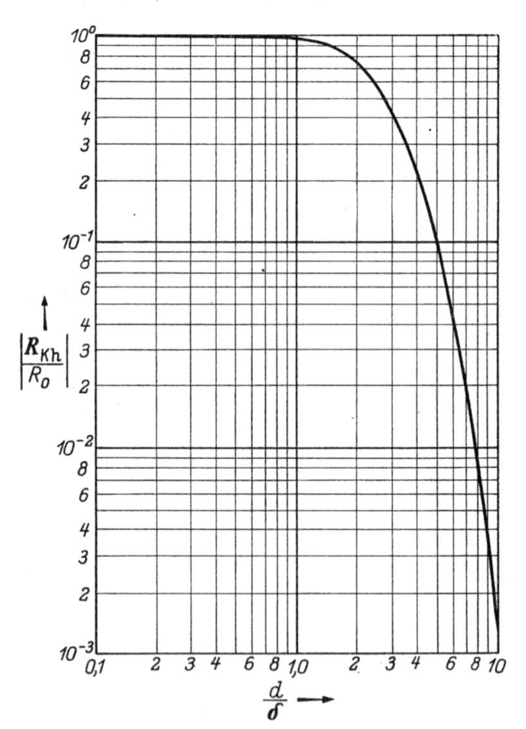

Abb. 165. Der Betrag des Kopplungswiderstands eines homogenen Rohres in Abhängigkeit von de Frequenz. Bezeichnungen nach Abb. 164

In Abb. 164 ist $\boldsymbol{R}_{\mathrm{Kh}}$ als Zeiger in der komplexen Ebene dargestellt. Man erkennt, daß die Phase von $\boldsymbol{R}_{\mathrm{Kh}}$ sehr stark wächst (im negativen Sinne!), sobald die Stromverdrängung eingesetzt hat ($d > \delta$). Vom Standpunkt der Schirmwirkung ist vor allem der Betrag $|\boldsymbol{R}_{\mathrm{Kh}}|$ des Kopplungswiderstands von Bedeutung. Dieser berechnet sich aus Gl. (25) wie folgt:

$$\frac{|\boldsymbol{R}_{\mathrm{Kh}}|}{R_0} = \frac{2\frac{d}{\delta}}{\sqrt{\cosh\frac{2d}{\delta} - \cos\frac{2d}{\delta}}} \approx \begin{cases} 1 & \text{für } d < \delta, \\ 2\sqrt{2}\frac{d}{\delta}\,\mathrm{e}^{-\frac{d}{\delta}} & \text{für } d > \delta. \end{cases} \tag{26}$$

Er ist in Abb. 165 in Abhängigkeit von d/δ dargestellt. Man erkennt den außerordentlich steilen Abfall im Bereich der Stromverdrängung ($d > \delta$). Für die Praxis bedeutet dies, daß man mit dem homogenen Rohr um so stärkere Schirmwirkung erzielen kann, je höher die Frequenz ist. Dieses Verhalten entspricht demjenigen von homogenen Schirmen gegen magnetische Wechselfelder, wie in Abschn. C beschrieben. Ist die Homogenität in irgendeiner Form durchbrochen, so ist damit ein magnetischer Durchgriff verbunden, demzufolge der Kopplungswiderstand von einer gewissen Frequenz ab wieder ansteigt, wie es in Abb. 163 qualitativ angedeutet ist. Wir wollen dies weiter unten an einigen Beispielen auch quantitativ zeigen.

b) Rohr aus mehreren Metallschichten

Wir haben in Abschn. F die Schirmwirkung mehrschichtiger Schirme gegen magnetische Wechselfelder kennengelernt. Wir wollen hier auch den Kopplungswiderstand solcher Schirme berechnen. Nach Abb. 166 nehmen wir als Beispiel einen Schirm an, der aus zwei homogenen Metallrohren mit den Dicken d_1 und d_2 besteht, zwischen denen noch ein stromfreier Zwischenraum der Dicke d_{e} liegen soll. Dieser kann auch mit einem magnetischen Stoff der Permeabilität μ ausgefüllt sein. Bei der Berechnung nehmen wir zunächst an, daß der äußere Störstrom I nur in der äußeren Schicht *1* fließt. Er erzeugt dann an der inneren Oberfläche der Schicht eine Leerlaufspannung für die Längeneinheit von der Größe $I\,\boldsymbol{R}_{\mathrm{K}1}$. Wir fassen nun diese Schicht als Spannungsquelle auf, die einen Strom durch die innere Metallschicht treibt. Der innere Widerstand dieser Spannungsquelle ist $\boldsymbol{R}_{\mathrm{a}1}$; er ist mit der inneren Impedanz des Rohres *1* identisch [Gl. (E 23)]. Die Impedanz

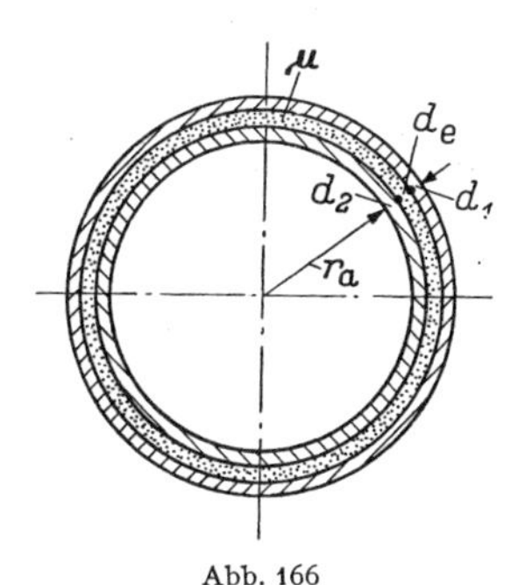

Abb. 166
Rohr aus zwei Metallschichten mit den Dicken d_1 und d_2
d_{e} Dicke des Zwischenraums
μ Permeabilität des Zwischenraums

des äußeren Kreises ist nun $\boldsymbol{R}_{a2} + j\omega L_e$, wenn L_e die Induktivität des Zwischenraums bedeutet:

$$L_e = \frac{\mu_w d_e}{2\pi r_a} \tag{27}$$

[μ_w wirksame Permeabilität des Eisens nach Gl. (B 3)]. Ist der Zwischenraum unmagnetisch, so hat man an Stelle von μ_w die Permeabilität des leeren Raumes μ_0 zu nehmen. Der Strom I_2 durch das innere Metallrohr beträgt daher

$$I_2 = \frac{I \boldsymbol{R}_{K1}}{\boldsymbol{R}_{a1} + \boldsymbol{R}_{a2} + j\omega L_e}. \tag{28}$$

Dieser Strom verursacht jetzt an der inneren Oberfläche des Rohres *2* eine elektrische Feldstärke $I_2 \boldsymbol{R}_{K2}$. Setzt man nun für I_2 den Ausdruck Gl. (28) ein und dividiert durch I, so hat man bereits den resultierenden Kopplungswiderstand $\boldsymbol{R}_K$ des Schirmes nach Abb. 166:

$$\boldsymbol{R}_K = \frac{\boldsymbol{R}_{K1} \boldsymbol{R}_{K2}}{\boldsymbol{R}_{a1} + \boldsymbol{R}_{a2} + j\omega L_e}. \tag{29}$$

Berühren sich die beiden Metallschichten, so verschwindet L_e, weil $d_e = 0$ ist. Bestehen die Schichten aus dem gleichen Metall ($k_1 = k_2$), so muß die Gl. (29) in die Gl. (25) für den homogenen Schirm mit der Dicke $d = d_1 + d_2$ übergehen, was auch tatsächlich der Fall ist. Nach dem gleichen Verfahren läßt sich auch der Kopplungswiderstand beliebig vielschichtiger Schirme ausrechnen, indem man jeweils um eine Schicht fortschreitet.

c) Koaxiale Leitung mit gewendeltem Außenleiter

Wir betrachten eine koaxiale Leitung, deren Außenleiter aus einem wendelförmig aufgebrachten Metallstreifen der Breite b_s hergestellt ist

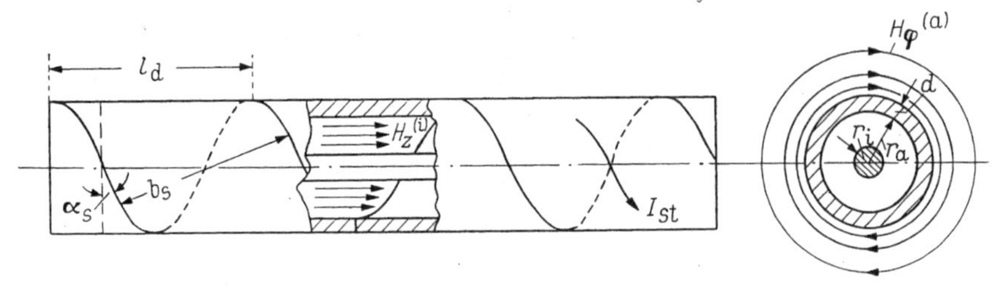

Abb. 167. Zur Berechnung des Kopplungswiderstands eines Wendelleiters mit dem Steigungswinkel α_s; l_d Drallänge

(Abb. 167). Die Folge ist, daß der Störstrom I_{st} auf dem Außenleiter nicht mehr axial, sondern in einer Schraubenlinie verläuft. Den Radius des Außenleiters bezeichnen wir wie bisher mit r_a und die Dicke mit d. Sind die Streifenbreite b_s und der Außenleiter r_a gegeben, so kann man die charakteristischen Daten der Wendel, wie Drallänge l_d und Steigungswinkel α_s, berechnen. Zu diesem Zweck denken wir uns eine Windung der Wendel abgewickelt und erhalten dann das in Abb. 168 abgebildete Parallelogramm, dessen eine Seite die Drallänge l_d und dessen Höhe der Umfang des Kabels ($2\pi r_a$) ist. Die vier Größen r_a, b_s, α_s und l_d sind durch folgende Beziehungen miteinander verknüpft, die man aus Abb. 168 ablesen kann:

$$\tan\alpha_s = \frac{l_d}{2\pi r_a}; \quad \cos\alpha_s = \frac{b_s}{l_d}; \quad \sin\alpha_s = \frac{b_s}{2\pi r_a}. \tag{30}$$

Betrachtet man b_s und r_a als vorgegeben, so läßt sich hieraus l_d explizite ermitteln, wenn man den Steigungswinkel α_s eliminiert. Dies ergibt

$$\frac{1}{l_d^2} = \frac{1}{b_s^2} - \frac{1}{(2\pi r_a)^2}. \tag{31}$$

Das homogene Rohr erhält man hierbei als Grenzfall, indem man die Drallänge als unendlich groß annimmt ($l_d \to \infty$). Dann ist nach Gl. (31) $b_s = 2\pi r_a$ und der Steigungswinkel $\alpha_s = \pi/2 = 90°$. Der Strom I_{st} verläuft dann axial. Je kleiner b_s wird, um so kürzer ist die Drallänge l_d und um so kleiner der Steigungswinkel α_s. Damit wächst auch die auf die Längeneinheit des Kabels bezogene Windungszahl der Wendel. Bei manchen Konstruktionen werden an Stelle eines einzigen Metallstreifens mehrere schmale Bänder nebeneinander (parallel) verseilt. Dann gelten die gleichen Gleichungen, wenn man für b_s die Gesamtbreite aller parallelen Bänder einsetzt.

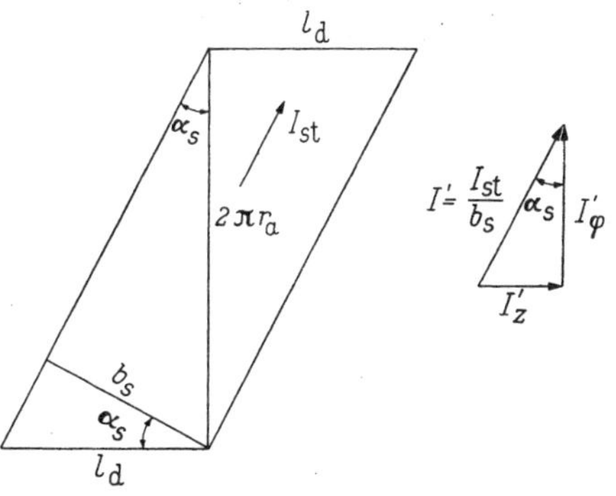

Abb. 168. Eine Windung der Bandwendel in Abb. 167 im abgewickelten Zustand
b_s Breite des Metallstreifens

Wir bestimmen zunächst das magnetische Feld des Kabels. Zu diesem Zweck zerlegen wir den Strom I_{st} nach Abb. 168 in eine axiale (in Richtung z liegende) und eine zirkulare (in φ-Richtung liegende) Komponente. Dabei gehen wir von der Stromdichte $I' = I_{st}/b_s$ für eine in Richtung der Bandbreite b_s genommene Längeneinheit aus. Die axiale Komponente $I'_z = I' \sin\alpha_s$ erzeugt außerhalb des Kabels ($r > r_a + d$) das zirkulare Magnetfeld wie beim homogenen Außenleiter. Die Feldstärke an der äußeren Oberfläche ist

$$H_\varphi^{(a)} = I'_z = I' \sin\alpha_s = \frac{I_{st}}{b_s}\sin\alpha_s = \frac{I_{st}}{2\pi r_a}. \tag{32}$$

Durch die zirkulare Komponente $I'_\varphi = I' \cos\alpha_s$ entsteht nun im Kabelinnern ($r < r_a$) ein axiales Magnetfeld wie bei einer Spule, dessen Feldstärke nach dem Durchflutungssatz [Gl. (A 1)] sich zu

$$H_z^{(i)} = I'_\varphi = I' \cos\alpha = \frac{I_{st}}{b_s} \cos\alpha_s = \frac{I_{st}}{l_d} \tag{33}$$

berechnet. Es ist umgekehrt proportional der Drallänge l_d, das bedeutet, daß es um so stärker wird, je kürzer die Drallänge ist.

Wir sind jetzt in der Lage, die Spannung U_2 zu berechnen, die nach Abb. 160 in einem elektrisch kurzen Kabelstück induziert wird. Wir wählen als Länge des Kabels die Drallänge l_d und benutzen Gl. (18). Die Fläche F ist hier gleich der Schraubenfläche, die außen von dem Außenleiter und innen von dem Innenleiter begrenzt wird. Innerhalb der Drallänge l_d windet sich diese Schraubenfläche um den Winkel 2π um den Innenleiter (ein Umlauf). Der Integrationsweg längs der Linie L

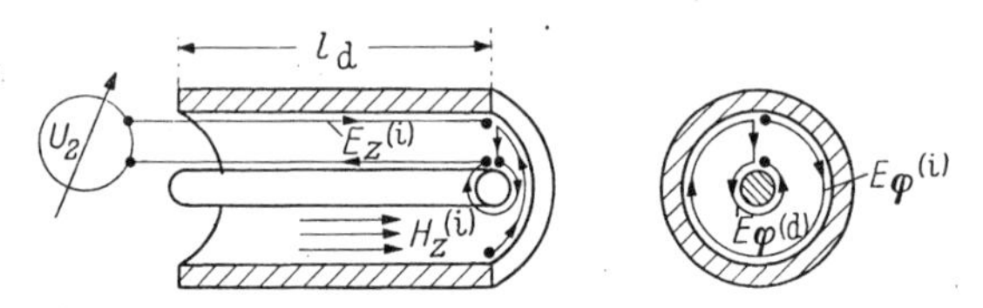

Abb. 169. Zur Berechnung der in einer Windung der Länge l_d induzierten Spannung U_2

besteht aus zwei Schraubenlinien, eine auf der inneren Oberfläche des Außenleiters und in entgegengesetzter Richtung die andere auf der äußeren Oberfläche des Innenleiters. Entsprechend Abb. 169 deformieren wir diesen Integrationsweg, so daß er zunächst in axialer Richtung (z-Richtung) an der inneren Außenleiteroberfläche verläuft (Länge l_d) und dann einen geschlossenen Kreisweg in zirkularer Richtung (φ-Richtung) bildet (Länge $2\pi r_a$). Von da aus geht er auf den Innenleiter über, den er in entgegengesetzter Richtung einmal umschließt (Länge $2\pi r_i$), und führt dann in axialer Richtung zum Anfang des Kabelstückes zurück. Da im Inneren nur ein axial gerichtetes Magnetfeld mit der Feldstärke $H_z^{(i)}$ vorhanden ist, so berechnet sich die Spannung U_2 nach Gl. (18) aus folgender Gleichung:

$$U_2 = l_d E_z^{(i)} + 2\pi r_a E_\varphi^{(i)} - 2\pi r_i E_\varphi^{(d)} + \mathrm{j}\,\omega\,\mu_0\,\pi\,(r_a^2 - r_i^2)\,H_z^{(i)}. \tag{34}$$

Hierin bedeuten

$$E_z^{(i)} = \frac{k_a}{2\pi r_a \varkappa_a \sinh k_a d} I_{st}$$

die axiale elektrische Feldstärke an der inneren Oberfläche des Außenleiters nach Gl. (22),

$$E_\varphi^{(i)} = \frac{k_a \coth k_a d}{l_d \varkappa_a} I_{st}$$

die zirkulare elektrische Feldstärke an der inneren Oberfläche des Außenleiters und

$$E_\varphi^{(\mathrm{d})} = \frac{\mathrm{j}\, k_\mathrm{i}}{l_\mathrm{d}\, \varkappa_\mathrm{a}} \frac{\mathrm{J}_1(\mathrm{j}\, k_\mathrm{i}\, r_\mathrm{i})}{\mathrm{J}_0(\mathrm{j}\, k_\mathrm{i}\, r_\mathrm{i})} I_\mathrm{st}$$

die zirkulare elektrische Feldstärke an der äußeren Oberfläche des Innenleiters nach Gl. (B 19). Wir setzen diese Ausdrücke in Gl. (34) ein und erhalten dann entsprechend der Definitionsgleichung (17) nach der Division durch $l_\mathrm{d} I_\mathrm{st}$ folgende Gleichung für den Kopplungswiderstand:

$$\begin{aligned} \boldsymbol{R}_\mathrm{K} = {} & \frac{k_\mathrm{a}}{2\pi\, r_\mathrm{a}\, \varkappa_\mathrm{a} \sinh k_\mathrm{a}\, d} + \frac{2\pi\, k_\mathrm{a}\, r_\mathrm{a}}{l_\mathrm{d}^2\, \varkappa_\mathrm{a}} \coth k_\mathrm{a}\, d - \\ & - \frac{2\pi\, \mathrm{j}\, k_\mathrm{i}\, r_\mathrm{i}}{l_\mathrm{d}^2\, \varkappa_\mathrm{i}} \frac{\mathrm{J}_1(\mathrm{j}\, k_\mathrm{i}\, r_\mathrm{i})}{\mathrm{J}_0(\mathrm{j}\, k_\mathrm{i}\, r_\mathrm{i})} + \frac{\mathrm{j}\, \omega\, \mu_0\, \pi\, (r_\mathrm{a}^2 - r_\mathrm{i}^2)}{l_\mathrm{d}^2}. \end{aligned} \tag{35}$$

Man erkennt, daß in den Kopplungswiderstand auch die Eigenschaften des Innenleiters eingehen. Will man sie eliminieren, so muß man den Innenleiter hinreichend dünn machen ($r_\mathrm{i} \to 0$). Dann ergibt sich

$$\boldsymbol{R}_\mathrm{K} = \boldsymbol{R}_\mathrm{Kh} + \left(\boldsymbol{R}_\mathrm{a} + \frac{\mathrm{j}\, \omega\, \mu_0}{4\pi}\right) \cot^2 \alpha_\mathrm{s}. \tag{36}$$

Hierin ist $\boldsymbol{R}_\mathrm{Kh}$ der Kopplungswiderstand und $\boldsymbol{R}_\mathrm{a} = R_\mathrm{a} + \mathrm{j}\, \omega\, L_\mathrm{a}$ die innere Impedanz des homogenen Außenleiters nach Gl. (E 23). Um die Gl. (36) dimensionslos zu machen, dividieren wir sie durch den Gleichstromwiderstand R_0 des homogenen Rohres und erhalten dann

$$\frac{\boldsymbol{R}_\mathrm{K}}{R_0} = \frac{\boldsymbol{R}_\mathrm{Kh}}{R_0} + \left(\frac{\boldsymbol{R}_\mathrm{a}}{R_0} + \frac{1}{2} k_\mathrm{a}^2\, r_\mathrm{a}\, d\right) \cot^2 \alpha_\mathrm{s} \tag{37}$$

[$k_\mathrm{a} = (1 + \mathrm{j})/\delta_\mathrm{a}$ Wirbelstromkonstante des Außenleiters nach Gl. (A 19)]. Bei niedrigen Frequenzen, bei denen noch keine Stromverdrängung herrscht ($d < \delta_\mathrm{a}$), ist $\boldsymbol{R}_\mathrm{a} = \boldsymbol{R}_\mathrm{Kh} = R_0$. Dann vereinfacht sich Gl. (37) zu dem Ausdruck

$$\frac{\boldsymbol{R}_\mathrm{K}}{R_0} = \frac{1}{\sin^2 \alpha_\mathrm{s}} + \frac{\mathrm{j}\, r_\mathrm{a}\, d}{\delta_\mathrm{a}^2} \cot^2 \alpha_\mathrm{s}. \tag{38}$$

Bei Gleichstrom ($\delta_\mathrm{a} \to \infty$) verschwindet der zweite Term und $\boldsymbol{R}_\mathrm{K}$ wird um den Faktor $1/\sin^2 \alpha_\mathrm{s}$ größer als R_0. Dieser Effekt ist auf die Verlängerung des Stromweges und die Verengung des Querschnittes des Wendelleiters im Vergleich zum homogenen Rohr zurückzuführen. Bei hohen Frequenzen ($d > \delta_\mathrm{a}$) dominiert dagegen der zweite Term in Gl. (37), der die Wirkung des Axialfeldes im Innern zum Ausdruck bringt. Daher gilt hier die Näherungsformel

$$\left|\frac{\boldsymbol{R}_\mathrm{K}}{R_0}\right| \approx \frac{r_\mathrm{a}\, d}{\delta_\mathrm{a}^2} \cot^2 \alpha_\mathrm{s} = \frac{1}{2}\, \omega\, \mu_0\, \varkappa_\mathrm{a}\, r_\mathrm{a}\, d \cot^2 \alpha_\mathrm{s}, \tag{39}$$

wonach der Kopplungswiderstand proportional mit der Frequenz ansteigt. In Abb. 170 ist der Frequenzgang des Betrages des Kopplungswiderstands bei verschiedenen Steigungswinkeln α_s dargestellt. Es zeigt sich deutlich, daß der Kopplungswiderstand um so größer wird, je kleiner der Steigungswinkel α_s bzw. je größer die Windungszahl der Wendel für die Längeneinheit des Kabels ist. Vergleicht man diese Kurven mit derjenigen für das homogene Rohr in Abb. 165, so geht hieraus deutlich die große Störanfälligkeit des Wendelleiters hervor.

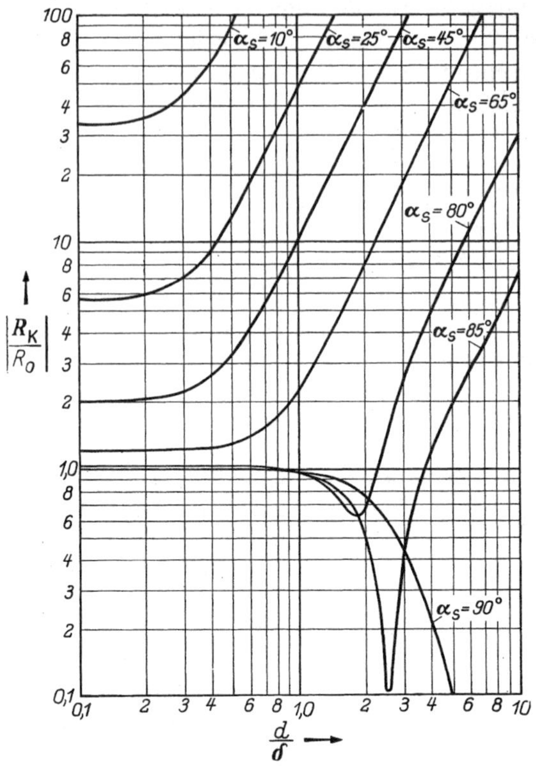

Abb. 170. Der Kopplungswiderstand R_K eines Wendelleiters nach Abb. 167 in Abhängigkeit von der Frequenz bei verschiedenen Steigungswinkeln α_s und $r_a/d = 10$

R_0 Gleichstromwiderstand des homogenen Rohres; d Wandstärke; δ äquivalente Leitschichtdicke; α_s Steigungswinkel nach Gl. (30)

Umpreßt man den Wendelleiter noch mit einem homogenen Bleimantel, so bleibt die Biegsamkeit im wesentlichen erhalten, während die Störanfälligkeit ganz erheblich herabgesetzt wird. Dies liegt daran, daß das magnetische Axialfeld praktisch verschwindet, weil der äußere Bleimantel als Kurzschlußwindung wirkt. Infolgedessen kann der Kopplungswiderstand eines solchen Doppelschirmes nicht mehr proportional mit der Frequenz wachsen; er verhält sich ähnlich wie ein homogener Schirm nach Abb. 165, wobei die Stromverdrängung im Bleimantel die Hauptrolle spielt. Für praktische Zwecke ist es bei Wendeln mit kleiner Steigung ausreichend, wenn man den Kopplungswiderstand nach Gl. (25) so berechnet, als ob nur der Bleimantel da wäre. Man rechnet dann mit einer gewissen Sicherheit, weil der resultierende Kopplungswiderstand des Doppelschirmes immer kleiner als der des umgebenden Bleimantels ist [7]. Ist die Steigung jedoch groß ($\alpha_s \approx 90°$), so wendet man zweckmäßigerweise Gl. (29) an.

Anhang zu c)

Leitungskonstanten einer koaxialen Leitung mit gewendeltem Außenleiter. Die gleichen Überlegungen, die zum Kopplungswiderstand führen, sind geeignet, auch die Leitungskonstanten eines Kabels mit gewendeltem Außenleiter zu liefern. An Stelle des äußeren Störstromes I_{st} müssen wir zu diesem Zweck den Leitungsstrom I des koaxialen Systems benutzen. Für die Spannung U am Eingang einer kurzgeschlossenen Leitung der Länge l_d erhält man dann eine ähnliche Beziehung wie Gl. (34). In ihr kommen dann zu den aus dem Abschn. E, Kap. 1, bekannten Spannungen des Kabels mit homogenen Leitern noch die Spannungsanteile hinzu, die auf das Axialfeld zurückzuführen sind. Wir nennen die Summe dieser Spannungsanteile U_w; sie berechnet sich ähnlich wie in Gl. (34), so daß wir die Beziehung

$$U_w = 2\pi r_a E_\varphi^{(i)} - 2\pi r_i E_\varphi^{(d)} + j\,\omega\,\mu_0\,\pi\,(r_a^2 - r_i^2)\,H_z^{(i)} \qquad (40)$$

erhalten. Für $H_z^{(i)}$ setzen wir nun Gl. (33) und für $E_\varphi^{(i)}$ sowie $E_\varphi^{(d)}$ die im Anschluß an Gl. (34) aufgestellten Gleichungen ein. Dividiert man nun durch das Produkt $l_d\,I$ und trennt den Real- von dem Imaginärteil, so gewinnt man folgende Gleichungen für die zusätzlichen Größen R_w und L_w des Wendelkabels:

$$R_w = \left[R_a + \frac{1}{2}\,R_{i0}\left(\frac{r_i}{r_a}\right)^2 \varrho_z\left(\frac{r_i}{\delta_i}\right)\right]\cot^2\alpha_s\,, \qquad (41)$$

$$L_w = \left[L_a + \frac{\mu_0}{4\pi}\left(1 - \left(1 - \mathrm{Re}\,\frac{\mu_w}{\mu_0}\right)\frac{r_i^2}{r_a^2}\right)\right]\cot^2\alpha_s\,. \qquad (42)$$

Hierin bedeuten ϱ_z die Verlustfunktion eines Drahtes im longitudinalen magnetischen Wechselfeld nach Gl. (B 21) und Re (μ_w/μ_0) den Realteil der wirksamen Permeabilität μ_w/μ_0 nach Gl. (B 17). Diese Größen R_w und L_w sind proportional zu $\cot^2\alpha_s$; das bedeutet, daß sie verschwinden, wenn $\alpha_s = 90°$ ist. In diesem Fall ist die Drallänge l_d unendlich groß, und das Kabel verhält sich wie ein Kabel mit homogenen Leitern nach Abschn. E, Kap. 1. Je kleiner α_s ist, oder je mehr Windungen der Außenleiter bezogen auf die Längeneinheit des Kabels hat, um so größer werden die Werte für R_w und L_w. Dieser Effekt wird ähnlich wie der Kopplungswiderstand wesentlich herabgesetzt, wenn man den Außenleiter noch mit einem homogenen Bleimantel umgibt, weil dann das Axialfeld sehr klein wird [12].

d) Rohr mit axialen Schlitzen (Spalten)

Bei einem koaxialen Kabel, dessen Außenleiter aus zwei halbkreisförmigen Schalen hergestellt ist (Abb. 162), treten axiale Spalte auf. Den Durchgriff des magnetischen Feldes durch solche Spalte haben wir bereits in Abschn. G behandelt. Die dort in Kap. 4 gewonnenen Resultate über die magnetische Kopplung durch Spalte können wir direkt übernehmen, um den Kopplungswiderstand $\boldsymbol{R}_K$ zu erhalten. Zwei Einflüsse wirken dabei zusammen: Die elektrische Feldstärke $E(r_a)$ nach

Gl. (22) an der inneren Oberfläche des Außenleiters und die Spannung $j\,\omega\,M_{12}\,I_{st}$ für die Längeneinheit des Kabels, die infolge des magnetischen Durchgriffes in dem Koaxialsystem induziert wird. Benutzt man für M_{12} die Gl. (G 55), so erhält man daher für den Fall, daß n Schlitze da sind, folgende Gleichung:

$$\boldsymbol{R}_K = \boldsymbol{R}_{Kh} + \frac{j\,\omega\,\mu_0\,p\,c^2\,n}{4\pi\,r_a^2}\left[1 + (1-j)\,\frac{\delta}{b}\,\psi\left(\frac{d}{b}\right)\right]. \tag{43}$$

Um den Ausdruck dimensionslos zu machen, dividieren wir durch den Gleichstromwiderstand $R_0 = 1/2\pi\,r_a\varkappa d$ des Rohres; dann entsteht der Ausdruck

$$\frac{\boldsymbol{R}_K}{R_0} = \frac{\boldsymbol{R}_{Kh}}{R_0} + n\,p\,k^2\,c^2\,\frac{d}{2r_a}\left[1 + (1-j)\,\frac{\delta}{b}\,\psi\left(\frac{d}{b}\right)\right], \tag{44}$$

dessen Betrag in Abb. 171 als Funktion von d/δ (Frequenzgang) aufgetragen ist. Dabei ist $r_a/d = 10$ und $n = 1$ (ein einziger Schlitz wie in Abb. 114) angenommen. Wie man sieht, fällt der Kopplungswiderstand zunächst infolge der Stromverdrängung. Von einer gewissen Frequenz ab wächst $\boldsymbol{R}_K$ wieder, wenn der magnetische Durchgriff wirksam wird, der durch den zweiten Term in Gl. (44) zum Ausdruck kommt. Je breiter der Schlitz ist, um so niedriger ist die Frequenz, von der ab der Kopplungswiderstand wieder anzusteigen beginnt. — Das Eindringen des magnetischen Feldes in die Metallwand des Spaltes wirkt sich wie eine scheinbare Spaltverbreiterung aus; dieser Effekt wird durch das zweite Glied in der eckigen Klammer mit dem Quotienten δ/b als Faktor dargestellt. Würde man diesen Term nicht mit berück-

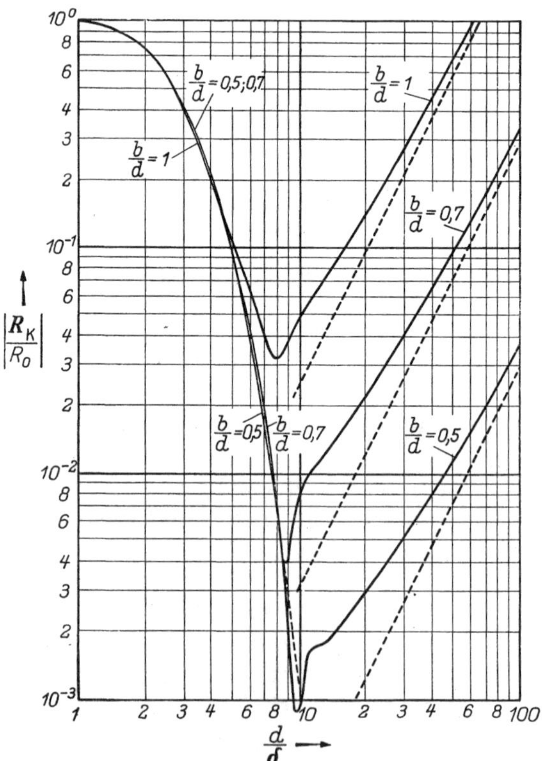

Abb. 171. Der Kopplungswiderstand $\boldsymbol{R}_K$ eines Rohres mi einem Schlitz nach Abb. 114 in Abhängigkeit von der Frequenz für $r_a/d = 10$. Bezeichnungen nach Abb. 164

sichtigen, so ergäben sich die in Abb. 171 gestrichelt gezeichneten Geraden. Der Unterschied zwischen den ausgezogenen und den zugehörigen gestrichelten Kurven ist um so größer, je niedriger die Frequenz ist. Die letzteren sind die asymptotischen Grenzwerte, denen der Kopplungswiderstand für den Grenzfall sehr hoher Frequenz ($d/\delta \to \infty$) zustrebt.

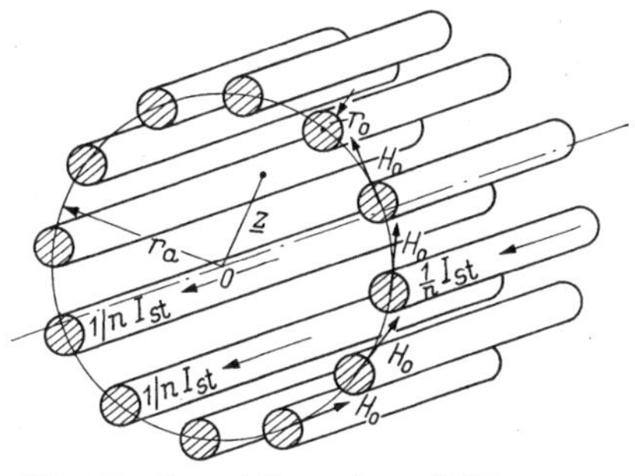

Abb. 172. Reusenleiter mit n Drähten vom Radius r_0; I_{st} Gesamtstörstrom

e) Reusenleiter

Bei einem Reusenleiter nach Abb. 172 sind n Drähte mit dem Radius r_0 gleichmäßig auf einem Kreis vom Radius r_a verteilt. Ist der Störstrom I_{st}, so fließt dem nach jedem Draht der Reuse ein Strom I_{st}/n. Das komplexe Potential des Feldes dieser n Drähte ist ähnlich wie bei den Drahtgittern in Abschn. K:

$$\underline{Z}_1 = -\frac{\mathrm{i}\,I_{st}}{2\pi\,n}\sum_{\nu=0}^{n-1}\ln\left(\underline{z} - r_a\,e^{\frac{2\pi\mathrm{i}\nu}{n}}\right) = -\frac{\mathrm{i}\,I_{st}}{2\pi\,n}\ln\prod_{\nu=0}^{n-1}\left(\underline{z} - r_a\,e^{\frac{2\pi\mathrm{i}\nu}{n}}\right) =$$

$$= -\frac{\mathrm{i}\,I_{st}}{2\pi\,n}\ln\left(\underline{z}^n - r_a^n\right). \tag{45}$$

Hierbei ist $\underline{z}$ die komplexe Koordinate von der Achse aus gerechnet. Wir haben das komplexe Potential $\underline{Z}$ mit dem Index 1 versehen, um anzudeuten, daß es die erste Näherung ist. Um die zweite Näherung $\underline{Z}_2$ zu erhalten, muß das Feld der in den Drähten induzierten Wirbelströme hinzugefügt werden.

Zur Berechnung dieses Effektes bestimmen wir zunächst die Feldstärke H_0 in der Achse eines beliebigen Drahtes, wenn dieser nicht da wäre. Diese Feldstärke beträgt

$$H_0 = \frac{I_{st}}{4\pi\,r_a}\,\frac{n-1}{n} \tag{46}$$

und ist tangentiell zum Kreis mit dem Radius r_a gerichtet (Abb. 172). Für $n = 2$ und $n = 4$ geht diese Gleichung in die Gl. (E 85) für das unsymmetrische System der Doppelleitung und in Gl. (E 123) für das unsymmetrische System des Sternvierers über, wenn man die Rückleitung als sehr weit entfernt annimmt. Die Wirbelströme, die von diesem Feld in jedem Draht induziert werden, wirken nun nach außen so, als ob in jedem Draht ein Liniendipol vorhanden wäre, dessen Richtung sich mit H_0 dreht. Das Feld all dieser n Liniendipole berechnet sich ähnlich wie nach Gl. (K 9) zu

$$\underline{Z}_{\mathrm{d}} = \mathrm{i}\, H_0 r_0^2\, W \sum_{\nu=0}^{n-1} \frac{\mathrm{e}^{\frac{2\pi\mathrm{i}\nu}{n}}}{\underline{z} - r_{\mathrm{a}}\, \mathrm{e}^{\frac{2\pi\mathrm{i}\nu}{n}}}. \tag{47}$$

Der Summenausdruck ist die Partialbruchzerlegung der Funktion $n r_{\mathrm{a}}^{n-1}/(\underline{z}^n - r_{\mathrm{a}}^n)$; daher erhält man für $\underline{Z}_{\mathrm{d}}$ die geschlossene Darstellung

$$\underline{Z}_{\mathrm{d}} = \mathrm{i}\, H_0 r_0^2\, W \frac{n\, r_{\mathrm{a}}^{n-1}}{\underline{z}^n - r_{\mathrm{a}}^n}. \tag{48}$$

Damit haben wir das Potential $\underline{Z}_2$ der zweiten Näherung gefunden; es ist nämlich

$$\underline{Z}_2 = \underline{Z}_1 + \underline{Z}_{\mathrm{d}}. \tag{49}$$

Wir berechnen nun die Spannung U_2, die zwischen einem dünnen Innenleiter und dem Reusenleiter gemäß Abb. 160 induziert wird. Sie setzt sich aus zwei Einflüssen zusammen: Der eine rührt von dem magnetischen Kraftfluß her, der zwischen dem Reusenleiter ($\underline{z} = r_{\mathrm{a}} - r_0$) und dem Innenleiter ($\underline{z} \approx 0$) hindurchgeht; er ist gleich der Differenz zwischen den entsprechenden Imaginärteilen Y_2 des Potentials $\underline{Z}_2$. Hierzu kommt als zweiter Einfluß die elektrische Feldstärke an der inneren Oberfläche eines Drahtes der Reuse wie in Gl. (K 13). Daher ist

$$U_2 = \mathrm{j}\,\omega\,\mu_0 [Y_2(r_{\mathrm{a}} - r_0) - Y_2(0)] + \\ + \frac{1}{n} I_{\mathrm{st}} (R + \mathrm{j}\,\omega\, L) - \mathrm{j}\,\omega\,\mu_0 r_0 H_0 (1 - W). \tag{50}$$

Hierin bedeuten $R + \mathrm{j}\omega L$ die innere Impedanz eines einzelnen Drahtes der Reuse nach Gl. (E 8) und (E 9) und W den Rückwirkungsfaktor eines Drahtes im transversalen magnetischen Wechselfeld nach Gl. (B 38) und (B 39). In die Gl. (50) hat man nun die entsprechenden Ausdrücke in Gl. (45) bis (49) einzusetzen. Entwickelt man nun den Ausdruck $\underline{z}^n - r_{\mathrm{a}}^n$ für $\underline{z} = r_{\mathrm{a}} - r_0$ bis zum Quadrat von r_0/r_{a}, so fallen alle linearen Glieder in r_0 heraus. Dividiert man noch durch den Strom I_{st}, so erhält man schließlich folgende Beziehung für den Kopplungswiderstand:

$$\boldsymbol{R}_{\mathrm{K}} = \frac{1}{n}(R + \mathrm{j}\,\omega\, L) + \frac{\mathrm{j}\,\omega\,\mu_0}{2\pi\, n}\left[\ln \frac{r_{\mathrm{a}}}{n\, r_0} + \frac{(n^2 - 1)\, r_0^2\, W}{(2\, r_{\mathrm{a}})^2}\right]. \tag{51}$$

Wir machen sie dimensionslos, indem wir durch den Gleichstromwiderstand R_0 der n parallelgeschalteten Drähte dividieren ($R_0 = 1/\pi\, n\, r_0^2 \varkappa$). Dann ergibt sich

$$\frac{\boldsymbol{R}_{\mathrm{K}}}{R_0} = \varrho_{\mathrm{i}}\left(\frac{r_0}{\delta}\right) - (n^2 - 1)\left(\frac{r_0}{2 r_{\mathrm{a}}}\right)^2 \varrho_{\mathrm{z}}\left(\frac{r_0}{\delta}\right) + \\ + \mathrm{j}\left(\frac{r_0}{\delta}\right)^2\left[\ln\frac{r_{\mathrm{a}}}{n\, r_0} + \lambda_{\mathrm{i}}\left(\frac{r_0}{\delta}\right) + (n^2 - 1)\left(\frac{r_0}{2 r_{\mathrm{a}}}\right)^2 \lambda_{\mathrm{z}}\left(\frac{r_0}{\delta}\right)\right]. \tag{52}$$

Die Funktionen $\varrho_{\mathrm{i}}(r_0/\delta)$ und $\lambda_{\mathrm{i}}(r_0/\delta)$ bedeuten die Widerstands- und Induktivitätsfunktion für den Draht nach Gl. (E 10) und (E 11), während $\varrho_{\mathrm{z}}(r_0/\delta)$ und $\lambda_{\mathrm{z}}(r_0/\delta)$ die Nähewirkungsfunktionen für den

Widerstand nach Gl. (B 21) und für die Induktivität nach Gl. (E 63) sind (s. auch Abb. 87). Das logarithmische Glied in der Gl. (52) beschreibt den Durchgriff des magnetischen Feldes durch die Zwischenräume zwischen den Drähten. Er wird um so kleiner, je größer n ist, d. h., je kleiner der Abstand zwischen den benachbarten Drähten ist. Die Anzahl n der Drähte kann jedoch nicht beliebig groß werden; das größte n, das überhaupt möglich ist, ergibt sich, wenn die Drähte sich berühren. Dann ist $n_{\max} = \pi\, r_a/r_0$. Für so große n gilt aber unsere Gleichung nicht mehr, weil dann die zweite Näherung nicht mehr ausreicht. Ähnlich wie in Abschn. K kann man von Gl. (52) noch richtige Ergebnisse erwarten, solange

$$n \leqq n_{\max}/2$$

ist (s. auch Abb. 145). Die Terme mit dem Rückwirkungsfaktor W bzw. ϱ_z und λ_z beschreiben die Nähewirkung der Drähte; sie wächst mit dem Quadrat der Drahtzahl n. Wenn nur ein einziger Draht da ist ($n = 1$), verschwindet die Nähewirkung, weil dann das Feld um den Draht rotationssymmetrisch ist [$H_0 = 0$ nach Gl. (46)]. In Abb. 173 ist der Verlauf des Betrages $|\boldsymbol{R}_K|$ des Kopplungswiderstands in Abhängigkeit von der Frequenz (r_0/δ) für verschiedene Drahtzahlen n aufgetragen; dabei ist $r_a/r_0 = 10$ vorausgesetzt.

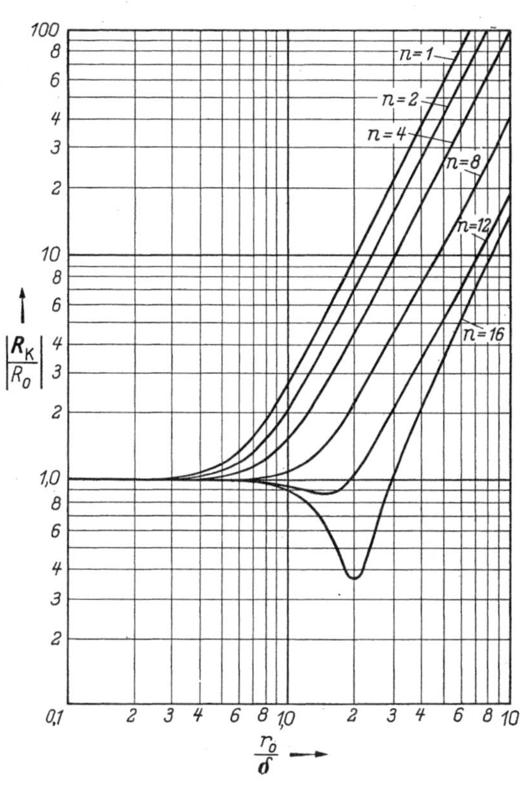

Abb. 173. Der Kopplungswiderstand $\boldsymbol{R}_K$ eines Reusenleiters nach Abb. 172 in Abhängigkeit von der Frequenz bei verschiedenen Drahtzahlen n der Reuse ($r_a/r_0 = 10$)
r_a Mittlerer Radius der Reuse; r_0 Radius eines Reusendrahtes

Anhang zu e)

Die Leitungskonstanten einer koaxialen Leitung, deren Außenleiter ein Reusenleiter ist. Bei einer koaxialen Leitung benutzen wir an Stelle des äußeren Störstromes I_{st} den Leitungsstrom I, der über den Innenleiter mit dem Radius r_i zurückfließt. Daher kommt zu dem komplexen Potential $\underline{Z}_1 + \underline{Z}_d$ des Außenleiters nach Gl. (49) noch das des Innenleiters $\underline{Z}_0$ hinzu, das sich zu

$$\underline{Z}_0 = \frac{\mathrm{i}\, I}{2\pi} \ln \underline{z} \tag{53}$$

ergibt. Dann ist das Gesamtpotential der zweiten Näherung

$$\underline{Z}_2 = \underline{Z}_0 + \underline{Z}_1 + \underline{Z}_d. \tag{54}$$

Dabei ist zu beachten, daß sich die magnetische Feldstärke H_0, die die Wirbelströme in den Drähten induziert, ebenfalls ändert. Man muß nämlich noch das Feld des Innenleiters berücksichtigen und erhält somit an Stelle von Gl. (46)

$$H_0 = -\frac{I}{2\pi r_a} + \frac{I}{4\pi r_a}\frac{n-1}{n} = -\frac{I}{4\pi r_a}\frac{n+1}{n}. \tag{55}$$

Das Minuszeichen bedeutet, daß H_0 die entgegengesetzte Richtung wie in Abb. 172 hat. Wir berechnen jetzt die Spannung U, die in einer am Ende kurzgeschlossenen Leitung der Länge eins durch den Strom I hervorgerufen wird. Diese lautet ähnlich wie Gl. (50):

$$U = \mathrm{j}\,\omega \mu_0 [Y_2(r_a - r_0) - Y_2(r_i)] + I(R_i + \mathrm{j}\,\omega L_i) + \frac{I}{n}(R + \mathrm{j}\,\omega L) - \\ - \mathrm{j}\,\omega \mu_0 r_0 H_0 (1 - W). \tag{56}$$

Berücksichtigt man nun Gl. (54) und (55) und entwickelt nach Potenzen von r_0/r_a, so fallen alle linearen Glieder in r_0/r_a heraus, und es entsteht aus dieser Gleichung die folgende:

$$U = \frac{\mathrm{j}\,\omega \mu_0 I}{2\pi}\left[\ln\frac{r_a}{r_i} + \frac{1}{n}\ln\frac{r_a}{n r_0} - \left(\frac{r_0}{2 r_a}\right)^2 \frac{(n+1)^2}{n} W\right] + \\ + I(R_i + \mathrm{j}\,\omega L_i) + \frac{I}{n}(R + \mathrm{j}\,\omega L). \tag{57}$$

Der Ausdruck $R_i + \mathrm{j}\omega L_i$ ist die bekannte innere Impedanz des Innenleiters nach Gl. (E 8) und (E 9). Der Innenleiter ist als so dünn vorausgesetzt, daß man die Nähewirkung der äußeren Drähte auf ihn vernachlässigen kann ($r_i \ll r_a$). Dividiert man nun die Gl. (57) durch I, so erhält man die Leitungskonstanten. Dabei zeigt sich, daß man dieselben Gleichungen benutzen kann, die in Tab. 4 für koaxiale Leitungen angegeben sind. Nur die Gleichungen für den Außenleiter lauten hier anders. Es sind nämlich

der Widerstand

$$R_a = \frac{1}{\pi n r_0^2 \varkappa}\left[\varrho_i\left(\frac{r_0}{\delta}\right) + \left(\frac{(n+1)\, r_0}{2 r_a}\right)^2 \varrho_z\left(\frac{r_0}{\delta}\right)\right] \tag{58}$$

und die Induktivität

$$L_a = \frac{\mu_0}{2\pi n}\left[\ln\frac{r_a}{n r_0} - \left(\frac{(n+1) r_0}{2 r_a}\right)^2 \lambda_z\left(\frac{r_0}{\delta}\right)\right]. \tag{59}$$

Mit Hilfe von Gl. (E 67) läßt sich auch noch die Gleichung für die Kapazität angeben. Diese ist

$$C = \frac{2\pi\,\varepsilon_0}{\ln\frac{r_a}{r_i} + \frac{1}{n}\ln\frac{r_a}{n\,r_0} - \frac{(n+1)^2}{n}\left(\frac{r_0}{2r_a}\right)^2}. \tag{60}$$

Wie man erkennt, wächst hier die Nähewirkung mit zunehmender Drahtzahl n wie $(n+1)^2$, während beim Kopplungswiderstand der Faktor $n^2 - 1$ lautet. Der Grund hierfür liegt in dem Unterschied zwischen den Feldstärken H_0 nach den Gl. (46) und (55), die die einseitige Stromverdrängung verursachen. Beim Kopplungswiderstand wird der Strom in den Reusendrähten nach außen und bei der Koaxialleitung nach innen verdrängt. Daher kehrt sich auch das Vorzeichen der Nähewirkung um, wie ein Vergleich zwischen den Termen mit dem Rückwirkungsfaktor W in Gl. (51) und (57) lehrt.

f) Perforiertes Rohr (Drahtgeflecht)

Wir fassen das perforierte Rohr als ein idealisiertes Gebilde auf, das man beispielsweise als Ersatz für einen Leiter aus einem offenen Drahtgeflecht nehmen kann. Ein offenes Geflecht hat eine gewisse Anzahl Lücken, die wir durch Kreislöcher mit dem Radius r_0 ersetzen (Abb. 174). Ihre Anzahl für die Längeneinheit des Leiters in Achsrichtung nennen wir ν. Wir berechnen nun den Kopplungswiderstand eines solchen Rohres, indem wir von dem Kopplungswiderstand $\mathrm{j}\omega\, M_{12}$ eines einzigen Loches ausgehen. Die Größe M_{12} bedeutet den magnetischen Durchgriff durch ein Loch nach Gl. (H 188). Der Kopplungswiderstand $\boldsymbol{R}_\mathrm{K}$ für die Längeneinheit des perforierten Rohres ist dann ν-mal so groß, so daß die Beziehung

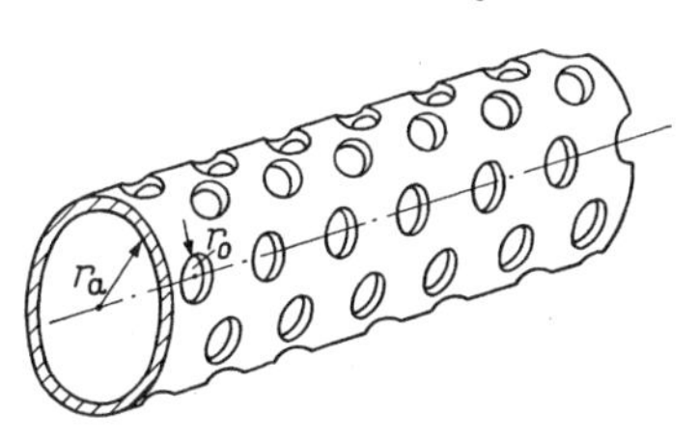

Abb. 174. Perforiertes Rohr

$$\boldsymbol{R}_\mathrm{K} = \mathrm{j}\,\omega\, M_{12}\,\nu = \frac{\mathrm{j}\,\omega\,\mu_0\, r_0^3\,\nu}{3\pi^2\, r_a^2} \tag{61}$$

gilt. Wir definieren nun den „Perforierungsgrad“ p als das Verhältnis der gesamten Öffnungsfläche $\pi r_0^2 \nu$ der Löcher zu der gesamten Oberfläche $2\pi\, r_a$ des Rohres für die Längeneinheit des Leiters:

$$p = \frac{\nu\, r_0^2}{2 r_a}. \tag{62}$$

Drücken wir nun mit Hilfe dieser Beziehung ν durch p aus und gehen dann in Gl. (61) ein, so entsteht die Gleichung

$$\boldsymbol{R}_\mathrm{K} = \frac{2}{3\pi^2}\,\mathrm{j}\,\omega\,\mu_0\,\frac{p\, r_0}{r_a}. \tag{63}$$

Sie besagt, daß der Kopplungswiderstand bei gegebenem Perforierungsgrad p um so größer ist, je größer der Lochradius r_0 ist. Danach sind also wenige große Löcher ungünstiger als viele kleine Löcher, obgleich die gesamte Öffnungsfläche gleich groß bleibt. In Anwendung dieser Erkenntnis auf die Herstellung von Drahtgeflechten kommt es also darauf an, die Lücken gleichmäßig zu verteilen, so daß möglichst viele kleine Öffnungen entstehen und große Lücken vermieden werden.

g) Koaxiales Doppelkabel

Für Breitbandübertragungen über große Entfernungen werden Kabel verwendet, bei denen mehrere parallele Koaxialleitungen unter einem gemeinsamen Bleimantel vereinigt sind. Wir betrachten zunächst den einfachsten Fall mit zwei Koaxialleitungen wie in Abb. 175 und stellen uns die Aufgabe, den resultierenden Kopplungswiderstand $\boldsymbol{R}_K$ beider Leitungen zu berechnen, der für das Nebensprechen zwischen den Leitungen maßgebend ist. Er ist entsprechend Abb. 176 definiert, wobei wir den Strom I_{st} in der störenden Leitung *1* als gegeben ansehen und die Spannung U_2 am Anfang der gestörten Leitung zu berechnen haben. Die Länge der Leitungen sei l, die wir als elektrisch kurz voraussetzen ($l \ll \lambda/4$); die Leitungen sind am Ende kurzgeschlossen, und ihre Außenleiter sollen am Anfang und Ende sowohl miteinander als auch mit dem gemeinsamen Kabelmantel *0* (Erde) verbunden sein. Dann gilt auch hier für den gemeinsamen

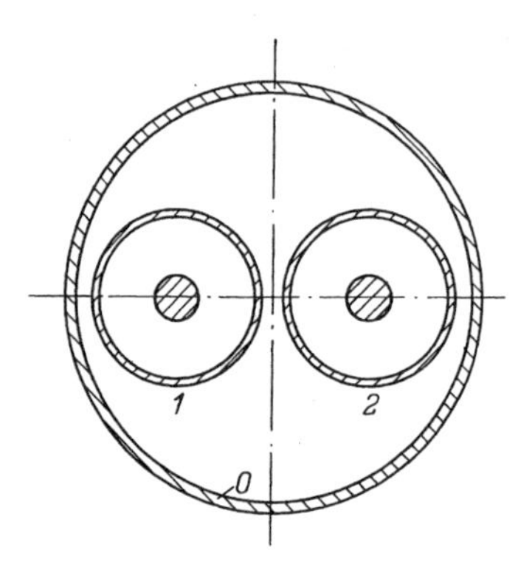

Abb. 175. Zwei parallele Koaxialleitungen *1* und *2* unter einem gemeinsamen Bleimantel *0*

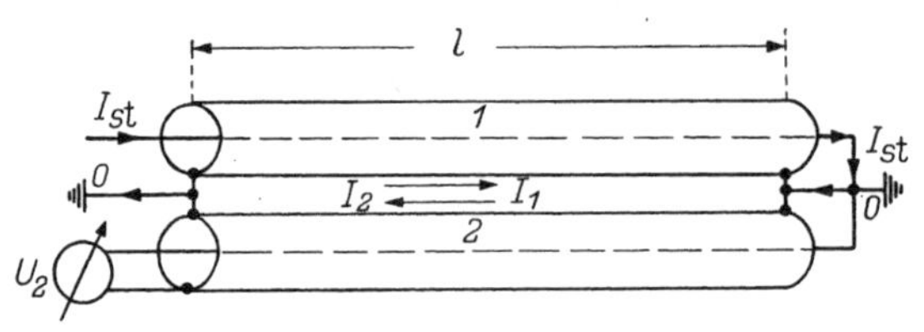

Abb. 176. Zur Definition des Kopplungswiderstands $\boldsymbol{R}_K$ zwischen zwei parallelen Koaxialleitungen

Kopplungswiderstand $\boldsymbol{R}_K$ die Definitionsgleichung (17). — Als ersten Schritt bestimmen wir die elektrische Feldstärke E_1 an der äußeren Oberfläche des Leiters *1*; sie ist

$$E_1 = \boldsymbol{R}_{K1} I_{st}. \tag{64}$$

Hierbei bedeutet $\boldsymbol{R}_{K1}$ den Kopplungswiderstand des Außenleiters *1*. Die Feldstärke wirkt als EMK auf zwei Leitungssysteme ein und ruft in ihnen Ströme I_1 und I_2 hervor. Das eine dieser Leitungssysteme besteht aus dem Außenleiter der störenden Koaxialleitung *1* einerseits und dem gemeinsamen Mantel *0* andererseits; der Strom in ihm sei I_1. Der Außenleiter der gestörten Koaxialleitung *2* und der Mantel *0* bilden das andere Leitungssystem, in dem der Strom I_2 fließen möge. Beide Leitungssysteme sind miteinander gekoppelt. Die Kopplungsimpedanz oder einfacher den komplexen Kopplungswiderstand nennen wir $\boldsymbol{R}_{12}$. Dementsprechend treten noch die Kurzschlußimpedanzen $\boldsymbol{R}_{10}$ und $\boldsymbol{R}_{20}$ der Leitungssysteme *1—0* und *2—0* auf. Alle diese Größen sind auf die Längeneinheit des Kabels bezogen. Die Ströme I_1 und I_2, deren positive Richtungen aus Abb. 176 hervorgehen, berechnen sich nun aus den Bedingungen des Spannungsgleichgewichtes in jedem Leitungssystem. In dem System *1—0* mit der EMK E_1 besteht folgende Beziehung:

$$E_1 = \boldsymbol{R}_{10} I_1 - \boldsymbol{R}_{12} I_2 . \tag{65}$$

Dagegen ist die EMK in dem System *2—0* Null; dementsprechend ist hier

$$0 = \boldsymbol{R}_{12} I_1 - \boldsymbol{R}_{20} I_2 . \tag{66}$$

Wir eliminieren den Strom I_1 und erhalten für den Strom I_2 den Ausdruck

$$I_2 = \frac{\boldsymbol{R}_{12} E_1}{\boldsymbol{R}_{10} \boldsymbol{R}_{20} - \boldsymbol{R}_{12}^2} . \tag{67}$$

Der Strom I_2 auf dem Außenleiter des gestörten Systems *2—0* bewirkt nun an der inneren Oberfläche eine Feldstärke

$$E_2 = \boldsymbol{R}_{\mathrm{K}2} I_2 = \frac{\boldsymbol{R}_{12} \boldsymbol{R}_{\mathrm{K}2} E_1}{\boldsymbol{R}_{10} \boldsymbol{R}_{20} - \boldsymbol{R}_{12}^2} . \tag{68}$$

Die gesuchte Spannung U_2 am Anfang der gestörten Leitung ist nun $U_2 = E_2 l$. Damit wird der resultierende Kopplungswiderstand des Doppelkabels mit Benutzung von Gl. (64)

$$\boldsymbol{R}_{\mathrm{K}} \equiv \frac{U_2}{I_{\mathrm{st}}\, l} = \frac{\boldsymbol{R}_{12} \boldsymbol{R}_{\mathrm{K}1} \boldsymbol{R}_{\mathrm{K}2}}{\boldsymbol{R}_{10} \boldsymbol{R}_{20} - \boldsymbol{R}_{12}^2} . \tag{69}$$

Sind beide Leitungen gleich und liegen sie symmetrisch innerhalb des gemeinsamen Mantels wie in Abb. 175, so sind $\boldsymbol{R}_{\mathrm{K}1} = \boldsymbol{R}_{\mathrm{K}2}$ und $\boldsymbol{R}_{10} = \boldsymbol{R}_{20}$. Dann verwandelt sich Gl. (69) in die Gleichung

$$\boldsymbol{R}_{\mathrm{K}} = \frac{\boldsymbol{R}_{12} \boldsymbol{R}_{\mathrm{K}1}^2}{\boldsymbol{R}_{10}^2 - \boldsymbol{R}_{12}^2} . \tag{70}$$

Der resultierende Kopplungswiderstand ist hiernach proportional dem Quadrat des Kopplungswiderstands $\boldsymbol{R}_{\mathrm{K}1}$ eines Außenleiters. Ferner geht der Kopplungswiderstand $\boldsymbol{R}_{12}$ zwischen den beiden unsymmetrischen Leitungssystemen *1—0* und *2—0* maßgeblich ein; wäre er Null, so verschwindet auch der resultierende Kopplungswiderstand $\boldsymbol{R}_{\mathrm{K}}$.

Die Gleichung für den Kopplungswiderstand läßt sich noch umgestalten, wenn man die Eigenschaften des symmetrischen und unsymmetrischen Leitungssystems einführt. Wie nämlich in Abschn. E, Kap. 2a und b, näher ausgeführt ist, bilden die beiden Außenleiter der Koaxialleitungen zusammen mit dem Bleimantel *0* zwei Leitungssysteme, die bei exakter Symmetrie vollständig unabhängig voneinander, d. h. ohne gegenseitige Kopplung, nebeneinander bestehen. Das symmetrische Leitungssystem wird von den Außenleitern der Leitungen *1* und *2* gebildet. Den Strom in diesem System nennen wir I_s; er ist

$$I_s = \frac{1}{2}(I_1 + I_2). \tag{71}$$

Schaltet man die beiden Außenleiter parallel, so entsteht mit dem gemeinsamen Mantel als Rückleitung das unsymmetrische Leitungssystem mit dem Strom

$$I_u = I_1 - I_2. \tag{72}$$

Löst man diese beiden Gleichungen nach I_1 und I_2 auf und setzt das Ergebnis in Gl. (65) und (66) ein, so erhält man zunächst

$$\begin{aligned} E_1 &= (\boldsymbol{R}_{10} - \boldsymbol{R}_{12})\, I_s + \frac{1}{2}(\boldsymbol{R}_{10} + \boldsymbol{R}_{12})\, I_u, \\ 0 &= (\boldsymbol{R}_{12} - \boldsymbol{R}_{20})\, I_s + \frac{1}{2}(\boldsymbol{R}_{20} + \boldsymbol{R}_{12})\, I_u. \end{aligned} \tag{73}$$

Wir bilden nun die Differenz und dann die halbe Summe dieser beiden Ausdrücke; so entstehen die Gleichungen

$$\begin{aligned} E_1 &= (\boldsymbol{R}_{10} + \boldsymbol{R}_{20} - 2\boldsymbol{R}_{12})\, I_s + \frac{1}{2}(\boldsymbol{R}_{10} - \boldsymbol{R}_{20})\, I_u, \\ \frac{1}{2} E_1 &= \frac{1}{4}(\boldsymbol{R}_{10} + \boldsymbol{R}_{20} + 2\boldsymbol{R}_{12})\, I_u + \frac{1}{2}(\boldsymbol{R}_{10} - \boldsymbol{R}_{20})\, I_s, \end{aligned} \tag{74}$$

in denen

$$\boldsymbol{R}_{10} + \boldsymbol{R}_{20} - 2\boldsymbol{R}_{12} = \boldsymbol{R}_s \tag{75}$$

die Kurzschlußimpedanz des symmetrischen Systems,

$$\frac{1}{4}(\boldsymbol{R}_{10} + \boldsymbol{R}_{20} + 2\boldsymbol{R}_{12}) = \boldsymbol{R}_u \tag{76}$$

die Kurzschlußimpedanz des unsymmetrischen Systems und

$$\frac{1}{2}(\boldsymbol{R}_{10} - \boldsymbol{R}_{20}) = \boldsymbol{R}_m \tag{77}$$

die Kopplungsimpedanz zwischen den beiden Systemen ist. Wie man sieht, wird $\boldsymbol{R}_m$ zu Null, wenn Symmetrie herrscht, weil dann $\boldsymbol{R}_{10} = \boldsymbol{R}_{20}$ ist. In diesem Fall verschwinden auch die beiden Kopplungsglieder in Gl. (74). Wir drücken jetzt die Größen $\boldsymbol{R}_{12}$, $\boldsymbol{R}_{10}$ und $\boldsymbol{R}_{20}$ in Gl. (69) für den resultierenden Kopplungswiderstand mit Hilfe der Gl. (75)

bis (77) durch $\boldsymbol{R}_s$, $\boldsymbol{R}_u$ und $\boldsymbol{R}_m$ aus und erhalten schließlich

$$\boldsymbol{R}_K = \frac{4\boldsymbol{R}_u - \boldsymbol{R}_s}{4(\boldsymbol{R}_u \boldsymbol{R}_s - \boldsymbol{R}_m^2)} \boldsymbol{R}_{K1} \boldsymbol{R}_{K2}. \tag{78}$$

Im allgemeinen sind die beiden Koaxialleitungen gleich und liegen symmetrisch innerhalb des Mantels, dann ist $\boldsymbol{R}_m = 0$ und $\boldsymbol{R}_{K1} = \boldsymbol{R}_{K2}$, und die Gleichung vereinfacht sich zu dem Ausdruck

$$\boldsymbol{R}_K = \left(\frac{1}{\boldsymbol{R}_S} - \frac{1}{4\,\boldsymbol{R}_u}\right) \boldsymbol{R}_{K1}^2. \tag{79}$$

Er hat im Vergleich zu Gl. (70) den Vorzug, daß er aus Größen $\boldsymbol{R}_s$ und $\boldsymbol{R}_u$ zusammengesetzt ist, die der Messung leichter zugänglich sind. Auch den Grenzfall, daß der gemeinsame Mantel wegfällt, läßt sich mit Hilfe von Gl. (79) ohne weiteres bilden, indem man $\boldsymbol{R}_u \to \infty$ nimmt. Dann ist

$$\boldsymbol{R}_K = \frac{\boldsymbol{R}_{K1}^2}{\boldsymbol{R}_s}. \tag{80}$$

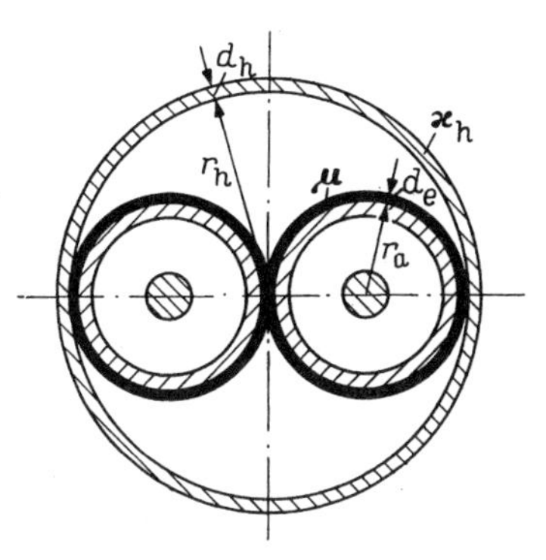

Abb. 177. Zwei Koaxialleitungen mit Eisenschirm der Dicke d_e und der Permeabilität μ_e

Der Kopplungswiderstand ist in diesem Fall umgekehrt proportional der Kurzschlußimpedanz $\boldsymbol{R}_s$ des aus den beiden Außenleitern gebildeten Leitungssystems.

Im allgemeinen ist die Berechnung der Kurzschluß- und Kopplungsimpedanzen eine problematische Angelegenheit, insbesondere dann, wenn sich die Außenleiter und der Mantel berühren. Nun werden in der Praxis die Koaxialleitungen noch mit einem Eisenschirm umgeben, wie in Abb. 177 gezeichnet ist. In diesen Fällen lassen sich für die Impedanzen brauchbare Näherungsformeln angeben. Es gilt nämlich die einfache Gleichung

$$\boldsymbol{R}_{10} = \boldsymbol{R}_{20} \approx \mathrm{j}\,\omega L_e, \tag{81}$$

in der L_e die Induktivität des Schirmes ist:

$$L_e = \frac{\mu_w d_e}{2\pi r_a}. \tag{82}$$

Hierin ist μ_w die wirksame Permeabilität des Eisens nach Gl. (B 3), wobei die Flußverdrängung bei hohen Frequenzen berücksichtigt ist (d_e Dicke des Eisens). Ferner kann man mit guter Näherung für die Kopplungsimpedanz $\boldsymbol{R}_{12}$ in Gl. (70) die innere Impedanz $\boldsymbol{R}_h$ des Bleimantels einsetzen, weil sie für die Leitungssysteme *1—0* und *2—0* gemeinsam ist. Sie ist nach Gl. (E 23) zu berechnen, so daß man die Gleichung

$$\boldsymbol{R}_{12} \approx \boldsymbol{R}_h = \frac{k_h \coth k_h d_h}{2\pi r_h \varkappa_h} \tag{83}$$

($k_h = (1 + j)/\delta_h$) erhält. Der resultierende Kopplungswiderstand ergibt sich dann aus Gl. (70) bei Benutzung von Gl. (81) und (83) zu

$$\boldsymbol{R}_K \approx \frac{\boldsymbol{R}_h}{(j\,\omega\,L_e)^2}\,\boldsymbol{R}_{K1}^2. \tag{84}$$

Dabei ist vorausgesetzt, daß $\omega L_e \gg |\boldsymbol{R}_h|$ ist, was immer zutrifft. Wie man erkennt, geht die Induktivität L_e der Schirme mit dem Quadrat ein. Daher ist eine Vergrößerung der Permeabilität μ und der Eisendicke d_e eine sehr wirksame Maßnahme, um den Kopplungswiderstand zu verkleinern. Andererseits läßt sich $\boldsymbol{R}_K$ auch noch dadurch herabsetzen, indem man die Leitfähigkeit $\varkappa_h$ des Mantels vergrößert. Dies kann dadurch geschehen, daß man unter dem Bleimantel noch eine Kupferschicht anbringt, deren Leitfähigkeit über zehnmal größer ist als die von Blei (Tab. 1).

h) Koaxiales Vielfachkabel

Will man sehr viele Sprechkreise in einem Kabel unterbringen, so reichen zwei Koaxialleitungen oft nicht mehr aus; man muß dann vier oder noch mehr Koaxialleitungen unter einem gemeinsamen Bleimantel vereinigen. Wir wollen zunächst das symmetrische Vierfachkabel nach Abb. 178 berechnen. Dabei nehmen wir an, daß die Leitung *1* die störende ist; es entsteht dann an der äußeren Oberfläche des Außenleiters die Feldstärke E_1 nach Gl. (64), die als EMK auf vier Leitungssysteme einwirkt. Diese werden von jedem der vier Außenleiter einerseits und dem Bleimantel andererseits gebildet. Ihre Kurzschlußimpedanzen sind aus Symmetriegründen alle gleich

$$\boldsymbol{R}_{10} = \boldsymbol{R}_{20} = \boldsymbol{R}_{30} = \boldsymbol{R}_{40}. \tag{85}$$

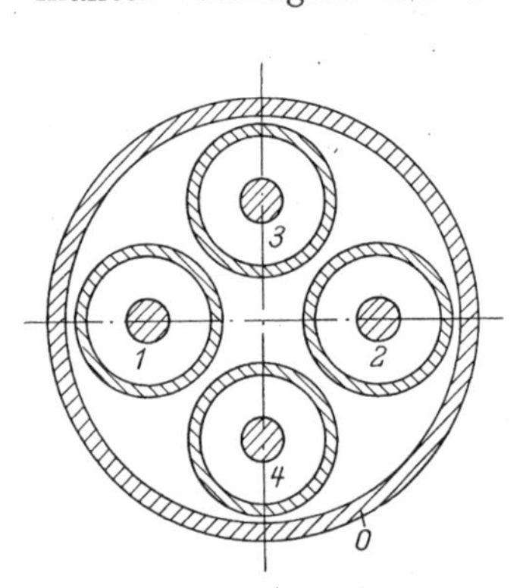

Abb. 178. Koaxiales Vierfachkabel mit symmetrischem Aufbau

Für die Kopplungsimpedanzen gilt

$$\boldsymbol{R}_{13} = \boldsymbol{R}_{14} = \boldsymbol{R}_{23} = \boldsymbol{R}_{24}. \tag{86}$$

während $\boldsymbol{R}_{12} = \boldsymbol{R}_{34}$ eine Sonderstellung einnimmt, weil die Leitungen *1* und *2* sowie *3* und *4* diametral liegen. Wir berechnen nun die drei Ströme I_1, I_2 und $I_3 = I_4$ auf den Außenleitern aus drei Gleichungen, die wieder aus dem Spannungsgleichgewicht wie in Gl. (65) und (66) folgen:

$$\begin{aligned} E_1 &= \boldsymbol{R}_{10} I_1 - \boldsymbol{R}_{12} I_2 - 2\boldsymbol{R}_{13} I_3, \\ 0 &= \boldsymbol{R}_{12} I_1 - \boldsymbol{R}_{10} I_2 - 2\boldsymbol{R}_{13} I_3, \\ 0 &= \boldsymbol{R}_{13} I_1 - \boldsymbol{R}_{13} I_2 - (\boldsymbol{R}_{10} + \boldsymbol{R}_{12}) I_3. \end{aligned} \tag{87}$$

Die Auflösung dieser Gleichungen nach I_2 und I_3 ergibt die Ausdrücke

$$I_2 = \frac{\boldsymbol{R}_{12}(\boldsymbol{R}_{10} + \boldsymbol{R}_{12}) - 2\,\boldsymbol{R}_{13}^2}{(\boldsymbol{R}_{10} + \boldsymbol{R}_{12})^2 - 4\,\boldsymbol{R}_{13}^2}\,\frac{E_1}{\boldsymbol{R}_{10} - \boldsymbol{R}_{12}}, \tag{88}$$

$$I_3 = I_4 = \frac{\boldsymbol{R}_{13}\,E_1}{(\boldsymbol{R}_{10} + \boldsymbol{R}_{12})^2 - 4\,\boldsymbol{R}_{13}^2}, \tag{89}$$

die mit Hilfe von Gl. (64) und den Relationen

$$\begin{aligned} U_2 &= I_2\,\boldsymbol{R}_{\mathrm{K1}}\,l, \\ U_3 &= U_4 = I_3\,\boldsymbol{R}_{\mathrm{K1}}\,l \end{aligned} \tag{90}$$

auf die resultierenden Kopplungswiderstände $\boldsymbol{R}_{\mathrm{K12}}$ und $\boldsymbol{R}_{\mathrm{K13}}$ führen. Es ergeben sich die Gleichungen

$$\boldsymbol{R}_{\mathrm{K12}} = \boldsymbol{R}_{\mathrm{K34}} \equiv \frac{U_2}{I\,l} = \frac{I_2\,\boldsymbol{R}_{\mathrm{K1}}}{I} = \frac{I_2\,\boldsymbol{R}_{\mathrm{K1}}^2}{E_1}, \tag{91}$$

$$\boldsymbol{R}_{\mathrm{K13}} = \boldsymbol{R}_{\mathrm{K14}} = \boldsymbol{R}_{\mathrm{K23}} = \boldsymbol{R}_{\mathrm{K24}} \equiv \frac{U_3}{I\,l} = \frac{I_3\,\boldsymbol{R}_{\mathrm{K1}}}{I} = \frac{I_3\,\boldsymbol{R}_{\mathrm{K1}}^2}{E_1}, \tag{92}$$

in die man für I_2 und I_3 die Gl. (88) und (89) einzusetzen hat.

Es ist für manche Zwecke günstiger, drei neue Leitungssysteme in ähnlicher Weise wie bei dem koaxialen Doppelkabel einzuführen, die bei exakter Symmetrie unabhängig voneinander (d. h. nicht gekoppelt) sind. Diese drei Leitungssysteme sind:

a) die Stammleitung, die aus den Leitern *1* und *2* gebildet wird (die Stammleitung aus den Leitern *3* und *4* fällt hier aus, weil ihr Strom wegen $I_3 = I_4$ Null ist),

b) die Viererleitung, die aus den Leitern *1* und *2* einerseits sowie den Leitern *3* und *4* andererseits besteht, und

c) das unsymmetrische Leitungssystem mit den vier parallelen Leitern *1*, *2*, *3* und *4* einerseits und dem Bleimantel *0* andererseits.

Dementsprechend definieren wir die Ströme in diesen Systemen wie folgt:

$$\begin{aligned} I_{\mathrm{s}} &= \frac{1}{2}(I_1 + I_2), \\ I_{\mathrm{v}} &= \frac{1}{2}(I_1 - I_2) + I_3, \\ I_{\mathrm{u}} &= I_1 - I_2 - 2\,I_3. \end{aligned} \tag{93}$$

Wir lösen diese Beziehungen nach I_1, I_2 und I_3 auf und gehen damit in die Gl. (87) ein. Dann gewinnen wir durch geeignete Summen- und Differenzbildung innerhalb dieses Gleichungssystems ein neues, in dem die drei Ströme unabhängig voneinander vorkommen:

$$\begin{aligned} E_1 &= \boldsymbol{R}_{\mathrm{s}}\,I_{\mathrm{s}}, \\ \frac{1}{2}E_1 &= \boldsymbol{R}_{\mathrm{v}}\,I_{\mathrm{v}}, \\ \frac{1}{4}E_1 &= \boldsymbol{R}_{\mathrm{u}}\,I_{\mathrm{u}}. \end{aligned} \tag{94}$$

Die hierin auftretenden Größen $\boldsymbol{R}_s$, $\boldsymbol{R}_v$ und $\boldsymbol{R}_u$ sind die Kurzschlußimpedanzen der drei unabhängigen Leitungssysteme, die sich durch $\boldsymbol{R}_{10}$, $\boldsymbol{R}_{12}$ und $\boldsymbol{R}_{13}$ wie folgt ausdrücken:

$$\begin{aligned} \boldsymbol{R}_s &= 2(\boldsymbol{R}_{10} - \boldsymbol{R}_{12}), \\ \boldsymbol{R}_v &= \boldsymbol{R}_{10} + \boldsymbol{R}_{12} - \frac{1}{2}\boldsymbol{R}_{13}, \\ \boldsymbol{R}_u &= \frac{1}{4}(\boldsymbol{R}_{10} + \boldsymbol{R}_{12}) + \frac{1}{2}\boldsymbol{R}_{13}. \end{aligned} \tag{95}$$

Als letzten Schritt lösen wir dieses Gleichungssystem nach $\boldsymbol{R}_{10}$, $\boldsymbol{R}_{12}$ und $\boldsymbol{R}_{13}$ und setzen das Ergebnis in Gl. (91) und (92) ein. Dann ergeben sich folgende Endformeln:

$$\boldsymbol{R}_{K12} = \boldsymbol{R}_{K34} = \left(\frac{1}{\boldsymbol{R}_s} - \frac{1}{4\boldsymbol{R}_v} - \frac{1}{16\boldsymbol{R}_u}\right)\boldsymbol{R}_{K1}^2. \tag{96}$$

$$\boldsymbol{R}_{K13} = \boldsymbol{R}_{K14} = \boldsymbol{R}_{K23} = \boldsymbol{R}_{K24} = \frac{1}{4}\left(\frac{1}{\boldsymbol{R}_v} - \frac{1}{4\boldsymbol{R}_u}\right)\boldsymbol{R}_{K1}^2. \tag{97}$$

Hieraus läßt sich der Sonderfall eines Kabels ohne Bleimantel berechnen. Setzt man nämlich $\boldsymbol{R}_u = \infty$, dann gehen die Gl. (96) und (97) für die Kopplungswiderstände zwischen vier Koaxialleitungen in die Ausdrücke

$$\boldsymbol{R}_{K12} = \boldsymbol{R}_{K34} = \left(\frac{1}{\boldsymbol{R}_s} - \frac{1}{4\boldsymbol{R}_V}\right)\boldsymbol{R}_{K1}^2, \tag{98}$$

$$\boldsymbol{R}_{K13} = \boldsymbol{R}_{K14} = \boldsymbol{R}_{K23} = \boldsymbol{R}_{K24} = \frac{\boldsymbol{R}_{K1}^2}{4\boldsymbol{R}_v} \tag{99}$$

über.

In der Praxis werden die einzelnen Koaxialleitungen auch bei Vielfachkabeln mit einem Eisenschirm in Form eines oder mehrerer wendel-

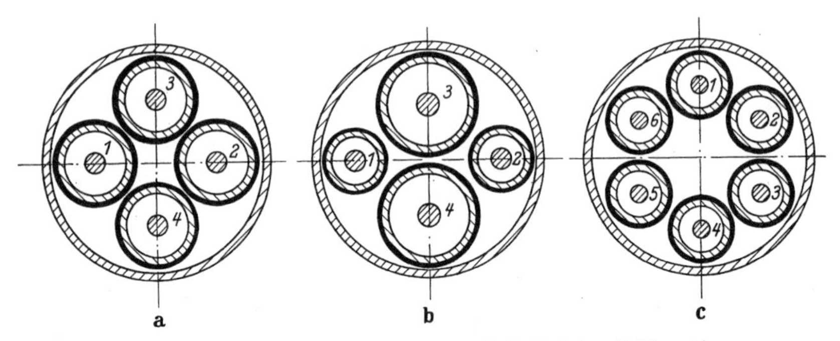

Abb. 179. Verschiedene Typen von koaxialen Vielfachkabeln mit Eisenschirm

förmig aufgebrachten Eisenbänder versehen, wie es in Abb. 179 für drei verschiedene Kabeltypen dargestellt ist. In solchen Fällen kann man dann ähnlich vorgehen wie bei dem Doppelkabel unter g, indem man in den Gl. (91) und (92) für die Impedanzen $\boldsymbol{R}_{10}$, $\boldsymbol{R}_{20}$ usw. den induktiven Widerstand $j\omega L_e$ der Eisenschirme nimmt entsprechend

Gl. (81) und (82). Für die Kopplungsimpedanzen $\boldsymbol{R}_{12}$, $\boldsymbol{R}_{13}$ usw. setzen wir auch hier näherungsweise die innere Impedanz $\boldsymbol{R}_{\mathrm{h}}$ des Bleimantels entsprechend Gl. (83) ein. Dann erhält man für den resultierenden Kopplungswiderstand $\boldsymbol{R}_{\mathrm{K}}$ zwischen gleichartigen Leitungen in Abb. 179a und c die Gl. (84). Dies gilt auch für den Kopplungswiderstand zwischen gleichen Leitungen in Abb. 179b, also für $\boldsymbol{R}_{\mathrm{K}12}$ und $\boldsymbol{R}_{\mathrm{K}34}$. Für die ungleichen Leitungen in Abb. 179b verallgemeinert sich Gl. (84) zu

$$\boldsymbol{R}_{\mathrm{K}13} = \boldsymbol{R}_{\mathrm{K}14} = \boldsymbol{R}_{\mathrm{K}23} = \boldsymbol{R}_{\mathrm{K}24} = \frac{\boldsymbol{R}_{\mathrm{h}}\,\boldsymbol{R}_{\mathrm{K}1}\,\boldsymbol{R}_{\mathrm{K}3}}{(\mathrm{j}\,\omega\,L_{\mathrm{e}1})\,(\mathrm{j}\,\omega\,L_{\mathrm{e}3})}. \tag{100}$$

Der resultierende Kopplungswiderstand ist nach Gl. (84) zwischen sämtlichen Leitungen in Abb. 179a und c etwa gleich groß. Dies ist überraschend, da man zunächst zu der Annahme neigt, daß benachbarte Leitungen stärker beeinflußt werden als weiter entfernt liegende Leitungen.

i) Messung des Kopplungswiderstands

Bei vielen komplizierten Anordnungen, wie z. B. bei geflochtenen Leitern, ist die Vorausberechnung des Kopplungswiderstands noch

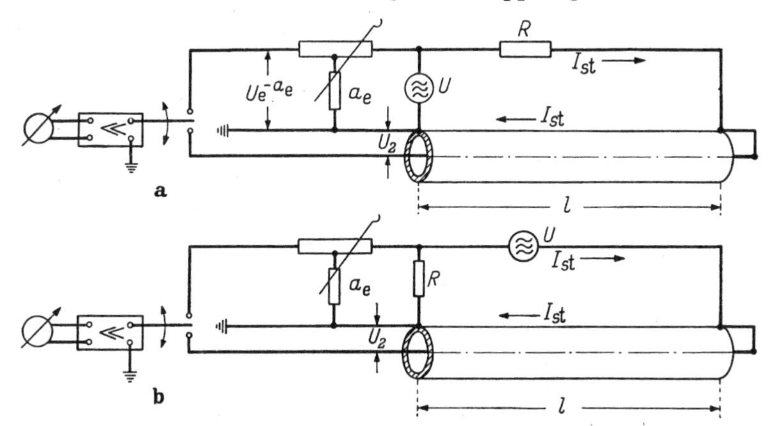

Abb. 180. Zwei Prinzipschaltungen zur Messung des Kopplungswiderstands

nicht exakt möglich. Man ist hier im besonderen Maße auf die Messung angewiesen. Für die Schutzwirkung eines Schirmes ist nur der Betrag $|\boldsymbol{R}_{\mathrm{K}}|$ des Kopplungswiderstands maßgebend; daher sind auch die Meßverfahren auf die Bestimmung von $|\boldsymbol{R}_{\mathrm{K}}|$ eingerichtet. Zwei vereinfachte Prinzipschaltbilder zeigt Abb. 180. In Abb. 180a erzeugt eine Spannungsquelle mit der Spannung U den Störstrom I_{st}, der über den zu messenden Leiter fließt. Ein Widerstand R ist in Reihe mit dem Meßobjekt geschaltet, der so bemessen ist, daß

$$I_{\mathrm{st}} = \frac{U}{R} \tag{101}$$

gilt. Dies wird dadurch erreicht, daß man R größer als den Betrag der Impedanz des äußeren Stromkreises macht. Parallel zu diesem Stromkreis mit dem Strom I_{st} liegt eine Eichleitung, deren Dämpfung a_e so eingestellt wird, daß ihre Spannung $U e^{-a_e}$ am Ausgang gleich der Spannung $|U_2|$ am inneren Leitungssystem des Meßobjektes wird. Dann ist mit Benutzung von Gl. (17)

$$U\, e^{-a_e} = |U_2| = I_{st}\,|\boldsymbol{R}_K|\,l = \frac{U}{R}\,|\boldsymbol{R}_K|\,l. \tag{102}$$

Die Spannung U des Senders fällt heraus, und den gesuchten Kopplungswiderstand erhält man demnach aus der gemessenen Dämpfung a_e zu

$$|\boldsymbol{R}_K| = \frac{R}{l}\, e^{-a_e}. \tag{103}$$

Die Gleichheit der Spannungen stellt man vermittels eines Umschalters fest, der einmal einen hochohmigen Spannungszeiger auf das Meßobjekt und dann auf die Eichleitung schaltet. Die Eichleitung wird so lange verändert, bis der Ausschlag des Spannungszeigers in beiden Stellungen gleich ist. Die Kabellänge l muß elektrisch kurz sein ($l \ll \lambda/4$).

In der Schaltung nach Abb. 180b wird die Spannung am Eingang der Eichleitung an dem Widerstand R abgegriffen, der im Gegensatz zu dem Widerstand R in Abb. 180a sehr klein sein muß. Ist er nämlich klein im Vergleich zum Eingangswiderstand der Eichleitung, so ist die Eingangsspannung an ihr $I_{st} R$. Bei Spannungsgleichheit am Umschalter ist dann

$$I_{st}\, R\, e^{-a_e} = I_{st}\,|\boldsymbol{R}_K|\,l. \tag{104}$$

Hierbei fällt also der Strom I_{st} heraus, und der gesuchte Kopplungswiderstand errechnet sich nach der gleichen Formel [Gl. (103)] wie für die Schaltung in Abb. 180a.

Die Schaltung nach Abb. 180b hat den Vorteil, daß der Strom I_{st} und damit die Spannung U_2 wegen des kleinen Vorwiderstands R größer ist als in Abb. 180a, was insbesondere bei kleinen Kopplungswiderständen vorteilhaft ist. Daher ist die in Abb. 181 dargestellte praktische Meßschaltung nach dem Prinzip der Abb. 180b aufgebaut; sie wurde von W. Wild entwickelt. Der über das Meßobjekt fließende Strom I_{st} wird hierbei über ein äußeres geschlossenes Rohr koaxial wieder zurückgeführt, so daß keine Störeinflüsse von außen einwirken können. Den Strom I_{st} mißt ein Stromwandler, der sekundär mit einem Widerstand R abgeschlossen ist; dieser ist niederohmig im Vergleich zur sekundären Impedanz des Wandlers, so daß er annähernd im Kurzschluß arbeitet. Außerdem ist R niederohmig im Vergleich zu dem Eingangswiderstand der Eichleitung. Die Spannung an R ist dann

$$U = \frac{I_{st}}{w}\, R, \tag{105}$$

wenn w die sekundäre Windungszahl des Wandlers bedeutet. Bei hohen Frequenzen ist es nicht immer möglich, den Eingangswiderstand des Empfängers genügend groß im Vergleich zum Ausgangswiderstand der Eichleitung zu machen. In solchen Fällen ist es zur Vermeidung von

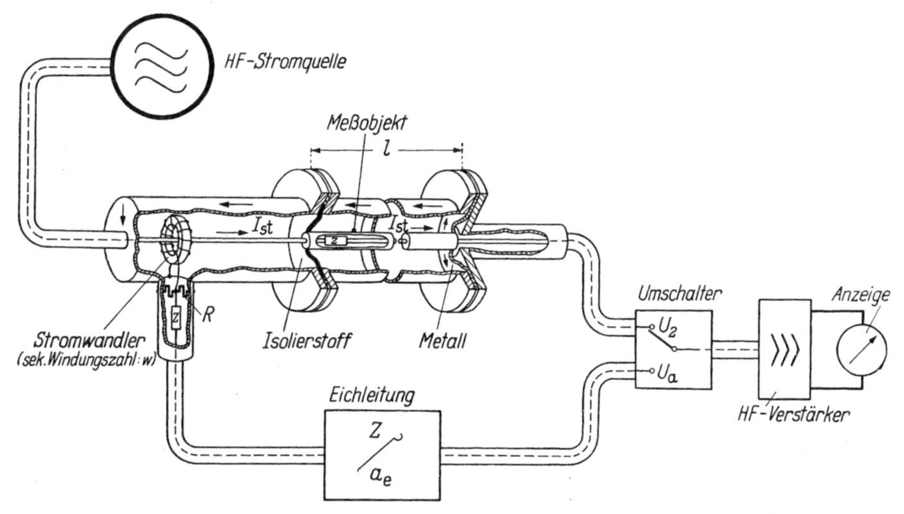

Abb. 181. Anordnung zur Messung des Kopplungswiderstands

Meßfehlern nötig, den inneren Widerstand des Meßobjektes ebenso groß zu machen wie den Ausgangswiderstand der Eichleitung. Dies erreicht man dadurch, daß man sowohl in den Innenleiter des Meßobjektes als auch zwischen Eichleitung und Stromwandler einen Widerstand von der Größe des Wellenwiderstands Z der Eichleitung schaltet. Den Kopplungswiderstand erhält man dann aus den Meßdaten a_e, U_2 und U_a zu

$$|\boldsymbol{R}_\mathrm{K}| = \frac{R}{w\,l}\,\mathrm{e}^{-a_e}\left|\frac{U_2}{U_a}\right|. \tag{106}$$

Beispiel 1: Für die in Tab. 5 zugrunde gelegte Koaxialleitung aus Kupfer (siehe auch Beispiel zu Abschnitt E, Kap. 1; $r_a = 4{,}75$ mm, $d = 0{,}25$ mm) soll der Betrag des Kopplungswiderstands $\boldsymbol{R}_\mathrm{K}$ für drei verschiedene Ausführungen des Außenleiters bei den Frequenzen 50, 100, 250, 500, 1000, 2500 und 5000 kHz berechnet werden. Die drei Außenleitertypen sind folgende:

a) Homogenes Rohr ($R_0 = 2{,}35$ Ω/km).

b) Wendelleiter mit einem Steigungswinkel von $\alpha_s = 80°$. Nach Gl. (30) bedeutet dieser Winkel eine Drallänge von $l_d = 170$ mm, die durch Verseilung von 12 parallelen Kupferbändern von je 2,45 mm Breite ($b_s = 29{,}4$ mm) erreicht wird.

c) Rohr mit Längsschlitz von einer Breite von $b = 0{,}25$ mm ($b/d = 1$).

Für Fall a verwenden wir Gl. (26), für b Gl. (37) und für c Gl. (44). In Tab. 17 sind die Rechenergebnisse zusammengestellt. Man erkennt bei dem homogenen Rohr die günstige Wirkung der Stromverdrängung, derzufolge der Kopplungswiderstand bei der höchsten Frequenz von $f = 5000$ kHz auf einen Wert ab-

Tabelle 17. *Der Kopplungswiderstand* $|\boldsymbol{R}_K|$ *verschiedener Außenleiter von Koaxialkabeln aus Kupfer* *(Durchmesser des Außenleiters* 9,5 mm*)*

	f	50	100	250	500	1000	2500	5000	kHz
	δ	0,297	0,210	0,133	0,094	0,066	0,042	0,030	mm
	d/δ	0,84	1,19	1,88	2,66	3,77	5,95	8,42	
a) Homogenes Rohr $d = 0{,}25$ mm $r_a = 4{,}75$ mm	$\lvert\boldsymbol{R}_K\rvert$	2,32	2,25	1,87	1,24	0,58	0,10	$0{,}12 \cdot 10^{-1}$	Ω/km
b) Wendelleiter $\frac{r_a}{d} = 19$ $\alpha_s = 80°$	$\lvert\boldsymbol{R}_K\rvert$	2,39	2,34	3,56	8,89	19,93	49,89	99,31	Ω/km
c) Rohr mit Schlitz $\frac{r_a}{d} = 19$ $\frac{b}{d} = 1$	$\lvert\boldsymbol{R}_K\rvert$	2,33	2,25	1,87	1,23	0,57	0,13	$0{,}35 \cdot 10^{-1}$	Ω/km

gesunken ist, der etwa um den Faktor 200 kleiner als der Gleichstromwert ist. Bei dem Wendelleiter dagegen wächst der Kopplungswiderstand auf den 40fachen Wert an, so daß sich die Kopplungswiderstände der beiden Leiterarten bei der höchsten Frequenz um den Faktor von etwa 8000 unterscheiden. Die Wirkung des Schlitzes im Fall c macht sich noch nicht sehr stark bemerkbar; der Kopplungswiderstand ist bei der höchsten Frequenz erst um das Dreifache größer als der des homogenen Rohres.

Beispiel 2: Bei einem Doppelkabel sind zwei Koaxialleitungen vom Typ c des obigen Beispiels unter einem Bleimantel mit einem Radius von $r_h = 10{,}2$ mm und einer Dicke von $d_h = 1$ mm vereinigt. Jeder Außenleiter ist mit einem Eisen-

Tabelle 18. *Der resultierende Kopplungswiderstand zwischen zwei koaxialen Leitungen mit Eisenschirm, die sich unter einem gemeinsamen Kabelmantel befinden* ($\boldsymbol{R}_{K1}$ *nach Tabelle* 17, *Fall* c)

f	50	100	250	500	1000	2500	5000	kHz
$\lvert\boldsymbol{R}_h\rvert$	4,06	5,64	9,92	14,24	20,12	31,75	45,10	Ω/km
$\lvert\omega L_e\rvert$	199,2	282,7	399,9	565,1	796,1	1262	1777	Ω/km
$\lvert\boldsymbol{R}_{K1}\rvert$	2,33	2,25	1,87	1,23	0,57	0,13	$0{,}35 \cdot 10^{-1}$	Ω/km
$\lvert\boldsymbol{R}_K\rvert$	554	358	216	67	10,3	0,34	0,018	μΩ/km

schirm von $d_e = 0{,}1$ mm Dicke umgeben, dessen relative Permeabilität $\mu/\mu_0 = 200$ und dessen Leitfähigkeit $\varkappa_e = 10^3$ S/cm betragen (siehe Tab. 1). Den Betrag des resultierenden Kopplungswiderstands $\boldsymbol{R}_K$ berechnen wir nach Gl. (84), wobei wir für $|\boldsymbol{R}_{K1}|$ die Werte aus Tab. 17, Fall c, nehmen. — Wie man aus Tab. 18 erkennt, geht der Kopplungswiderstand $|\boldsymbol{R}_K|$ mit wachsender Frequenz stark zurück. Dies liegt einerseits an der Stromverdrängung im Außenleiter und andererseits an der zunehmenden Impedanz ωL_e des Eisenschirmes, deren Quadrat im Nenner von Gl. (84) steht.

4. Nebensprechen zwischen koaxialen Leitungen

Wir betrachten zwei parallele Leitungen beliebiger Länge l nach Abb. 182; die Entfernung irgendeines Querschnittes vom Leitungs-

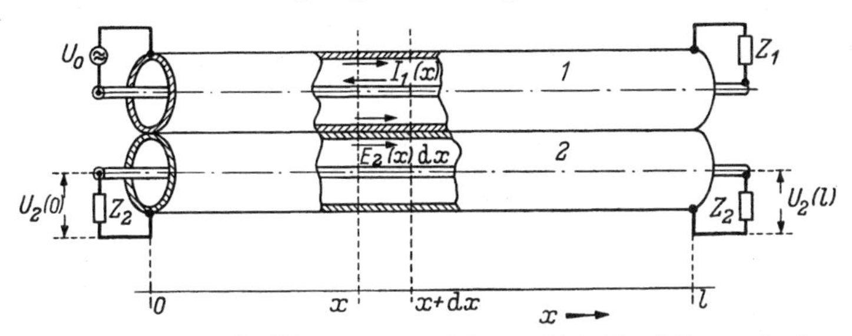

Abb. 182. Zur Berechnung des Nebensprechens zwischen zwei koaxialen Leitungen der Länge l

anfang nennen wir x. Am Anfang ($x = 0$) der störenden Leitung *1* herrsche die Spannung U_0. Infolge der Kopplung über den resultierenden Kopplungswiderstand entsteht dann in der gestörten Leitung *2* ebenfalls ein Spannungszustand $U_2(x)$; wir bezeichnen diese Erscheinung als Nebensprechen. Überschreitet dieses ein gewisses Maß, so kann das auf der störenden Leitung übertragene Gespräch auf der gestörten Leitung mitgehört werden, was eine Verletzung des Gesprächsgeheimnisses bedeutet. Das Nebensprechen muß demnach unterhalb einer gewissen Grenze liegen, damit dieser Effekt nicht eintritt. Man erreicht dies, indem man den Kopplungswiderstand $\boldsymbol{R}_K$ hinreichend klein macht. Im folgenden wollen wir den Zusammenhang zwischen $\boldsymbol{R}_K$ und dem Nebensprechen ermitteln, aus dem sich dann die notwendigen Schirmungsmaßnahmen ergeben.

Bei unseren Rechnungen nehmen wir den allgemeinen Fall an, daß die beiden Leitungen *1* und *2* verschieden und an den Enden ($x = 0$ und $x = l$) mit ihren Wellenwiderständen Z_1 und Z_2 abgeschlossen sind, wie in Abb. 182 angedeutet ist. Wir nennen dann $U_2(0)$ die Spannung des Nahnebensprechens und $U_2(l)$ die Spannung des Fernnebensprechens. An Stelle der Spannungen benutzt man in der Praxis Dämpfungsmaße: Die Dämpfung a_n des Nahnebensprechens ist definiert als der halbe natürliche Logarithmus des Verhältnisses von Sendeleistung $(U_0^2/|Z_1|)$ zu der Leistung $(|U_2(0)|^2/|Z_2|)$ am nahen Ende der gestörten Leitung

$$a_n \equiv \frac{1}{2} \ln \frac{U_0^2}{|U_2(0)|^2} \left|\frac{Z_2}{Z_1}\right|. \tag{107}$$

Nimmt man die Leistung $(|U_2(l)|^2/|Z_2|)$ am fernen Ende der gestörten Leitung, so hat man die Dämpfung a_f des Fernnebensprechens

$$a_f \equiv \frac{1}{2} \ln \frac{U_0^2}{|U_2(l)|^2} \left|\frac{Z_2}{Z_1}\right|. \tag{108}$$

Sind die Wellenwiderstände der beiden Leitungen gleich groß ($Z_1 = Z_2$), so gehen diese Definitionen in den Logarithmus der Spannungsverhältnisse über.

a) Nebensprechen innerhalb eines Verstärkerfeldes

Wir gehen von dem Stromverlauf in der störenden Leitung aus. Da nach Abb. 182 die Leitung am Ende mit dem Wellenwiderstand Z_1 abgeschlossen ist, so ist der Strom an einer beliebigen Stelle des Kabels

$$I_1(x) = \frac{U_0}{Z_1} e^{-\gamma_1 x}. \tag{109}$$

Hierin bedeutet $\gamma_1 = \alpha_1 + j\beta_1$ die Fortpflanzungskonstante auf der störenden Leitung (α_1 Dämpfungskonstante und $\beta_1 = \omega\tau_1$ Phasenkonstante; s. auch Tab. 5). Dieser Strom erzeugt nun an der gleichen Stelle x in der gestörten Leitung infolge des Kopplungswiderstands $\boldsymbol{R}_K$ eine axial gerichtete Feldstärke von der Größe

$$E_2(x) = I_1(x)\,\boldsymbol{R}_K = \frac{\boldsymbol{R}_K U_0}{Z_1} e^{-\gamma_1 x}. \tag{110}$$

Denkt man sich nun auf dem Kabel an der Stelle x ein differentielles Kabelstück der Länge $\mathrm{d}x$, so wird die Längsspannung an diesem Stück $E_2(x)\,\mathrm{d}x$ sein. Diese Spannung teilt sich nun in zwei gleich große, aber entgegengesetzt gerichtete Querspannungen auf, weil nach beiden Richtungen gleiche Widerstände, nämlich jeweils der Wellenwiderstand Z_2, vorhanden sind. Zum Kabelanfang ($x = 0$) wirkt daher die Spannung $-E_2(x)\,\mathrm{d}x/2$ und zum Kabelende ($x = l$) die Spannung $E_2(x)\,\mathrm{d}x/2$. Bezeichnen wir nun die Fortpflanzungskonstante auf der gestörten Leitung mit $\gamma_2 = \alpha_2 + \mathrm{j}\beta_2$, so erhält man die gesamte Nebensprechspannung am Anfang und am Ende, indem man alle Beiträge der Leitungselemente $\mathrm{d}x$ über die gesamte Beeinflussungsstrecke l integriert. Dabei hat man alle Spannungsbeiträge mit dem jeweiligen exponentiellen Übertragungsfaktor zu multiplizieren. Für die Nebensprechspannungen am nahen und fernen Ende ergeben sich daher folgende Ausdrücke:

$$U_2(0) = -\frac{1}{2}\int_0^l E_2(x)\,\mathrm{e}^{-\gamma_2 x}\,\mathrm{d}x, \tag{111}$$

$$U_2(l) = \frac{1}{2}\int_0^l E_2(x)\,\mathrm{e}^{-\gamma_2 (l-x)}\,\mathrm{d}x. \tag{112}$$

In diese Integrale hat man für $E_2(x)$ die Gl. (110) einzusetzen. Die Integration läßt sich leicht durchführen, und man erhält schließlich

$$U_2(0) = -\frac{\boldsymbol{R}_\mathrm{K}}{2Z_1}\,\frac{1-\mathrm{e}^{-(\gamma_1+\gamma_2)l}}{\gamma_1+\gamma_2}\,U_0, \tag{113}$$

$$U_2(l) = \frac{\boldsymbol{R}_\mathrm{K}}{2Z_1}\,\frac{\mathrm{e}^{-\gamma_1 l}-\mathrm{e}^{-\gamma_2 l}}{\gamma_2-\gamma_1}\,U_0. \tag{114}$$

Wir benutzen nun diese Gleichungen, um die Nah- und Fernnebensprechdämpfung entsprechend ihrer Definition nach Gl. (107) und (108) zu ermitteln. Man erhält hierfür folgende Beziehungen

$$\begin{aligned} a_\mathrm{n} = \ln \frac{2\omega\sqrt{L_{g1}L_{g2}}}{|\boldsymbol{R}_\mathrm{K}|}\left[\sqrt[4]{\frac{L_{g1}C_1}{L_{g2}C_2}} + \sqrt[4]{\frac{L_{g2}C_2}{L_{g1}C_1}}\right] - \\ -\frac{1}{2}\ln\left|1 - 2\mathrm{e}^{-(a_1+a_2)}\cos(b_1+b_2) + \mathrm{e}^{-2(a_1+a_2)}\right|, \end{aligned} \tag{115}$$

$$\begin{aligned} a_\mathrm{f} = \ln\frac{2\sqrt{Z_1Z_2}}{|\boldsymbol{R}_\mathrm{K}|\,l} + \frac{1}{2}\ln\frac{\left(\frac{a_1-a_2}{2}\right)^2+\left(\frac{b_1-b_2}{2}\right)^2}{\sinh^2\frac{a_1-a_2}{2}+\sin^2\frac{b_1-b_2}{2}} + \\ +\frac{a_1+a_2}{2}. \end{aligned} \tag{116}$$

In diesen Gleichungen ist von den Beziehungen $\gamma_1 Z_1 \approx \mathrm{j}\omega L_{g1}$ und $\gamma_2 Z_2 \approx \mathrm{j}\omega L_{g2}$ Gebrauch gemacht worden; diese Näherungen gelten bei hinreichend hohen Frequenzen, bei denen $R_g \ll \omega L_g$ ist. Es bedeuten ferner

$a_1 = \alpha_1 l$ die Dämpfung der Leitung *1*,
$a_2 = \alpha_2 l$ die Dämpfung der Leitung *2*,
$b_1 = \beta_1 l$ das Winkelmaß der Leitung *1*,
$b_2 = \beta_2 l$ das Winkelmaß der Leitung *2*.

In den meisten Fällen werden beide Leitungen gleich sein; dann ist $a_1 = a_2 = a$, $b_1 = b_2 = b$, $Z_1 = Z_2 = Z$ und $L_{g1} = L_{g2} = L_g$. Dann vereinfachen sich die Gl. (115) und (116) erheblich, und es entstehen die Beziehungen

$$a_n = \ln \frac{4\omega L_g}{|\boldsymbol{R}_K|} - \frac{1}{2} \ln |1 - 2e^{-2a} \cos 2b + e^{-4a}|, \qquad (117)$$

$$a_f = \ln \frac{2Z}{|\boldsymbol{R}_K| l} + a. \qquad (118)$$

Der zweite Term in Gl. (117) verschwindet bei langen Leitungen, wenn die Dämpfung groß gegen eins ist ($a \gg 1$). Dann ist die Nahnebensprechdämpfung a_n unabhängig von der Länge l; dagegen steht sie bei der Fernnebensprechdämpfung a_f im Nenner unter dem Logarithmus. Dies kommt daher, daß am fernen Ende alle Beiträge der einzelnen Leitungselemente gleich groß sind und sich algebraisch addieren. Am nahen Ende dagegen durchlaufen die Beiträge der einzelnen Leitungselemente um so größere Dämpfungswege, je weiter sie vom Anfang entfernt sind. Daher tragen bei großen Leitungsdämpfungen die entfernt liegenden Leitungselemente nichts mehr zum Nahnebensprechen bei, und a_n wird von l unabhängig. Geht man zu dem anderen Grenzfall elektrisch kurzer Leitungen über, so werden die Nebensprechdämpfungen gleich groß ($a_n = a_f$); man erkennt dies, wenn man in Gl. (117) $a \ll 1$ und $b \ll 1$ voraussetzt, d. h., wenn man für $\cos 2b \approx 1 - 2b^2$ nimmt und die Relation $bZ = \omega L_g l$ benutzt.

b) Nebensprechen über mehrere Verstärkerfelder

Da sich beim Nahnebensprechen die Beiträge der einzelnen Leitungselemente entsprechend den verschiedenen Phasenwegen geometrisch und beim Fernnebensprechen algebraisch addieren, ist die Störwirkung des Fernnebensprechens größer. Infolgedessen wird man bestrebt sein, koaxiale Doppelkabel nach Abb. 177 im Gegenrichtungsbetrieb zu schalten, so daß nur das Nahnebensprechen zur Wirkung kommt. Sind mehr als zwei Koaxialleitungen unter dem Bleimantel vereinigt wie in Abb. 179, so lassen sich Übertragungen in gleicher Richtung nicht vermeiden; man hat dann auch mit Fernnebensprechen zu rechnen.

Wir nehmen nun an, daß n Verstärkerfelder vorhanden sind, die alle die gleiche Länge l haben (Abb. 183). Dabei behandeln wir zunächst zwei Leitungen im Gegensprechbetrieb, so daß nur Nahnebensprechen zur Wirkung kommt; die Verstärker auf den beiden Leitungen haben dann die entgegengesetzten Verstärkungsrichtungen, wie in Abb. 183 gezeichnet ist. Der Einfachheit halber setzen wir voraus, daß die beiden Leitungen gleiche Übertragungseigenschaften haben ($\gamma_1 = \gamma_2$). Betrachten wir das ν-te Feld, so entsteht in der gestörten Leitung 2

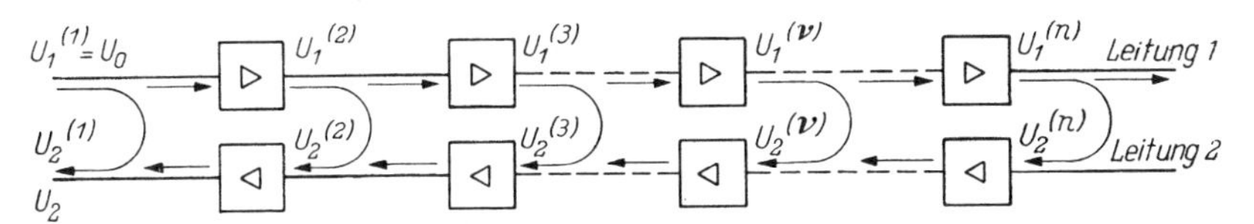

Abb. 183. Das Nahnebensprechen an einer Kabelstrecke von n Verstärkerfeldern der Länge l

am Anfang dieses Feldes die Spannung $U_2^{(\nu)}$, während am Anfang der störenden Leitung die Spannung $U_1^{(\nu)}$ herrscht. Diese beiden Spannungen stehen im gleichen Verhältnis zueinander wie $U_2(0)$ und U_0 in Gl. (113). Unser Ziel ist, die resultierende Spannung U_2 des Nahnebensprechens am Anfang der Kabelstrecke zu haben. Zu diesem Zweck müssen wir alle Beiträge der n Verstärkerfelder auf den Anfang der Kabelstrecke übertragen und addieren. Da die Dämpfung durch die Verstärker aufgehoben wird, ist der Übertragungsfaktor zwischen dem ν-ten Feld und dem Anfang $\exp[-\mathrm{j}(b + b_z)(\nu - 1)]$, wobei b_z das Winkelmaß eines Verstärkers bedeutet. Die Spannung $U_1^{(\nu)}$ unterscheidet sich nun von derjenigen U_0 am Anfang der störenden Kabelstrecke um den gleichen Übertragungsfaktor. Somit erhält man die resultierende Spannung des Nahnebensprechens durch eine Summation über alle Felder zu

$$\begin{aligned} U_2 &= -\frac{\boldsymbol{R}_\mathrm{K}}{4\mathrm{j}\,\omega\,L_\mathrm{g}}(1 - \mathrm{e}^{-2\gamma l})\,U_0 \sum_{\nu=1}^{n} \mathrm{e}^{-2\mathrm{j}(b+b_z)(\nu-1)} = \\ &= -\frac{\boldsymbol{R}_\mathrm{K}}{4\mathrm{j}\,\omega\,L_\mathrm{g}}(1 - \mathrm{e}^{-2\gamma l})\,\frac{1 - \mathrm{e}^{-2\mathrm{j}(b+b_z)n}}{1 - \mathrm{e}^{-2\mathrm{j}(b+b_z)}}\,U_0. \end{aligned} \tag{119}$$

Hieraus ergibt sich die resultierende Dämpfung a_{nr} des Nahnebensprechens, indem man den Betrag bildet; es entsteht die Gleichung

$$a_{\mathrm{nr}} \equiv \ln\left|\frac{U_0}{U_2}\right| = a_\mathrm{n} + \ln\left|\frac{\sin(b + b_z)}{\sin n(b + b_z)}\right| = a_\mathrm{n} + a_z, \tag{120}$$

in der a_n die Dämpfung eines einzigen Feldes nach Gl. (117) und a_z eine Zusatzdämpfung ist, die durch das Zusammenwirken der n Verstärkerfelder zustande kommt. In Abb. 184 ist diese Zusatzdämpfung a_z als Funktion von $(b + b_z)$ dargestellt, wobei $n = 10$ eingesetzt ist; sie hat die Periode π. Wie man erkennt, wird diese Zusatzdämpfung in der Umgebung bestimmter Frequenzen f_0, für die das Winkelmaß $b + b_z$ ein ganzzahliges Vielfaches von π ist, sehr klein, und zwar $a_z = -\ln n$.

Der Frequenzbereich Δf, in dem dies gilt, ist um so schmaler, je größer die Zahl n der Verstärkerfelder ist; er ergibt sich aus der Beziehung

$$b\left(f_0 + \frac{\Delta f}{2}\right) + b_z\left(f_0 + \frac{\Delta f}{2}\right) - b\left(f_0 - \frac{\Delta f}{2}\right) - b_z\left(f_0 - \frac{\Delta f}{2}\right) = \frac{\pi}{n}, \quad (121)$$

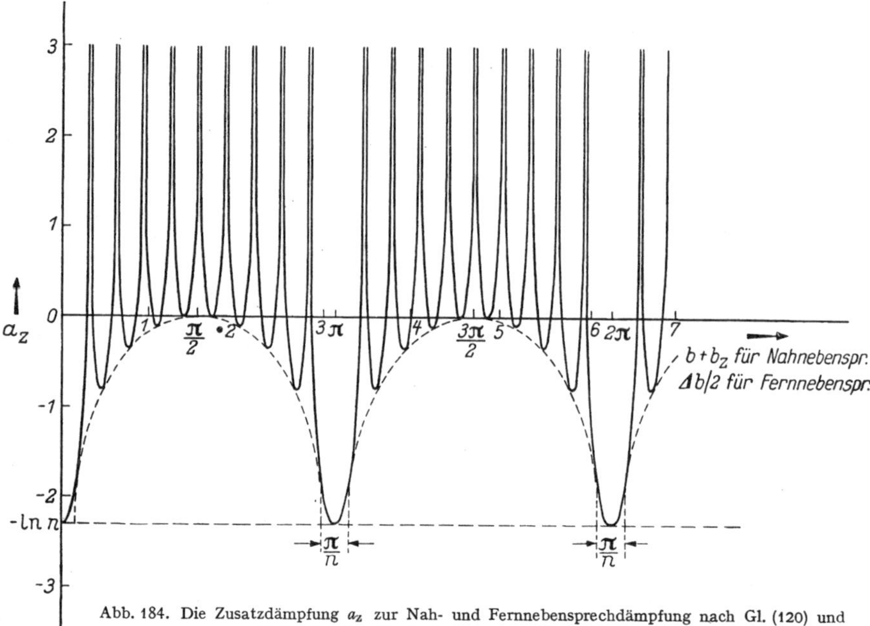

Abb. 184. Die Zusatzdämpfung a_z zur Nah- und Fernnebensprechdämpfung nach Gl. (120) und Gl. (126) bei n Verstärkerfeldern. (Kurve für $n = 10$)

in der $b(f)$ und $b_z(f)$ als Funktion von der Frequenz aufgefaßt werden sollen. In dem übrigen Bereich wird a_z immer wieder unendlich groß, und zwar um so häufiger, je größer n ist. Im allgemeinen gilt für Überschlagsrechnungen die Ungleichung

$$a_z \geqq \ln|\sin(b + b_z)|. \quad (122)$$

Diese Funktion ist in Abb. 184 als Approximationskurve gestrichelt gezeichnet. In den schmalen, durch Gl. (121) gekennzeichneten Bereichen ist a_z jedoch durch den Wert $-\ln n$ anzunähern, da a_z nach Gl. (122) für ganzzahlige Vielfache von π negativ unendlich werden würde.

Die Gl. (120) und damit die Kurve für a_z in Abb. 184 gilt nur, wenn alle Verstärkerfelder exakt gleich lang sind. Dies ist in Wirklichkeit nicht der Fall; man kann annehmen, daß die Längen l statistisch um einen Mittelwert schwanken. Verhältnismäßig kleine Abweichungen von l haben schon erhebliche Phasendrehungen zur Folge, so daß der Kleinstwert $a_z = -\ln n$ in Wirklichkeit nicht erreicht wird. Man geht in solchen Fällen am besten statistisch vor, indem man an Stelle von a_{nr} nach Gl. (120) mit dem Mittelwert

$$\overline{a_{nr}} = a_n - \frac{1}{2} \ln n \tag{123}$$

rechnet.

Geht die Übertragung auf den beiden Leitungen in der gleichen Richtung vor sich, wie in Abb. 185 gezeichnet ist, so kommt das Fernnebensprechen am Ende der Kabelstrecke zur Wirkung. Nehmen wir zunächst an, daß die Übertragungseigenschaften der beiden Leitungen

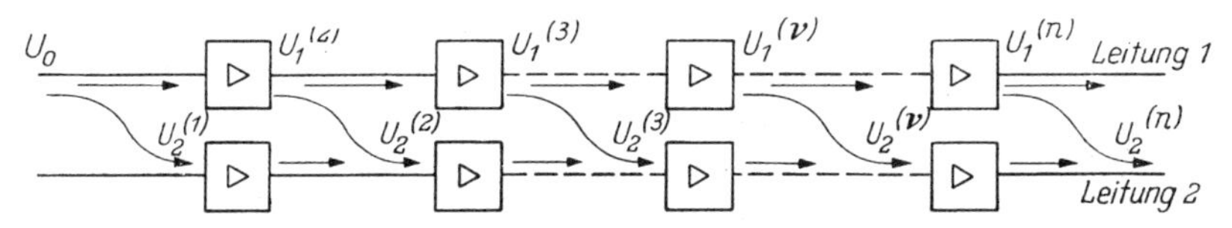

Abb. 185. Das Fernnebensprechen an einer Kabelstrecke von n Verstärkerfeldern der Länge l

gleich sind ($\gamma_1 = \gamma_2$), dann durchlaufen alle Fernnebensprechspannungen vom Anfang der Kabelstrecke in der störenden Leitung *1* bis zum Ende der gestörten Leitung *2* den gleichen Übertragungswinkel, unabhängig davon, in welchem Feld sie entstanden sind. Daher addieren sich alle n Beiträge am Ende der Kabelstrecke algebraisch; die resultierende Spannung des Fernnebensprechens ist n mal so groß wie die Spannung eines einzigen Feldes. Die Dämpfung a_{fr} des resultierenden Fernnebensprechens ist demnach um $-\ln n$ kleiner als die Dämpfung a_f eines einzigen Feldes nach Gl. (118):

$$a_{fr} = a_f - \ln n. \tag{124}$$

Ist die Zahl n der Verstärkerfelder groß, so wird a_{fr} beträchtlich kleiner als a_f (bei $n = 100$ ist $\ln n = 4{,}6$). Unterschreitet dann a_{fr} den zulässigen Mindestwert, so kann man sich dadurch helfen, daß man eine der beiden Leitungen in der Mitte der Kabelstrecke kreuzt oder umpolt. Dann heben sich am Ende der Strecke die von den beiden Hälften herrührenden Spannungen auf; die Dämpfung a_{fr} wird theoretisch unendlich groß. Den gleichen Effekt erzielt man, wenn man eine der beiden Leitungen in mehrere gleich lange Kreuzungsabschnitte einteilt, deren Zahl gerade sein muß. Am einfachsten ist die Umpolung an den Verstärkern durchzuführen.

Treten systematische Phasendifferenzen zwischen den beiden Leitungen auf, wie es bei den ungleichen Leitungen in Abb. 179b der Fall sein kann, so addieren sich die Spannungsbeiträge der einzelnen Felder nicht mehr algebraisch, weil sie verschiedene Phasenwege durchlaufen. Bezeichnet man das Winkelmaß eines Verstärkers auf der Leitung *1* mit b_{z1} und auf der Leitung *2* mit b_{z2}, so ergibt sich die gesamte Fernnebensprechspannung am Ende der Strecke mit Benutzung von

Gl. (114) durch eine Summation über alle n Felder zu

$$U_2 = \frac{\boldsymbol{R}_K}{2Z_1} \frac{e^{-\gamma_1 l} - e^{-\gamma_2 l}}{\gamma_2 - \gamma_1} \times \times U_0 \sum_{\nu=1}^{n} \exp[-j(b_1 + b_{z1})(\nu - 1) - j(b_2 + b_{z2})(n - \nu)]. \tag{125}$$

Unter dem Summenzeichen steht das Produkt des Übertragungsfaktors auf der störenden Leitung *1* vom Anfang bis zum ν-ten Feld mit dem Übertragungsfaktor in der gestörten Leitung *2* vom Ende des ν-ten Feldes bis zum Ende der Strecke. Die Summation läßt sich wie in Gl. (119) geschlossen durchführen. Bildet man noch den Betrag, so ergibt sich folgende Gleichung für die Dämpfung des Fernnebensprechens der Gesamtstrecke:

$$a_{\text{fr}} = a_{\text{f}} + \ln \left| \frac{\sin \frac{\Delta b}{2}}{\sin n \frac{\Delta b}{2}} \right| = a_{\text{f}} + a_{\text{z}}. \tag{126}$$

Hierin ist a_f nach Gl. (116) einzusetzen, während

$$\Delta b = b_1 - b_2 + b_{z1} - b_{z2} \tag{127}$$

die Differenz der Winkelmaße eines Verstärkerfeldes ist. Die Zusatzdämpfung a_z ist die gleiche wie in Abb. 184, nur tritt als Argument hier die halbe Differenz $\Delta b/2$ der Winkelmaße auf. Ist sie Null, so geht Gl. (126) in Gl. (124) über, wie es sein muß.

Beispiel: Es sollen die Nah- und Fernnebensprechdämpfungen a_n und a_f zwischen zwei gleichen koaxialen Leitungen nach Gl. (117) und (118) berechnet werden, deren resultierender Kopplungswiderstand in Tab. 18 (Außenleiter mit Schlitz) angegeben ist. Die Länge des Verstärkerfeldes sei $l = 9{,}3$ km. Die Übertragungskonstanten wie Phasen- und Dämpfungsmaß sowie der Wellenwiderstand

Tabelle 19. *Die Nah- und Fernnebensprechdämpfung eines koaxialen Doppelkabels nach Tabelle* 18 *für eine Verstärkerfeldlänge von* $l = 9{,}3$ km (*Übertragungseigenschaften der Kabel nach Tabelle* 5)

f	50	100	250	500	1000	2500	5000	kHz
L_g	0,281	0,275	0,269	0,265	0,262	0,260	0,259	mH/km
$\lvert Z\rvert$	77,80	76,69	75,72	75,18	74,79	74,44	74,27	Ω
a	0,62	0,83	1,28	1,83	2,59	4,07	5,75	N
$\lvert \boldsymbol{R}_K\rvert$	554	358	216	67	10,3	0,34	0,018	μΩ/km
a_n	13,16	14,40	15,80	17,73	20,28	24,60	28,23	N
a_f	10,94	11,57	12,51	14,22	16,85	21,74	26,35	N

sind in Tab. 5 festgelegt. Die numerischen Werte sind in Tab. 19 eingetragen. Man erkennt, daß die Nebensprechdämpfungen mit der Frequenz zunehmen, was in erster Linie auf den Frequenzgang des Kopplungswiderstands zurückzuführen ist. Die Dämpfung des Nahnebensprechens (a_n) liegt bei allen Frequenzen über der des Fernnebensprechens (a_f). Dies liegt daran, daß sich bei Fernnebensprechen alle Beiträge der einzelnen Leitungselemente am Ende der gestörten Leitung algebraisch addieren, während sie sich am nahen Ende infolge der verschiedenen Phasenwege geometrisch zusammensetzen. Die Dämpfungen liegen auch bei der niedrigsten Frequenz von 50 kHz so hoch, daß ein einwandfreier Parallelbetrieb gewährleistet ist.

5. Nebensprechen zwischen einer koaxialen und einer symmetrischen Doppelleitung

In der Fernkabeltechnik kommen Aufbauten vor, bei denen sowohl koaxiale Leitungen als auch symmetrische Leitungen, die verdrallt sind, unter einem gemeinsamen Bleimantel vereinigt sind. In Abb. 186 ist eine solche Kabelform gezeigt; sie besteht aus einem koaxialen Kern, der von acht Sternvierern umgeben ist. Diese werden mit Trägerfrequenzsystemen belegt, deren Frequenzbereich den des koaxialen Kernes teilweise überdecken kann. Es kommt dann das Nebensprechen zwischen den beiden Leitungstypen zur Wirkung, das wir im folgenden berechnen wollen. Dabei ist zu beachten, daß zwei verschiedene Kopplungsarten im Spiel sind. Die eine ist der Kopplungswiderstand des Außenleiters der Koaxialleitung und die andere die Unsymmetrie der beiden Leiter der betrachteten Doppelleitung (in Abb. 186 der Stammleitung) gegen den Außenleiter. Der Kopplungswiderstand ist über die gesamte Leitungslänge als konstant zu betrachten. Die Unsymmetrie ist auf die beim Verseilprozeß auftretenden zufälligen Unregelmäßigkeiten zurückzuführen; sie ist daher eine statistische oder unsystematische Funktion von x, die nach Größe und Vorzeichen unregelmäßig schwankt.

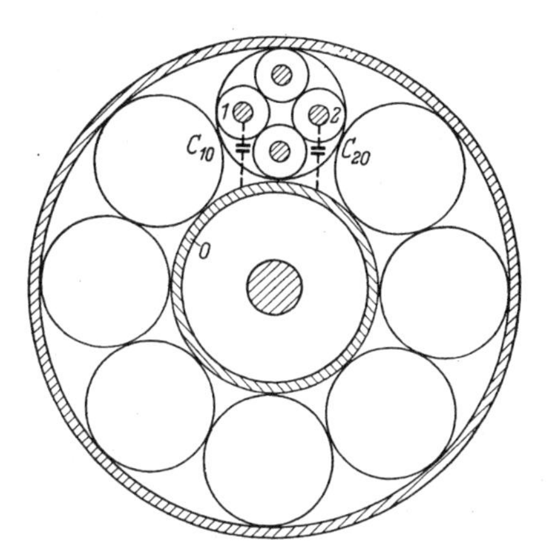

Abb. 186. Fernkabel mit einem koaxialen Kern und einer Lage von 8 Sternvierern

Bei der gegenseitigen Beeinflussung der beiden erwähnten Leitungssysteme ist noch ein drittes Leitungssystem als Zwischenglied beteiligt; dieses wird von dem Außenleiter des Koaxialsystems einerseits und der gesamten Lage der symmetrischen Leitungen (in Abb. 186 der acht Sternvierer) andererseits gebildet. Wir haben daher im folgenden zwischen den Übertragungseigenschaften von drei Leitungstypen zu unterscheiden, die wir mit den drei Indizes k, u und l belegen. Die Indizes k und l kennzeichnen das koaxiale und das symmetrische System, während sich der Index u auf das oben definierte unsymmetrische Zwischensystem bezieht. Für die Berechnung ist es zweckmäßig, die koaxiale Leitung als die störende anzusehen; sie soll mit ihrem Wellenwiderstand Z_k abgeschlossen sein. Am Eingang herrsche die Spannung U_0; dann entsteht auf der äußeren Oberfläche des Außenleiters eine axial gerichtete Feldstärke $E_u(x)$, die als treibende Kraft in dem unsymmetrischen System u wirkt. Sie hat nach Gl. (110) den Wert

$$E_u(x) = \frac{\boldsymbol{R}_K U_0}{Z_k} e^{-\gamma_k x}. \tag{128}$$

Wäre das Zwischensystem mit seinem Wellenwiderstand abgeschlossen, so könnten wir wie in Kap. 4a vorgehen und diese Längsspannung je zur Hälfte zum Ende und zum Anfang hin aufteilen, wie es in Gl. (111) und (112) zum Ausdruck kommt. Wir wollen hier vielmehr berücksichtigen, daß sich das unsymmetrische System an den Enden im Leerlauf befindet, wie es in der Praxis der Fall ist. Es ist dann zweckmäßig, die Spannungs- und Stromverteilung in diesem System aus den Leitungsgleichungen in der Differentialform zu ermitteln. Die Kontinuitätsgleichung für den Strom lautet bekanntlich

$$-\frac{dI_u}{dx} = (G_u + j\,\omega\, C_u)\, U_u. \tag{129}$$

Dagegen kommt in der Gleichung für das Spannungsgleichgewicht noch das Störungsglied $E_u(x)$ nach Gl. (128) hinzu, so daß wir die Beziehung

$$-\frac{dU_u}{dx} = (R_u + j\,\omega\, L_u)\, I_u + E_u(x) \tag{130}$$

haben. Wir eliminieren den Strom I_u und setzen für $E_u(x)$ die Gl. (128) ein. Dann entsteht die Differentialgleichung

$$\frac{d^2 U_u}{dx^2} = \gamma_u^2 U_u + \frac{\gamma_k \boldsymbol{R}_K U_0}{Z_k} e^{-\gamma_k x}, \tag{131}$$

deren allgemeine Lösung nach Gl. [14]

$$U_u(x) = A\, e^{-\gamma_u x} + B\, e^{\gamma_u x} + \frac{\gamma_k \boldsymbol{R}_K U_0}{(\gamma_k^2 - \gamma_u^2)\, Z_k} e^{-\gamma_k x} \tag{132}$$

lautet. Die noch unbestimmten Konstanten A und B erhalten nun feste Werte aus den Grenzbedingungen, nach denen an den Enden der Strom I_u verschwinden muß. Um diese Bedingungen ansetzen zu können, müssen wir vorher den Stromverlauf ermitteln. Dazu benutzen wir Gl. (130) und erhalten

$$Z_u I_u(x) = A\,e^{-\gamma_u x} - B\,e^{\gamma_u x} + \frac{\boldsymbol{R}_K \gamma_u U_0\,e^{-\gamma_k x}}{(\gamma_k^2 - \gamma_u^2) Z_k}. \tag{133}$$

Wir nehmen nun von jetzt ab an, daß die Leitungen lang sind; darunter verstehen wir, daß die Dämpfungen aller Leitungssysteme größer als 1 N sind. Dann können wir in dem unsymmetrischen System die vom Ende reflektierte Welle vernachlässigen und demnach $B = 0$ setzen. Somit ergibt sich aus der Leerlaufbedingung ($I_u(0) = 0$) für die Konstante A der Wert

$$A = -\frac{\boldsymbol{R}_K \gamma_u U_0}{(\gamma_k^2 - \gamma_u^2) Z_k}. \tag{134}$$

Setzt man ihn in Gl. (132) und (133) ein, so erhält man die Gleichungen

$$U_u(x) = \frac{\boldsymbol{R}_K U_0}{(\gamma_k^2 - \gamma_u^2) Z_k}\left[\gamma_k\,e^{-\gamma_k x} - \gamma_u\,e^{-\gamma_u x}\right], \tag{135}$$

$$Z_u I_u(x) = \frac{\boldsymbol{R}_K \gamma_u U_0}{(\gamma_k^2 - \gamma_u^2) Z_k}\left[e^{-\gamma_k x} - e^{-\gamma_u x}\right]. \tag{136}$$

Diese Ausdrücke versetzen uns nun in die Lage, die Beeinflussung des symmetrischen Leitungssystems zu berechnen. Dabei gehen wir von dem Ersatzschaltbild in Abb. 187 aus, in dem C_{10} und C_{20} die Teilkapazitäten der Leiter *1* und *2* gegen den Außenleiter *0*, genommen für die Längeneinheit, bedeuten. Diese Teilkapazitäten werden so gemessen, daß entsprechend dem Betriebszustand sämtliche übrigen Drähte der Lage auf die mittlere Spannung der beiden Drähte *1* und *2* gebracht werden; auf diese Weise legen sich die Teilkapazitäten der übrigen Drähte parallel zur Spannung U_u und sind somit unwirksam. Sind die Teilkapazitäten gleich groß, so ist aus Symmetriegründen $dU_l = 0$. Sind sie verschieden, so geht ihre Differenz ein, für die in der Kabeltechnik die Bezeichnung e_a gebräuchlich ist:

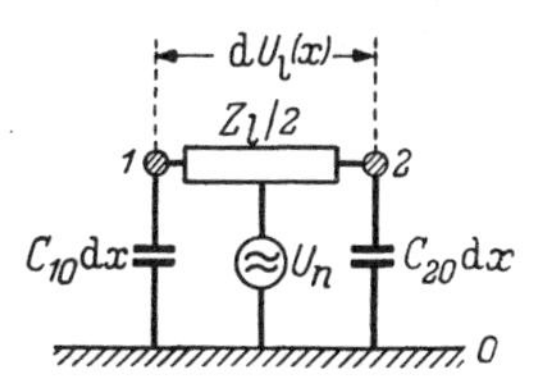

Abb. 187
Ersatzschaltbild zur Berechnung der in einem differentiellen Leitungsstück dx der symmetrischen Leitung in Abb. 186 influenzierten Spannung $dU_s(x)$

$$e_a = C_{10} - C_{20}. \tag{137}$$

Aus dem Ersatzschaltbild in Abb. 187 liest man ab, daß die Spannung $dU_l(x)$, die an dem Leitungselement dx in der symmetrischen Leitung entsteht, sich zu

$$dU_l(x) = \frac{j}{4}\,\omega\,e_a(x)\,Z_l\,U_u(x)\,dx \tag{138}$$

berechnet. Fügt man noch die Übertragungsfaktoren $e^{-\gamma_l x}$ und $e^{-\gamma_l(l-x)}$ zum nahen und fernen Ende hinzu und summiert über alle Leitungselemente dx, so hat man bereits die Nah- und Fernnebensprechspannung.

Daher ist

$$U_1(0) = \frac{j}{4}\,\omega Z_1 \int_0^\infty e_a(x)\,U_u(x)\,e^{-\gamma_1 x}\,dx, \tag{139}$$

$$U_1(l) = \frac{j}{4}\,\omega Z_1 \int_0^l e_a(x)\,U_u(x)\,e^{\gamma_1(x-l)}\,dx \tag{140}$$

(l Leitungslänge). Die Integrale lassen sich nicht ausrechnen, da die Funktion $e_a(x)$ wegen ihres statistischen Charakters in ihren Einzelheiten unbekannt ist. Wie es in der Statistik üblich ist, begnügen wir uns mit der Angabe des mittleren Quadrates der Beträge der Spannungen $(\overline{|U_1(0)|^2}$ und $\overline{|U_1(l)|^2})$. Zur Berechnung dieser Mittelwerte teilen wir die Kabellänge l in lauter Teilstücke der Länge t auf ($l = nt$) und bilden an Stelle der Integrale in Gl. (139) und (140) die Summe über die Teillängen. Die gesamte Kopplung der Teillänge ν ist dann

$$e_{at}(\nu) = \int_{(\nu-1)t}^{\nu t} e_a(x)\,dx, \tag{141}$$

wobei ν die Summationsvariable ist und gleichzeitig die Nummer der jeweiligen Teillänge bedeutet ($0 \leqq \nu \leqq n-1$). Verwenden wir noch für $U_u(x)$ die Gl. (135), so gehen die Gl. (139) und (140) in die Ausdrücke

$$U_1(0) = \frac{j\,\omega}{4}\,\frac{Z_1}{Z_k}\,\frac{\boldsymbol{R}_K}{\gamma_k^2-\gamma_u^2}\,U_0 \sum_{\nu=0}^{\infty} \left(\gamma_k\,e^{-(\gamma_k+\gamma_1)t\nu} - \gamma_u\,e^{-(\gamma_u+\gamma_1)t\nu}\right) e_{at}(\nu), \tag{142}$$

$$U_1(l) = \frac{j\,\omega}{4}\,\frac{Z_1}{Z_k}\,\frac{\boldsymbol{R}_K\,e^{-\gamma_1 l}}{\gamma_k^2-\gamma_u^2}\,U_0 \sum_{\nu=0}^{n-1} \left(\gamma_k\,e^{-(\gamma_k-\gamma_1)t\nu} - \gamma_u\,e^{-(\gamma_u-\gamma_1)t\nu}\right) e_{at}(\nu) \tag{143}$$

über. Wir setzen nun hinsichtlich der Größe t der Teillängen voraus, daß sie einerseits so groß ist, daß die e_{at} verschiedener Teillängen voneinander unabhängig sind. Andererseits soll sie wiederum hinreichend klein sein, damit die Übertragungswinkel βt und die Dämpfungen αt kleiner als 1 bleiben. Wir befassen uns nun zunächst mit dem Nahnebensprechen nach Gl. (142) und bilden das Quadrat $|U_1(0)|^2$ des Betrages von $U_1(0)$. Dann heben sich im Mittel von der Summe alle diejenigen Terme heraus, die Produkte von e_{at}-Werten verschiedener Teillängen enthalten. Die Summe aller dieser Glieder verschwindet im Mittel, weil die Kopplungen e_{at} unabhängig voneinander sind. Nur die Summe der quadratischen Glieder e_{at}^2 bleibt übrig, da alle positiv sind. Dann entsteht für das mittlere Quadrat die Gleichung

$$\overline{|U_1(0)|^2} = \left[\frac{\omega Z_1}{4 Z_k}\,\frac{|\boldsymbol{R}_K|\,U_0}{|\gamma_k^2-\gamma_u^2|}\right]^2 \overline{e_{at}^2}\,\Sigma, \tag{144}$$

in der die Größe $\sum$ folgendermaßen definiert ist:

$$\sum = \sum_{\nu=0}^{\infty} \beta_k^2 \exp[-2(\alpha_k + \alpha_l)\, t\nu] + \beta_u^2 \exp[-2(\alpha_u + \alpha_l)\, t\nu] - \\ - 2\beta_k \beta_u \exp[-(\alpha_k + \alpha_u + 2\alpha_l) t\nu] \cos(\beta_k - \beta_u)\, t\nu. \tag{145}$$

Es bedeuten α die Dämpfungs- und β die Phasenkonstanten entsprechend $\gamma = \alpha + j\beta$; ferner ist $\alpha \ll \beta$ angenommen worden, wie es fast immer der Fall ist. Die Summe läßt sich geschlossen ausdrücken; unter der Annahme, daß $\beta t < 1$ ist, erhält man nämlich

$$\sum = \frac{1}{t}\left[\frac{\beta_k^2}{2(\alpha_k + \alpha_l)} + \frac{\beta_u^2}{2(\alpha_u + \alpha_l)} - \frac{2\beta_k \beta_u (\alpha_k + \alpha_u + 2\alpha_l)}{(\alpha_k + \alpha_u + 2\alpha_l)^2 + (\beta_k - \beta_u)^2}\right]. \tag{146}$$

Um die numerische Rechnung zu vereinfachen, ist es zulässig, $\beta_k = \beta_u = \beta$ zu setzen, ohne daß nennenswerte Fehler entstehen. Ferner nehmen wir an, daß sich die Dämpfungskonstante α_k des Koaxialsystems nur wenig von der Dämpfungskonstanten α_u des unsymmetrischen Systems unterscheidet. Führen wir demnach $\alpha_u = \alpha_k + \Delta\alpha$ ein und entwickeln die Gl. (146) nach $\Delta\alpha$, so entsteht die Näherungsformel

$$\sum \approx \frac{(\Delta\alpha)^2 \beta^2}{4(\alpha_k + \alpha_l)^3\, t}. \tag{147}$$

Wir verwenden diesen Ausdruck für Gl. (144); dann fällt $(\Delta\alpha)^2$ heraus, und es ergibt sich für die mittlere Dämpfung des Nahnebensprechens entsprechend der Definition nach Gl. (107) folgende Gleichung

$$\overline{a_n} = \ln \frac{16(\alpha_k + \alpha_l)^{3/2} \sqrt{t}}{\omega \sqrt{\overline{|e_{at}|^2}}\, |\boldsymbol{R}_K|} \sqrt{\frac{Z_k}{Z_l}} = \ln \frac{16(a_k + a_l)^{3/2}}{\omega \sqrt{\overline{|e_{at}|^2}\, n}\, |\boldsymbol{R}_K|\, l} \sqrt{\frac{Z_k}{Z_l}} \tag{148}$$

[n Anzahl der Teillängen in der Gesamtlänge ($l = n\,t$)]. Man erkennt, daß die Dämpfung des Nahnebensprechens um so größer ist, je größer die Dämpfungskonstanten α_k und α_l sind. Dies liegt daran, daß am Eingang der gestörten Leitung um so weniger Teillängen einwirken, d. h. die Spannung $U_l(0)$ um so geringer wird, je größer die Dämpfungskonstanten sind.

Bei der Spannung des Fernnebensprechens nach Gl. (143) gehen wir ähnlich vor. Es ergibt sich für $\overline{|U_l(l)|^2}$ die gleiche Gleichung wie Gl. (144), in der die Funktion $\sum$ jetzt die Gestalt

$$\sum = \frac{1}{t}\left[\frac{\beta_k^2(e^{-2a_l} - e^{-2a_k})}{2(\alpha_k - \alpha_l)} + \frac{\beta_u^2(e^{-2a_l} - e^{-2a_u})}{2(\alpha_u - \alpha_l)} - \frac{2\beta_k\beta_u(e^{-2a_l} - e^{-(a_k + a_u)})}{(\alpha_k + \alpha_u - 2\alpha_l)^2 + (\beta_k - \beta_u)^2}\right] \tag{149}$$

annimmt. Im Unterschied zu Gl. (146) kommen hier entsprechend Gl. (143) die Differenzen der Dämpfungs- und Phasenkonstanten vor;

ferner ist über die endliche Zahl n der Teillängen zu summieren, so daß die Dämpfungen $a_k = \alpha_k l$, $a_u = \alpha_u l$ und $a_l = \alpha_l l$ der Gesamtstrecke auftreten. Zur Vereinfachung nehmen wir zunächst wieder

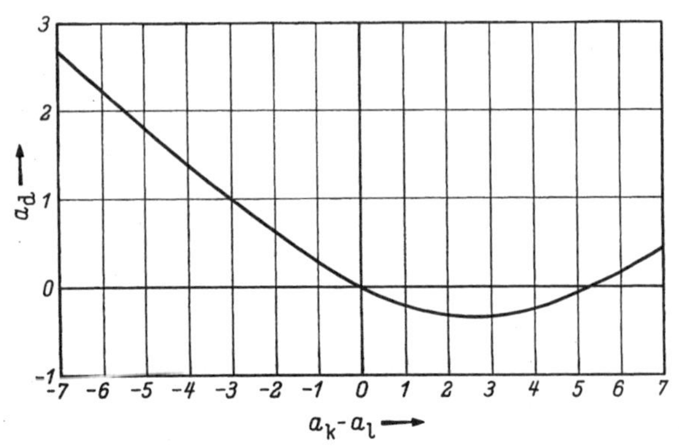

Abb. 188. Zur Berechnung der Fernnebensprechdämpfung nach Gl. (150)

$\beta_k = \beta_u$ an. Dann setzen wir wie oben $\alpha_u = \alpha_k + \Delta\alpha$ und entwickeln nach $\Delta\alpha$. Das Ergebnis verwenden wir in Gl. (144) und erhalten dann für die mittlere Fernnebensprechdämpfung gemäß der Definition nach Gl. (108) die Endformel

$$\overline{a_f} = \ln \frac{8\sqrt{3}}{\omega\sqrt{|e_{at}|^2 n}\;|\boldsymbol{R}_K|\,l}\sqrt{\frac{Z_k}{Z_l}} + \frac{a_l + a_k}{2} - a_d. \qquad (150)$$

Hier bedeutet a_d eine Dämpfung, die von der Differenz $a_k - a_l$ der Leitungsdämpfungen in der koaxialen und der symmetrischen Leitung

Tabelle 20. *Die mittlere Nah- und Fernnebensprechdämpfung* $\overline{a_n}$ *und* $\overline{a_f}$ *zwischen der Stammleitung eines Sternvierers mit* 1,3 mm *Leitern nach Tabelle* 13 *und einer koaxialen Leitung* 9,5/2,64 *nach Tabelle* 5 *für eine Verstärkerfeldlänge* $l = 9{,}3$ km (*$\boldsymbol{R}_K$ nach Tabelle* 17, *Fall* c)

f	50	100	250	500	1000	kHz
a_k	0,62	0,83	1,28	1,83	2,59	N
a_l	0,97	1,35	2,09	2,96	4,17	N
$\|\boldsymbol{R}_K\|$	2,33	2,25	1,87	1,23	0,57	Ω/km
Z_k	77,80	76,69	75,72	75,18	74,79	Ω
Z_l	194,59	191,29	187,11	185,06	183,03	Ω
$\overline{a_n}$	9,19	9,00	8,93	9,19	9,78	N
a_d	0,09	0,14	0,23	0,32	0,47	N
$\overline{a_f}$	9,05	8,64	8,43	8,76	9,67	N

abhängen. Für sie gilt die Gleichung

$$a_d = \frac{1}{2} \ln \frac{3}{4} \frac{e^{a_k - a_l} - (1 + 2(a_k - a_l) + 2(a_k - a_l)^2) e^{a_l - a_k}}{(a_l - a_l)^3} . \qquad (151)$$

In Abb. 188 ist ihr Verlauf in Abhängigkeit von der Differenzdämpfung $a_k - a_l$ dargestellt. Die Dämpfung a_d verschwindet, wenn die beiden Leitungsdämpfungen gleich sind ($a_k = a_l$).

Die Gl. (148) und (150) haben den Vorteil, daß in ihnen die Übertragungseigenschaften des unsymmetrischen Leitungssystems nicht vorkommen, die im allgemeinen unbekannt sind. Zieht man jedoch die magnetischen Kopplungen zwischen dem symmetrischen und dem unsymmetrischen System in Betracht, so erscheint der Wellenwiderstand Z_u des unsymmetrischen Systems. In diesem Falle gelten dieselben Gleichungen wie bisher, man hat nur an Stelle von e_a den Ausdruck $m_a/Z_u Z_l$ einzusetzen. In manchen Fällen wird die magnetische Kopplung durch eine Längsunsymmetrie wie beispielsweise durch Widerstandsdifferenzen der beiden Leiter *1* und *2* hervorgerufen. Dann ist für

$$m_a = \frac{R_{l2} - R_{l1}}{j \omega N} \qquad (152)$$

zu nehmen, wobei N die Zahl der Doppelleitungen in der Lage bedeutet (in Abb. 186 ist $N = 16$ entsprechend 2×8 Stammleitungen).

Beispiel: Wir berechnen die mittlere Nah- und Fernnebensprechdämpfung $\overline{a_n}$ und $\overline{a_f}$ zwischen einer koaxialen Leitung 9,5/2,64 nach Tab. 5 und der Stammleitung eines Sternvierers mit 1,3 mm Leitern nach Tab. 13 für ein Verstärkerfeld von $l = 9{,}3$ km. Den Kopplungswiderstand $\boldsymbol{R}_K$ entnehmen wir aus Tab. 17, Fall c (Rohr mit Schlitz). Wir setzen die Teillängen zu $t = 250$ m voraus; der quadratische Mittelwert der e_a-Kopplung sei für diese Länge $\sqrt{\overline{e_{at}^2}} = 50$ pF; daher ist $n = 37{,}2$. Für die Wellenwiderstände Z_k und Z_l nehmen wir ihre Beträge ($= \sqrt{Z_1^2 + Z_2^2}$). Das Ergebnis der Rechnungen nach Gl. (148) und (150) ist in Tab. 20 eingetragen. Will man die Nebensprechdämpfungen erhöhen, so muß man entweder die e_a-Kopplungen vermindern, indem man die Kopplungen durch Zusatzkondensatoren ausgleicht, oder den Kopplungswiderstand $\boldsymbol{R}_K$ herabsetzen, indem man zum Beispiel einen Eisenschirm vorsieht.

6. Nebensprechen zwischen symmetrischen Leitungen, die durch einen Lagenschirm voneinander getrennt sind

Als letztes der Nebensprechprobleme in Kabeln betrachten wir den in Abb. 189 dargestellten Fall, bei dem zwei symmetrische Doppelleitungen in verschiedenen Lagen liegen und durch einen Lagenschirm voneinander getrennt sind. Diese Anordnung kommt gelegentlich in langen Fernsprechseekabeln vor, bei denen die Leitungen für die beiden Gesprächsrichtungen in einem einzigen Kabel untergebracht werden. Da die Nahnebensprechdämpfung zwischen solchen Leitungen sehr hoch sein muß, sieht man einen Schirm zwischen ihnen vor.

Bei der Berechnung des Nebensprechens über den Kopplungswiderstand des Schirmes muß man vier Leitungssysteme berücksichtigen. Diese sind die störende und die gestörte symmetrische Leitung (Index l) und die beiden unsymmetrischen Leitungssysteme (Index u), die von den Lagen einerseits und dem Schirm *0* andererseits gebildet werden. Um die Gleichungen nicht zu umfangreich werden zu lassen, nehmen wir von vornherein an, daß die Übertragungseigenschaften sowohl der beiden symmetrischen Leitungen unter sich als auch der beiden unsymmetrischen Leitungen unter sich gleich sind, was fast immer mit praktisch ausreichender Genauigkeit zutrifft.

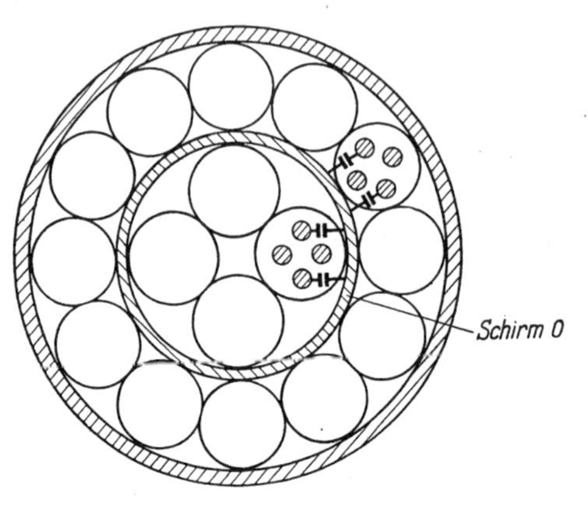

Abb. 189
Fernkabel mit Sternvierern in verschiedenen Lagen, die durch einen Lagenschirm voneinander getrennt sind

Wir nennen die laufende Koordinate auf der störenden symmetrischen Leitung x und auf dem mit ihr über die Kopplung e_a nach Gl. (137) gekoppelten unsymmetrischen System y. Dann ergibt sich der Spannungsverlauf $U_{u1}(y)$ auf diesem System in Verallgemeinerung von Gl. (139) und (140) zu

$$U_{u1}(y) = \frac{j}{4}\,\omega Z_u U_0 \left[\int\limits_{x=0}^{y} e_{a1}(x) \exp\left(-\gamma_l x - \gamma_u(y-x)\right) dx + \right.$$
$$\left. + \int\limits_{x=y}^{\infty} e_{a1}(x) \exp\left(-\gamma_l x + \gamma_u(y-x)\right) dx \right]. \qquad (153)$$

Hierbei ist der Einfachheit halber angenommen, daß nicht nur die störende Leitung, sondern auch das unsymmetrische System an den Enden mit dem Wellenwiderstand Z_u abgeschlossen ist. In Wirklichkeit ist dieses System an den Enden offen; da wir aber voraussetzen, daß die Leitungen sehr lang sind ($a_l > 1$ N und $a_u > 1$ N), so wird der Fehler vernachlässigbar klein. Aus dem gleichen Grund haben wir auch für die obere Integrationsgrenze anstatt l unendlich eingesetzt. Wir gehen nun zu dem Spannungsverlauf $U_u(z)$ auf dem zweiten unsymmetrischen System über, dessen laufende Koordinate z sei und das mit dem ersten System durch den Kopplungswiderstand $\boldsymbol{R}_K$ gekoppelt ist. In Verallgemeinerung von Gl. (111) und (112) erhält man

$$U_{u2}(z) = \frac{1}{2}\boldsymbol{R}_K \left[\int\limits_{y=0}^{z} I_{u1}(y)\, e^{-\gamma_u(z-y)} dy - \int\limits_{y=z}^{\infty} I_{u1}(y)\, e^{-\gamma_u(y-z)} dy \right]. \qquad (154)$$

Dabei bedeutet $I_{\mathrm{u}1}(y)$ den Strom im ersten unsymmetrischen System

$$I_{\mathrm{u}1}(y) = \frac{U_{\mathrm{u}1}(y)}{Z_{\mathrm{u}}} \tag{155}$$

[$U_{\mathrm{u}1}(y)$ nach Gl. (153)]. Setzt man dies in Gl. (154) ein, so gewinnt man den Ausdruck

$$U_{\mathrm{u}2}(z) = \frac{\mathrm{j}}{\;}\, \omega\, \boldsymbol{R}_{\mathrm{K}}\, U_0 \{\mathrm{e}^{-\gamma_{\mathrm{u}} z}(J_1 + J_2) - \mathrm{e}^{\gamma_{\mathrm{u}} z}(J_3 + J_4)\}, \tag{156}$$

in dem die J_1 bis J_4 die Doppelintegrale

$$J_1 = \int\limits_{y=0}^{z} \mathrm{d}y \int\limits_{x=0}^{y} e_{\mathrm{a}1}(x)\, \mathrm{e}^{(\gamma_{\mathrm{u}} - \gamma_1)x}\, \mathrm{d}x, \tag{157a}$$

$$J_2 = \int\limits_{y=0}^{z} \mathrm{e}^{2\gamma_{\mathrm{u}} y}\, \mathrm{d}y \int\limits_{y}^{\infty} e_{\mathrm{a}1}(x)\, \mathrm{e}^{-(\gamma_{\mathrm{u}} + \gamma_1)x}\, \mathrm{d}x, \tag{157b}$$

$$J_3 = \int\limits_{y=z}^{\infty} \mathrm{e}^{-2\gamma_{\mathrm{u}} y}\, \mathrm{d}y \int\limits_{x=0}^{y} e_{\mathrm{a}1}(x)\, \mathrm{e}^{(\gamma_{\mathrm{u}} - \gamma_1)x}\, \mathrm{d}x, \tag{157c}$$

$$J_4 = \int\limits_{y=z}^{\infty} \mathrm{d}y \int\limits_{x=y}^{\infty} e_{\mathrm{a}1}(x)\, \mathrm{e}^{-(\gamma_{\mathrm{u}} + \gamma_1)x}\, \mathrm{d}x \tag{157d}$$

bedeuten. Die Integrationsbereiche sind in Abb. 190 dargestellt. Bei näherer Betrachtung zeigt sich, daß man bei langen Leitungen die beiden Integrale J_2 und J_3 im Vergleich zu J_1 und J_4 vernachlässigen kann, ohne einen merklichen Fehler zu begehen. Nun kann man zunächst die Integration nach x nicht ausführen, weil $e_{\mathrm{a}}(x)$ eine statistische Größe ist. Dagegen läßt sich über y integrieren, weil $\boldsymbol{R}_{\mathrm{K}}$ konstant ist. Es ist daher zweckmäßig, die Reihenfolge der Integrationen in Gl. (157) umzukehren. Mit Hilfe von Abb. 190 kann man folgende Beziehungen ablesen:

$$\begin{aligned} J_1 &= \int\limits_{y=0}^{z} \int\limits_{x=0}^{y} [\,]\, \mathrm{d}x\, \mathrm{d}y = \int\limits_{x=0}^{z} \int\limits_{y=x}^{z} [\,]\, \mathrm{d}y\, \mathrm{d}x = \\ &= \int\limits_{x=0}^{z} (z - x)\, e_{\mathrm{a}1}(x)\, \mathrm{e}^{(\gamma_{\mathrm{u}} - \gamma_1)x}\, \mathrm{d}x, \end{aligned} \tag{158a}$$

$$\begin{aligned} J_4 &= \int\limits_{y=z}^{\infty} \int\limits_{x=y}^{\infty} [\,]\, \mathrm{d}x\, \mathrm{d}y = \int\limits_{x=z}^{\infty} \int\limits_{y=z}^{x} [\,]\, \mathrm{d}y\, \mathrm{d}x = \\ &= \int\limits_{x=z}^{\infty} (x - z)\, e_{\mathrm{a}1}(x)\, \mathrm{e}^{-(\gamma_{\mathrm{u}} + \gamma_1)x}\, \mathrm{d}x. \end{aligned} \tag{158b}$$

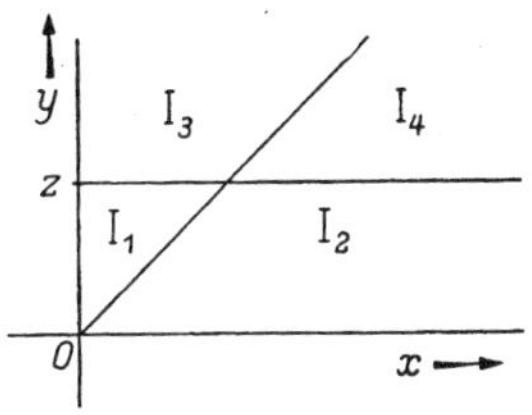

Abb. 190
Integrationsbereiche der Doppelintegrale in Gl. (157)

Auf diese Weise werden die Doppelintegrale in einfache Integrale über x verwandelt. Wir sind jetzt in der Lage, die Nebensprechspannungen in der gestörten symmetrischen Leitung anzugeben, indem wir von der

Kopplung $e_{a2}(z)$ zwischen dem zweiten unsymmetrischen System und der gestörten Leitung ausgehen. Wie in Gl. (139) und (140) ergeben sich für die Nah- und Fernnebensprechspannung folgende Ausdrücke:

$$U_{12}(0) = \frac{\mathrm{j}}{4}\,\omega Z_1 \int\limits_{z=0}^{\infty} e_{a2}(z)\, U_{u2}(z)\, \mathrm{e}^{-\gamma_1 z}\,\mathrm{d}z, \tag{159}$$

$$U_{12}(l) = \frac{\mathrm{j}}{4}\,\omega Z_1 \int\limits_{z=0}^{l} e_{a2}(z)\, U_{u2}(z)\, \mathrm{e}^{-\gamma_1 (l-z)}\,\mathrm{d}z. \tag{160}$$

In sie setzen wir für $U_{u2}(z)$ die Gl. (156) ein und erhalten dann

$$U_{12}(0) = -\frac{\omega^2}{32}\,\boldsymbol{R}_{\mathrm{K}}\, U_0 Z_1 \int\limits_{z=0}^{\infty} e_{a2}(z) \left[\mathrm{e}^{-\gamma_u z} J_1 - \mathrm{e}^{\gamma_u z} J_4\right] \mathrm{e}^{-\gamma_1 z}\,\mathrm{d}z, \tag{161}$$

$$U_{12}(l) = -\frac{\omega^2}{32}\,\boldsymbol{R}_{\mathrm{K}}\, U_0 Z_1\, \mathrm{e}^{-\gamma_1 l} \int\limits_{z=0}^{l} e_{a2}(z) \left[\mathrm{e}^{-\gamma_u z} J_1 - \mathrm{e}^{\gamma_u z} J_4\right] \mathrm{e}^{\gamma_1 z}\,\mathrm{d}z. \tag{162}$$

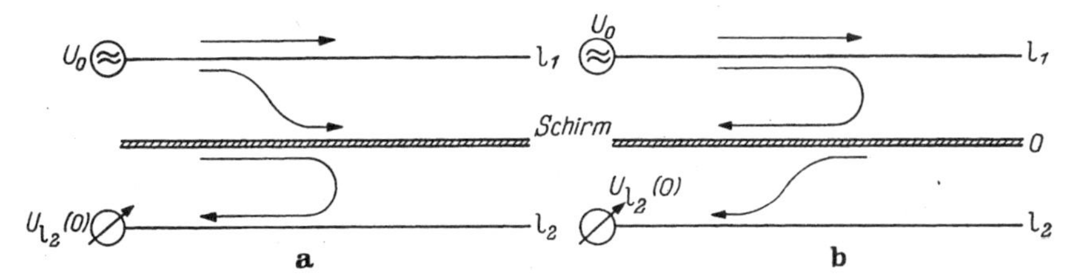

Abb. 191. Das Nahnebensprechen infolge von kombiniertem Fern-Nah-Nebensprechen (a) und Nah-Fern-Nebensprechen (b)

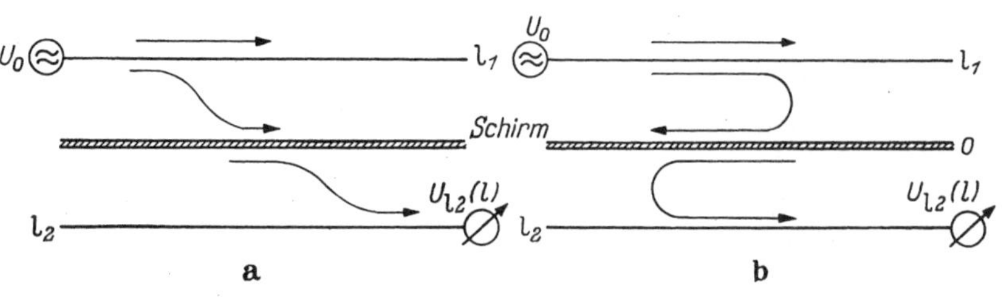

Abb. 192. Das Fernnebensprechen infolge von doppeltem Fernnebensprechen (a) und doppeltem Nahnebensprechen (b)

Sowohl die Nah- als auch die Fernnebensprechspannung setzt sich aus zwei Termen zusammen, die man nach den Abb. 191 und 192 wie folgt interpretieren kann: Der erste Term in Gl. (161) ist als kombiniertes Fern-Nah-Nebensprechen über die Lagensysteme (Abb. 191a) und der zweite Term als kombiniertes Nah-Fern-Nebensprechen (Abb. 191b) aufzufassen. In Gl. (162) bedeuten die beiden Terme das doppelte Fernnebensprechen (Abb. 192a) und das doppelte Nahnebensprechen (Abb. 192b) über die Lagensysteme.

Die Integrale in Gl. (161) und (162) lassen sich nicht ausrechnen, weil die e_a-Kopplungen statistische Größen sind. Wir begnügen uns daher mit der Angabe von quadratischen Mittelwerten $\left(\sqrt{\overline{|U_{12}(0)|^2}}\right.$ und $\left.\sqrt{\overline{|U_{12}(l)|^2}}\right)$ der Spannungen, die auf die mittlere Nah- und Fernnebensprechdämpfung $\overline{a_n}$ und $\overline{a_f}$ führen. Bei der Bildung der Mittelwerte gehen wir genauso wie im vorigen Kapitel vor, indem wir die ganze Kabelstrecke l in n Teilstücke der Länge t $(l = n\,t)$ unterteilen, für die $\sqrt{\overline{|e_{at}|^2}}$ der quadratische Mittelwert der Kopplung ist. An Stelle der Integrale treten dann die Summen auf, die sich geschlossen ausdrücken lassen. Wir wollen die Rechnungen im einzelnen nicht ausführen, sondern gleich das Ergebnis angeben. Für den quadratischen Mittelwert des Nahnebensprechens liefern die beiden Terme in Gl. (161) den gleichen Beitrag; es ist

$$\overline{a_n} = \ln \frac{128}{\sqrt{2}} \, \frac{\sqrt{a_l\,(a_l + a_u)^3}}{|\boldsymbol{R}_K|\, l\, \omega^2\, \overline{e_{at}^2}\, n\, Z_l}. \tag{163}$$

Bildet man den quadratischen Mittelwert des Fernnebensprechens, so ergeben sich für die beiden Terme in Gl. (162) verschiedene Anteile. Die mittlere Fernnebensprechdämpfung infolge von doppeltem Fernnebensprechen (Abb. 192a) über die Lagensysteme ergibt die Gleichung

$$\overline{a_f} = \ln \frac{64\sqrt{3}}{|\boldsymbol{R}_K|\, l\, \omega^2\, \overline{e_{at}^2}\, n\, Z_l} + a_l - a_d \tag{164}$$

mit

$$a_d = \frac{1}{2} \ln \frac{3}{2} \, \frac{2(a_u - a_l) - 3 + [3 + 4(a_u - a_l) + 2(a_u - a_l)^2]\, e^{2(a_l - a_u)}}{(a_u - a_l)^4}.$$

Die Dämpfung a_d hängt nur von der Differenz der Dämpfungen $a_u = \alpha_u l$ und $a_l = \alpha_l l$ ab. Sind beide gleich groß $(a_u = a_l)$, so wird $a_d = 0$. In Abb. 193 ist a_d in Abhängigkeit von $a_u - a_l$ dargestellt. Man erkennt, daß a_d negativ wird, wenn $a_u > a_l$ ist. Die Fernnebensprechdämpfung $\overline{a_f}$ nimmt also mit a_u zu, was plausibel ist. — Die mittlere Fernnebensprechdämpfung infolge von doppeltem Nahnebensprechen (Abb. 192b) ist nach der Gleichung

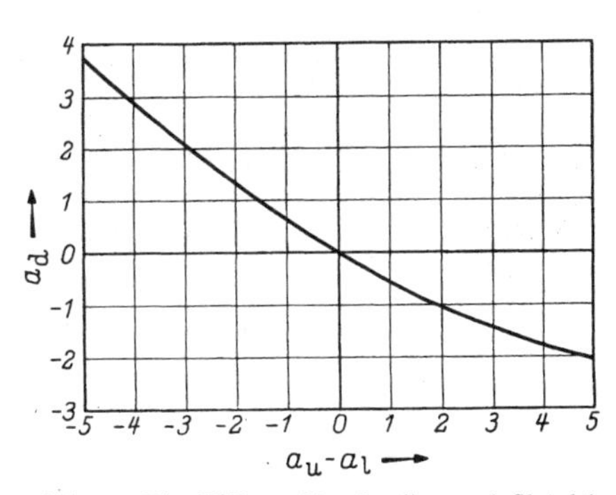

Abb. 193. Die „Differenzdämpfung" a_d nach Gl. (164) zur Berechnung des Fernnebensprechens zweiter Art

$$\overline{a_f} = \ln \frac{64\sqrt{(a_l + a_u)^3}}{|\boldsymbol{R}_K|\, l\, \omega^2\, \overline{e_{at}^2}\, n\, Z_l} + a_l \tag{165}$$

zu berechnen. Sie ist im allgemeinen größer als die Dämpfung $\overline{a_f}$ nach Gl. (164), so daß man diesen Effekt in den meisten Fällen vernachlässigen kann. Nur wenn a_u sehr groß wird, gehen beide Gln. (164) und (165) ineinander über, wovon man sich leicht überzeugen kann, wenn man $a_u \gg a_l$ nimmt.

Für das Nebensprechen über den Kopplungswiderstand des Schirmes, das wir oben berechnet haben, ist auch die Bezeichnung „Nebensprechen zweiter Art" gebräuchlich. Es gibt nun außerdem noch das direkte Nebensprechen zwischen den durch den Schirm getrennten Leitungen. Dieses kommt dadurch zustande, daß ein kleiner Teil des magnetischen Feldes der störenden Leitung durch den Schirm hindurchgreift und unmittelbar eine gewisse Nebensprechspannung in der gestörten Leitung induziert (Nebensprechen erster Art). Wir nennen diese magnetische Restkopplung m_t für die Teillänge t; dann lauten die Gleichungen für die Dämpfungen des direkten Nebensprechens bei langen Leitungen [19]

$$\overline{a_n^{(d)}} = \ln \frac{4\sqrt{a_l}\, Z_l}{\omega \sqrt{\overline{|m_t|^2}\, n}}\,, \tag{166}$$

$$\overline{a_f^{(d)}} = \ln \frac{2 Z_l}{\omega \sqrt{\overline{|m_t|^2}\, n}} + a_l\,. \tag{167}$$

Die magnetische Kopplung kann man berechnen, wenn die Kopplung m_{t0} ohne Zwischenschirm bekannt ist. Zu diesem Zweck führen wir den quadratischen Mittelwert $\sqrt{\overline{|Q|^2}}$ des Schirmfaktors in bezug auf die beiden Leitungen in Abb. 194 ein. Dann ist

$$\sqrt{\overline{|m_t|^2}} = \sqrt{\overline{|m_{t0}|^2}\;\overline{|Q|^2}}\,. \tag{168}$$

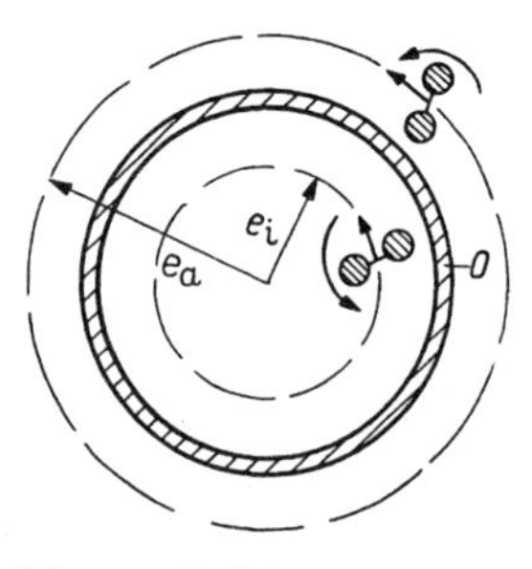

Abb. 194. Zwei in verschiedenen Lagen umlaufende und verseilte Doppelleitungen. e_i und e_a mittlerer Radius der inneren und äußeren Lage, O Zwischenschirm

Bei der Bestimmung von $\sqrt{\overline{|Q|^2}}$ müssen wir den Umstand berücksichtigen, daß die beiden Leitungen in Abb. 194 infolge der Lagenverseilung auf Kreisen vom Radius e_i und e_a umlaufen, wenn man sich in der Achsrichtung des Kabels fortbewegt. Gleichzeitig dreht sich infolge der Viererverseilung jede der Leitungen um ihren Mittelpunkt. Daher ist es naheliegend, das Quadrat des Betrages der magnetischen Feldstärke zu mitteln, und zwar sowohl über den Umfang des Kreises, auf dem die gestörte Leitung umläuft, als auch über den Drehwinkel ψ der Leitung (Abb. 92). Der quadratische Mittelwert des Schirmfaktors soll nun das Verhältnis dieser Mittelwerte mit und ohne Schirm sein. Um ihn zu berechnen, greifen wir auf Gl. (E 131) für das Potential $\underline{Z}_0$ der störenden Leitung ohne Schirm zurück. Aus dieser Gleichung gewinnen wir das Potential $\underline{Z}_a$ für das Feld jenseits des Schirmes, indem wir jedes Glied in der unendlichen Summe mit dem entsprechenden Schirmfaktor Q_m nach Gl. (E 43) multiplizieren. Dann ergibt sich das mittlere Quadrat $\overline{Q^2}$, indem man $|d\underline{Z}_a/d\underline{z}|^2$ sowohl über $\varphi\,(\underline{z} = r\,e^{i\varphi})$ als über ψ mittelt. Dies liefert den Ausdruck

$$\overline{|Q|^2} = \frac{\sum\limits_{m=1,2,3\ldots}^{\infty} \left[m\,|Q_m| \left(\frac{e_i}{e_a}\right)^{m-1}\right]^2}{\sum\limits_{m=1,2,3\ldots}^{\infty} \left[m \left(\frac{e_i}{e_a}\right)^{m-1}\right]^2}. \tag{169}$$

Die Reihen lassen sich summieren, wenn man starke Schirmwirkung voraussetzt. Dann kann man nämlich mit guter Näherung für $Q_m = m\,Q$ nehmen [Q nach Gl. (C 33)]. Man erhält dann die Gleichung

$$\sqrt{\overline{|Q|^2}} = |Q|\,\frac{\sqrt{e_a^4 + 10\,e_a^2\,e_i^2 + e_i^4}}{e_a^2 - e_i^2}. \tag{170}$$

Schreiben wir sie in Dämpfungen um, so ergibt sich

$$\overline{a_s} = a_s - a_{ex}; \tag{171}$$

dabei bedeutet a_s die gewöhnliche Schirmdämpfung aus Abb. 47. Ferner tritt die Exzentrizitätsdämpfung

$$a_{ex} = \ln \frac{\sqrt{e_a^4 + 10\,e_a^2\,e_i^2 + e_i^4}}{e_a^2 - e^2} \tag{172}$$

auf; sie ist in Abb. 195 in Abhängigkeit von dem Verhältnis e_i/e_a aufgetragen. Sie ist um so größer, je näher die Innenleitung am Schirm liegt, d. h. je größer e_i ist. Befindet sich die Innenleitung in der Kabelachse ($e_i = 0$), so ist auch $a_{ex} = 0$, wie es sein muß. Mit Benutzung der Dämpfungen kann man Gl. (168) auch in den Ausdruck

$$\sqrt{\overline{|m_t|^2}} = \sqrt{\overline{|m_{t0}|^2}}\; e^{-a_s + a_{ex}} \tag{173}$$

umwandeln, den man in die Gln. (166) und (167) einzusetzen hat.

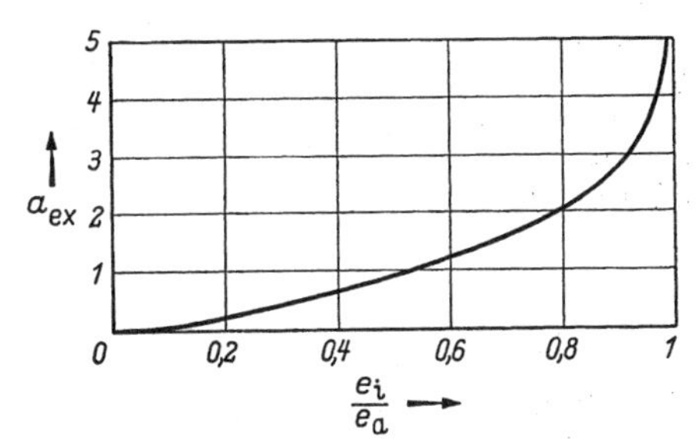

Abb. 195. Die „Exzentrizitätsdämpfung" a_{ex} nach Gl. (172) zur Berechnung des direkten Nah- und Fernnebensprechens

Beispiel: Wir berechnen die mittlere Nah- und Fernnebensprechdämpfung zwischen den Stammleitungen von Sternvierern mit 1,3 mm Leitern, die durch einen Lagenschirm aus Kupfer mit einer Wandstärke von $d = 0{,}25$ mm und einem Radius von $r_a = 10$ mm getrennt sind. Den Betrag $|\boldsymbol{R}_K|$ des Kopplungswiderstands berechnen wir nach Gl. (26). Die Leitungsdämpfung a_l der Stammleitung bestimmt sich für eine Verstärkerfeldlänge von $l = 50$ km aus den in der

Tabelle 21. *Die mittlere Nah- und Fernnebensprechdämpfung zwischen den Stammleitungen von Sternvierern, die durch einen Lagenschirm voneinander getrennt sind. Verstärkerfeldlänge $l = 50$ km*
Sternvierer mit 1,3 mm *Leitern nach Tabelle* 13

	f	10	25	50	100	kHz
	a_u	6,0	6,5	7,5	10,0	N
	a_l	3,50	4,10	5,20	7,25	N
	$\|\boldsymbol{R}_K\|$	1,12	1,11	1,11	1,07	Ω/km
	Z_l	210,13	198,42	194,59	191,29	Ω
Nebensprechen zweiter Art	$\overline{a_n}$	19,19	17,66	16,68	15,98	N
	a_d	−1,23	−1,19	−1,15	−1,13	N
	$\overline{a_f}$ nach Gl. (164)	20,11	18,90	18,60	19,30	N
	$\overline{a_f}$ nach Gl. (165)	21,71	20,71	20,71	21,89	N
Direktes Nebensprechen	a_s	1,77	2,67	3,37	4,10	N
	a_{ex}	0,657	0,657	0,657	0,657	N
	$\overline{a_n^{(d)}}$	13,20	13,21	13,31	13,49	N
	$\overline{a_f^{(d)}}$	15,38	15,91	17,0	19,06	N

Tab. 13 angegebenen spezifischen Dämpfungen. Die Leitungsdämpfung a_u des unsymmetrischen Systems können wir nur abschätzen; sie ist in Tab. 21 eingetragen. Der Betrag des Wellenwiderstands Z_l ist hier der gleiche wie in der Tab. 20. Legen wir für die Erdkopplung wieder wie in dem vorigen Beispiel einen Wert von $\sqrt{\overline{|e_{at}|^2}} = 50$ pF bei einer Teillänge von $t = 250$ m $(n = l/t = 200)$ fest, so ergeben sich die in der Tab. 21 vermerkten Dämpfungen für das Nebensprechen zweiter Art. — Um das direkte Nebensprechen zu berechnen, legen wir eine magnetische Kopplung ohne Schirm von $\sqrt{\overline{|m_{t0}|^2}} = 10$ nH zugrunde. Die Schirmdämpfung a_s ermitteln wir nach Gl. (C 13) mit $x_0 = r_a/2$, während wir für die „Exzentrizitätsdämpfung" Gl. (172) benutzen, die für $e_i/e_a = 0{,}4$ einen konstanten Wert von $a_{ex} = 0{,}657$ liefert. Man erkennt aus der Tab. 21, daß das direkte Nebensprechen bei den hier zugrunde liegenden Daten überwiegt, denn die Dämpfungen liegen unter denen des Nebensprechens zweiter Art.

Literatur zu L

[1] Schlicke, H. M.: Discoidal vs Tubular Feed-Through Capacitors. Proc. Inst. Radio Engrs. **43**, 174/78 (1955).

[2] Weis, A.: Durchführungselemente mit Ferritkern. Siemens-Z. **30**, 398/402 (1956).

[3] Schulz, E. u. Wild, W.: Abschirmanordnung mit lösbarer Stoßstelle. DBP 866954 vom 12. 2. 1953.

[4] Forstmeyer, A. u. Wild, W.: Geschirmte Antennenzuleitungen für Rundfunkempfang. Telegr.- u. Fernspr.-Techn. **22**, 219/25 (1953).

[5] Larsen, H. u. Haas, F.: Koaxiale Steckverbindungen für die Nachrichtentechnik. Frequenz **8**, 267/76 (1954).

[6] Wild, W.: Der Kopplungswiderstand von Leitungen und Bauteilen für Antennenanlagen. VDE-Schriftenreihe Heft 5, Wuppertal und Berlin 1956.

[7] Ochem, H.: Der Kopplungswiderstand koaxialer Leitungen. Hochfrequenztechnik und Elektroakustik (Leipzig) **48**, 182/91 (1936).

[8] Schäffer, H. u. Viehmann, H.: Über die Wirkung verschiedener Abschirmungen und Abschirmlücken bei konzentrischen Leitungen. Elektr. Nachr.-Techn. **18**, 39/45 (1941).

[9] Rohde, L.: Der Rohrdraht als Hochfrequenzleitung. Hochfrequenztechnik und Elektroakustik (Leipzig) **62**, 1/6 (1943).

[10] Larsen, H.: Die Messung der elektrischen Dichtigkeit von Hochfrequenzleitungen im UKW-Bereich. Telegr.- u. Fernspr.-Techn. **33**, 133/37 (1944).

[11] Krügel, L.: Abschirmwirkung von Außenleitern flexibler Kabel. Telefunkenztg. **29**, 256/66 (1956).

[12] Kaden, H.: Die Bemessung koaxialer Kabel mit gewendelten Leitern. Telegr.-, Fernspr.- u. Fernsehtechnik **32** 195/202 (1943).

[13] Krügel, L.: Mehrfachschirmung flexibler Koaxialkabel. Telefunkenztg. **30**, 207/14 (1957).

[14] Kaden, H.: Das Nebensprechen zwischen parallelen koaxialen Leitungen. Elektr. Nachr.-Techn. **13**, 389/97 (1936).

[15] Kaden, H.: Das Nebensprechen zwischen zwei koaxialen Leitungen mit gemeinsamem Kabelmantel. Europ. Fernsprechdienst **50**, 366/73 (1938).

[16] Schelkunoff, S. A. u. Odarenko, T. M.: Crosstalk between Coaxial Transmission Lines. Bell Syst. techn. J. **16**, 144/64 (1937).

[17] Gould, K. E.: Crosstalk in Coaxial Cables-Analysis Based on Short-Circuited and Open Tertiaries. Bell Syst. techn. J. **19**, 341/57 (1940).

[18] Booth, R. P. u. Odarenka, T. M.: Crosstalk between Coaxial Conductors in Cables. Bell Syst. techn. J. **19**, 358/84 (1940).

[19] Kaden, H.: Das Nebensprechen zwischen unbelasteten Leitungen in Fernsprechkabeln. Europ. Fernsprechdienst **49**, 173/80 (1938).

M. Wichtige Eigenschaften der Zylinder- und Kugelfunktionen

1. Zylinderfunktionen

Man unterscheidet bei den Zylinderfunktionen zwischen den Besselschen, Neumannschen und Hankelschen Funktionen, die beziehungsweise mit $J_n(z)$, $N_n(z)$ und $H_n(z)$ bezeichnet werden. Von den Hankelschen Funktionen gibt es zwei Arten, die in der Form $H_n^{(1)}(z)$ und $H_n^{(2)}(z)$ geschrieben werden. Der Index n braucht nicht ganzzahlig zu sein. Im allgemeinen sind die Zylinderfunktionen transzendente Funktionen, die sich nicht durch die bekannten elementaren Funktionen wie $\exp z$, $\sin z$, $\cos z$ usw. ausdrücken lassen. Eine Ausnahme hiervon machen nur diejenigen Zylinderfunktionen, deren Index n halbzahlig ist ($n = 1/2, 3/2, 5/2, \ldots$). Zwischen den vier Zylinderfunktionen bestehen ähnliche Beziehungen wie zwischen den Exponentialfunktionen und den trigonometrischen Funktionen. Während bekanntlich für die letzteren die Relationen

$$e^{iz} = \cos z + i \sin z, \tag{1}$$

$$e^{-iz} = \cos z - i \sin z \tag{2}$$

gelten, haben wir folgende ähnliche Gleichungen für die Zylinderfunktionen:

$$H_n^{(1)}(z) = J_n(z) + i N_n(z), \tag{3}$$

$$H_n^{(2)}(z) = J_n(z) - i N_n(z). \tag{4}$$

Die Veränderliche z kann hierbei komplex sein. Ist sie z. B. reell, $z = x$, so haben die BESSELschen und NEUMANNschen Funktionen bzw. $J_n(x)$ und $N_n(x)$ ähnlich wie die trigonometrischen Funktionen oszillatorischen Charakter. Die BESSELschen Funktionen $J_n(z)$ bleiben als einzige Zylinderfunktionen für $z \to 0$ endlich. Die HANKELschen Zylinderfunktionen entsprechen den Exponentialfunktionen, und zwar verschwindet $H_n^{(1)}(z)$ als einzige Zylinderfunktion exponentiell für große Argumente z, wenn $z = x + iy$ einen positiven imaginären Anteil hat ($y > 0$), wie es bei der Exponentialfunktion $\exp iz$ für $y \to 0$ der Fall ist. Hat dagegen das Argument z einen negativen Imaginärteil ($y < 0$), so verschwindet $H_n^{(2)}(z)$ als einzige Zylinderfunktion wie $\exp -iz$. In diesen Eigenschaften liegt die Bedeutung der HANKELschen Funktionen für die Anwendungen.

Alle Zylinderfunktionen sind Lösungen der gewöhnlichen linearen Differentialgleichung 2. Ordnung

$$\frac{d^2 f_n(z)}{dz^2} + \frac{1}{z}\frac{d f_n(z)}{dz} + \left(1 - \frac{n^2}{z^2}\right) f_n(z) = 0, \tag{5}$$

welche in vielen Fällen aus der Gleichung (A 20) entsteht, wenn man sie in Zylinderkoordinaten entsprechend Gl. (A 41) schreibt und mit dem Ansatz $f_n(r) \sin n\varphi$ in sie hineingeht ($\partial/\partial z = 0$). Die Zylinderfunktionen genügen den Rekursionsformeln

$$f_{n+1}(z) = \frac{n}{z} f_n(z) - \frac{d f_n(z)}{d(z)}, \tag{6}$$

$$f_{n-1}(z) = \frac{n}{z} f_n(z) + \frac{d f_n(z)}{d(z)}. \tag{7}$$

aus denen sich auch die viel benutzten Differential- und Integralformeln

$$\frac{d f_0}{dz} = -f_1 \quad \text{und} \quad \int f_1 \, dz = -f_0 \tag{8}$$

sowie

$$\frac{d f_1}{dz} = f_0 - \frac{f_1}{z} \quad \text{und} \quad \int z f_0 \, dz = z f_1 \tag{9}$$

ergeben. Die Gl. (8) erhält man beispielsweise aus Gl. (6), indem man $n = 0$ setzt, während Gl. (9) aus Gl. (7) für $n = 1$ entsteht. Die BESSELschen Funktionen $f_n(z) = J_n(z)$ gewinnt man nun aus Gl. (5), wenn man mit dem Potenzreihenansatz in sie eingeht. Die Potenzreihe für $J_n(z)$ hat dann die Gestalt

$$J_n(z) = \left(\frac{z}{2}\right)^n \sum_{l=0}^{\infty} \frac{\left(\frac{iz}{2}\right)^{2l}}{l!\,(l+n)!} = \left(\frac{z}{2}\right)^n \left[\frac{1}{n!} - \frac{z^2}{4(n+1)!} + \frac{z^4}{32(n+2)!} \cdots\right]. \tag{10}$$

Die Differentialgleichung (5) hat als zweite linear unabhängige Lösung die NEUMANNschen Funktionen $N_n(z)$, die für $z = 0$ unendlich werden. Wenn n eine ganze Zahl ist ($n = 0, 1, 2 \ldots$), so lautet die Entwicklung

$$N_n(z) = \frac{2}{\pi} J_n(z) \ln\frac{\gamma z}{2} - \frac{1}{\pi}\left(\frac{z}{2}\right)^n \sum_{l=0}^{\infty} \frac{(-1)^l}{l!\,(l+n)!}\left(\frac{z}{2}\right)^{2l}\left(\sum_{\nu=1}^{l}\frac{1}{\nu} + \sum_{\nu=1}^{l+n}\frac{1}{\nu}\right) - \\ - \frac{1}{\pi}\left(\frac{2}{z}\right)^n \sum_{l=0}^{n-1} \frac{(n-l-1)!}{l!}\left(\frac{z}{2}\right)^{2l}. \tag{11}$$

Hierin ist $\gamma = 1{,}781$. Ist bei den Summen der obere Wert des Summationsindex kleiner als der untere, so ist die betreffende Summe Null. Wir geben die ersten Glieder der Entwicklung für N_0 und N_1 an:

$$N_0(z) = \frac{2}{\pi}\left[\ln\frac{\gamma z}{2} + \left(\frac{z}{2}\right)^2\left(1 - \ln\frac{\gamma z}{2}\right)\ldots\right], \tag{12}$$

$$N_1(z) = -\frac{2}{\pi z}\left[1 + \left(\frac{z}{2}\right)^2\left(1 - 2\ln\frac{\gamma z}{2}\right)\ldots\right]. \tag{13}$$

Eine für die praktische Anwendung wichtige Beziehung zwischen den HANKELschen und BESSELschen Funktionen ist die folgende:

$$J_{n-1} H_n^{(1)} - J_n H_{n-1}^{(1)} = J_n' H_n^{(1)} - J_n H^{(1)\prime} = H_{n-1}^{(2)} J_n - H_n^{(2)} J_{n-1} = \\ = H_n^{(2)\prime} J_n - H_n^{(2)} J_n' = \frac{2}{\pi i z}. \tag{14}$$

Von praktischer Bedeutung sind die asymptotischen Entwicklungen der HANKELschen Funktionen in der Form von halbkonvergenten Reihen:

$$H_n^{(1)}(z) = \sqrt{\frac{2}{\pi i z}}\, e^{i(z-\pi n/2)} \sum_{\nu=0}^{\infty} \frac{(n,\nu)}{(-2iz)^\nu}, \tag{15}$$

$$H_n^{(2)}(z) = \sqrt{\frac{2i}{\pi z}}\, e^{-i(z-\pi n/2)} \sum_{\nu=0}^{\infty} \frac{(n,\nu)}{(2iz)^\nu}. \tag{16}$$

Sie liefern um so genauere Werte, je größer der Betrag des Argumentes z ist ($|z| \gg 1$; $|z| \gg n$). Der Ausdruck (n, ν) ist eine Abkürzung für

$$(n,\nu) \equiv \frac{[4n^2 - 1^2][4n^2 - 3^2]\ldots[4n^2 - (2\nu - 1)^2]}{2^{2\nu}\nu!}, \tag{17}$$

$$(n, 0) = 1.$$

Diese halbkonvergenten Reihen sind nur bis zu dem Glied brauchbar, von dem ab die Terme wieder zunehmen. Mit den Gln. (15) und (16) lassen sich auch die asymptotischen Entwicklungen der BESSELschen und NEUMANNschen Funktionen errechnen, wenn man die Beziehungen

$$\mathrm{J}_n(z) = \frac{1}{2}[\mathrm{H}_n^{(1)}(z) + \mathrm{H}_n^{(2)}(z)], \tag{18}$$

$$\mathrm{N}_n(z) = \frac{1}{2\mathrm{i}}[\mathrm{H}_n^{(1)}(z) - \mathrm{H}_n^{(2)}(z)] \tag{19}$$

benutzt, die aus Gl. (3) und (4) folgen.

Eine Differentialgleichung vom allgemeineren Typ, die ebenfalls auf Zylinderfunktionen führt, ist die folgende:

$$\frac{\mathrm{d}^2 g_n}{\mathrm{d}z^2} + \frac{1-2p}{z}\frac{\mathrm{d}g_n}{\mathrm{d}z} + \left(k^2 + \frac{p^2-n^2}{z^2}\right) g_n = 0\,. \tag{20}$$

Sie wird durch die Funktion

$$g_n(z) = z^p f_n(kz) \tag{21}$$

gelöst, wie man sich durch Einsetzen in Gl. (20) überzeugen kann; $f_n(z)$ ist wieder eine Zylinderfunktion, die der Gl. (5) genügt. Der Sonderfall, daß $p = -1/2$ und der Index n halbzahlig ist ($n = m + 1/2$), tritt bei Kugelproblemen auf. Die Differentialgleichung (20) nimmt dann die spezielle Form

$$z^2 \frac{\mathrm{d}^2 g_{m+1/2}}{\mathrm{d}z} + 2z\frac{\mathrm{d}g_{m+1/2}}{\mathrm{d}z} + k^2 z^2 g_{m+1/2} = m(m+1)\, g_{m+1/2} \tag{22}$$

an, deren Lösung durch elementare Funktionen ausdrückbar ist ($m = 0, 1, 2 \ldots$). Wir bezeichnen die Lösungen mit $\psi_m(z)$, $\zeta_m^{(1)}(z)$ und $\zeta_m^{(2)}(z)$, wobei ψ_m die Rolle der BESSELschen Funktionen und $\zeta_m^{(1)}$ und $\zeta_m^{(2)}$ die der HANKELschen Funktionen spielen. Sie berechnen sich nach folgenden Gleichungen:

$$\psi_m(z) = \sqrt{\frac{\pi}{2z}}\,\mathrm{J}_{m+1/2}(z) = (-2z)^m \frac{\mathrm{d}^m}{\mathrm{d}(z^2)^m}\frac{\sin z}{z}, \tag{23}$$

$$\zeta_m^{(1)}(z) = \sqrt{\frac{\pi}{2z}}\,\mathrm{H}_{m+1/2}^{(1)}(z) = (-2z)^m \frac{\mathrm{d}^m}{\mathrm{d}(z^2)^m}\frac{\mathrm{e}^{\mathrm{i}z}}{\mathrm{i}z}, \tag{24}$$

$$\zeta_m^{(2)}(z) = \sqrt{\frac{\pi}{2z}}\,\mathrm{H}_{m+1/2}^{(2)}(z) = (-2z)^m \frac{\mathrm{d}^m}{\mathrm{d}(z^2)^m}\frac{\mathrm{i}\,\mathrm{e}^{-\mathrm{i}z}}{z}. \tag{25}$$

Insbesondere ist

$$\psi_0(z) = \frac{\sin z}{z}\,; \qquad \psi_1(z) = \frac{1}{z^2}(\sin z - z\cos z), \tag{26}$$

$$\zeta_0^{(1)}(z) = \frac{\mathrm{e}^{\mathrm{i}z}}{\mathrm{i}z}\,; \qquad \zeta_1^{(1)}(z) = -\frac{\mathrm{e}^{\mathrm{i}z}}{z^2}(\mathrm{i} + z), \tag{27}$$

$$\zeta_0^{(2)}(z) = \frac{\mathrm{i}\,\mathrm{e}^{\mathrm{i}z}}{z}\,; \qquad \zeta_1^{(2)}(z) = \frac{\mathrm{e}^{-\mathrm{i}z}}{z^2}(\mathrm{i} - z)\,. \tag{28}$$

Für manche Zwecke ist es vorteilhaft, folgende geschlossene Ausdrücke zu verwenden:

$$\zeta_m^{(1)}(z) = \frac{e^{iz}}{i^{m+1} z} \sum_{\nu=0}^{m} (-1)^\nu \frac{(m+\frac{1}{2}, \nu)}{(2iz)^\nu}, \tag{29}$$

$$\zeta_m^{(2)}(z) = \frac{i^{m+1} e^{-iz}}{z} \sum_{\nu=0}^{m} \frac{(m+\frac{1}{2}, \nu)}{(2iz)^\nu}. \tag{30}$$

In ihnen ist das Symbol $(m + 1/2, \nu)$ durch Gl. (17) definiert. Hieraus ergeben sich auch geschlossene Ausdrücke für $\psi_m(z)$ nach der Gleichung

$$\psi_m(z) = \frac{1}{2} [\zeta_m^{(1)}(z) + \zeta_m^{(2)}(z)]. \tag{31}$$

Ähnlich wie bei den Zylinderfunktionen J_n und H_n bestehen auch hier folgende Rekursionsformeln:

$$\begin{aligned} \psi_{m+1} &= -\frac{d\psi_m}{dz} + \frac{m}{z}\psi_m, \\ \zeta_{m+1} &= -\frac{d\zeta_m}{dz} + \frac{m}{z}\zeta_m. \end{aligned} \tag{32}$$

Aus ihnen läßt sich mit Benutzung von Gl. (14) die wichtige Beziehung

$$\psi_m \zeta_m^{(2)\prime} - \psi_m' \zeta_m^{(2)} = -\psi_m \zeta_{m+1}^{(2)} + \psi_{m+1} \zeta_m^{(2)} = \frac{1}{i z^2} \tag{33}$$

herleiten.

2. Kugelfunktionen

Die Kugelfunktionen sind Lösungen der LAPLACEschen Differentialgleichung für die Potentialfunktion X auf einer Kugelfläche. Man gewinnt sie demnach durch Einführung von Kugelkoordinaten r, ϑ, φ aus der Potentialgleichung $\Delta X = 0$. Diejenigen Aufgaben, bei denen das Potential X unabhängig von der Koordinate φ (der „geographischen Länge") also rotationssymmetrisch ist, führen auf Kugelfunktionen $P_n(\cos\vartheta)$, wobei n der Grad der Kugelfunktionen genannt wird (n ganzzahlig). Geht man mit dem Produktansatz $X = f(r)\, g(\vartheta)$, in dem f nur eine Funktion des Radius r, und g nur eine Funktion von ϑ ist, in die Differentialgleichung (A 45) hinein, so ergibt sich nach Division durch fg folgender Ausdruck:

$$\frac{(r^2 f')'}{f} = -\frac{(g' \sin\vartheta)'}{g \sin\vartheta}. \tag{34}$$

Auf der linken Seite dieser Gleichung steht eine Funktion von r allein und rechts eine Funktion von ϑ allein. Dieses ist nur möglich, wenn beide Ausdrücke gleich einer Konstanten sind, die wir gleich $n(n+1)$ setzen. Die Funktion f ist dann gleich r^n oder r^{-1-n}. Für g ergibt sich nun folgende gewöhnliche lineare Differentialgleichung 2. Ordnung:

$$(g' \sin\vartheta)' + n(n+1)\, g \sin\vartheta = 0. \tag{35}$$

Der Strich bedeutet Differentiation nach ϑ. Die Lösung, die von n abhängig ist, bezeichnet man als gewöhnliche Kugelfunktion und setzt dementsprechend

$$g(\vartheta) = \mathrm{P}_n(\cos\vartheta). \tag{36}$$

Man normiert sie so, daß $\mathrm{P}_n(1) = 1$ wird. Für die Untersuchung der Eigenschaften dieser Funktion ist es bequemer, an Stelle von ϑ eine neue Variable $x = \cos\vartheta$ einzuführen. Die Gl. (35) geht dann in folgende Differentialgleichung über:

$$\frac{\mathrm{d}}{\mathrm{d}\,x}\left[(1 - x^2)\frac{\mathrm{d}\,g}{\mathrm{d}\,x}\right] + n(n+1)\,g(x) = 0. \tag{37}$$

Ihre Lösung sind Polynome von x vom Grade n $(-1 \leqq x \leqq 1)$. Man nennt sie die LEGENDREschen Polynome. Es ist im allgemeinen

$$\mathrm{P}_n(x) = \frac{1}{2^n\,n!}\,\frac{\mathrm{d}^n}{\mathrm{d}\,x^n}(x^2-1)^n = \frac{1\cdot 3\cdot 5\ldots(2n-1)}{1\cdot 2\cdot 3\ldots n}\times$$
$$\times\left[x^n - \frac{n(n-1)}{2(2n-1)}x^{n-2} + \frac{n(n-1)(n-2)(n-3)}{2\cdot 4(2n-1)(2n-3)}x^{n-4}\ldots\right]. \tag{38}$$

Wir wollen jetzt die Kugelfunktionen für die speziellen Werte $n = 0\ldots 6$ angeben:

$$\left.\begin{aligned}
P_0(x) &= 1\,,\\
P_1(x) &= x = \cos\vartheta\,,\\
P_2(x) &= \frac{1}{2}(3x^2-1) = \frac{1}{4}(3\cos 2\vartheta + 1)\,,\\
P_3(x) &= \frac{1}{2}(5x^3-3x) = \frac{1}{8}(5\cos 3\vartheta + 3\cos\vartheta)\,,\\
P_4(x) &= \frac{1}{8}(35x^4-30x^2+3) = \frac{1}{64}(35\cos 4\vartheta + 20\cos 2\vartheta + 9)\,,\\
P_5(x) &= \frac{1}{8}(63x^5-70x^3+15x) =\\
&= \frac{1}{128}(63\cos 5\vartheta + 35\cos 3\vartheta + 30\cos\vartheta)\,,\\
P_6(x) &= \frac{1}{16}(231x^6-315x^4+105x^2-5) =\\
&= \frac{1}{512}(231\cos 6\vartheta + 126\cos 4\vartheta + 105\cos 2\vartheta + 50)\,.
\end{aligned}\right\} \tag{39}$$

Alle Differentialgleichungen 2. Ordnung haben zwei linear unabhängige Lösungen, so auch Gl. (37). Wir nennen die von den Kugelfunktionen erster Art (P_n) linear unabhängigen Lösungen Kugelfunktionen zweiter Art und bezeichnen sie mit Q_n. Sie werden für $x = 1$ unendlich. Wir geben hier nur die ersten beiden Funktionen für $n = 1$ und $n = 2$ an, da höhere Funktionen von uns nicht gebraucht werden. Es ist

$$\begin{aligned} Q_0 &= \frac{1}{2} \ln \frac{1+x}{1-x}, \\ Q_1 &= \frac{x}{2} \ln \frac{1+x}{1-x} - 1. \end{aligned} \tag{40}$$

Die Kugelfunktionen bilden ein sogenanntes orthogonales Funktionensystem; man kann eine beliebige Funktion $f(x)$ in eine unendliche Reihe nach Kugelfunktionen entwickeln. Die Voraussetzungen, denen $f(x)$ genügen muß, sind bei den aus physikalischen Problemen entspringenden Funktionen fast immer erfüllt. Wir wollen darauf hier nicht eingehen. Die Grundlage für die Entwicklung nach Kugelfunktionen bilden die sogenannten Orthogonalitätsrelationen:

$$\int_{x=-1}^{1} \mathrm{P}_n(x)\, \mathrm{P}_m(x)\, \mathrm{d}\, x = 0 \quad \text{für} \quad n \neq m, \tag{41}$$

$$\int_{x=-1}^{1} \left[\mathrm{P}_n(x)\right]^2 \mathrm{d}\, x = \frac{2}{2n+1}. \tag{42}$$

Nimmt man nun an, daß eine Funktion entwickelbar ist gemäß der Reihe

$$f(x) = \sum_{m=0}^{\infty} c_m\, \mathrm{P}_m(x) \tag{43}$$

mit den noch unbekannten Koeffizienten c_m, so ergeben sich diese, indem man das Integral

$$\int_{x=-1}^{1} f(x)\, \mathrm{P}_n(x)\, \mathrm{d}\, x \tag{44}$$

bildet. Auf der rechten Seite von Gl. (43) fallen nun hierbei gemäß Gl. (41) alle Glieder fort, bei denen $m \neq n$ ist. Nur das Glied $m = n$ bleibt übrig. Daher ergeben sich nach Gl. (42) die Koeffizienten zu

$$c_m = \frac{2m+1}{2} \int_{x=-1}^{1} f(x)\, \mathrm{P}_m(x)\, \mathrm{d}\, x. \tag{45}$$

Diese Beziehung stellt ein Analogon dar zu den bekannten Gleichungen für die Berechnung der FOURIER-Koeffizienten.

Für den Fall, daß Rotationssymmetrie nicht mehr besteht, muß man auf die allgemeinere Differentialgleichung (A 45) zurückgreifen, in der die Koordinate φ auftritt. Uns interessiert hier nur der Sonderfall, daß in der Lösung die Abhängigkeit von φ in dem Faktor $\sin\varphi$ zum Ausdruck kommt, entsprechend dem Produktansatz $X = f(r)\, g(\vartheta) \sin\varphi$. Geht man mit diesem Ansatz in die Differentialgleichung (A 45) ein und dividiert durch $fg\sin\varphi$, so ergibt sich die Relation

$$\frac{(r^2 f')'}{f} = \frac{1}{\sin^2\vartheta} - \frac{(g'\sin\vartheta)'}{g\sin\vartheta}. \tag{46}$$

Wir schließen hier nun in derselben Weise wie oben, daß beide Seiten dieser Gleichung gleich einer und derselben Konstanten sein müssen, die wir wieder gleich $n(n+1)$ setzen (n ganzzahlig). Damit wird wie oben $f(r)$ gleich r^n oder r^{-1-n}, und die Differentialgleichung für g lautet jetzt

$$(g'\sin\vartheta)' + n(n+1)\,g\sin\vartheta - \frac{g}{\sin\vartheta} = 0. \tag{47}$$

Ihre Lösungen nennt man die zugeordneten Kugelfunktionen 1. Ordnung vom Grade n und schreibt

$$g(\vartheta) = \mathrm{P}_n^1(\cos\vartheta) = \frac{\mathrm{d}}{\mathrm{d}\vartheta}\mathrm{P}_n(\cos\vartheta). \tag{48}$$

Führt man hierin wieder die neue Variable $x = \cos\vartheta$ ein, so entsteht die Differentialgleichung

$$\frac{\mathrm{d}}{\mathrm{d}x}\left[(1-x^2)\frac{\mathrm{d}g}{\mathrm{d}x}\right] + \left[n(n+1) - \frac{1}{1-x^2}\right]g = 0. \tag{49}$$

Ihre Lösungen lassen sich folgendermaßen darstellen:

$$\mathrm{P}_n^1(x) = -\sqrt{1-x^2}\,\frac{\mathrm{d}}{\mathrm{d}x}\mathrm{P}_n(x) = -\frac{1\cdot 3\cdot 5\cdots(2n-1)}{1\cdot 2\cdot 3\cdots(n-1)}\sqrt{1-x^2}\;\times$$
$$\times\left[x^{n-1} - \frac{(n-1)(n-2)}{2(2n-1)}x^{n-3} + \frac{(n-1)(n-2)(n-3)(n-4)}{2\cdot 4(2n-1)(2n-3)}x^{n-5}\dots\right]. \tag{50}$$

Wir geben jetzt die speziellen Werte von $\mathrm{P}_n^1(x)$ von $n = 0\dots 6$ an:

$$\left.\begin{aligned}
\mathrm{P}_1^1(x) &= -\sqrt{1-x^2} = -\sin\vartheta,\\
\mathrm{P}_2^1(x) &= -3\sqrt{1-x^2}\,x = -\frac{3}{2}\sin 2\vartheta,\\
\mathrm{P}_3^1(x) &= -\frac{3}{2}\sqrt{1-x^2}\,(5x^2-1) = -\frac{3}{8}(5\sin 3\vartheta + \sin\vartheta),\\
\mathrm{P}_4^1(x) &= -\frac{5}{2}\sqrt{1-x^2}\,(7x^3-3x) = -\frac{5}{16}(7\sin 4\vartheta + 2\sin 2\vartheta),\\
\mathrm{P}_5^1(x) &= -\frac{15}{8}\sqrt{1-x^2}\,(21x^4-14x^2+1) =\\
&= -\frac{15}{128}(21\sin 5\vartheta + 7\sin 3\vartheta + 2\sin\vartheta),\\
\mathrm{P}_6^1(x) &= -\frac{21}{8}\sqrt{1-x^2}\,(33x^5-30x^3+5x) =\\
&= -\frac{21}{256}(33\sin 6\vartheta + 12\sin 4\vartheta + 5\sin 2\vartheta).
\end{aligned}\right\} \tag{51}$$

Folgende Gleichungen, die man aus Gl. (47) zusammen mit vorstehenden Ausdrücken gewinnen kann, sind für die Anwendungen nützlich:

$$\left(\frac{\mathrm{d}\, P_n^1}{\mathrm{d}\,\vartheta}\right)_{\vartheta=0} = \left(\frac{\mathrm{P}_n^1}{\sin\vartheta}\right)_{\vartheta=0} = -\frac{n(n+1)}{2}, \tag{52}$$

$$-\left(\frac{\mathrm{d}\, P_n^1}{\mathrm{d}\,\vartheta}\right)_{\vartheta=\pi} = \left(\frac{\mathrm{P}_n^1}{\sin\vartheta}\right)_{\vartheta=\pi} = (-1)^n\,\frac{n(n+1)}{2}. \tag{53}$$

Auch hier besteht eine zweite Lösung der Differentialgleichung (49), die mit $\mathrm{Q}_n^1(x)$ bezeichnet wird. Im allgemeinen ist

$$\mathrm{Q}_n^1(x) = -\sqrt{1-x^2}\,\frac{\mathrm{d}}{\mathrm{d}\,x}\,\mathrm{Q}_n(x). \tag{54}$$

Daher haben wir für den speziellen Fall $n = 1$ unter Benutzung von Gl. (40) die Gleichung:

$$\mathrm{Q}_1^1(x) = -\sqrt{1-x^2}\left[\frac{1}{2}\ln\frac{1+x}{1-x} + \frac{x}{1-x^2}\right]. \tag{55}$$

Auch die zugeordneten Kugelfunktionen bilden ein sogenanntes orthogonales Funktionssystem, weil die Beziehungen

$$\int_{-1}^{1} \mathrm{P}_n^1(x)\,\mathrm{P}_m^1(x)\,\mathrm{d}\,x = 0 \quad \text{für } n \neq m, \tag{56}$$

$$\int_{-1}^{1} [\mathrm{P}_n^1(x)]^2\,\mathrm{d}\,x = \frac{2}{2n+1}\,\frac{(n+1)\,!}{(n-1)\,!} = \frac{2n\,(n+1)}{2n+1} \tag{57}$$

bestehen, die den Gln. (41) und (42) analog sind. Daher kann man eine Funktion $f(x)$ unter gewissen Voraussetzungen nach zugeordneten Kugelfunktionen entwickeln gemäß dem Ansatz

$$f(x) = \sum_{m=0}^{\infty} c_m\,\mathrm{P}_m^1(x). \tag{58}$$

Bildet man nun den Ausdruck

$$\int_{-1}^{1} f(x)\,\mathrm{P}_n^1(x)\,\mathrm{d}\,x,$$

so fallen auf der rechten Seite von Gl. (58) wegen (56) alle Glieder weg, für die $n \neq m$ ist. Nur das Glied $n = m$ bleibt übrig. Infolgedessen ist

$$c_m = \frac{2m+1}{2m\,(m+1)} \int_{-1}^{1} f(x)\,\mathrm{P}_m^1(x)\,\mathrm{d}\,x. \tag{59}$$

Literatur zu M

[1] Magnus, W. u. Oberhettinger, Fr.: Formeln und Sätze für die speziellen Funktionen der mathematischen Physik. Berlin/Göttingen/Heidelberg 1948.

[2] Sommerfeld, A.: Partielle Differentialgleichungen der Physik. Wiesbaden 1947.

[3] Rehwald, W.: Elementare Einführung in die Bessel-, Neumann- und Hankel-Funktionen, Stuttgart 1959.

Namen- und Sachverzeichnis